PROFESSIONAL ENGINEER
CHEMICAL SAFETY

화공안전 기술사

임용순 · 최창률 공저

 일진사

머리말

preface

화공안전기술사는 산업 현장의 화학 물질 취급, 제조에 따른 재해 위험성을 사전 예측하고, 독성 노출에 대한 보호를 위한 물질의 성상, 특징을 이해하여 화학물질로 인한 산업재해를 최소화할 수 있는 전문 인력을 양성하고자 제정된 자격 제도로 화공안전 분야에 응시하고자 하는 종목에 관한 고도의 전문지식과 실무 경험에 입각한 계획, 연구, 설계, 분석, 시험, 운영, 시공, 평가 또는 이에 관한 지도, 감리 등의 기술 업무를 수행한다.

화공안전기술사 시험은 총 4교시로 교시당 100점으로 구성되는데, 1교시는 문항당 10점, 2~4교시는 문항당 25점 배점이며 4교시 평균 60점 이상이면 합격된다. 저자의 경험에 비추어 합격전략을 세우면, 비교적 쉬운 단답형의 문제가 출제되는 1교시에서 고득점을 얻기 위해 충분한 준비를 해야 한다. 나머지 2~4교시는 6문항 중 4문항을 선택하도록 되어 있는데 2문항 정도는 확실한 모범답안을 작성하고 나머지 2문항은 시험 준비 과정에서의 축적된 지식과 경험을 총정리하여 답안을 작성하면 무난히 합격할 수 있다.

화공안전기술사를 취득하기 위해서는 화공안전 분야 전반에 대한 방대한 지식을 정리하여 자기의 것으로 습득해야 하나 각자 주어진 시간과 여건을 감안할 때 많은 어려움이 있다. 이러한 수험생들을 위해 20년 이상 산업 현장에서 얻은 지식과 경험을 전수하여 자격증 취득에 큰 도움이 되고자 이 책을 출간하게 되었다.

이 책은 실제로 출제 가능한 예상문제를 출제기준에 따라 분야별로 세분화하여 수록하였고 이와 함께 모범답안을 실어 문제해결능력을 배양함으로써 실전에서 합격할 수 있도록 하였으며, 과년도 출제문제를 수록하여 수험생 스스로 출제 경향을 파악할 수 있도록 하였다. 아무쪼록 이 책이 화공안전기술사 시험을 준비하는 수험생들에게 합격의 밑거름이 되어 화공안전 분야 최고의 기술자가 되기를 기원한다.

저자 씀

자격시험 안내

❶ 수행업무

화공안전 분야에 관한 고도의 전문 지식과 실무 경험에 입각한 계획, 연구, 설계, 분석, 시험, 운영, 시공, 평가 또는 이에 관한 지도, 감리 등

❷ 진로 및 전망

• 화학제품을 제조, 취급, 보관하는 사업체나 연구소 및 정부 관련 기관으로 진출할 수 있다.
• 2012년 9월 27일에 경북 구미시에서 일어난 불산 누출 사고와 같이 화학제품을 제조, 취급, 보관하는 사업체에서 안전사고는 인명 및 환경에 치명적인 영향을 주었다. 구미 불산 사고로 인해 피해 지역이 특별재난지역으로 선포되면서 유해화학물질 관리에 대한 국민의 관심이 고조되고, 이를 계기로 화학물질에 대한 사전 및 사후 관리체계의 정비, 정부·기업·주민이 함께 하는 리스크 커뮤니케이션의 필요성 등이 대두되고 있다. 따라서 이를 연구하고 관리하는 화공안전기술사의 고용은 지속적으로 증가할 전망이다.

❸ 기술사 응시 자격요건

• 기사 자격 취득 후 해당 분야에서 4년 이상 실무에 종사한 사람
• 산업기사 자격 취득 후 해당 분야에서 5년 이상 실무에 종사한 사람
• 기능사 자격 취득 후 해당 분야에서 7년 이상 실무에 종사한 사람
• 관련학과 대학 졸업 후 해당 분야에서 6년 이상 실무에 종사한 사람
• 해당 분야의 다른 종목의 기술사 등급의 자격을 취득한 사람
• 3년제 전문대학 관련학과 졸업 후 해당 분야에서 7년 이상 실무에 종사한 사람
• 2년제 전문대학 관련학과 졸업 후 해당 분야에서 8년 이상 실무에 종사한 사람
• 해당 분야에서 9년 이상 실무에 종사한 사람 등

❹ 출제경향

• 요구하는 기술 역량 : 해당 분야에 관한 전문지식 및 응용능력
• 시험과목 : 산업안전관리론 (사고원인분석 및 대책, 방호장치 및 보호구, 안전점검 요령) 산업심리 및 교육(인간공학), 산업안전관계법규, 화학공업의 안전운영에 관한 계획, 관리, 조사, 기타 화공안전에 관한 사항
• 검정방법
 – 필기 : 단답형 및 주관식 논술형(매교시당 100분 총 400분)
 – 면접 : 구술형 면접시험(30분 정도)
• 합격기준 : 100점 만점에 60점 이상

차 례

contents

◙ 실전 예상문제

◙ 부 록

실전 예상문제

제 **1** 장 안전관리 일반 (산업안전보건법 포함)

> ***1-1*** 산업안전보건법에 관한 다음 사항에 대해 설명하시오.
> (1) 산업안전보건법의 목적
> (2) 정부의 책무, 사업주 의무 및 근로자의 의무
> (3) 안전보건관리책임자와 안전관리자의 직무, 관리감독자의 업무

(1) 산업안전보건법의 목적

산업안전보건법의 목적은 산업안전보건에 관한 기준을 확립하고 그 책임의 소재를 명확하게 하여 산업재해를 예방하고 쾌적한 작업환경을 조성함으로써 근로자의 안전과 보건을 유지, 증진하는 것이다.

(2) 정부의 책무, 사업주 의무 및 근로자의 의무

① 정부의 책무 : 정부는 산업안전보건법의 목적을 달성하기 위하여 다음 사항을 성실히 이행할 책무를 진다.

㈎ 산업안전보건정책의 수립·집행·조정 및 통제

㈏ 재해다발사업장에 대한 재해 예방 지원 및 지도

㈐ 유해하거나 위험한 기계기구·설비 및 방호장치, 보호구 등의 안전성 평가 및 개선

㈑ 유해하거나 위험한 기계기구·설비 및 물질 등에 대한 안전보건상의 조치기준 작성 및 지도·감독

㈒ 사업의 자율적인 안전보건경영체제 확립을 위한 지원

㈓ 안전보건의식을 북돋우기 위한 홍보, 교육 및 무재해운동 등 안전문화 추진

㈔ 안전보건을 위한 기술의 연구, 개발 및 시설의 설치·운영

㈕ 산업재해에 관한 조사 및 통계의 유지·관리

㈖ 안전보건 관련단체 등에 대한 지원 및 지도·감독

② 사업주의 의무 : 사업주는 재해 예방을 위하여 다음의 의무를 다해야 한다.

㈎ 산업재해 예방을 위한 기준을 지켜야 한다.

㈏ 사업장의 안전보건에 관한 정보를 근로자에게 제공해야 한다.

㈐ 근로자의 건강장해를 예방함과 동시에 근로자의 생명을 지키고 안전보건을 유지·증진시켜야 한다.

㈑ 근로 조건을 개선하여 적절한 작업환경을 조성해야 한다.

㈑ 국가의 산업재해예방시책에 따라야 한다.

③ 근로자의 의무 : 근로자는 산업재해 예방을 위한 기준을 준수하고 사업주나 그 밖의 관련 단체에서 실시하는 산업재해 방지에 관한 조치에 따라야 한다.

(3) 안전보건관리책임자와 안전관리자의 직무, 관리감독자의 업무

① 안전보건관리책임자의 직무 : 안전보건관리책임자가 총괄 관리해야 할 직무는 다음과 같다.

㈎ 산업재해예방계획의 수립 및 근로자의 안전보건교육에 관한 사항

㈏ 안전보건관리규정의 작성 및 변경에 관한 사항

㈐ 산업재해의 원인조사 및 재발 방지 대책 수립에 관한 사항

㈑ 산업재해에 관한 통계의 기록 및 유지에 관한 사항

㈒ 작업환경 측정 등 작업환경의 점검 및 개선에 관한 사항

㈓ 안전보건과 관련된 안전장치 및 보호구의 구입 시 적격품 여부 확인에 관한 사항

② 안전관리자의 직무 : 안전관리자는 안전에 관한 기술적인 사항에 대해 사업주 또는 안전보건관리책임자를 보좌하고 관리감독자에게 지도·조언을 하는 자를 말하며, 직무는 다음과 같다.

㈎ 안전교육계획의 수립 및 실시

㈏ 사업장 순회점검·지도 및 조치의 건의

㈐ 산업재해 발생의 원인 조사 및 재발 방지를 위한 기술적 지도·조언

㈑ 산업재해에 관한 통계의 유지·관리를 위한 지도·조언

㈒ 법 또는 법에 따른 명령이나 안전보건관리규정 및 취업규칙 중 안전에 관한 사항을 위반한 근로자에 대한 조치의 건의

㈓ 업무 수행 내용의 기록·유지

㈔ 의무안전인증 및 자율안전확인 대상 기계기구의 구입 시 적격품 선정

③ 관리감독자의 업무 : 관리감독자란 경영조직에서 생산과 관련되는 업무와 그 소속직원을 직접 지휘·감독하는 부서의 장 또는 그 직위를 담당하는 자를 말하며, 업무는 다음과 같다.

㈎ 사업장 내 관리감독자가 지휘·감독하는 작업과 관련된 기계·기구 또는 설비의 안전·보건 점검 및 이상 유무의 확인

㈏ 관리감독자에게 소속된 근로자의 작업복·보호구 및 방호장치의 점검과 그 착용·사용에 관한 교육·지도

㈐ 해당 작업에서 발생한 산업재해에 관한 보고 및 이에 대한 응급조치

㈑ 해당 작업의 작업장 정리·정돈 및 통로확보에 대한 확인·감독

㈒ 해당 사업장의 산업보건의, 안전관리자 및 보건관리자의 지도·조언에 대한 협조

㈓ 그 밖에 해당 작업의 안전·보건에 관한 사항으로서 고용노동부령으로 정하는 사항

> ***1-2*** 유해위험설비를 보유한 사업장의 사업주가 그 설비로부터 위험물질 누출, 화재, 폭발 등으로 인한 중대산업사고를 예방하기 위하여 고용노동부장관에게 제출하는 공정안전보고서(PSM : process safety management)에 관한 다음 사항에 대해 설명하시오.
> (1) 공정안전보고서 제도의 개요, 중대산업사고의 정의
> (2) 공정안전관리의 3원칙
> (3) 제출대상 사업장, 제출시기
> (4) 공정안전보고서 작성 내용
> (5) 제출서류 중 접지계획서 및 접지배치도의 작성 시 고려사항과 방법

(1) 공정안전보고서 제도의 개요, 중대산업사고의 정의

① 공정안전보고서 제도의 개요 : 유해위험설비를 보유한 사업장에서는 그 설비로부터의 위험물질 누출, 화재, 폭발 등으로 인하여 사업장내 근로자에게 즉시 피해를 주거나 인근지역에 피해를 줄 수 있는 중대산업사고를 예방하기 위하여 공정안전보고서를 작성하여 고용노동부장관에게 제출하고 이에 대해 심사를 받아 시행하는 제도를 말한다.

② 중대산업사고의 정의 : 중대산업사고란 다음의 어느 하나의 사고를 말한다.
　㉮ 근로자가 사망하거나 부상을 입을 수 있는 유해위험설비에서의 누출, 화재, 폭발사고
　㉯ 인근 지역의 주민이 인적 피해를 입을 수 있는 유해위험설비에서의 누출, 화재, 폭발사고

(2) 공정안전관리의 3원칙

공정안전관리는 다음의 3가지 원칙에 따라 추진되어야 한다.
① 공정안전관리는 위험설비가 정해진 기준에 따라 설계, 제작, 설치, 운전 및 유지 관리되도록 전 과정을 대상으로 한다.
② 공정안전관리는 최고 경영자의 방침으로 정해야 하며, 공장장의 공정안전관리에 대한 완벽한 숙지 그리고 실행·확인이 수반되어야 한다.
③ 공정안전관리는 정기적인 자체 감사를 통하여 실제 실행되고 있는지, 문제점 및 개선사항은 무엇인지, 실행 후 효과는 나타나고 있는지 등을 확인하고 개선해야 한다.

(3) 제출대상 사업장, 제출시기

① 제출대상 사업장 : 공정안전보고서 제출대상 사업장은 다음과 같다.
　㉮ 원유정제 처리업

㈏ 기타 석유정제물 재처리업

㈐ 석유화학계 기초화학물 제조업 또는 합성수지 및 기타 플라스틱물질 제조업

㈑ 질소, 인산 및 칼리질 비료 제조업

㈒ 복합비료 제조업

㈓ 농약 제조업

㈔ 화약 및 불꽃제품 제조업

② 제출시기 : 유해위험설비의 설치 이전 또는 주요 구조 부분의 변경공사의 착공일 30일 전까지 제출해야 한다.

(4) 공정안전보고서 작성 내용

① 공정안전자료

㈎ 취급·저장하고 있거나 취급·저장하려는 유해·위험물질의 종류 및 수량

㈏ 유해·위험물질에 대한 물질안전보건자료

㈐ 유해·위험설비의 목록 및 사양

㈑ 유해·위험설비의 운전방법을 알 수 있는 공정도면

㈒ 각종 건물·설비의 배치도

㈓ 폭발위험장소 구분도 및 전기단선도

㈔ 위험설비의 안전설계·제작 및 설치 관련 지침서

② 공정위험성 평가서 및 잠재위험에 대한 사고예방·피해 최소화 대책 : 공정위험성 평가서 는 공정의 특성 등을 고려하여 다음의 위험성 평가 기법 중 한 가지 이상을 선정하여 위 험성 평가를 한 후 그 결과에 따라 작성하여야 하며, 사고예방·피해 최소화 대책의 작 성은 위험성 평가 결과 잠재위험이 있다고 인정되는 경우만 해당한다.

㈎ 체크리스트 (check list)

㈏ 상대위험순위 결정(Dow and Mond Indices)

㈐ 작업자 실수 분석(HEA)

㈑ 사고 예상 질문 분석(What-if)

㈒ 위험과 운전 분석(HAZOP)

㈓ 이상위험도 분석(FMECA)

㈔ 결함 수 분석(FTA)

㈕ 사건 수 분석(ETA)

㈖ 원인결과 분석(CCA)

㈗ 가목부터 자목까지의 규정과 같은 수준 이상의 기술적 평가기법

③ 안전운전계획

㈎ 안전운전지침서

   (내) 설비점검·검사 및 보수계획, 유지계획 및 지침서

   (대) 안전작업허가

   (래) 도급업체 안전관리계획

   (매) 근로자 등 교육계획

   (배) 가동 전 점검지침

   (새) 변경요소 관리계획

   (애) 자체감사 및 사고조사계획

   (재) 그 밖에 안전운전에 필요한 사항

④ 비상조치계획

   (개) 비상조치를 위한 장비·인력보유현황

   (내) 사고 발생 시 각 부서·관련 기관과의 비상연락체계

   (대) 사고 발생 시 비상조치를 위한 조직의 임무 및 수행 절차

   (래) 비상조치계획에 따른 교육계획

   (매) 주민홍보계획

   (배) 그 밖에 비상조치 관련 사항

(5) 제출서류 중 접지계획서 및 접지배치도의 작성 시 고려사항과 방법

① 작성 시 고려사항

   (개) 접지계획서(접지시방서) : 접지의 목적, 적용법규 및 규격, 적용범위, 접지종류 (계통접지, 기기접지, 피뢰설비의 접지, 정밀장비 접지, 정전기 등), 접지설비의 유지관리 등을 고려하여 작성한다.

   (내) 접지배치도 : 접지대상 설비의 누락이 없도록 하고 접지극의 개수 및 위치, 접지 선의 종류 및 굵기, 접지 종류에 따르는 접속(단독 또는 공통 접지) 등의 표기, 접 지계획서와 계산서 및 접지배치도의 상호 일치 등을 고려하여 작성한다.

② 작성 방법 : 각종 규격(산안법, 전기사업법, IEC/NEC 등)에 적합하도록 작성한다.

> **1-3** 산업안전보건법상 안전보건교육에 관한 다음 사항에 대해 설명하시오.
> (1) 안전보건교육과 직무교육의 종류별 대상자
> (2) 안전보건교육 중 채용 시 및 작업 내용 변경 시 교육 내용
> (3) 전압이 75 V 이상인 정전 및 활선작업 시 특별안전보건교육 내용

(1) 안전보건교육과 직무교육의 종류별 대상자

① 안전보건교육의 종류별 대상자

㈎ 정기교육 : 모든 근로자와 관리감독자

㈏ 채용 시 교육 : 신규 채용된 모든 근로자

㈐ 작업내용 변경 시 교육 : 작업 내용이 변경된 모든 근로자

㈑ 특별교육 : 특별교육대상작업을 하는 모든 근로자

㈒ 건설업 기초안전보건교육 : 건설 일용근로자

② 직무교육의 종류별 대상자

㈎ 안전보건관리책임자 : 안전보건관리책임자로 선임된 자

㈏ 안전관리자 : 안전관리자로 선임된 자

㈐ 보건관리자 : 보건관리자로 선임된 자

㈑ 재해 예방 전문지도기관 종사자 : 재해 예방 전문지도기관 종사자

(2) 안전보건교육 중 채용 시 및 작업 내용 변경 시 교육 내용

① 작업개시 전 점검에 관한 사항

② 정리정돈 및 청소에 관한 사항

③ 사고 발생 시 긴급조치에 관한 사항

④ 산업보건 및 직업병 예방에 관한 사항

⑤ 물질안전보건자료에 관한 사항

⑥ 산업안전보건법 및 일반 관리에 관한 사항

⑦ 기계기구의 위험성과 작업의 순서 및 동선에 관한 사항

(3) 전압이 75 V 이상인 정전 및 활선작업 시 특별안전보건교육 내용

① 전기의 위험성 및 전격방지에 관한 사항

② 해당설비의 보수 및 점검에 관한 사항

③ 정전 및 활선작업 시의 안전작업방법과 순서에 관한 사항

④ 절연용 보호구, 절연용 방호구 및 활선작업용 기구 등의 사용에 관한 사항

⑤ 그 밖에 안전보건관리에 필요한 사항

> ***1-4*** 풀 프루프(fool-proof)와 페일 세이프(fail safe)의 개념과 적용 사례 및 차
> 이점에 대해 각각 설명하시오.

(1) 풀 프루프(fool-proof)의 개념과 적용 사례

① 개념 : 미숙련자가 작업을 하여도 재해를 당하지 않도록 설계된 것, 즉 기계 등에서 작
업자가 기계 조작을 잘못하거나 이상이 발생하거나 고장이 나더라도 위험한 상태가 되
지 않도록 설계단계에서 안전성이 확보된 상태를 말한다.

② 적용 사례

  ⑺ 동력전달부에 덮개를 벗기면 기계가 정지한다.

  ⑷ 프레스 작업자의 신체 일부가 위험점에 들어가면 기계가 자동으로 정지한다.

  ⑸ 크레인에 매달린 화물이 일정 높이 이상 상승하면 자동으로 상승을 정지한다.

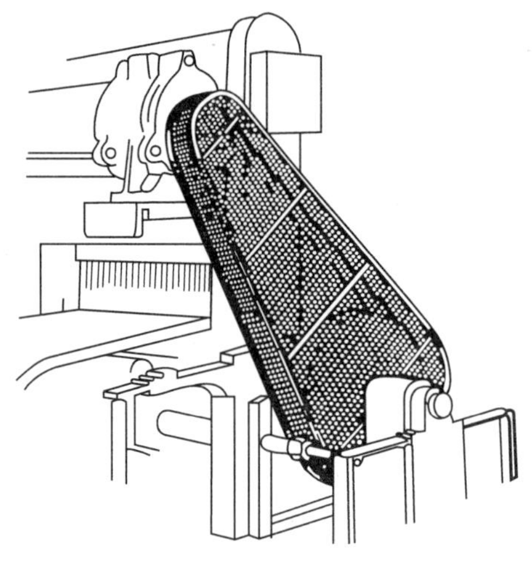

완전차단형 방호장치(풀 프루프)

(2) 페일 세이프(fail safe)의 개념과 적용 사례

① 개념 : 작업자가 실수를 하더라도 안전한 것, 즉 고장에 의해서 장치가 작동하지 않는
다든가 파손되거나 또는 오조작이 행해지더라도 항상 안전한 상태가 되게 하는 것을
말한다.

② 적용 사례

  ⑺ 프레스의 클러치나 브레이크에 고장이 발생하면 슬라이드가 급정지한다.

  ⑷ 내진 소화기구를 적용한 석유스토브

  ⑸ 엘리베이터의 정지 시 브레이크 장치

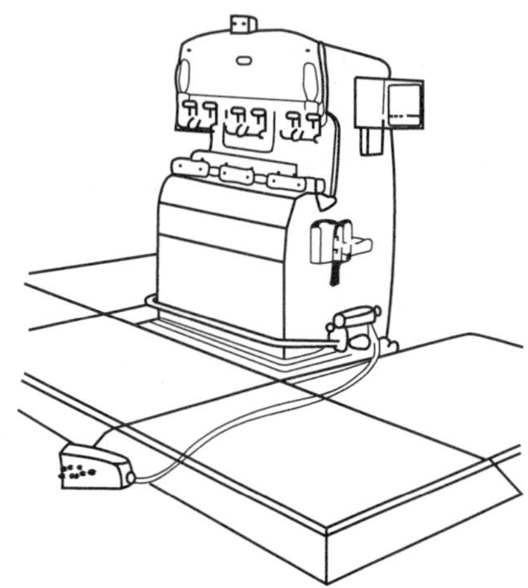

접근반응형 방호장치(페일 세이프)

(3) 풀 프루프와 페일 세이프의 차이점

풀 프루프는 휴먼 에러에도 불구하고 안전할 수 있도록 설계상에 안전을 반영하여 안전성을 확보하는 것이고, 페일 세이프는 기계 자체가 고장 등으로 문제를 일으키더라도 항상 안전성이 확보될 수 있도록 2중 3중 안전조치를 한 것을 말한다.

> **1-5** 산업안전보건법에서는 사업장내 유해하거나 위험한 시설 및 장소에 대해서는 안전보건표지를 설치하거나 부착하도록 하고 있는데, 표지에 대한 다음 사항을 설명하시오.
> (1) 표지의 분류와 각각의 바탕색, 기본 모형, 관련 부호 및 그림의 색채
> (2) 표지 분류별 종류 5가지에 대한 용도와 사용 장소

(1) 표지의 분류와 각각의 바탕색, 기본 모형, 관련 부호 및 그림의 색채

안전보건표지는 다음과 같이 금지 표지, 경고 표지, 지시 표지, 안내 표지, 출입 금지 표지 등으로 구분된다.

① 금지 표지 : 바탕은 흰색, 기본 모형은 빨간색, 관련 부호와 그림은 검은색이다.

② 경고 표지 : 바탕은 노란색, 기본 모형, 관련 부호와 그림은 검은색이다.

③ 지시 표지 : 바탕은 파란색, 관련 그림은 흰색이다.

④ 안내 표지 : 바탕은 흰색, 기본 모형 및 관련 부호는 녹색이거나 바탕은 녹색, 관련부

호 및 그림은 흰색이다.

⑤ 출입 금지 표지 : 글자는 흰색 바탕에 흑색, 다음 글자는 적색이다.

(2) 표지 분류별 종류 5가지에 대한 용도와 사용 장소

① 금지 표지

㉮ 출입 금지 : 출입을 통제해야 할 장소

㉯ 보행 금지 : 사람이 걸어 다녀서는 안 되는 장소

㉰ 차량 통행 금지 : 제반 운반기기 및 차량의 통행을 금지시켜야 할 장소

㉱ 사용 금지 : 수리 또는 고장 등으로 만지거나 작동시키는 것을 금지해야 할 기계

기구 및 설비

㉲ 탑승 금지 : 엘리베이터 등에 타는 것이나 어떤 장소에 올라가는 것을 금지

② 경고 표지

㉮ 인화성물질 경고 : 휘발유 등 화기의 취급을 극히 주의해야 하는 물질이 있는 장소

㉯ 폭발성물질 경고 : 폭발성 물질이 있는 장소

㉰ 급성독성물질 경고 : 급성독성물질이 있는 장소

㉱ 고압전기 경고 : 발전소나 고전압이 흐르는 장소

㉲ 고온 경고 : 고도의 열을 발하는 물체 또는 온도가 아주 높은 장소

③ 지시 표지

㉮ 보안경 착용 : 보안경을 착용해야만 작업 또는 출입을 할 수 있는 장소

㉯ 방독마스크 착용 : 방독마스크를 착용해야만 작업 또는 출입을 할 수 있는 장소

㉰ 방진마스크 착용 : 방진마스크를 착용해야만 작업 또는 출입을 할 수 있는 장소

㉱ 안전모 착용 : 안전모를 착용해야만 작업 또는 출입을 할 수 있는 장소

㉲ 안전화 착용 : 안전화를 착용해야만 작업 또는 출입을 할 수 있는 장소

④ 안내 표지

㉮ 녹십자 표지 : 안전의식을 북돋우기 위하여 필요한 장소

㉯ 응급구호 표지 : 응급구호설비가 있는 장소

㉰ 들것 : 구호를 위한 들것이 있는 장소

㉱ 세안장치 : 세안장치가 있는 장소

㉲ 비상구 : 비상출입구

⑤ 출입 금지 표지

㉮ 허가대상 유해물질 취급 : 허가대상 유해물질 제조, 사용 작업장

㉯ 석면 취급 및 해체·제거 : 석면 제조, 사용, 해체, 제거 작업장

㉰ 금지 유해물질 취급 : 금지 유해물질 제조, 사용 설비가 설치된 장소

안전 · 보건표지의 종류와 형태

1. 금지 표지	101 출입금지	102 보행금지	103 차량통행금지	104 사용금지	105 탑승금지	106 금연
107 화기금지	108 물체이동금지	2. 경고 표지	201 인화성물질 경고	202 산화성물질 경고	203 폭발성물질 경고	204 급성독성물질 경고
205 부식성물질 경고	206 방사성물질 경고	207 고압전기 경고	208 매달린 물체 경고	209 낙하물 경고	210 고온 경고	211 저온 경고
212 몸균형 상실 경고	213 레이저광선 경고	214 발암성 · 변이 원성 · 생식독 성 · 전신독성 · 호흡기 과민성 물질 경고	215 위험장소 경고	3. 지시 표지	301 보안경 착용	302 방독마스크 착용
303 방진마스크착용	304 보안면 착용	305 안전모 착용	306 귀마개 착용	307 안전화 착용	308 안전장갑 착용	309 안전복 착용

4. 안내표지		401 녹십자표지 	402 응급구호표지 	403 들것	404 세안장치 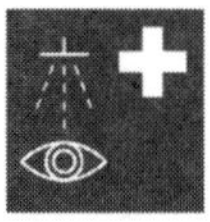	405 비상용기구 	406 비상구 
407 좌측 비상구 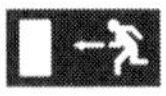	408 우측 비상구 	5. 관계자외 출입금지	501 허가대상물질 작업장		502 석면취급/해체 작업장		503 금지대상물질의 취급 실험실 등
			관계자외 출입금지 (허가물질 명칭) 제조/사용/보관 중 보호구/보호복 착용 흡연 및 음식물 섭취 금지		관계자외 출입금지 석면 취급/해체 중 보호구/보호복 착용 흡연 및 음식물 섭취 금지		관계자외 출입금지 발암물질 취급 중 보호구/보호복 착용 흡연 및 음식물 섭취 금지

6. 문자 추가 시 예시문

휘발유화기엄금 $\frac{1}{4}d$ 이상, $\frac{1}{10}d$, d

- 내 자신의 건강과 복지를 위하여 안전을 늘 생각한다.
- 내 가정의 행복과 화목을 위하여 안전을 늘 생각한다.
- 내 자신의 실수로써 동료를 해치지 않도록 안전을 늘 생각한다.
- 내 자신이 일으킨 사고로 인한 회사의 재산과 손실을 방지하기 위하여 안전을 늘 생각한다.
- 내 자신의 방심과 불안전한 행동이 조국의 번영에 장애가 되지 않도록 하기 위하여 안전을 늘 생각한다.

> **1-6** 안전보건 교육에 관한 다음 사항에 대해 설명하시오.
>
> (1) 안전보건 교육의 기본 원칙
> (2) 안전보건 교육의 3단계와 각 단계별 목표 및 교육 내용
> (3) 안전태도 교육의 기본 과정
> (4) 안전 교육 방법인 OJT (on the job training)와 OffJT (off the job training)의 비교

(1) 안전 교육의 기본 원칙

안전 교육을 실시할 때 기본 원칙은 다음과 같다.

① 피교육자 중심으로 교육을 한다.

② 충분한 동기 부여를 심어준다.

③ 지식, 기능 교육을 반복적으로 실시하여 습관화되도록 한다.

④ 쉬운 것에서부터 어려운 것으로 한다.

⑤ 한 번에 한 가지씩 체계적으로 교육한다.

⑥ 사례 중심 교육을 실시하여 강한 인상을 남기도록 한다.

⑦ 오감을 활용토록 한다.

(2) 안전보건 교육의 3단계와 각 단계별 목표 및 교육 내용

① 안전보건 교육의 3단계

  (개) 1단계 : 지식 교육

  (내) 2단계 : 기능 교육

  (대) 3단계 : 태도 교육

② 안전보건 교육의 각 단계별 목표 및 교육 내용

  (개) 지식 교육

   ㉮ 취급 기계설비, 해당 작업에 대한 개념을 이해시킨다.

   ㉯ 재해 발생의 원리를 이해시킨다.

   ㉰ 작업에 필요한 법규, 규정, 기준을 습득시킨다.

  (내) 기능 교육

   ㉮ 작업 방법에 대해 몸으로 습득시킨다.

   ㉯ 기계설비의 조작 방법에 대해 습득시킨다.

   ㉰ 비상 시 대응 방법, 정리정돈에 대해 습득시킨다.

  (대) 태도 교육

   ㉮ 안전작업에 임하는 자세와 동작을 습득시킨다.

    ㉯ 직장 규칙, 작업 규칙을 몸으로 습득시킨다.

    ㉰ 의욕을 가지고 행한다.

(3) 안전태도 교육의 기본 과정

① 들어본다.

② 이해 납득시킨다.

③ 모범을 보인다.

④ 권장한다.

⑤ 칭찬한다.

⑥ 벌을 준다.

⑦ 평가한다.

(4) OJT와 OffJT의 비교

① OJT(on the job training) : 직속상사가 부하직원에 대해 일상 업무를 통하여 지식, 기능, 문제해결능력 및 태도 등을 교육 훈련시키는 방법으로서 개별 교육에 적합한 교육 형태이며, 다음과 같은 특징이 있다.

    ㉮ 사업장의 실정에 맞는 구체적이고 실질적인 지도 교육이 가능하다.

    ㉯ 교육적 효과가 업무에 신속히 반영된다.

    ㉰ 동기 부여가 쉽다.

    ㉱ 개인의 능력과 적성에 적합한 세부 교육이 가능하다.

    ㉲ 교육으로 인해 업무가 중단되는 일이 없다.

    ㉳ 교육을 통하여 상사와 부하의 의사소통과 신뢰감이 증가된다.

    ㉴ 개별 교육에 적합하다.

② OffJT(off the job training) : 공통된 교육 목적을 가진 교육 대상자를 일정 장소에 소집하여 실시하는 교육으로서 집단 교육에 적합한 교육 형태이며, 그 특징은 다음과 같다.

    ㉮ 다수의 교육 대상자를 일괄적, 체계적으로 교육시킬 수 있다.

    ㉯ 우수한 강사를 확보하여 교육에 참여시킬 수 있다.

    ㉰ 집단적인 협조와 협력이 가능하다.

    ㉱ 교재나 시설을 효과적으로 활용할 수 있다.

    ㉲ 업무와 분리되므로 교육에 전념할 수 있다.

    ㉳ 집단 교육에 적합하다.

> ***1-7*** 인간의 불안전한 행동에 관한 다음 사항에 대해 설명하시오.
> (1) 불안전한 행동을 초래하는 부주의의 개념과 현상 및 원인과 대책
> (2) 불안전 행동의 배후 요인
> (3) 휴먼 에러(human error)의 심리학적 분류, 원인 및 방지 대책

(1) 불안전한 행동을 초래하는 부주의의 개념과 현상 및 원인과 대책

① 부주의 개념 : 주의란 의식작용이 있는 일에 집중하는 것을 말하며, 부주의란 주의의 저하나 주의가 산만해진 상태를 말한다.

② 부주의 현상 : 의식은 있으나 어떤 물적인 면에 집중하지 않는 것 또는 그렇게 하는 심리적인 능력을 가지고 있지 못한 상태를 말한다. 인간은 주의력을 집중할 수 있는 생리 기능적인 능력에 한계가 있으며, 그 능력은 심신의 상태나 외적 조건에 따라 달라진다.

③ 부주의의 원인과 방지 대책

　㈎ 부주의의 원인

　부주의의 원인에는 외적 요인과 내적 요인이 있으며 다음과 같다.

　　㉮ 작업환경 조건이 악화될 때 발생한다.
　　㉯ 작업 순서가 부자연스러울 때 발생한다.
　　㉰ 개인의 소질적 문제에 기인한다.
　　㉱ 의식의 우회 상태에서 발생한다.
　　㉲ 경험 부족 및 미숙련에 기인한다.

　㈏ 부주의의 방지 대책

　　㉮ 주의력 집중 훈련을 통해 안전의식을 제고시킨다.
　　㉯ 스트레스를 해소하고 작업의욕을 고취시킨다.
　　㉰ 표준동작을 습관화하며, 작업 조건을 개선하고 적응력을 향상시킨다.
　　㉱ 안전작업방법을 습득케 하고 적성배치한다.
　　㉲ 표준작업제도를 도입하고 설비와 작업환경을 안전화한다.

(2) 불안전행동의 배후 요인

불안전행동을 유발하는 배후 요인은 심리적인 요인과 생리적인 요인으로 구분되며, 다음과 같다.

① 심리적인 요인 : 휴먼 에러를 유발하는 착각, 착오, 망각, 망상, 소홀 등이 있다.

② 생리적인 요인 : 육체적인 피로, 작업에 대한 적합성 등이 있다.

(3) 휴먼 에러(human error)의 심리학적 분류, 원인 및 방지 대책

① 휴먼 에러(human error)의 심리학적 분류

㈎ 필요한 임무 또는 절차를 수행하지 않은 데 기인한 에러

㈏ 필요한 임무 또는 절차의 수행이 늦은 데 기인한 에러

㈐ 필요한 임무 또는 절차의 불확정한 수행에 기인한 에러

㈑ 필요한 임무 또는 절차의 순서 착오에 기인한 에러

㈒ 불필요한 임무 또는 절차를 수행한 데 기인한 에러

② 휴먼 에러(human error)의 원인

㈎ 심리적 원인 : 감정의 우회, 습관성, 개인의 개성, 인간관계, 소질적 문제 등
이 있다.

㈏ 물리적 원인 : 작업 환경 조건의 악화, 작업 순서의 부자연성, 표준의 부재 또는
불량, 계획 불충분, 연락 및 의사소통 불량 등이 있다.

③ 휴먼 에러(human error, 인간의 과오)의 방지 대책

휴먼 에러의 방지 대책은 다음과 같다.

㈎ 주의력 집중 훈련을 한다.

㈏ 표준을 정하고 설비 및 작업환경을 안전화한다.

㈐ 안전의식을 제고시키고 작업의욕을 고취시킨다.

㈑ 안전작업 방법을 습득시키고 적성배치한다.

㈒ 작업 조건을 개선하고 적응력을 향상시킨다.

1-8 브레인스토밍(brain storming)을 설명하고 브레인스토밍 토의식 안전교육
에 있어서의 전제 조건과 실행 4원칙에 대해 설명하시오.

(1) 브레인스토밍

여러 사람이 모여 문제 해결을 위한 다양한 아이디어를 자유롭게 제시하고, 이러한
아이디어들을 취합·수정·보완해 정상적인 사고방식으로는 생각해낼 수 없는 독창
적인 아이디어를 얻는 방법을 말하며, 어떤 문제를 해결함에 있어서 그 해결 방안을
생각할 때 판단이나 비판을 일단 중지하고 질(質)을 고려함이 없이 머리 속에 떠오른
창의적인 아이디어를 얻는 방법을 말한다. 이것은 1953년 오스번(A. F. Osborn)에
의하여 개발된 창의력 개발을 위한 특수 기법이다.

(2) 브레인스토밍 토의식 안전 교육에 있어서의 전제 조건

브레인스토밍 토의식 교육은 실제 상황과 직접 경험의 기회를 주는 등 자발적 학습의욕을 높이는 교육 방식으로 그 전제 조건은 다음과 같다.

① 기초적인 지식과 경험을 가지고 있는 것이 필요하다.

② 적절한 지도를 해야 한다.

③ 토의 결과를 실행하기 쉽게 하기 위한 배려가 필요하다.

(3) 브레인스토밍 실행 4원칙

① 자유 분방 : 자유로운 분위기에서 마음껏 발언할 수 있도록 한다.

② 비판 금지 : 발언 내용에 대해 비판을 하지 않는다.

③ 대량 발언 : 어떤 내용이라도 많은 발언을 하도록 한다.

④ 수정 발언 : 다른 사람이 발언한 내용에 대해 보충 또는 수정하여 발언할 수 있도록 한다.

1-9 산업안전보건법상 기계기구 등에 관한 다음 사항에 대해 설명하시오.
  (1) 안전인증 대상 기계·기구 및 설비, 방호장치, 보호구
  (2) 안전검사 대상 유해위험기계
  (3) 자율안전확인신고 대상 기계·기구, 방호장치, 보호구
  (4) 방호장치를 해야 할 유해위험기계기구와 그 방호장치

---

(1) 안전인증 대상 기계·기구 및 설비, 방호장치, 보호구

안전인증이란 고용노동부장관이 유해·위험한 기계·기구 및 설비, 방호장치, 보호구의 안전성을 평가하기 위하여 그 안전에 관한 성능과 제조자의 기술 능력 및 생산 체계 등에 관한 안전인증기준을 정하여 안전인증을 실시하는 것을 말하며 그 대상은 다음과 같다.

① 기계·기구 및 설비(10종) : 프레스, 전단기 및 절곡기, 크레인, 리프트, 압력용기, 롤러기, 사출성형기, 고소작업대, 곤도라, 기계톱(이동식)

㈎ "프레스"란 금형과 금형 사이에 금속 또는 비금속 물질을 넣고 압축, 절단 또는 조형하는 기계를 말한다.

㈏ "전단기"란 상하의 칼날 사이에 금속 또는 비금속 물질을 넣고 전단하는 기계를 말한다.

㈐ "절곡기"란 하부 금형과 절곡날 사이에 금속 또는 비금속 판재를 넣고 굽힘 가공하는 기계를 말한다.

㉣ "크레인 (crane)"이란 훅 (hook)이나 그 밖의 달기기구를 사용하여 화물의 권상과 이송을 목적으로 일정한 작업공간 내에서 반복적인 동작이 이루어지는 기계를 말한다.

㉤ "리프트"란 동력을 사용하여 가이드레일을 따라 상하로 움직이는 운반구를 매달아 사람이나 화물을 운반할 수 있는 설비 또는 이와 유사한 구조 및 성능을 가진 기계를 말한다.

㉥ "압력용기(pressure vessel)"란 용기의 내면 또는 외면에서 일정한 유체의 압력을 받는 밀폐된 용기를 말한다.

㉦ "롤러기"란 2개 이상의 롤러를 한 조로 하여 각각 반대 방향으로 회전하면서 가공재료를 롤러 사이로 통과시켜 롤러의 압력에 의해 소성변형 또는 연화시키는 기계를 말한다.

㉧ "사출성형기"란 열을 가하여 용융 상태의 열가소성 또는 열경화성 플라스틱, 고무 등의 재료를 노즐을 통하여 두 개의 금형 사이에 주입하여 원하는 모양의 제품을 성형·생산하는 기계를 말한다.

㉨ "고소작업대(mobile elevated work platform ; MEWP)"란 작업대, 연장구조물 (지브), 차대로 구성되며 사람을 작업 위치로 이동시켜주는 설비를 말한다.

㉩ "곤돌라"란 작업대, 승강장치 및 그 밖에 부속물로 구성되고, 로프 또는 강선에 매단 발판이나 작업대가 전용의 승강장치에 의해 상승 또는 하강하는 설비를 말한다.

㉪ "기계톱"이란 소형의 원동기로 체인 형태의 절삭날을 가진 톱을 구동시켜 벌목, 가지치기 등 목재를 가공하는 휴대용 동력톱을 말한다.

② 방호장치(7종) : 프레스 및 전단기 방호장치, 양중기용 과부하방지장치, 보일러 압력방출용 안전밸브, 압력용기 압력방출용 안전밸브, 압력용기 압력방출용 파열판, 절연용 방호구 및 활선작업용 기구, 방폭구조 전기기계기구 및 부품

③ 보호구 (12종) : 추락 및 감전 위험방지용 안전모, 안전화, 안전장갑, 방진마스크, 방독마스크, 송기마스크, 전동식 호흡보호구, 보호복, 안전대, 차광 및 비산물 위험방지용 보안경, 용접용 보안면, 방음용 귀마개 또는 귀덮개

(2) 안전검사 대상 유해위험기계(12종)

안전검사란 유해하거나 위험한 기계·기구·설비 등을 사용하는 사업주의 유해·위험기계 등의 안전에 관한 성능이 고용노동부장관이 정하여 고시하는 검사기준에 맞는지에 대하여 고용노동부장관이 실시하는 검사를 말하며, 안전검사 대상 유해위험기계는 다음과 같다.

프레스, 전단기, 크레인 (이동식 크레인과 정격하중 2톤 미만 호이스트는 제외), 리프트, 압력용기, 곤돌라, 국소배기장치, 원심기(산업용), 화학설비 및 그 부속설비, 건조설비 및 그 부속설비, 롤러기(밀폐형 구조 제외), 사출성형기

(3) 자율안전확인신고 대상 기계 · 기구

자율안전확인 신고 제도란 유해 · 위험한 기계 · 기구 · 설비 등으로서 자율안전확인대상 기계 · 기구 등을 제조하거나 수입하는 자는 자율안전확인대상 기계 · 기구 등의 안전에 관한 성능이 자율안전기준에 맞는지 확인하여 고용노동부장관에게 신고하는 것을 말하며, 대상기계기구 및 설비, 방호장치, 보호구는 다음과 같다.

① 기계 · 기구 및 설비(11종) : 연삭기 또는 연마기(휴대형은 제외), 산업용 로봇, 혼합기, 파쇄기 또는 분쇄기, 식품가공용기계(파쇄 · 절단 · 혼합 · 제면기만 해당), 컨베이어, 자동차 정비용 리프트, 공작기계(선반, 드릴기, 평삭 · 형삭기, 밀링만 해당), 고정형 목재가공용 기계(둥근톱, 대패, 루타기, 띠톱, 모떼기 기계만 해당), 인쇄기, 기압조절실(chamber)

② 방호장치(8종) : 아세틸렌 용접장치용 또는 가스 집합 용접장치용 안전기, 교류 아크 용접기용 자동전격방지기, 롤러기 급정지장치, 연삭기 덮개, 목재 가공용 둥근톱 반발예방장치와 날접촉예방장치, 동력식 수동대패용 칼날접촉방지장치, 산업용 로봇 안전매트, 추락 · 낙하 및 붕괴 등의 위험 방지 및 보호에 필요한 가설기자재

③ 보호구(4종) : 안전모, 보안경, 보안면, 잠수기(잠수헬멧 및 잠수마스크를 포함)

방호장치

① 아세틸렌 용접장치용 또는 가스 집합 용접장치용 안전기는 역화방지기를 말하며 소염소자, 역화방지장치 및 방출장치 등으로 구성되어 있고 역화를 방지한 후 복원이 되어 계속 사용할 수 있는 장치를 말한다.

② 교류 아크용접기용 자동전격방지기란 대상으로 하는 용접기의 주회로를 제어하는 장치를 가지고 있어, 용접봉의 조작에 따라 용접할 때에만 용접기의 주회로를 형성하고, 그 외에는 용접기의 출력측의 무부하전압을 25 V 이하로 저하시키도록 동작하는 장치를 말한다.

③ 롤러기 급정지장치란 롤러기의 전면에 작업하고 있는 근로자의 신체 일부가 롤러 사이에 말려들어가거나 말려들어갈 우려가 있는 경우에 근로자가 손, 무릎, 복부 등으로 급정지 조작부를 동작시킴으로써 브레이크가 작동하여 급정지하게 하는 방호장치를 말한다.

④ 연삭기 덮개란 인체가 회전체에 접촉하지 않도록 덮어주는 덮개를 말하며 덮개에는 워크레스트 및 조정편을 구비해야 하며, 워크레스트는 연삭숫돌과의 간격을 3 mm 이하로 조정할 수 있는 장치를 말한다.

⑤ 목재가공용 둥근톱 반발예방장치란 둥근톱 작업 시 가공재의 반발을 방지하기 위하여 설치하는 분할날을 말하며, 목재가공용 둥근톱 날접촉예방장치란 목재가공용 둥근톱의 톱날과 인체의 접촉을 방지하기 위한 덮개를 말한다.

⑥ 동력식 수동대패 칼날접촉방지장치란 인체가 대패날에 접촉하지 않도록 덮어주는 것을 말한다.

⑦ 산업용 로봇 안전매트란 유효감지영역 내의 임의의 위치에 일정한 정도 이상의 압력이 주어졌을 때 이를 감지하여 신호를 발생시키는 장치를 말하며 감지기, 제어부 및 출력부로 구성된다.

(4) 방호장치를 해야 할 유해위험기계기구와 그 방호장치(6종)

방호장치란 위험기계·기구의 위험장소 또는 부위에 근로자가 통상적인 방법으로는 접근하지 못하도록 하는 제한조치를 말하며, 방호망, 방책, 덮개 또는 각종 방호장치 등을 설치하는 것을 포함하며, 방호장치를 반드시 해야 할 대상과 그 방호장치는 다음과 같다.

① 예초기 날접촉예방장치 : 예초기의 절단날 또는 비산물로부터 작업자를 보호하기 위해 설치하는 보호덮개 등의 장치를 말한다.

② 원심기 회전체 접촉예방장치 : 원심기의 케이싱 또는 하우징 내부의 회전통 등에 작업자의 신체 일부가 접촉되는 것을 방지하기 위해 설치하는 덮개 등의 장치를 말한다.

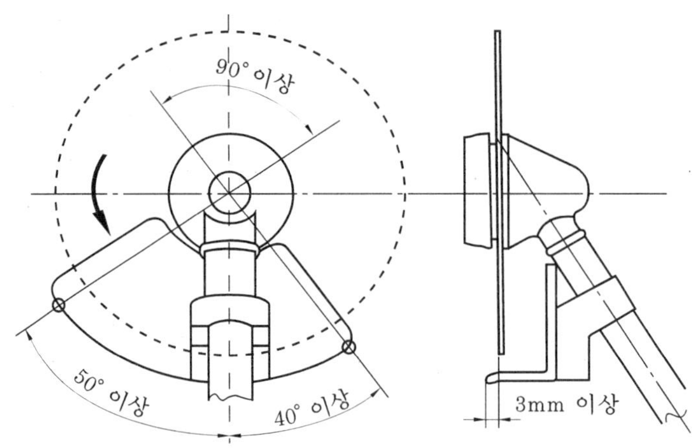

원심기 회전체 접촉예방장치

③ 공기압축기 압력방출장치 : 공기압축기에 부속된 압력용기의 과도한 압력 상승을 방지하기 위하여 설치하는 안전밸브, 언로드밸브 등의 장치를 말한다.

④ 금속절단기 날접촉예방장치 : 띠톱, 둥근톱 등 금속절단기의 절단날 또는 비산물로부터 작업자를 보호하기 위하여 설치하는 장치를 말한다.

⑤ 지게차 헤드가드, 백레스트 : 지게차 헤드가드란 지게차를 이용한 작업 중에 위쪽으로부터 떨어지는 물건에 의한 위험을 방지하기 위하여 운전자의 머리 위쪽에 설치하는 덮개를 하며, 백레스트란 지게차를 이용한 작업 중에 마스트를 뒤로 기울일 때 화물이 마스트 방향으로 떨어지는 것을 방지하기 위해 설치하는 짐받이 틀을 말한다.

⑥ 포장기계 구동부 방호 연동장치 : 진공포장기, 랩핑기의 구동부에 설치되는 방호장치 등이 개방되었을 때 기계의 작동이 정지되도록 하거나 방호장치가 닫힌 상태에서만 기계가 작동되도록 상호 연결시키는 것을 말한다.

> **1-10** 산업재해 발생 원인과 예방 대책에 관한 다음 사항에 대해 설명하시오.
>
> (1) 산업재해 발생의 직접 원인과 간접 원인
> (2) 산업재해 예방 대책(3E, 3S, 4M)
> (3) 산업재해 예방 4원칙
> (4) 산업재해 조사 목적
> (5) 산업재해 조사의 실시 요령과 순서
> (6) 산업재해 조사 시 유의사항
> (7) 산업재해 조사 항목

(1) 산업재해의 발생의 직접 원인과 간접 원인

산업재해를 일으키는 원인에는 직접 원인과 간접 원인이 있다.

① 직접 원인 : 불안전한 행동(인적 원인)과 불안전한 상태(물적 원인)로 구분한다.

  ㈎ 불안전한 행동(인적 원인) : 위험장소의 접근, 방호장치의 기능 제거, 복장·보호구의 잘못 사용, 운전 중인 기계장치의 손질, 불안전한 조작, 불안전한 상태 방치, 불안전한 자세 동작, 감독 및 연락 불충분 등

  ㈏ 불안전한 상태(물적 원인) : 물 자체의 결함, 안전·방호장치의 결함, 복장·보호구의 결함, 물의 배치 및 작업장소 결함, 작업환경의 결함, 생산공정의 결함, 경계표시·설비의 결함 등

② 간접 원인 : 기술적 원인, 교육적 원인, 작업관리상의 원인이 있다.

  ㈎ 기술적 원인 : 건물·기계장치의 설계 불량, 구조·재료의 부적합, 생산 방법의 부적합, 점검·정비·보존 불량 등

  ㈏ 교육적 원인 : 안전지식의 부족, 안전수칙의 오해, 경험·훈련의 미숙, 작업 방법의 교육 불충분, 유해위험작업의 교육 불충분 등

  ㈐ 작업관리상의 원인 : 안전관리조직 결함, 안전수칙 미제정, 작업준비 불충분, 인원배치 부적당, 작업지시 부적당 등

(2) 산업재해 예방 대책(3E, 3S, 4M)

① 3E : 재해예방대책의 일환으로서 교육, 기술, 규제(관리)를 말한다.

  ㈎ 교육(education) : 안전교육을 통해 지식 습득, 안전작업요령 등을 가르쳐 주어 사고를 예방하는 것이다.

  ㈏ 기술(engineering) : 안전기술, 즉 공학적 대책으로서 위험요인을 공학적 접근으로 개선해 나가는 방법이다.

  ㈐ 규제 또는 독려(enforcement) : 근로자가 안전한 행동을 지속할 수 있도록 규제

(또는 관리)를 강화해 나가는 것이다.

② 3S : 재해예방대책의 일환으로서 전문화, 단순화, 표준화를 말한다.

㈎ 전문화 (specialization) : 체계적이고 전문화하여 사고위험을 관리한다.

㈏ 단순화 (simplification) : 복잡한 작업절차는 사고위험을 높일 수 있으므로 가능한 한 단순화시킨다.

㈐ 표준화 (standardization) : 표준절차 지침을 정해서 작업의 안전성을 높인다.

③ 4M : 작업과정에서 위험이 발생될 수 있는 4요소, 즉 사람 (작업자), 기계·설비, 물질·환경, 그리고 관리를 말하며, 이들 4요소에 대해 예방 대책을 강구한다.

㈎ 사람 (man) : 사람, 즉 작업자의 불안전한 행동에 의해 발생되는 위험을 제거한다.

㈏ 기계·설비(machine) : 작업자가 취급하는 기계·설비의 결함 등에서 발생되는 위험을 제거하거나 통제한다.

㈐ 물질·환경(media) : 작업 시 발생하는 분진, 소음, 조도 등 취급물질과 작업환경이 위험요인으로 작용하는 것을 통제하거나 관리한다.

㈑ 관리(management) : 작업장 및 작업자를 관리하는 시스템의 불합리에 의해 발생되는 위험을 관리한다.

(3) 산업재해 예방의 4원칙

산업재해 예방 4원칙은 다음과 같다.

① 손실 우연의 원칙 : 재해, 즉 손실은 사고 발생 시의 조건 및 상황에 따라 달라지므로 손실은 우연성에 의해 결정된다.

② 예방 가능의 원칙 : 재해는 원칙적으로 원인만 제거하면 예방이 가능하다.

③ 원인 연계의 원칙 : 재해의 원인은 여러 요소들이 복합적으로 작용하여 재해를 유발시킨다.

④ 대책 선정의 원칙 : 재해의 원인은 각각 다르므로 원인을 정확히 규명해서 원인에 적합한 대책이 선정, 적용되어야 한다.

(4) 재해조사 목적

① 재해발생 원인을 규명하여 동종 및 유사재해의 재발을 방지한다.

② 법률적 책임 소재를 규명한다.

③ 재해원인의 통계분석을 통하여 연구 및 정책수립에 활용한다.

(5) 산업재해 조사의 실시 요령과 순서

산업재해 조사의 목적은 동종 재해가 재발하지 않도록 재해의 원인인 불안전한 상태와 불안전한 행동을 조사하고, 이것을 분석 검토하여 적정한 방지 대책을 수립하는 데 있다.

따라서, 재해가 발생했을 때는 재해의 정도를 불문하고 항상 철저하게 그 원인을 조사하는 것이 중요하다.

① 산업재해 조사의 실시 요령

  ㈎ 조사자는 진상을 철저히 규명한다. 이를 위해 조사 범위는 재해를 일으킨 모든 부분을 포함한다.

  ㈏ 재해 관련 모든 관계자의 의견을 청취하여 그 결과에 따라 다양한 문제점을 생각한다.

  ㈐ 재해 원인의 복잡성 정도에 따라 조사의 폭이 위축되지 않도록 한다.

② 산업재해 조사의 순서

  ㈎ 1단계(사실의 확인) : 재해 발생까지의 경과를 파악하고 사람, 물체, 관리시스템에 관한 사실을 수집한다.

  ㈏ 2단계(재해 요인의 파악) : 재해를 일으킨 불안전한 상태와 불안전한 행동 등에 대해 재해 원인을 파악한다.

  ㈐ 3단계(재해 원인의 결정) : 재해 원인의 상관관계와 중요성을 고려하여 직접 원인과 간접 원인을 결정한다.

  ㈑ 4단계(재발 방지 대책 수립) : 재해 발생 원인을 참고하여 동종·유사 재해 예방 대책을 수립한다.

(6) 산업재해 조사 시 유의사항

① 산업재해 조사에 참가하는 자는 항상 객관성을 가지고 공평하게 조사한다.
② 산업재해 조사는 발생 후 가능한 한 빨리 현장이 보존된 상태에서 조사를 실시한다.
③ 목격자와 현장 책임자로부터 재해 발생 상황에 대한 설명을 듣는다.
④ 산업재해 관련 자료는 모두 보관한다.
⑤ 설비나 사람 및 관리의 결함사항에 대해 정밀하게 조사한다.
⑥ 산업재해 방지에 초점을 맞추어 조사한다.
⑦ 현장의 사진이나 도면을 확보한다.
⑧ 조사자도 필요 시 보호구를 착용한다.

(7) 재해조사 항목

① 재해자 근무형태 등 재해자 정보 : 재해자에 대한 인적사항, 근무형태, 고용형태에 대해 조사한다.
② 재해자의 상해부위 : 재해자의 상해부위를 조사한다.
③ 재해발생 상황 : 재해발생 일시, 재해발생 장소, 재해발생 시점 등에 대해 조사한다.

④ 재해발생공정 및 작업형태 : 재해가 발생한 공정과 작업자의 작업형태(단독작업, 복수
  작업)에 대해 조사한다.

⑤ 재해발생 형태 : 재해발생 형태(넘어짐, 떨어짐, 끼임, 화재 등)에 대해 조사한다.

⑥ 재해발생 기인물 : 재해를 일으킨 기계, 설비, 에너지 등 기인물에 대해 조사한다.

⑦ 재해발생 작업 : 재해가 발생할 당시 작업자의 작업내용에 대해 조사한다.

⑧ 불안전 상태 : 재해 발생을 유발시킨 기인물에 대해 재해를 일으킬 수 있는 위험요인
  에 대해 조사한다.

⑨ 불안전 행동 : 재해 당시 재해자의 불안전한 행동 (안전수칙 미준수 등)에 대해 조사한다.

⑩ 관리적인 요인 : 재해발생 당시 작업관리 상태(작업절차의 부적절 등)에 대해 조사
  한다.

1-11 위험예지훈련의 4단계를 설명하고, 원포인트 (one point) 위험예지훈련에 대해 설명하시오.

(1) 위험예지훈련의 4단계

위험예지훈련이란 작업 전에 위험 요인을 미리 발견, 파악하고 그에 알맞은 대책을 강구하여 위험 요인을 제거, 방호, 격리 등의 안전조치를 취함으로써 안전을 확보하도록 하는 훈련이다. 위험예지훈련은 소집단 활동과 지적 확인이 모두 필요한 안전활동으로, 숨어 있는 위험 요인을 소집단에서 다함께 토의하여 토출한 뒤 위험의 포인트를 정하고 중점 실시항목을 선정, 지적 확인을 통하여 사전에 위험을 해결하는 훈련이다. 이와 같은 위험예지활동을 통해 위험에 대한 감수성, 실천행동에의 집중력, 자율적 추진으로의 의욕을 높여 불안전 행동을 방지할 수 있다. 위험예지훈련을 위한 4단계는 다음과 같다.

① 1단계(현상 파악) : 위험 요인이 어디에 있는지 위험 요인을 발견하고 파악하는 것
  이다.

② 2단계(본질 추구) : 현상 파악된 위험 요인 중 실제로 사고로 이어질 수 있는 중요한
  위험 요인을 결정하는 것이다.

③ 3단계(대책 수립) : 중요한 위험 요인에 대한 예방 대책을 수립하는 것이다.

④ 4단계(목표 설정) : 예방 대책을 실천하기 위한 행동 목표를 설정하는 것이다.

(2) 원포인트(one point) 위험예지훈련

원포인트 위험예지훈련은 위험예지훈련 4라운드 중 2R, 3R, 4R을 모두 원포인트로 요약하여 실시하는 기법이며, 2~3분이면 실시할 수 있는 현장 활동용이다. 원포인트 위험예지훈련의 진행 방법은 다음과 같다.

① 1R(어떤 위험이 잠재하고 있는가) : 팀원이 작업상황에 대해 잠재하고 있는 위험 요인을 찾는다.

② 2R(이것이 위험의 포인트이다) : 파악된 위험 요인 중 가장 중요한 위험 요인을 원포인트로 요약하여 지적 확인한다.

③ 3R(당신이라면 어떻게 하겠는가) : 원포인트로 요약된 위험 요인에 대한 대책을 세운다.

④ 4R(우리들은 이렇게 하자) : 중점 실시사항을 하나 요약한다.

⑤ 지적 확인 : 원포인트 지적 확인을 하고 터치앤콜(touch & call)을 하며 마무리한다.

> ### *1-12* 산업안전보건법상 다음을 설명하시오.
> (1) 안전보건관리규정 개요 및 작성 내용
> (2) 도급사업 시의 안전보건조치 개요와 안전보건조치 내용

(1) 안전보건관리규정 개요 및 작성 내용

① 안전보건관리규정의 개요 : 안전보건관리규정이란 사업장내 안전보건을 유지하기 위하여 100인 이상 사업장에서는 의무적으로 작성하여 각 사업장에 게시하거나 갖춰놓고 이를 근로자에게 알려야 하며, 사업주와 근로자는 이를 준수해야 한다.

② 안전보건관리규정 작성 내용
   ㈎ 안전·보건 관리조직과 그 직무에 관한 사항
   ㈏ 안전·보건교육에 관한 사항
   ㈐ 작업장 안전관리 및 보건관리에 관한 사항
   ㈑ 사고 조사 및 대책 수립에 관한 사항
   ㈒ 그 밖에 안전·보건에 관한 사항

(2) 도급사업 시의 안전보건조치 개요와 안전보건조치 내용

① 도급사업시의 안전보건조치 개요 : 같은 장소에서 사업의 일부 또는 전부를 도급을 주는 경우 발생할 수 있는 재해를 예방하기 위하여 도급인 및 수급인이 취해야 할 안전

조치를 말한다.

② 도급사업시의 안전보건조치 내용

    ㈎ 안전·보건에 관한 협의체의 구성 및 운영

    ㈏ 작업장의 순회점검 등 안전·보건관리

    ㈐ 수급인이 근로자에게 하는 안전·보건교육에 대한 지도와 지원

    ㈑ 작업환경 측정

    ㈒ 다음 어느 하나의 경우에 대비한 경보의 운영과 수급인 및 수급인의 근로자에 대한 경보운영 사항의 통보

        ㉮ 작업 장소에서 발파작업을 하는 경우

        ㉯ 작업 장소에서 화재가 발생하거나 토석 붕괴 사고가 발생하는 경우

    ㈓ 도급인(사업주)은 그의 수급인이 사용하는 근로자가 토사 등의 붕괴, 화재, 폭발, 추락 또는 낙하 위험이 있는 장소 등에서 작업을 할 안전보건시설의 설치 등 산업재해예방을 위한 조치

    ㈔ 화학물질 또는 화학물질을 함유한 제제를 제조, 사용, 운반 또는 저장하는 설비를 개조하는 등 안전보건상 유해하거나 위험한 작업을 도급 시 수급인의 근로자의 산업재해예방을 위한 조치

> **1-13** 다음은 안전 및 산업심리와 관련된 이론이다. 설명하시오.
>
>   (1) 그린우드(Greenwood) 이론에서 제시하는 재해다발자의 분류 및 이를 해결하기 위한 고려사항
>   (2) 맥그리거(McGregor)의 X이론과 Y이론 및 관리방식과 관리처방
>   (3) 오우찌(W.Ouchi)의 Z이론에 관한 기본 개념과 Z형 조직의 특징

(1) 그린우드(Greenwood) 이론에서 제시하는 재해다발자의 분류 및 이를 해결하기 위한 고려사항

① 재해다발자의 분류 : 재해다발자란 어느 기간 내에 어느 횟수 이상의 재해를 일으킨 사람을 말하며 다음과 같이 분류한다.

    ㈎ 미숙성 다발자 : 기능의 미숙이나 환경에 익숙하지 못하여 재해를 일으키는 자를 말한다.

    ㈏ 상황성 다발자 : 작업이 어렵거나 기계설비에 결함이 있거나 주의력의 집중이 혼란된 경우 및 근심이 있는 경우에 재해를 일으키는 자를 말한다.

(다) 습관성 다발자 : 재해의 경험에 의해 겁쟁이가 되거나 신경과민인 경우와 일종의
슬럼프 상태에 빠진 경우에 재해를 일으키는 자를 말한다.

(라) 소질성 다발자 : 개인적인 소질 가운데 재해 요인의 소질을 가지고 있는 경우와
개인의 특수한 성격에 의해 재해를 일으키는 자를 말한다.

② 고려사항

(가) 작업 방법이나 환경에 대해 익숙하도록 교육을 실시한다.

(나) 주의력 집중훈련을 실시한다.

(다) 작업을 전환시켜 작업환경을 바꿔주거나 스트레스 해소를 위한 다양한 활동을 전
개한다.

(라) 작업자의 소질에 적합한 적성 배치를 한다.

(2) 맥그리거(McGregor)의 X이론과 Y이론 및 관리방식과 관리처방

① 맥그리거의 X이론과 Y이론

(가) X이론

㉮ 인간 불신, 성악설에 근거한다.

㉯ 동기 부여는 생리적 욕구, 안전욕구 등 저차원적 욕구에서 가능하다.

㉰ 책임을 회피하고 통제받기를 좋아한다.

㉱ 창의력을 발휘하지 못한다.

(나) Y이론

㉮ 상호 신뢰, 성선설에 근거한다.

㉯ 동기 부여는 사회적 욕구, 자아실현 욕구 등 고차원적 욕구에서 가능하다.

㉰ 책임감이 강하고 자기통제가 가능하다.

㉱ 창의력 발휘가 가능하다.

② 관리방식과 관리처방

(가) X이론

㉮ 관리방식 : 권위주의적이고 업적 관리방식이다.

㉯ 관리처방 : 엄격한 통제를 가하며 교육훈련을 하지 않는다.

(나) Y이론

㉮ 관리방식 : 개인의 목표와 조직의 목표를 통합시도하며 자유방임적이고 개방지
향적인 관리방식이다.

㉯ 관리처방 : 권한 위임과 책임감을 부여하며 지속적인 교육훈련을 실시한다.

(3) 오우찌(W.Ouchi)의 Z이론에 관한 기본 개념과 Z형 조직의 특징

① Z이론에 관한 기본 개념 : 사업장에서 생산성을 향상시키는 방법이 과거에는 생산기술

이나 설비, 재료 등에 의해 해결되었으나 현재는 조직 구성원의 인간관계 개선 등 효율적인 인적관리에서 찾아야 한다는 것이다.

② Z형 조직의 특징 : Z형 조직의 문화는 자율, 평등, 친밀, 참여, 상호 신뢰 등에 기반하고 있으며, 조직 구성원은 동질성, 집단공동적 인식을 가진다. 따라서 이러한 조직 문화와 인간 관계가 해당 사업장의 생산성을 향상시키는 데 결정적인 역할을 한다.

> **1-14** 피로의 정의, 피로의 종류, 피로에 영향을 미치는 요인 및 피로 시 나타나는 증상, 피로 예방대책에 대해 설명하시오.

(1) 피로의 정의

피로란 체력 또는 근육의 근력 생산능력의 감소를 말하며, 생산 및 작업성적의 양적·질적 저하 현상, 작업능력 또는 생리적 기능의 저하현상을 일으킨다.

(2) 피로의 종류

피로는 다음과 같이 주관적 피로, 객관적 피로 및 생리적 피로로 구분된다.

① 주관적 피로 : '피곤하다'라는 자각을 제일의 징후로 하고, 피로감에는 권태, 단조로움, 포화감이 따르며 의지력이 약화되고 주의가 산만해진다.

② 객관적 피로 : 생산량과 질을 지표로 하며 피로에 의해서 주의가 산만해지고 작업 수행의 의욕과 힘이 떨어져 생산성이 감소하게 된다.

③ 생리적 피로 : 생체의 기능 또는 물질의 변화를 검사 결과를 통해 추정한다. 피로는 특정한 실체가 없기 때문에 피로에 특유한 반응이나 증상이 없다.

(3) 피로에 영향을 미치는 요인

① 개체 조건 : 체력, 숙련도, 경험년수, 연령, 성별, 성격 또는 기질 등이 영향을 미친다.

② 작업 조건 : 심적 부담이 많은 작업 등 질적 조건과 작업부담이나 작업속도 등 양적 조건 등이 영향을 미친다.

③ 환경 조건 : 온도, 습도, 조도, 소음, 진동 등이 영향을 미친다.

④ 사회적 조건 : 거주지역의 통근시간, 직장에서의 인간관계, 임금과 생활수준 등이 영향을 미친다.

(4) 피로 시 나타나는 증상

① 신체적 증상

 ㈎ 머리가 무겁거나 아프다.

 ㈏ 몸이 나른하고 어깨가 쑤신다.

 ㈐ 숨이 차고 가슴이 답답하다.

 ㈑ 하품이 나고 식은땀이 난다.

② 정신적 증상

 ㈎ 머리가 멍하고 현기증이 난다.

 ㈏ 생각이 산만해지고 귀찮아진다.

 ㈐ 초조해지고 마음이 산란하다.

 ㈑ 매사에 자신이 없고 실수가 많다.

③ 신경감각적 증상

 ㈎ 눈이 피로하고 희미해진다.

 ㈏ 발에 힘이 없고 비틀거린다.

 ㈐ 현기증이 나고 근육에 경련이 생긴다.

 ㈑ 귀가 울리고 손발이 흔들린다.

(5) 피로 예방대책

① 작업의 부하를 줄인다.

② 작업속도를 적정하게 한다.

③ 정적 동작을 가능한 피한다.

④ 작업환경 조건을 개선한다.

⑤ 작업시간과 휴식을 적정하게 한다.

⑥ 수면을 충분히 갖도록 한다.

> **1-15** 위험성 평가에 관한 다음 사항에 대해 설명하시오.
>
> (1) 위험성 평가의 목적, 시기, 및 위험성 평가 시 주의사항
> (2) 용어의 정의 : 위험성평가, 위험성, 위험성 추정, 위험성 결정
> (3) 위험성 평가의 절차와 4M 항목별 유해 위험 요인
> (4) 위험성 평가의 방법, 유해 위험 요인 파악 방법과 위험성 감소 대책
>   수립 및 실행 시 고려사항
> (5) 위험성 평가의 효율적 추진을 위한 정부의 책무

(1) 위험성 평가의 목적, 시기 및 위험성 평가 시 주의사항

① 위험성 평가의 목적 : 모든 작업활동에 잠재된 위험 요인의 도출 및 위험성 평가를 통하여 사전에 예방적 안전보건경영체제를 구축함으로써 지속적인 위험관리로 재해를 예방하기 위함이다.

② 위험성 평가 시기

㉮ 위험성 평가는 최초 평가, 수시 평가 및 정기 평가로 구분하여 실시하며, 최초 평가와 정기 평가는 전체 작업을 대상으로 한다.

㉯ 수시 평가는 다음의 해당 계획이 있는 경우에 실시한다.

  ㉠ 사업장 건설물의 설치·이전·변경 또는 해체

  ㉡ 기계·기구, 설비, 원재료 등의 신규 도입 또는 변경

  ㉢ 건설물, 기계·기구, 설비 등의 정비 또는 보수

  ㉣ 작업 방법 또는 작업 절차의 신규 도입 또는 변경

  ㉤ 중대산업사고 또는 산업재해(휴업 이상의 요양을 요하는 경우에 한정한다.) 발생

  ㉥ 그 밖에 사업주가 필요하다고 판단한 경우

㉰ 정기 평가는 최초 평가 후 매년 정기적으로 실시한다. 이 경우 다음의 사항을 고려해야 한다.

  ㉠ 기계·기구, 설비 등의 기간 경과에 의한 성능 저하

  ㉡ 근로자의 교체 등에 수반하는 안전·보건과 관련되는 지식 또는 경험의 변화

  ㉢ 안전·보건과 관련되는 새로운 지식의 습득

  ㉣ 현재 수립되어 있는 위험성 감소 대책의 유효성 등

③ 위험성 평가 시 주의사항

㉮ 사전에 평가대상 목록을 확정한다.

㉯ 현장에서 위험에 직접 노출된 작업자를 참여시킨다.

㉰ 위험 요인 파악은 팀원의 브레인스토밍 방식으로 진행하되 근로자의 아차사고 경험을 반영한다.

(라) 위험 감소 대책은 기술적 · 경제성을 검토하여 합리적으로 실행 가능한 낮은 수준의 위험이 유지되도록 작성한다.

(마) 위험도 계산기준 및 허용 위험수준을 사업장의 규모와 업종 특성에 적합하도록 사전에 정한다.

(2) 용어의 정의 : 위험성 평가, 위험성, 위험성 추정, 위험성 결정

① 위험성 평가 : 유해 · 위험 요인을 파악하고 해당 유해 · 위험 요인에 의한 부상 또는 질병의 발생 가능성(빈도)과 중대성(강도)을 추정 · 결정하고 감소 대책을 수립하여 실행하는 일련의 과정을 말한다.

② 위험성 : 유해 · 위험 요인이 부상 또는 질병으로 이어질 수 있는 가능성(빈도)과 중대성(강도)을 조합한 것을 의미한다.

③ 위험성 추정 : 유해 · 위험 요인별로 부상 또는 질병으로 이어질 수 있는 가능성과 중대성의 크기를 각각 추정하여 위험성의 크기를 산출하는 것을 말한다.

④ 위험성 결정 : 유해 · 위험 요인별로 추정한 위험성의 크기가 허용 가능한 범위인지 여부를 판단하는 것을 말한다.

(3) 위험성 평가의 절차와 4M 항목별 유해 위험 요인

① 위험성 평가 절차

(가) 평가 대상의 선정 등 사전 준비 : 위험성 평가 대상을 선정하고 사전 준비를 한다. 여기서, 평가 대상 생산부서 · 공정의 대분류→평가 대상 작업 · 공정의 세분류→안전보건정보에서 얻어진 자료로부터 주요 평가 항목 선정 등의 절차에 의해 진행한다.

(나) 근로자의 작업과 관계되는 유해 위험 요인의 파악 : 위험성 평가 대상으로 선정된 세분화된 공정 · 작업에 대하여 재해로 발전할 작업 · 공정상 위험은 어떤 것이 있는가? 재해를 당할 가능성의 대상은 누구인가? 재해는 어떤 원인과 경로로 발생하는가? 3가지 질문에 기초하여 평가원의 토론식 방법으로 위험 요인을 도출한다.

(다) 파악된 유해 위험 요인별 위험성의 추정 : 파악된 위험 요인에 대해 다음과 같이 위험성을 추정한다.

$$\text{위험성} = \text{재해 발생의 가능성}(F) \times \text{재해의 중대성}(S)$$

여기서, F : 위험이 재해로 발전될 확률, 폭로빈도와 시간과의 관계

S : 부상의 정도

(라) 추정된 위험성이 허용 가능한 위험성인지 여부의 결정 : 위험도 추정에서의 재해 발생 가능성(F)과 재해 중대성(S)을 Matrix로 구성하고 F와 S를 조합하여 위험도 (위험도 크기)를 평가한다.

아래 예시 표와 같이 가능성을 5단계, 중대성을 4단계로 분류하여 위험성을 추정할 때 일반적으로 다음과 같이 허용할 수 있는 위험과 허용할 수 없는 위험을 판정한다.

㉮ 허용할 수 있는 위험도(1~8) : 1~3(무시할 수 있는 위험), 4~6(미미한 위험), 8(경미한 위험)

㉯ 허용할 수 없는 위험도(9~20) : 9~12(상당한 위험), 12~15(중대한 위험), 16~20(허용불가 위험)

위험성 평가 Matrix

중대성 (크기) \ 가능성 (빈도)		빈번함 5	가능성 높음 4	가능성 있음 3	가능성 낮음 2	가능성 없음 1
중상	4	20	16	12	8	4
경상	3	15	12	9	6	3
미상	2	10	8	6	4	2
없음	1	5	4	3	2	1

※ 위험성의 내용
- 무시할 수 있는 위험 : 안전 대책이 필요 없음
- 미미한 위험 : 안전정보 및 주기적 작업교육의 제공이 필요한 위험
- 경미한 위험 : 위험의 표시 부착, 작업절차서 표기 등 관리적 대책이 필요한 위험
- 상당한 위험 : 정기 보수 기간에 안전 감소 대책을 세워야 하는 위험
- 중대한 위험 : 긴급 임시 안전 대책을 세운 후 작업을 하되 정기 보수 기간에 안전 대책을 세워야 하는 위험
- 허용 불가 위험 : 작업 즉시 중단(작업을 지속하려면 즉시 개선을 실행해야 하는 위험)

㉱ 위험성 감소 대책의 수립 및 실행

㉮ 위험의 정도를 허용할 수 없는 위험(상당한 위험, 중대한 위험, 허용불가 위험)에 대해서는 구체적인 위험 감소 대책을 수립하여 감소 대책 실행 이후에는 허용할 수 있는 범위의 위험으로 들어와야 한다.

㉯ 감소 대책은 합리적으로 실천 가능한 범위에서 가능한 한 낮은 수준으로 수립되어야 한다.

㉰ 아무리 위험 감소 대책을 세워도 허용할 수 없는 범위에 머물러 위험도가 낮추어지지 않는 경우는 위험을 근원적으로 제거할 수 있는 새로운 공정 또는 기계

를 도입하거나 위험한 물질을 안전한 물질로 대체 사용해야 한다.

    (바) 위험성 평가 실시내용 및 결과에 관한 기록 : 위험성 평가 실시 내용과 그 결과는 기록하여 보존한다.

② 4M 위험성 평가의 항목별 유해 위험 요인 : 4M 위험성 평가에서 4M이란 man (사람), machine (기계·설비), media (물질·환경), management (관리)를 말하며 각각에 대한 위험 요인은 다음과 같다.

    (가) man (사람) : 작업자에 대한 위험 요인으로서 근로자의 특성(고령자, 여성 등)에 의한 불안전 행동, 작업 정보의 부적절, 작업자세 및 작업동작의 결함, 작업 방법의 부적절 등이다.

    (나) machine (기계·설비) : 기계설비의 결함, 위험방호의 불량, 본질안전의 부족, 사용 유틸리티의 결함, 설비를 사용하는 운반수단의 결함 등이다.

    (다) media (물질·환경) : 작업공간의 불량, 작업환경(가스, 증기, 분진, 소음, 진동, 산소 결핍 등)의 불량 등이다.

    (라) management (관리) : 안전관리조직 및 체계의 결함, 각종 작업절차서 등 규정의 결함, 교육훈련의 부족, 안전관리계획의 미흡 등이다.

(4) 위험성 평가의 방법, 유해 위험 요인 파악 방법과 위험성 감소 대책 수립 및 실행 시 고려사항

① 위험성 평가의 방법

    (가) 안전보건관리책임자 등 해당 사업장에서 사업의 실시를 총괄 관리하는 사람에게 위험성 평가의 실시를 총괄 관리하게 한다.

    (나) 사업장의 안전관리자, 보건관리자 등에게 위험성 평가의 실시를 관리하게 한다.

    (다) 작업내용 등을 상세하게 파악하고 있는 관리감독자에게 유해·위험 요인의 파악, 위험성의 추정, 결정, 위험성 감소대책의 수립·실행을 하게 한다.

    (라) 유해·위험 요인을 파악하거나 감소대책을 수립하는 경우 특별한 사정이 없는 한 해당 작업에 종사하고 있는 근로자를 참여하게 한다.

    (마) 기계·기구, 설비 등과 관련된 위험성 평가에는 해당 기계·기구, 설비 등에 전문 지식을 갖춘 사람을 참여하게 한다.

    (바) 안전·보건관리자의 선임 의무가 없는 경우에는 제2호에 따른 업무를 수행할 사람을 지정하는 등 그 밖에 위험성 평가를 위한 체제를 구축한다.

② 유해 위험 요인 파악 방법

    (가) 사업장 순회점검에 의한 방법

    (나) 청취조사에 의한 방법

    (다) 안전보건 자료에 의한 방법

(라) 안전보건 체크리스트에 의한 방법

(마) 그 밖에 사업장의 특성에 적합한 방법

③ 위험성 감소 대책 수립 및 실행 시 고려사항 : 위험성을 결정한 결과 허용 가능한 위험성
이 아니라고 판단되는 경우에는 위험성의 크기, 영향을 받는 근로자 수 및 위험성 감소
를 위한 대책을 수립하여 실행하며, 이때 고려해야 할 사항은 다음과 같다.

(개) 위험한 작업의 폐지 · 변경, 유해 · 위험물질 대체 등의 조치 또는 설계나 계획 단
계에서 위험성을 제거 또는 저감하는 조치

(내) 연동장치, 환기장치 설치 등의 공학적 대책

(대) 사업장 작업절차서 정비 등의 관리적 대책

(래) 개인용 보호구의 사용

(5) 위험성 평가의 효율적 추진을 위한 정부의 책무

① 정책의 수립 · 진행 · 조정 · 홍보

② 위험성 평가 기법의 연구 · 개발 및 보급

③ 사업장 위험성 평가 활성화 시책의 운영

④ 위험성 평가 실시의 지원

⑤ 조사 및 통계의 유지 · 관리

⑥ 그 밖에 위험성 평가에 관한 정책의 수립 및 추진

1-16 다음은 재해율에 관한 사항이다. 설명하시오.

(1) 연천인율, 도수율, 강도율 및 종합재해지수
(2) 근로손실일수 산출 방법
(3) 상시 근로자가 120명인 사업장에서 휴업재해가 5건 (재해자수 5명) 발
생하여 그로 인한 근로손실일수가 10일 발생하였다. 이 사업장의 연천인
율, 도수율, 강도율, 종합재해지수를 계산하시오.

---

(1) 연천인율, 도수율, 강도율 및 종합재해지수

① 연천인율 : 연천인율은 근로자 1,000명당의 재해자수를 말한다. 연천인율 산출 공식
은 다음과 같다.

$$연천인율 = \frac{재해자수}{근로자수} \times 1,000$$

② 도수율 : 도수율은 재해 발생의 빈도를 나타내는 것으로 빈도율이라고도 하며, 근로 시간 합계 100만 시간당의 재해발생건수를 말한다. 도수율 산출 공식은 다음과 같다.

$$도수율 = \frac{재해발생건수}{근로시간수} \times 1,000,000$$

단, 근로시간수는 근로자수×근로자 1인당 1년간 근로시간수이며, 1일 8시간, 1월 25일, 1년 2400시간을 기준으로 한다.

③ 강도율 : 강도율은 재해 발생 결과의 정도를 나타내는 것으로 근로시간 합계 1,000시 간당 재해로 인해 잃어버린 근로손실일수를 말한다. 산출 공식은 다음과 같다.

$$강도율 = \frac{근로손실일수}{근로시간수} \times 1,000$$

④ 종합재해지수 : 종합재해지수는 재해의 도수와 강도를 동시에 나타낼 수 있는 지수로 서 산출 공식은 다음과 같다.

$$종합재해지수 = \sqrt{도수율 \times 강도율}$$

(2) 근로손실일수 산출 방법

① 휴업일수 또는 요양일수가 주어지는 경우 근로손실일수

$$근로손실일수 = 휴업일수 (요양일수) \times \frac{300}{365}$$

② 신체장해등급으로 주어지는 경우 근로손실일수 (단, 사망 시는 7,500일로 한다.)

신체장해등급	1	2	3	4	5	6	7	8	9	10	11	12	13	14
근로손실일수	7,500	7,500	7,500	5,500	4,000	3,000	2,200	1,500	1,000	600	400	200	100	50

　⑩ 신체등급 1~3급은 7,500일, 7급은 2,200일, 14급은 50일이 근로손실일수가 된다.

(3) 연천인율, 도수율, 강도율, 종합재해지수 계산

① 연천인율

$$연천인율 = \frac{재해자수}{근로자수} \times 1,000$$ 에서 재해자수 5, 근로자수 120이므로

$$연천인율 = \frac{5}{120} \times 1,000 = 41.66 이다.$$

② 도수율

$$도수율 = \frac{재해발생건수}{근로시간수} \times 1,000,000$$ 에서

연간근로시간수는 120×2,400시간이므로

$$도수율 = \frac{재해발생건수}{근로시간수} \times 1,000,000$$

$$= \frac{5}{120 \times 2,400} \times 1,000,000 = 17.36 \text{이다.}$$

③ 강도율

$$\text{강도율} = \frac{\text{근로손실일수}}{\text{근로시간수}} \times 1,000 = \frac{10}{120 \times 2,400} \times 1,000 = 0.034 \text{이다.}$$

④ 종합재해지수

$$\text{종합재해지수} = \sqrt{\text{도수율} \times \text{강도율}} = \sqrt{17.36 \times 0.034} = 0.14 \text{이다.}$$

1-17 재해발생과정과 원인에 관한 다음 사항에 대해 설명하시오.

(1) 하인리히 및 버드 이론
(2) 사고 분석에 따른 재해 발생 비율을 제시한 하인리히의 1 : 29 : 300 법칙과 버드의 1 : 10 : 30 : 600법칙

(1) 하인리히 및 버드 이론

① 하인리히의 이론 : 하인리히의 도미노 이론에서는 사고의 원인에서 발생에 이르는 과정이 시간 순으로 5단계로 정리되며, 5단계의 각 요소는 상호 밀접한 관련을 가지고 일렬로 서기 때문에 한쪽에서 쓰러지면 연속적으로 모두 쓰러지는 것과 같이 사고 발생은 선행 요인에 의해서 일어나고 이들 요인이 겹쳐서 연쇄적으로 생기는 것이다. 그러므로 이러한 연쇄반응에 있어 그것을 구성하는 요인들 중 하나라도 제거할 수 있다면 연쇄반응은 중단되고, 최종적으로 재해는 발생하지 않을 것이다.

⑦ 1단계 – 사회 환경(유전) : 무모, 완고, 탐욕, 기타 성격상의 바람직하지 못한 특징은 유전에 의해 물려받았을 수 있다. 또한 환경은 이런 유전적 특징을 조장하고, 교육을 방해하므로, 유전적 요인과 사회적 환경은 인적 결합의 원인이 된다.

⑭ 2단계 – 개인적 결함 : 무모, 포악한 품성, 신경질, 흥분성, 무분별, 안전에 대한 무지 등과 같은 선천적, 후천적 인적 결함은 불안전한 행동을 야기하거나 기계적, 물리적 위험성이 존재하는 데 있어 가장 근접한 이유를 구성한다.

⑭ 3단계 – 불안전한 행동, 불안전한 상태 : 경보 없이 기계를 작동하거나, 안전장치를 제거하는 등 인간의 불안전한 행동과 방호되지 않은 톱니바퀴, 작업점, 손잡이의 미설치, 불충분한 조명 같은 불안전한 상태가 직접적으로 사고의 원인이 된다.

⑭ 4단계 – 사고 : 사람의 추락이나 협착 등은 상해의 원인이 되는 전형적인 사고이다.

⑭ 5단계 – 재해 : 베임, 절단 등은 직접적으로 사고에 의해 생기는 상해(결과)이다.

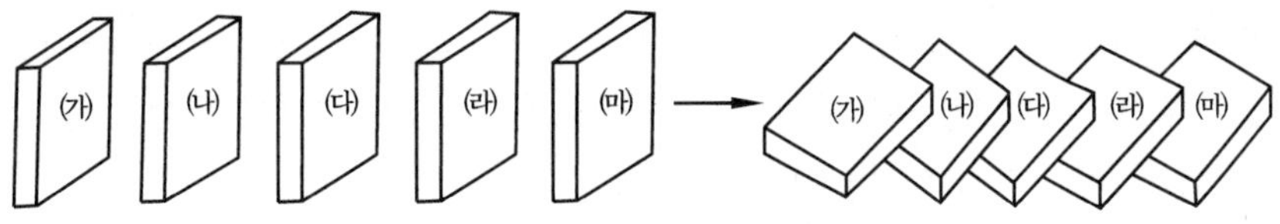

사고 발생의 연쇄과정

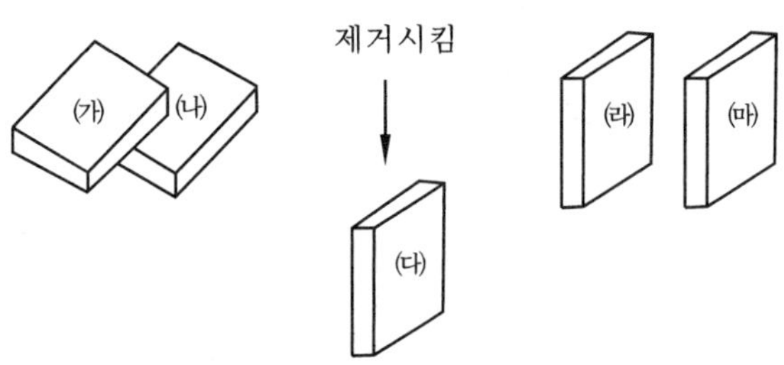

불안전한 행동 및 상태의 제거

② 버드의 이론 : 버드 (Frank Bird)에 따르면 재해는 5단계의 연쇄적 과정을 거쳐 발생한다. 버드 이론과 하인리히 이론을 비교해 보면, 버드는 3단계인 징후 (사고)가 관리의 부재에서 발생한다고 하였으며, 따라서 하인리히가 제시한 3단계의 원인이 불안전한 행동과 불안전한 상태에 의해 발생한다는 이론과는 차이가 난다. 버드의 재해연쇄성이론은 다음과 같다.

㈎ 1단계 : 관리의 부재

㈏ 2단계 : 기본 원인 (기원론, 원인학)

㈐ 3단계 : 징후

㈑ 4단계 : 접촉

㈒ 5단계 : 상해 또는 손실

(2) 사고 분석에 따른 재해 발생 비율을 제시한 하인리히의 1 : 29 : 300법칙과 버드의 1 : 10 : 30 : 600법칙

① 하인리히의 1 : 29 : 300법칙 : 하인리히에 따르면 사고로 인해 발생하는 재해는 사망 또는 중상해가 1회, 경상해가 29회, 무상해 사고가 300회의 비율로 나타난다.

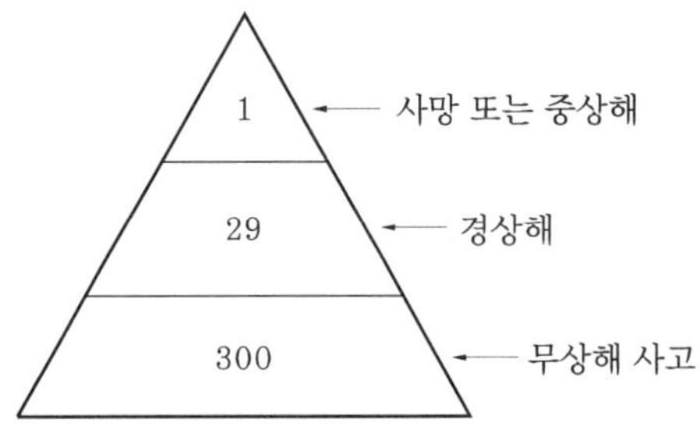

하인리히의 1:29:300법칙

② 버드의 1 : 10 : 30 : 600법칙 : 버드에 따르면 사고로 인해 발생하는 재해는 중상 또는
   폐질이 1회, 경상이 10회, 무상해 사고 (물적 손실)가 30회, 무상해 및 무사고 고장
   (위험 순간)이 600회의 비율로 나타난다.

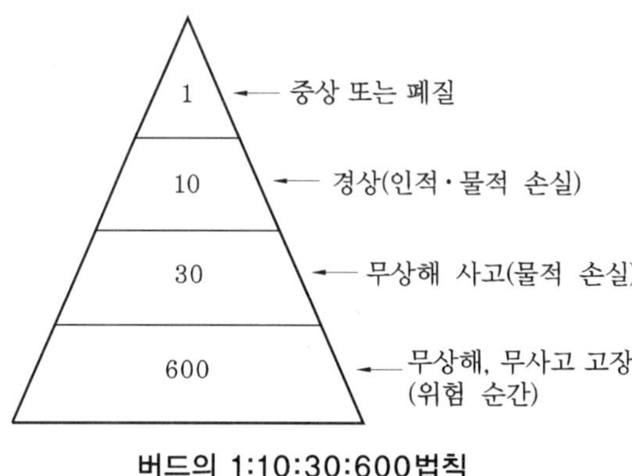

버드의 1:10:30:600법칙

1-18 재해손실비에 관하여 논하고, 재해손실비용의 산정 방법에 대해 설명하시오.

(1) 재해손실비

재해란 사고의 결과로 인한 인명, 재산상의 손실을 말한다. 재해손실비(accident cost)란 재해가 발생하지 않았다면 지출되지 않는 직·간접 손실비용을 말한다.

① 직접 손실비용 : 인적 손실에 따라 산재보험에서 지급되는 휴업보상금 등 보상금이 주로 해당된다.

② 간접 손실비용 : 재해로 인한 생산 중단, 물적 손실 등 제반 비용이 해당된다.

(2) 재해손실비용 산정 방법

① 하인리히(Heinrich) 방식 : 재해로 인한 간접 손실비용이 직접 손실비용의 4배가 된다는 재해손실비 1 : 4 이론을 말한다.

재해손실액＝직접 손실비용＋간접 손실비용

직접손실비 : 보험회사가 지급하는 비용 (휴업, 장해, 유족보상비)

간접손실비 : 보험회사가 지급하지 않는 비용 (작업대기, 공구손실, 여비, 병상위문금)

② 시몬즈(Simons) 방식 : 하인리히 방식인 직접 손실비용과 간접 손실비용의 1 : 4 이론에 대해서 전면적으로 부정하고 새로운 산정방식인 평균치법을 채택하고 있다.

재해손실액＝보험비용＋비보험비용

비보험비용＝휴업상해건수×A＋통원상해건수×B＋구급조치건수×C＋무상해건수×D,
A, B, C, D는 상해 정도에 따라 결정한다.

> **참고**
>
> **재해손실비 산정 방법의 차이점**
> ① 하인리히 방식과 시몬즈 방식이 근본적으로 다른 점은 하인리히가 재해손실비용을
>   직접 손실비용과 간접손실비용으로 나누고 그 비가 1 : 4라고 주장하는데 대해 시몬
>   즈는 상해 정도에 따라 4단계로 나누어 1건당의 평균치를 취하고 있는 점이다.
> ② 시몬즈 방식은 하인리히 방식을 검토, 수정하여 재해손실비용을 보험비용과 비보험 비
>   용으로 구분하여 산정하였고, 비보험비용은 상해의 정도별로 평균치를 정해놓고 산정하
>   였으며, 산재 대상에서 제외되고 있는 무상해 사고까지를 고려 대상에 포함시켰다는 데
>   그 의의가 있다.

③ 버드 방식 : 간접비에 빙산의 원리를 적용하여 하인리히 방식보다는 간접비를 높게
   책정하였다. (직접비 : 간접비＝1 : 5)

④ 콤페스 방식 : 총재해비용＝개별 비용＋공용 비용 (공용 비용은 보험료, 안전보건팀
   운영비 등이고, 개별 비용은 작업 중단 손실, 사고 조사 경비, 치료 경비 등이다.)

1-19 에너지대사율 (RMR) 및 부주의의 원인과 주의의 특성에 대해 설명하시오.
(1) 에너지대사율 (RMR)
(2) 부주의의 원인과 주의의 특성

(1) 에너지대사율 (RMR)

에너지대사율 (RMR ; relative metabolic rate)은 작업강도를 나타내는 것으로써 작
업에 따라 작업강도가 어느 정도인지를 객관적으로 표시한다. 작업에 소용되는 매
시간당의 대사량 (kcal/h)을 인체의 표면적(m^2)으로 나눈 값으로 단위는 $kcal/m^2 \cdot h$
이며, RMR로 약기한다.

에너지대사율은 활동대사량이 기초대사량의 몇 배에 해당되는가를 숫자로 표시하
며, 다음 식으로 표시한다.

$$\text{에너지대사율 (RMR)} = \frac{\text{활동대사량}}{\text{기초대사량}} = \frac{\text{활동 시 소비칼로리} - \text{안정 시 소비칼로리}}{\text{기초대사량}}$$

에너지대사율은 작업의 종류에 따라 달라지는데, 안정 시의 대사율은 기초대사율의 약 1.2배이며, 작업 중의 RMR은 경노동 0~2, 중(中)노동 2~4, 중(重)노동 4~7, 격노동 7 이상이다.

(2) 부주의의 원인과 주의의 특성

① 부주의의 원인 : 부주의는 의식의 우회, 의식수준의 저하, 의식의 단절 및 의식의 과잉에서 나타난다.

㈎ 의식의 우회 : 의식이 옆으로 벗어난 현상을 말한다.

㈏ 의식수준의 저하 : 피로 등에 의해 의식이 현저히 떨어진 혼미한 상태를 말한다.

㈐ 의식의 단절 : 의식의 흐름이 지속적으로 단절되는 현상을 말한다.

㈑ 의식의 과잉 : 한곳에만 의식이 집중되는 현상이다.

② 주의의 특성 : 주의의 특성에는 선택성, 방향성, 변동성이 있다.

㈎ 선택성 : 한번에 여러 가지에 집중하지 못하고, 어느 특정한 것에만 집중하게 된다.

㈏ 방향성 : 시선에서 벗어나면 인지하지 못하지만 주의의 초점이 맞으면 주의를 집중하게 된다.

㈐ 변동성 : 한곳에 계속해서 집중하지 못한다.

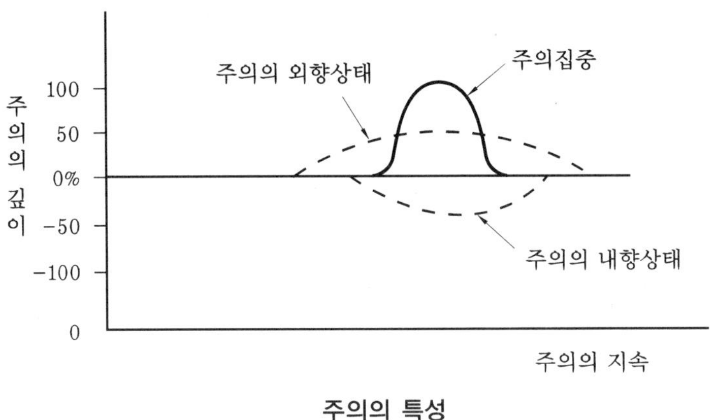

주의의 특성

1-20 안전관리의 조직을 3가지 유형으로 분류하고 각각의 특성에 대해 설명하시오.

안전관리 조직의 형태는 라인형, 스태프형 및 라인 스태프 혼합형으로 구분하며, 각 유형별 특징은 다음과 같다.

(1) 라인형(계선형)

① 안전관리에 관한 계획에서 실시에 이르기까지 모든 안전관리업무를 생산라인에서 담당하는 조직 형태이다.

② 생산라인의 직속상사가 부하 직원에게 안전에 관한 지시나 명령을 내리기 때문에 지시나 전달이 신속 정확하고 전달체계가 간단명료하다.

③ 안전을 전담하는 부서가 없기 때문에 안전에 관한 전문 지식이나 기술 축적이 미흡하다.

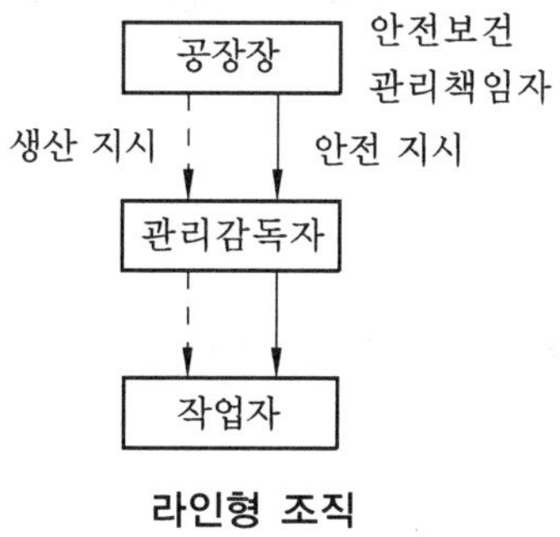

라인형 조직

(2) 스태프형(참모형)

① 안전관리를 전담하는 스태프 부서를 두고 안전에 관한 계획, 조사 및 현장의 안전기술을 지원하는 형태이다.

② 안전을 전담하므로 안전에 관한 기술 축적이 가능하고 안전기법을 개발, 보급할 수 있다.

③ 생산라인과의 유기적인 협조가 잘 되지 않을 경우 지시나 전달이 잘 이루어지지 않는다.

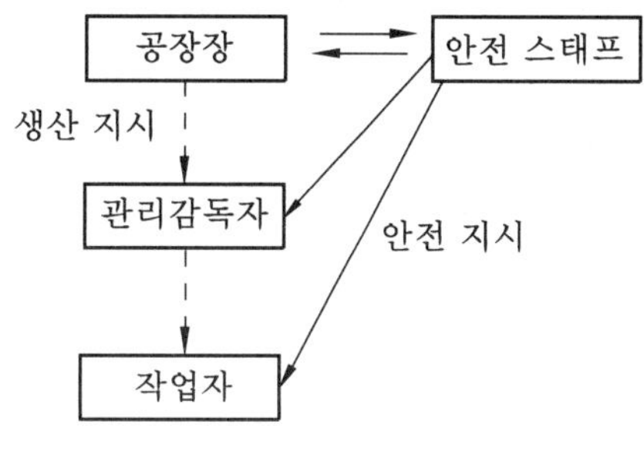

스태프형 조직

(3) 라인 스태프 혼합형

① 생산라인과 별도로 스태프 부서를 두고 있으므로 안전관리가 원활히 진행될 수 있다.

② 안전에 관한 기술 축적과 안전기법의 개발이 가능하고 안전 지시나 전달이 신속 정확하다.

③ 명령 계통과 지도 조언 및 권고적 참여가 혼돈되기 쉽고 소규모 사업장에는 비용 증가로 적용하기 어렵다.

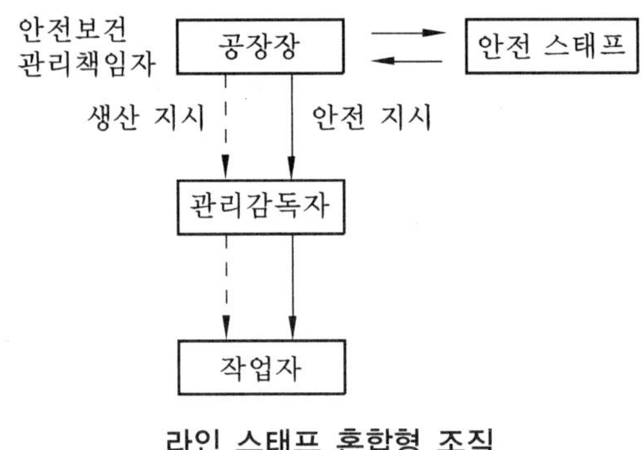

라인 스태프 혼합형 조직

1-21 산업안전보건위원회의 설치목적, 설치대상, 구성, 회의 개최 및 심의·의결사항에 대해 설명하시오.

(1) 설치목적

산업안전보건위원회 설치목적은 산업안전보건에 관한 중요사항을 심의·의결하기 위함이다.

(2) 설치대상

① 상시근로자 100인 이상 사업장, 단 건설공사는 공사금액이 120억원 이상인 사업장
② 상시근로자 50인 이상 100인 미만 사업장 중 유해위험한 다음의 사업장
　㉮ 토사 석광업
　㉯ 목재 및 나무제품 제조업
　㉰ 화학물질 및 화학제품 제조업
　㉱ 비금속광물제품 제조업
　㉲ 1차 금속 제조업
　㉳ 금속 가공제품 제조업
　㉴ 자동차 및 트레일러 제조업
　㉵ 기타 기계 및 장비 제조업
　㉶ 기타 운송장비 제조업

(3) 구성

근로자와 사용자 동수로 구성하되 다음과 같이 구성한다.
① 근로자 위원

㉮ 근로자 대표

㉯ 명예산업안전감독관

㉰ 근로자 대표가 지명하는 9인 이내 근로자

② 사용자 위원

㉮ 사업의 대표자

㉯ 안전관리자

㉰ 보건관리자

㉱ 산업보건의

㉲ 사업의 대표자가 지명하는 9인 이내의 부서장

(4) 회의 개최

회의는 정기회의와 수시회의로 구분하며, 정기회의는 분기마다, 임시회의는 위원장이 필요하다고 인정할 때 개최한다. 회의 시 기록해야 할 사항은 개최일시 및 장소, 출석위원, 심의 내용 및 의결 결정사항, 그 밖의 토의사항이다.

(5) 심의 · 의결사항

사업주가 산업안전보건위원회의 심의·의결을 거쳐야 할 사항은 다음과 같다.
① 산업재해예방계획의 수립에 관한 사항
② 안전보건관리규정의 작성 및 변경에 관한 사항
③ 근로자의 안전보건교육에 관한 사항
④ 산업재해의 원인 조사 및 재발 방지 대책 수립에 관한 사항
⑤ 산업재해에 관한 통계의 기록 및 유지에 관한 사항
⑥ 중대재해에 관한 사항
⑦ 유해위험기계기구 및 설비를 도입한 경우 안전보건조치에 관한 사항

1-22 근골격계질환의 개요를 설명하고, 작업 관련 근골격계질환의 형태를 3단계로 분류하여 설명하시오.

(1) 근골격계질환의 개요

근골격계질환이란 무리한 힘의 사용, 반복적인 동작, 부적절한 작업 자세, 날카로운 면과의 신체 접촉, 진동 및 온도 등의 요인으로 인해 근육과 신경, 힘줄, 인대, 관절 등의 조직이 손상되어 신체에 나타나는 건강장해를 말한다.

(2) 근골격계질환의 형태

① 1단계
  ㈎ 작업 중 통증, 피로감
  ㈏ 하룻밤 지나면 증상 없음
  ㈐ 작업능력 감소 없음
  ㈑ 며칠 동안 지속 – 악화와 회복 반복

② 2단계
  ㈎ 작업시간 초기부터 통증 발생
  ㈏ 하룻밤 지나도 통증 지속
  ㈐ 화끈거려 잠을 설침
  ㈑ 작업능력 감소
  ㈒ 몇 주, 몇 달 지속 – 악화와 회복 반복

③ 3단계
  ㈎ 휴식시간에도 통증
  ㈏ 하루 종일 통증
  ㈐ 통증으로 불면
  ㈑ 작업수행 불가능
  ㈒ 다른 일도 어려움 (통증 동반)

1-23 다음 산업재해에 관한 사항에 대해 설명하시오.
  (1) 중대재해 및 산업재해의 정의, 발생 보고 시기, 중대재해 발생 시 보고 내용, 산업재해 발생 시 기록사항
  (2) 산업재해 발생 시 긴급 처치와 2차 재해 예방 조치
  (3) 산업재해 발생 시 조치사항 순서

---

(1) 중대재해 및 산업재해의 정의, 발생 보고 시기, 중대재해 발생 시 보고 내용, 산업재해 발생 시 기록사항

① 중대재해 : 중대재해란 산업재해 중 사망 또는 재해 정도가 심한 것으로서 다음의 재해를 말한다.
  ㈎ 사망자가 1명 이상 발생한 재해

　(내) 3개월 이상의 요양이 필요한 부상자가 동시에 2명 이상 발생한 재해

　(대) 부상자 또는 직업성 질병자가 동시에 10명 이상 발생한 재해

② 산업재해 : 산업재해란 근로자가 업무에 관계되는 건설물, 설비, 원재료, 가스, 증기, 분진 등에 의하거나 작업 또는 그 밖의 업무로 인하여 사망 또는 부상하거나 질병에 걸리는 것을 말한다.

③ 발생 보고 시기 : 산업재해는 재해가 발생한 날로부터 1개월 이내, 중대재해는 즉시(지체 없이) 보고해야 한다.

④ 중대재해 발생 시 보고 내용 : 중대재해 발생 시 지방고용노동지청에 즉시 보고해야 할 사항은 다음과 같다.

　(개) 발생 개요 및 피해 상황

　(내) 조치 및 전망

　(대) 그 밖의 중요한 사항

⑤ 산업재해 발생 시 기록사항

　사업주는 사업장에서 산업재해 발생 시 다음 사항을 기록하여 보존해야 한다.

　(개) 사업장의 개요 및 근로자의 인적 사항

　(내) 재해 발생의 일시 및 장소

　(대) 재해 발생의 원인 및 과정

　(래) 재해 재발방지 계획

(2) 산업재해 발생 시 긴급 처치와 2차 재해 예방 조치

① 산업재해 발생 시 긴급 처치 : 산업재해 발생 시 피해의 확산을 방지하기 위해서 긴급 처치해야 할 사항은 다음과 같다.

　(개) 피재기계를 정지시킨다.

　(내) 피재자는 응급조치한다.

　(대) 관계자에게 재해 사실을 통보한다.

② 2차 재해 예방 조치 : 재해 발생 시 또 다른 재해가 발생하는 것을 2차 재해라 하며, 고소작업장소에서 충전부 접촉에 의해 감전재해가 발생할 때, 그 전기적인 충격에 의해 작업자가 추락하는 경우가 대표적인 2차 재해 발생 사례이다. 따라서 2차 재해 방지를 위해서는 작업별 발생할 수 있는 모든 위험 요인을 사전에 파악하여 예방조치를 취해야 하며, 특히 재해를 일으킨 설비나 물질 등에 대해서는 즉각적인 안전조치를 취해야 한다.

(3) 산업재해 발생 시 조치사항 순서

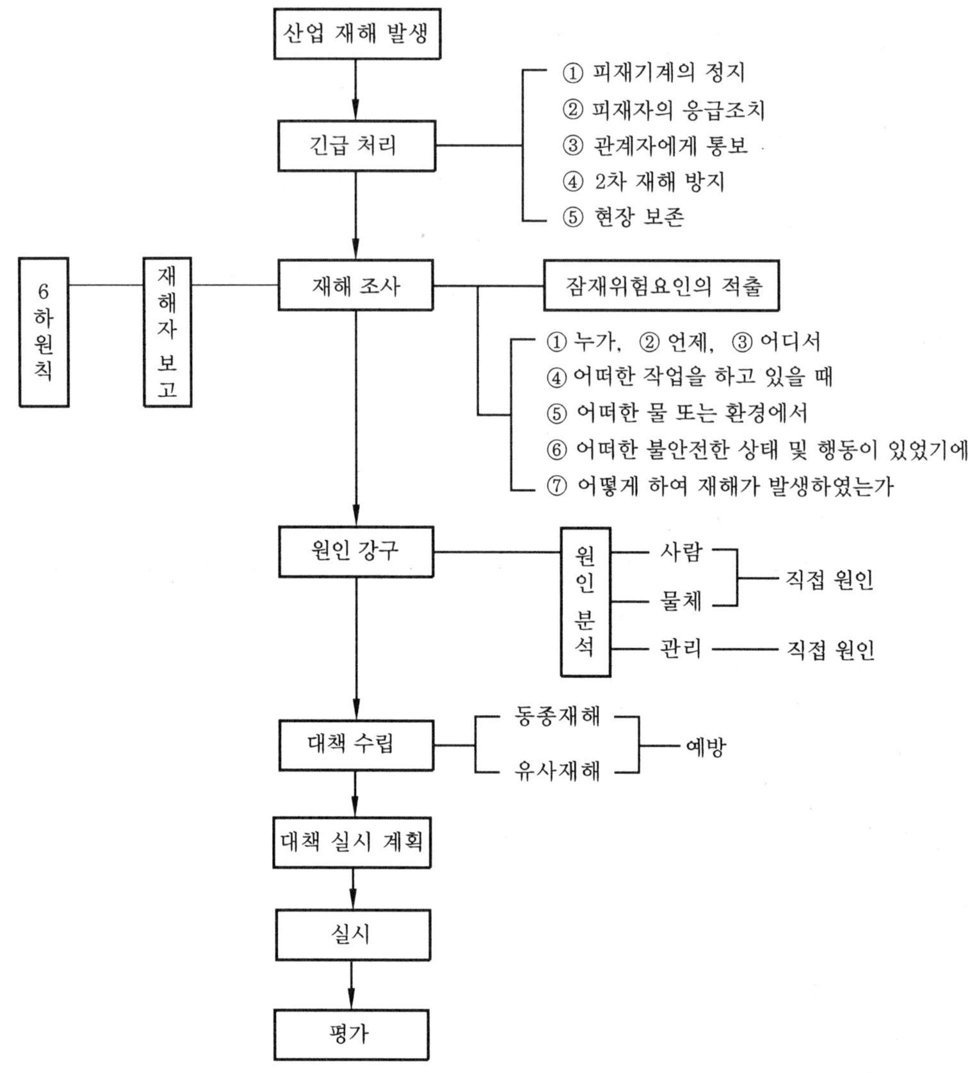

산업재해 발생 시 조치사항 순서

① 산업재해 발생 시 사업주는 사업장의 개요 및 근로자의 인적 사항, 재해 발생의 일시 및 장소, 재해 발생의 원인 및 과정, 재해 재발 방지 계획을 기록하고 보존해야 한다.

② 발생한 산업재해 중 사망자, 4일 이상의 요양이 필요한 부상자 또는 질병자에 대해서는 해당 산업재해가 발생한 날부터 1개월 이내에 산업재해 조사표를 작성하여 관할 지방고용노동관서장에게 제출해야 한다. 사업주는 산업재해 조사표에 근로자 대표의 확인을 받아야 하며, 그 기재 내용에 대하여 근로자 대표의 이견이 있는 경우에는 그 내용을 첨부해야 한다.

③ 중대재해 발생 시 사업주 지체 없이 전화, 팩스 등으로 지방고용노동관서장에게 발생 개요 및 피해 상황, 조치 및 전망, 그 밖의 중요한 사항을 보고해야 한다. 다만, 천재지변 등 부득이한 사유가 발생한 경우에는 그 사유가 소멸된 때부터 지체 없이 보고해야 한다.

1-24 제조업 유해위험방지계획서에 관한 다음 사항에 대해 설명하시오.
 (1) 유해위험방지계획서의 개요
 (2) 유해위험방지계획서 제출시기와 확인을 받아야 할 시기
 (3) 제출대상 사업장 (대상 업종)
 (4) 제출대상 사업장 (대상 설비)

---

(1) 유해위험방지계획서의 개요

유해위험방지계획서 제출대상 업종에서 제품 생산 공정과 직접적으로 관련된 건설물·기계기구 및 설비 등의 일체를 설치·이전하거나 주요 구조 부분을 변경할 경우 또는 제출대상 기계기구 및 설비를 설치·이전하거나 주요 구조 부분을 변경할 경우 해당 사업주가 제출시기에 맞게 관련 서류를 제출하여 심사 및 확인을 받아야 하는 제도를 말한다.

(2) 유해위험방지계획서 제출시기와 확인을 받아야 할 시기

① 유해위험방지계획서 제출시기 : 해당 작업시작 15일 전까지 제출해야 한다.

② 유해위험방지계획서 확인을 받아야 할 시기 : 시운전 단계에서 확인을 받아야 한다.

(3) 제출대상 사업장 (대상 업종)

전기계약용량이 300 kW 이상으로서 제품 생산 공정과 직접적으로 관련된 건설물·기계기구 및 설비 등의 일체를 설치·이전하거나 주요 구조 부분을 변경하는 다음의 사업장을 말한다.

① 금속 가공 제품 제조업

② 비금속 광물 제품 제조업

③ 기타 기계 및 장비 제조업

④ 자동차 및 트레일러 제조업

⑤ 식료품 제조업

⑥ 고무 제품 및 플라스틱 제품 제조업

⑦ 목제 및 나무 제품 제조업
⑧ 기타 제품 제조업
⑨ 1차 금속 제조업
⑩ 가구 제조업

(4) 제출대상 사업장(대상 설비)

다음의 기계기구 및 설비를 설치·이전하거나 주요 구조 부분을 변경하는 다음 사업장이 해당된다.
① 금속이나 그 밖의 광물의 용해로
② 화학설비
③ 건조설비
④ 가스집합용접장치
⑤ 허가대상, 관리대상 유해물질 및 분진작업 관련설비

1-25 무재해운동의 기본 이념과 기본 원칙에 대해 설명하시오.

(1) 기본 이념

무재해운동이란 근로자가 작업과정에서 재해를 당하지 않도록 다양한 재해 예방 활동을 전개하는 것을 말하며, 인간 존중의 이념에 근간을 두고 있다. 즉 사업주는 인간 존중의 경영 철학을 기반으로 해서 근로자가 한 사람이라도 재해를 당하는 일이 없어야 한다는 기본 이념을 갖고 다양한 무재해추진기법을 도입하여 실천할 때 안전보건이 확보되어 무재해를 달성하게 되는 것이다.

(2) 기본 원칙

무재해운동의 기본 원칙에는 무의 원칙, 선취의 원칙, 참가의 원칙이 있다.
① 무의 원칙 : 작업장의 모든 위험 요인에 대한 해결방안을 제시하여 실행함으로써 재해를 근원적으로 없앤다는 것이다.
② 선취의 원칙 : 작업장에 잠재하고 있는 위험 요인을 사전에 예지하여 발견, 파악, 해결함으로써 재해 발생을 예방하는 것이다.
③ 참가의 원칙 : 무재해를 위하여 구성원 전원이 무재해운동에 참가해야 한다는 것이다.

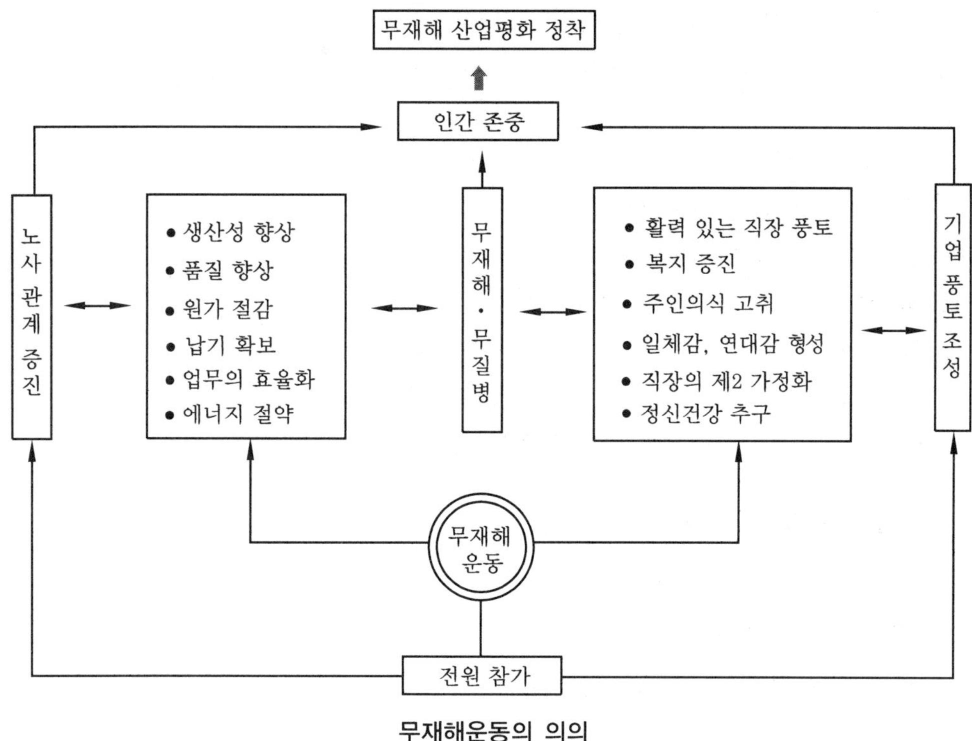

무재해운동의 의의

> ***1-26*** **작업표준에 관한 다음 사항에 대해 설명하시오.**
>
> **(1) 작업표준의 목적 및 필요성**
> **(2) 작업표준의 전제 조건 및 구성**
> **(3) 작업표준의 구비 조건**
> **(4) 작업표준의 작성 순서**

(1) 작업표준의 목적 및 필요성

작업표준이란 생산에 필요한 작업방법, 작업조건, 관리방법, 사용재료, 기타 취급상의 주의사항 등에 관한 기준을 규정한 것을 말하며, 기술표준, 동작표준, 작업순서, 작업요령, 작업지도서, 작업지시서 등이 포함된다. 작업표준의 목적 및 필요성은 다음과 같다.

① 작업의 효율화
② 작업상의 위험 요인의 제거
③ 손실 요인의 제거

(2) 작업표준의 전제 조건 및 구성

작업표준의 전제 조건 및 구성 요소는 안전, 품질, 능률, 원가이다.

(3) 작업표준의 구비 조건

① 작업 실정에 맞는 것이어야 한다.

② 좋은 작업의 표준이어야 한다.

③ 표현을 구체적으로 나타내어야 한다.

④ 생산성과 품질 특성에 맞는 것이어야 한다.

⑤ 이상 시의 조치사항에 대해서 미리 정해두어야 한다.

⑥ 다른 규정 등에 위배되지 않아야 한다.

(4) 작업표준의 작성 순서

① 제1단계 : 작업의 분류 및 정리

② 제2단계 : 작업 분해

③ 제3단계 : 동작 순서 및 급소를 정함

④ 제4단계 : 작업표준안 작성

⑤ 제5단계 : 작업표준의 제정 및 교육 실시

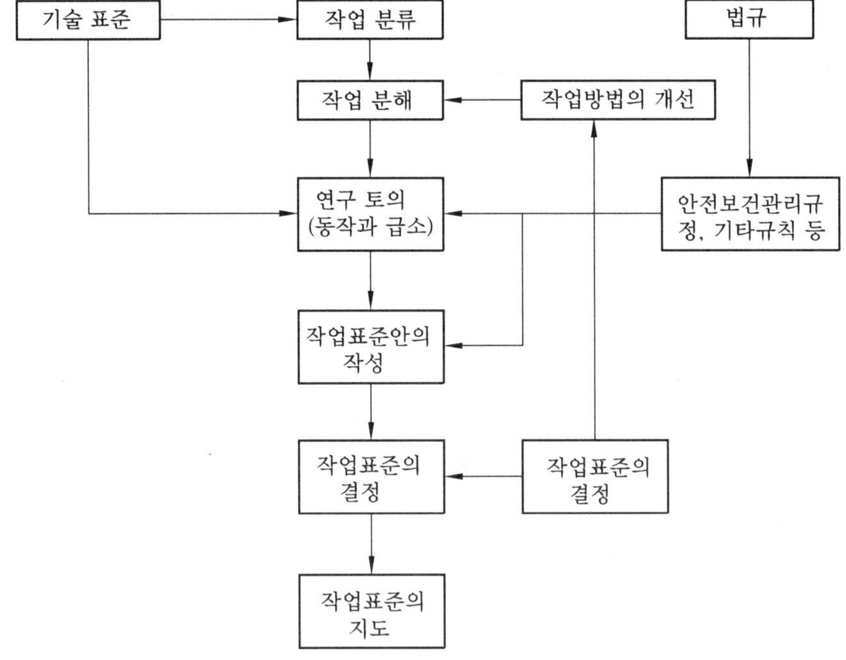

작업표준의 작성 순서

> **1-27** 산업안전보건법상 안전보건개선계획에 관한 다음 항목에 대해 설명하시오.
> (1) 안전보건개선계획의 개요
> (2) 안전보건개선계획의 대상 사업장으로 선정되는 사유 (4가지)
> (3) 안전보건개선계획의 주요 내용 (4항목)

(1) 안전보건개선계획의 개요

사업장, 시설, 그 밖의 사항에 대해서 산업재해를 예방하기 위해 종합적인 개선조치가 필요한 경우 고용노동부 장관은 사업주에게 그 사업장, 시설, 그 밖의 사항에 관한 안전보건개선계획의 수립·시행을 명령할 수 있고, 사업주는 명령을 받은 날로부터 60일 이내 안전보건개선계획서를 작성하여 지방노동관서장에게 제출해야 하며, 지방노동관서장이 안전보건개선계획서의 적정 여부를 검토하여 그 결과를 사업주에 통보하면 사업주는 그 계획서에 따라 시행한다.

(2) 안전보건개선계획의 대상 사업장으로 선정되는 사유 (4가지)

① 사업주가 안전보건조치의무를 이행하지 않아 중대재해가 발생한 경우

② 산업재해발생률이 같은 업종 평균 산업재해발생률의 2배 이상인 사업장

③ 직업병에 걸린 사람이 연간 2명 이상 (상시 근로자 1천명 이상 사업장의 경우 3명이상) 발생한 사업장

④ 작업환경 불량, 화재·폭발 또는 누출사고 등으로 사회적 물의를 일으킨 사업장

(3) 안전보건개선계획의 주요 내용 (4항목)

안전보건개선계획에는 다음의 4가지 사항이 반드시 포함되어야 한다.

① 시설 : 위험요인에 대한 시설 개선에 관한 사항

② 안전·보건관리체제 : 안전보건관리자 선임, 관리감독자 역할 등 체제에 관한 사항

③ 안전·보건교육 : 근로자 및 관리감독자의 안전보건 교육방법 내용 등의 적합성에 관한 사항

④ 산업재해 예방 및 작업환경 개선 사항 : 재해예방과 작업장 환경개선에 관한 전반적인 사항

> ***1-28*** 시스템 안전 해석 방법 중 FMEA(failure modes and effects analysis)의 개요, 실시 절차 및 장단점을 설명하시오.

(1) FMEA의 개요

① 정의 : 시스템에 영향을 미치는 전체 요소의 고장을 형태별로 분석하여 시스템 또는 서브 시스템이 가동 중에 기기나 부품의 고장에 의해서 재해나 사고를 일으키게 할 우려가 있는가를 해석하는 방법이다.

② 종류

  ㈎ Design FMEA : 생산 전 제품 분석으로 잠재적인 고장 문제에 대해 검증이 가능하다.

  ㈏ Process FMEA : 잠재적 제조 공정 문제를 파악할 수 있고 어떤 사람, 물질, 자재, 방법 및 환경이 프로세스에 문제를 유발하는지 확인 가능하다.

  ㈐ System FMEA : 계획 단계에서 서브 시스템을 분석하는 데 이용할 수 있으며, 시스템의 잠재적 결함 분석에 중점을 둔다.

(2) FMEA의 실시 절차

① 제1단계(대상 시스템의 분석) : 모든 관련 기기 시스템의 구성 및 기능을 파악하고 FMEA 실시를 위한 기본 방침을 결정한다. 각각의 기능 블록(block)과 신뢰성 블록을 작성한다.

② 제2단계(고장 형태 및 등급의 설정) : 시스템의 고장 형태, 고장 원인, 고장의 빈도 등을 예측하고 설정한다. 각 항목의 고장 영향을 검토하여 고장에 대한 보상법이나 대응법을 찾아내고 FMEA 워크시트에 기입한다. 모든 상황의 고장 등급을 평가한다. FMEA에서 통상 사용되는 고장 형태는 다음과 같다.

  ㈎ 개로 또는 개방 고장

  ㈏ 폐로 또는 폐쇄 고장

  ㈐ 기동 고장

  ㈑ 정지 고장

  ㈒ 운전계속의 고장

  ㈓ 오작동 고장

③ 제3단계(고장의 영향 해석) : 특정 요소 1개의 고장, 또는 오조작의 결과가 어떻게 전체 시스템에 영향을 주고, 위험 상태가 발생하는가를 해석한다. 이 방법은 모든 요소에 대해 고려하는 고장과 오조작을 리스트 업(list up)하고 이것이 서브 시스템(sub system)이나 시스템(system)에 어떻게 영향을 주고 사람이나 물건에 손상을 주는가, 그 고장이나 오조작을 어떻게 발견하고 수정하는가, 보수는 어떻게 하는가 등을 기입한 표를 작성한다. 여기서, 중대한 위험과 연계하는 요소를 도출하고 분석하여 대책을 검토한다.

④ 제3단계 치명도 해석과 개선책의 검토 : 고장의 치명도 해석을 실시하여 해석 결과를 정리하고 시스템의 설계 개선 사항을 도출한다. 치명도는 다음과 같이 분류하여 표시한다.

㈎ category1 : 생명 또는 가옥의 손실

㈏ category2 : 작업 수행의 실패

㈐ category3 : 활동의 지연 FMEA Work Sheet의 서식

㈑ category4 : 영향 없음

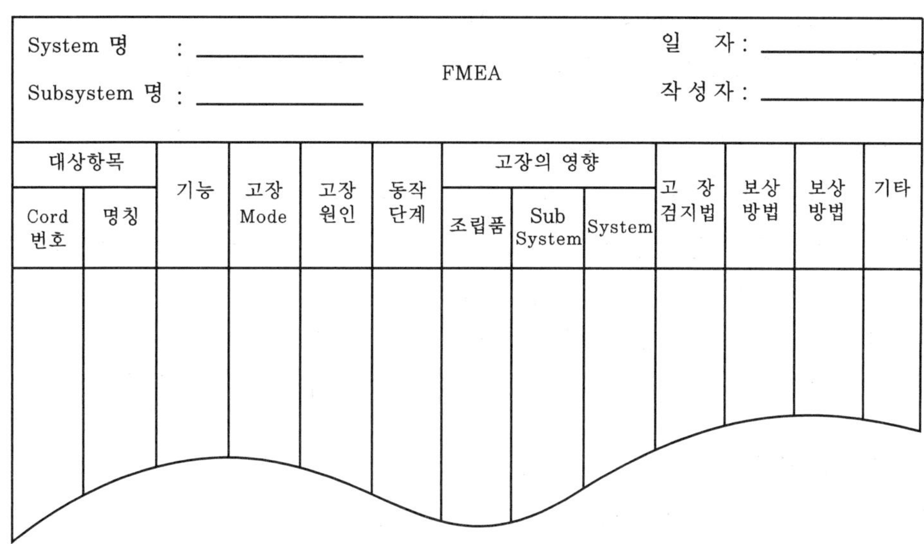

대상항목		기능	고장 Mode	고장 원인	동작 단계	고장의 영향			고장 검지법	보상 방법	보상 방법	기타
Cord 번호	명칭					조립품	Sub System	System				

FMEA Work Sheet의 서식

(3) FMEA의 장단점

① 장점

㈎ CA (criticality analysis)와 병행하는 일이 많고 FTA보다 서식이 간단하다.

㈏ 비교적 적은 노력으로 특별한 노력 없이 분석이 가능하다.

② 단점

㈎ 논리성이 부족하고 각 요소 간의 영향 분석이 어려워 두 가지 이상의 요소가 고장 날 경우 분석이 곤란하다.

㈏ 구성 요소가 통상 기기로 한정되어 있어 인적 원인 규명이 어렵다.

1-29 동작경제의 원칙에 대해 설명하시오.

동작경제의 원칙은 길브레드(Gilbreth) 부부에 의해 연구된 것으로, 이는 작업자가 에너지의 낭비 없이 효과적으로 작업할 수 있도록 작업자의 동작을 세밀하게 분석하여 가장 경제적이고 합리적인 표준동작을 설정하는 것을 말한다. 동작경제의 원칙에는 다음의 3가지의 원칙이 있다.

(1) 인체 사용의 원칙

① 양손은 동시에 반대 또는 대칭으로 움직이게 하고 동시에 쉬어서는 안 된다.
② 사용하는 신체 부분의 가능한 최소범위로 한정한다.
③ 가급적 물체의 관성을 활용하고, 급격한 방향 전환을 피한다.
④ 유연하고 원활한 연속동작을 유지한다.
⑤ 동작에 주기성을 주어 자연스러운 리듬이 가능하도록 배열한다.

(2) 작업장의 배치에 관한 원칙

① 모든 공구 및 재료는 정위치에 배치해야 한다.
② 공구, 재료 및 조정기는 사용하기 편리한 곳, 즉 작업자의 주변에 가까이 두어야 한다.
③ 중력 공급 상자 및 용기는 재료를 사용 장소에 가깝게 보내기 위해 사용되어야 한다.
④ 재료와 공구들은 최선의 동작이 연속될 수 있도록 배치되어야 한다.
⑤ 작업대와 의자 높이는 작업 중 앉거나 서기에 모두 용이해야 한다.

(3) 공구 및 설비 디자인에 관한 원칙

① 치공구, 정착 시설 또는 발로 조정하는 장치에 의해서 더욱 유리하게 수행할 수 있는 작업에는 손의 부담을 덜어주어야 한다.
② 공구 및 재료는 가능한 한 작업자 앞에 둔다.
③ 어느 손가락에 대해서도 고유의 동작 능력에 따라서 부하가 주어지도록 해야 한다.
④ 레버, 핸들, 조정기들은 작업자가 몸의 위치를 변경하지 않고서도 최대한으로 신속하고 편리하게 조작할 수 있는 위치에 배치한다.

> ***1-30*** 다음은 안전보건경영시스템(KOSHA 18001)에 관한 사항이다. 설명하시오.
> (1) 안전보건경영시스템의 개요
> (2) 시스템 운영상 지적사항에 대한 조치형태인 부적합사항, 권고사항, 관찰사항
> (3) 안전보건경영시스템을 구성하고 있는 4단계
> (4) 시스템 운영상 성과 측정 및 모니터링의 개요와 이 단계에서 실행해야 할 사항
> (5) 내부 심사 개요 및 내부 심사 시 고려사항
> (6) 경영자 검토 시 포함해야 할 사항

(1) 안전보건경영시스템의 개요

안전보건경영시스템이란 최고경영자가 경영방침에 안전보건정책을 선언하고 이에 대한 실행계획을 수립하여 이를 실행 및 운영, 점검 및 시정 조치하여 그 결과를 최고경영자가 검토하고 개선하는 등의 P (Plan)-D (Do)-C (Check)-A (Act) 순환 과정을 통하여 지속적인 개선이 이루어지도록 하는 체계적인 안전보건활동을 말한다.

(2) 시스템 운영상 지적사항에 대한 조치형태인 부적합사항, 권고사항, 관찰사항

① 부적합사항 : 사업장 또는 조직의 안전보건활동이 안전보건경영체제상의 기준이나 작업표준, 지침, 절차, 규정 등으로부터 벗어난 상태를 말한다.

② 권고사항 : 안전보건경영시스템 운영의 효율성을 높이기 위하여 개선의 여지가 있는 경우 또는 사내 규정대로 시행되고 있으나 업무의 목적상 비효율적이거나 불합리하다고 판단되는 경우를 말한다.

③ 관찰사항 : 부적합이라고 심증은 가지만 객관적인 증거가 없는 경우 현재 부적합은 아니나 부적합으로 진행될 우려가 있는 경우를 말한다.

(3) 안전보건경영시스템을 구성하고 있는 4단계

① 계획수립(plan) : 사업장의 안전보건활동 수준 평가와 위험성 평가를 실시하고 적용 법규 등을 검토하여 법적 요구 이상의 안전보건활동을 할 수 있도록 목표 및 안전보건활동 추진계획을 수립한다.

② 실행 및 운영(do) : 계획 수립 내용을 실행하는 과정이며 교육훈련 및 자격, 의사소통 및 정보 제공, 문서화 및 문서 관리, 운영 관리, 비상 시 대비 및 대응 등이 포함된다.

③ 점검 및 시정조치(check) : 계획이 실행되고 있는지를 확인하는 과정이며 성과 측정 및 모니터링, 시정조치 및 예방조치, 내부 심사 등이 포함된다.

④ 경영자 검토(act) : 시스템 전반의 운영사항과 중요사항에 대해 최고경영자에게 보고하고 검토를 받아 피드백한다.

(4) 시스템 운영상 성과 측정 및 모니터링의 개요와 이 단계에서 실행해야 할 사항

① 성과 측정 및 모니터링 개요 : 성과 측정은 안전보건경영체제의 효과를 측정하는 것으로서 조직의 필요에 따라 정성적 또는 정량적으로 측정하는 것을 말하며, 모니터링은 계획 수립 내용이 계획대로 실행되고 있는가를 주기적으로 감시하는 것을 말한다.

② 실행해야 할 사항

㉮ 안전보건방침에 따른 목표가 계획대로 달성되고 있는가를 측정

㉯ 안전보건방침과 목표를 이루기 위한 안전보건활동계획의 적정성과 이행 여부 확인

㉰ 안전보건경영에 필요한 절차서와 안전보건활동 일치성 여부의 확인

㉱ 적용 법규 및 준수 여부 평가

㉲ 사고, 아차사고, 업무상 재해 발생 시 발생 원인과 안전보건활동성과의 관계

(5) 내부 심사 개요 및 내부 심사 시 고려사항

① 내부 심사 개요 : 사업장 또는 조직의 안전보건활동이 안전보건경영체제에 따라 효과적으로 실행되고 있는지, 그 활동 결과가 조직의 안전보건방침과 목표를 달성하였는지에 대한 독립적인 평가와 검증 과정을 말한다.

② 내부 심사 시 고려사항

㉮ 안전보건경영체제가 요구하는 안전보건목표의 달성 여부

㉯ 사업장의 안전보건경영체제 실행과 유지의 적합성

㉰ 안전보건경영체제가 기업경영에 기여한 점과 보완할 점

㉱ 위험성 평가 결과에 따른 개선조치의 이행 내용

(6) 경영자 검토 시 포함해야 할 사항

① 안전보건경영방침 및 목표의 이행도

② 정기적 성과 측정 결과 및 조치 결과

③ 내부 심사 및 후속조치 결과 내용

④ 사업장 영역의 구조 변화, 법 개정 및 신기술의 도입 등 내외적인 요소 또는 미래 불확실성에 대처하기 위한 계획

1-31 다음 그림은 결함수(fault tree)에서 같은 사건이 나타나지 않는 경우의 top event 발생경로를 나타낸 것이다. 사상 A, B, C, D, E의 발생 확률이 각각 0.1인 경우 top event의 발생 확률을 구하시오.

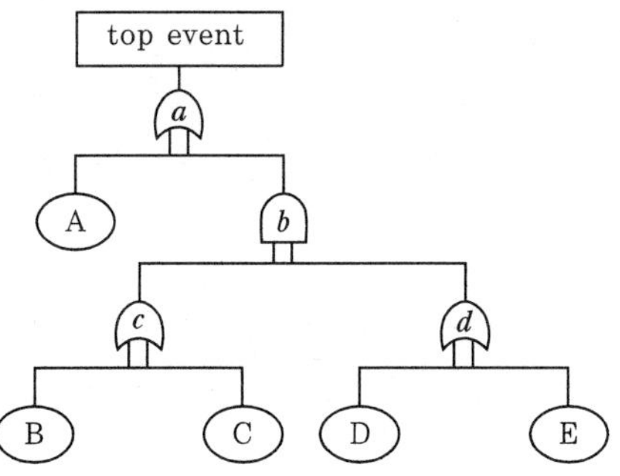

① AND 게이트

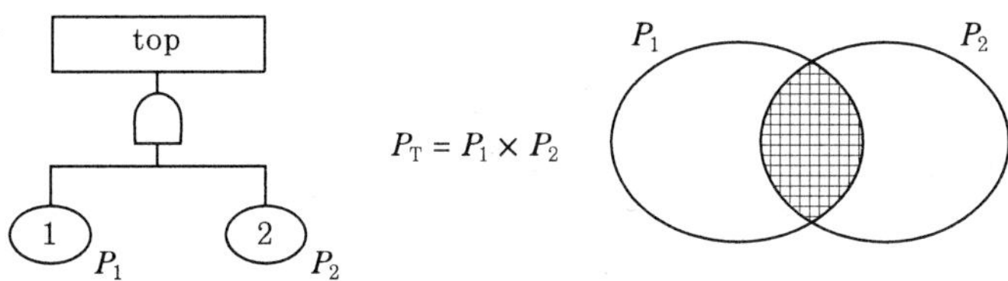

$$P_T = P_1 \times P_2$$

② OR 게이트

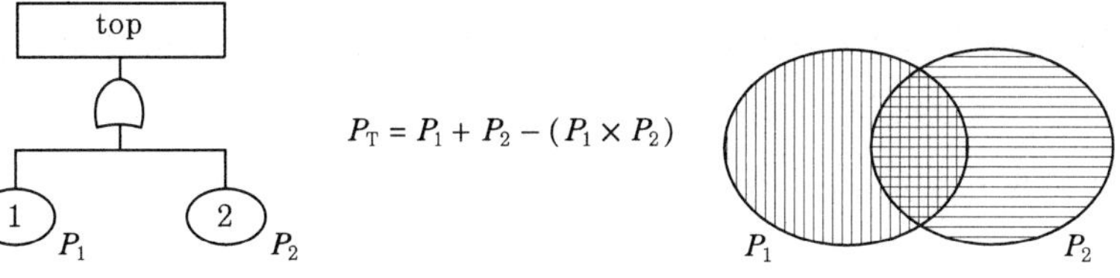

$$P_T = P_1 + P_2 - (P_1 \times P_2)$$

$$c = B + C - (B \times C) = 0.1 + 0.1 - (0.1 \times 0.1) = 0.19$$

$$d = D + E - (D \times E) = 0.1 + 0.1 - (0.1 \times 0.1) = 0.19$$

$$b = c \times d = 0.19 \times 0.19 = 0.0361$$

$$a = A + b - (A \times b) = 0.1 + 0.0361 - (0.1 \times 0.0361) = 0.13249$$

즉, top event의 발생 확률은 0.13249이다.

> **1-32** 산업안전보건법상 다음에 대해 설명하시오.
>
> (1) 사업주가 법령의 요지를 게시하는 등의 방법으로 근로자에게 알려주어야 할 사항 (7가지)
>
> (2) 사업주가 즉시 작업을 중지시키고 근로자를 작업장소로부터 대피시켜야 할 경우 (2가지)
>
> (3) 고용부장관이 행정기관의 장에게 영업정지 등을 요청하거나 공공기관장에게 사업의 발주 시 필요한 제한을 요청할 수 있는 경우 (3가지)

(1) 사업주가 법령의 요지를 게시하는 등의 방법으로 근로자에게 알려주어야 할 사항(7가지)

사업주는 법령의 요지를 상시 각 작업장 내에 근로자가 쉽게 볼 수 있는 장소에 게시하거나 갖추어 두어 근로자로 하여금 알게 하여야 하며 근로자에게 반드시 알려주어야 할 사항은 다음과 같다.

① 산업안전보건위원회가 의결한 사항

② 안전보건관리규정의 작성 내용

③ 안전보건에 관한 노사협의체의 구성·운영에 관한 사항

④ 물질안전보건자료의 작성, 비치 내용

⑤ 작업환경 측정에 관한 사항

⑥ 고용부장관의 안전보건진단 명령에 의해 실시한 안전보건진단 결과

⑦ 안전보건 개선계획의 수립·시행 내용

(2) 사업주가 즉시 작업을 중지시키고 근로자를 작업장소로부터 대피시켜야 할 경우(2가지)

① 산업재해가 발생할 급박한 위험이 있을 때

② 중대재해가 발생하였을 때

(3) 고용부장관이 행정기관의 장에게 영업정지 등을 요청하거나 공공기관의 장에게 사업의 발주 시 필요한 제한을 요청할 수 있는 경우(3가지)

① 동시에 2명 이상의 근로자가 사망하는 재해

② 중대산업사고

③ 고용부장관의 명령을 위반함에 따라 근로자가 업무로 인하여 사망한 경우

> **1-33** 산업안전보건법에 의한 산업안전지도사의 개요, 직무 및 안전기준 작성 시 고려
> 사항에 대해 설명하시오.

(1) 산업안전지도사의 개요

산업안전지도사는 산업현장에서의 재해예방을 위하여 사업주로부터 다양한 안전업무를 위탁받아 지도할 수 있도록 하고 있으며, 산업안전지도사의 업무영역은 기계안전, 전기안전, 화공안전, 건설안전으로 구분한다.

(2) 산업안전지도사의 직무

① 공정상의 안전에 관한 평가 · 지도 : 유해위험설비를 보유한 사업장에서 중대산업사고를 예방하기 위해 실시하는 공정안전보고서 제출 대상 사업장에 대한 공정안전보고서 이행상태 평가 및 지도업무를 한다.

② 유해위험의 방지대책에 관한 평가 · 지도 : 유해위험방지계획서 제출대상 사업장에 대한 계획서 이행상태 평가 및 지도업무를 한다.

③ 공정안전보고서 및 유해위험방지계획서 작성 : 사업주가 작성해야 할 공정안전보고서 및 유해위험방지계획서를 사업주의 위탁을 받아 작성한다.

④ 안전보건개선계획서 작성 : 안전보건개선계획의 수립명령을 받은 사업장에 대해 사업주의 위탁을 받아 계획서를 작성한다.

⑤ 그 밖의 산업안전에 관한 사항의 자문에 대한 응답 및 조언 : 사업주의 요청에 의해 위험성평가 등 산업안전에 관한 전반적인 사항에 대해 자문한다.

(3) 안전기준 작성 시 고려사항

안전기준이란 기계장치 또는 설비 등에 대해 안전을 유지하기 위해서 구체적으로 규정하고 있는 표준이며 안전기준 작성 시 고려사항은 다음과 같다.

① 안전기준 작성의 기본은 사람이 중심이 되어야 한다.

② 기준은 합목적성, 실현가능성, 보편성을 가져야 한다.

③ 기준 적용대상은 기계장치, 위험물질, 에너지 등 모든 대상을 포함해야 한다.

④ 기준 작성 시에는 기준 대상에 대해 사전에 위험성 평가를 실시해야 한다.

⑤ 기준의 정도는 기준 작성대상의 위험성의 크기에 따라 달리 작성해야 한다.

⑥ 기준은 실행이 가능한지를 다양한 방법으로 검토 후 작성해야 한다.

⑦ 기준은 준수해야 할 사람이 이해할 수 있도록 쉽게 작성되어야 한다.

> **1-34** 다음의 시스템 위험분석기법에 대해 설명하시오.
> (1) THERP (technique for human error rate prediction)
> (2) PHA (preliminary hazards analysis)
> (3) FMEA (failure mode and effects analysis)
> (4) MORT (management oversight and risk tree)
> (5) CA (criticality analysis)

(1) THERP (technique for human error rate prediction)

시스템에 있어서 인간의 과오(휴먼 에러)를 정량적으로 평가하는 기법으로 인간의 동작이 시스템에 미치는 영향을 나타내는 그래프기법이다. 이것은 기본적으로는 ETA 의 변형이라고 볼 수 있는데 루프, 바이패스를 가질 수 있고 맨·머신시스템의 국부적인 상세 해석에 적합하다. 어떤 특정 상황하에서 나타나는 인간의 시행착오 또는 행위 간에 상대적을 인정되는 일정 비율의 인간과오를 기본과오율이라 하며, 이를 측정하기 위하여 인간의 형태과정을 다음과 같이 구분하여 분석한다.

① 자극의 투입과정 : 지침, 문자판, 표지, 구두 또는 서면의 지시

② 조정 및 판단과정 : 인지, 인식, 판별

③ 산출과정 : 형태의 반응

인간의 과오를 시스템 내에서 최소한으로 감소시키기 위해서는 시스템 내에 포함된 특정행위에 적응시키기 위한 요원의 적재 선발과 적절한 훈련이 필요하다. 또한 투입내용을 개선하도록 시스템의 설계를 바꾸거나 행동의 조정절차를 단순화시키고 정확한 행동의 산출을 보강해야 한다.

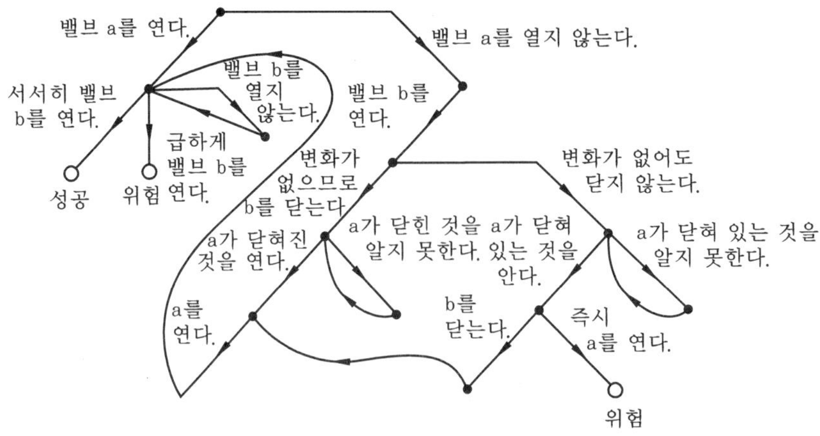

THERP의 위험분석

(2) PHA (preliminary hazards analysis)

예비위험분석이라고도 하며, 시스템 안전 프로그램 중에서 최초 단계의 해석으로, 시스템 내 위험 정도를 정량적으로 분석하는 기법이다.

예비위험해석의 목적은 시스템의 개발단계에서 시스템 고유의 위험상태를 식별하여 예상되는 재해의 위험 수준을 결정하는 것이다. 따라서 예비위험해석은 시스템 개발 단계에서 가급적 빠른 시기에 실시하는 것이 바람직하다.

1. 서브 시스템 또는 기능 요소	2. 양식	3. 위험한 요소	4. 위험한 요소의 갈고리가 되는 사상	5. 위험한 상태	6. 위험한 상태의 갈고리가 되는 사상	7. 잠재적 재해	8. 영향	9. 위험 등급	10. 재해예방수단			11. 확인
									설 비	순 시	인 원	

1. 해석되는 기계설비 또는 기능적 요소	다음 기준에 준한 중요도의 정성적 척도
2. 적용되는 시스템의 단계, 또는 운용형식	Class 1 …… 파국
3. 해석되는 기계설비, 또는 기능 중에서의 질적 위험한 요소	Class 2 …… 위험
4. 위험한 요소를 동정된 위험상태로 만들 염려가 있는 부적절한 사상 또는 결함	Class 3 …… 한계
5. System과 System 내의 각 위험요소와의 상호작용으로 생길 염려가 있는 위험상태	Class 4 …… 안전
6. 위험한 상태를 잠재적 재해로 이행시킬 염려가 있는 부적절한 사상률 결함	10. 동정된 위험상태 또는 잠재적 재해를 소멸 또는 제어하는 추장된 예방수단, 추장된 예방수단이란 기계설비의 설계상의 필요사항, 방호장치의 조합, 기계설비의 설계변경
7. 동정된 위험상태에서 생기는 가능성이 있는 어떤 잠재적 재해	11. 확인된 예방수단을 기록하고, 예방수단의 남겨져 있는 상태를 명확하게 한다.
8. 잠재적 재해가 만약 일어났을 때의 가능한 영향	
9. 각각의 동정된 위험상태가 가지는 잠재적 영향에 대한	

예비위험해석의 양식

(3) FMEA (failure mode and effects analysis)

고장의 모형과 영향 분석이라고도 하며, 서브 시스템의 해석이나 시스템 해석을 위한 정성적, 정량적 해석기법으로, 이 기법에서 활용되는 고장의 형태는 개방통로 또는 는 개방의 고장, 폐쇄통로 또는 폐쇄 고장, 기동의 고장, 정지고장, 운전계속고장 등이 있다.

(4) MORT (management oversight and risk tree)

MORT라는 해석나무를 중심으로 FTA와 같은 논리기법을 적용한다. 미국의 W.G.Jhonson

등에 의해 개발된 새로운 시스템 안전 프로그램으로서 MORT라고 명명되는 해석트리를 중심으로 연역적이면서 정량적 해석방법을 사용하여 관리, 설계, 생산, 보전 등에 대한 넓은 범위에 걸쳐 안전성을 확보하려고 시도된 것이다.

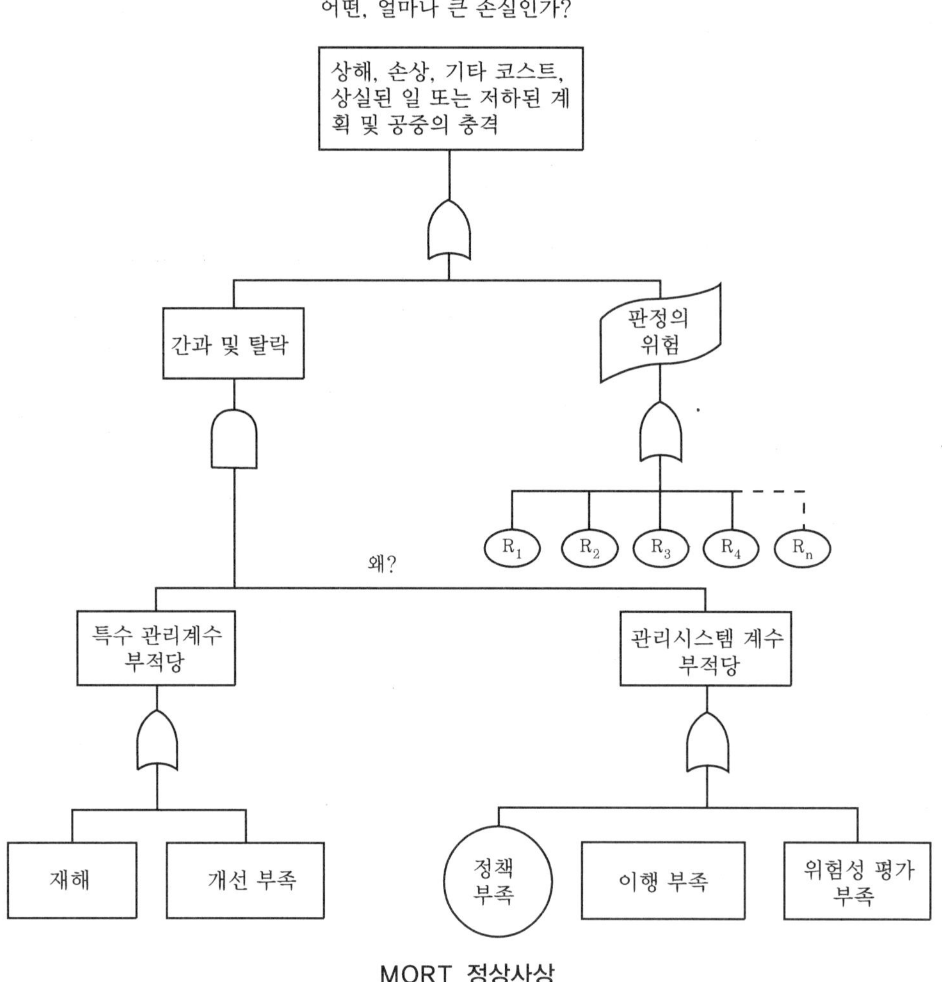

MORT 정상사상

(5) CA (criticality analysis)

치명도 해석이라고도 하며, 고장 모드가 시스템에 미치는 영향을 정량적으로 분석하는 기법으로, 위험성이 큰 요소는 주의하여 해석할 필요가 있다.

> ***1-35*** 작업위험분석에 관한 다음 사항에 대해 설명하시오.
> (1) 작업위험분석의 개요
> (2) 작업위험분석의 대상
> (3) 작업위험분석 방법
> (4) 작업위험분석 단계

(1) 작업위험분석의 개요

작업위험분석이란 작업대상물에 대해 현재 또는 잠재되어 있는 모든 물리적, 화학적 위험 요소와 인간의 불안전 행동을 파악하기 위한 작업절차에 대한 분석을 말한다.

(2) 작업위험분석의 대상

① 작업자, ② 작업장치, ③ 기계 및 장비, ④ 물자, ⑤ 작업방법

(3) 작업위험분석 방법

① 면접법 : 해당 부문의 숙련된 기술자와 경험이 많은 장기 근속자의 작업 위험에 대한 의견을 수집한다.

② 시찰법 : 작업자가 평상시에 하는 대로의 작업양식을 당사자들이 의식하지 않는 상태에서 시찰하여 문제점을 발견한다.

③ 질문지법 : 작업공정 및 작업방법에 대한 적절한 문항을 작성하여 알아보는 방법으로 개인의 태도 측정과 문제점의 비교에 적합한 방법이다.

④ 절충법 : 위의 방법을 상황에 따라 적절히 절충하여 상호 보완토록 한다.

(4) 작업위험분석 단계

① 제1단계 : 기초 조사

필요한 단서에 대한 기초 조사 및 연구가 선행되어야 한다.

㈎ 관계 문헌 및 자료를 수집·분석하여 문제점과 관련성을 알아내며 전문적 정보를 수집

㈏ 재해빈도 및 강도율

㈐ 반복 작업과 주의력 둔화

㈑ 기계작업 체제에서의 수작업 공정

㈒ 신규작업의 새로운 작업환경과 장비

㈓ 사고보고 기록에 나타난 취약작업, 작업자, 장비 및 작업환경의 검토

㈔ 불량품 및 손실률이 높은 부문

② 제2단계 : 작업의 세분화

작업내용을 단위작업 수준까지 세분화함으로써 분석해야 할 문제점을 세분·단순화한다.

㉮ 작업위험분석의 내용에 따른 세분화

작업자 개인 단위별, 작업집단별, 조업별, 공정 및 절차별로 세분화한다.

㉯ 공정의 관련성에 따른 세분화

작업자 간의 관련성, 공정의 흐름, 반복성, 기계작업과 수작업의 작업방법 비교, 작업 흐름도표 작성 등에 의해 작업을 세분화한다.

③ 제3단계 : 위험성의 검토 및 분석

세분화된 작업내용을 검토하여 위험을 인지하고 사고의 잠재성을 찾아내며 안전방안을 강구한다.

㉮ 검토 내용

위험요인의 필요성, 목적, 작업의 순서 및 절차, 공정에 적합한 장비 또는 작업자, 작업자의 위치 및 배치 등

㉯ 유의사항

육체적 요구조건, 작업환경 조건, 보건상 위험성, 잠재적 위험성, 개인 보호구, 작업자의 체격에 부적합한 기계제조원상의 문제 등을 고려해야 한다.

④ 제4단계 : 신규방법의 개발

잠재적 사고위험을 배제할 수 있는 새로운 작업방법을 개발한다.

㉮ 불필요한 세부작업 내용의 제거

㉯ 위험을 조성하는 세부 작업조건을 변경하거나 인간공학적으로 개선

㉰ 개선된 방법 및 절차로 위험성 배제

㉱ 모든 필요한 세부 작업내용을 단순화

㉲ 작업조건과 빈도를 감소

㉳ 신규방법의 표준화

⑤ 제5단계 : 적용

안전하고 생산적인 신규방법을 작업에 적용할 수 있도록 표준안전작업을 정하고 이를 실천한다.

> **1-36** 인간에 대한 모니터링(monitoring)의 방법(5가지)을 설명하고, 기계고장률
> 의 기본 모형을 그림으로 그려 각 단계별로 설명하시오.

(1) 인간에 대한 모니터링(monitoring)의 방법(5가지)

① 자기감시(self monitoring) : 인간은 감각으로 자기 자신의 상태를 파악할 수 있다. 자극, 고통, 피로, 권태, 이상감각 등의 지각에 의해서 자신의 상태를 알고 행동하는 감시 방법이다.

② 생리학적 감시(physiological monitoring) : 맥박수, 호흡속도, 체온, 뇌파 등으로 인간자체의 상태를 생리적으로 감시하는 방법이다.

③ 시각적 감시(visual monitoring) : 동직자의 태도를 보고 동직자의 상태를 파악하는 것으로서 졸리는 상태는 생리적으로 분석하는 것보다 태도를 보고 상태를 파악하는 것이 쉽고 정확하다.

④ 반응적 감시 : 인간에게 어떤 종류의 자극을 가하여 이에 대한 반응을 보고 정상 또는 비정상을 판단하는 방법이다. 자극은 청각 또는 시각에 자극을 주어 반응을 판단하여 최근에는 자극 없이 동작 자체를 반응으로 하여 체크하는 방법도 사용되고 있다.

⑤ 환경적 감시(environmental monitoring) : 간접적인 감시방법으로서 환경조건의 개선으로 인체의 안락과 기분을 좋게 하여 정상작업을 할 수 있도록 만드는 방법이다.

(2) 기계고장률의 기본 모형

그림에서 DFR을 초기고장기간, CFR을 우발고장기간, IFR을 마모고장기간, 그리고 CFR의 길이를 내용수명이라 한다. 초기고장기간은 디버깅(debugging) 기간 또는 번인(burn in) 기간이라고도 한다. 디버깅이란 결함을 찾아내어 고장률을 안정시키는 일이다. 또 번인은 물품을 실제로 장시간 움직여 보고 그 동안에 고장난 것을 제거하는 공정이다. 기계의 안전도에 영향을 미치는 요소는 기계의 재질, 기계의 기능, 기계의 작동방법 등이다.

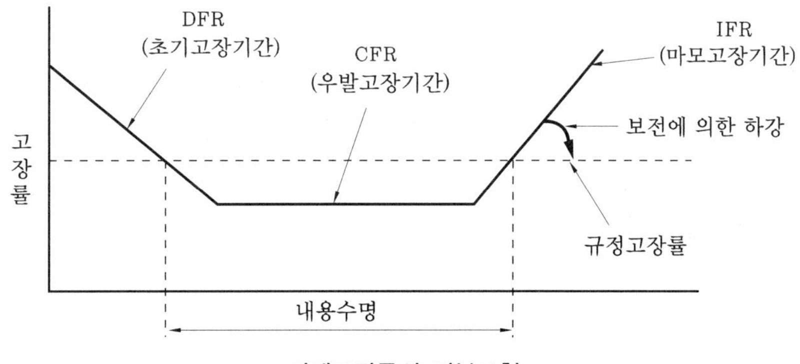

기계고장률의 기본모형

> ***1-37*** 직무분석(job analysis)의 의의와 목적, 방법, 절차 및 기법에 대해 논하시오.

(1) 직무분석의 의의와 목적

직무분석은 인적자원관리에 필요한 직무정보를 제공할 수 있도록 직무의 내용을 체계적으로 분석하는 활동으로서 해당 직무에 대한 의미 있는 정보의 전달을 통하여 직무 능률을 향상시키는 데 있다.

(2) 직무분석의 방법

① 관찰법 : 작업자의 행동을 관찰하여 직무를 분석하는 방법이다.

② 면담법 : 직접 대면하여 면담을 통해 직무를 분석하는 방법이다.

③ 질문지법(설문법) : 질문지를 통해 직무정보를 파악하여 분석하는 방법이다.

④ 체험법 : 자신이 직접 체험을 통하여 직무를 분석하는 방법이다.

⑤ 중요사건법 : 잘했거나 실수한 사례들을 수집하여 분석하는 방법이다.

(3) 직무분석의 절차

① 배경정보의 수집 : 예비조사 단계로서 조직도, 업무분장 등의 배경정보를 수집한다.

② 대표직위의 선정 : 대표직위를 선정하여 이를 중점 분석한다.

③ 직무정보의 획득 : 직무의 성격, 직무수행에 필요한 작업자의 행동이나 인적 요건을 분석한다.

④ 직무기술서 작성 : 직무기술서를 작성한다.

(4) 직무분석의 기법

① 기능적 분석 : 모든 직무에 대해 자료, 사람, 사물 등을 참고하여 직무를 기능적으로 분석한다.

② 직위분석 질문지법 : 질문지를 작성하여 질문지의 내용대로 분석하는 기법으로 질문지는 정보의 투입, 정신적 과정, 성과, 타인의 관계, 직무환경 및 상황 등으로 구성한다.

③ 과업목록법 : 직무의 모든 과업을 열거하고 이를 소요시간, 빈도, 중요성, 난이도 등의 차원에서 분석한다.

> **1-38** 다음 안전점검에 관한 사항에 대해 설명하시오.
>   (1) 안전점검의 목적
>   (2) 안전점검의 종류
>   (3) 안전점검 요령
>   (4) 안전점검표 작성 시 유의사항

(1) 안전점검의 목적

안전점검이란 작업장의 상황을 기계·설비 등 물적인 면과 작업방법 등 인적 및 관리적인 면을 포함한 종합적인 면으로부터 불안전한 상태나 행위를 찾아내어 개선하는 안전활동을 말한다.

안전점검은 재해를 예측, 예방하는 수단으로서 중요한 역할을 한다. 안전점검의 목적은 생산활동에 있어 정상적인 상태를 유지하기 위하여 사고나 재해발생요인을 발견하여 이것을 제거하거나 개선함으로써 안전성을 유지·보전하여 건강하고 쾌적한 직장을 형성하도록 하는 것이다.

안전점검의 의의를 구체적으로 살펴보면 다음과 같다.

① 기계·기구 및 설비의 안전 확보
② 기계·기구 및 설비의 안전상태 유지와 관리
③ 안전한 작업방법 유지 및 관리
④ 효율적인 생산관리로 생산성 향상

(2) 안전점검의 종류

① 수시점검(일상점검) : 현장에서 매일 기계·기구 및 설비의 안전성을 유지하기 위하여 작업 시작 전, 작업 중 또는 작업 종료 시에 실시하는 점검이다.

② 정기점검 : 주기적으로 일정한 기간을 정하여 기계·기구 및 설비를 점검하는 것으로 주간점검, 월간점검, 연간점검 등이 있다. 이때의 점검방법은 정상적인 운전상태에서 육안이나 간단한 테스트 또는 계측기를 사용하여 이상상태의 유무를 확인하는 것으로 이상의 조기 발견을 목적으로 한다.

③ 특별점검 : 기계·기구 또는 설비를 신설, 이전, 변경하거나 고장 시에 실시하는 점검으로 산업안전강조기간 등 특별한 기간 중에 실시하는 정밀점검도 포함된다. 이 점검이 엄격하고도 철저하게 실시되도록 하기 위해서는 그때의 상황에 따라 면밀한 조사 후 점검기준을 만들어 경험이 풍부한 유자격자가 점검을 실시하도록 해야 한다.

④ 임시점검 : 정기점검 실시 후 다음 점검일 이전에 임시로 실시하는 점검의 형태로서 기

계·기구 또는 설비의 이상 발견 시에 임시로 점검하는 것을 말한다.

(3) 안전점검 요령

효과적인 안전점검을 실시하기 위해서는 다음 사항에 유의해야 한다.

① 점검할 때는 항상 문제의식을 갖도록 한다.

② 불안전 상태를 과소평가하지 않는다.

③ 일상회합 등에서 점검에 대한 관심을 갖도록 노력한다.

④ 점검항목을 예외시하지 않고 이상이나 결함을 빠뜨리지 않도록 한다.

⑤ 점검계획에 따른 분담을 정한다.

⑥ 점검결과 발견된 상태의 이상요소는 시정조치를 강구하고 재확인한다.

⑦ 과거에 발생한 이상, 고장, 사고장소는 특히 주의하여 점검한다.

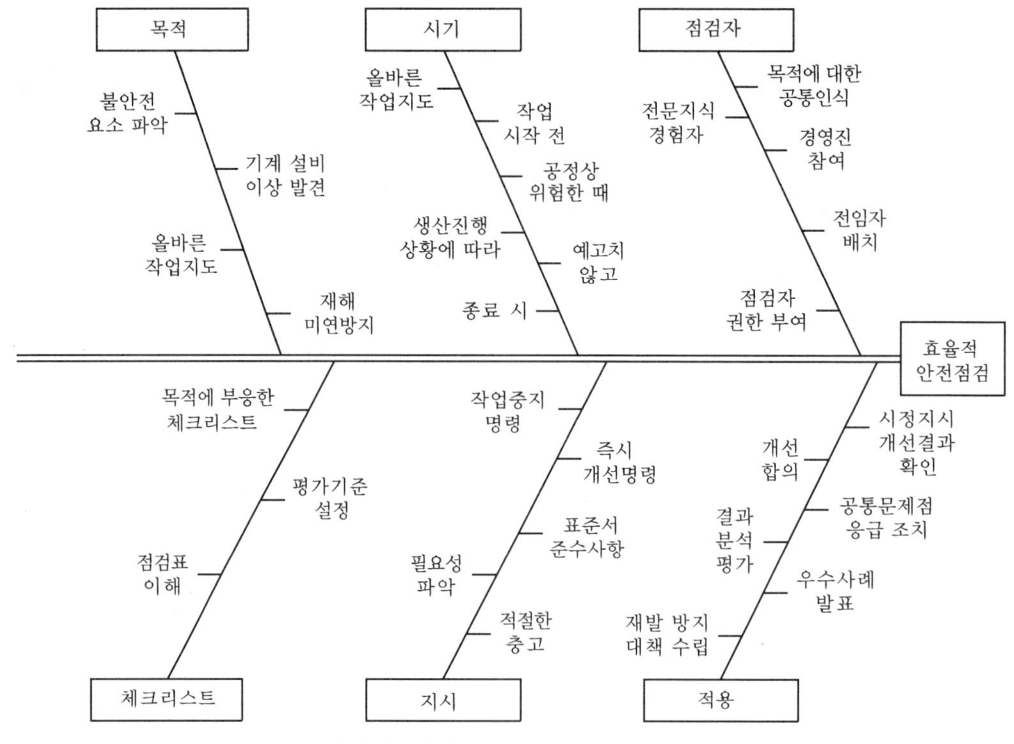

안전점검실시 요령(특성요인도 분석)

(4) 안전점검표(checklist) 작성 시 유의사항

① 안전점검표에 포함되어야 할 사항

㈎ 점검항목

㈏ 점검사항

  ㈐ 점검방법

  ㈑ 판정기준

  ㈒ 판정

  ㈓ 조치사항

② 점검표작성 시 유의사항

  ㈎ 사업장에 적합한 독자적인 내용일 것

  ㈏ 중점도가 높은 것부터 순서대로 작성할 것 (위험도가 높은 것이나 긴급을 요하는
   것부터 작성)

  ㈐ 정기적으로 검토하여 재해방지에 실효성이 있는 내용일 것

  ㈑ 일정한 양식을 정하여 점검대상을 정할 것

  ㈒ 점검표의 내용은 이해하기 쉽도록 표현하고 구체적일 것

> **1-39** 다음은 사업장내 무재해를 위한 소집단 활동이다. 설명하시오.
> (1) 터치 앤 콜 (touch and call)
> (2) 지적 확인
> (3) TBM (tool box meeting)
> (4) STOP (safety training observation program)

(1) 터치 앤 콜 (touch and call)

 스킨십을 통하여 사업장내 팀구성원 간의 일체감, 친밀감 및 연대감을 조성하여 재해 예방활동의 성과를 높이고자 하는 소집단 활동이다.

 터치 앤 콜의 형태는 팀원들 간의 손을 맞잡거나 어깨동무를 하는 등 신체 일부를 상호 접촉한 상태에서 안전활동에 관한 구호를 제창하는 방법으로 진행한다.

(2) 지적 확인

 위험 요인이나 작업자의 중요한 행동에 대해 "○○○ 좋아!"라고 큰 소리로 제창하여 확인하는 방법으로 인간의 의식을 강화시켜 불안전한 행동을 사전에 방지하고자 하는 것이다.

 지적 확인은 작업자가 작업 전 위험 요인에 대해 실시하거나 철도 건널목을 건너기 전에 열차의 통행 여부를 확인하는 과정에서 주로 활용되고 있다.

(3) TBM(tool box meeting)

작업 현장에서 즉시 즉응적으로 실시하는 단시간 미팅 훈련으로서 장소나 시간 등에 구애받지 않고 작업 전, 작업 중 또는 작업 종료 시 언제든지 실시 가능하다.

(4) STOP(safety training observation program)

안전행동관찰활동이라고도 하며 현장의 관리감독자가 작업자의 행동을 관찰하여 불안전한 행동이 발견되었을 때 작업을 잠시 중단시키고 안전한 행동을 하도록 조치하는 활동을 말한다. 진행 순서에 따라 불안전한 행동 발견 시 상세하게 작업 상황을 관찰한 후 잘못된 부분에 대해 지적하고 올바른 행동을 하도록 조치하게 된다.

> **1-40** ETA(event tree analysis)와 FTA(fault tree analysis)를 비교 설명하시오.

(1) ETA

① ETA 정의
  ㈎ 사상(事象)의 안전도를 사용해서 시스템의 안전도를 표시하는 시스템 모델의 하나이며, 귀납적이기는 하지만 정량적인 해석수법이다. 종래 간과되기 쉬운 재해의 확대요인의 분석 등에 적합하다.
  ㈏ ETA의 작성은 통상 좌로부터 우로 진행되며, 요소 또는 사상(事象)을 표시하는 절점(panel point)에 있어서 성공 사상은 위쪽으로, 실패 사상은 아래쪽으로 분기(分岐)된다. 분기(分岐)마다 발생 확률(안전도와 불안전도)이 표시되며, 각 분기의 발생 확률을 곱한 값을 합해서 시스템의 안전도가 계산된다. (분기된 각 사상의 확률의 합은 항상 1이다.)

② ETA의 활용 : 미국에서 개발된 디시전 트리(decision tree)에서 변천해 온 것으로 설비의 설계·심사·제작·검사·운전·안전 대책의 과정에서 그 대응조치가 성공인가 실패인가를 확대해가는 과정을 검토한다. 귀납적 해석 방법으로 일반적으로 성공하는 것이 보통이고 실패가 드물게 일어나므로 실패의 확률만으로 계산하면 되게끔 되어 있다. 실패를 거듭할수록 피해가 커지는 것으로서 그 발생 확률을 최소로 줄이기 위해서는 어디에 중점을 둘 것인가를 읽어낼 수 있다.

(2) FTA

① FTA 정의 : FTA (결함수법, 결함관련수법 등으로 해석된다.)는 다른 많은 시스템 해석수법이 재해 원인에서 출발하여 재해 현상에 도달하고, 소위 귀납적 해석 방법인데 대해 반대로 정상(頂上) 사상으로 불리는 재해 현상에서 기본 사상이라 하는 재해 원인으로 향해서 연역적인 해석을 실시하는 데 큰 특징이 있다. 이 때문에 해석하기 전에 예측하지 못했던 재해 현상의 재해 원인과의 결부를 분명하게 할 수 있다.

② FTA의 절차 : FTA의 순서는 일반적으로 다음과 같다.

㈎ 재해의 위험도를 검토하여 해석할 재해를 결정한다.

㈏ 재해의 위험도를 고려하여 재해발생확률의 목표치를 정한다.

㈐ 해석할 기계, 재료, 대상물의 불량상태나 작업자의 에러, 환경의 결함, 감독, 교육의 결함원인과 영향을 상세히 조사한다.

㈑ FT를 작성한다.

㈒ cut set, 최소 cut set를 구한다.

㈓ 작성한 FT를 수식화하여 수학적처리에 의해 간소화한다.

㈔ 재해의 발생확률을 계산한다.

㈕ cost나 기술 등의 제조건을 고려해서 가장 유효한 재해방지대책을 세운다.

추락재해에 대한 FTA의 예를 들면 그림과 같다.

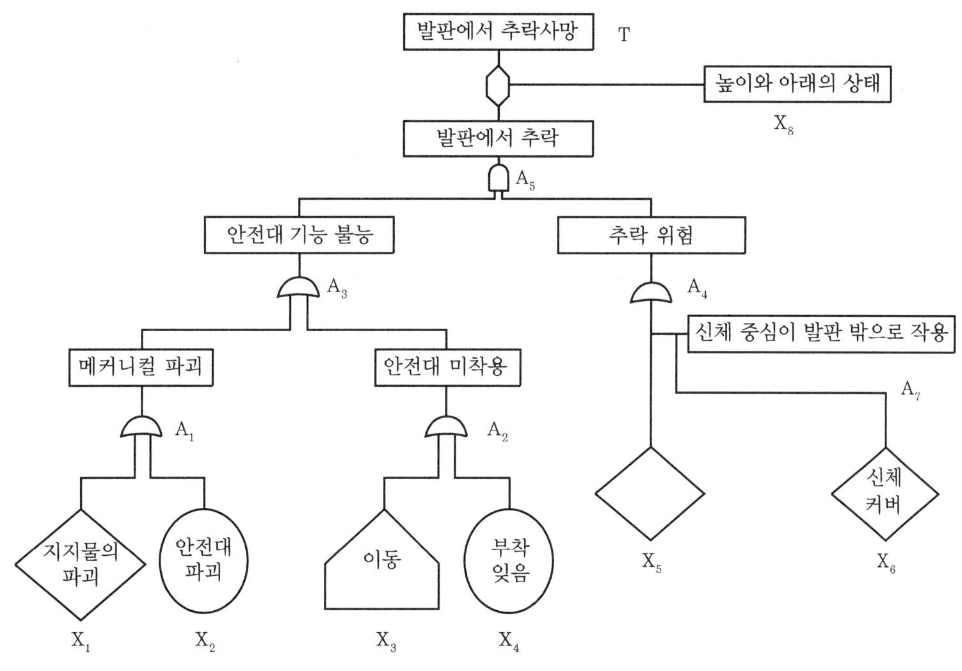

추락재해의 FTA

③ FTA의 활용 : FTA를 활용하여 시각적, 정량적으로 사고 원인을 분석하여 재해 발생 확률이 높은 인적, 물적, 환경상의 위험 및 위험 요인에 대한 안전대책을 강구함으로써 재해 발생 확률을 지속적으로 감소시키는 체계적이고 과학적인 산업안전관리를 행할 수 있다. 동시에 다음과 같은 장·단기적인 안전관리 체제를 구축할 수 있다.
  ㈎ 사고 원인 규명의 간편화
  ㈏ 사고 원인 분석의 일반화
  ㈐ 사고 원인 분석의 정량화
  ㈑ 노력 및 시간의 절감
  ㈒ 시스템의 결함 진단
  ㈓ 안전 점검 체크 리스트 작성

1-41 산업안전보건법에 정하는 안전인증 시 실시하는 심사의 종류에 대해서 기술하시오.

(1) 예비 심사

기계·기구 및 방호장치·보호구가 안전인증 대상인지를 확인하는 심사이다.

(2) 서면 심사

안전인증 대상 기계·기구 등의 종류별 또는 형식별로 설계 도면 등 안전인증 대상 기계·기구 등의 제품 기술과 관련된 문서가 안전인증 기준에 적합한지에 대한 심사이다.

(3) 기술 능력 및 생산 체계 심사

안전인증 대상 기계·기구 등의 안전성능을 지속적으로 유지·보증하기 위하여 사업장에서 갖추어야 할 기술능력과 생산체계가 안전인증 기준에 적합한지에 대한 심사이다.

(4) 제품 심사

안전인증 대상 기계·기구 등이 서면 심사 내용과 일치하는지 여부와 안전인증 대상 기계·기구 등의 안전에 관한 성능이 안전인증 기준에 적합한지 여부에 대한 심사이다.
① 개별 제품 심사 : 서면 심사 결과가 안전인증 기준에 적합할 경우에 안전인증 대상 기계·기구 등 모두에 대하여 하는 심사이다.
② 형식별 제품 심사 : 서면 심사와 기술 능력 및 생산 체계 심사 결과가 안전인증 기준에 적합할 경우에 안전인증 대상 기계·기구 등의 형식별로 표본을 추출하는 심사이다.

> **1-42** 산업안전보건기준에 관한 규칙에서 정하는 안전난간의 개요, 구조 및 설치
> 요령을 설명하시오.

(1) 안전난간의 개요

안전난간이란 개구부, 작업발판 등에서의 추락사고를 방지하기 위하여 설치하는 시설물을 말한다.

(2) 안전난간의 구조 및 설치요령

① 상부 난간대, 중간 난간대, 발끝막이판 및 난간기둥으로 구성할 것. 다만, 중간 난간대, 발끝막이판 및 난간기둥은 이와 비슷한 구조와 성능을 가진 것으로 대체할 수 있다.

② 상부 난간대는 바닥면·발판 또는 경사로의 표면 (이하 "바닥면 등"이라 한다.)으로부터 90 cm 이상 지점에 설치하고, 상부 난간대를 120 cm 이하에 설치하는 경우에는 중간 난간대는 상부 난간대와 바닥면 등의 중간에 설치해야 하며, 120 cm 이상 지점에 설치하는 경우에는 중간 난간대를 2단 이상으로 균등하게 설치하고 난간의 상하 간격은 60 cm 이하가 되도록 한다.

③ 발끝막이판은 바닥면 등으로부터 10 cm 이상의 높이를 유지해야 한다. 다만, 물체가 떨어지거나 날아올 위험이 없거나 그 위험을 방지할 수 있는 망을 설치하는 등 필요한 예방 조치를 한 장소는 제외한다.

④ 난간기둥은 상부 난간대와 중간 난간대를 견고하게 떠받칠 수 있도록 적정한 간격을 유지해야 한다.

⑤ 상부 난간대와 중간 난간대는 난간 길이 전체에 걸쳐 바닥면 등과 평행을 유지해야 한다.

⑥ 난간대는 지름 2.7 cm 이상의 금속제 파이프나 그 이상의 강도가 있는 재료이어야 한다.

⑦ 안전난간은 구조적으로 가장 취약한 지점에서 가장 취약한 방향으로 작용하는 100 kg 이상의 하중에 견딜 수 있는 튼튼한 구조이어야 한다.

> **_1-43_** 산업안전보건법상 안전검사와 자율검사 프로그램 인정제도에 대해서 설명하시오.

(1) 안전검사

① 주체 : 안전검사 대상품을 사용 중인 사업주

② 절차

  ㈎ 신청 시기 : 안전검사주기 만료 30일 전

  ㈏ 처리 기간 : 신청일로부터 30일 이내

  ㈐ 결과 통지 : 적합 시 안전검사 합격증명서 발급, 부적합 시 안전검사 불합격 통지서 통보

③ 검사주기 : 최초 설치일로부터 3년, 그 이후에는 매 2년

※ 예외 사항

- 건설현장 크레인, 리프트, 곤돌라 : 최초 설치일로부터 매 6개월
- 공정안전보고서 확인 압력용기 : 최초 설치일로부터 3년, 그 이후 매 4년

④ 안전검사 대상품 : 프레스, 전단기, 크레인(이동식 크레인과 정격하중 2톤 미만 제외), 리프트, 압력용기, 곤돌라, 국소배기장치(이동식 제외), 원심기(산업용), 화학설비 및 부속설비, 롤러기, 사출성형기(형체결력 294 kN 미만 제외)

(2) 자율검사 프로그램 인정제도

① 주체 : 안전검사 대상품을 사용 중에 있는 사업주

② 절차 : 근로자 대표와 협의하여 자율검사 프로그램을 정한 후 인정기관에 신청하여 인정을 받으면 안전검사를 받은 것으로 보지만 불인정 시에는 안전검사를 신청해야 한다.

③ 유효기간 : 2년

④ 자율검사 프로그램 인정 요건

  ㈎ 자격이 있는 검사원이 있어야 한다.

  ㈏ 고용노동부장관이 정하는 검사장비가 있어야 한다.

  ㈐ 안전검사 주기의 $\frac{1}{2}$ 주기마다 검사를 실시해야 한다. 다만, 건설 현장 외에서 사용하는 크레인은 6개월마다, 건설 현장에서 사용하는 크레인, 리프트, 곤돌라는 3개월마다 안전검사를 실시해야 한다.

  ㈑ 자율검사 기준이 고용노동부의 안전검사 기준을 충족해야 한다.

⑤ 업무 위탁 : 사업주는 자율검사 프로그램 인정에 따른 검사를 지정 검사기관에 위탁할 수 있다.

1-44 산업안전보건법상 안전보건진단을 받아야 하는 대상 사업장과 안전보건개선
계획 수립대상 사업장을 기술하시오.

---

(1) 고용노동부장관의 안전보건진단 명령 대상 사업장

① 중대재해(사업주가 안전·보건조치의무를 이행하지 아니하여 발생한 중대재해만 해
당) 발생 사업장 (다만, 그 사업장의 연간 산업재해율이 같은 업종의 규모별 평균 산
업재해율을 2년간 초과하지 아니한 사업장은 제외한다.)
② 안전보건개선계획 수립·시행명령을 받은 사업장
③ 추락·폭발·붕괴 등 재해발생 위험이 현저히 높은 사업장으로서 지방고용노동관서
의 장이 안전·보건진단이 필요하다고 인정하는 사업장

(2) 안전보건개선계획 수립대상 사업장

① 산업재해율이 같은 업종의 규모별 평균 산업재해율보다 높은 사업장
② 사업주가 안전보건조치의무를 이행하지 아니하여 중대재해가 발생한 사업장
③ 유해인자의 노출기준을 초과한 사업장

1-45 다음 위험성 평가에 관한 사항에 대하여 설명하시오.
    (1) 위험성 평가 시 활용해야 할 안전보건 정보
    (2) 위험성 추정 방법 및 위험성 추정 시 유의사항
    (3) 위험성 평가의 일반 원칙
    (4) 위험성 평가의 효과

---

(1) 위험성 평가 시 활용해야 할 안전보건 정보

위험성 평가 시 다음의 사업장 안전보건 정보를 사전에 조사하여 위험성 평가에 활
용해야 한다.
① 작업표준, 작업절차 등에 관한 정보
② 기계·기구, 설비 등의 사양서, 물질안전보건자료(MSDS) 등의 유해·위험 요인에
관한 정보
③ 기계·기구, 설비 등의 공정 흐름과 작업 주변의 환경에 관한 정보
④ 같은 장소에서 사업의 일부 또는 전부를 도급을 주어 행하는 작업이 있는 경우 혼재

작업의 위험성 및 작업 상황 등에 관한 정보
⑤ 재해 사례, 재해 통계 등에 관한 정보
⑥ 작업환경 측정 결과, 근로자 건강진단 결과에 관한 정보
⑦ 그 밖에 위험성 평가에 참고가 되는 자료 등

(2) 위험성 추정 방법 및 위험성 추정 시 유의사항

① 위험성 추정 방법 : 유해·위험 요인을 파악하여 사업장 특성에 따라 부상 또는 질병
으로 이어질 수 있는 가능성 및 중대성의 크기를 추정하고 다음의 어느 하나의 방법
으로 위험성을 추정해야 한다.
㉮ 가능성과 중대성을 행렬을 이용하여 조합하는 방법
㉯ 가능성과 중대성을 곱하는 방법
㉰ 가능성과 중대성을 더하는 방법
㉱ 그 밖에 사업장의 특성에 적합한 방법

② 위험성 추정 시 유의사항 : 위험성을 추정할 경우에는 다음에서 정하는 사항을 유의해
야 한다.
㉮ 예상되는 부상 또는 질병의 대상자 및 내용을 명확하게 예측할 것
㉯ 최악의 상황에서 가장 큰 부상 또는 질병의 중대성을 추정할 것
㉰ 부상 또는 질병의 중대성은 부상이나 질병 등의 종류에 관계없이 공통의 척도를
사용하는 것이 바람직하며, 기본적으로 부상 또는 질병에 의한 요양기간 또는 근
로손실일수 등을 척도로 사용할 것
㉱ 유해성이 입증되어 있지 않은 경우에도 일정한 근거가 있는 경우에는 그 근거를
기초로 하여 유해성이 존재하는 것으로 추정할 것
㉲ 기계·기구, 설비, 작업 등의 특성과 부상 또는 질병의 유형을 고려할 것

(3) 위험성 평가의 일반 원칙

① 위험성 평가의 근본 목적은 위험성을 없애는 데 있다.
② 위험성의 크기가 높은 유해·위험 요인부터 근원적으로 없애는 대책을 가장 우선적
으로 적용해야 한다.
③ 한정된 재원을 가지고 개선이 이루어지므로 모든 위험성이 제거되는 것은 아니다. 따
라서 남아 있는 위험성에 대하여는 근로자를 대상으로 교육 등을 실시해야 한다.
④ 법규 위반 및 긴급한 위험이나 급성 독성 및 CMR 화학물질, 방사선 등에 대하여는 우
선적인 개선이 이루어져야 한다.
⑤ 위험 요인과 유해 요인을 모두 포함하여 작업별·공정별로 위험성 평가가 이루어져야
하며, 근골격계부담작업 및 화학물질 등은 전문화하여 별도로 실시해야 한다.

⑥ 노·사가 협력하여 위험성 평가에 참여해야 한다.

⑦ 건설업 및 정비·보수 등의 일부 작업에 대하여는 위험성 평가를 사전에 실시해야
 한다.

(4) 위험성 평가의 효과

① 재해가 감소함에 따라 직·간접적인 손실비용과 산재보험료가 절감된다.

② 노·사가 재해 예방활동에 참여함으로써 사내 소통이 원활해지고 산재 발생에 대한
 사업주의 심리적 부담이 완화된다.

③ 사업장에 적합한 안전보건 체계 구축이 가능하다.

④ 산업재해 발생 시 사업주에 대한 벌칙 및 과태료가 완화된다.

⑤ 사업장의 자율적 재해예방활동의 활성화로 정부규제가 완화되어 행정업무 부담이
 경감된다.

제 2 장 위험물

2-1 TLV(threshold limit value)의 종류 및 의미를 간단히 설명하시오.

① 시간가중 평균농도(TLV-TWA : threshold limit value-time weighted average) :
1일 8시간, 1주에 40시간의 정상 노동시간 중의 평균 농도로 나타내며 근로자가 이
러한 조건에서 반복하여 폭로되더라도 건강상의 장애를 일으키지 않는 농도로 시간
가중 평균농도 산출은 1일 8시간 작업을 기준으로 하여 각 유해인자의 측정치에 발생
시간을 곱하여 8시간으로 나눈 값으로 산출 공식은 다음과 같다.

$$시간가중평균농도 = \frac{\dfrac{C_1}{T_1} + \dfrac{C_2}{T_2} + \cdots + \dfrac{C_n}{T_n}}{8}$$

여기서, C : 유해인자의 측정농도(단위 : ppm 또는 mg/m^3)
T : 유해인자의 발생시간(단위 : 시간)

작업장의 노출기준을 평가할 때 시간가중 평균농도를 기본으로 하고 있으며 산업
보건에서는 통상적으로 TWA로 표현하기도 한다.

② 단시간 노출기준(TLV-STEL : threshold limit value-short time exposure level) :
근로자가 1회 15분간 폭로될 수 있는 최대 허용치. 이때, 폭로는 15분을 넘지 않아야
하고, 폭로와 다음 폭로 사이에는 적어도 60분이 경과해야 하며, 하루 총 4회를 초과
하여 폭로되어서는 안 된다.

③ 최고허용농도(TLV-C : threshold limit value-ceiling) : 잠시라도 이 농도 이상 노
출 시 건강장해를 초래하므로 순간적이라 하더라도 절대적으로 초과해서는 안 되는 농도

2-2 생물학적 허용한계치(BEI : biological exposure indices)의 의미에 대
하여 설명하시오.

생물학적 감시 기준으로 사용되는 노출기준이며 일주일에 5일, 1일 8시간 작업을 기
준으로 특정 유해인자에 대하여 작업환경 기준치(TLV)에 해당하는 농도에 노출되었

을 때 근로자의 조직, 체액 또는 호기를 검사해서 건강 장애를 일으키는 일 없이 폭로될 수 있는 생물학적 지표물질의 농도를 말한다.

즉, 노출 경로가 호흡기만으로 이루어졌다고 가정했을 때의 생물학적 지표물질의 농도로서 생물학적 노출지수는 위험하거나 그렇지 않은 노출 사이의 명확한 구별이 되지는 않으며, 잠재적인 건강 유해성 평가를 위한 지침으로 사용되는 참고 값이다.

그러나 작업자로부터 채취한 시료의 노출지수가 꾸준히 생물학적 노출기준치를 초과한다거나 또는 같은 작업장에 있는 작업자들 사이에서 얻은 수치가 역시 기준치를 초과하는 경우는 초과의 원인을 조사해야 되고 노출을 감소시키기 위한 특별한 조치를 취해야 한다. (=생물학적 노출기준)

2-3 ERPG(emergency response planning guideline)의 의미에 대하여 설명하시오.

농도 비상 대응 절차 수립 시 사용되는 공기 중의 농도를 말하며 다음의 3가지로 구분하여 사용된다.
① ERPG-1 : 거의 모든 사람이 한 시간 동안 노출되어도 오염물질의 냄새를 인지하지 못하거나 건강상 영향이 나타나지 않는 공기 중 최대 농도
② ERPG-2 : 거의 모든 사람이 한 시간까지 노출되어도 보호조치 불능의 증상을 유발하거나 회복 불가능 또는 심각한 건강상 영향이 나타나지 않는 공기 중 최대 농도
③ ERPG-3 : 거의 모든 사람이 한 시간까지 노출되어도 생명의 위험을 느끼지 않는 공기 중 최대 농도

2-4 RfC(reference concentration)와 RfD(reference dose)에 대하여 설명하시오.

① RfC : 일반적인 인간집단(human population)이 평생 동안 같은 농도로 매일 흡입하였을 때 건강상 해(deleterious effect)를 일으키지 않는 수준의 농도 예상치 (비발암성, 휘발성 물질에 적용)

② RfD : 일반적인 인간집단(human population)이 평생 동안 같은 농도로 매일 섭취하였을 때 건강상 해(deleterious effect)를 일으키지 않는 수준의 농도 예상치(비발암성물질에 적용)

2-5 휘발성 유기화합물(VOC : volatile organic compounds)의 개념에 대하여 설명하시오.

휘발성 유기화합물은 증기압이 높아 대기 중으로 쉽게 증발되는 액체 또는 기체상 유기화합물의 총칭으로 세계보건기구 및 미국 환경보호청(EPA)에 의하면 "VOCs(volatile organic compounds : 휘발성유기화합물질)란 탄소 원자를 함유하고 있으며 표준온도 및 표준압력에서 0.13 kPa 이상의 증기압을 가지고 있는 물질을 말하며, 단 CO 및 CO_2는 제외한다"라고 정의하고 있다.

즉, VOCs란 증기압이 높고 비점이 약 150℃ 정도 이하로서 대기 중으로 쉽게 증발되는 유기탄소화합물을 말한다. 일반적으로 VOC라고 하며 대기 중에서 질소산화물과 공존하면 햇빛의 작용으로 광화학반응을 일으켜 오존 및 PAN(퍼옥시아세틸 나이트레이트) 등 광화학 산화성 물질을 생성시켜 광화학 스모그를 유발하는 공기오염물질들이다.

휘발성 유기화합물은 산업체에서 사용하는 용매에서부터 화학 및 제약공장이나 플라스틱 건조 공정에서 배출되는 유기가스에 이르기까지 매우 다양하며 끓는점이 낮은 액체 연료, 파라핀, 올레핀, 방향족화합물 등 생활 주변에서 흔히 사용하는 탄화수소류가 거의 해당된다. 공기 중에 존재하는 유기화합물은 증기압과 끓는점에 따른 휘발 정도(volatility)에 의해 휘발성, 반휘발성(semivolatile), 비휘발성 화합물로 크게 분류된다.

일반적으로 휘발성 유기화합물질은 증기압이 10^{-2} 이상, 반휘발성은 $10^{-2} \sim 10^{-8}$, 비휘발성은 10^{-8} kPa 이하이다. 끓는점으로 분류하는 경우 100℃ 이하인 화합물은 휘발성으로, 100℃ 이상은 반휘발성과 비휘발성으로 분류된다.

2-6 위험물의 정의 및 성질에 대하여 설명하시오.

(1) 정의

위험물은 위험한 성질을 가지고 있거나 위험한 상태에 있어 일정 조건에서 산화반응(빛과 열)에 의해 화재 또는 폭발을 일으키거나 누출 시 인명과 재산 및 환경 등에 피해를 줄 수 있는 물질을 말한다.
① 화학적 위험성 : 물질 고유의 폭발성, 연소성, 독성, 반응성, 부식성 등
② 물리적 위험성 : 물질이 지니고 있는 높은 온도, 압력, 밀도, 증기압 등

(2) 성질

① 화학적으로 구조 및 결합력이 매우 불안정하여 다른 물질과 격렬하게 반응하거나 스스로 분해가 잘 된다.
② 가열, 충격, 마찰에 민감하다.
③ 인화점이 낮다.
④ 수소와 같은 가연성가스를 다량 발생시킨다.
⑤ 산소, 물과의 반응이 용이하다.
⑥ 분해 시 유기 라디칼을 생성한다.
⑦ 연소 시 대부분 발열반응이며 열량 또한 비교적 크다.
⑧ 반응속도가 다른 물질에 비해 빠르다.

2-7 응상물질의 정의 및 종류에 대하여 설명하시오.

(1) 정의

폭연 또는 폭굉을 일으키는 액체 또는 고체 상태의 물질로서 응상은 기상에 비해 밀도가 $10^2 \sim 10^3$배 크므로 폭발의 양상이 다르게 나타난다.

(2) 종류

① 산화에틸렌
② 질산암모늄(ammonium nitrate)
③ 염소와 삼염화질소(nitrogen trichloride in chlorine)
④ 액체 산소와 액체 염소
⑤ 염화아세틸렌(chloroacetylene)
⑥ 염소솔벤트 내의 안정제

⑦ 염화비닐리덴(vinylidene chloride) 및 이 물질의 과산화물
⑧ 유기과산화물 등

> **2-8** 산업안전보건법에서 정하는 화학물질의 물리적 위험성 분류 기준에 따라 다음 용어를 설명하시오.
> (1) 인화성 액체
> (2) 인화성 에어로졸
> (3) 고압가스
> (4) 유기과산화물

(1) 인화성 액체

표준압력(101.3kPa)에서 인화점이 60℃ 이하인 액체

(2) 인화성 에어로졸

인화성 가스, 인화성 액체 및 인화성 고체 등 인화성 성분을 포함하는 에어로졸(자연발화성 물질, 자기발열성 물질 또는 물반응성 물질은 제외)을 말한다. 이때 "에어로졸(또는 에어로졸 분무기)"이란 재충전이 불가능한 금속·유리 또는 플라스틱 용기에 압축가스·액화가스 또는 용해가스를 충전하고, 내용물을 가스에 현탁시킨 고체나 액상 입자로, 액상 또는 가스상에서 포·페이스트·분말상으로 배출하는 분사장치를 갖춘 것을 말한다.

(3) 고압가스

20℃, 200kPa 이상의 압력하에서 용기에 충전되어 있는 가스 또는 액화되거나 냉동액화된 가스를 말하며, 압축가스, 액화가스, 냉동압축가스, 용해가스 등으로 구분한다.

(4) 유기과산화물

1개 또는 2개의 수소 원자가 유기라디칼에 의하여 치환된 과산화수소의 유도체인 2가의 $-O-O-$ 구조를 가지는 액체 또는 고체 유기물을 말한다.

2-9 NFPA(national fire protection association) 지수에 대해 설명하시오.

① 미국화재예방협회(NFPA : national fire protection association) : 1896년에 미국 표준 제정단체로 설립되었고 현재 약 66,000여 명의 화재 전문가들이 속해 있는 세계에서 가장 영향력 있는 화재예방 관련 조직으로 미국 보스턴에 있으며, 회사 및 개인 회원을 회원으로 하는 최대 규모의 소방 방재 단체다. 많은 공업표준을 만들어 발표하고 있으며, 국가의 법령 기초로서 채용되고 있는 권위 있는 단체이다.

② 위험식별 시스템 : 마름모 형태의 도표인 위험식별 시스템은 물질의 누출 또는 화 재와 같은 비상상태에서 각 화학물질의 고유한 위험과 위험도 순위를 한눈에 알 수 있도록 해 준다.

③ 도표의 의미 : 도표는 해당 화학물질의 "건강위험성(청색)", "연소위험성(적색)", "반응위험성(황색)", "기타 중요한 특성"을 나타내고 특별한 위험성이 없는 "0"에서부터 극도의 위험을 나타내는 "4"까지 다섯 가지 숫자 등급을 이용하여 각 위험성의 정도를 나타낸다.

　마름모형 도표에서 왼쪽은 청색으로 인체유해성을, 위쪽은 적색으로 화재위험성을, 오른쪽은 황색으로 반응성을 나타낸다. 특히 하단부는 주로 물과의 반응을 표시하기 위해 사용되는데 "W"는 물의 사용이 위험하다는 것을 나타내고 산화성 화학물질은 ○ ×로 표시하기도 한다.

④ 표시방법

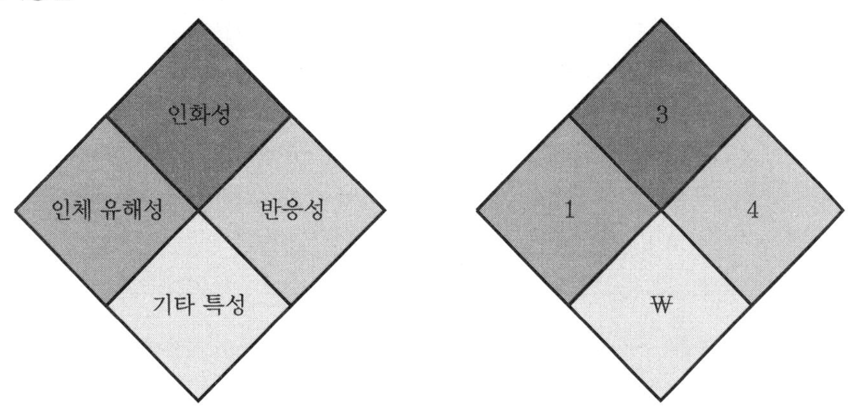

NFPA 라벨링

⑤ 도표 숫자의 이해

　㉮ 건강위험성(health hazard rating) : 물질의 고유한 특성으로 발생하는 위험이 고려되어 진화작업이나 기타 사태에서 요구되는 물리적 노출에 대응할 수 있는 정보를 표시

0	화재 시 노출될 경우 위험을 주지 않는 물질
1	건강에 약간 유해한 물질로서 호흡장비 착용이 바람직함
2	건강에 유해한 물질이므로 안면마스크 및 눈을 보호하는 호흡장비 착용 후 오염지역에 진입하도로 함
3	건강에 극도로 유해한 물질이므로 호흡장비 및 완벽한 방호복을 착용하고 오염지역에 진입할 수 있으나 피부를 노출하지 말 것
4	극히 독성이 강하여 단순 노출에도 사망을 초래할 수 있고 증기 또는 액체는 기밀의 완전한 방호복에 침투하여 치명적임

㈏ 연소위험성(flammability hazard rating) : 연소의 용이성을 표시하여 화재 진화방법을 제시

0	안정적이며 인화되지 않는 물질(불연성)
1	발화 전에 예열되어야 하는 물질(NFPA Class, Ⅲ B)
2	발화가 되기 전에 적절히 가열되어야 하는 물질로, 물 분무는 물질을 인화점 미만으로 냉각시킬 수 있음 (NFPA Class, Ⅱ & Ⅲ A)
3	상온에서 발화시킬 수 있는 물질로서 물은 비효율적임(NFPA Class, Ⅰ B, Ⅰ C)
4	인화성이 높은 가스 또는 극히 휘발성인 액체이므로 화재에 노출된 용기나 탱크에 물분무하여 냉각시키고 흐름을 차단해야 함. (NFPA Class, Ⅰ A)

NFPA Class

구 분		인화점	비등점
Class Ⅰ	A	22.8℃ 미만	37.8℃ 미만
	B	22.8℃ 미만	37.8℃ 이상
	C	22.8~37.8℃	
Class Ⅱ	A	37.8~60℃ 미만	
	B	60~93℃ 미만	
	C	93℃ 이상	

㈐ 반응위험성(reactivity hazard rating) : 물질 자체나 물과 반응에 의해 에너지를 방출하는 용이성 정도

0	화재에 노출된 상태에서도 안정적이고 물과 반응하지 않음
1	보통 안정적이지만 온도 및 압력 상승이 불안정하게 되고 물과 반응하여 약간의 에너지를 방출하지만 격렬하지는 않음. 화재에 접근 또는 물을 사용할 경우 주의를 해야 함.
2	보통 불안정하고 쉽게 격렬한 화학적 변화를 일으키지만 폭굉을 일으키지는 않으며 온도 및 압력 상승 시 급격한 에너지 방출과 더불어 화학적 변화를 일으킨다. 또한 물과 격렬하게 반응하고 물과 위험한 폭발성 혼합물을 생성하는 것도 있다. 대형 화재 시 진화작업은 안전거리를 유지하거나 방호된 지역에서 해야 한다.
3	물과는 제한 없이 폭발적으로 반응한다. 폭굉 또는 폭발적 분해, 폭발적 반응을 일으킬 수 있지만 강력한 발화원이 필요하고 발화되기 전에 제한된 공간 내에서 가열되어야 한다. 또한 온도 및 압력 상승 시 열 또는 기계적 충격에 민감하므로 진화작업은 폭발의 영향에서 보호될 수 있는 위치에서 수행한다.
4	물과는 제한 없이 폭발적으로 반응한다. 보통 온도와 압력에서 폭굉 또는 폭발적 분해, 폭발적 반응을 쉽게 일으키며 온도 및 압력 상승 시 열 또는 기계적 충격에 민감하므로 진화작업은 폭발의 영향에서 보호될 수 있는 위치에서 수행한다.

㈑ W의 의미 : 물과의 반응이 다음 중 하나 이상을 유발할 때
　㉮ 물과 접촉 시 폭발을 일으킬 수 있는 급격한 에너지 방출
　㉯ 물과 접촉 시 비자연발화성 화학물질의 발화 초래
　㉰ 물과 접촉 시 급격히 다량의 유독가스 방출

> **2-10** 화재폭발위험지수(F&E Index)에 대해 설명하시오.

① 미국의 화학공장인 다우사에서 개발된 위험평가방법으로 가연성 가스 및 인화성 물질을 취급·저장하는 공정설비 및 저장탱크와 가연성 고체를 취급·저장하는 설비의 위험성을 평가하는 지수이다.
② 불연 재료의 독성 또는 다른 위험의 발생을 고려하지 않고 화재와 폭발에 중점을 둔다.
③ 주로 설계자를 위한 평가도구이지만 현재 목적에 맞게 사용될 수 있으며, 인화성 물질을 포함한 주요 위험 환경에서 유용하다고 증명되었다.

④ F&EI 지수 계산에 활용되는 용어는 다음과 같다.

㈎ 물질계수라 함은 물질이 연소 또는 화학반응에 의한 화재 또는 폭발 시 방출할 수 있는 잠재에너지의 상대수치를 말한다.

㈏ 반응성이라 함은 순물질, 혼합물 또는 화합물의 불안전성을 5가지 등급으로 구분한 수치를 말한다.

㈐ 가연성 값이라 함은 순물질, 혼합물 또는 화합물의 가연성을 인화점에 따라 구분한 수치를 말한다.

⑤ F&EI 지수를 계산하는 절차 흐름은 다음과 같다.

대상 공정 선정 → 물질계수 결정 → 일반공정위험지수 산정 → 특수공정위험지수 산정 → 단위공정위험지수 산정 → 화재·폭발지수(F&EI) 산정 → 영향반경 등 산정 → 영향지역 내의 대체비용 산정 → 손상지수 결정 → 기본 최대예상설비손실 결정 → 실제 최대예상설비손실 결정 → 손실관리신뢰지수 산정 → 최대예상조업중지일수 결정 → 기업휴지손실 산정

> **_2-11_** 금수성물질 중 수분과 반응하여 수소 가스를 발생시키는 물질 두 가지만 예를 들고 그 물질의 반응식을 쓰시오.

물질 중에서 공기 중의 습기를 흡수하여 화학반응을 일으켜 발화하거나 수분에 접촉해 발열하여 그 온도가 가속도적으로 높아져 발화하게 되는 물질을 금수성물질 (Water prohibitive materials)이라고 하며, 산업안전보건법에서는 물 또는 습기 찬 공기와 접촉하여 폭발성 또는 인화성 기체를 방출하는 물질로 정의하고 있다. 이와 같은 물질을 저장할 때에는 공기 중의 습기를 흡수하지 않도록 차단하거나 또는 작업조건으로 수분을 사용하지 못하도록 해야 한다.

① 금속 나트륨(Na)

㈎ 나트륨은 은백색의 광택이 있고 유기합성 과정에서 환원제 및 반응성이 강한 나트륨 화합물을 합성할 때 사용되는 금속으로서, 일반적으로 나트륨아말감 또는 칼륨과의 합금(Na-K) 형태로 사용된다.

㈏ 나트륨의 자연발화온도는 115℃이나 분말의 경우 공기 중 장시간 방치하면 상온에서도 자연발화를 일으킨다.

㈐ 나트륨은 공기 중에서 표면이 산화물 및 수산화물로 피복되는데 수산화물은 흡수성이 있어 대기 중의 수분을 흡수하게 되고 그 수분이 금속과 반응하여 화재를 일으킨다.

$$2Na + 2H_2O \rightarrow 2NaOH + H_2$$

㈐ 나트륨은 공기 중에서 연소하여 독특한 황색 불꽃을 내며 산화나트륨(Na_2O)으로 되고, 순수한 산소 중에서는 과산화나트륨(Na_2O_2)이 생성된다.

㈑ 나트륨은 고체 덩어리 상태로 있어도 용융되며 발생된 수소는 연소된다.

② 금속 칼륨(K)

㈎ 칼륨은 은색의 광택이 있는 금속으로 나트륨보다 반응성이 크다.

㈏ 상온에서 공기와 접촉하면 즉시 자색의 불꽃을 내면서 타며, 주로 산화칼륨(K_2O)을 생성하고 동시에 과산화칼륨(K_2O_2)이 생성된다.

㈐ 칼륨은 나트륨과 달리 초과산화물(KO_2)의 생성도 가능하며, 초과산화칼륨은 물과 반응 시 산소와 과산화수소로 가수분해된다. 또한 초과산화물은 등유나 그 밖의 유기물과 접촉 시 폭발이 일어나므로 아주 위험하다.

$$2KO_2 + 2H_2O \rightarrow H_2O_2 + 2KOH + O_2$$

㈑ 금속 칼륨은 물과 격렬하게 반응하며, 금속의 비산에 의해 폭발이 동반된다. 따라서 밀폐된 용기 등에 빗물 등이 혼입하여 수소를 발생하는 경우 밀폐공간이 순간적으로 폭발한다.

$$2K + 2H_2O \rightarrow 2KOH + H_2$$

2-12 위험물안전관리법 시행령에 의한 위험물질 분류체계에 대하여 설명하시오.

---

① 제1류 (산화성고체) : 고체로서 산화력의 잠재적인 위험성 또는 충격에 대한 민감성을 판단하기 위하여 소방방재청장이 정하여 고시하는 시험에서 고시로 정하는 성질과 상태를 나타내는 것으로 반응성이 강하여 열·충격 및 다른 물질과의 접촉 시 쉽게 분해되며 많은 산소를 방출함으로써 가연물의 연소를 돕고 때로는 폭발할 수도 있는 물질

참고

- 액체 : 1기압 및 20℃에서 액상인 것 또는 20℃ 초과 40℃ 이하에서 액상인 것
- 기체 : 1기압 및 20℃에서 기상인 것

② 제2류 (가연성고체) : 고체로서 화염에 의한 발화의 위험성 또는 인화의 위험성을 판단하기 위하여 고시로 정하는 시험에서 고시로 정하는 성질과 상태를 나타내는 것으

로 황, 인, 금속분 등과 같이 환원성 물질로 비교적 낮은 온도에서 산화하기 쉬운 가연물이다. 산화제와 접촉하면 마찰 또는 충격으로 급격히 폭발할 수도 있다.

㉮ 유황(순도 60 wt % 이상)

㉯ 철분(53 μm의 표준체를 통과하는 것이 50 wt % 미만인 것 제외)

㉰ 금속분(알칼리금속·알칼리토류금속·철 및 마그네슘 외의 금속의 분말을 말하고, 구리분·니켈분 및 150마이크로미터의 체를 통과하는 것이 50중량퍼센트 미만인 것은 제외)

㉱ 인화성고체(고형 알코올 그 밖에 1기압에서 인화점이 40℃ 미만인 고체)

③ 제3류(자연발화성물질 및 금수성물질) : 고체 또는 액체로서 공기 중에서 발화의 위험성이 있거나 물과 접촉하여 발화하거나 가연성가스를 발생하는 위험성이 있는 것

④ 제4류(인화성 액체) : 석유류, 알코올류 등과 같이 상온에서 액체 상태인 가연성 액체와 비교적 낮은 온도에서 액체가 되는 고체 물질로 대단히 인화되기 쉬운 물질(제3석유류, 제4석유류 및 동식물유류에 있어서는 1기압과 20℃에서 액상인 것)

㉮ 특수인화물 : 이황화탄소, 디에틸에테르 그 밖에 1기압에서 발화점이 100℃ 이하인 것 또는 인화점이 −20℃ 이하이고 비점이 40℃ 이하인 것

㉯ 제1석유류 : 아세톤, 휘발유 그 밖에 1기압에서 인화점이 21℃ 미만인 것

㉰ 알코올류 : 1분자를 구성하는 탄소 원자의 수가 1개부터 3개까지인 포화 1가 알코올(변성 알코올을 포함한다.)

다만, 다음 각 목의 1에 해당하는 것은 제외한다.

㉮ 1분자를 구성하는 탄소 원자의 수가 1개 내지 3개의 포화 1가 알코올의 함유량이 60 wt % 미만인 수용액

㉯ 가연성 액체량이 60 wt % 미만이고 인화점 및 연소점(태그개방식인화점측정기에 의한 연소점)이 에틸알코올 60 wt % 수용액의 인화점 및 연소점을 초과하는 것

㉱ 제2석유류 : 등유, 경유 그 밖에 1기압에서 인화점이 21℃ 이상 70℃ 미만인 것(도료류 그 밖의 물품에 있어서 가연성 액체량이 40 wt % 이하이면서 인화점이 40℃ 이상인 동시에 연소점이 60℃ 이상인 것은 제외)

㉲ 제3석유류 : 중유, 클레오소트유 그 밖에 1기압에서 인화점이 70℃ 이상 200℃ 미만인 것(도료류 그 밖의 물품은 가연성 액체량이 40 wt % 이하인 것은 제외)

㉳ 제4석유류 : 기어유, 실린더유 그 밖에 1기압에서 인화점이 200℃ 이상 250℃ 미만의 것(도료류 그 밖의 물품은 가연성 액체량이 40 wt % 이하인 것은 제외)

㉴ 동식물유류 : 동물의 지육 등 또는 식물의 종자나 과육으로부터 추출한 것으로서 1기압에서 인화점이 250℃ 미만인 것

⑤ 제5류(자기반응성물질) : 질산에스테르, 셀룰로이드류 등과 같이 물질 자체가 산소를 함유하고 있는 가연성 물질로써 자기 연소 또는 내부 연소를 일으키기 쉬운 물질이다.

유기과산화물을 함유하는 것 중에서 불활성고체를 함유하는 것으로서 다음 각 목의 1에 해당하는 것은 제외한다.

㈎ 과산화벤조일의 함유량이 35.5 wt % 미만인 것으로서 전분가루, 황산칼슘2수화물 또는 인산1수소칼슘2수화물과의 혼합물

㈏ 비스(4클로로벤조일)퍼옥사이드의 함유량이 30 wt % 미만인 것으로서 불활성고체와의 혼합물

㈐ 과산화지크밀의 함유량이 40 wt % 미만인 것으로서 불활성고체와의 혼합물

㈑ 1·4비스(2-터셔리부틸퍼옥시이소프로필)벤젠의 함유량이 40 wt % 미만인 것으로서 불활성고체와의 혼합물

㈒ 시클로헥사놀퍼옥사이드의 함유량이 30 wt % 미만인 것으로서 불활성고체와의 혼합물

⑥ 제6류 (산화성액체) : 질산, 황산 등과 같이 불연성 물질이지만 산소를 많이 함유하고 있는 강산화제이다. 물과 접촉하면 발열하여 심한 반응을 나타낸다.

㈎ 과산화수소는 그 농도가 36 wt % 이상인 것

㈏ 질산은 그 비중이 1.49 이상인 것

위험물 및 지정수량

위험물			지정수량
유 별	성 질	품 명	
제1류	산화성 고체	1. 아염소산염류	50킬로그램
		2. 염소산염류	50킬로그램
		3. 과염소산염류	50킬로그램
		4. 무기과산화물	50킬로그램
		5. 브롬산염류	300킬로그램
		6. 질산염류	300킬로그램
		7. 요오드산염류	300킬로그램
		8. 과망간산염류	1,000킬로그램
		9. 중크롬산염류	1,000킬로그램
		10. 그 밖에 안전행정부령으로 정하는 것	50킬로그램, 300킬로그램 또는 1,000킬로그램
		11. 제1호 내지 제10호의 1에 해당하는 어느 하나 이상을 함유한 것	

류	성질	품명		지정수량
제2류	가연성 고체	1. 황화린		100킬로그램
		2. 적린		100킬로그램
		3. 유황		100킬로그램
		4. 철분		500킬로그램
		5. 금속분		500킬로그램
		6. 마그네슘		500킬로그램
		7. 그 밖에 안전행정부령으로 정하는 것		100킬로그램 또는 500킬로그램
		8. 제1호 내지 제7호의 1에 해당하는 어느 하나 이상을 함유한 것		
		9. 인화성고체		1,000킬로그램
제3류	자연 발화성 물질 및 금수성 물질	1. 칼륨		10킬로그램
		2. 나트륨		10킬로그램
		3. 알킬알루미늄		10킬로그램
		4. 알킬리튬		10킬로그램
		5. 황린		20킬로그램
		6. 알칼리금속(칼륨 및 나트륨을 제외한다) 및 알칼리토금속		50킬로그램
		7. 유기금속화합물(알킬알루미늄 및 알킬리튬을 제외한다.)		50킬로그램
		8. 금속의 수소화물		300킬로그램
		9. 금속의 인화물		300킬로그램
		10. 칼슘 또는 알루미늄의 탄화물		300킬로그램
		11. 그 밖에 안전행정부령으로 정하는 것		10킬로그램, 20킬로그램, 50킬로그램 또는 300킬로그램
		12. 제1호 내지 제11호의 1에 해당하는 어느 하나 이상을 함유한 것		
제4류	인화성 액체	1. 특수인화물		50리터
		2. 제1석유류	비수용성액체	200리터
			수용성액체	400리터
		3. 알코올류		400리터
		4. 제2석유류	비수용성액체	1,000리터
			수용성액체	2,000리터
		5. 제3석유류	비수용성액체	2,000리터
			수용성액체	4,000리터
		6. 제4석유류		6,000리터
		7. 동식물유류		10,000리터

		1. 유기과산화물	10킬로그램
제5류	자기 반응성 물질	2. 질산에스테르류	10킬로그램
		3. 니트로화합물	200킬로그램
		4. 니트로소화합물	200킬로그램
		5. 아조화합물	200킬로그램
		6. 디아조화합물	200킬로그램
		7. 히드라진 유도체	200킬로그램
		8. 히드록실아민	100킬로그램
		9. 히드록실아민염류	100킬로그램
		10. 그 밖에 안전행정부령으로 정하는 것	10킬로그램, 100킬로그램 또는 200킬로그램
		11. 제1호 내지 제10호의 1에 해당하는 어느 하나 이상을 함유한 것	
제6류	산화성 액체	1. 과염소산	300킬로그램
		2. 과산화수소	300킬로그램
		3. 질산	300킬로그램
		4. 그 밖에 안전행정부령으로 정하는 것	300킬로그램
		5. 제1호 내지 제4호의 1에 해당하는 어느 하나 이상을 함유한 것	300킬로그램

2-13 고압가스를 다음 기준에 따라 분류하시오.

    (1) 성상에 따른 분류
    (2) 연소성에 의한 분류
    (3) 독성에 의한 분류

(1) 성상에 따른 분류

① 압축가스 : 수소(H_2), 산소(O_2), 질소(N_2), 메탄(CH_4)과 같이 비점(끓는점)이 낮기 때문에 상온에서 압축하여 액화하기 어려운 가스를 단지 상태 변화 없이 압축한 것

② 용해가스 : 아세틸렌(C_2H_2)을 예로 들 수 있으며, 압축하면 분해폭발하는 성질 때문에 단독으로 압축하지 못하고, 용기에 다공물질의 고체를 충전한 다음, 아세톤과 같은 용제를 주입하여 이것에 아세틸렌을 기체 상태로 압축한 것

③ 액화가스 : 프로판(C_3H_8), 염소(Cl_2), 암모니아(NH_3), 탄산가스(CO_2), 산화에틸렌

(C_2H_4O) 등과 같이 상온에서 압축하면 쉽게 액화되는 가스로서, 액화시켜 용기에 충전한 것을 말하며, 용기 내에서는 액체 상태로 저장되어 있다.

용기 내의 압력은 충전된 가스의 종류·온도에 따라서 다르지만, 가스의 종류나 온도가 변하지 않는다면, 용기 내부에 충전된 액량에 관계없이 일정하게 유지된다. 따라서 압축가스 및 액화가스는 가스의 고유 성질에 따라서 분류한 것이 아니고 저장되어 취급되는 상태에 따라서 분류한 것이다.

(2) 연소성에 의한 분류

① 가연성 가스 : 아세틸렌, 프로판, 에틸렌, 메탄, 수소 등 과 같이 공기(산소)와 혼합하면 빛과 열을 내면서 연소하는 가스를 말한다. 암모니아의 경우 연소하기 어려운 가스이나, 조건에 따라서 연소하므로 역시 가연성가스로 취급한다.

② 조연성 가스 : 산소, 아산화질소, 압축공기, 염소 등으로 다른 가연성물질과 혼합되었을 때 폭발이나 연소가 일어날 수 있도록 도움을 주는 가스이다.

③ 불연성 가스 : 질소, 아르곤, 탄산가스 등으로, 스스로 연소하지 못하며, 다른 물질을 연소시키는 성질도 갖지 않는 가스, 즉 연소와 무관한 가스를 말한다.

(3) 독성에 의한 분류

① 독성 가스 : 일산화탄소, 산화에틸렌, 염화메틸, 암모니아, 시안화수소 등

② 비독성 가스

고압가스의 분류		고압가스의 종류
상태에 의한 분류	압축가스	산소, 수소, 질소, 아르곤, 메탄 등
	용해가스	아세틸렌 가스
	액화가스	액화석유가스(LPG), 암모니아, 이산화탄소, 액화산소, 액화질소
연소성에 의한 분류	가연성가스	수소, 암모니아, 액화석유가스, 아세틸렌 등 고압가스안전관리법 시행규칙 제2조 제1항 제1호에 명시된 가스
	조연성가스	산소, 공기, 염소 등
	불연성가스	질소, 이산화탄소, 아르곤, 헬륨 등
독성에 의한 분류	독성가스	염소, 일산화탄소, 아황산가스, 암모니아, 산화에틸렌, 포스겐 등 고압가스안전관리법 시행규칙 제2조 제1항 제2호에 명시된 가스

2-14 산업안전보건법에 의한 위험물 분류에 대하여 설명하시오.

① 폭발성 물질 및 유기과산화물
  ㈎ 질산에스테르류
  ㈏ 니트로화합물
  ㈐ 니트로소화합물
  ㈑ 아조화합물
  ㈒ 디아조화합물
  ㈓ 하이드라진 유도체
  ㈔ 유기과산화물
  ㈕ 그 밖에 ㈎부터 ㈔까지의 물질과 같은 정도의 폭발 위험이 있는 물질
  ㈖ ㈎부터 ㈕까지의 물질을 함유한 물질

② 물반응성 물질 및 인화성 고체
  ㈎ 리튬
  ㈏ 칼륨·나트륨
  ㈐ 황
  ㈑ 황린
  ㈒ 황화인·적린
  ㈓ 셀룰로이드류
  ㈔ 알킬알루미늄·알킬리튬
  ㈕ 마그네슘 분말
  ㈖ 금속 분말(마그네슘 분말은 제외한다)
  ㈗ 알칼리금속(리튬·칼륨 및 나트륨은 제외한다)
  ㈘ 유기 금속화합물(알킬알루미늄 및 알킬리튬은 제외한다)
  ㈙ 금속의 수소화물
  ㈚ 금속의 인화물
  ㈛ 칼슘 탄화물, 알루미늄 탄화물
  ㉠ 그 밖에 ㈎부터 ㈛까지의 물질과 같은 정도의 발화성 또는 인화성이 있는 물질
  ㉡ ㈎부터 ㉠까지의 물질을 함유한 물질

③ 산화성 액체 및 산화성 고체
  ㈎ 차아염소산 및 그 염류
  ㈏ 아염소산 및 그 염류
  ㈐ 염소산 및 그 염류

　㈜ 과염소산 및 그 염류

　㈜ 브롬산 및 그 염류

　㈜ 요오드산 및 그 염류

　㈜ 과산화수소 및 무기 과산화물

　㈜ 질산 및 그 염류

　㈜ 과망간산 및 그 염류

　㈜ 중크롬산 및 그 염류

　㈜ 그 밖에 ㈎부터 ㈜까지의 물질과 같은 정도의 산화성이 있는 물질

　㈜ ㈎부터 ㈜까지의 물질을 함유한 물질

④ 인화성 액체

　㈎ 에틸에테르, 가솔린, 아세트알데히드, 산화프로필렌, 그 밖에 인화점이 23℃ 미만이고 초기 끓는점이 35℃ 이하인 물질

　㈏ 노르말헥산, 아세톤, 메틸에틸케톤, 메틸알코올, 에틸알코올, 이황화탄소, 그 밖에 인화점이 23℃ 미만이고 초기 끓는점이 35℃를 초과하는 물질

　㈐ 크실렌, 아세트산아밀, 등유, 경유, 테레핀유, 이소아밀알코올, 아세트산, 하이드라진, 그 밖에 인화점이 23℃ 이상 60℃ 이하인 물질

⑤ 인화성 가스

　㈎ 수소

　㈏ 아세틸렌

　㈐ 에틸렌

　㈑ 메탄

　㈒ 에탄

　㈓ 프로판

　㈔ 부탄

　㈕ 인화한계 농도의 최저한도가 13% 이하 또는 최고한도와 최저한도의 차가 12% 이상인 것으로서 표준압력(101.3 kPa)하의 20℃에서 가스 상태인 물질

⑥ 부식성 물질

　㈎ 부식성 산류

　　㉮ 농도가 20% 이상인 염산, 황산, 질산, 그 밖에 이와 같은 정도 이상의 부식성을 가지는 물질

　　㉯ 농도가 60% 이상인 인산, 아세트산, 불산, 그 밖에 이와 같은 정도 이상의 부식성을 가지는 물질

　㈏ 부식성 염기류 : 농도가 40% 이상인 수산화나트륨, 수산화칼륨, 그 밖에 이와 같은 정도 이상의 부식성을 가지는 염기류

⑦ 급성 독성 물질

  ㈎ 쥐에 대한 경구투입실험에 의하여 실험동물의 50%를 사망시킬 수 있는 물질의 양, 즉 LD50(경구, 쥐)이 kg당 300 mg – (체중) 이하인 화학물질

  ㈏ 쥐 또는 토끼에 대한 경피흡수실험에 의하여 실험동물의 50%를 사망시킬 수 있는 물질의 양, 즉 LD50(경피, 토끼 또는 쥐)이 kg당 1000 mg – (체중) 이하인 화학물질

  ㈐ 쥐에 대한 4시간 동안의 흡입실험에 의하여 실험동물의 50%를 사망시킬 수 있는 물질의 농도, 즉 가스 LC50(쥐, 4시간 흡입)이 2500 ppm 이하인 화학물질, 증기 LC50(쥐, 4시간 흡입)이 10 mg/L 이하인 화학물질, 분진 또는 미스트 1 mg/L 이하인 화학물질

> **2-15** 위험성을 나타내는 여러 가지 물성에 대하여 설명하시오.

---

① 비점 : 보통 끓는점 또는 비등점이라 한다. 액체가 끓을 때 일정한 압력 아래서 포화증기와 그 액상이 평형으로 공존할 수 있는 온도이다. 압력에 따라 다르며 외압을 크게 하면 비점은 상승한다. 보통 1기압하에서의 비점을 그 물질의 통상 비점으로 한다. 끓는점이 낮은 경우 액체의 기화가 용이하므로 가연성 물질의 경우에는 폭발성 혼합증기의 형성이 용이해진다.

② 녹는점(융점) : 물질이 고체에서 액체로 상태 변화가 일어날 때의 온도이다. 녹는 물질이 순수한 물질이라면 일정 온도 구간에서 녹는점이 나타나며, 물질이 가지는 고유한 특성이다. 녹는점이 낮은 경우 액체로 변화하기가 용이하고 화재 발생 시 연소구역 확산이 용이하므로 위험하다.

③ 점성 : 모든 유체(流體)에는 서로 접촉하는 두 층이 서로 떨어지지 않으려는 저항이 있는데 이를 점성이라 한다. 유동하는 기체나 액체의 내부에 생기는 저항의 크기를 점도라 하며 유체에 가해지는 전단응력과 전단변형속도의 비로 나타낸다.

  유체의 속도가 흐름 속의 각 점에서 각기 다를 경우에는 점성 때문에 속도의 기울기에 비례하는 접선응력이 나타난다. 이때 생성된 기울기와 전단응력과의 비례상수를 점도라 한다. 점도의 단위는 푸아즈(poise)로서 1푸아즈=1 gf/cm · s이다. 점도는 전단응력에 따라 변화하므로 어떤 응력에서의 점도를 겉보기 점도라 한다. 점성 계수를 밀도로 나눈 값을 동점도라 한다.

④ 옥탄올 – 물 분배계수(octanol–water partition coefficient) : 두 혼합되지 않은 상인

옥탄올과 물에서의 용질의 분포를 나타내는 계수(같은 양의 옥탄올과 물 혼합물 속에서 대상물질이 녹아 평형 상태가 이루어졌을 때, 두 용매 속에 녹아 있는 물질의 농도비)로서 물질의 지용성을 측정하는 기준이다. 이는 토양으로부터의 흡착, 퇴적물, 유기체에서의 생물농축 등 환경거동평가에서 중요한 고려인자이므로 환경유해성을 평가하는 분야에서는 수계 또는 생물 농축성 여부를 판단하기 위해 사용한다.

$$\text{옥탄올} - \text{물 분배계수} = \frac{(\text{옥탄올 중의 화학물질 농도})}{(\text{물 중의 화학물질 농도})}$$

⑤ 증기밀도 : 가스 또는 증기의 밀도를 동일한 압력·온도에 있어서 공기의 밀도를 1로 해서 비교한 값을 말한다. 따라서 증기밀도가 1보다 작은 경우 공기보다 가볍고, 1보다 클 때는 공기보다 무겁다는 것을 나타낸다.

일반적으로 탄화수소계 액체의 증기는 공기보다 무거우며, 가연성 가스 또는 증기의 밀도가 큰지 작은지를 파악하는 것은 인화폭발의 위험성이 있는 물질에 대한 재해를 방지하는 대책을 수립하는 데 중요하다.

또한 증기밀도는 공기보다 무겁기 때문에 탄화수소계의 가연성증기가 용기로부터 밖으로 새어나왔을 경우, 바닥에 깔리면서 흐르거나, 움푹 패인 곳에 체류하거나 화재, 폭발을 초래할 우려가 있다.

⑥ 전기전도도 : 전기전도도는 물질에서 전류가 잘 흐르는 정도, 즉 전기가 잘 통하는 정도를 나타내는 물리량으로, 전도도(conductivity), 비전도도(specific conductivity)라고도 부른다. 전도율과 유사한 값이나, 크기 변수인 전도율과 달리 세기 변수이며 물체의 크기나 모양에 관계없는 물질 고유의 성질이다.

전기전도도의 단위는 mho 또는 siemens를 사용하며, 1mho = 1siemens이다. 전기전도도는 물속에 함유된 용존 고형물질의 양과 밀접한 관계가 있으며 물속에 전하를 띤 이온이 많을수록 물의 전기전도도는 커진다. 즉 용액 내에서 이온 농도가 증가할수록 용액의 전기전도도는 증가하기 때문에 전기전도도는 물속에 존재하는 이온 농도의 지시 인자이다.

금속은 일반적으로 전기저항이 적어 전기전도도가 좋으며, 전해질 용액의 전기전도도는 이온의 농도 외에도 전극 사이의 거리, 전극의 단면적, 이온의 전하 크기, 온도 등에 의해서도 영향을 받는다.

⑦ 연소열 : 물질이 연소할 때 단위 당량에서 발생하는 열량을 그 물질의 연소열이라고 한다. 그 단위는 kcal/mol, kcal/kg 또는 cal/g 등으로 표시된다. 연소열은 측정해서 구하지만, 가연성 가스나 액체의 증기 연소열과 폭발하한계와의 일정한 관계, 또는 유기화합물의 구조와 연소열과의 사이에 규칙적인 관계에서 계산에 의해서도 근사(近似)적으로 구할 수 있다.

⑧ 인화점(flash point)

  ㉮ 가연성 액체나 고체의 표면에 순간적으로 화염을 접근시켰을 경우에 연소시키는 데 필요한 만큼의 증기를 발생하는 최저온도로 일반적으로 가연성 액체는 항상 그 액면에서 증기를 발생하고 있으며, 증기의 발생이 낮은 온도에서 일어날수록 인화점이 낮고, 연소할 가능성이 높으며 위험성은 많다.

  ㉯ 인화성 액체의 취급온도가 그 물질의 인화점보다 높을 때에는 점화원과의 접촉에 의해 인화될 위험이 있으므로 인화점이 낮을수록 위험하다.

⑨ 자연발화점 : 물질이 공기 중에서 발화온도보다 상당히 낮은 온도(상온)에서 자연히 발열하고 그 열이 장기간 축적되어서 발화점에 도달하여 결국에는 연소하기 이르는 현상으로 자연발화를 일으키는 원인에는 물질의 산화열, 분해열, 흡착열, 중합열, 발효열 등이 있다. 자연히 발열하는 조건에는 화학반응, 특히 공기 중의 산소와의 반응이나 물질 자체의 분해, 기타 발열이 수반되는 것이며, 화학반응의 발열 등이 있다.

  자연발화온도는 다음과 같이 조건에 따라 변한다.

  ㉮ 산소농도가 클수록 작아진다.

  ㉯ 계의 압력이 클수록 작아진다.

  ㉰ 부피가 클수록 작아진다.

  ㉱ 탄화수소의 분자량이 클수록 작아진다.

⑩ 폭발한계 : 점화원에 의하여 폭발을 일으킬 수 있는 폭발성 가스와 공기의 혼합가스 농도 범위의 한계값으로서 그 하한값을 폭발하한계(최소 농도), 상한값을 폭발상한계(최대 농도)라 하며, 연소범위(explosive range)라고도 한다. 폭발한계는 폭발성 가스의 종류에 따라 다르고, 일반적으로 그 범위가 넓고 낮을수록 폭발성 분위기를 생성하기 쉽다. 폭발한계는 일반적으로 폭발성 분위기 중의 폭발성 가스의 체적 백분율(Vol.%)로 표시한다.

⑪ 독성 : 인체, 동식물 등의 모든 유기체에 부정적 영향을 미칠수 있는 물질의 위해 정도를 말한다. 독성은 인간의 간과 같은 조직에 영향을 미치기도 하며, 때로는 세포 조직에 직접적인 영향을 주기도 한다.

  이러한 독성을 연구하는 학문이 독성학(toxicology)이며 인간을 비롯한 다른 생명체에 대해서 "화학물질 또는 물리적인 성질을 가진 물질이 생명체에 미치는 유해 효과(adverse effect)를 연구하는 학문"으로 정의된다. 독성에 의한 영향은 급성에서부터 수개월 내지 수년이 지나도 미묘한 변화를 알지 못하는 만성 영향까지 다양한 형태로 일어날 수 있다.

  독성에 대한 효율적 관리를 위하여 각 부처별로 독성물질(급성, 만성, 아만성-산업안전보건법) 또는 독성가스(고압가스안전관리법) 등으로 설정하고 그에 적합한 안전관리 방안을 제시하고 있다.

⑫ 증기압(vapor pressure) : 액체 또는 고체에서 증발하는 압력을 말하며, 증기장력이라고도 한다. 증기가 고체 또는 액체와 평형상태에 있을 때의 포화증기압을 말한다.

액체 표면에서는 끊임없이 기체가 증발하는데, 밀폐된 용기의 경우 어느 한도에 이르면 증발이 일어나지 않고, 안에 있는 용액은 그 이상 줄어들지 않는다. 그 이유는 같은 시간 동안 증발하는 분자의 수와 액체 속으로 들어오는 기체 분자의 수가 같아져서 증발도 액화도 일어나지 않는 평형상태가 되기 때문이다. 이 상태에 있을 때 기체를 그 액체의 포화증기, 그 압력을 증기압(포화증기압)이라 한다.

개방된 용기 속에 있는 액체가 증발을 계속하는 것은 액체와 접하는 물질이 포화증기압에 이르지 못하기 때문이다. 이것은 고체도 마찬가지인데, 나프탈렌 등과 같은 물질은 상온에서도 이 현상이 뚜렷하게 나타난다. 증기압은 같은 물질이라도 온도가 높아짐에 따라 더욱 커진다.

제**3**장 연소 이론

3-1 연소의 정의에 대해 설명하시오.

가연성의 물질이 공기 또는 산소 속에서 빛과 불꽃을 내며 타는 산화 반응으로 발열량이 그 계로부터 외부로 방출되는 열량보다 더 많아 계 내의 온도가 상승하게 되고, 그 결과로서 발생되는 열 방사선 파장의 강도가 빛으로 발현하며 화염 수반이 보통이다.

① 물질이 빛이나 열 또는 불꽃을 내면서 빠르게 산소와 결합하는 산화반응

② 연소의 3요소 : 가연물, 산소, 점화원

③ 물질이 가진 화학에너지를 열에너지로 쉽게 전환할 수 있는 현상

④ 물질이 완전히 연소할 때 발생하는 열을 연소열이라고 하며 대부분의 연소반응은 발열반응이다.

⑤ 급격한 발열이 수반되지 않는 산화 반응은 연소라 할 수 없다. 예를 들면 철이 대기 중에서 부식되는 것은 철의 산화현상이나 부식의 속도가 매우 느리고 불꽃 등이 없으므로 이를 연소라고 부르지는 않는다.

⑥ 연소에 의한 빛은 500℃ 부근에서 적열상태가 되고, 1000℃를 넘으면 백열상태가 된다.

⑦ 도시가스, 프로판 가스 등의 연소나 초, 나무, 종이를 태우는 것들이 연소반응에 해당한다.

3-2 연소 메커니즘에 대해 설명하시오.

연소란 빛과 열을 수반하는 급격한 산화 반응이다.

$$\text{가연성 물질} + \text{산화제(산소)} \xrightarrow{\text{발열반응}} \text{반응 생성물(빛, 열)}$$

① 연소의 화학 반응은 원계에서 생성계로의 물질의 변화로서 원계에 일정한 활성화 에

너지가 주어져서 활성상태에 달하면 에너지가 높은 곳에서 낮은 곳, 즉 안정한 상태로 되기 위해 에너지를 방출하면서 생성계로 옮겨간다.(활성화 에너지는 화재 시 점화에너지에 해당)

② 연소가 계속되기 위해서는 활성화 에너지를 받아 발화하고 나서, 이때 생기는 연소열에 의해 미반응 부분의 활성화가 계속 일어나는 연쇄반응이 필요하게 된다.

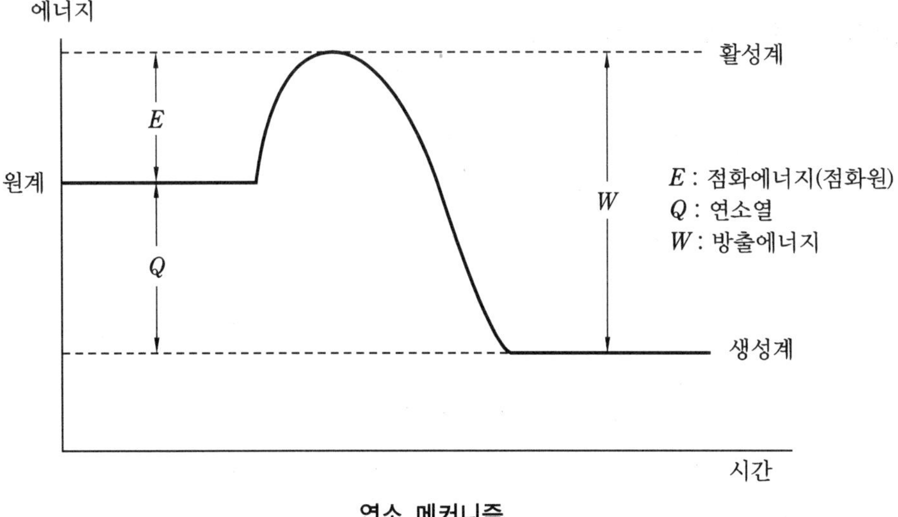

연소 메커니즘

3-3 연소의 3요소와 4요소에 대해 설명하시오.

① 연소의 3요소 : 가연물, 산소(공기), 점화원을 연소의 3요소라 부르며, 이 중 어느 하나라도 없으면 연소가 이루어질 수 없으므로 이들 3요소 중 하나 이상을 제거하거나 격리시키는 것이 곧 불을 끄는 소화의 원리이다.

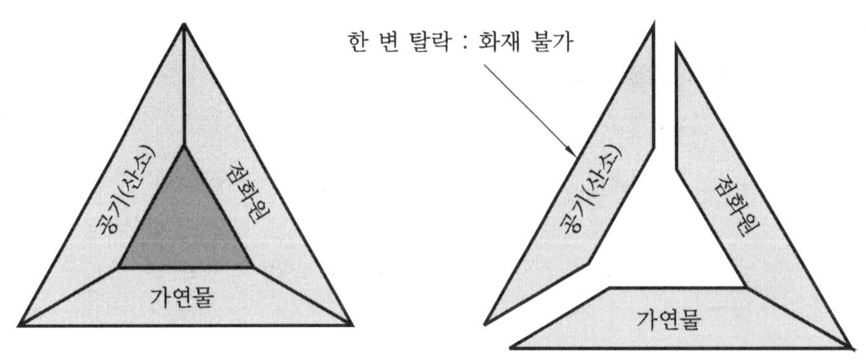

연소의 3요소

② 연소의 4요소(사면체) : 연소의 3요소 이외에 연쇄반응이 4번째 요소로 작용하며, 이
　를 연소의 4요소라고 한다.

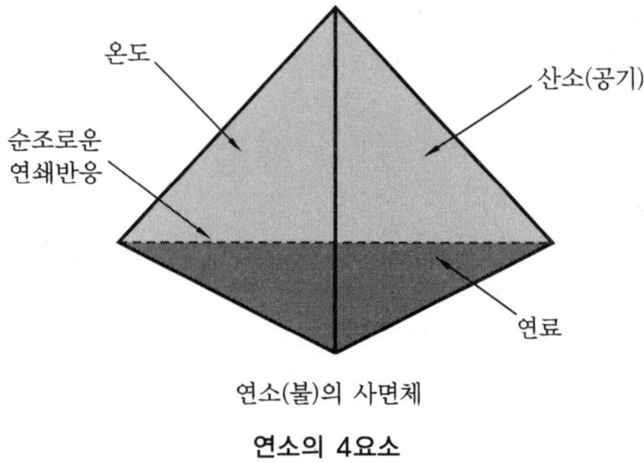

연소의 4요소

3-4 연소의 일반적 형태(종류)를 분류하고 설명하시오.

(1) 연소속도에 따른 구분

① 정상연소 : 산소 공급이 일정 속도로 이루어져 가연성 기체가 연소할 때 화염의 위치
　나 그 모양이 변하지 않고 일정한 속도로 진행되는 연소 (열의 발생속도와 방산속도
　가 균형 상태)

② 비정상연소 : 폭발과 같이 연소가 격렬하게 일어나는 등 일정한 연소속도로 연소가
　진행되지 않는 연소

　㈎ 발열속도 < 방열속도 : 온도가 발화점 이하가 되어 연소가 정지, 소화되는 연소

　㈏ 발열속도 > 방열속도 : 열의 축적에 의해 반응속도가 증가하여 폭발 또는 폭굉 현
　　상 발생

(2) 연소의 형태에 따른 분류

① 기체 연소 : 확산 연소(발염 연소), 예혼합 연소

② 액체 연소 : 증발 연소, 분해 연소

③ 고체 연소 : 표면 연소, 분해 연소, 증발 연소, 자기 연소

(3) 가연물 종류에 따른 연소 현상

① 기체 연소

㈎ 예혼합 연소(혼합 연소, premixed burning) : 가연성 기체 연료와 산소가 미리 혼합하여 혼합기를 형성한 상태에서 점화원이 존재하여 이루어지는 연소
　㉎ 가솔린엔진의 연소, 분젠버너의 연소

> **참고**
>
> **분젠버너 연소**
>
> 　가스관에서 공급된 가스를 버너 앞의 좁아진 노즐에서 분출시키면 유속이 증가하여 흡입구에서 부압이 발생하며 공기를 빨아들이게 된다. 가스량이 많으면 부압이 커지며, 그만큼 대량의 공기가 흡입되는데, 이것을 1차 공기라고 한다. 이 개구부를 에어 셔터 또는 에어 칼라라고 하며 여는 방법을 조정하여 공기의 양을 조절한다. 상단에 점화하면 가스는 계속해서 타고, 불꽃은 가스의 양 및 공기 구멍의 크기를 변화시켜 조절한다.

㈏ 확산 연소(비혼합 연소, diffusive burning) : 가연성 기체와 산소가 상호 확산에 의해 혼합되어 연소범위의 혼합기를 형성한 상태에서 이루어지는 연소로서 연소 반응이 일어나고 있는 영역, 즉 화염반응대에 가연성 기체와 지연성 기체가 서로 반대방향에서 확산되는 연소 상태
　㉎ 초심지 연소, 석유난로, 가정용 가스기기의 연소

> **참고**
>
> **확산 화염**
>
> 　확산 연소에 의한 화염을 말하며, 가스 연료의 확산 화염은 일반적으로 길게 퍼져서 적황색으로 보인다.
> ① 가연성 기체와 공기가 농도차에 따라 서로 반대 방향에서 반응 영역으로 확산되어 연소될 때 발생하는 화염이다.
> ② 가연성 기체와 공기의 확산과정은 Fick의 법칙을 따른다. 공기 중의 산소는 반응에 의해 소모되어 농도가 0이 되어버리는 반응 영역의 화염 쪽으로 이동하고, 연료 역시 높은 농도로부터 낮은 농도로 확산 화염에 의해 반대 방향에서 화염을 향해 이동하게 된다.
> ③ 반응에 의해 발생되는 연소 생성물은 양쪽 방향에서 화염으로부터 멀어지며 농도차에 따라 확산된다.
> ④ 층류 확산 화염(㉎ 양초 화염)과 난류 확산 화염(㉎ 산림 화재)이 있다.

② 액체 연소

㈎ 분무 연소(액적 연소, spray combustion) : 액체 연료를 미세한 분무 형태로 분사하여 증발 표면적을 증가시켜 미립자화된 액체와 공기가 혼합하여 연소하는 형태

  ㉠ 공업용 보일러의 버너 연소, 가스 터빈

㈏ 등심 연소(심화 연소, wick combustion) : 석유 스토브나 램프에서와 같이 연료를 모세관 현상에 의해 심지로 빨아올려 표면에서 증발시켜 확산 연소를 시키는 것

  ㉠ 심지상하조절식 버너, 석유램프

㈐ 액면 연소(pool burning) : 화염으로부터의 방사나 대류에 의해 오일 연료 표면이 가열되어 증발이 일어나며, 발생한 연료 증기가 공기와 접촉하여 유면의 상부에서 확산 연소하는 것으로, 증기압이 낮고 열분해가 일어나기 쉬운 액체에서 발생된 기체가 공기와 확산 연소하는 현상

  ㉮ 포트 연소(pot burning)

  ㉯ 경계층 연소(boundary layer combustion)

  ㉰ 전파 화염(propagation flame)

  ㉠ 등유의 pot burner나 경유와 같은 경질유 연소

㈑ 증발 연소(evaporating combustion) : 액체 연료가 액체 표면에서 증발하여 기체와 같이 연소하는 현상

  ㉠ 가솔린, 등유, 경유 등의 연소(가정용 난로)

③ 고체 연소

㈎ 자기 연소 : 고체 가연물이 분자 내에 산소를 가지고 있어 가열 시 열분해에 의해 가스 생성물과 함께 산소를 발생하며 산소가 공급되지 않아도 연소가 진행되는 연소 형태 또는 분자 내의 니트로기($-NO_2$)와 같이 쉽게 산소를 유리할 수 있는 기(基)를 가지고 있는 화합물의 연소

  ㉠ 흑색 화약, 백색 화약, TNT, 니트로셀룰로오스, 질산에스테르류 등 제5류 위험물

㈏ 분해 연소(decomposing combustion) : 종이, 목재, 석탄, 플라스틱 등의 가연물이 고온에서 열분해하여 발생한 가연성 기체와 산소가 결합하여 표면에서 연소하는 현상

  ㉠ 종이, 목재, 섬유, 석탄, 플라스틱 등

㈐ 증발 연소(evaporative combustion) : 가열 시 고체가 열분해되지 않고 직접 증발하여 증기가 연소하거나, 융해된 액체가 기화하여 연소하는 경우

  ㉠ 파라핀, 유황, 양초 및 나프탈렌 등의 가연성 고체

㈑ 표면 연소(surface combustion) : 가열 시 열분해에 의해 증발되는 성분이 없이 물체 표면에서 산소와 직접 반응하여 연소 가능한 물질이 분해하여 연소하는 형태

  ㉠ 목탄(숯), 코크스, 금속분, 나트륨 등이 열분해되지 않고 고체 표면이나 내부 공간으로 확산하여 물질 자체가 연소되는 현상

> **참고**
>
> ① 표면 화재(surface fire)
> - 인화성 액체나 가연성액체 또는 가스의 표면을 타고 순간적으로 확산되는 분출성 화재
> - 가연성 물질의 표면에서 불꽃을 발생하며 연소하는 화재
> - 숲 바닥에 쌓인 작은 가지나 나뭇잎, 키 작은 식물 등을 태우며 진행되는 산불
> ② 심부 화재(deep-seated fire)
> - 고체 내부에서의 연소
> - 짚더미, 곡물 창고, 가구 등의 가연물 속으로 깊숙이 파고 들어간 화재
> - 잘 진화되지 않는 화재
> - 구조재를 심각하게 훼손시키는 화재
> - 작열 연소(glowing fire, 고체 표면 연소)에 의한 화재

3-5 점화원의 종류에 대해 설명하시오.

① 기계적 점화원 : 충격, 마찰, 단열압축 등
② 전기적 점화원 : 전기불꽃, 정전기 등
③ 열적 점화원 : 나화, 고온 표면, 복사열, 용융물, 용접 불꽃 등
④ 자연발화

3-6 연소 방식을 분류하시오.

① 적화식 연소 방식 : 가스를 그대로 대기 중에 분출하여 연소시키는 방법으로 연소에 필요한 공기는 전부 불꽃의 주변에서 취한다. 일반적으로 연소 반응이 완만하여 불꽃이 길게 되어 적황색을 띤다. 이 방식의 버너는 소음이 적고 역화 염려가 없으며, 공기 조절이 필요 없다. 그러나 고온(900℃)을 얻기 어렵고 불완전 연소로 인한 매연이 발생할 가능성이 있다.

② 분젠식 연소 방식 : 가스가 노즐로부터 일정한 압력으로 분출하고 그때의 운동에너지에 의하여 공기구멍으로 연소에 필요한 공기의 일부분(1차 공기)을 흡입하여 혼합관

속에서 혼합하여 염공으로부터 연소한다. 이때 불꽃은 주변에서 확산에 의해 공기를 필요로 하며 이 공기를 2차 공기라 한다. 불꽃은 내염이라 하는 둥근 상태의 청백부분과 바깥쪽의 외염 및 눈에 보이지 않는 고온층으로 구별할 수 있다. 즉 연소 시 필요한 공기를 1차, 2차 공기에 의하여 연소하는 방식으로 역화의 염려가 있으나 열효율이 높다. 그리고 좁은 연소 공간에서 완전 연소가 가능한 반면 가스 소비량이 크다.

③ 세미 분젠식 연소 방식 : 분젠식과 적화식 중간 방식의 버너로 1차 공기와 2차 공기를 모두 사용하나 1차 공기량이 분젠식보다 적어 약 40% 이하이며 내염과 외염의 구별이 확실하지 않다. 불꽃온도는 1000℃ 부근이고 불꽃색은 청색으로 역화하는 경우가 거의 없다.

④ 전 1차 공기식 연소 방식 : 연소에 필요한 필요공기량 전체를 1차 공기에 의존하여 연소하는 방식으로 1차 공기와 가스를 미리 혼합시켜 연소하는 버너가 이에 해당된다. 분젠식에 1차 공기를 많이 가하면 화염이 역화 또는 리프트하는 경우가 있으며, 전 1차식 공기식 연소법도 필요 공기를 전부 1차 공기로 해서 흡입하므로 역화하기 쉬운 연소법으로 가정용 난방기 및 특수 용도에 이용한다. 불꽃온도는 850℃ 부근이고 금속망이나 세라믹 표면에 연소시키는 방식으로 설치가 용이하다.

  예 원적외선 난로, 세라믹, 메탈파이버 버너(metal fiber burner) 등

3-7 연소 시 발생하는 이상현상과 원인에 대해 설명하시오.

① 불완전 연소
  ㈎ 가스량의 비와 공기비가 맞지 않을 때(가스의 조성이 불균일할 때)
  ㈏ 배기가스 배출이 불량해 배압이 높아 연소 공기 공급이 불량할 때(공기 공급량 부족)
  ㈐ 불꽃이 낮은 온도에 접촉하여 불꽃이 냉각될 때(주위 온도가 너무 낮을 때)
  ㈑ 환기 또는 배기가 불량할 때

② 역화
  ㈎ 염공의 확대와 분출가스압이 저하되어 혼합관 내에서 연소되는 현상
  ㈏ 버너 노즐부의 과열로 연소속도 증대 시
  ㈐ 1차 공기 과대(연소속도 증가)

③ 비화
  ㈎ 연료분출속도 > 연소속도

　　㈏ 불꽃이 노즐선단 일정 거리를 두고 버너에서 부상하여 공간에서 연소
　　㈐ 조정기 고장으로 인한 버너에 과대한 가스압이 발생하는 경우
　　㈑ 폐가스 배출 불량으로 인한 2차 공기 부족(연소속도 저하)
　　㈒ 버너 노즐이 맞지 않음
④ 적황색 불꽃 연소
　　㈎ 적황색 불꽃 연소 시에는 불완전연소가 일어남
　　㈏ 1차 공기 부족으로 노즐 불꽃색이 적황색을 띠는 연소 현상

3-8　이론공기량과 실제공기량의 개념에 대해 설명하시오.

① 이론공기량 : 연료 단위체적당(중량당)에 함유되어 있는 탄소, 수소, 황을 완전 연소
시키는 데 필요한 최소의 공기량을 이론공기량이라 한다. 즉 이론공기량을 구할 때는
우선 이론산소량을 구하고, 구한 이론산소량을 중량 단위일 때는 0.23, 부피 단위일
때는 0.21로 나누면 된다.
② 실제공기량 : 연료를 연소할 때는 이론공기량만으로는 연료를 완전 연소할 수 없으므
로 이론공기량 이상을 공급하는데, 이를 완전 연소시키기 위하여 이론공기량보다 많
이 실제로 공급되는 공기를 실제공기량이라 한다. 또한 실제공기량과 이론공기량의
비를 공기비 또는 과잉공기계수라 한다.

$$A = A_0 + (A - A_0)$$

$$m = \frac{A}{A_0}$$

여기서, A : 실제공기량, A_0 : 이론공기량, m : 공기비

3-9　가연물의 구비조건에 대해 설명하시오.

① 산소와의 친화력이 클 것
② 화학적으로 활성이 클 것
③ 연소열이 클 것

④ 표면적이 클 것(고체 < 액체 < 기체)

⑤ 열전도도가 작을 것

⑥ 활성화 에너지가 작을 것

3-10 연료의 정의와 좋은 연료로서의 조건에 대해 설명하시오.

① 정의

  ㈎ 연료란 공기 중의 산소와 반응하여 연소되면서 열을 발생하는 물질을 말한다.

  ㈏ 일반적으로 연료의 주성분은 탄소(C), 수소(H), 산소(O)이고 기타 질소(N), 유황(S)도 포함되며, 그중에서 가연성 원소는 탄소(C), 수소(H), 황(S)이다.

  ㈐ 연료는 상온에서 형태와 성질에 따라 고체, 액체, 기체 연료로 구분한다.

② 조건

  ㈎ 가격이 저렴하고 매장량이 풍부할 것

  ㈏ 저장, 운반 및 취급이 용이할 것

  ㈐ 단위 중량당 발열량이 클 것

  ㈑ 인체에 유독성이 적을 것

  ㈒ 연소 시 매연 발생 등 공해가 적을 것

  ㈓ 저장 및 사용에 있어서 안전성이 있을 것

  ㈔ 점화성이 좋을 것

3-11 고체 연료와 액체 연료 및 기체 연료의 특징과 장단점을 설명하시오.

① 고체 연료 : 고체 상태 그대로 사용하는 연료로서 식물 등이 변질된 것(목재, 석탄)을 그대로 사용하는 것과 가공 후 사용하는 것(목탄, 연탄 등)으로 구분할 수 있으며, 액체 연료와 비교하여 산소의 함유량이 많고, 수소 성분은 적다.

  ㈎ 장점

    ㉮ 가격이 저렴하고 국내 매장량이 풍부하다.

  ㉯ 설비비가 저렴하고, 저장이 용이하다.

  ㉰ 에너지 밀도가 높다.

  ㉱ 연소속도가 늦어 특수용도로 사용된다.

 (나) 단점

  ㉮ 품질이 균일하지 못하다.

  ㉯ 연소 효율이 낮고, 완전 연소가 어렵다.

  ㉰ 연소(부하) 조절이 곤란하며, 순간적으로 고온을 얻기 어렵다.

  ㉱ 매연 발생이 심하며 회분이 많다.

  ㉲ 점화 및 소화가 어렵다.

  ㉳ 사용 전 건조 및 분쇄가 필요하며 연소용 공기가 다량 필요하다.

② 액체 연료 : 액체 연료의 대표적인 것이 석유류이며 대부분이 탄화수소(CH)의 혼합물
이다.

 (가) 장점

  ㉮ 품질이 일정하고 발열량이 높으며, 연소 효율이 높다.

  ㉯ 저장, 운반, 계량, 점화, 소화 및 연소 조절이 용이하다.

  ㉰ 회분이 거의 없다.

 (나) 단점

  ㉮ 연소온도가 높아 국부적으로 과열을 일으키기 쉽다.

  ㉯ 화재, 역화(back fire)의 위험이 크다.

  ㉰ 고속(압)연료 분사 시 연소할 때 소음이 크다.

  ㉱ 국내 자원이 없고 수입에만 의존한다.

③ 기체 연료 : 기체 연료는 천연가스(LNG)와 LPG 등이 있는데, 주성분은 메탄(CH_4)이
며 도시가스나 차량 등 다양한 용도로 이용되고 있다.

 (가) 장점

  ㉮ 연소성이 좋아 적절한 공기로 완전 연소가 가능하다.

  ㉯ 유해 배출물이 적어 배열을 회수하여 활용 가능하다.

  ㉰ 연소 조절 및 점화, 소화가 용이하다.

  ㉱ 회분이나 매연 등이 없어 청결하므로 이용에 편리하다.

 (나) 단점

  ㉮ 시설비가 많이 들며 고급 연료로 다른 연료보다 가격이 높다.

  ㉯ 압축상태로 저장하기 때문에 누출되기 쉽고 화재 및 폭발 위험이 크다.

  ㉰ 연료 밀도가 낮아 수송 효율이 낮고, 저장조건이 간단하지 않다.

3-12 연소범위(연소한계, 폭발한계)의 정의에 대해 설명하시오.

연소한계는 점화원에 의하여 폭발을 일으킬 수 있는 폭발성 가스와 공기의 혼합가스 농도 범위의 한계값으로서 그 하한값을 폭발하한계(최소 농도), 상한값을 폭발상한계(최대 농도)라 하며, 연소범위(explosive range)라고도 한다. 폭발한계는 폭발성 가스의 종류에 따라 다르고, 일반적으로 그 범위가 넓고 낮을수록 폭발성 분위기를 생성하기 쉽다. 폭발한계는 일반적으로 폭발성 분위기 중의 폭발성 가스의 체적 백분율(vol.%)로 표시한다.

탄화수소류의 연소범위

물질명	연소범위(공기 내의 부피 %)	UFL−LFL
1. 산화에틸렌	3.6~100	96.4
2. 디보란	1~99	98
3. 아세틸렌	2.5~80	77.5
4. 수소	4.1~74	69.9
5. 트리클로로에틸렌	12~40	28
6. 일산화탄소	12.5~74	61.5
7. 메틸클로로포름	6.8~10.5	3.7
8. 카본디설파이드	1.25~44	42.8
9. 황화수소	4.3~45.5	41.2
10. 암모니아	15~28	13
11. 에틸알코올	3.3~19	15.7
12. 아세톤	2.5~13	10.5
13. 메탄	5.3~14	8.7
14. 에탄	3.2~12.5	9.3
15. 프로판	2.4~9.5	7.1

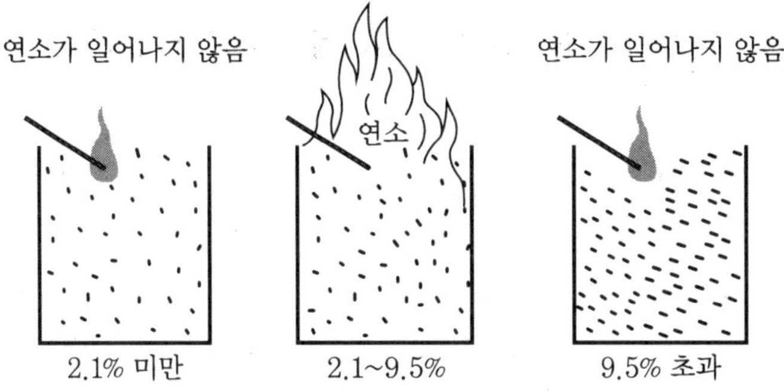

프로판 가스의 연소실험 예

3-13 폭발한계에 미치는 영향 인자에 대해 설명하시오.

가스 등 혼합물의 온도와 압력이 결합된 경우 폭발하한계는 압력의 의존성이 적기 때문에 온도의 영향만 고려하여 산정하고, 폭발상한계는 온도와 압력의 의존성이 크므로 각각의 온도, 압력하에서 폭발상한계를 산정하여 큰 값을 폭발상한계로 한다.

① 폭발하한계에 대한 온도의 영향 : 가스 등의 폭발하한계는 온도에 따라 증가하므로 식 (1) 또는 식(2)를 이용하여 산정한다.

$$LEL_T = LEL_{25} - (0.8 LEL_{25} \times 10^{-3})(T - 25) \quad \cdots\cdots (1)$$

$$LEL_T = LEL_{25}\left(1 - 0.75 \times \frac{(T - 25)}{\Delta H_c}\right) \quad \cdots\cdots\cdots (2)$$

여기서, LEL_T : 특정 온도(T)에서의 폭발하한계

LEL_{25} : 25℃에서 폭발하한계

ΔH_c : 가스 등의 연소열 (kcal/mol)

T : 온도(℃)

② 폭발하한계에 대한 압력의 영향 : 가스 등의 폭발하한계는 압력에 따라 거의 영향을 받지 않는다. 다만, LNG의 경우는 다음 식을 이용하여 산정한다.

$$LEL_P = 4.5 - 0.71 \log P$$

여기서, LEL_P : 25℃ 및 P 압력에서의 폭발하한계

P : 공정의 절대압력(atm)

③ 폭발상한계에 대한 온도의 영향 : 가스 등의 폭발상한계는 온도에 따라 증가하므로 식 (3) 또는 식(4)를 이용하여 산정한다.

$$UEL_T = UEL_{25} - (0.8\,UEL_{25} \times 10^{-3})(T-25) \quad \cdots\cdots (3)$$

$$UEL_T = UEL_{25}\left(1 + 0.75 \times \frac{(T-25)}{\Delta H_c}\right) \quad \cdots\cdots\cdots (4)$$

여기서, UEL_T : 특정 온도(T)에서의 폭발상한계

UEL_{25} : 25℃에서 폭발상한계

ΔH_c : 가스 등의 연소열(kcal/mol)

T : 온도(℃)

④ 폭발상한계에 대한 압력의 영향 : 가스 등의 폭발상한계는 압력의 증가에 따라 증가하므로 다음 식을 이용하여 산정한다.

$$UEL_p = UEL_{25} + 20.6(\log P + 1)$$

여기서, UEL_p : 25℃ 및 어느 압력(P)에서의 폭발상한계

UEL_{25} : 25℃에서 폭발상한계

P : 공정의 절대압력(MPa)

⑤ 산소(oxygen) : 공기 중과 비교하여 폭발하한계(LFL)는 거의 영향이 없으나, 상한계(UFL)는 크게 증가하여 전체적인 폭발범위는 넓어진다.

㈜ 수소의 폭발범위

공기 중 : 4.0 ~ 74.2%, 산소 중 : 4.0 ~ 94.0%

⑥ 불활성 가스(Inert gas) : 질소, 탄산가스 등과 같은 불활성 가스를 첨가하면 폭발하한계(LFL)는 약간 높아지고 상한계(UFL)는 크게 낮아져 전체적인 폭발범위가 좁아진다.

㈜ 가솔린의 폭발범위

공기 중 : 1.4 ~ 7.6%, 질소 40% 첨가 시 : 1.5 ~ 3.0%

3-14 연소점에 대해 설명하시오.

연소점(fire point)은 인화성 액체가 공기 중에서 열을 받아 점화원의 존재하에 지속적인 연소를 일으킬 수 있는 온도이다. 동일한 물질일 경우 연소점은 인화점보다 약 3 ~ 10℃ 정도 높으며 연소를 5초 이상 지속할 수 있는 온도를 말한다. 가연성증기가 공기와 혼합되었을 경우 폭발하한계와 폭발상한계가 형성되며, 각각의 농도 x_1, x_2에 해당하는 액체 온도 t_1, t_2가 구해진다. 이때 이 온도를 각각 하부 인화점, 상부 인화점이라 하며, 통상 하부 인화점을 인화점이라 한다.

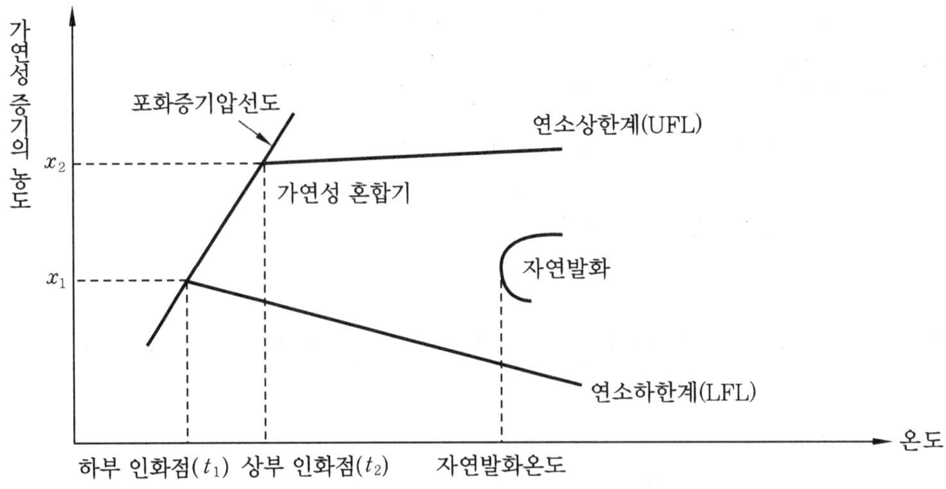

가연성 증기의 농도, LFL, 인화점의 상호관계

3-15 최소점화에너지(MIE)에 대해 설명하시오.

① 최소점화에너지(MIE : minimum ignition energy)

  (개) 가연성가스와 공기의 혼합물에 착화원으로 점화 시 발화하기 위하여 착화원이 갖
는 최소에너지로 전기불꽃에 의한 인화의 발생 용이도를 판별하는 하나의 기준이
된다. 또한 특정 시험 상황하에서 한 지점으로부터 무한 화염 확산을 발생하는 가
연성 혼합물이 있는 점까지 방출하는 열에너지의 최소량이다. 최소 점화에너지의
최저치는 최적 혼합물에서 나타난다.

  (내) 분진을 포함한 모든 가연성 물질은 고유한 최소점화에너지를 필요로 하는데, 탄
화수소의 평균적인 최소점화에너지는 0.25 mJ이다.

  (대) 일반적으로 최소점화에너지는 압력이나 산소농도가 증가하면 낮아지고, 분진이
가스보다 높게 나타난다.

  (래) 매우 압력이 낮아서 어느 정도 착화원에 의해 점화하여도 점화할 수 없는 한계가
있는데, 이를 최소착화압력이라 한다.

② 최소점화에너지에 영향을 미치는 인자 : 최소점화에너지는 물질의 종류, 혼합기의 압
력, 온도, 조성(혼합비) 등에 따라 변화하며, 공기 중의 산소가 많은 경우 또는 가압
하에서는 최소점화에너지는 작은 값이 된다.

$$MIE = f(\text{가연성 물질의 온도, 압력, 농도, 양론적 조성})$$

(가) 온도가 상승하면 MIE는 작아진다. ($\because$ 분자의 운동이 활발)

(나) 압력이 상승하면 MIE는 작아진다. ($\because$ 분자간의 거리가 가까워지므로)

(다) 농도가 많아지면 MIE는 작아진다.

(라) 가연성가스의 조성이 화학 양론적 조성(완전 연소 조성) 부근일 경우 MIE는 최저가 된다.

(마) 이것보다 상한계나 하한계로 향함에 따라 MIE는 증가한다.

$$E = \frac{1}{2} CV^2$$

여기서, E : 발화(최소착화)에너지(J)
C : 콘덴서 용량(F)
V : 전압(V)

3-16 자연발화온도(AIT)에 대해 설명하시오.

① 자연발화(autoignition 또는 spontaneous Ignition) 정의

(가) 자연발화란 외부로부터 가시적인 점화원이 없어도 상온, 공기 중에서 수분의 흡수, 다른 화학물질과의 혼촉, 산화, 분해 등의 원인으로 위험물질의 온도가 상승하여 그 열이 방출되지 않고 축적됨으로써 당해물질의 발화점 이상으로 상승할 경우 연소에 이르는 현상

(나) 가연성 혼합기체에 열 등의 형태로 에너지가 주어졌을 때 스스로 타기 시작하는 산화현상으로, 주위로부터 충분한 에너지를 받아서 스스로 점화할 수 있는 최저온도를 자연발화온도(AIT : auto ignition temperature)라 한다.

② 영향을 미치는 인자 : 증기의 농도, 증기의 부피, 계의 압력, 실험 개시온도, 촉매, 발화지연시간 등에 의해 변하므로 자연발화온도는 물질의 고유한 특성이라 볼 수 없다.

(가) 산소농도가 클수록 AIT는 낮아진다.

(나) 계의 압력이 클수록 AIT는 낮아진다.

(다) 부피가 클수록 AIT는 낮아진다.

(라) 탄화수소의 분자량이 클수록 AIT는 낮아진다.

③ 자연발화 조건

(가) 축적된 열량이 큰 경우 : 방열량에 비하여 축적되는 열량이 큰 경우로서 통풍이 좋지 않은 실내나 단열재로 보온 시 단열재 내부 등

(나) 공기와의 접촉면적이 큰 경우 : 분말, 섬유상태, 면, 종이 등과 같이 공기와의 접

촉면적이 클 경우

(대) 고온다습 : 금수성 물질 등은 공기 중의 수분과의 반응으로 자연발화의 가능성이 매우 높으며 고온다습한 경우는 이러한 물질들의 자연발화를 촉진하는 좋은 환경

(라) 석유제품 등이 보온재에 침투한 경우

④ 자연발화 예방 대책

(개) 가연성물질의 제거 : 장기간의 보관은 가능한 한 피하고 청소, 정돈 등

(내) 건물구조 : 창고, 작업장 등의 건물은 불연성이나 난연성 자재를 사용하고 통풍 및 환기

(대) 화학물질 취급 : 직사광선, 수분과의 접촉을 피하고 일단 개봉한 용기는 1회에 전량 사용하는 것이 바람직하나 부득이한 경우는 완전한 밀봉 등의 안전조치

⑤ 측정법 : 자연발화온도 측정에 있어 기체와 액체 및 고체의 측정법이 다른 경우도 있으며, 온도를 미리 일정하게 정하여 실험하는 정온법과 온도를 올리면서 발화온도를 측정하는 승온법이 있다.

3-17 최소산소농도(MOC : minimum oxygen concentration)의 정의에 대해 설명하시오.

① 가연성 혼합가스가 연소하는 데 필요한 최소한의 산소 농도

② 공기와 연료의 혼합기 중 산소의 부피를 나타내며 %의 단위를 갖는다.

③ 대부분의 연소 물질의 최소 산소 농도는 6~12%(부피 백분율) 내외이며 온도 또는 압력이 증가하면 감소한다.

④ 일반적으로 공정 운전상의 안전을 확보하기 위해 최소 산소 농도의 $\dfrac{1}{4}$ 을 초과하지 않도록 설계하는 것이 좋다.

⑤ 연료의 농도에 상관없이 산소 농도를 감소시켜 폭발 및 화재를 방지할 수 있다.

⑥ 실험 데이터가 충분하지 못할 때 MOC 값은 연소 반응식 중의 산소양론계수와 연소 하한계수의 곱을 이용하여 추산되며 많은 탄화수소에 적용할 수 있다.

$$MOC = 폭발하한계 \times \frac{산소의 \ 몰수}{연료의 \ 몰수}$$

3-18 한계산소지수(LOI : limited oxygen index)의 정의에 대해 설명하시오.

① 섬유 시료가 연소를 계속하는 데 필요한 최저산소농도의 값
② 각종 섬유류와 플라스틱 재료의 난연성평가의 지표로 활용
③ 방염처리를 한 고분자 재료와 그 소재의 연소성을 비교하기 위한 지표
④ 산소와 질소를 혼합한 기류 중에서 점화된 시료가 계속적으로 연소하는 데 필요한 산소의 최저 농도(용량%)로서 한계산소지수라 한다.
⑤ 이 값이 21보다 커질수록 공기 중에서 연소하기 어렵다. 즉 섬유류의 LOI가 높을수록 열원이 제거된 후에 연소가 중단될 가능성이 높다.

3-19 한계산소농도(LOC : limited oxygen concentration)의 정의에 대해 설명하시오.

폭발한계의 상한 농도가 불확실한 경우에는 그 값에 대응하는 혼합기체 중의 산소 농도를 기준으로 사용할 수 있는데, 이때의 농도를 한계산소농도라 하며 일반적으로 12 ~ 14%의 값을 나타낸다.

3-20 화염일주한계의 정의에 대해 설명하시오.

폭발성 혼합가스를 금속성의 두 개의 밀폐된 공간에 넣은 후 미세한 틈을 갖는 벽으로 분리하고 한쪽에 점화하여 틈을 통해서 다른 쪽의 가스가 인화 폭발하는가를 시험하는 경우(이때 칸막이 벽의 두께는 일정하고 틈의 간격만을 증감시키면서 시험) 틈의 간격이 어느 정도 이하가 되면 한쪽의 가스가 폭발해도 다른 쪽의 가스는 인화되지 않게 되는데, 이를 화염일주한계라고 한다.

폭발등급에 따른 화염일주한계

폭발등급	일주한계(두께 25mm)	물 질
1	0.6mm 초과	일산화탄소, 아세톤, 에탄, 톨루엔, 프로판, 벤젠, 에탄올, 부탄, 가솔린, 헥산, 메탄 등
2	0.4mm 초과 ~ 0.6mm 이하	석탄가스, 에틸렌 등
3	0.4mm 이하	수소, 아세틸렌, 이황화탄소

3-21 소염거리(quenching distance)의 정의에 대해 설명하시오.

화염이 전파되지 않을 때까지 좁혀간 두 장의 평행한 사이 거리로, 최소점화에너지는 전극간 거리가 짧아지면 전극을 통한 방열이 커지고 발열과 방열의 균형이 이루어질 수 없어 처음에는 작아지지만 어떤 한계에 도달하면 갑자기 무한대로 되고, 그 거리 이하에서는 아무리 큰 방전에너지를 가해도 인화하지 않는다. 이와 같이 열의 발생보다 방열이 커 인화가 일어나지 않는 최대거리를 소염거리라고 한다.

즉, 배압(背壓)의 영향이 거의 없는 상태에서 화염이 가는 관 속이나 평행판 사이를 자기 전파할 수 있게 되는 한계치수(관의 지름 또는 평행판 사이의 틈새)이다. 소염거리가 생기는 것으로 전기불꽃과 같은 단시간 가열에 있어서도 방열이 발화에 중요한 역할을 하고 있음을 알 수 있고, 소염거리에 혼합기 조성과 압력이 미치는 영향은 최소점화에너지와 거의 같은 경향을 보이며, 통로가 원형의 관인 경우는 소염지름(quenching diameter)이라 한다.

통상 소염지름 > 소염거리 × 1.2 ~ 1.25이며, 가스 노즐의 경우 역화 방지를 위해 소염지름보다 작게 설계한다.

3-22 증기 위험도 지수(VHI : vapor hazard index)에 대해 설명하시오.

① 허용농도와 포화증기 농도의 비를 나타낸다.
② 용제 분자가 공기 중에 포화되었을 때 허용농도의 몇 배가 되는가를 수치로 나타내는 값이다.

③ 유기용제의 잠재적 위험성을 평가하는 데 적합하다.

④ 허용농도에 휘발성(포화증기압)을 포함하여 산출한 증기의 위험지수(석유계 $=13$, 퍼크로 $=187$)로 수치가 클수록 위험하다.

$$VHI = \frac{P_{\max}}{760} \times \frac{10^5}{AC}$$

여기서, $P_{\max}$: 포화증기압(mmHg)

AC : 허용농도(ppm)

3-23 연소에 영향을 미치는 인자에 대해 설명하시오.

① 폭발(연소)범위

② 인화점 및 연소점

③ 최소산소농도

④ 연소물질/불활성 가스 한계비율

⑤ 최대 불활성 가스 값

⑥ 온도

⑦ 압력

⑧ 불활성 가스

⑨ 미스트 및 비말(spray)

⑩ 연소조연제(oxidant)

⑪ 난류상태(turbulence)

⑫ 분해화염(decomposition flame)

3-24 르샤틀리에 법칙(Le Chatelier's law)을 설명하시오.

가스나 증기혼합물의 연소범위를 추정할 필요가 있을 때, 실험에 의해 혼합된 물질의 개별적인 연소범위를 알고 있는 경우 혼합물의 연소 범위는 르샤틀리에(Le Chatelier) 식을 사용하여 계산할 수 있다.

$$LFL_{mix} = \cfrac{1}{\sum\limits_{i=1}^{n} \cfrac{y_i}{LFL_i}}$$

$$UFL_{mix} = \cfrac{1}{\sum\limits_{i=1}^{n} \cfrac{y_i}{UFL_i}}$$

여기서, LFL_i : 공기 중 i 성분의 연소하한계

UFL_i : 공기 중 i 성분의 연소상한계

y_i : i 성분의 몰분율

n : 물질의 종류의 수

3-25 프로판(C_3H_8)의 최소산소농도를 계산하시오(폭발한계 : 2.1 ~ 9.5 vol %).

$C_3H_8 + 5O_2 \rightarrow 3CO_2 + 4H_2O$

프로판 연료의 몰수 : 1mol

산소의 몰수 : 5mol

$$\therefore MOC = 2.1 \times \frac{5}{1} = 10.5 \text{ vol \%}$$

3-26 실험데이터가 없는 가스 · 증기 혼합물의 연소한계를 추정하는 경우의 적용 식에 대하여 설명하시오.

$LFL = 0.55\,C_{st}$

$UFL = 3.50\,C_{st}$

C_{st} : 완전 연소가 일어나기 위한 연료, 공기의 혼합기체 중 연료의 부피(%)

$$C_{st} = \frac{\text{연료의 몰수}}{\text{연료의 몰수} + \text{공기의 몰수}} \times 100$$

3-27 헥산 0.8 vol %, 메탄 2.0 vol %, 에틸렌 0.5 vol %로 구성된 혼합가스의
폭발하한계 및 폭발상한계를 계산하시오.

물질명	부피 %	가연성물질 기준 mol 분율	폭발하한계 LEL(vol %)	폭발상한계 UEL(vol %)
헥산	0.8	0.24	1.1	7.5
메탄	2.0	0.61	5.0	15.0
에틸렌	0.5	0.15	2.7	36.0
소계(가연성물질)	3.3	1.00		
공기	96.7			
합계	100			

① 폭발하한계 산정

$$LEL_{mix} = \cfrac{1}{\cfrac{y_{헥산}}{LEL_{헥산}} + \cfrac{y_{메탄}}{LEL_{메탄}} + \cfrac{y_{에틸렌}}{LEL_{에틸렌}}}$$

$$= \cfrac{1}{\cfrac{0.24}{1.1} + \cfrac{0.61}{5.0} + \cfrac{0.15}{2.7}} = 2.53\,vol\,\%$$

② 폭발상한계 산정

$$UEL_{mix} = \cfrac{1}{\cfrac{y_{헥산}}{UEL_{헥산}} + \cfrac{y_{메탄}}{UEL_{메탄}} + \cfrac{y_{에틸렌}}{UEL_{에틸렌}}}$$

$$= \cfrac{1}{\cfrac{0.24}{7.5} + \cfrac{0.61}{15.0} + \cfrac{0.15}{36.0}} = 13.0\,vol\,\%$$

3-28 고분자 화합물의 연소 시 훈소(smoldering)의 원리와 생성물에 대하여 설
명하시오.

① 개요 : 가연물의 표면이 산소와 직접 반응하여 열을 발생시키면서 화염 없이 백열과
연기를 내며 천천히 낮은 온도에서 지속적으로 연소를 진행시키는 현상을 말한다.

목탄, 숯, 셀룰로오스, 나무, 면, 담배, 인조 발포체(우레탄 폼 등) 등의 많은 고체 물질이 훈소를 일으킨다.

훈소는 불꽃이 보이지 않는 상태에서 가연물의 내부로부터 연소가 천천히 진행되어 유해가스를 발생시키고 장시간 동안 진행되다 착염 연소로 변할 수 있기 때문에 매우 위험한 화재로 발전할 가능성이 높다.

② 원리 (생성과정) : 훈소 반응의 생성과정은 복잡한 열화학 반응에 의해 조절된다.

  ㉮ 주로 탄소와 수소로 구성되어 분자량이 10,000인 고분자 물질은 외부로부터 열을 받아 가열되면 탄소와 수소와의 결합이 끊어지며 열분해되어 용융되거나 승화되며 탄화수소계 가연성 기체를 발생시키게 된다. 이때 열에 의해 결합이 끊어진 표면은 탄화층을 만든다.

  ㉯ 주위의 가열온도가 지속적으로 상승하면 탄화층이 공기 중의 산소와 반응을 일으켜 불꽃이 없는 무염착화 현상이 발생한다.

  ㉰ 무염착화가 지속되어 훈소상태로 연소되며, 더욱 가열하면 불꽃을 보이며 연소에 돌입한다.

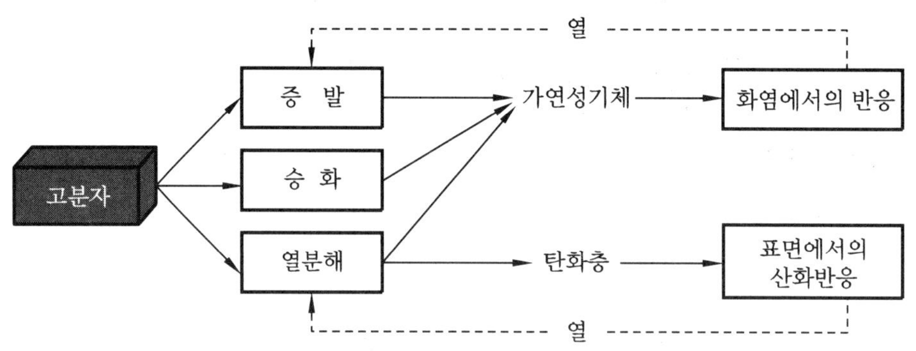

고분자의 연소과정

③ 생성물

  ㉮ 훈소의 단계에서는 산소는 15% 이하로 감소하고 일산화탄소, 타르 등 미연소 가스가 증가하여 독성 물질의 농도가 높아진다.

  ㉯ 액적 상태의 포름알데히드, 케톤류, 방향족 탄화수소 등

④ 훈소의 특징

  ㉮ 반응속도(1~15 mm/min)가 느리며 공기가 많이 필요하지 않다.

  ㉯ 반응은 고체 표면에서 일어나며, 표면은 불꽃 없이 작열하고 숯이 생성된다.

  ㉰ 불완전연소로 일산화탄소의 농도가 높아져 인체에 치명적 손상을 줄 수 있다.

㉣ 훈소는 연소라는 고온의 장을 통과하지 않으므로 발연량(연기 생성량)이 많으며, 연기 입자가 크다.

3-29 고체의 발화를 결정하는 요소에 대하여 간략히 설명하시오.

① 표면온도 : 발화를 일으킬 수 있는 표면온도가 발화온도에 도달하기 위해서는 임계열류 이상의 가열조건이 필요하다.

② 발화시간

  ㉮ 얇은 물체 : 발화온도와 주위온도의 차에 비례한다.

  ㉯ 두꺼운 물체 : 발화온도와 주위온도차의 제곱에 비례한다.

③ 고체를 가열시키는 방법

④ 물질의 특성치 : 어떤 물체의 온도를 상승시키려면 순열류(화염으로부터 복사되어 오는 열류 – 손실되는 열류)가 발화온도에 도달하기 위해 충분히 커야 한다. 이러한 순열류는 고체물질의 온도를 올리는 내부에너지로 전환되는데 이런 전환이 얼마나 **빨**리 일어나는가는 밀도, 비열 등과 같은 물질의 특성에 의존한다.

⑤ 물질의 두께 : 고체물질의 두께에 따라 열용량과 열관성의 영향을 받는다.

3-30 화염 확산(flame spread)에 대하여 설명하시오.

화재의 경계면이 이동되는 과정(발화면이 전진하는 것)으로 전진화염의 끝부분이 화염면 앞의 연료를 연소점까지 올리기 위한 열원 또는 점화원으로 작용하는 것을 말한다.

고체나 액체 연료의 화재에서 화염 확산의 예를 볼 수 있으며 화재 성장 과정에서 중력과 바람이 중요한 영향을 끼친다.

① 화염 확산 속도

$$V = \frac{\delta_f}{t_{ig}}$$ (여기서, δ_f : 확산거리, t_{ig} : 발화시간)

② 화염 확산 원인

(개) 혼합기 조성의 성질

(내) 온도 및 압력의 상승

(대) 고체와 유체간의 전단응력

(래) 흐름의 속도 변동

(매) 농도의 불균일

③ 확산 방향

(개) 하향 또는 측향 확산 : 화염 확산 방향과 공기의 흐름이 반대가 되는 반대 흐름 확산

(내) 상향 또는 풍조 확산 : 공기 흐름과 화염 확산의 방향이 같은 풍조 확산으로 이 경우 바람은 화재 자체에 기인되는 부력 흐름에 의해서만 일어난다.

④ 화염 확산 속도의 영향 인자

(개) 표면방위와 전파방향

(내) 연료의 두께, 연료의 조성 및 난연제 존재 여부

(대) 열전도, 비열, 밀도, 두께 : 열용량 및 열관성

(래) 기하학적 형상

(매) 환경의 영향 : 대기의 조성, 연료온도, 투입복사열류, 대기압

3-31 연소속도(burning rate)에 대하여 설명하시오.

연소속도란 연소 시 화염이 미연소혼합가스에 대하여 수직으로 이동하는 속도를 말하며 단위시간에 단위면적당 혼합가스량($m^3/m^2 \cdot s$)으로 표현된다. 연소속도는 가스의 성분, 공기와의 혼합 비율, 혼합가스의 온도 및 압력에 따라 달라진다.

① 연소속도 변화의 영향 인자

(개) 가연성 물질의 종류

(내) 산화제의 종류

(대) 가연성 물질과 산화제의 혼합비 : 화학양론적 혼합 조성에서 최고가 되며 혼합물 이 연소한계에 가까워질수록 연소속도가 낮아진다.

(래) 미연소 가스의 열전도율이 클수록 빨라진다.

(매) 미연소 가스의 밀도가 작을수록 빨라진다.

(배) 미연소 가스의 비열이 작을수록 빨라진다.

Ⓥ 화염온도 : 온도가 높아지면 연소속도가 증가한다.

Ⓦ 압력 : 압력이 높아지면 연소속도가 증가한다.

Ⓧ 난류 : 난류의 경우 연소속도가 증가한다.

Ⓨ 억제제의 첨가 : 억제제 존재 시 산소농도가 작아져 연소속도가 감소한다.

② 연소속도가 미치는 영향(연소속도와의 관계)

〇 주위물질에 대한 점화가능성

〈 실내에서의 플래시오버 가능성

〉 화재를 진화하는 데 필요한 물의 공급률

3-32 천장기류(ceiling jet)에 대하여 설명하시오.

① 개요

〇 연소하고 있는 연료의 직상부로 상승한 고온 가스가 천장 표면에 부딪혀 수평방향으로 굴절되는데, 이러한 수평방향의 가스 흐름을 말한다.

〈 고온의 연소생성물이 부력에 의해 힘을 받아 천장면 아래에 얇은 층을 형성하는 비교적 빠른 속도의 가스 흐름이다.(수평 연기 이동속도 : 0.5~1 m/s, 수직 연기 이동속도 : 2~3 m/s)

② 특징

〇 화재 초기에만 존재한다.

〈 플룸이 천장에 충돌하여 지역에서 먼 곳으로 흐른다.

〉 고온 가스가 천장면을 가로지를 때 인접부는 대류 전열에 의해 냉각된다.

《 두께는 천장에서 화원까지 높이의 5~12%이다.

》 최고온도와 속도는 천장에서 화원까지 거리의 1% 범위 내 발생한다.

③ 천장기류 적용

〇 감지기의 응답시간

〉 천장이 높은 경우 천장 제트 흐름 내에 감지기가 위치하여 감지시간이 빠르다.

《 천장이 낮은 경우 감지기 부착면과 이격거리가 구획실 높이의 12% 이상이 되면 흐름의 범위 밖에 위치하여 응답시간이 길어진다.

〈 스프링클러 헤드 설치 기준 제공

〉 화재안전기준상 헤드의 설치위치를 천장면에서 30 cm 이내로 정한 이유는 구획된 실의 높이를 3 m로 간주하여 천장 제트 범위 내에 헤드를 위치시키고자 함이다.

㉯ 천장과 벽 부분 사이에는 정체 공간(dead air space)이 발생되므로 헤드를 벽에서 10 cm 이상 이격시킨다.

3-33 플래시오버(flashover)에 대하여 설명하시오.

① 개요 : 화재가 점차 성장하면서 화재로 인해 발생한 복사열에 의해 실내의 가구 등 모든 물질을 착화시킬 수 있을 정도의 높은 온도로 상승하고 화재 강도 및 열방출속도가 순간적으로 크게 높아지게 되는 현상
　㉮ 국부 화재로부터 구획내 모든 가연물이 연소되기 시작하는 대형 화재로의 전이
　㉯ 연료 지배 화재로부터 환기 지배 화재로의 전이
　㉰ 천장 아래에 집결된 미연소 가스나 증기를 통한 갑작스런 화염의 전파

② 발생과정
　㉮ 화재 발생 후 연소영역이 조금씩 확대된다.
　㉯ 이 단계에서 발생한 가연성 가스는 천장 근처에 체류한다.
　㉰ 가스농도가 연소범위내 농도에 도달하면 착화하여 천장이 화염에 휩싸인다.
　㉱ 이후 천장면으로부터의 복사열에 의해 바닥면 위의 가연물에 급속히 착화하여 바닥면 전체가 화염으로 덮인다.

③ 플래시오버의 조건
　㉮ 평균온도 : 500~600℃
　㉯ 바닥면의 복사 수열량 : 20~40 kW/m²
　㉰ 산소농도 : 10%
　㉱ $\dfrac{CO_2}{CO}$: 150
　㉲ 연소속도 : 40kg/s 이상

④ 플래시오버 대책
　㉮ 천장의 불연화
　㉯ 가연물량의 제한 및 불연화, 난연화
　㉰ 개구부의 제한

> **3-34** 굴뚝 효과(stack effect)에 대하여 설명하시오.

① 개요 : 건물 내부와 외부 공기 사이의 온도차에 따른 밀도차, 즉 부력차로 인하여 건물의 수직 공간을 통한 연기-공기가 유동하는 것(대류 현상)을 말한다. 건축물 내부의 온도가 바깥보다 높고 밀도가 낮을 때 건물 내의 공기는 부력을 받아 이동하는데, 이를 굴뚝 효과 또는 연돌 효과라고 한다.

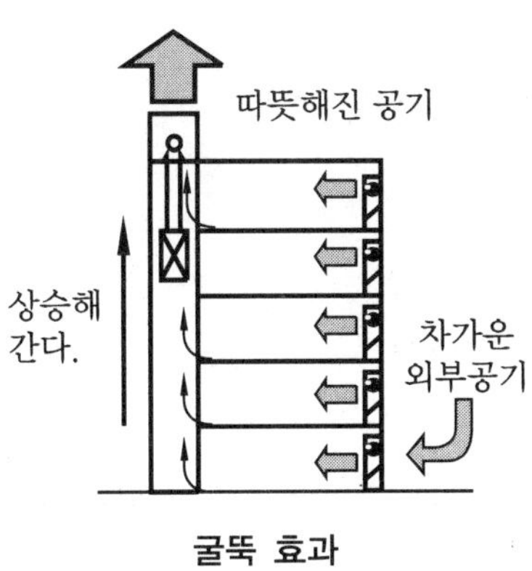

굴뚝 효과

수직 공간 내에서 공기가 움직이는 방향은 온도에 따라 달라지는데, 내부 온도가 외부 온도보다 높으면 아래쪽에서 위쪽으로 흐르고 그와 반대가 되면 위쪽에서 아래쪽으로 흐른다. 반대로 건축물 바깥 공기가 실내의 공기보다 높을 경우에는 건물 내에서 공기가 위에서 아래로 이동하게 되는데, 이러한 하향 공기 흐름을 역굴뚝 효과라고 한다.

정상 상태에서 건물 내의 자연적인 공기 유동은 대부분 굴뚝 효과이며, 고층 건물 화재 시에는 이 굴뚝 효과가 엘리베이터 슈트(elevator chute), 린넨 슈트, 배관 슈트, 계단 등을 통해서 연기와 유독가스를 넓게 확산시킨다. 고열 작업장에서 열상승기류를 이용한 캐노피형 후드를 설치하는 것은 이 굴뚝 효과를 이용한 것이라 할 수 있다. 굴뚝을 만들어 놓으면 더운 공기가 밖으로 쉽게 배출되는 동시에 개구부는 공기의 주입이 좋아지게 되어 오염물질을 제거하게 된다.

② 굴뚝 효과에 의한 연기 이동의 특성

  ㈎ 중성대 하부층에서 화재가 발생한 경우 연기는 건물의 심부로 침투하면서 상부층으로 이동하며, 연기 자체의 온도에 의한 부력으로 상승속도가 더욱 증가한다.

  ㈏ 중성대의 상부층에서 화재가 발생한 경우 연기는 건물 외부로 누출되면서 상승하고 연기 자체 온도에 의한 부력으로 상승속도가 더욱 증가한다.

㈐ 대규모 건축물인 경우 건축물 내부 아래쪽에서 화재가 발생했을 때 엘리베이터실이나 계단실 등 수직 공간의 연돌 효과에 의해 연기가 상층으로 퍼져 가는데 건축물의 중성대 아래쪽은 수직 공간 내로의 유입만이 가능하므로 수평 방향으로의 연기 확산은 거의 없다. 중성대 위쪽은 수직 공간 밖으로 유출하려는 경향 때문에 연기가 수평으로 확산되는데 상층으로 갈수록 그러한 경향은 더욱 커져 연기가 상층부터 충만되어 내려오는 것이다.

3-35 부력 효과에 대하여 설명하시오.

① 개요 : 화재 시 발생하는 고온 연기는 밀도가 감소되어 부력을 발생시켜 이때의 화재구역과 주위의 압력차를 발생시키는 현상

② 특징

㈎ 부력에 의해 상승된 연기는 천장부에서 측면으로 퍼져나가면서 열전달, 희석 등에 의해 온도가 떨어진다.

㈏ 화재구역으로부터 거리가 멀어짐에 따라 부력 효과가 점차 감소한다.

㈐ 부력에 의한 압력차 때문에 연기는 화재구역의 문, 벽 등 누설틈새를 통해 다른 구역으로 이동하며, 특히 화재실 천장에 누설틈새가 있는 건물에서는 이 부력 효과에 의해 연기는 급격히 상부층으로 이동한다.

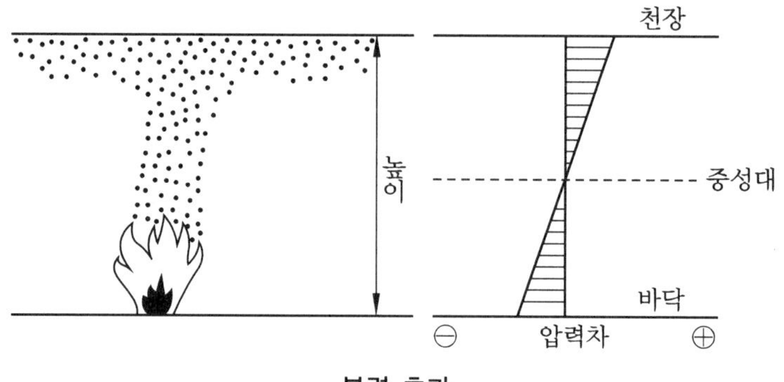

부력 효과

3-36 Nusselt 수(Nu : 무차원된 대류열전달계수)에 대하여 설명하시오.

① 어떤 유체 층을 통과하는 전도에 의해 일어나는 열전달의 크기에 대한, 같은 유체층을 통과하는 대류에 의해 일어나는 열전달의 크기로써, 유체 속에 잠긴 고체의 표면을 통하여 열이 출입하는 비율을 나타내는 무차원수이다.

② Nusselt 수가 커질수록 대류의 효과가 커진다.

③ Stanton 수(St)와의 사이에는 $St = \dfrac{Nu}{\sigma Re}$ 라는 관계가 있다.(여기서, σ는 Prandtl 수, Re는 Reynolds수)

$$Nu = \frac{Q}{kS(T_1 - T_2)/L} = \frac{hL}{k}$$

여기서, T_1 : 전열층 외측의 유체 온도
T_2 : 전열면의 온도
S : 표면적
Q : 표면적 S를 통해서 단위시간에 출입하는 열량
k : 유체의 열전도도
h : 열전달계수
L : 흐름을 특징지우는 대표적인 길이(예를 들면, 원관을 통하는 흐름에서는 지름, 구를 통과하는 흐름에서는 지름)

3-37 Prandtl 수에 대하여 설명하시오.

① 속도와 열 경계층의 두께와 관련된 파라미터로서 흐름과 열 이동의 관계(동점성계수에 대한 열의 분자확산도의 비)를 정하는 무차원 수이다.

$$Pr = \frac{\nu}{\alpha} = \frac{\mu C_p}{k}$$

여기서, ν : 동점성계수
α : 열의 분자확산도
k : 열전도율
C_p : 일정 압력 유체 열용량

② Prandtl 수의 범위는 액체 금속에 대해 0.01보다 작은 값에서부터 무거운 오일에 대해 100,000보다 큰 값에까지 이른다.

Prandtl 수의 범위

유체(fluid)	Pr
액체 금속(liquid metals)	0.004~0.030
가스(gases)	0.7~1.0
물(water)	1.7~13.7
가벼운 유기 유체(light organic fluids)	5~50
오일(oils)	50~100,000
글리세린(glycerin)	2,000~100,000

③ 고체 표면 위의 대류 전열에서 유동 경계층(δ)과 열 경계층(δ_t)의 비율은 Prandtl수에 의존한다.

㉮ $Pr=1$: 열 경계층 두께와 유동 경계층 두께가 같음($\delta_t=\delta$)

㉯ $Pr \geq 1$: 열 경계층 두께가 유동 경계층 두께보다 작음($\delta_t<\delta$)

㉰ $Pr \leq 1$: 열 경계층 두께가 유동 경계층 두께보다 큼($\delta_t>\delta$)

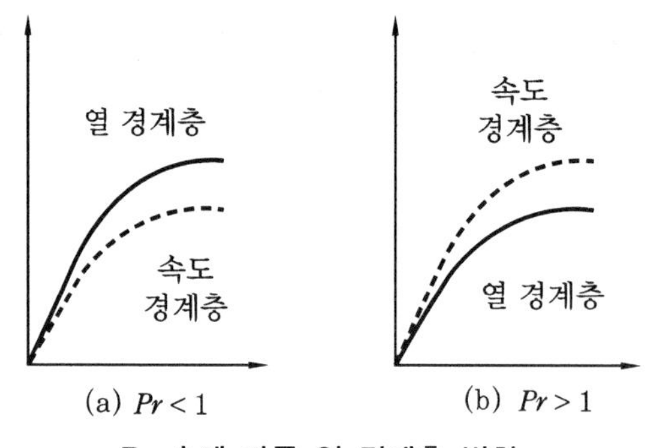

Pr 수에 따른 열 경계층 변화

3-38 Grashof 수(자연대류열전달)에 대하여 설명하시오.

① 유체의 열팽창에 의한 부력과 점성력과의 비에 의해 만들어지는 무차원의 수로서, 분위기와의 온도차가 있는 물체 부근 흐름의 성질을 표시한다.(온도차에 의한 부력이 속도 및 온도 분포에 미치는 영향을 나타내는 무차원수이다.)

② 유체 속에서 밀도 변화를 수반하는 열의 이동 문제에 관련하여 중요하다.

③ 농도차에 의한 부력이 속도 및 농도 분포에 미치는 영향을 나타내는 경우에도 사용된다.

$$Gr = \frac{부력}{점성력} = \frac{g\Delta\rho V}{\rho\nu^2} = \frac{g\beta\Delta TV}{\nu^2} = \frac{g\beta(T_s - T_\infty)\delta^3}{\nu^2}$$

여기서, g : 중력가속도(m/s^2)
ρ : 유체의 밀도
β : 부피팽창계수(이상기체에서는 $\beta = 1/T$)
ΔT : 온도차$(= T_s - T_\infty)$
T_s : 표면의 온도(℃)
T_∞ : 표면에서 충분히 멀리 떨어진 유체의 온도(℃)
L : 대표길이
ν : 유체의 동점성 계수(m^2/s)
δ : 형상의 특성길이(m)

④ 강제 대류에서 유동 형태는 유체에 작용하는 점성력에 관한 관성력의 비를 나타내는 Reynolds 수에 좌우되는 것처럼 자연 대류에서 유동 형태는 Grashof 수에 의해 좌우된다. 강제 대류에서 난류와 층류의 구분은 Reynolds 수로, 자연 대류에서는 Grashof 수로 결정한다.

ⓐ $Gr \leq 10^8$: 층류

$10^8 < Gr < 10^9$: 전이구역

$Gr \geq 10^9$: 난류

3-39 Froude 수에 대하여 설명하시오.

① 중력의 영향을 크게 받는 운동에 관계하는 무차원수로 Froude 수는 어떤 조건에서 발생하는 수위의 증가를 공식화하는 데 사용되며, 레이놀드 수와 함께 개수로에서 층류와 난류의 경계를 결정하는 데 이용된다.

$$Fr = \frac{v}{\sqrt{gl}}$$

여기서, v : 대표 속도, l : 대표 길이, g : 중력가속도

② 관성력과 중력의 비를 나타내는 것으로 Fr 수가 크면 관성력이 중력에 비해 큰 경우이고, 반대로 Fr 수가 작으면 중력이 관성력에 비해 상대적으로 큰 경우이다.

㈎ Fr가 1 이하의 값을 가지면 소형의 표면파는 상승 흐름

㈏ Fr가 1보다 크면 하강 흐름

㈐ $Fr=1$이면 유체의 속도가 표면파의 속도와 동일

3-40 Reynolds No.에 대하여 설명하시오.

① 물체를 지나는 유체의 흐름 또는 유로 속에서의 유체 흐름의 관성력과 점성력의 크기의 비를 무차원수(dimensionless number)로 나타낸 것

② 레이놀드 수는 유체 흐름에서 층류(laminar flow)와 난류(turbulent flow)를 구분하는 데 사용되기도 한다. 레이놀드 수가 작으면 관성력에 비해 점성력이 상대적으로 커져서 유체가 원래의 흐름을 유지하려고 하는 성질을 가짐으로써 유체가 큰 교란 없이 매끈하게 흐르는 층류 흐름을 가지게 된다. 반면, 레이놀드 수가 커지면 점성력에 비해 관성력이 지배하게 되어 유체의 흐름에 많은 교란이 생겨 난류 흐름을 형성하게 된다.

$$R = \frac{\rho VL}{\mu}$$

여기서, ρ : 유체 밀도(kg/m^3)

V : 유체의 속도(m/s)

μ : 유체의 점성 계수

L : 물체의 주요 치수(m)

3-41 리차드슨 수(Richardson number)에 대하여 설명하시오.

리차드슨 수는 위치에너지(potential energy)와 운동에너지(kinetic energy)의 비로 표현되는 무차원수로 Froude 수의 제곱근과의 비로 표시할 수 있다. 흐름에서 난류가 유지될 수 있는 조건을 제시하며, 비틀림에 의한 난류 생성이 부력에 의한 난류 소멸보다 같거나 커야 한다는 조건이다.

즉, 난류가 유지되기 위해서는 리차드슨 수(Ri)가 1보다 같거나 작아야 하며, 난류 유지를 위한 Ri의 최대값(critical Richardson number, Ri_c)은 1이 된다.

$$Ri = \frac{1}{Fr^2} = \frac{\text{위치에너지}}{\text{운동에너지}} = \frac{gh}{v^2}$$

여기서, g : 중력가속도
h : 수직 길이
v : 속도

3-42 열분해(pyrolysis)에 대하여 설명하시오.

(1) 개요

① 물질을 높은 온도로 가열하면 화학물질이 분해되는 현상을 열분해라 하며, 대부분의 유기화합물은 열에 불안정하여 열에 의해 쉽게 분해되는데, 산소가 없거나 결핍된 상태에서 열을 가하여 유기물질을 가스, 오일, 타르나 숯 등으로 분해하는 공정을 열분해공정이라 한다.

② 열분해 과정 중 수소 성분이 많은 휘발분이 증류되어 발생하므로 탈휘발화(devolatilization)라고 하며 또한 고체의 잔류물인 char가 남게 되므로 탄화(carbonization)라고도 한다.

③ 일반적으로 500~900℃ 정도의 저온 열분해를 열분해(pyrolysis)라고 하며, 1,100~1,500℃의 고온 열분해는 가스화(gasification)라고 한다.

(2) 특징

① 500~900℃에서 운전되므로 장치 제작에 따른 재료비가 저렴하다.

② 연소용 공기가 필요 없거나 소량 필요하므로 송풍기와 대기오염 방지시설의 총량이 작아진다.

③ 단위 폐기물 처리를 위한 필요용량이 소각보다 작아서 대용량의 설치가 가능하다.

④ 생성되는 가스, 오일, tar 및 char는 에너지원 또는 화학공업 원료로 사용할 수 있다.

⑤ 전체 시스템 열효율이 소각보다 크다.

⑥ 열분해는 흡열반응이므로 열공급이 필요하며, 필요한 열은 외부에서 공급하거나 열분해 생성물의 연소반응에 의하여 공급한다.

⑦ 산소 존재하에서 열분해가 진행되면 일산화탄소 생성량이 최대가 되는 반면 순수 열분해에서는 수소의 생성량이 최대가 된다.

⑧ 폐기물의 주요 가연성분은 휘발분이 70% 이상 포함되어 있어 폐기물을 열분해할 경우 많은 양의 생성물을 회수할 수 있다.

⑨ 열분해 온도가 증가하면 가스의 생성량은 증가하고 고체상의 char의 생성량은 감소하나 오일의 생성량은 온도에 의한 큰 변화가 없다.

⑩ 폐기물을 소각하는 것에 비해 열분해 및 건류 소각시키므로 배출 가스량이 적고 NOx 등 공해물질 배출량이 감소한다.

(3) 열분해에서 얻어지는 물질

① 고체상 char

② 액체 상태의 저분자 물질

③ 반응기(radical)을 가진 산과 방향족 물질들

④ 메탄, 수소, 물, 일산화탄소 및 탄산가스

⑤ 암모니아, 황화수소 및 시안화수소

3-43 열발화이론(열폭발이론)에 대하여 설명하시오.

열발화이론은 발열 반응에 의해서 생성된 열과 반응 영역에서 전도, 대류 복사에 의해 방산된 열에 대한 평형 문제를 취급한 이론으로서, 계(system) 내의 발열 속도와 계 외의 방열 속도 관계를 기초로 하여 발화가 일어나는 한계 조건을 화학적 및 수학적으로 도입한 이론이다.

일반적으로 열발화이론은 두 가지로 대별되며, 액체의 경우는 Semenov 이론을, 고체의 경우는 Frank-Kamenetskii 이론을 적용한다.

자연발화가 일어나기 위해서는 발열이 방열보다 커야 하며, 발열의 온도 의존은 Arrhenius의 반응속도, 방열은 Newton의 냉각법칙에 의한다.

$$\text{Arrhenius 식} : k = A \exp{\frac{-E_a}{RT}}$$

여기서, k : 충돌속도상수

A : 충돌빈도

E_a : 활성화에너지

R : 기체상수

T : 절대온도

$$\text{Newton의 냉각법칙} : q = hA(T_2 - T_1)$$

여기서, h : 열전달계수

A : 열전달면적

T_1, T_2 : 열전달면의 온도

① Semenov 이론 : 온도가 높을수록 한계압력이 낮아지고, 압력이 높을수록 착화온도가 낮아지는 것을 알 수 있다.

$$\ln\left(\frac{P_a}{T_0^2}\right) = \frac{E_a}{2RT_0} + C$$

여기서, P_a : 주위 압력(kPa)
E_a : 활성화 에너지
T_0 : 자기착화온도(K)
R : 일반 가스 상수(kJ/kmol)
C : 상수

㈎ 가연성 혼합기의 최소발화온도의 존재에 의한 이론

㈏ 반응혼합기 내의 온도는 일정한 것으로 가정한다.

㈐ 반응물의 소비는 무시할 정도이며, 그 속도는 아레니우스식의 온도에 의존한다.

㈑ 반응시스템 내의 온도차는 무시한다.

㈒ 열발생 원인은 단순 적분에 의한 1차 화학반응 때문이다.

㈓ 반응열과 활성화 에너지는 발화거동을 지원할 정도로 충분히 크다.

$EA \gg RT$ 이면,
$$\Delta T_{crit} = (T - T_{a,cr}) \approx (RT_{2a,cr}) / EA$$

② Frank-Kammenetskii 이론 : 착화 해석 모델에서는 계 내에서의 반응에 의한 전체적인 발열속도와 그 경계에서 외부로의 방열속도의 균형을 고려하여 발열속도가 방열속도보다 항상 큰 경우 착화된다고 생각하였으나 실제의 착화는 계 내의 어느 한 장소에서 온도 상승이 계속되면 이 곳으로부터 착화가 일어나게 된다.

이러한 경우를 고려하여 비교적 간단한 모델을 이용하여 착화를 설명한 이론이 Frank-Kamme netskii 이론으로 아래와 같은 가정을 바탕으로 해석된다.

㈎ 반응속도가 단순한 Arrhenius식으로 표현될 수 있다.

㈏ 대류가 없다.

㈐ 착화까지 조성의 변화가 거의 없어서 계와 외부와의 경계 온도가 일정하다.

㈑ 착화한계에서는 발열과 방열의 속도가 동일하다.

제**4**장 화재·폭발 이론

(1) 정의

화재란 제어되지 않은 연소 과정이며 감지될 수 있는 충분한 양의 빛과 에너지를 발산하는 화학 반응으로 사람이 의도하는 관리 범위 밖에서 불($火$)에 의해 발생되는 부정적 재해로서 원치 않는 연소의 연쇄 반응에 의해 재산 및 인명 손상을 일으키는 것이다. 인화성 액체 또는 인화성 가스가 대기로 누출되었을 때 전기적인 스파크, 용접 불똥 또는 성냥불과 같은 외부의 점화원과 접촉하게 되면 화재가 발생한다.

즉 화재란 불로 인해 인간 생활에 초래되는 불필요한 재앙을 의미하며, 소화할 필요성이 있는 것이다.

(2) 분류

① A급 화재(일반화재)

㈎ 연소 후 재를 남기는 종류의 화재로서 가장 일반적인 화재이며 나무, 종이 섬유 등의 가연물 화재가 이에 속한다.

㈏ 보통 물을 함유한 용액으로 냉각, 질식 소화의 효과를 이용한다.

② B급 화재(유류화재)

㈎ 연소 후 재를 남기는 종류의 화재로서 유류, 가스 등의 가연성 액체나 기체 등의 화재가 이에 속한다.

㈏ 포말, 분말약재를 사용하여 주로 질식 소화의 효과를 이용한다.

③ C급 화재(전기화재)

㈎ 전기설비 등에서 발생하는 화재로서 금수성($禁水性$) 화재이며, 수변전 설비, 전선로($電線路$)의 화재가 이에 속한다.

㈏ 전기적 절연성을 갖는 CO_2, 할론(halon), 분말 등의 소화약제를 이용하여 질식, 냉각, 억제 소화의 효과를 이용한다.

④ D급 화재(금속화재)

㈎ 금속 또는 금속분에서 발생하는 화재로서 이는 다른 화재에 비해 발생빈도는 높지 않으며, 단체($單體$)금속의 자연발화, 금속분에 의한 분진폭발 등의 화재가 이에

속한다.

㈏ 화재 시 높은 온도가 발생하며 냉각 시 장시간이 소요되기 때문에 일반적으로 소화 작업이 어려운 것이 특징이다. 또한 주수(注水)소화는 물에 의해 발열하므로 적응성이 없으며 건조사, 건조 규조토 등으로 소화한다.

4-2 **다음 소화의 종류에 따른 원리 및 방법을 설명하시오.**

    (1) 냉각 소화
    (2) 질식 소화
    (3) 제거 소화
    (4) 억제 소화

소화의 원리는 연소의 반대 개념으로서 연소의 4요소인 가연물, 산소, 열(점화에너지), 연쇄반응이 성립되지 못하게 제어하는 것으로서 다음의 4가지 방법이 있다. 이들 중 냉각, 질식, 제거 소화는 물리적 소화(physical extinguish)이나, 억제(연쇄반응 차단) 소화는 화학적 소화(chemical extinguish)가 된다.

(1) 냉각 소화

① 원리 : 열의 균형을 깨뜨려서 온도를 낮춤으로써 점화에너지를 제거하여 소화하는 방법이다. 물의 비열은 헬륨의 $1.25\,cal/g\cdot℃$, 수소의 $3.41\,cal/g\cdot℃$를 제외하고는 천연 물질 중에서 가장 크고 기화열($539\,cal/g$)도 모든 액체 중에서 가장 크다. 따라서 물의 소화 효과 중 가장 대표적인 것은 냉각 효과이다.

② 소화 : 비열이나 증발잠열이 큰 물질을 이용하여 열을 흡수하거나 기화열에 의해 열을 탈취한다. 냉각 소화약제로는 물, CO_2 등을 사용한다.

(2) 질식 소화

① 원리 : 산소를 차단하여 산소 농도가 15% 이하가 되면 연소가 지속될 수 없으므로 이를 이용하여 소화하는 방법으로 일명 희석 소화라고도 한다. 대표적으로 CO_2, 포말, 물 분무설비가 있으며 이외 수계(水系) 소화설비도 보조적으로 수증기에 의한 질식 효과가 있다.

② 소화

㈎ 가연물의 농도를 희석시켜 연소가스를 연소범위 이하로 조정한다.

(내) 공기를 완전히 차단하여 산소의 공급을 제한한다.

(대) 유면에 물 분무를 방사하여 유화층(乳化層)을 형성한다.

(3) 제거 소화

① 원리 : 가연물을 제거함으로써 연소를 차단하는 가장 초보적인 소화 방법이다.

② 소화

   (개) 고체 가연물 : 가연물을 화재 현장으로부터 즉시 제거한다.

     예 산림화재 시 앞쪽에서 벌목하여 진화

   (내) 액체 및 기체 : 가연성 물질을 누출시키는 용기의 밸브를 폐쇄, 공급 중단, 다른 장소로 신속히 이송한다.

   (대) 전기화재 : 전원을 차단하여 전기의 공급을 단절시킨다.

   (래) 수용성 액체 : 다량의 물을 주입하여 농도를 연소범위 이하로 낮춘다.

(4) 억제 소화

① 원리 : 물질의 연소 과정은 free radical(화학반응 시 분해되지 않는 하나의 분자에서 다른 분자로 이동할 수 있는 원자의 집단)이 계속 생성되면서 이에 의해 연쇄반응이 성립되는 것으로, 억제 소화는 연쇄반응의 원인물질인 active free radical을 불활성화시켜 연쇄반응을 단절시키는 것이다.

② 소화 : 대표적으로 할론(halon) 및 분말 소화약제가 있으며 할론(halon) 1301(CF_3Br)의 경우 화재 시 고온에서 소화약제가 분해되어 Br 등이 연쇄반응의 인자인 free radical과 반응하여 연쇄반응의 전달물질을 불활성화시킨다.

4-3 **다음 산업화재의 종류에 대해 설명하시오.**

   (1) 액면 화재 (pool fire)

   (2) 증기운 화재 (vapor cloud fire)

   (3) 분출 화재 (jet fire)

   (4) 플래시 화재 (flash fire)

---

(1) 액면 화재 (pool fire)

개방된 용기 내에 탄화수소계 인화성 액체가 저장된 상태에서 지상으로 계속 누출하여 넓은 지역으로 증발되는 연료에 점화되어 발생한 난류적인 확산형 화재로 풀

(pool)의 상부 표면에서 연소가 일어나는 것을 말하며, 증발 풀 화재는 초기에 진압하지 않으면 진압이 어렵다.(화재시간 : 수 시간)

액면화재는 인화성 액체가 저장탱크나 배관으로부터 누설될 때 풀(pool)이 형성되고 액이 증발,가연성가스에 착화하여 화재가 발생하는 현상으로 인화성 액체의 누출 시간과 인화성 액체의 포화증기압 및 인화점 등 물성에 따라 피해 특성이 다르게 나타난다.

(2) 증기운 화재(vapor cloud fire)

가연성의 위험물질이 용기 또는 배관 내에 저장·취급되는 과정에서 서서히 지속적으로 누출되면서 대기 중에 구름 형태로 모이게 되어 바람·대기 등의 영향으로 움직이다가 담뱃불, 정전기, 기계적 마찰, 스파크 등의 발화원에 의하여 순간적으로 모든 가스가 동시에 폭발하는 현상으로서 폭발에 의한 과압에 의하여 점화되어 화재로 전이되는 현상이다.

(3) 분출 화재(jet fire)

어느 정도 가압 하에 있는 가연성 기체나 인화성 액체가 용기, 파이프 등 설비의 구멍이나 틈새로부터 연속적으로 유출된 후 점화되었을 때 발생하는 화재로 액면 화재에 비해 복사에너지가 크며 순간 발화 현상을 나타내 손상 효과가 크다.

(4) 플래시 화재(flash fire)

인화성 또는 가연성 액체나 가스의 표면을 타고 순간적으로 확산되는 분출성 화재를 말한다. 연소하한계 농도보다 약간 높은 농도를 갖는 증기운에 순간적으로 점화가 되면 폭발이 일어나지 않고 화재가 발생하는 경우가 이에 해당된다.

플래시 화재는 대기온도보다 낮은 비점을 갖는 가연성 화학물질에 한하여 발생하며, 화염의 전파, 화재의 지속시간, 그리고 화재로 인해 발생되는 열량 등의 관점에서 볼 때 화구와는 전혀 다른 특성을 갖고 있다.

또한 대기압 상태로 저장되거나 취급되는 가연성 화학물질에서 발생하는 것이 일반적이며, 플래시 화재나 액면 화재(pool fire)에 대한 피해 규모는 주어진 시간 동안 특정 피해 대상물에 전달된 복사열의 크기에 의해 평가된다.

> **4-4** 화구(fire ball)의 다음 사항에 대하여 설명하시오.
>
> (1) 개요
> (2) 형성 메커니즘(mechanism)
> (3) 화구의 계산공식
> (4) 화구 형성에 영향을 미치는 요소

(1) 개요

탱크의 외부에서 화재가 발생하여 탱크 내에 저장되어 있는 휘발성 물질이 가열되어 용기가 파열될 때 일어나며, BLEVE 등에 의해 인화성 증기가 확산하여 공기와의 혼합이 폭발범위에 이르렀을 때 커다란 공의 형태로 폭발하는 것이다.

⑩ 액화가스 탱크의 파열

화구는 급격히 팽창하여 공기와 혼합되고 큰 복사열을 방출하므로 주위의 인명 및 재산에 피해를 줄 수 있다.

(2) 형성 메커니즘(mechanism)

① 인화성 액체가 들어 있는 탱크의 주위에서 화재가 발생한다.

② 화재로 인한 열에 의하여 탱크의 벽이 가열된다.

③ 액위 이하의 탱크 벽은 액에 의하여 냉각되나 액의 온도는 올라가고 탱크 내의 압력이 증가한다.

④ 화염이 열을 제거시킬 액이 없고 증기만 존재하는 탱크의 벽이나 천장(roof)에 도달하면 화염에 접촉하는 부위의 금속 온도가 상승하여 그 구조적 강도를 잃게 된다.

⑤ 탱크는 파열되고 그 내용물은 폭발적으로 증발한다.

⑥ 반구상의 화염이 상부로 상승하면서 주변의 공기를 끌어들여 공 모양의 화염이 발생한다.

(3) 화구의 계산공식

① 화구의 크기 : $D = 3.77\,W^{0.320}$

> 여기서, D : 지름(m)
> W : 가연성 혼합물(가연성 물질 + 산화제(공기))의 중량(kg)

② 화구의 연소시간 : $T = 0.258\,W^{0.340}$

> 여기서, T : 연소시간(초)

(4) 화구 형성에 영향을 미치는 요소

① 폭발범위(넓을수록 위험)

② 증기밀도(낮을수록 위험)

③ 연소열(높을수록 위험)

④ 유출 형태(인화성가스 또는 증기와 공기의 혼합비)

4-5 **화재와 폭발의 개요 및 차이점에 대해 설명하시오.**

(1) 화재의 개요

(2) 폭발의 개요

(3) 화재와 폭발의 차이

---

(1) 화재의 개요

가연성 물질이 산소와 결합하여 에너지를 방출하는 화학 반응을 연소라 하며, 화재는 이러한 연소 현상에 의해 인적, 물적인 피해가 발생되는 것으로 정상 연소 반응이다.

화재는 가연성 가스나 가연성 액체의 증기, 가연성 고체의 분해 증기가 공기 중의 산소와 충분히 혼합 가스를 생성한 후 발화온도 이상으로 가열되거나 외부의 점화원에 의해 발생되는데, 화재(연소)가 지속되기 위해서는 가연물(위험물), 산소(공기) 및 점화원(불씨)의 3가지 구성 요소가 확보되어야 한다.

(2) 폭발의 개요

연소 반응이 급격히 진행되어 빛 이외에 폭음과 충격압력이 발생하며 순간적으로 반응이 완료되는 현상으로 비정상 연소 반응이다.

폭발은 "펑 또는 꽝"하는 큰 소리의 폭발음과 바람을 일으켜 사람과 설비 등에 피해를 입히는 현상으로 급격한 화학반응이나 기계적 팽창으로 급격히 이동하는 압력파나 충격파를 만들어내는 현상을 말한다.

폭발은 과(過)충전에 의한 용기파열과 같은 물리적 폭발과 급격한 화학반응에 의한 화학적 폭발로 구분할 수 있으며, 화학적 폭발은 반응 형태에 따라 균일 반응과 전파 반응으로 구분된다. 또한 원인물질에 따라 가스 폭발, 분진 폭발 또는 고체 폭발 등으로 나뉘기도 한다.

한편 충격파의 전파속도가 음파(공기 중 330 m/s)보다 빠른 경우의 폭굉과 음파보다 느린 경우의 폭연으로 구분한다.

① 균일 반응 폭발

　(㉮) 화학적 변환이 근본적으로 전체 반응물을 통해 일어난다.

　(㉯) 균일 반응의 속도는 온도와 반응물 농도에만 의존된다.

　(㉰) 전체 반응물 온도가 상승하여 에너지 방출 반응이 급속히 진행되면 자기가열 상태가 되어 발생열이 주위로의 손실열을 초과하여 발생한다.

　(㉱) 열의 발생은 반응물 전체에서 일어나지만, 열의 손실은 중심부에서는 외부 경계면에서보다 더욱 천천히 일어나므로 중심부 온도가 높아지고 반응속도가 급격히 증가된다.

② 전파 반응 폭발

　(㉮) 미반응물질과 분명하게 분리되는 반응 영역이 존재하는데, 이 영역이 반응물 전체를 통해 이동하며 일어나는 폭발이다.

　(㉯) 전파 반응은 언제나 발열 반응이다.

　(㉰) 반응의 개시는 스파크나 충격같은 외부 점화원이나 균일 반응 시스템 핵심부에서의 열축적에 의해 개시된다.

　(㉱) 전파의 원리는 점화원에 의해 활성화되는 반응 핵심이 주변물질의 온도를 충분히 상승시켜 같은 방법으로 반응이 지속되게 한다.

　(㉲) 시스템의 초기 온도가 높을수록 발화가 용이하고 미반응물의 반응 개시에 필요한 에너지가 비교적 적어 전파 반응이 쉽게 일어난다.

　(㉳) 전파 반응은 특정 지점에서 개시되어 반응물 전체를 통해 이동하므로 에너지 방출속도가 전파속도(반응영역 이동속도)와 같게 된다.

　(㉴) 전파속도는 조성, 온도, 압력, 밀폐 정도에 따라 광범위하게 변하며, 일반적으로 음속 이하의 전파 반응을 폭연, 음속 이상의 전파 반응을 폭굉이라 한다.

　(㉵) 전파 반응은 대부분 외부가 제한되는 조건에서 발생하며, 전파를 위한 제한화의 정도는 반응속도와 물질의 물리적 상태에 따라 광범위하게 변한다. 일반적으로 배관 내에서의 폭발은 전파 반응 폭발이 된다.

(3) 화재와 폭발의 차이

　화재의 폭발은 발생 단계까지는 화학적으로 동일하다. 즉, 폭발은 연소가 일어날 수 있는 조건이 만족되어야 하며 연소 발생 과정과도 차이가 없다. 다만, 화재와 폭발의 차이점은 점화 이후의 경과가 다른데, 연소는 점화 이후 정상적인 속도로 산화 반응이 진행되지만 폭발은 화염이 급속히 전파되어 강력한 폭발음과 압력을 발생시킨다.

에너지 방출속도의 차 : 화재 < 폭발

> **4-6** 폭발 형태에 따라 다음과 같이 분류하시오.
>
> (1) 물리적 폭발
> (2) 화학적 폭발
> (3) 폭발물질에 따른 분류

(1) 물리적 폭발

폭발의 주요 원인이 화학물질의 변화에 의한 것이 아니고 단지 온도, 압력 등 물리적 상태의 변화에 의해서만 발생하는 것으로 진공 용기의 압괴, 과열 액체의 급격한 비등에 의한 증기 폭발, 용기의 과압과 과충진 등에 의한 용기 파열 등을 예로 들 수 있으며, 물질의 용해열, 수화열도 물리적 폭발 요인이 된다.

(2) 화학적 폭발

화학반응에 의하여 단시간에 급격한 압력 상승을 수반할 때 폭발이 이루어지고 이러한 화학반응으로는 산화·분해·중합 반응 등이 있으며, 폭발 시에 많은 양의 열이 발생한다.

구 분	특 징	예 시
산화 폭발	비정상적인 연소 시 가연성 물질이 공기와의 혼합·화합으로 산화 반응을 일으킴	가연성 가스, 증기, 미스트와 공기와의 혼합, 밀폐 공간 내부에 가연성 가스 체류 시 등
분해 폭발	자기 분해성 물질의 분해	산화에틸렌, 아세틸렌의 분해 반응, 디아조 화합물의 분해열 등
중합 폭발	발열중합반응 시 온도 조절(냉각 등) 실패로 인한 급격한 압력 상승, 2차로 증기운 폭발을 일으킴	촉매 이상으로 인한 이상 반응, 냉각설비 고장으로 인한 온도 조절 실패 등

(3) 폭발물질에 따른 분류

일반적으로 폭발물질의 형태에 따라 분류하며 가스 폭발, 분진 폭발, 미스트 폭발, 고체 폭발 및 증기 폭발 등으로 분류할 수 있다.

구 분	발 생	예 시
가스 폭발	• 메탄, 수소, 아세틸렌 등의 가연성 가스 • 가솔린, 알코올 등 인화성 액체의 증기	• 공기와의 혼합 상태에서 점화원으로 인한 산화반응 • 용기 등 밀폐 공간에서는 분해·중합 반응
증기 폭발	• 고압 포화액, 액체의 급속 가열 • 극저온 액화가스의 수면 유출 등	• 물리적 폭발로서 급속한 기화현상에 의한 체적 팽창 • 보일러 등 고압포화수의 급속한 방출 • 물 등에 고온의 용융금속 등이 대량 유입
액적 (미스트) 폭발	• 윤활유, 기계유 등 가연성 액체	• 가연성 액체가 안개 상태로 공기 중에 누출되어 가스-공기와의 부유 상태 혼합물을 형성하여 폭발
고체 폭발	• 화약류, 유기 과산화물, 유기 발포제 등	• 위험물질 자체에 갖고 있는 산소와 산화반응으로 폭발
분진 폭발	• 금속분, 농산물, 석탄, 유황, 합성수지 및 섬유 등 가연성 분진	• 공기 중 부유분진이 폭발 하한계 이상의 농도로 유지될 때 점화원에 의해 폭발

4-7 폭연(deflagnation)과 폭굉(detonation)에 대해 설명하시오.

(1) 폭연

① 가연성 가스나 인화성 물질의 증기가 폭발범위 내의 어떤 농도에서 반응(연소)속도가 급격히 증대하여 음속을 초과하지 않는 경우로, 연소 및 분해 반응이 열전도 및 라디칼(radical)의 이동에 의해 전파해 가는 현상이다.

② 화염전파속도는 음속 이하로 연소속도 및 분해속도는 수 10m/s 대이다. 이때 폭발압력은 수 기압의 값에 도달하고, 화염속도에 의존한다.

(2) 폭굉

① 가연성 가스나 인화성 물질의 증기가 폭발범위 내의 어떤 농도에서 반응(연소)속도가 급격히 증대하여 미반응 매질 속으로 음속보다 큰 속도로 이동하는 폭발 현상을 폭굉이라고 하는데, 이 과정에서 발생하는 충격파 등이 큰 파괴력을 지니는 압축파의 형태로 나타난다.

② 화염전파속도가 음속보다 큰 경우에 발생한다.

③ 파면 선단에 충격파라고 하는 압력파가 발생하여 파괴의 원인이 된다.

④ 폭발반응면과 충격파면이 거의 하나가 되어 전파하는 현상이다. 즉 충격파의 에너지가 폭발 반응을 야기시켜, 그 충격파는 폭발반응열로부터 에너지를 얻어, 감쇠하지 않고 유지하는 현상이다.

⑤ 폭굉속도는 폭연속도보다 매우 크며, 가스의 폭굉속도는 2000 ~ 3000 m/s이고, 액체 및 고체의 폭굉속도는 3000 ~ 8000 m/s 정도이다. 따라서 폭굉은 폭연보다 압력이 크고, 파괴력이 매우 크다.

⑥ 예를 들면 탄화수소-공기의 혼합기체에서 폭굉 최고압력은 일반적으로 초기압력의 15 ~ 20배 정도이지만, 밀폐된 계 내에서의 폭연은 최대 초기압의 8배 정도이다.

⑦ (a) 폭연의 경우 반응면이 열의 분자확산 이동 및 반응물과 연소생성물의 난류 혼합에 의해 전파되고, (b) 폭굉의 경우 반응면이 혼합물을 자연발화온도 이상으로 압축시키는 강한 충격파에 의해 전파된다.

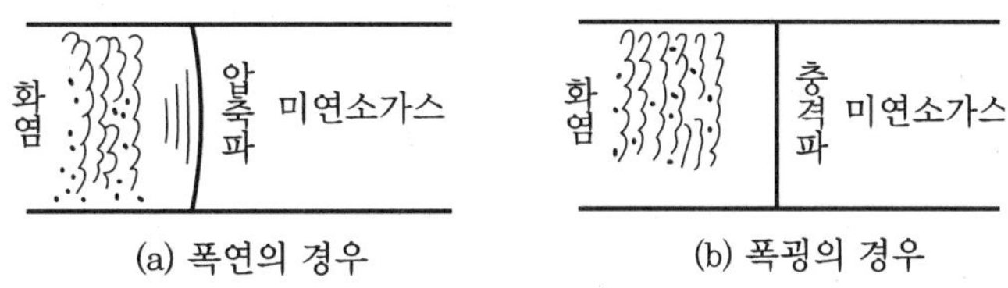

폭연과 폭굉의 형성 과정

4-8 CVCE, UVCE, BLEVE에 대해 설명하시오.

   (1) 밀폐계 증기운 폭발(CVCE : confined vapor cloud explosion)

   (2) 개방계 증기운 폭발(UVCE : unconfined vapour cloud explosion)

   (3) 비등액체 팽창증기 폭발(BLEVE : boiling liquid expanded vapor explosion)

---

(1) 밀폐계 증기운 폭발(CVCE : confined vapor cloud explosion)

밀폐계 증기운 폭발(CVCE)은 장치나 건물과 같이 밀폐된 환경에서 발생하는 폭발을 말한다. 밀폐된 용기 내에서 압력이 증가하여 용기의 구조적 강도를 초과하게 되면 용기가 파열되며 이로 인해 고압으로 내부의 유체가 외부로 발산되어 충격파(shock wave)가 발생된다. 만약 용기 내에 인화성 액체가 있는 경우 충격파 또는 다른 점화원에 의해 화재·폭발을 동반한다.

폭발에 의해 파괴된 용기의 조각은 미사일과 같은 강력한 파괴력을 갖은 채 비산되어 주위에 있는 작업자를 사망시키기도 하고 다른 설비를 파괴하기도 한다.

이와 같은 미사일에 대한 파괴력은 파편 조각(미사일)의 모멘텀(momentum)에 기초를 두어 평가되고 있고, CVCE의 사고 피해는 충격파, 파편(미사일) 및 복사열 등에 의해 유발되며 이들의 강도는 화학물질의 총량과 폭발압력에 좌우되어 예측할 수 있다.

(2) 개방계 증기운 폭발(UVCE : unconfined vapour cloud explosion)

개방계 증기운 폭발(UVCE)은 밀폐계 증기운 폭발(CVCE)과는 달리 옥외 작업장이나 야적장과 같이 개방된 장소에서 폭발이 일어나는 것을 말하며, 탱크, 용기 또는 배관 내에서 위험물질이 외부로 누출되어 공기와 혼합하면 증기운을 형성한다. 이때 증기운 속에 혼합되어 있는 가연성 증기 또는 가스의 농도가 폭발하한농도 이상이 되고, 점화원과 접촉하게 되면 증기운이 폭발하는 현상을 일으킨다.

이와 같은 UVCE는 개방된 상태에서 일어나기 때문에 넓은 지역에 피해를 주게 되고 따라서 대형사고로 발전될 가능성이 가장 높다. UVCE의 폭발강도는 증기운 속에 혼합되어 있는 화학물질의 양과 점화원의 강도에 따라 다르게 나타난다.

CVCE와 UVCE의 폭발력은 폭풍파(blast wave)의 특성, 예를 들면 과압(overpressure), 과압-충격(overpressure-impulse), 반사압력(reflected pressure), 충격지속시간(duration of shock) 등에 따라 각각 다르다.

이 중에서도 과압이 가장 중요한 변수이며, 과압의 크기는 화염전파속도에 크게 좌우된다. 만약 화염전파를 방해하는 어떤 물체가 있다면 폭풍 영향을 크게 높이는 결과를 가져올 것이다.

(3) 비등액체 팽창증기 폭발(BLEVE : boiling liquid expanded vapor explosion)

비등액체 팽창증기 폭발(BLEVE)은 가압 상태의 액이나 액화가스 저장탱크가 주변의 화염에 의해 점차 가열되면, 탱크내 액체의 부피가 급격하게 팽창되어 파열하는 현상을 말한다.

이때 액화가스가 외부로 누출되면서 압력이 갑자기 낮아진 대기압 상태에 놓이게 되므로 인화성 액체가 "폭발적인 증발"을 일으켜 증기구름과 미스트(mist)가 거의 동시에 발생하게 된다.

이와 같이 생성된 증기구름과 미스트가 어떤 점화원과 접촉하게 되면 화구(fire ball) 또는 플래시 화재(flash fire)가 형성되면서 BLEVE 사고가 발생된다.

4-9 BLEVE 발생 과정 및 방지대책에 대해 설명하시오.
　　(1) 발생 과정
　　(2) 방지 대책

(1) 발생 과정

비점 이상의 압력으로 유지되는 액체가 들어 있는 탱크가 파열될 때 일어나며, 용기가 파열되면 탱크 내용물 중의 상당 비율이 폭발적으로 증발하게 된다.

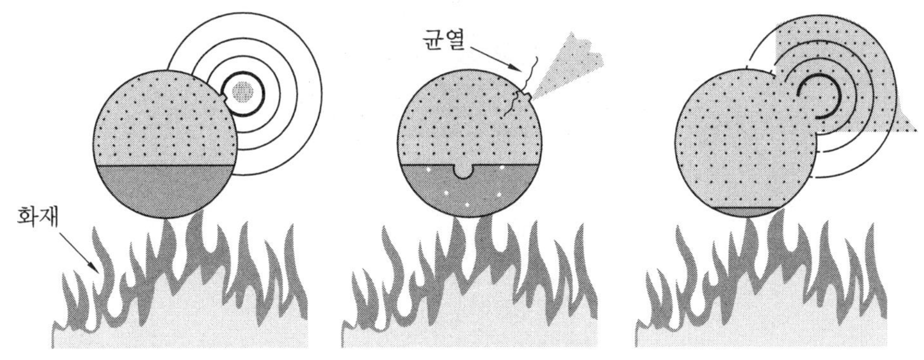

BLEVE 발생 메커니즘

① 액체가 들어 있는 탱크의 주위에서 화재가 발생한다.
② 화재로 인한 열에 의해 탱크 벽(tank wall)이 가열된다.
③ 액위 이하의 탱크 벽은 액에 의해 냉각되나, 액 온도가 상승하며 탱크 내의 압력이 증가한다.
④ 화염이 증기만 존재하는 탱크 벽이나 천장(roof)에 도달하면 화염에 접촉하는 부위의 금속 온도가 상승하여 그 구조적 강도를 잃게 된다.
⑤ 탱크는 파열되고 그 내용물은 폭발적으로 증발한다.
⑥ 가연성의 액체이고 BLEVE의 원인이 화재인 경우 탱크가 파열될 때 즉시 점화될 수 있고, 화재가 아닌 다른 원인에 의하여 용기가 파열될 경우에는 플래싱에 의한 증기운이 형성되어 점화원 접촉 시 증기운 폭발(VCE)을 일으킬 수 있다.

(2) 방지대책

① 열의 침투 억제 : 내화구조/보온조치 등(액의 이송시간 확보)
② 탱크로 화염의 접근 금지 : 방유제 내부 경사 조정
③ 탱크의 과열 방지 : 물분무 설치 냉각조치(살수설비, 소화전 설치)

④ 비상차단장치(remote control)
⑤ 내부 위험물의 출하(pumping) 설비
⑥ 감압장치
⑦ 훈련

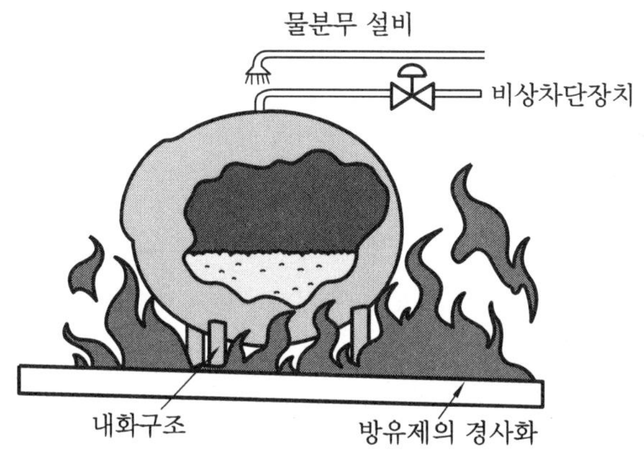

BLEVE 방지 대책

4-10 증기운 폭발(vapor cloud explosion)의 다음 사항에 대하여 설명하시오.

    (1) 증기운 폭발의 특성
    (2) 증기운 폭발에 영향을 미치는 인자
    (3) 증기운 폭발의 예방 대책
    (4) 증기운 폭발의 메커니즘

증기운 폭발은 가연성의 위험물질이 용기 또는 배관 내에 저장·취급되는 과정에서 서서히 지속적으로 누출되면서 대기 중에 구름 형태로 모이게 되어 바람·대류 등의 영향으로 움직이다가 담뱃불, 정전기, 기계적 마찰, 스파크 등의 발화원에 의하여 순간적으로 모든 가스가 동시에 폭발하는 현상으로서 폭발에 의한 과압에 의하여 엄청난 손상을 가져온다. 이러한 현상은 개방된 대기 중에서 발생하기 때문에 개방계 증기운 폭발(unconfined vapor cloud explosion)이라고 한다.

(1) 증기운 폭발의 특성

① 증기운의 크기가 증가되면 점화될 확률도 증가한다.
② 증기운에 의한 재해는 폭발보다는 증기운 화재가 일반적이다.

③ 폭발 효율이 적다. 즉 연소 에너지의 약 $2 \sim 20\%$만이 폭풍파로 전환된다.

④ 증기와 공기의 난류 혼합은 폭발의 영향을 증가시킨다.

⑤ 증기의 누출점으로부터 먼 지점에서의 착화는 폭발의 영향을 증가시킨다.

⑥ 폭발 시 발생한 대부분의 에너지는 열에너지로 변하여 화재, 화상, 질식, 중독 등의 2차 피해를 일으킨다.

(2) 증기운 폭발에 영향을 미치는 인자

① 방출된 물질의 양

② 증발된 물질의 분율

③ 증기운의 점화 확률

④ 발화되기 전 증기운의 이동 거리

⑤ 증기운이 점화되기까지의 시간 지연

⑥ 폭발 확률

⑦ 물질이 폭발할 수 있는 한계량 이상 존재

⑧ 폭발 효율

⑨ 방출에 관련한 점화원 위치

(3) 증기운 폭발의 예방 대책

① 인화성 액체의 증기 또는 인화성가스 등 위험물질의 누출을 방지

② 증기운 형성 가능 물질의 취급 및 저장량 최소화

③ 가스누설감지경보기 설치

④ 누설 감지 시 시스템을 자동으로 정지시키는 차단밸브 또는 인터로크 설치

⑤ 최초 설계 시부터 누출이 없도록 배관 및 장치의 구조적 안전 설계(충분한 강도, 배관의 길이 최소화, 누출 포인트 최소화)

⑥ 누출 가능 설비를 고려하여 안전거리 유지

⑦ 배관, 장치 및 자동조절밸브류의 정기점검과 수시점검

⑧ 조업개시(start-up)와 조업중단(shut-down) 시에는 예비점검 실시

(4) 증기운 폭발의 메커니즘

① 가연성 증기, 가스 또는 미스트의 누출

② 주위 공기와 누출된 물질의 혼합으로 폭발 범위 내의 증기운 형성

③ 가연성 혼합물의 점화

④ 농도가 가연범위 이내인 곳까지 증기운의 영역을 통해 화염 전파

(5) 폭연을 일으키는 증기운

① 화염전파가 너무 느려 심각한 과압이 일어나지 않는 경우(flash 화재로 취급)

② 화염전파가 매우 빨라서 심각한 과압이 발생하는 경우(개방계 증기운 폭발)

(6) UVCE에서의 심각한 과압 발생에 영향을 미치는 인자

① 난류 혼합(turbulance) : 연소 생성 혼합으로 화염전파의 원인

② 부분 구획물이나 장해물

③ 폭굉

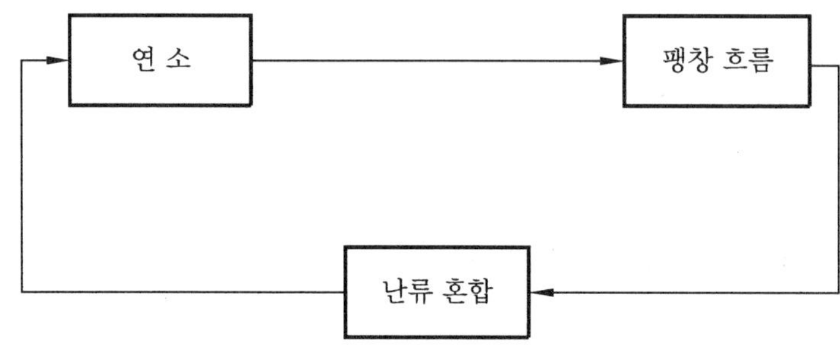

폭연을 일으키는 가스 폭발의 기본 메커니즘

4-11 산소수지(oxygen index or oxygen balance)에 대해 설명하시오.

① 화학물질이 연소할 때, 그 조성 중에 포함되어 있는 탄소와 수소 등이 완전히 산화하여 완전 연소 생성물(이산화탄소와 물 등)을 만드는 데 필요한 산소의 과부족량

② 100g의 화학물질로부터 완전 연소 생성물을 만드는 데 필요한 산소의 g수로 표시

③ 화학물질의 폭발 성능은 산소 평형이 0인 부근에서 최대가 된다.

④ 산소가 부족한 경우는 (−)로 표시한다.

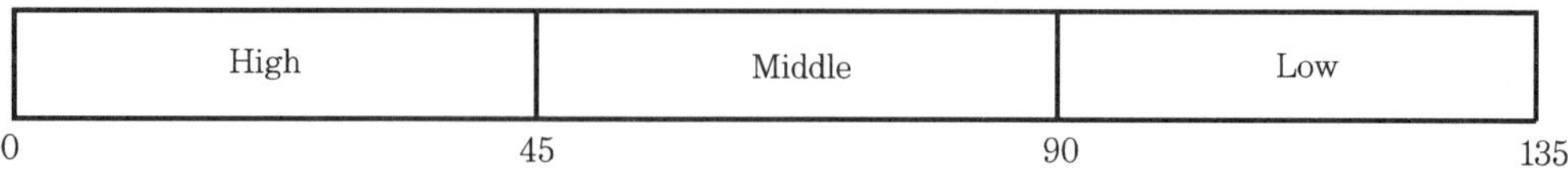

산소수지(OB) 범위에 따른 폭발 위험도

$$C_w H_x N_y O_z \rightarrow w\,CO_2 + \frac{x}{2} H_2O + \frac{y}{2} N_2 + \left(\frac{z}{2} - w - \frac{x}{2}\right) O_2$$

$$OB\,[\%] = \frac{-1600}{\text{분자량}} \times \left(2x + \frac{y}{2} - z\right)$$

4-12 폭발 효율(explosion efficiency)에 대해 설명하시오.

개방계에서 폭발이 일어날 경우 폭풍파의 에너지는 가연성가스(증기)량으로부터 이론적으로 계산할 수 있는 에너지의 일부만이 폭풍파의 에너지로 나타난다. 이와 같이 이론적으로 산출되는 에너지 중 현실적으로 주위에 작용하는 에너지의 비율을 폭발 효율(explosion efficiency)이라 한다.

① 이론적 폭발에너지는 증기운 중에 포함된 모든 가연물이 전부 연소한다고 가정하며, 총 에너지는 증기운 속 가연물 총질량에 그 연소열을 곱한 값의 총합이라고 가정한다.

② 개방계에서 가연성 가스나 증기의 폭발 효율은 물질의 종류에 따라 차이가 있다. 대략 1~10% 정도이나 밀폐계의 경우 25~50% 정도가 될 수 있고, 특히 폭발범위의 농도로 존재하는 폐쇄계의 경우에는 그 이상으로 높다.

③ 일반적인 화학공정 설계에서는 폭발 효율을 2%로 산정한다.

$$\text{폭발 효율} = \frac{\text{방출에너지}}{\text{연소열} \times \text{물질량}}$$

4-13 화염전파(flame propagation)속도에 대하여 설명하시오.

① 일정한 조건하에서 단위 시간당 표면 위로의 화염이 전파되는 속도로서, 가연성 혼합기 중에 한 번 화염이 발생하면 이를 중심으로 주위에 확산되는데, 이때의 화염면이 이동해가는 속도를 화염전파속도 또는 화염속도라 한다. 이때의 화염면 앞에 존재하고 있는 미연소 가연성 혼합기는 이미 연소의 의해 발생한 연소 가스의 열팽창 때문에 전방으로 밀려나므로 화염은 이동하고 있는 미연소의 가연성 혼합기 속을 전파해서 가게 된다. 화염속도 중에는 미연소의 가연성 혼합기의 이동속도가 가산되어 있고 이 이동속도는 연소의 상태에 의해 변동하므로 화염의 전파를 이론적으로 고려할

때에는 미연소의 가연성 혼합기의 이동하는 속도를 빼지 않으면 안 된다. 즉, 화염속도는 정지 관찰자로부터 본 겉보기의 화염전파속도라 할 수 있다.

② 화염전파속도는 움직이는 미연 가스에 주목한 이동 좌표계에 의한 화염의 이동속도인 연소속도와 미연 가스의 이동속도의 합으로 주어지므로 온도, 압력 또는 흐름의 난조(亂調) 등의 환경조건에 따라 얼마든지 변할 수 있다.

4-14 BAM식 트라우즐 연통 시험(Trauzel lead block test)의 다음 사항에 대해 설명하시오.

(1) 개요
(2) 시험장치 및 재료
(3) 결과 평가의 방법
(4) 시험의 기준

---

(1) 개요

물질의 폭발력을 측정할 때 사용되며, 시험 물질을 납 블록의 구멍 속에 넣고 밀봉한 상태에서 기폭제로 점화시켜 폭발시킨다. 이때 폭발력은 물질 10g당 납 블록의 공동(空洞)의 부피 증가의 형태로 나타낸다.

BAM식 트라우즐 연통 시험 납 블록

(2) 시험장치 및 재료

① 당해 물질의 점화는 0.6g의 PETN과 유럽식의 표준기폭제로 이루어지게 한다.

② 시험은 높이 200 mm와 지름 200 mm인 원통 모양의 표준 트라우즐 납 블록을 사용한다. 이는 지름 25 mm, 깊이 125 mm, 체적 61 cm^{3}의 굴대 모양의 오목 부분을 가진

다. 납 블록은 주조온도 $390 \sim 400℃$에서 연납을 주형으로 하여 만든다. 각 시험에서는 $10\ cm^3$의 피크린산 결정(밀도 $1.0\ g/cm^3$)을 이용한다. 이와 같은 시험의 결과로 얻은 3번의 확장치의 평균은 $287 \sim 300\ cm^3$이어야 한다.

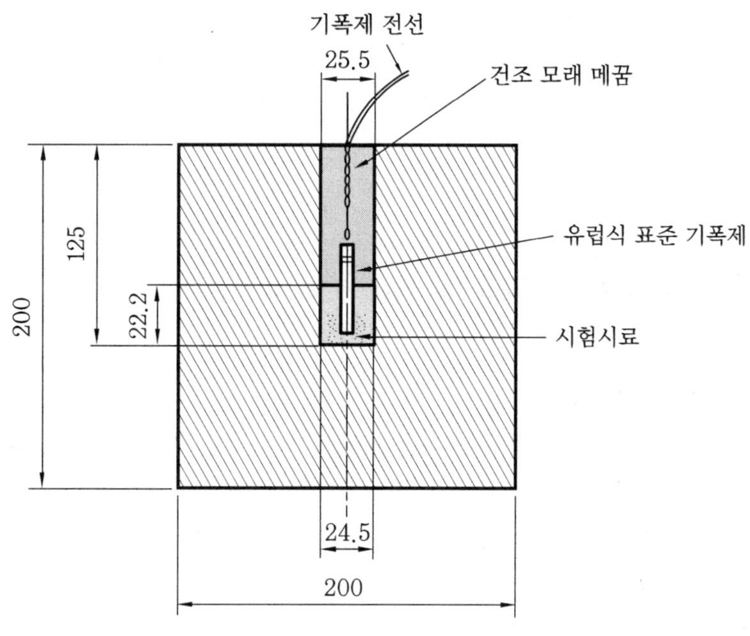

BAM 트라우즐 테스트

③ 기폭제를 점화하고 블록의 잔류물은 비운다. 물을 사용하여 공동의 확장된 체적을 측정하고, 시료 10g이 가져온 확장성은 다음 식으로 계산한다.

$$\frac{10 \times [\text{공동의 확장부피}(cm^3) - 61]}{\text{시료무게}(g)}$$

④ 통상적으로 시험은 2번 시행하고, 그중의 최고 확장치를 평가용으로 사용한다.

(3) 결과 평가의 방법

① 폭발력은 시험물질 10g에 대해 확대된 납 블록 내 공동의 부피 증가로 나타낸다.
② 당해 점화의 세기에 있어서는, 폭발력은 확장 체적과 함께 증가한다.

(4) 시험의 기준

① "낮지 않음" : 납 블록의 부피 증가가 시료 10g당 $25cm^3$ 이상
② "낮음" : 납 블록의 부피 증가가 시료 10g당 $25cm^3$ 이하이고, 납 블록의 부피 증가가 시료 10g당 $10cm^3$ 이상
③ "아니오" : 납 블록의 부피 증가가 시료 10g당 $10cm^3$ 이하

4-15 니트로글리세린의 산소 평형(oxygen balance)을 계산하시오.

$$C_3H_5N_3O_9 \rightarrow 3CO_2 + \frac{5}{2}H_2O + \frac{3}{2}N_2 + \left(\frac{9}{2} - 3 - \frac{5}{2}\right)O_2$$

$$OB[\%] = \frac{-1600}{227.1} \times \left(6 + \frac{5}{2} - 9\right) = 3.52\,\%$$

4-16 점화지연(ignition delay)에 대해 설명하시오.

디젤 기관에서 압축된 고온 공기 속에 연료를 내뿜더라도 곧 점화하지 않고 폭발하기까지 다소 시간이 걸리는 것을 점화지연 또는 착화지연이라고 한다.

가솔린 엔진의 경우 혼합기에 점화플러그에서 불꽃을 일으켜 폭발을 일으키지만 디젤 엔진은 실린더 내의 혼합기를 압축시켜 자연발화시키게 되며 이로 인해 자연발화에 이르기까지 점화지연이 일어난다.

① 가솔린 엔진은 자연발화가 되면 노킹 현상이 발생하기 때문에 자연발화 온도가 높은 가솔린을 쓰고 반대로 디젤은 자연발화가 쉽게 일어날 수 있도록 자연발화점이 낮은 경유를 사용한다.

② 자연발화가 잘되면 점화지연이 적어지며 노킹 현상도 감소하므로 세탄가가 높은 연료를 사용한다.

③ 가솔린 엔진의 경우 자연발화가 잘 일어나지 않도록 옥탄가가 높은 연료를 사용한다.

4-17 과압, 피크 과압, 음압, 동압, 반사압, 양압부의 임펄스에 대해 설명하시오.

    (1) 과압(over pressure)
    (2) 피크 과압(peak overpressure)
    (3) 음압(under pressure)
    (4) 동압(dynamic pressure)
    (5) 반사압(reflected pressure)
    (6) 양압부의 임펄스(positive incident impluse)

화학 공정에서의 폭발사고는 생산 능력을 저하시키고, 주변 지역까지 막대한 피해를 초래한다. 폭발로 인한 주요 영향 중 하나는 충격파(shockwave), 즉 폭풍파(blast wave)의 생성이다. 폭풍파에 의한 과압은 인명 피해를 초래하고 장치나 건물을 파괴한다. 또한 폭발에 의해 생성된 비산물은 그 질량이나 비산 속도에 따라 먼 거리까지 피해를 줄 수 있다. 폭풍파는 다음과 같은 물리적 상태를 동반하게 된다.

(1) 과압(over pressure)

폭발로 발생한 양압부(positive phase)에서 충격파가 지속되는 동안 생기는 대기압 이상의 net pressure로 정압 또는 측면위(side-on) 압을 말한다.(충격파의 결과 목표물 위에 나타나는 압력)

공기 중에 폭발이 발생하면 급격한 압력 상승과 충격파가 발생하며 압력은 대기압에 상승되는 과압의 형태로 나타난다. 충격파의 과압 파형은 급격히 상승하여 최대 압력에 도달한 후 시간이 경과함에 따라 점차 감소하여 파면의 과압은 저하한다.

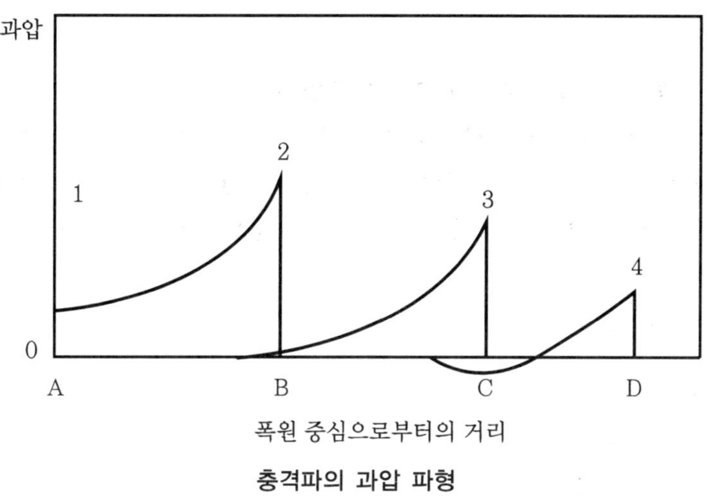

충격파의 과압 파형

(2) 피크 과압(peak overpressure)

양압부(positive phase)의 충격파에 관계되는 대기압 이상에서의 최대압력(net maximum pressure)으로 그 뒤 지수함수적으로 감소되어 0이 된다.

양(+) 과압은 충격면에서 공기가 세게 전방으로 밀려서 이동하는 것을 나타나며, 양압부(陽壓部)의 과압을 시간적으로 적분한 값을 양 임펄스라 하고 폭발충격 세기의 척도가 된다. 음(-) 과압은 압력이 대기압 이하가 되어 폭풍이 역방향으로 흐르는 것을 나타내며 폭원(爆源)에서 어느 정도 떨어진 거리에서 나타나는 현상이다.

(3) 음압(under pressure)

음압부(negative phase)에서 충격파가 지속되는 동안 생기는 대기압 이하의 net pressure로 지수함수적으로 감소되어 0이 된 후 (−)가 되었다가 다시 0으로 회복된다.

(4) 동압(dynamic pressure)

팽창하는 가스가 고체 대상물에 부딪힐 때 팽창(운동)가스의 운동에너지에 의해서 생성된 압력이다.

$$P_d = \frac{\rho u^2}{2g_c}$$

(5) 반사압(reflected pressure)

목표물에 실제적으로 맞부딪힌 압력으로서 폭풍이 수직을 이룬 벽에 충돌하여 반사할 때는 벽면상의 순간압력이 강화되어 충격압력보다 세지는 것이 보통이고 반사파의 피크과압은 입사파의 2~8배가 될 수 있다.

$$P_r = 2P_s + (r+1)P_a$$

(6) 양압부의 임펄스(positive incident impulse)

양압부에서 충격파가 지속되는 동안 시간이 경과된 압의 적분값으로서 양압부 과압은 충격면에서 공기가 세게 전방으로 밀려서 이동하는 것을 나타나며, 이러한 양압부의 과압을 시간적으로 적분한 값을 양압부 임펄스라 하고 폭발충격 세기의 척도가 된다.

$$I_s = \int p(t)dt$$

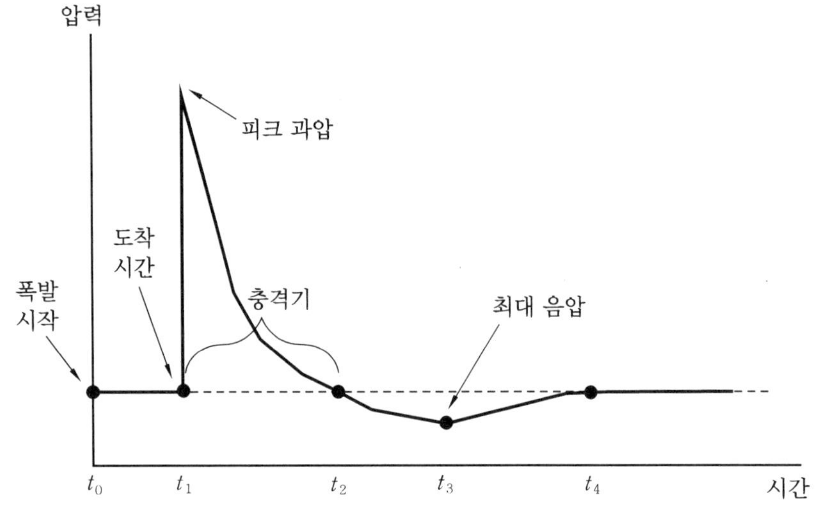

폭풍파 압력

> **4-18** 유류탱크 화재 시 나타나는 현상과 방지 안전대책에 관하여 논하시오.
> (1) 보일오버(boil over)
> (2) 슬롭오버(slop over)
> (3) 프로스오버(froth over)
> (4) 안전대책

(1) 보일오버(boil over)

유류탱크 화재 시 유면에서부터 열파가 서서히 아래쪽으로 전파하여 탱크 저부의 물에 도달했을 때 이 물이 급히 증발하여 대량의 수증기가 되어 상층의 유류를 밀어 올려 거대한 화염을 불러일으키는 동시에 다량의 기름을 탱크 밖으로 불이 붙은 채 방출시키는 현상이다.

보일오버는 연소속도, 고온층 연소속도, 고온층의 소재를 파악해서 최초 보일오버 발생시기를 예측할 수 있다. 연소속도와 고온층 연소속도는 자료로부터 주어지고 고온층의 소재는 탱크의 외측에 물을 뿌려서 건조되는 상태를 보고 고온층의 탱크 내에서의 위치를 짐작할 수 있다.

① 보일오버 방지대책

㈎ 유류의 저면에 수분이 고이지 않도록 해야 하며, 수분이 존재하는 경우 과열되지 않도록 한다.

㈏ 탱크 내 유체를 기계적으로 교반하여 수분을 유류와 에멀션 상태로 유지한다.

㈐ 탱크 저면이나 측면 하단에 배수관을 설치하여 탱크 하부의 수분을 주기적으로 배출시켜 수분이 잔류하지 않도록 한다.

㈑ 탱크 저부의 수분이 과열되어 급격히 비등하는 것을 방지하기 위해 적당한 시기에 모래나 비등석 등을 탱크 내에 넣어준다. 이런 비등석 등은 물이 비점에 도달하기 이전부터 기포를 발생시켜 수증기가 되게 하여 서서히 끓게 하므로 갑작스런 비등을 막아준다. 즉, 물이 과열되어 비점 이상의 온도에서 수증기로 변하는 일이 없게 해준다.

(2) 슬롭오버(slop over)

점성이 큰 중질유와 같은 유류에 화재가 발생하면 유류의 액 표면 온도가 물의 비점 이상으로 상승하게 되는데, 이때 소화용수가 연소유의 뜨거운 액 표면에 유입되면 급격히 비등하며 부피 팽창(약 1700배)을 일으켜 유류가 갑작스럽게 탱크 외부로 넘치거나 유류를 분출시키게 되는데, 이러한 현상을 슬롭오버라고 한다.

보일오버 현상과 마찬가지로 화재의 확대 및 진화작업에 장애의 요인이 되며 유류

화재 시 물이나 포소화약제를 방사할 경우 발생할 수 있는 현상이다. 슬롭오버 현상은 유류의 표면에 한정되기 때문에 비교적 격렬하지는 않다.

(3) 프로스오버(froth over)

프로스오버는 화재가 발생하지 않는 상태에서 중질유 등 비점이 큰 뜨거운 유류가 물 위에 유입될 때 물이 수증기로 변하면서 부피 팽창(약 1700배)에 의하여 갑작스럽게 용기 외부로 넘치거나 분출되는 현상을 말한다. 전형적인 예로 뜨거운 아스팔트가 물이 약간 채워진 탱크 로리에 옮겨질 때 일어난다.

(4) 안전대책

① 인화성 액체 충진 시 100% 충전하지 않도록 한다.
② 저장 시 증발 손실 또는 충진 시 증발 손실을 가능한 방지한다.
③ 경질유 저장 시 FRT, IFRT 등을 이용하여 증기 공간을 최소화한다.
④ 증기 공간에 불활성 가스를 퍼지한다.
⑤ 물분무 설비 등 소화 및 냉각설비를 설치한다.
⑥ 통기관과 역화방지기 등 안전조치를 한다.

4-19 플래시 오버(flash over)의 개요 및 플래시 오버에 영향을 미치는 인자에 대해 설명하시오.

(1) 개요

① 구획 내 가연성 재료의 전 표면이 불로 덮이는 전이현상을 말하며, 실내에서 발생한 화재가 초기에는 실내온도를 상승시키며(대류현상) 점차 실내의 가연물 온도도 상승시키게 된다. 화재가 점차 성장하며 복사열이 실내의 가연물에 지속적으로 전달되고 열이 축적된 가연물은 일시에 폭발적으로 착화현상을 보이는데 이러한 현상을 플래시 오버(flash over) 현상이라고 한다.
② 플래시 오버 현상은 연소가 급격히 확대되는 것으로 순발 연소라고도 하며, 내장재의 종류, 화원의 크기, 개구부의 조건에 의해 영향을 받는다. 플래시 오버 현상이 발생할 때의 온도는 조건에 따라 다르지만 일반적으로 800~1000℃ 정도이다.
③ 일반적인 플래시오버의 방지 대책으로 천장의 불연화, 가연물 양의 제한, 개구부의 제한 등이 있다.
④ 플래시 오버는 성장기와 최성기 사이에 발생한다.

(2) 플래시 오버에 영향을 미치는 인자

① 개구율이 클수록 빠르다
② 화원의 크기가 클수록 빠르다.
③ 내장 재료가 가연성일수록 빠르다.
④ 열전도율이 작을수록 빠르다.
⑤ 가연물의 종류
⑥ 건축물의 형태
⑦ 실내의 표면적

4-20 롤 오버(roll over)의 정의 및 방지대책에 대해 설명하시오.

(1) 정의

저장탱크에 LNG를 수입, 이송하는 경우 상·하층의 밀도차에 의해 하층에는 중질액, 상층에는 경질액으로 서로 다른 밀도 층이 형성되며, 하층의 엔탈피가 큰 LPG가 엔탈피의 방출로 보일오프 가스가 일시에 급증하여 역전하는 현상이다.

(2) 방지대책

① 밀도 등 비슷한 조성을 갖는 LNG를 같은 저장탱크에 저장한다.
② 저장탱크 상하부에서 밀도차에 의한 층의 형성을 방지하기 위하여 혼합 저장한다.
③ 저장탱크의 상하부에 온도와 밀도차를 감시할 수 있는 액위계, 온도계, 밀도계 등 감시장치를 설치한다.
④ 저장탱크의 온도 분포를 감시한다.
⑤ LNG를 저장탱크로 주입·하역하는 경우 주입 노즐을 적절히 선택하며, 상부주입방식(top fill line), 하부주입방식(bottom fill line)이 있다.
⑥ 층 형성 방지를 위한 혼합 노즐을 설치한다.

4-21 경질유 탱크 화재의 특징과 예방 및 방지대책에 대해 설명하시오.

휘발유, 경유 등의 경질유는 인화점이 낮아 쉽게 인화되며 큰 화재로 확대되고, 중질유의 경우 휘발성이 낮아 인화점이 높으므로 쉽게 인화되지 않는다.

(1) 경질유 탱크 화재의 특징

① 경질유는 비점이 낮으며, 증기압이 100°F에서 4 psi 이상인 휘발유나 등유와 같은 가연성액체를 말한다.

② 증기압이 높은 액체는 상온에서 쉽게 연소 범위를 형성한다.

③ 증기압이 높은 액체는 cone roof 탱크와 같은 상압탱크를 이용하여 저장하는 경우 손실 및 연소 범위 형성 등 위험성이 높아진다.

④ 개방상태에서 탱크내 화재는 각 성분의 비점차가 거의 없으므로 정상상태의 연소가 되어 액면 화재의 연소 형상을 나타내며, 연소속도가 액면강하속도로 나타난다.

(2) 예방 및 방지대책

① FRT나 lifter roof 탱크, vapor dome roof 탱크를 이용하여 증기 공간을 없애 주어 폭발가능성을 저감시켜야 한다.

② 증기 공간에 불활성 가스를 주입하여 폭발 분위기 및 증발 손실을 최소화시킨다.

4-22 중질유 탱크 화재의 특징과 예방 및 방지대책에 설명하고, 중질유 탱크 화재 시 나타나는 현상에 대해 서술하시오.

(1) 중질유 탱크 화재의 특징

① 중질유는 비점이 높으며, 증기압이 100°F에서 2 psi 미만이 되는 원유나 중유와 같은 가연성액체를 말한다.

② 중질유 저장탱크의 증기압은 경질유의 증기압과 대비할 때 현저히 낮아 저장탱크 내의 상부 공간은 상대적으로 연소 범위 이하로 유지될 가능성이 높다. 그러나 정유과정 중의 비정상적인 가열에 의하거나 화재 노출로 인해 저장탱크의 전체 액체가 인화점까지 가열될 때 증기 공간이 연소 범위 내로 된다.

③ 원유나 중유와 같은 중질유는 상당히 높은 비점 범위를 가지고 있기 때문에 이러한 탱크가 화재를 일으키면 고온의 열유층(고온층)을 유면의 밑쪽으로 형성하고 그 층의 두께는 시간의 경과와 더불어 증대한다.

④ 즉, 저장된 기름 표면부가 그 경질 성분의 연소에 의해 중질화되어서 아래부분의 연소가 안 된 기름보다 비중이 커지면 표면 아래로 가라앉아서 고온층을 형성한다. 이

때 유면에서 아래쪽으로 전파하는 열유층(고온층)을 열파(heat wave)라고 부르고 그 온도는 원유에서 150~200℃, 중유에서는 250℃ 이상이며, 그 전파속도는 1시간에 15~50 in 정도이다.

⑤ 고온층의 연소속도(하강속도)(heat wave settling ratio) : 원유 등 폭넓은 비점을 가진 유류 화재 시 비점이 낮은 성분은 먼저 비등하고 150℃ 이상 온도에 도달한 고비점의 유분은 직하층 저비점 성분보다 비중이 커서 하방으로 내려가 이 층은 점차 두꺼워진다. 이 고온층이 하강하는 속도를 고온층 연소속도(24 in/hr)라 한다.

(2) 예방 및 방지대책

① 증기압이 높지 않으므로 cone roof 탱크에 저장이 가능

② 물분무 설비, 통기관 또는 통기밸브와 화염방지기가 구비되어 있어야 한다.

③ 정전기 방지 접지

(3) 중질유 탱크 화재 시 나타나는 현상

① 보일오버(boil over)

② 슬롭오버(slop over)

③ 프로스오버(froth over)

4-23 불활성화(inerting)의 개요 및 불활성화 방법에 대해 설명하시오.

(1) 개요

① 불활성화란 가연성 혼합가스나 혼합분진에 불활성 가스를 주입하여 산소의 농도를 최소 산소 농도 이하로 낮게 유지하는 것이다.

② 불활성 가스로는 질소, 이산화탄소, 수증기 또는 연소 배기가스 등이 사용된다. 연소 억제를 위하여 관리되어야 할 산소의 농도는 안전율을 고려하여 해당물질의 최소 산소 농도보다 4% 정도 낮게 관리되어야 한다.

③ 안정적이고 지속적인 불활성화를 유지하기 위해서 대상설비에 산소 농도 측정기를 설치하고 산소 농도를 관리해야 한다.

(2) 불활성화 방법

불활성화를 위한 치환(purging) 방법에는 다음과 같이 진공 치환(vacuum purging),

압력 치환(pressure purging), 스위프 치환(sweep-through purging), 사이폰 치환 (siphon purging)이 있다.

① 진공 치환 : 압력용기류에 주로 적용하며, 완전 진공 설계가 이루어진 용기류에 적용이 가능하다. 치환 횟수는 다음 식을 이용하여 구한다.

$$j = \frac{\log\left(\dfrac{y_o}{y_i}\right)}{\log\left(\dfrac{p_H}{p_L}\right)}$$

여기서, j : 치환 횟수
y_i : 목표 농도
y_o : 초기 농도
p_H : 치환과정 중 높은 압력(절대압력)
p_L : 치환과정 중 낮은 압력(절대압력)

② 압력 치환 : 용기류에 적용이 가능하며 가압시키는 압력은 설계압력 이내에서 결정되어야 한다. 목표로 하는 농도에 대한 치환 횟수는 진공 치환의 방법과 같다.

③ 스위프 치환 : 용기의 한 개구부로 불활성 가스를 이너팅하고 다른 개구부로 대기 또는 스크러버 등으로 혼합가스를 용기에서 방출하는 치환방법을 말한다. 스위프 치환은 보통 용기나 장치를 압력이나 진공으로 할 수 없는 경우에 주로 사용되고, 또 저압으로 불활성 가스를 공급하여 대기압으로 방출되므로 많은 불활성 가스를 필요로 한다. 따라서 대형 저장용기를 치환할 경우 많은 양의 불활성 가스를 필요로 하여 경비가 많이 소요되므로 액체를 용기 내에 채운 다음 용기 상부의 잔류산소를 제거하는 스위프 치환 방법의 사용이 바람직하다.

④ 사이폰 치환 : 대상기기에 물이나 적합한 액체를 채운 뒤 액체를 배출시키면서 치환가스를 주입하는 방법으로 이루어진다. 액체를 채웠을 때 하중에 문제가 되는 경우에는 적용이 불가능하다.

4-24 화재의 대책을 4단계로 구분하여 설명하시오.

    (1) 예방대책
    (2) 국한대책
    (3) 소화대책
    (4) 피난대책

(1) 예방대책

① 화재가 발생하지 않도록 하는 가장 근본적 방화 대책

② 가연성물질 및 점화원 관리

③ 공정에 대하여 화재·폭발을 일으킬 모든 가능성에 대하여 검토한 후 예방조치(fail safe)

④ 여러 가지 폭발 재해에 대하여 각기 다르므로 상황에 적합한 대책 수립

⑤ 기획 설계단계에서 안전공학 전문지식 도입

(2) 국한대책

① 가연물의 집적 방지

② 건물 및 설비의 불연화

③ 방화벽, 방유제 등의 정비

④ 안전거리 등 공한지 확보

⑤ 위험물 시설 등의 지하 매설 등 고려

(3) 소화대책

① 초기 소화 : 출화 직후 성장기 전 초기 소화 조치

② 본격적 소화 : 자위소방대 또는 전문 소방인력에 의한 소방활동

(4) 피난대책

① 화재 발생 시 안전한 장소로 대피

② 평상시 비상대피 훈련을 실시

③ 옥내 피난 계단은 각 층마다 방화셔터 설치

④ 완강기, 유도등, 비상조명등 등 안전장치 설치

4-25 실내화재에서 환기지배화재(ventilation control fire)란 무엇이며 실내화재의 연소속도(R)가 개구면의 면적(A)과 개구면의 높이(H)와의 어떤 관계인지 설명하시오.

(1) 환기지배 화재(ventilation controlled fire)

(2) 환기 파라미터(ventilation parameter)

(3) 연료지배 화재(fuel controlled fire)

(1) 환기지배 화재(ventilation controlled fire)

지하 무창층이나 극장 또는 소규모로 창문이 밀폐된 건물과 같이 통기량이 적고 가연물의 양이 많은 경우에는 연소량이 통기량의 지배를 받게 되는데, 이런 경우를 환기지배 화재라고 한다.

① 연료량에 비해 통기량이 적은 경우에는 연료량이 통기량의 지배를 받기 때문에 연소속도나 연소시간이 연장될 수 있다.

② 어느 정도 연소 후 실내의 산소가 가연물의 연소 하한계(MOC)로 내려가게 되면 불이 꺼지거나 훈소(smoldering)가 지속된다.

③ 갑자기 문을 열거나 창문을 깨뜨려 신선한 공기(산소)가 공급되면 실내에 축적되었던 가연성가스가 단시간에 폭발적으로 연소함으로써 화재가 폭풍을 동반하여 실외로 분출되는 백 드래프트(back draft) 현상이 발생한다.

(2) 환기 파라미터 (ventilation parameter)

① 환기지배 영역의 실내화재에 있어서 연소속도는 개략적으로 다음 식으로 표시된다.

$$연소속도(R) = KA\sqrt{H} = 5.5A\sqrt{H}\ [kg/min]$$

여기서, A : 개구부 면적

H : 개구부 높이

K : 비례상수(약 5.5)

$A\sqrt{H}$: 환기 파라미터

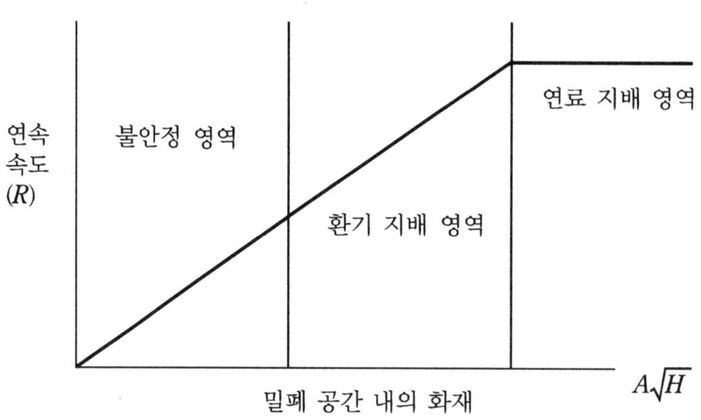

연소속도와 환기 파라미터의 관계

② 환기 파라미터가 커지면 연소속도는 상승하게 되며 화재가 연료지배형으로 진행될 것인지 환기지배형으로 진행될 것인지를 결정짓는 주요 요소가 된다.

③ 또한 $A\sqrt{H}$ 에서 H가 개구부의 높이이므로 횡장창보다 종창장의 환기 파라미터의 값이 크다는 것을 알 수 있다.

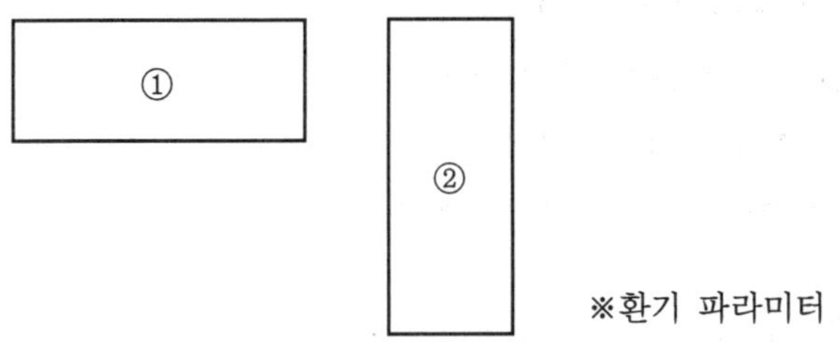

개구부 높이와 환기 파라미터의 관계

(3) 연료지배 화재(fuel controlled fire)

개방된 공간에서의 화재나 큰 개방형 창문이 있는 건물에서의 화재는 공기가 충분히 공급되고 있으므로 연소량은 연료량과 연료 표면의 면적에 의해서 지배를 받게 되는데, 이를 연료지배 화재라고 한다.

① 연료량에 비해 통기량이 충분할 경우에 불은 연료, 표면의 통제를 받게 된다. 이 경우 화재는 연소시간이 짧고 외부에서 찬 공기가 유입되어 방 안의 온도가 환기지배 화재에 비해서 낮게 된다.

② 천장이 낮은 고층 건물에서는 불꽃이 외부의 개구부를 통하여 각 층으로 확산될 수 있으나 천장이 높은 경우에는 불꽃이 방 안을 벗어나지 못한다.

4-26 화재 예방 및 소화 시 적용하는 화재를 한정하는 시스템(passive system)과 화재를 진압하는 시스템(active system)에 대하여 간략히 설명하시오.
(1) 화재를 한정하는 시스템(passive system)
(2) 화재를 진압하는 시스템(active system)

---

(1) 화재를 한정하는 시스템(passive system)

화재를 제한하여 화재 가혹도를 낮추는 방법으로 주요 구조부에 대한 구조 및 시설을 일정 성능 이상 유지하여 건축물 자체의 성능에 의존하므로 신뢰도가 높아 방재설계의 기본이 되나 초기 소화에는 부적합하다.

- 부분화 : 화재 시 피해 범위를 건물 일정 부분에 한정시키는 방법(방화구획, 방연구획)
- 다중화 : 하나의 수단 실패 시 다른 대체수단 가능토록 복수화

① 화재의 발생 방지를 위한 불연재료 사용
② 화재의 확산 방지를 위한 방화구획, 방화구조
③ 화재 시 건물의 구조적 강도를 위한 내화구조
④ 인명의 안전한 대피를 위한 피난통로 및 배연시설 등

(2) 화재를 진압하는 시스템(active system)

화재를 진압하여 열량을 낮추는 방법으로 가혹도에 따른 주수율, 주수시간이 중요하며, 기계력에 의존하기 때문에 신뢰도 확보가 필요하다.
① 스프링클러, 물분부 등의 소화설비
② 자동화재탐지설비, 비상방송설비, 누전경보기 등의 경보설비
③ 피난기구, 유도등, 비상조명등의 피난설비
④ 소화수조, 상수도소화용수설비 등의 소화용수설비
⑤ 제연설비, 연결송수관설비, 비상콘센트 등의 소화활동설비

4-27 기본적인 화재의 제어 방법 3가지에 대하여 설명하시오.
(1) 연소 과정의 제어
(2) 건축 구조의 제어
(3) 화재 진압

(1) 연소 과정의 제어

① 가연물의 양 및 특성, 배치상태(내장재 등)
② 환기 상태(창문의 크기와 종류, 환기장치 유무 및 구조)
③ 방의 크기, 형태 및 천장의 높이
④ 벽, 바닥, 천장 등의 열적 특성

(2) 건축 구조의 제어

① 건축 구조물의 방화(방화구획 등)
② 내화 구조(벽, 바닥, 천장 등)
③ 개구부의 방화
④ 배기구와 샤프트의 방화(연기와 열의 제어)

(3) 화재 진압

① 자동
- ㉮ 자동화재탐지설비 및 경보설비
- ㉯ 스프링클러설비
- ㉰ 가스계 소화설비(CO_2, 할론 등)
- ㉱ 폼(foam) 소화설비

② 수동
- ㉮ 화재의 탐지 및 경보(방송)
- ㉯ 소화기 또는 옥내·외 소화전
- ㉰ 소방서(연결송수관, 연결살수 등)

4-28 건물의 화재를 예방하기 위하여 내장재나 가구를 난연화하게 되는데 난연화를 적용하는 방법과 난연화로 인해 발생하는 문제점에 대하여 설명하시오.
(1) 난연화 방법
(2) 난연처리의 문제점

---

(1) 난연화 방법

가연성 고체 재료를 난연화시키기 위해서는 흡열 → 분해 → 혼합 → 발화 → 연소 → 배출로 연결되는 연소 사이클 중 하나를 차단하면 되며, 다음과 같이 4가지의 방법이 있다.

① 열전달의 제어 : 고체 표면에 열전도도가 높은 막을 형성하여 열 전달을 억제
② 열분해 속도의 제어 : 재료의 열분해 속도를 감소시켜 가연성 가스발생을 억제하거나 열분해 속도를 증가시켜 연소에 필요한 온도에 도달하기 이전에 전체량을 방산
③ 열분해 생성물의 제어 : 발생가스 중의 가연성 가스함량을 감소시켜 잘 타지 않도록 하는 방식
④ 기상반응의 제어 : 기상 중에 연소 반응을 억제하는 물질을 방출시켜 발염성을 감소

(2) 난연처리의 문제점

① 유기물질의 열분해까지 완전히 저지할 수는 없음
② 연기나 유독가스 배출 증가
③ 소형의 실험과 실제 화재 시의 괴리

> **4-29** 화재 시 발생하는 연기의 위험성에 대하여 설명하시오.
> (1) 자극성 독성가스
> (2) 최면·마취성 가스
> (3) 감지할 수 없는 독성가스
> (4) 체내 산소농도

화재로 인한 인명 피해의 원인으로 화염이나 열에 의한 경우뿐만 아니라 건물 내에 확산되는 연기를 무시할 수 없다. 이러한 연기는 건물 내를 확산하여 불이 나지 않은 장소나 피난통로에 침입하여 그곳의 거주자가 연기에 의하여 질식사하기도 하고 피난 통로가 없어져 피난이 늦어지기도 하는 원인이 된다.

화재 시 연기는 연기에 동반하는 열기류가 가진 고온, 산소의 부족, 일산화탄소 등 유독가스에 의한 인체로의 직접적인 영향 이외에 시야의 저하, 그에 따른 심리적 불안에 의한 피난행동 등에 영향을 미친다. 즉, 연기는 가시거리의 저하를 초래하며 독성과 호흡곤란에 의해 피난자에게 생리적 영향을 미친다.

(1) 자극성 독성가스

① HCl
  ㉮ 흡입 시 감각을 마비시키는 자극성 독성가스
  ㉯ 금속 부식 및 호흡기 부식
  ㉰ 단시간 내에 50ppm의 HCl 가스에 노출될 경우 도피 능력 상실
  ㉱ 눈에 접촉 시 염산으로 작용하여 격렬한 통증 유발
② NH_3 : 시각능력 저하
③ HF : 유리 부식성, 시력 저하, 폐부종 등

(2) 최면·마취성 가스

① ketone : 폐에는 거의 영향을 주지 않으나 호흡기를 통해 신경에 도달하면 정신착란, 심지어는 의식불명까지 불러일으킴
② MEK와 isobutyl ketone : 지독한 냄새, 흡입하면 곧 의식 상실
③ H_2S : 폐에 자극을 주기 전에 신경계통에 충격을 가함

(3) 감지할 수 없는 독성가스

① 질소 산화물 : 무색무취로 폐에 가스가 가득 차서 호흡장애를 일으킬 때까지 알지 못함
② CCl_4, 트리클로로에틸렌(trichloro ethylene) : 무색무취
③ 일산화탄소 : 무색·무미·무취로 질식 및 화학적 작용에 의한 사망

(4) 체내 산소농도

뇌의 기능을 저하시켜 판단력과 행동을 저해

4-30 폭발재해 발생의 형태에 대해 기술하시오.
    (1) 폭발의 형태
    (2) 기상 폭발
    (3) 응상 폭발
    (4) 폭발 재해의 형태 및 예방대책

---

(1) 폭발의 형태

폭발을 공정별로 분류하면 핵폭발, 물리적 폭발, 화학적 폭발 및 물리적 폭발과 화학적 폭발의 병립에 의한 폭발로 분류하고 물리적 상태에 따라서 기상 폭발과 응상 폭발로 분류한다.

(2) 기상 폭발

기상 폭발은 가스 폭발(혼합가스 폭발), 분무 폭발, 분진 폭발, 가스의 분해 폭발 등으로 구분한다.

① 가스 폭발 : 수소, 일산화탄소, 메탄, 프로판, 아세틸렌 등의 가연성 가스와 지연성 가스(공기 또는 산소)와의 혼합 기체에서 발생한다.

② 분무 폭발 : 공기 중에 분출된 가연성 액체의 미세한 액적이 무상으로 되어 공기 중에 부유하고 있을 때에 발생한다.

③ 분진 폭발 : 미분탄, 소맥분, 플라스틱의 분말 같은 가연성의 고체가 미분말로 되어 공기 중에 현탁하여 있을 때 발생한다.

④ 증기운 폭발 : 다량의 가연성 가스 또는 기화하기 쉬운 가연성 액체가 지표면에 유출되어 다량의 혼합기체가 형성되어 폭발이 일어난 경우에 발생한다.

⑤ 분해 폭발 : 가스 폭발의 특수한 경우로서 분해 폭발을 일으키는 가스를 분해 폭발성 가스라고 부르고 있으나 그 대부분이 가연성 가스로서 공기가 혼재할 때는 가스 폭발의 위험도 겸한다.

(3) 응상 폭발

응상 폭발은 폭발 이전의 물질 상태가 고체 또는 액체 상태인 폭발 형태로서, 고상 이전에 의한 폭발이며, 수증기 폭발, 증기 폭발, 고상간의 전이에 의한 폭발, 전선 폭발로 분류된다.

① 수증기 폭발(과열 액체의 증기 폭발) : 용융 금속이나 슬러그 같은 고온 물질이 물속에 투입되었을 때에 고온물질이 갖는 열이 저온의 물에 짧은 시간에 전달되면 일시적으로 물은 과열 상태로 되고 조건에 따라서는 순간적으로 급격하게 비등하고, 이때에 발생하는 상 변화(액상→기상)로 폭발 현상이 나타난다.

② 증기 폭발 : 저온 액화가스(LPG, LNG 등)가 사고로 인해 물 위에 분출되었을 때 조건에 따라서는 급격한 기화에 동반하는 비등 현상을 나타내는 것으로 액상에서 기상으로의 급격한 상 변화에 의한 폭발 현상에 수증기 폭발을 포함시켜 증기 폭발이라고 부른다. 증기 폭발이라는 단어로는 그 의미를 정확히 전달하기 어렵기 때문에 미국에서는 최근 급속 상변화(RPT : rapid phase transition)라고 하기도 한다.

③ 고상 간의 전이에 의한 폭발 : 증기 폭발은 액상과 기상 간의 상 변화가 급격히 일어난 때의 현상이나 고체인 무정형 안티몬이 동일한 고상의 안티몬으로 전이할 때 발열함으로써 주위의 공기가 팽창하여 폭발 현상을 나타낸다.

④ 전선 폭발 : 고상에서 급격히 액상을 거쳐 기상으로 전이할 때 폭발 현상이 일어난다. 알루미늄제 전선에 한도 이상의 대전류가 흘러 순식간에 전선이 가열되고 용융과 기화가 급속하게 진행되어 폭풍을 일으켜 피해를 주는 경우도 있다.

(4) 폭발 재해의 형태 및 예방대책

① 화학적 폭발

  ㈎ 착화 파괴형 폭발 : 점화원을 필요로 하는 폭발로서 용기 내의 위험물이 착화하여 압력상승에 의해 파열되는 폭발로 VCE, 폭연, 폭굉 등이 있다.

    ㉮ 위험물의 가연성 혼합기를 제어하는 불활성화 대책

    ㉯ 점화원 관리

  ㈏ 누설 착화형 폭발 : 점화원을 필요로 하는 폭발로서 용기에서 위험물이 누설된 후 착화하여 일어나는 폭발로 UVCE 등이 있다.

    ㉮ 위험물질의 누설을 방지하는 밸브의 오조작 방지

    ㉯ 누설물질의 차단 밸브 설치

    ㉰ 누설 물질의 감지 경보

    ㉱ 점화원 관리

  ㈐ 자연발화형 폭발 : 반응열의 완만한 축적으로 자연발화성 물질의 온도가 자연발화점 이상으로 상승하면서 발생하는 폭발로 자연발화형 폭발 물질에는 나트륨, 칼륨 등이 있다.

    ㉮ 위험물질의 자연발화성 여부와 자연발화성 온도를 조사

    ㉯ 온도 계측 관리

⒟ 소량 분산 저장

⒠ 냉각·소각

⒡ 혼합 위험 방지

㈑ 반응폭주형 폭발 : 반응열의 급격한 축적으로 반응속도가 폭주하고 온도가 급격히 상승하면서 과압이 발생하여 나타나게 되는 폭발로 화학물질의 반응기 등에서 발생

㉮ 발열반응 특성 조사

㉯ 반응속도를 측정할 수 있는 기기를 설치

㉰ 반응속도 계측 관리

㉱ 냉각, 교반 조작 시설

㉲ 반응속도 이상 시 즉시 반응을 차단해야 하고, 냉각할 수 있는 설비를 설치

② 물리적 폭발

㈎ 열 이동형 증기 폭발 : 샤를의 법칙 $\dfrac{V}{T} = k$ (상수)에서 알 수 있듯이 온도가 급격히 증가하여 부피가 폭발적으로 팽창하는 것으로 수증기 폭발과 극저온 액화가스의 증기 폭발 등이 있다.

　수증기 폭발이란 고온의 물체가 물과 접촉할 때 물의 수증기압에 의해 폭발하는 것을 말하고, 극저온 액화가스의 증기 폭발이란 저비점의 액체가 고온의 물질과 접하여 순간 증발로 인한 폭발을 말한다.

㉮ 작업대의 건조

㉯ 물이 작업장으로 들어오지 않도록 조치

㉰ 고온의 물체를 안전하게 냉각시킬 수 있는 주수 파쇄 설비를 설치

㈏ 평형 파탄형 폭발 : 보일의 법칙 $PV = k$ (상수)에서 알 수 있듯이 압력이 급격히 감소하여 부피가 폭발적으로 팽창하는 것으로 BLEVE와 보일러 폭발 등이 있다.

㉮ 용기의 강도를 높게 설계

㉯ 외부 하중에 의한 파괴 방지

㉰ 탱크 냉각설비를 설치

㉱ 화재로 인한 용기의 가열을 방지

4-31 폭발의 거동에 영향을 주는 변수에 대해 설명하시오.

① 주위의 온도 및 압력

② 폭발성 물질의 조성 및 물리적 성질

③ 착화원의 성질 : 형태, 에너지, 지속시간

④ 주위의 기하학적 조건 : 개방 또는 밀폐

⑤ 가연성 물질의 양

⑥ 가연성 물질의 유동 상태 : 난류

⑦ 착화 지연시간

⑧ 가연성 물질이 방출되는 속도

4-32 박막폭굉(film detonation)에 대해 설명하시오.

미스트 폭발의 일종으로 고압의 공기 배관이나 산소 배관 같은 조연성 가스 배관 속에 윤활유 등이 얇은 박막상으로 존재할 때 큰 에너지의 충격파가 전달되면 박막 상의 윤활유가 무상으로 변하며 폭굉에 이르는 현상이다. 압력유, 윤활유 등은 유기 물로서 가연성이나 인화점이 상당히 높아 보통 상태에서는 연소하기 어려우나 공기 중에 분무된 때에는 분무 폭발과 비슷한 양상으로 박막폭굉을 일으킬 수 있다.

4-33 폭발의 Scaling 법칙 (Hopkinson의 삼승근 법칙)과 TNT 상당량에 대해 설명하시오.
(1) 개요
(2) Hopkinson의 삼승근 법칙
(3) TNT 상당량

(1) 개요

화학공장에서 사용하는 화학물질의 폭발에 의한 영향을 검토하기 위한 실험적 결과 는 많지 않지만 군사적 목적으로는 화약을 이용하여 많은 실험을 실시하였고, 그 결 과 TNT가 폭발하며 발생한 폭풍파 실험 결과는 상당히 많은 데이터를 축적하게 되었 다. 이를 이용하여 폭발물질의 양을 TNT 상당량으로 환산하여 관심거리에서의 환산 거리를 구하고 환산거리가 같으면 폭발 특성이 같다는 원리를 적용하는 이론이다.

(2) Hopkinson의 삼승근 법칙

폭발 시 동반되는 폭풍파의 최대압력, 반사압력, 임펄스 등은 TNT 폭풍파의 특성과 상호 상관관계에 의하여 예측 가능하며 일반적으로 폭풍파 특성은 환산거리 Z의 함수로서 표현된다. 즉 누출된 가연성 물질의 폭발에 대응되는 TNT 상당량을 계산한 후 환산거리 좌표축에서 각각의 값을 그래프로부터 구한다. 환산거리는 다음 식과 같다.

① 폭발에 의해 생성된 폭풍파의 특성을 결정하는 데 적용
② 종류가 같은 폭발물을 크기를 달리하여 같은 조건에서 폭파시킬 때 환산거리가 같으면 폭발물의 양에 관계없이 충격파 등 폭발특성치가 같다.

$$Z = \frac{R}{W^{\frac{1}{3}}}$$

여기서, Z : 환산거리(ft/lb$_m^{1/3}$, m/kg$^{1/3}$)
R : 폭발물로부터의 반지름(ft, m)
W : TNT 상당질량(lb$_m$, kg)

질량이 다른 TNT W_1[kg]과 W_2[kg]이 폭발될 때 같은 과압을 나타내는 거리 R_1과 R_2의 관계를 Scaling 법칙을 이용하면 다음과 같이 구할 수 있다.

$$\frac{R_1}{W_1^{1/3}} = \frac{R_2}{W_2^{1/3}} \quad \rightarrow \quad \frac{R_1}{R_2} = \frac{W_1^{1/3}}{W_2^{1/3}}$$

(3) TNT 상당량

① TNT가 폭발할 때의 폭풍압이나 폭발에너지 등 폭발 특성은 실험에 의해 상세히 측정되었고 그 신뢰성도 높다. 따라서 다른 물질의 폭발특성치도 TNT와 상호 관계식에 의해 예측할 수 있으므로 TNT 상당량으로 나타내면 편리하다.
② TNT 상당량이라 함은 폭발 특성이 TNT에 대해 잘 알려져 있으므로 가연성 물질의 양을 TNT로 환산한 질량이다. 즉, 어떤 가연성 물질의 폭발에너지와 동일한 폭발에너지를 방출하는 TNT의 중량을 말한다.

$$\text{TNT 상당량(lb}_m) = \frac{\Delta H_c \times W_c}{2,000 \text{ Btu/lb}_m \text{ TNT}}$$

여기서, ΔH_c : 폭발성 물질의 연소열(발열량) (Btu/lb$_m$)
W_c : 폭발에 참여한 물질의 양 (lb$_m$)

$$\text{TNT 상당량(kg)} = \frac{\Delta H_c \times W_c}{1120 \text{kcal/kg TNT}}$$

여기서, ΔH_c : 폭발성 물질의 연소열(발열량) (kcal/kg)
W_c : 폭발에 참여한 물질의 양 (kg)

4-34 폭발위험에 대한 안전장치의 성격 및 설계순서를 설명하시오.
(1) 안전장치의 성격
(2) 설계순서

---

(1) 안전장치의 성격

① 기능성
② 신뢰성
③ 경제성
④ 저해성(시스템과의 균형)

(2) 설계순서

① 안전장치 적용 대상 보호기기의 설계 조건(설계압력, 설계온도, MAWP 등) 파악
② 적용 대상의 폭발 특성(최고압력, 압력상승 속도, 화염전파 속도 등) 예측
③ 안전장치에 요구되는 특성(필요분출량, 안전장치의 작동시간, 요구 특성, 유효작동 한계 등)의 명확화
④ 경제성, 조작용이성, 공사용이성 등을 고려하여 최적 방법의 선택
⑤ 설치 방법, 배출물 처리 방법, 2차적인 피해 확산 방지 적정 여부의 검토
⑥ 설계 근거의 명시
⑦ 안전장치의 품질(설계 의도와 부합하여 정해진 조건에서 작동하는지 여부) 확인

4-35 화학공장에서의 폭발진압 및 보호시스템에 대하여 설명하시오.
(1) 봉쇄(containment)
(2) 차단(isolation)
(3) 화염방지기(flame arrester)
(4) 폭발억제(explosion suppression)
(5) 폭발배출(explosion venting)
(6) 안전거리(safety distance)

(1) 봉쇄(containment)

폭발이 일어날 수 있는 장치나 건물 등의 보호설비가 폭발 시 발생하는 압력에 견딜 수 있도록 충분히 강하게 구조를 강화하는 것으로 작은 규모의 플랜트에 적용 가능하다. ㉠ 압력용기, 내압방폭 구조, 방폭벽(blast wall) 등

(2) 차단(isolation)

폭발이 다른 곳으로 전파될 때 자동적으로 고속 차단할 수 있는 설비로 검지부와 밸브를 차단시키는 설비가 병행 설치된다.

(3) 화염방지기(flame arrester)

화염이 외부로부터 인화성 액체 등이 저장되어 있는 용기 내부로 들어오지 못하도록 하는 안전장치이다.

(4) 폭발억제(explosion suppression)

밀폐 또는 제한된 공간을 가지는 설비 내에서 발생된 화재를 조기에 감지하여 파괴적인 압력이 발달하기 전에 인화성 분위기 내로 소화약제를 고속으로 분사하는 장치이다. 폭발억제장치는 크게 감지부, 제어부, 소화약제부로 구분되며, 보통 폭발 개시 후 수 초 이내에 작동한다. ㉠ 저장탱크, 석탄분쇄기, 사일로, 화학반응기 등

(5) 폭발배출(explosion venting)

폭발 발생 시 연소가스와 압력을 밀폐공간으로부터 안전한 외부로 신속히 방출시키기 위하여 설치하는 개방된 통기문, 폐쇄된 창문 및 패널 등의 장치로 다음의 사항을 고려하여 설치한다.

① 위험한 작업이나 장치는 옥외, 작은 별도의 건물, 또는 건물 내의 내압력 벽으로 구획된 부분에 배치한다.

② 폭발위험이 있는 장치가 다층 건물 내에 있을 경우 최상층에 위치해야 하며 배출압력으로 피해를 입지 않도록 배출구를 설치(배출구 면적의 비율은 NFPA No. 68이 이용)한다.

  ㈎ 파열 패널 : 건물이나 공정 보호용기의 벽체 강도보다 약하게 설계된 파열 패널(blow-out panel)을 설치

  ㈏ 안전밸브

  ㈐ 가용합금

  ㈑ 통기밸브

(6) 안전거리(safety distance)

폭발이 발생하더라도 인근 설비 또는 근로자에게 영향이 미치지 않도록 안전거리를 설정하고 설계단계부터 적용한다. 안전거리의 결정은 폭발압력파의 강도, 복사열의 정도, 비산물의 도달거리 예측 등 공학적 검토를 실시하여 적용한다.

4-36 폭발억제장치와 관련하여 다음 사항에 대해 설명하시오.
   (1) 폭발억제장치의 구조
   (2) 폭발의 최고압력
   (3) 폭발억제의 원리
   (4) 폭발억제 과정

폭발억제장치는 밀폐 또는 제한된 공간을 가지는 설비 내에서 발생된 화재를 조기에 감지하여 이를 초기 단계에서 진압함으로써 폭연(deflagration)으로 인한 압력이 설비의 설계압력 이상으로 상승하는 것을 사전에 방지하여 설비 등의 파손을 예방하기 위하여 설치하는 장치이다.

(1) 폭발억제장치의 구조

폭발억제장치는 크게 감지부, 제어부, 소화약제부로 구분되며 개략적인 구조는 다음 그림과 같다.

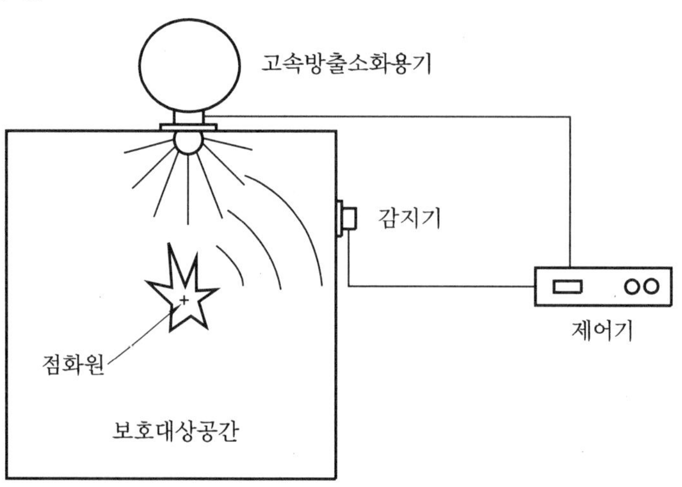

폭발억제장치의 개략도

(2) 폭발의 최고압력

가연성 가스류와 증기류, 분진류가 폭발할 때 발생하는 최대폭발압력은 다음 표와
같다.

가연성 가스와 증기의 폭발압력

물질명	P_{max}[kPa]	물질명	P_{max}[kPa]
아세틸렌	1060	이소프로필알콜	780
암모니아	540	메탄	710
n-부탄	800	메탄올	750
디메틸에테르	810	n-펜탄	780
에탄	780	프로판	790
수소	680	톨루엔	780

가연성 분진의 폭발압력

물질명	P_{max}[kPa]	물질명	P_{max}[kPa]
활성탄	880	나프탈렌	850
알루미늄	1120	페놀수지	930
역청탄	910	PVC	820
옥수수	980	고무	850
에폭시레진	790	설탕	830
우유	810	아연	670

(3) 폭발억제의 원리

최대폭발압력은 폭발물질에 따라 차이가 있지만 점화시간으로부터 약 200ms(0.2s)
정도 경과되면 최고압력에 도달하게 된다.

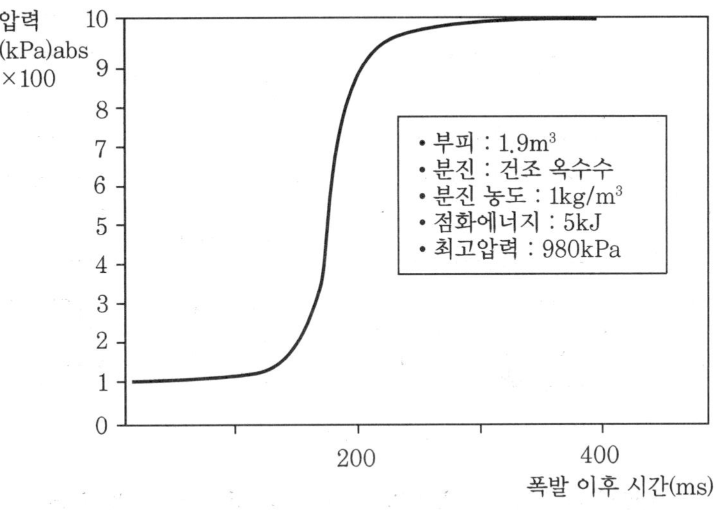

폐쇄된 공간에서 분진 폭발시 시간에 따른 폭발압력의 변화

따라서 점화 초기에 억제제를 분사하여 폭발물질의 산화반응을 제한함으로써 공정 중의 압력 상승을 억제할 수 있는데 그 기본 원리는 다음 그림과 같다.

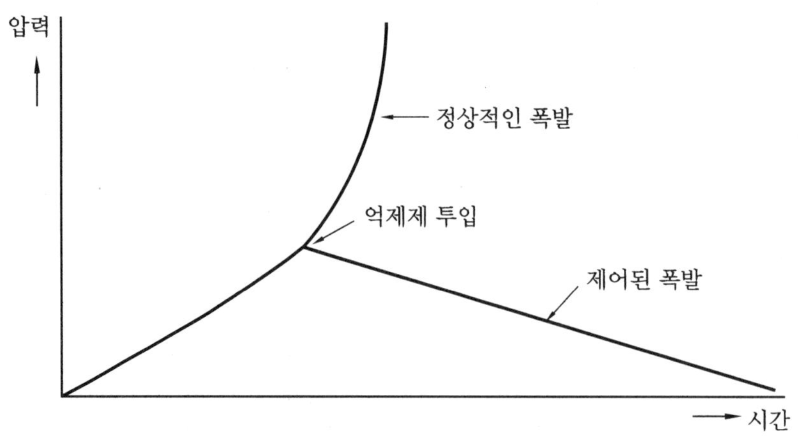

폭발억제의 기본 원리도

(4) 폭발억제 과정

폭연 발생 시 최고압력에 도달하기 이전에 억제제를 분사하여 억제된 압력이 보호 대상기기의 설계압력을 초과하지 않도록 억제제의 분사 시기를 적정하게 조절하는 것이 중요하다. 실제 실험을 통한 억제 과정은 다음 그림과 같다.

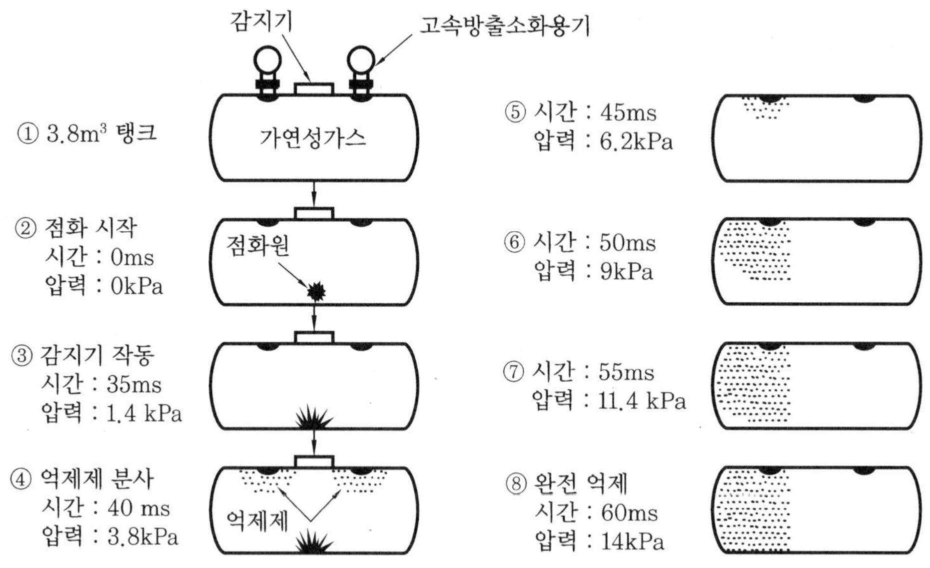

폭연의 억제 과정(가연성가스는 1.9 % 프로판 + 1.7 % 부탄)

4-37 폭발억제장치 설계 시 고려사항에 대하여 설명하시오.

---

① 폭발억제장치의 설계 시 고려사항
  ㈎ 폭발위험물질의 폭발 특성
  ㈏ 방호되는 장치
  ㈐ 감지기술
  ㈑ 억제제의 종류
  ㈒ 설치, 운전 및 시험절차 등
② 공정에 내재한 폭발 위험의 형태와 정도를 결정하기 위한 분석
  ㈎ 가연물의 형태
  ㈏ 가연물과 산화제 비율
  ㈐ 방호대상의 용적
  ㈑ 운전조건과 같은 요소
  ㈒ 기타 폭발 위험 정도에 영향을 미칠 수 있는 요소 등
③ 인터로크 구조 : 폭발억제장치는 고속차단밸브, 공기식 이송시스템 가동정지 또는 폭
  발 방산구 등과 같은 장치 또는 시스템이 연동되게 설치한다.

4-38 폭발의 발생을 억제할 수 있는 안전대책에 대해 기술하시오.
  (1) 예방대책(preventive system)
  (2) 긴급대책(active fire protection system)
  (3) 방호대책(passive fire protection system)

---

(1) 예방대책(preventive system)
① 연소범위 내의 혼합기 형성 저지(환기, 이너팅, 치환 등)
② 발화의 저지 : 점화원 관리(나화, 고열, 정전기, 스파크 등)
③ 본질적 안전설계 (구조, 강도, 인터로크, 방폭설비 등)
④ 운전 범위의 상시 감시(온도, 압력, 유량 등)

(2) 긴급대책(active fire protection system)
① 이상 상태의 조기발견 : 압력·온도·농도 등의 상시 감시

② 경보 시스템 : 경보의 필요성, 경보의 시기, 경보 방법 및 내용, 경보의 효과 명확히 검토

③ 중합금지제 투입 설비, 폭발억제장치

④ 피난

(3) 방호대책(passive fire protection system)

① 압력 상승의 억제 : 충분한 속도로 발생한 기체를 방출시킬 수 있어야 한다.

  ㉞ 파열판, 폭발방산구 등

② 화염 및 폭굉파의 확대 저지 : 역화방지기(폭연, 폭굉), 소화제 살포장치

③ 방폭벽과 안전거리

  ㈎ 폭발 발생 가능성 있는 설비 부근에 구조물이나 사람의 배치가 필요할 때 방폭벽을 설치한다.

  ㈏ 폭발이 발생하더라도 중대 피해를 입지 않는 거리가 안전거리이다.

④ 방화벽

⑤ 방화구획화

⑥ fire stopping

> ### 4-39 폭발 제어방식의 기본 개념과 방호시스템에 대하여 논하시오.
> (1) 폭발 제어방식의 기본 개념
> (2) 폭발 방호대책의 진행 방법

(1) 폭발 제어방식의 기본 개념

인화성가스 또는 인화성 액체 등의 위험물질 취급에 따른 화재·폭발의 위험성은 운전 중 상존한다. 따라서 화재·폭발이 일어나지 않도록 체계적으로 관리할 필요가 있으며 화재·폭발을 예방하기 위해서는 화재의 3요소인 가연물, 공기, 점화원 중 1요소 이상을 제거하면 가능하다. 이 중 원부재료로 사용되는 가연물의 제거는 불가하므로 공기와 점화원 중 1개 이상을 선택하여 조절하게 된다.

① 위험 분위기 형성 억제 : 인화성가스 또는 인화성 액체를 용기 내에서 취급하는 경우 용기 내에 존재하는 공기와 혼합되어 폭발한계 범위 내의 농도를 유지할 가능성이 있으므로 질소 등의 불활성 가스를 이용하여 폭발하한계 농도 이하로 유지한다.(불활성화, 산소 농도를 MOC 이하로 유지)

② 점화원의 제거 : 점화원으로 작용할 수 있는 나화, 기계적 불꽃, 전기적 스파크, 정전기, 복사열 등의 잠재적 점화원을 모두 제거한다.

③ 전기기계기구의 방폭화 : 0종, 1종, 2종 및 분진방폭지역 내의 전기기계기구는 방폭형 설치

(2) 폭발 방호대책의 진행방법

페일 세이프(fail safe) 및 풀 프루프(fool proof) 설계 적용

① 인화성가스 · 증기의 위험성 검토

② 폭발 방호대상의 결정

③ 폭발의 위력과 피해 정도의 예측

④ 폭발 화염의 전파 확대와 압력 상승의 방지(피해의 국한화)

  ㈎ 내압설계

  ㈏ 압력의 방출 경감(안전밸브, 파열판, 폭압방산구 등)

  ㈐ 화염 전파의 저지(화염방지기, 폭굉억제기)

  ㈑ 폭발의 초기 억제(폭발억제장치, 이상 반응 억제시스템)

  ㈒ 장치간의 차단(격리밸브, 차단밸브 등)

⑤ 폭발에 의한 피해의 확대 방지(주변 환경에 대한 방호)

  ㈎ 입지조건

  ㈏ 장치 등의 레이아웃(layout)

  ㈐ 위험작업, 공정, 장치의 무인화

  ㈑ 방호벽

4-40 분진폭발의 발생 조건 및 특징과 거동에 영향을 미치는 인자에 대해 설명하시오.

(1) 분진폭발의 발생 조건
(2) 분진폭발의 특징
(3) 분진폭발에 영향을 주는 인자

---

(1) 분진폭발의 발생 조건

① 가연성 분진일 것

② 적당한 농도로 공기 중에 분진이 부유할 것

③ 화염을 전파할 수 있도록 분진 크기가 약 $420\,\mu\mathrm{m}$ 이하의 분포를 가질 것

④ 분진 농도가 폭발범위 이내일 것
⑤ 화염 전파를 개시하는 충분한 에너지의 점화원이 존재할 것
⑥ 충분한 산소가 연소를 지원하고 유지되도록 존재할 것

(2) 분진폭발의 특징

① 연소 속도나 폭발의 압력은 가스 폭발과 비교하여 작으나 연소시간이 길고, 발생에너지가 크기 때문에 파괴력과 타는 강도가 크다.

② 단위체적당의 탄화수소의 양이 많기 때문에 발생에너지는 최고치로서 비교한 경우, 가스 폭발의 수 배 정도이고 온도는 2,000~3,000℃ 정도까지 상승한다.

③ 먼저 폭발압력이 나타나고, 1/10 ~ 2/10초 늦게 화염이 온다. 화염의 파급속도는 상온상압하에서 초기에는 2~3 m/s 정도로서, 그 속도는 연소한 분진의 팽창으로 인해 압력이 상승함에 따라 가속도적으로 빠르게 된다.

④ 폭발화염에 의한 압력속도는 300 m/s 정도이며 화염온도가 상승함에 따라 압력의 속도도 상승한다.

⑤ 폭발 시에 입자가 연소하면서 비산하므로 이것이 부딪치는 가연물은 국부적으로 심한 탄화를 일으키며, 특히 인체에 닿으면 심한 화상을 입는다.

⑥ 최초의 부분적인 폭발에 의해 폭풍 주위의 분진을 날리게 하여 1차 폭발에 의한 대규모의 2차 폭발이 야기될 수 있어 피해 범위가 크다.

⑦ 가스에 비하여 불완전 연소를 일으키기 쉬우므로 탄소가 타서 없어지지 않고, 연소 후의 가스상에 일산화탄소가 다량으로 존재하는 경우가 있어, 폭발 시 발생하는 일산화탄소에 의하여 중독을 야기할 수 있다.

⑧ 폭발 시 분진의 건류 또는 열분해에 의해 유독가스가 발생될 가능성이 있다.

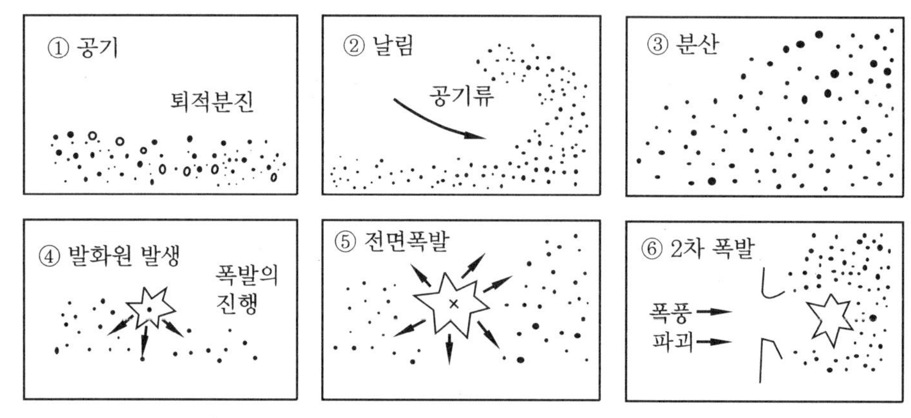

분진폭발의 발생 순서

(3) 분진폭발에 영향을 주는 인자

① 입경 및 입자의 분포

(가) 입경이 420 μm 이상의 입자라도 공정 중에서 입자가 부서져서 분진이 발생될 수 있다.

(나) 입자의 분포도 또한 폭발에 영향을 미치며 420 μm 이하의 분진이 30% 이상 존재하는 경우에는 폭발이 발생할 수 있다.

(다) 일반적으로 입자의 크기가 감소됨에 따라 위험이 더 크다.

② 연소한계 : 분진의 연소하한계는 분진의 크기 및 분포에 따라 다르나 대략 20~60 g/m^3 정도이다.

③ 최소점화에너지(minimum ignition energy)

(가) 분진의 최소점화에너지는 분진의 크기에 따라 다르나 보통 100 mJ 미만이다.

(나) 최소점화에너지는 시스템의 온도와 압력에 따라 영향을 받는다.

④ 최대압력 및 최대압력상승률

(가) 밀폐 용기에서의 분진폭발은 급격한 압력 상승을 초래한다.

(나) 분진폭발의 최대압력 및 최대압력상승률은 분진의 크기가 작을수록 증가한다.

⑤ 초기온도 및 압력

(가) 분진폭발이 발생되는 순간의 온도 및 압력에 따라 폭발압력이 달라진다.

(나) 주어진 초기 압력에서 초기 온도가 상승하면 최대압력상승률이 감소된다.

(다) 주어진 초기 온도에서 초기 압력이 상승하면 최대압력상승률이 증가된다.

(라) 높은 온도에서 분진-공기 혼합물의 점화는 최대폭발압력을 감소시키고 최대압력 상승속도를 증가시킨다.

⑥ 습도 및 수분

(가) 분진 주위의 습도는 분진폭발에 거의 영향을 주지 않는다.

(나) 분진의 수분 함량이 많을수록 발화온도를 상승시켜 폭발 위험을 감소시킨다.

⑦ 불활성 물질

(가) 불활성 분체는 열흡수에 의하여 분진의 연소 능력을 저하시키지만 분진폭발을 방지하기 위해서는 40 ~ 80%를 유지해야 하기 때문에 적용이 어렵다.

(나) 불활성 가스는 산화제의 농도를 희석시키므로 유용한 분진폭발 방지조치가 될 수 있다.

⑧ 발화온도

(가) 분진의 발화온도는 분진의 입경, 모양과 부유 상태 또는 퇴적 상태에 따라 다르다.

(나) 부유 상태의 분진의 경우에는 열의 손실이 많아 퇴적 상태보다 발화온도가 높다.

(다) 퇴적 상태의 분진은 발화온도보다 낮은 온도에서 열분해하여 자연발화할 수 있다.

⑨ 분진의 농도 및 화학성분 조성 : 양론 농도를 초과하는 고농도의 분진은 더 심각한 분진 위험을 야기시킨다.

⑩ 분진의 표준연소열

⑪ 분진과 산소의 반응활성화 에너지

⑫ 입자의 표면적

⑬ 난류의 정도 : 가연성 분진의 난류 확산은 일반적으로 분진 위험을 증가시킨다.

4-41 분진폭연지수 및 위험등급의 분류에 대해 설명하시오.
(1) K_{ST}(분진폭연지수)
(2) 위험등급의 분류

(1) K_{ST}(분진폭연지수)

분진폭연지수란 밀폐계 폭발의 폭발 특성을 나타내는 함수로서, 최대압력 상승속도와 용기 부피와는 일정한 관계가 성립한다. 이것을 큐빅 루트(cubic root)법 또는 큐빅 3승근 법칙이라 한다.

$$K_{ST} = \left(\frac{dP}{dt}\right)_{\max} \times V^{\frac{1}{3}}$$

여기서, K_{ST} : 분진폭연지수(bar·m/s)

$\left(\dfrac{dP}{dt}\right)_{\max}$: 압력상승속도(bar/s)

V : 밀폐공간 용적(m^3)

(2) 위험등급의 분류

위험등급	K_{st}[bar·m/s]	$P_{\max}$[bar gauge]
ST-1	200 이하	≤10
ST-2	200 초과 300 이하	≤10
ST-3	300 초과	≤12

여기서, $P_{\max}$는 밀폐용기에서 폭발 시 생성되는 최대압력을 말한다.(실험 데이터로부터 얻어짐)

> **4-42** 가연성 분진의 착화 폭발 순서에 대해 설명하시오.
> (1) 개요
> (2) 착화 폭발 순서

(1) 개요

분진 폭발은 분진 입자의 표면에서 산소와 반응이 일어나는 것으로, 가스 폭발처럼 산화제(공기)와 가연물이 균일하게 혼합되어 반응하는 것이 아니고 고형의 가연물 표면에 산화제가 존재하는 불균일한 상태로 반응이 일어나므로 가스 폭발과 화약 폭발의 중간 정도라고 볼 수 있다. 분진 폭발에 의해 방출되는 에너지는 가스 폭발의 수배에 달하나 발화하기 위하여 필요로 하는 에너지가 훨씬 크다.

(2) 착화 폭발 순서

① 입자 표면에 빛 또는 다른 형태의 열에너지가 주어져서 표면 온도가 상승한다.

② 입자 표면의 분자가 열분해 또는 건류 작용을 일으켜서 기체로 되어 입자 주위에 방출된다.

③ 이 기체가 공기와 혼합되어 폭발성 혼합 기체를 생성하고 발화하여 화염을 발생시킨다.

④ 이 연소열에 의해 주위 입자를 다시 연쇄적으로 반응시켜 기상에 가연성기체를 방출시켜 공기와 혼합하여 발화 전파한다.

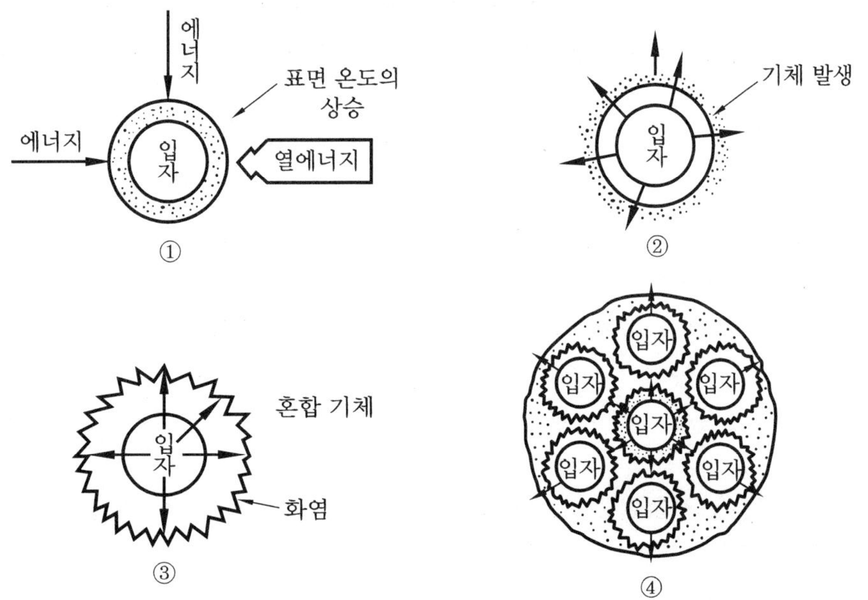

분진의 착화 폭발 순서

> **4-43** 분진폭발 예방대책에 대해 설명하시오.
>   (1) 폭발성 혼합물(가연성 분진, 인화성 가스)의 형성을 피할 것
>   (2) 공기 중 산소를 불활성 가스로 치환하든지, 진공하에서 작업하든지
>   또는 불활성 분진을 사용할 것
>   (3) 착화원이 될 수 있는 것을 제거할 것
>   (4) 폭발 방호장치

분진폭발을 예방하기 위해서는 연소의 3요소 중 한 가지를 확실히 제거하는 것이
필요하다.

(1) 폭발성 혼합물(가연성 분진, 인화성 가스)의 형성을 피할 것

① 분진 제거 : 설비가 설치되는 건축물의 바닥 및 기타 표면에 분진이 누적, 비산되지
  않도록 제거한다.

② 분진 발생 설비의 구조 : 분진 발생 설비는 뚜껑 설치 또는 밀폐구조로 하여 가능한 한
  분진이 외부로 비산되지 않도록 조치한다.

③ 금속 분리 장치 : 분쇄기의 입구에는 인입되는 금속과 설비와의 접촉으로 인한 스파크
  의 발생을 방지하기 위하여 금속 분리 장치를 설치한다.

④ 제진설비
  (가) 다음의 경우를 제외하고 벽이 있는 건축물 내부에 설치 금지
    ㉮ 제진설비는 가능한 한 외부로 향한 벽 근처에 설치하고 그 배기덕트는 짧게 외
      부로 설치하며 제진설비 및 덕트가 그 내부 폭발압력에 견딜 수 있도록 설계하
      는 경우
    ㉯ 제진설비 내부에 불활성 가스 봉입 또는 폭발방호장치를 설치한 경우
  (나) 모든 분진 발생 설비는 제진설비에 연결되어야 하며, 제진설비가 가동하지 않을
    때에는 분진발생 설비도 가동이 되지 않도록 조치한다.
  (다) 여과포를 사용하는 제진설비에는 차압계 또는 차압을 측정할 수 있는 압력측정
    장치를 설치해야 하며, 여과포는 도전성 재질을 사용한다.
  (라) 제진설비 가동 정지 시에는 경보 또는 경광등이 작동하도록 조치한다.
  (마) 내부 고착물에 의한 열축적 등의 우려가 있는 경우에는 온도계를 설치한다.

(2) 공기 중 산소를 불활성 가스로 치환하든지, 진공하에서 작업하든지 또는 불활성 분진을 사용할 것

① 불활성 가스 봉입
  (가) 분진 발생 설비가 폐쇄계(closed system)로 설치되어 있는 경우에는 질소 등과

같은 불활성 가스를 봉입하여 산소 농도를 폭발 최소 농도 이하로 낮추어야 한다.
다만, 불활성 가스에 의한 질식이 우려되거나 또는 불활성 가스를 쉽게 이용할 수
없는 경우에는 예외이다.

㈏ 불활성 가스 공급배관에는 불활성 가스의 공급을 확인할 수 있는 유량계, 압력계
등의 계측장치를 설치하고, 불활성 가스가 봉입되는 설비에는 산소 농도 측정계를
설치하여 설비 내의 산소 농도를 폭발 최소 농도 이하로 유지한다.

(3) 착화원이 될 수 있는 것을 제거할 것

① 점화원 관리 : 분진 발생 또는 분진 취급지역에서는 흡연, 직화 이용기기 및 불꽃이
발생할 수 있는 기기의 사용을 금지한다.

② 접지 등 : 공기로 분진 발생물질을 수송하는 설비와 관련된 수송덕트의 접속 부위는
접지 및 본딩 조치한다.

(4) 폭발 방호장치

① 설비에서 폭발이 발생되었을 때 폭발이 인근 설비로 전달되지 않도록 고속 작동밸브
등을 사용하여 설비를 차단할 수 있는 것으로 이때의 최고 폭발압력에 견딜 수 있는
차단장치이다.

② 분진 폭발로 인한 압력 상승 시 분진 및 연소물을 설비 외로 분출시킬 수 있는 폭발
압력 방산구이다. 설비 내의 분진이 독성이 있어 외부로 분출시킬 수 없는 경우에는
폭발 압력 방산구를 설치해서는 안 된다.

③ 설비 내의 분진 점화를 감지하는 즉시 적절한 소화용제를 분사할 수 있는 폭발 억제
장치이다.

4-44 LPG 충전소에서 LPG가 충전된 탱크로리차가 도착하여 지하 탱크저장소에
하역작업을 하던 중 화재폭발이 발생되었다. 사고 원인 가능 요소 중 가스
누출 형성 원인을 추정하여 기술하시오.

---

① LPG 이송배관내 밸브 조작 실수에 의한 누출 : LPG 탱크로리에서 지하 매몰형 저장탱
크로 액을 이송하는 차단밸브가 잠긴 상태에서 충전 작업 중 탱크로리 내의 압력이
상승하여 체결이 불량한 커플링이 이탈되면서 가스가 누출하여 외부의 점화원에 의
한 폭발

② 충전 중 LPG 탱크로리의 오발진 등에 의해 연결부 및 충전호스 파손에 의한 누출 폭발

③ LPG 가스 이송 작업 중 이송 완료 여부를 확인하기 위해 액체 및 기체 라인 박스의 토출밸브를 개방하던 중 가스가 누출되어 정전기 등 외부 점화원에 의해 화재·폭발이 발생

4-45 단열압축(adiabatic compression)에 대해 설명하시오.

일반적으로 주위에서 계로 열이 전달되지 않는 상태에서 기체를 압축하면 압축에 사용된 것만큼의 열이 발생되고, 이 열이 기체 내에 축적되면 기체의 온도는 상승한다. 단열압축은 이와 같이 주위로부터의 열의 출입을 차단하고, 기체를 압축하는 것을 말한다.

단열압축에서 오는 발화나 폭발의 예는 기포를 포함하는 액체에 많은데 니트로글리세린(nitroglycerin), 니트로글리콜, 질산에스테르 등 폭발강도가 높은 액체, 또 이황화탄소 등 발화온도가 낮은 액체의 발화의 예가 있다. 또한 단열압축은 발화의 부가적인 수단이 되기도 한다.

예를 들면, 가솔린과 공기의 혼합 증기가 자동차엔진의 실린더에서 자기발화온도(autoignition temperature) 이상의 단열온도까지 압축된다면 발화현상이 일어날 것이다. 이러한 현상은 내연기관의 엔진이 매우 뜨거워지고 연료를 적게 소모하는 현상으로 인해 조기 점화 노킹 현상의 원인이 되며, 과열된 엔진이 발화 현상이 없어진 후에도 계속해서 작동하는 이유가 된다.

기체를 높은 압력으로 압축하면 온도가 상승한다. 그러므로 압축기 등으로 기체를 고압으로 압축하는 경우는 단열상태로 압력이 상승한다. 또한 압력 상승에 의해 온도가 상승되므로 충분한 냉각시설이 없으면 압축기 오일 및 윤활유가 열분해되어 저온 발화물을 생성한다. 따라서 발화물질이 발화하여 폭발을 발생하게 된다.

이상기체에 대한 단열온도 상승은 열역학의 단열압축식으로부터 다음과 같이 계산된다.

$$T_f = T_i \left(\frac{P_f}{P_i}\right)^{\frac{r-1}{r}}$$

여기서, T_f : 최종 절대온도, T_i : 초기 절대온도
P_f : 최종 절대압력, P_i : 초기절대압력
r : 정압비열과 정용비열의 비$\left(= \dfrac{C_p}{C_v}\right)$

> **4-46** 열전달의 3가지 메커니즘을 나열하고, 각각의 열전달 방정식을 이용하여 설명하시오. 각 비례상수를 정의하고 이들의 단위를 MKS 단위로 표시하시오.
> (1) 개요
> (2) 전도(conduction)
> (3) 대류(convection)
> (4) 복사(radiation)

(1) 개요

열전달 메커니즘에는 전도(conduction), 대류(convection), 복사(radiation)의 3가지 방법이 있다. 열은 고체 또는 정지된 액체의 내부에서는 전도에 의해 전달될 수 있다. 전도에는 전도현상이 내재하기 위한 매질(medium)이 필요하나, 복사는 진공중에서도 발생할 수 있으며 어떠한 전달물질도 필요로 하지 않는다.

한편 열은 운동하고 있는 유체 내에서는 대류에 의해 전달된다. 이러한 관점에서 전도와 복사만이 오직 열 흐름의 2가지 기본양식으로 볼 수도 있다. 즉 대류는 운동이 수반된 유체에서의 전도현상으로 간주된다.

열전달 메커니즘

구 분	메커니즘	열전달 방정식
전도	고체에서의 온도 구배	$q[\text{W/m}^2] = k\dfrac{\Delta T}{l} = \dfrac{k(T_2 - T_1)}{l}$
대류	표면의 온도 구배와 유체의 밀도 변화에 따른 벌크 운동	$q[\text{W}] = hA\Delta T = hA(T_2 - T_1)$
복사	전자기파에 의한 에너지 전달	$q[\text{W}] = \Phi \varepsilon A \sigma T^4$

여기서, q : 열전도량(W/m^2), 대류열류(W)
k : 열전도율(W/m · ℃)
T : 절대온도
ΔT : 온도차(℃)
l : 벽체의 두께(m)
$\Delta T / \Delta x$: 온도 구배
A : 열전달 면적(m^2)
h : 대류전열계수(W/m · ℃)
Φ : 배치계수(형태계수)
ε : 복사능
σ : 스테판 − 볼츠만 상수($= 5.67 \times 10^{-8} \text{W/m}^2 \cdot \text{K}^4$)

(2) 전도(conduction)

① 입자 간의 상호작용에 의해 에너지가 많은 입자에서 에너지가 적은 입자로 에너지가 전달되는 것

② 고체, 액체, 기체에서 모두 일어나며 기체와 액체에서 일어나는 전도는 분자들이 멋대로 움직이는 과정에서 이들의 충돌과 확산에 의한 것(진공 상태에서는 열 전달이 이루어지지 않음)

③ 고체의 경우 격자 내부 분자의 진동과 자유전자의 에너지 전달에 의한다.

④ 물체의 기하학적 형상, 두께, 재질 그리고 물체를 통한 온도차에 따라 다르다.

⑤ 평면 층을 통과하는 열전달률은 층의 온도차와 열전달 면적에 비례하지만 층의 두께에는 반비례한다.

⑥ 화재와의 관계

  ㈎ 발산되는 열보다 전달되는 열이 많으면 그의 누적으로 발화 원인이 된다.

  ㈏ 콘크리트 속의 철재는 화재 시 열전도율이 커서 여기에 접촉된 가연물에 열이 전달되어 화재 확대 현상을 초래할 수 있다.

⑦ Fourier의 열전도 법칙

  ㈎ 연속체 관점에서 온도와 열전달량 간의 관계는 Fourier의 전도법칙에 의한다. Fourier의 전도 법칙은 열역학 제 1법칙이나 Newton의 운동 법칙 등 매질의 성질과 무관하게 성립하는 일반 법칙이 아니라 매질의 성질을 실험적으로 관측하여 찾아낸 일종의 경험적 보조 법칙이다.

  ㉮ 어떤 방향에서의 열전달률은 그 방향의 온도 구배에 비례한다.

  ㉯ 벽의 면적이 클수록 열 손실이 많다. (면적 : A)

  ㉰ 날씨가 추울수록 열 손실이 많다. (실내외 공기 온도차 : ΔT)

  ㉱ 같은 재료일 때 벽이 두꺼울수록 열 손실이 적다. (벽두께 : Δl)

  ㈏ 원통의 측면이 단열되어 있기 때문에 열전도는 X방향으로만 1차원적으로 일어나게 된다. 온도차와 열량 간의 관계에 있어 각 변수의 영향을 조사하기 위해 한 가지 변수만 바꾸면서 실험을 반복하면 다음과 같은 결론을 얻게 된다.

  ㉮ 다른 조건들이 같을 때 열량은 단면적(A)에 비례한다.

  ㉯ 다른 조건들이 같을 때 열량은 거리(x)에 반비례한다.

  ㉰ 다른 조건들이 같을 때 열량은 온도차(ΔT)에 비례한다.

$$q = \frac{\Delta Q}{\Delta t} = kA\frac{\Delta T}{\Delta x}$$

여기서, q : 단위 시간당 총 열전도량(W)
T : 온도 구배
A : 열전달이 이루어지는 단면적
k : 열전도율(W/m · ℃)

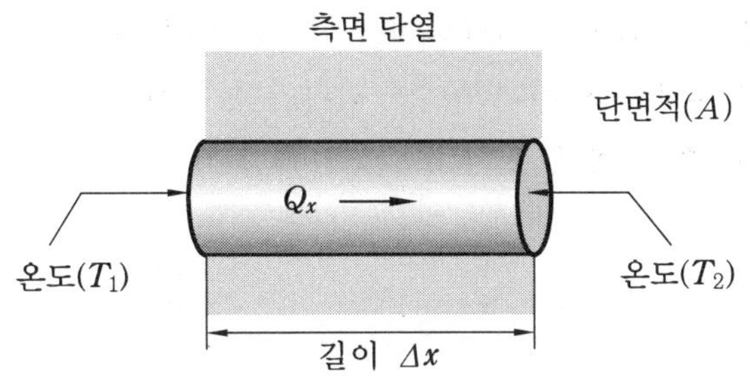

Fourier의 열전도

(3) 대류(convection)

① 고체면과 유동하는 인접한 액체 또는 기체 사이에서 발생하는 열전달

② 유체(fluid) 입자 자체의 움직임에 의해 열에너지가 전달되는 것으로서, 유체는 액체 상태 또는 기체 상태이다.

③ 유체 운동이 빠르면 대류 열전달도 많아지게 된다. 유체의 운동이 없는 상태에서는 고체면과 유체 사이에는 순수한 전도만 있게 된다.

④ 화재와의 관계 : 유체의 유동은 연소 확대의 원인이 된다.

⑤ 유체는 온도의 변화에 따라 밀도가 달라지는데, 이 밀도차에 의해 유체의 분자 자체가 이동한다. 이를 자연대류라 한다.

(4) 복사(radiation)

① 물질이 원자나 분자의 구조가 변하면서 전자파 또는 광자의 형태로 방출되는 에너지

② 전도나 대류와 달리, 중간 매질을 통해 열이 전달되는 것이 아니라 고온의 물체에서 전자파의 형태로 방출되는 복사열이 저온의 물체에 흡수되어 열이 전달되는 전열 형식이다. 태양열이 지구에 전달되는 것도 복사 열전달에 의한 것이다.

③ 모든 고체, 액체, 기체는 정도의 차이는 있으나 복사열을 방사, 흡수, 통과시킨다.

④ 열복사의 특징

  (개) 진공에서 손실이 없다.

  (내) 공기 중에서의 손실이 거의 없다.

  (대) 물체에 닿으면 통과하지 않고 흡수되므로 그 물체를 따뜻하게 한다.

⑤ 화재와의 관계 : 화원과 이격된 물체에 대한 연소의 원인이 된다.

⑥ 스테판 볼츠만(Stefan-Boltzmann)의 법칙

  (개) 복사에너지가 어떤 물체의 표면에 도달하면 그림과 같이 일반적으로 이 에너지의 일부는 물체에 흡수되고 일부는 반사되며 나머지는 물체를 투과한다. 여기서 입사한 총에너지에 대한 이 3가지의 비율을 각각 흡수율, 반사율, 투과율라고 하면 이들의 합은 1이다.

(나) 그러나 대부분의 고체는 복사에너지를 투과시키지 않으므로 투과율은 0이 된다. 흡수율이 1인 경우에는 입사된 복사에너지가 물체에 모두 흡수되며 이와 같은 특성을 지닌 이상적인 물체를 흑체(black body)라 한다.

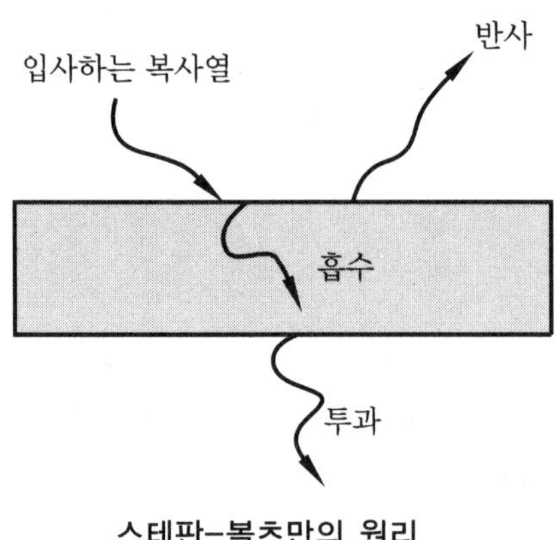

스테판-볼츠만의 원리

4-47 화학공장에서 가스폭발재해 예방을 위해 대책을 세울 때 정적인 위험성과 동적인 위험성에 대하여 설명하시오.

① 정적 위험성
  (가) 가연성, 독성, 부식성 등 물성에 기인하는 위험성
  (나) 외부 힘, 열응력, 상변화, 진동, 소음, 고온, 저온 등 상태의 위험성
② 동적 위험성
  (가) 화학반응의 진행, 시스템의 온도 및 압력의 상승에 의한 물질의 위험성 증가
  (나) 부하의 변화에 의한 위험성의 증가

제**5**장 공정 설계

5-1 근원적 안전성 확보에 대해 설명하시오.

제어 시스템, 인터로크 설비, 경보 설비 등을 설치하거나 개선하는 것보다 근본적으로 취급하는 화학물질의 양을 줄이거나 유해 위험성이 적은 물질로 대체하고 사용하는 온도·압력 등의 조건을 완화하는 등 위험성이 원천적으로 감소되도록 설계하는 것을 말한다.

5-2 화학설비를 설계하는 경우 사고를 예방하기 위하여 적용되는 수동적, 능동적, 절차적 방법에 대하여 간략히 설명하시오.
(1) 수동적(passive) 방법
(2) 능동적(active) 방법
(3) 절차적(procedural) 방법

(1) 수동적(passive) 방법

위험성을 제거하지 않고 사고의 빈도나 사고의 크기를 줄이기 위하여 공정 또는 설비의 설계 특성을 이용하여 위험성을 없애거나 최소화하는 방법을 말하며 설비의 설계압력을 높이는 방법 등을 예로 들 수 있다.

(2) 능동적(active) 방법

제어장치, 안전을 위한 인터로크 설비, 비상정지시스템 등을 사용하여 위험성이 있는 공정의 이탈을 감지하고 이에 대한 적절한 조치를 할 수 있도록 하는 방법을 말한다.

(3) 절차적(procedural) 방법

사고를 예방하고 사고의 결과를 최소화하기 위하여 안전운전절차, 비상조치계획, 기타 관리 절차를 이용하는 방법을 말한다.

5-3 공간속도와 공간시간의 정의에 대해 설명하시오.

    (1) 공간속도

    (2) 공간시간

---

(1) 공간속도

반응 장치에 단위 시간당에 유입하는 원료의 용적을 반응기 용적으로 나눈 값

$$s = \frac{1}{\tau}(\text{정해진 조건에서 단위시간 동안 반응기를 채울 수 있는 횟수})[\text{time}^{-1}]$$

(2) 공간시간

공간 속도의 역수로, 반응기 용적에 상당하는 원료를 처리하는 데 필요한 시간

$$\tau = \frac{1}{s}(\text{정해진 조건에서 반응기를 한 번 채우는 데 필요한 시간})[\text{time}]$$

따라서 공간속도 $5\,\text{hr}^{-1}$은 시간당 반응기를 5번 채울 수 있는 양이 흐르는 것을 의미하고, 2min의 공간시간은 반응기를 채우는 데 2분이 걸린다는 의미이다.

5-4 공정흐름도(PFD)의 상세 검토방법에 대해 설명하시오.

    (1) 개요

    (2) 표시 사항

    (3) 도면의 작성

---

(1) 개요

제조 공정을 한눈에 알아볼 수 있도록 만들어 놓은 도면을 공정흐름도(PFD : process flow diagram)라 말한다. 공장을 건설하기 위해서는 수요 예측 및 판매 예측을 검토하여 기업의 방침을 결정하고 다음 단계로 공정의 흐름도를 검토한 후 원료의 선택과 그 처리량, 여러 공정과 비교를 통한 선택, 장치의 운전조건(가혹도), 제품의 질과 양 등을 결정하고 원료제품의 가격, 제조비, 운전비 등의 경제성도 검토하여 최적화된 공정계통과 장치설계기준을 마련하고 동 도면에 표시한다.

즉, PFD에는 기본적인 제조 개요, 공정 제어의 기본 개념, 제조 설비의 종류 및 형태 등이 표현되고 이것을 기본으로 하여 공정배관·계장도(P&ID)를 만들고 모든 기계의 data sheet 작성, 계장설비의 data sheet 작성 및 배관의 관 크기 등을 결정

하므로 완벽한 PFD를 작성함으로써 제조설비의 완전성을 확보하고 공장운전의 기본 지침으로 이용한다.

따라서 PFD에는 물질수지 및 열수지(material & heat balance data), 처리계획 및 흐름의 방향(flow scheme&direction), 기본적인 제어계기(basic control instrument), 온도, 압력 등 운전변수, 압력용기, 펌프, 컴프레서 등 주요 기기가 포함되나 예비기계 및 직렬로 연결된 기계 등은 표시되지 않으며 또한 일반적인 밸브도 표시하지 않고 가능한 한 장에 모든 것이 표시되도록 그린다. 유해·위험작업을 도급하는 경우에는 동 작업의 공정도에 종사 근로자수 등을 반영해야 한다.

(2) 표시 사항

① 공정 처리순서 및 흐름의 방향(flow scheme & direction)

② 주요 동력기계, 장치 및 설비류의 배열

③ 기본 제어논리(basic control logic)

④ 기본 설계를 바탕으로 한 온도, 압력, 물질수지 및 열수지 등

⑤ 압력용기, 저장탱크 등 주요 용기류의 간단한 사양

⑥ 열교환기, 가열로 등의 간단한 사양

⑦ 펌프, 압축기 등 주요 동력기계의 간단한 사양

⑧ 회분식 공정인 경우에는 작업순서 및 작업시간

(3) 도면의 작성

① 배치

㈎ 제조공정을 한눈에 알아볼 수 있도록 가능한 한 전체 시스템을 한 장에 나타내고 공정설비가 복잡한 경우 여러 장으로 분할하여 작성한다.

㈏ 공정 흐름 순서에 따라 좌측에서 우측으로 장치 및 동력기계를 배열하고 물질수지와 열수지는 도면의 하단부에 표시한다.

② 표시

㈎ 약어와 심벌을 이용하여 간단하고 일목요연하게 작성한다.

㈏ 공정 또는 지역 등을 포함하여 고유의 도면번호를 부여한다.

③ 장치 및 동력기계

㈎ 장치의 고유번호, 명칭, 용량, 유체의 종류 등의 기본 사양을 표시한다.

㈏ 장치의 심벌은 단순하게 표시하며, 예비기기는 표시는 생략한다.

㈐ 버킷 스트레이너 등과 같은 사소한 기기류는 생략하되, 카트리지 형태의 필터 등과 같이 기능상 공정에 영향을 미치는 기기류는 표시한다.

㈑ 용기류의 심벌은 외곽선만 간결하게 표시하되, 증류탑의 경우에는 하부 트레이,

공급단 트레이, 상부 트레이 등 트레이 번호를 부여하거나 충전층(packing layer)을 표시한다.

㈒ 모든 종류의 열교환기는 단일 심벌로 표시하며, 동체(shell)의 개수나 상세한 유체 흐름의 경로 등은 표시하지 않고 동체측과 튜브측만 구분하여 표시한다. 다만, 공랭식 냉각기는 별도의 심벌을 사용한다.

㈓ 동력기계는 동일 유형의 심벌을 사용하되, 익스팬더와 일체식으로 된 압축기 등과 같은 복합적인 구조의 동력기계는 공급 유체의 흐름 경로가 나타나도록 표시한다.

④ 계기 및 제어장치

㈎ 계기 및 제어장치들은 다음 사항에 대한 기본적인 제어 논리를 나타내기 위하여 필요한 경우에만 표시하며, 현장 계기 등 사소한 계기 및 제어장치는 생략한다.

- 주요 공정설비
- 주요 단위조작
- 물질수지 및 열수지를 유지하기 위한 정보 제공
- 기타 시스템의 주요 운전조건 변화에 대한 정보 제공 등

㈏ 자동밸브의 전·후단 차단밸브와 바이패스는 생략한다.

⑤ 배관 : 주 공정 흐름 배관을 중심으로 표시하되, 기본적인 공정설계 개념을 전달하기 위하여 필요한 경우에 한하여 바이패스배관(by-pass line)과 시운전배관(start-up line) 등도 표시하며, 유틸리티배관은 입구와 출구측만 표시한다.

⑥ 물질수지와 열수지

㈎ 유체의 조성, 유량, 상(phase), 온도, 압력 등 중요한 물리적 특성과 주요 장치에 있어서의 열교환량이나 에너지 소비량 등 기본적인 공정 흐름의 설계개념을 표시한다.

㈏ 물질수지 및 열수지, 기타 관련 정보들은 공정 흐름 순서와 위치를 식별할 수 있도록 흐름 번호(stream number)를 부여하고, 대응되는 물질수지 및 열수지는 도면 하단부 또는 기타 여백에 표기하며, 필요에 따라 별지에 작성 가능하다.

㈐ 물질수지 표시 항목

- 흐름 번호
- 흐름별 유체의 종류(기체, 액체) 및 조성
- 유체의 조성 비율
- 유량
- 유체 특성 : 비중, 점도, 밀도, 분자량 등
- 운전압력

㈑ 열수지는 주요 흐름별 운전온도, 엔탈피, 열용량 등을 표시한다.

㈜ 흐름 번호는 주 공정 흐름을 우선하여 원료의 공급에서부터 제품 생산에 이르기까지 순차적으로 부여하고, 정제 및 회수 공정 등 부속 공정 흐름에 대해서도 계통별로 부여한다.

㈜ 연속적인 공정벤트나 드레인도 빠짐없이 포함시켜 원료 및 부원료의 총 투입량과 중간 손실을 포함한 제품의 총 생산량 등이 일치하도록 작성한다.

㈜ 다품종의 제품을 생산하는 공정인 경우에는 원료, 제품 등 구성성분 및 운전조건의 변경에 따라 공정흐름도와 물질수지를 별도로 작성한다.

5-5 P&ID의 기술자료 상세 검토방법에 대해 설명하시오.
(1) 개요
(2) 공정배관계장도에 표시되어야 할 사항
(3) 도면의 작성원칙

---

(1) 개요

공정의 정상운전(normal operation), 비상운전(emergency operation), 시운전(start-up operation) 및 운전정지(shut down) 시에 필요한 모든 공정장치, 동력기계, 배관, 공정제어 및 계기등을 표시하고 이들 상호간에 연관 관계를 나타내며 상세 설계, 건설, 변경, 유지 보수 및 운전을 하는 데 기본이 되는 도면을 공정배관계장도(piping & instrument diagram : P & ID)라 말한다.

(2) 공정배관계장도에 표시되어야 할 사항

① 공정배관계장도에 사용되는 부호(symbol) 및 범례도(legend)

② 장치 및 기계, 배관, 계장 등 고유번호 부여 체계

③ 약어 · 약자 등의 정의

④ 기타 특수 요구사항

⑤ 장치 및 동력기계

㈎ 모든 장치와 장치의 고유번호, 명칭, 용량, 전열량 및 재질 등의 주요 명세

㈏ 모든 동력기계와 동력기계의 고유번호, 명칭, 용량 및 동력원(전동기, 터빈 또는 엔진 등) 등의 주요 명세

㈐ 탑류, 반응기 및 드럼 등의 경우에는 맨홀, 트레이(tray)의 단수, 분배기(distributor) 등 내부의 간단한 구조 및 부속품

㈑ 모든 벤트 및 드레인의 크기와 위치

    ㈒ 장치 및 동력기계의 연결부

    ㈓ 장치 및 동력기계의 보온, 보랭 및 트레이싱(heat tracing)

⑥ 배관

    ㈎ 배관 및 덕트의 호칭지름, 배관번호, 재질, 플랜지 호칭압력, 보온 또는 보랭 등

    ㈏ 정상운전, 시운전 시에 필요한 모든 배관에 설치되어 있는 벤트 및 드레인

    ㈐ 모든 차단밸브 및 밸브의 종류

    ㈑ 특별한 부속품류, 시료 채취 배관, 시운전용 및 운전 중지에 필요한 배관

    ㈒ 스팀이나 전기에 의한 트레이싱(heat tracing)

    ㈓ 보온 및 보랭의 종류

    ㈔ 배관의 재질이 바뀌는 위치 및 크기

    ㈕ 공급범위 등 기타 특수조건 등의 표기

⑦ 계측기기

    ㈎ 센서, 조절기, 지시계, 기록계, 경보계 등을 포함한 제어 계통

    ㈏ 분산제어시스템(DCS) 또는 아날로그 등 제어장치의 구분

    ㈐ 현장설치계기, 현장판넬표시계기, 분산제어시스템 표시계기 등의 구분

    ㈑ 고유번호, 종류, 형식, 기능

    ㈒ 자동조절밸브와 긴급차단밸브의 크기, 형태, 측관의 규격 및 정전과 같은 이상

      시 밸브의 개폐 위치

    ㈓ 공기 또는 전기 등 신호라인(signal line)

    ㈔ 안전밸브의 크기, 설정압력 및 토출측 연결부위의 조건

    ㈕ 계장용 배관 및 계기의 보온 종류

    ㈖ 비정상운전 및 안전운전을 위한 연동시스템

(3) 도면의 작성원칙

① 도면은 공정계통도를 기초로 하여 작성한다.

② 유틸리티 계통도에 관한 배관계장도는 공정배관계장도 작성 기준에 의거 별도로 작성한다.

③ 약어와 부호(symbol)를 이용하여 간단하고 일목요연하게 작성한다.

④ 도면에는 공정 또는 지역 등을 포함하여 고유의 도면번호를 부여한다.

⑤ 도면에 기기를 배치함에 있어서 축척을 사용할 필요는 없으나 상대적 높이와 크기를 표시하며, 특별한 경우에는 배관의 경사 및 장치의 지지대 높이 등을 명기한다.

⑥ 유체의 흐름 방향은 도면의 좌측에서 우측으로, 위에서 아래로 되도록 하며 좌우의 선과 상하의 선이 교차하는 경우에는 좌우의 선을 우선하여 표시하고 상하의 선을 끊어서 표시한다.

⑦ 하나의 유체가 2매 이상의 도면으로 연결되는 경우에는 연결되는 도면번호 및 연결 장치 등의 고유번호 등을 표기하여 흐름의 연결을 표시하여 쉽게 알아볼 수 있도록 작성한다.

⑧ 모든 계기는 동그라미에 계기번호를 표시해야 하며 동그라미 안의 상단부에는 계기의 측정대상과 기능을 표시하고 동그라미의 우측 상단과 하단에 경보 유무를 표시한다.

⑨ 시공이나 운전상 특별히 필요한 사항은 도면의 우측 상단에 주기한다.

5-6 화학설비의 근원적 안전 설계 방법에 대해 설명하시오.
   (1) 개요
   (2) 근원적 안전 설계 방법

---

(1) 개요

근원적 안전성 확보는 제어 시스템, 인터로크 설비, 경보 설비 등을 설치하거나 개선하는 것보다 화학물질의 양을 줄이거나 유해 위험성이 적은 물질로 대체, 사용하는 조건을 완화하는 등 위험성이 원천적으로 감소되도록 설계되어야 한다.

(2) 근원적 안전 설계 방법

① 효율화(intensification) : 유해·위험성이 있는 물질의 양을 줄인다.

   ㈎ 반응기 설계 시에는 가능하면 반응률을 최대로 하고 반응기의 크기를 줄임으로써 공정의 경제성 및 설비의 안전성 향상

   ㈏ 연속식 반응기가 회분식 반응기보다 크기가 작으므로 안전상 유리

   ㈐ 관형 반응기를 이용하면 반응기 내부에 가지고 있는 유해·위험성 물질을 최소화할 수 있으며, 설계가 단순하고 교반기 같이 움직이는 부분이 없고 누출 가능성이 있는 연결부위가 최소화되어 있으므로 위험도 감소

   ㈑ 물질전달속도를 증가시켜 반응기의 크기를 줄일 수 있고, 또한 수율을 향상

   ㈒ 원료, 중간제품 및 제품의 저장 및 이송량을 최소화하여 위험 감소

② 대체(substitution) : 유해·위험성이 적은 물질로 바꾼다.

   ㈎ 아크릴로니트릴(acrylonitrile) 제조공정에서 아세틸렌과 시안화수소(hydrogen cyanide)를 원료로 하여 만드는 방법 대신에 프로필렌과 암모니아를 원료로 사용하는 방법

(나) 아크릴 에스테르(acrylic ester) 제조 공정에서 독성이 큰 촉매를 이용하여 아세틸렌과 일산화탄소를 원료로 하여 만드는 방법 대신에 프로필렌을 산화 반응시켜 만드는 방법

(다) 휘발성이 큰 유기용제를 사용하는 대신에 물을 용제로 사용한 페인트 및 접착제 제조하는 공정

(라) 공정 또는 설비의 근원적 안전을 확보하기 위하여 유틸리티로 사용되는 물질을 대체(가연성 열매 대신에 물 또는 수증기 사용 등)

③ 완화(attenuation) : 취급조건 또는 형태를 유해·위험성이 적은 조건 또는 형태로 변경한다.

(가) 저비점의 위험물질의 저장 시에 근원적 위험을 감소시키는 희석

(나) 누출되었을 때 초기 증발량을 감소시키고 또한 누출 시 액체 에어로졸 형성을 감소시키는 냉동

(다) 고체를 분말상태로 취급하는 것보다 그래뉼(granule) 또는 펠릿(pellet) 상태로 취급

(라) 운전조건 특히 온도와 압력을 낮추면 화학공정의 근원적 안전성이 향상

④ 영향의 제한(limitation of effects) : 유해·위험한 물질 또는 에너지의 누출에 의한 결과가 최소화 되도록 설비를 설계한다.

(가) 부지 또는 안전거리 확보

(나) 회분식 반응기에서는 반응물질의 공급을 제한하면 안전성 증가

(다) 공정설계 시에 필요한 운전조건으로부터 예상되는 이탈의 범위를 제한할 수 있도록 설계

(라) 독성물질을 저장 취급하는 설비의 파손 시 누출 영향을 최소화하기 위하여 밀폐시설을 설치

⑤ 단순화(simplification) : 운전상의 실수 또는 오류가 최소화 될 수 있도록 설비를 설계한다.

(가) 연소 초기에 대기압하에서 가연성의 분진 또는 증기의 폭연에 의하여 발생되는 최대압력이 $8.5{\sim}10.5\,kg/cm^2$ 정도이므로 해당 설비가 이 압력 이상에서 견디도록 설계

(나) 용기 내부의 진공으로 인하여 용기가 파괴되지 않도록 완전 진공에서 견딜 수 있도록 설계

(다) 반응기의 설계압력은 폭주반응으로 인하여 생성되는 압력하에서 견딜 수 있도록 선정

(라) 이상 반응에 대비한 비상 압력방출설비를 설치하고 그 배출물을 2차적으로 처리할 수 있도록 추가적인 차단용기를 설치

㈐ 배관은 누출을 예방하기 위하여 플랜지 등의 부속품 사용을 최소화

㈑ 발열 반응인 경우에 반응열을 용이하게 제거할 수 있는 구조로 반응기를 설계

㈒ 전기 또는 공기로 조작되는 모든 밸브는 정전 또는 고장 시 자동적으로 가장 안전한 위치(열림 또는 닫힘)로 전환

㈓ 다단계 공정을 갖는 회분식 공정은 한 용기에서 여러 단계를 실행하지 않도록 용기를 분리하여 설치

5-7 **공정설계(process design) 단계에서 고려해야 할 안전 사항에 대해 설명하시오.**
  (1) 대체/완화
  (2) 보다 안전한 조건
  (3) 장치설계
  (4) 취급·저장량 최소화
  (5) 위치 선정
  (6) 폐기물의 최소화

(1) 대체/완화

① 공정의 대체 또는 화학적인 변화로 유해·위험한 원료, 중간 생성물 또는 부산물을 완전히 제거하는 것이 가능한가?

② 화학적 또는 공정조건의 변경으로 공정 중에 용제를 완전히 게거하는 것이 가능한가?

③ 보다 덜 유해·위험한 물질로 대체하는 것이 가능한가?
  • 인화성 용제를 인화성이 약한 물질로 대체
  • 휘발성이 적은 원료로 대체
  • 독성이 적은 원료로 대체
  • 보다 안정한 물질로 대체

④ 최종 제품의 용제를 덜 유해·위험한 물질로 대체하는 것이 가능한가?

⑤ 높은 온도에서 불안정하거나 낮은 온도에서 어는 물질을 취급하는 설비에 있어서 최대/최소 운전온도 범위 내에서 가열 또는 냉각 매체를 사용하는 것이 가능한가?

(2) 보다 안전한 조건

① 원료의 공급 압력이 압력용기의 사용압력보다 낮은 범위에 있는가?

② 촉매의 사용 또는 촉매의 변경 등을 통하여 반응조건(온도, 압력 등)을 덜 심한 조건

으로 만들 수 있는가?

③ 공정운전을 덜 심한 조건하에서 할 수 있는가? 그 결과로 반응률 또는 수율이 저하되는 경우에 원료를 순환시켜서 이로 인한 손실을 보상받을 수 있는가?

④ 다음의 예와 같이 유해·위험한 물질을 희석시켜서 위험성을 감소시킬 수 있는가?
- 무수 암모니아를 암모니아수로 대체
- 무수 염산을 염산으로 대체
- 발연 황산을 황산으로 대체
- 고농도의 질산을 희질산으로 대체
- 무수 벤조일과산화물을 수용성 벤조일과산화물로 대체

(3) 장치설계

① 최악의 조건하에서 생성된 최대 압력을 설비가 충분히 견딜 수 있도록 설계·제작할 수 있는가?

② 모든 설비는 주위 온도 또는 도달 가능한 최대 운전온도에서 취급하고 있는 물질을 설비 내부에 가두어둘 수 있도록 설계되어 있는가? (일례로 설비에서 취급하고 있는 물질의 증기압을 설비의 설계압력 이하로 유지하도록 하기 위해서 온도를 제어하는 냉동설비와 같은 외부 시스템을 이용하지는 않았는가?)

③ 여러 공정 단계를 하나의 다용도 용기에서 하는 것보다 분리된 각각의 공정용기에서 실행이 가능한가? 이렇게 분리된 각각의 공정용기에서 실행하면 하나의 다용도 용기에 연결되는 원료, 유틸리티, 보조장치의 수 및 복잡성을 줄일 수 있어 위험 요인을 감소시킬 수 있다.

④ 운전 잘못(일례로 밸브의 부적절한 열림)으로 인한 잠재 위험이 발생하지 않도록 설비를 설계하였는가?

(4) 취급 · 저장량 최소화

① 저장탱크에 유해·위험물질의 저장량을 최소화하여 운전하고 있는가?

② 저장탱크는 꼭 필요한 것인가?

③ 용기 내에 유해·위험물질이 최소한으로 잔류하도록 유해·위험물질을 취급하는 공정용기를 설계하였는가?

④ 유해·위험물질을 이송하는 배관의 길이가 최소화되도록 설비를 배치하였는가?

⑤ 배관의 크기는 정체량이 최소화되도록 선정하였는가?

⑥ 유해·위험물질의 정체량이 최소화되도록 장치의 형식을 선정하였는가?
- 추출탑 대신에 원심추출기 선정
- 트레이 건조기 대신에 플래시(flash) 건조기 선정
- 회분식 반응기 대신에 연속식 반응기 선정

- 연속식 저조반응기(CSTR) 대신에 플러그 흐름 반응기(plug flow reactor) 선정
- 혼합 용기 대신에 연속식 인라인 믹서(in-line-mixer) 선정

⑦ 배관 내에서의 정체량을 줄이기 위하여 유해·위험물질을 액체 상태보다는 가스 상태로 이송하는 것이 가능한가?

⑧ 유해·위험물질을 다량으로 저장하거나 이송할 필요성을 최소화하기 위하여 유해·위험한 반응물질을 바로 그 자리에서 덜 유해·위험한 물질로 만드는 것이 가능한가?

(5) 위치 선정

① 주위의 유해·위험 설비로부터 피해 영향을 감소시키거나 받지 않는 곳에 공정설비를 설치할 수 있는가?

② 다음에 대한 영향을 감소시키거나 받지 않도록 할 수 있는 위치에 공정설비를 설치할 수 있는가?

⑺ 공장 밖의 주민 및 타 공장시설에 대한 영향

⑷ 공장 내의 근로자에 대한 영향

⑸ 공장 내의 다른 설비에 대한 영향

③ 유해·위험물질의 이송이 최소화되고 안전한 이송수단 및 이송로(route)가 확보될 수 있는 장소를 공장 입지로 할 수 있으며 그렇게 선정하였는가?

④ 다단계 제조공정(multistep process)에 의하여 제조하는 물질은 분리된 장소에서 생산하는 경우에 유해·위험성이 적은 중간 생성물을 다른 장소로 이송되도록 공정을 분할할 수 있으며 그렇게 하였는가?

(6) 폐기물의 최소화

① 폐기물의 발생을 최소화하거나 재순환시켜 사용함으로써 폐기물 처리를 최소화할 수 있도록 되어 있는가?

② 용제, 희석제, 반응 첨가제 등은 사용량을 최소화할 수 있도록 되어 있거나 완전히 사용하지 않을 수는 없는가?

③ 세척용수의 사용량을 최소화할 수 있도록 세척방법이 최적화되어 있는가?

④ 폐기물로 배출되는 것을 회수하여 생산에 활용할 수 있도록 되어 있는가?

⑤ 공정을 변경하면 효율적으로 회수하여 생산성을 증가시킬 수 있도록 할 수 없는가?

> **5-8** 공정 설비 내에서 연소 위험에 대처하는 방법에 대해 설명하시오.
> (1) 폭발 범위 밖에서 운전하는 방법
> (2) 용기 내부에 폭발압을 봉쇄시키는 방법
> (3) 폭발압력을 방출 설비를 통하여 배출시키는 방법
> (4) 점화원을 제거시키는 방법
> (5) 폭발억제장치를 사용하는 방법

(1) 폭발 범위 밖에서 운전하는 방법

① 연소물질의 농도를 변화시켜 운전 조건을 폭발 범위 밖으로 끌어내리는 방법으로 연소물질, 연소 조연제 또는 불활성 가스를 추가로 투입하여 운전 조건이 폭발 범위 밖에 있도록 한다.

② 산화 반응에서 이 방법을 주로 사용하며 이 경우에 정상 운전 중뿐만 아니라 시운전(start-up), 비정상운전, 운전정지(shut-down) 및 비상조치 운전 중에도 폭발 범위 내에 들어가지 않도록 조치해야 한다.

(2) 용기 내부에 폭발압을 봉쇄시키는 방법

① 설비에서 이상 상태가 발생되었을 경우 최악의 경우에 있어서의 최대 폭발 압력을 산정한다.

② 봉쇄는 연소 물질의 혼합물이 폭연을 일으키는 경우에 한하여 사용할 수 있으며 폭굉을 일으키는 경우에는 사용할 수 없다.

(3) 폭발압력을 방출 설비를 통하여 배출시키는 방법

① 경제성과 공정상의 적정성을 검토해야 한다.

② 독성물질을 취급하는 경우에는 대기 중으로 그 물질을 배출시키는 것은 좋지 않으므로 봉쇄 또는 폭발억제 장치를 사용하는 것이 좋다.

③ 대기 벤트를 시키는 경우에는 벤트관을 화염 또는 그 압력으로부터 근로자, 지역주민 및 설비에 영향을 주지 않도록 안전한 곳에 설치해야 한다.

(4) 점화원을 제거시키는 방법

화재의 3요소 중 하나인 다음과 같은 점화원을 설비로부터 차단시키는 방법이다.

① 나화, 뜨거운 표면, 담뱃불, 성냥불 및 용접 불꽃 등의 직접 열원

② 자연발화 및 열분해 등의 화학적 열원

③ 충격, 마찰 및 단열 압축 등의 기계적 열원

④ 전기 스파크 및 정전기 등의 전기적 열원

(5) 폭발억제장치를 사용하는 방법

① 화학적인 폭발억제제를 폭발화염의 진행속도보다 빠른 속도로 설비 내부에 분사시켜 폭발을 방지하는 방법으로 여러 방법 중 마지막으로 검토하는 것이 좋다.

② 이 방법도 폭발압력 상승 속도가 아주 빠른 경우 및 억제제의 적절한 확산 속도를 얻기 어려운 경우에는 사용하지 않는다.

5-9 발열반응 공정을 설계하는 경우 공정에 사용되는 화학반응과 그 공정에 대하여 검토해야 하는 항목에 대해 설명하시오.

---

① 위험한 원료와 중간체 및 부산물을 제거하기 위하여 대체할 수 있는 화학반응이 있는지 여부

② 덜 위험한 원료로 대체 가능한지 여부

③ 저장탱크 내 위험한 물질의 재고량을 최소화하였는지 여부

④ 위험물질을 처리하는 모든 공정장치의 재고량을 최소화하도록 설계하였는지 여부

⑤ 위험한 물질을 이송하는 배관의 길이가 최소화되도록 공정장치를 위치하였는지 여부

⑥ 덜 위험한 원료로부터 위험한 반응물이 생성되는지 여부

⑦ 낮은 온도에서 얼거나 높은 온도에서 불안정한 물질을 함유한 장치에 최고 한계온도의 열매 또는 최저 한계온도의 냉매를 사용하는 것이 가능한지 여부

⑧ 촉매를 사용하여 반응조건을 완화할 수 있는지 여부

⑨ 공정장치의 설계압력이 공정에서 생성되는 최고압력보다 크도록 설계하였는지 여부

⑩ 운전자 실수에 의해 위험한 상황이 벌어지는 것이 불가능하거나 어렵도록 장치를 설계하는 것이 가능한지 여부

⑪ 위험물의 근접 설치로 인한 부정적인 영향을 제거하거나 줄일 수 있도록 공정지역이 설치되었는지 여부

⑫ 반응물의 축적이 감소되도록 반회분식공정으로 수정할 수 있는지 여부

⑬ 반응기를 가열하거나 대기온도 이하에서 운전해야 하는 경우 운전 실패가 주위에 미치는 영향을 고려하였는지 여부

> ### *5-10* 플랜트에서 반응폭주가 일어나는 원인과 예방대책에 대하여 설명하시오.
>
> (1) 반응폭주(runaway reaction)
> (2) 반응폭주 원인
> (3) 예방대책

(1) 반응폭주(runaway reaction)

반응속도가 지수 함수적으로 증대되어 반응 용기 내부의 온도 및 압력이 비정상적으로 상승하여 반응이 과격하게 진행되는 현상이다.

반응기 내부에서 발열반응이 진행되고 있을 때 냉각수 공급 감소, 냉각수 밸브 고장, 과열 매체 공급 등의 공정 사고가 발생하는 경우 냉각 기능이 저하되어 반응기 온도가 상승하고 온도가 상승하면 반응속도가 빠르게 되어 반응에 의한 열 발생량을 증가시켜 이로 인해 반응속도가 자체 가속화되는 현상이다.

(2) 반응폭주 원인

① 플랜트 동력원의 이상 또는 정지 : 동력의 정지로 인한 교반기 및 펌프 정지, 냉각 실패, 계장용 공기 공급 실패 등의 이유로 반응 온도 및 압력의 급상승(반응속도 제어 실패)

② 계장시스템의 오작동 : 공정제어용 계장시스템의 고장 또는 오작동 등에 의한 제어 실패로 인해 온도 및 압력 상승이 일어난다.

③ 원재료 배합 비율의 이상 : 제품의 품질뿐만 아니라 반응속도를 유지하기 위하여 원재료의 배합 비율이 중요하다. 예를 들어 에틸렌 가스와 산소 가스의 적정 비율 제어에서 벗어나고 산소가 필요 이상으로 공급되면 부반응의 기여가 커지고 발열량이 증대하며 방치하면 비정상 승온·승압을 초래하여 반응폭주로 연결된다.

④ 미량 불순물의 농축 : 증류·분리 정제 등 각종의 단위조작 과정에서 부반응에 의해 미량의 불순물이 생성되면 그것이 점차 농축되어 반응폭주의 원인이 된다.

⑤ 장치내로 공기의 유입 : 감압의 조건에서 운전하고 있는 기기에 공기가 유입되어 최소 요구산소량 이상이 되어 산화반응이 진행되어 반응폭주로 연결된다.

⑥ 혼합위험에 따른 발열 : 2종류 이상의 물질이 어떠한 사고에 의해 혼합되었을 때 혼합열이나 반응열이 발생하여 용기내 기·액체가 폭발적으로 팽창되며 탱크가 파괴되는 반응폭주 현상이 일어난다.

⑦ 조작 실수에 의한 반응폭주 : 밸브 개폐 등의 조작 잘못에 의해 반응폭주가 일어나는 경우도 있고 반응기 속에 넣는 원재료의 종류나 계량을 잘못하여 반응폭주로 이어질 수 있다.

⑧ 기기의 고장 및 파손 : 압축기, 송풍기, 펌프 등의 고장, 배관·밸브·이음새 등의 고장 파손에 의해 일어난다.

⑨ 기타 : 보존불량, 보수공사, 배관공사 등의 공사불량과 퍼지작업 등의 운전조작불량 등에 의해 발생한다.

(3) 예방 대책

① 원재료의 공급 차단장치
② 보유하는 내용물의 방출장치
③ 불활성 가스의 송입장치
④ 냉각용수의 공급장치
⑤ 반응정지제 등의 공급장치
⑥ 그 밖에 위급한 상태로 되는 것을 방지하기 위한 장치

5-11 화학플랜트에서 폭주반응 예방을 위한 위험감소 대책에 대해 설명하시오.
(1) 폭주반응을 제거하는 조치
(2) 기술적인 예방조치
(3) 비상시 조치

---

(1) 폭주반응을 제거하는 조치

① 희석에 의해서 단열온도 상승을 감소시킨다.(반응물의 축적량의 제한으로 폭주 퍼텐셜을 감소)

② 다음에서와 같은 안전한 공정의 설계 원리에 따라 반응에 의해서 방출되는 절대적인 에너지량을 줄인다.

  ㉮ 위험물질의 사용이나 불안정한 중간물질 또는 높은 활성 화합물을 피하는 적당한 합성 경로 선택으로 이루어진 치환(substitution) 방법을 고려한다.

  ㉯ 위험물질의 양을 제한하는 등 잠재적으로 방출되는 절대 에너지를 감소시킨다.

  ㉰ 안전한 형태의 위험물질을 사용하는 대치(attenuation) 방법을 고려한다.

(2) 기술적인 예방조치

① 반회분식이나 연속운전에서 원료 공급 속도를 다음과 같은 방법으로 제어한다.

  ㉮ 축적량을 제한하는 부분(portion) 공급(첨가)을 한다.(반응기 내에 존재하는 반

응물량, 즉 축적량을 감소시키도록 한다.)

   (나) 컨트롤 밸브 등으로 원료를 공급한다. 원하는 흐름 속도는 밸브의 적당한 개방에 의해서 이루어진다.

   (다) 원심펌프를 이용하여 원료를 공급한다. 원심펌프는 용량(volumetric)이 아니므로, 흐름 속도를 제한하는 추가적인 제어밸브가 필요하다.

   (라) 공급탱크와 계량 펌프를 이용하여 원료를 공급한다. 흐름 속도는 스트로크에 의해 제어되고, 제어는 고정된 조정이나 유량계를 통하여 수행된다.

② 비상시 냉각

   (가) 비상시 냉각은 실패의 경우 정상적인 냉각시스템으로 대체한다.

   (나) 유틸리티(특히 전력) 실패의 경우에도 냉각 매체가 흐를 수 있어야 한다.

   (다) 비상시 냉각을 위해 온도가 반응물질의 응고점(solidification point) 아래로 떨어지지 않도록 해야 한다.

③ 급랭과 범람

   (가) 촉매반응의 경우는 촉매킬러(catalyst killer)의 첨가에 의해서 멈출 수 있다. 반응의 특성에 따라 적당한 성분의 추가로 반응을 멈출 수 있다.

   (나) pH에 민감한 반응의 경우에 pH의 변경으로 반응을 멈추거나 늦출 수 있다. 이러한 경우에 적은 양의 한 성분의 추가로 가능하다.

   (다) 빠르고 균일한 분산을 행하기 위하여 억제제를 포함하는 용기를 가압한다.

   (라) 범람은 농도를 낮추거나 반응을 늦추거나 멈추기 위해 온도를 내리는 희석과 냉각의 두 가지 효과를 가질 수 있도록 압력 완화 시스템을 설계한다.

   (마) 범람의 경우 주요 설계 인자로 양과 첨가속도 및 급랭 물질의 온도를 고려한다.

④ 덤핑(dumping)

   (가) 덤핑은 반응물질이 반응기 내에 보유하지 않는 것을 제외하고는 급랭과 유사하다. 탱크는 공정 중에 어떠한 경우라도 반응물질을 받을 준비가 되도록 해야 한다.

   (나) 폭주에 대응하는 예방조치로서 덤핑의 적합성 평가는 급랭의 경우와 같다. 덤핑은 반응물질을 안전한 장소로 이송하고, 반응기가 위치하는 곳의 플랜트를 보호하도록 하는 이점이 있다.

   (다) 만일 유틸리티가 고장이 있다 하여도 비상시 수송이 되도록 설계해야 한다. 리시버 탱크에 희석제나 급랭 유체의 유무를 확인해야 한다.

⑤ 감입화(depersonalization)는 온도 상승 속도와 열 방출 속도가 느린 경우에 폭주의 초기 단계에 작동할 수 있도록 한다. 스크러버와 환류응축기는 독립적인 유틸리티로 작동되도록 설계해야 한다.

⑥ 경보시스템은 발열반응의 경우 열방출속도가 크게 되기 전에 그 초기에 제어하도록 설계한다.

(3) 비상시 조치

① 비상시 압력 완화는 가스나 증기를 배출하는 벤트 라인의 개방에 의해서 압력 증가를 중지하여 과압에 대응하여 반응기를 보호하도록 되어 있다.

② 열적 퍼텐셜을 가진 반응의 경우, 벤트 라인의 설계는 개방 맨홀을 가졌다 하더라도 폭발로부터 반응기를 보호할 수 있도록 설계해야 한다.

③ 비상시 압력 완화 시스템의 설계는 일반적으로 다음과 같은 단계를 고려한다. 비상시 압력 완화 시나리오는 화학 반응을 수반하지 않는 물리적 시나리오와 화학 반응이 시스템 거동을 결정하는 화학적 시나리오가 있다.

    ㈎ 물리적 시나리오는 액체를 수송하거나 연결관 라인에서 반응기로 가스를 주입하는 가스압축으로 생기는 시나리오를 찾는다.

    ㈏ 반응의 속도론적 거동인 화학 시나리오의 경우, 온도와 압력 상승 속도는 설정압력과 최대압력 사이에서 폭주 조건을 검토해야 한다. 반응물질의 열화학적 특성에 대해 필요한 데이터는 단열 열량계 실험에서부터 얻을 수 있다.

④ 압력 완화장치의 설계는 안전밸브와 파열판을 병렬이나 직렬로 설치해야 할지를 결정한다.

⑤ 다목적 반응기의 압력완화시스템의 설계를 위한 시나리오를 정의하기가 어렵기 때문에 완화 온도에서 최대 열방출 속도를 구하려면 공정온도와 반응기의 냉각용량을 파악해야 한다.

⑥ 압력 완화의 유출(effluent) 처리 공정은 거의 유해성이 없는 유출물의 대기 방출, 플레어링(flaring)과 소각처리로서 대기나 연속된 처리시스템으로 나가는 가스나 증기에서 액체를 분리하도록 한다.

⑦ 충분한 용량을 가진 중력분리기(gravity separator)를 사용하며, 탱크는 만일 벤트되는 혼합물에 적당한 액체를 이용하여 살포한다면 수동적인 퀀치 탱크(quench tank)로도 사용할 수 있도록 한다.

⑧ 봉쇄(containment)는 폭주반응의 결과를 경감시키기 위한 방법으로 폭주 후 최대압력을 견디도록 설계해야 한다. 또한, 반응기의 내용물은 나중에 적당한 방법으로 처리할 수 있도록 해야 한다.

⑨ 봉쇄의 또 다른 방법으로 단단히 밀폐된 격실을 사용하거나 선택적으로 안전백 유지시스템(safe-bag retention system)을 사용할 수 있다.

> **5-12** 화학반응의 열적위험성 평가를 위한 안전 변수(parameters)와 특성(pro-
> perties)에 대해 설명하시오.
> (1) 공정자료
> (2) 일반적 물리화학적 특성
> (3) 열역학적 특성
> (4) 속도론적 특성
> (5) 전파 특성

(1) 공정자료

① 반응물의 질량

② 농도

③ 반응온도

④ 냉각능력(cooling capacity)

(2) 일반적 물리화학적 특성

① 증기압

② 혼화성(homogeneity of mixture)

③ 비열

④ 연소성

(3) 열역학적 특성

① 반응엔탈피

② 단열온도 상승

③ 비용(specific volume of gas)

④ 반응 후 최대압력

(4) 속도론적 특성

① 반응속도

② 반응열 생성속도

③ 압력상승속도

④ 발열개시온도(DTA)

⑤ 단열유도 시간(TMR)

⑥ 자기가속분해온도(SADT)

⑦ 겉보기 활성화 에너지

(5) 전파 특성

① 폭연능력(deflagration capacity)

② 폭연속도

③ 폭연 시 압력상승속도

④ 폭굉능력(detonation capability)

⑤ 폭굉속도

⑥ 열적 감도

⑦ 기계적 감도

5-13 다음 비파괴검사 방법 4가지의 특성을 설명하시오.

    (1) 방사선투과검사(RT : radiograpic test)
    (2) 초음파탐상검사(UT : ultrasonic test)
    (3) 침투탐상검사(PT : penetrant test)
    (4) 자분탐상검사(MT : magnetic particle test)

---

(1) 방사선투과검사(RT : radiograpic test)

① 방사선(X-선, Y-선 등)이 시험체를 투과하는 성질을 이용하며, 이의 투과하는 정도는 재료를 구성하는 원소(元素)와 두께에 따라 달라지며 방사선 투과 사진상에서 농담(濃淡)이 되어 나타나므로, 이를 관찰하여 시험체 내부의 결함 유무를 조사하는 방법이다.

② 자성의 유무, 판 두께의 대·소, 형상의 형태, 표면 상태의 양부에 관계없이 어떤 것에나 이용될 수 있고, 또 투과하는 두께의 1~2%까지의 크기의 결함도 확실하게 검출할 수 있다.

③ 장점

  (가) 영구적인 기록 수단

  (나) 모든 종류의 재료에 적용 가능

  (다) 표면 결함 및 내부 결함 검출 가능

  (라) 결함의 위치를 정확히 판독

  (마) 다양한 재질에 적용 가능

  (바) 검사 결과를 즉시 확인 가능

  (사) 면상 결함의 검출 우수

④ 단점

  ㈎ 방사선에 대한 보호장치 필요

  ㈏ 훈련된 전문요원만 취급 가능

  ㈐ 방사선안전관리 요구

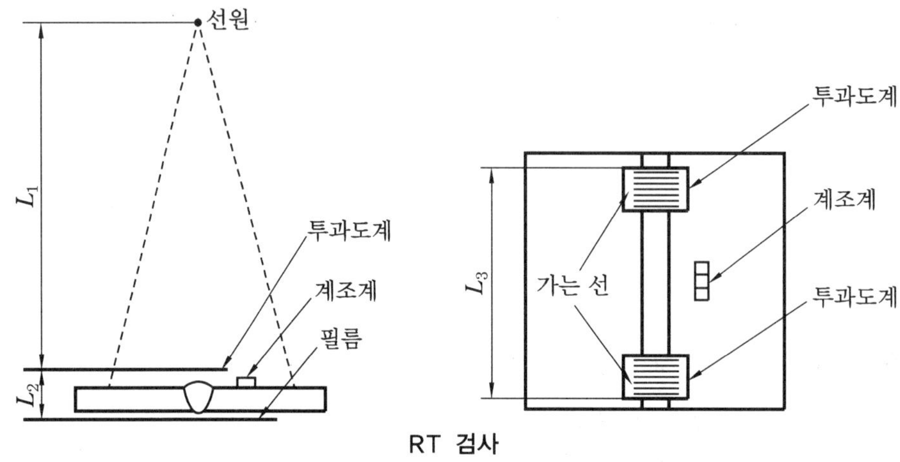

(2) 초음파 탐상검사 (UT : ultrasonic test)

① 가청주파수(20,000Hz) 이상의 주파수를 갖는 초음파를 이용하여 소재의 내부 결함을 검출하거나 두께 측정에 이용한다.

② 탐촉자에서 발생한 초음파는 소재의 내부로 침투되어 진행하며 초음파의 경로상에 결함이 존재할 경우, 그 결함에 의해 초음파는 반사되어 돌아오고 그 신호를 받아 초음파가 진행한 거리만큼 CRT 화면에 신호로 나타나게 된다. CRT 화면에 나타난 신호의 위치 및 크기를 읽어 그 결함이 존재하는 깊이 및 크기를 평가한다.

③ UT의 응용 분야는 결함 탐상, 두께와 부식 측정 및 재료 특성 평가에 널리 이용되고 있다.

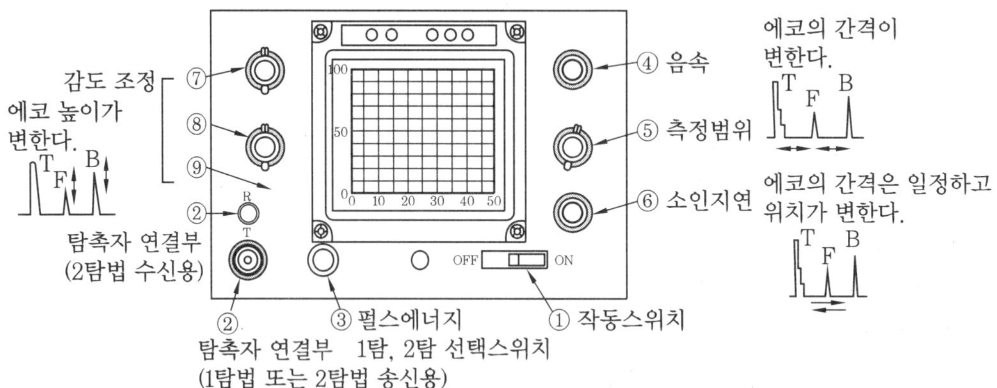

④ 장점

㈎ 시험체가 두꺼워도 검사가 가능하다.

㈏ 불연속의 위치 및 깊이를 정확히 확인 가능하다.

㈐ 검사 결과를 즉시 확인 가능하다.

㈑ 균열 등의 면상결함의 검출에는 방사선투과검사보다 유리하다.

⑤ 단점

㈎ 결함의 종류 식별이 곤란하다.

㈏ 금속 조직의 영향을 많이 받는다.

㈐ 검사자의 기량에 따라 결과의 정확도가 좌우된다.

㈑ 검사 결과는 검사 보고서만 남으므로 기록의 보존이 곤란하다.

(3) 침투탐상검사 (PT : penetrant test)

① 부품 등의 표면 결함을 아주 간단하게 검사하는 방법으로 침투액, 현상액, 세척액 3
종류의 약품을 사용하여 결함의 위치, 크기 및 지시 모양을 관찰하는 검사 방법이다.

② 염색 침투에 의해서 어느 정도의 결함까지 발견할 수 있는가는 검사물의 재질, 표면
상태, 결함의 종류, 탐상 조건 등에 따라 다르지만 대략 크랙(crack) 깊이 100μ 정도
까지 충분히 검출할 수 있다.

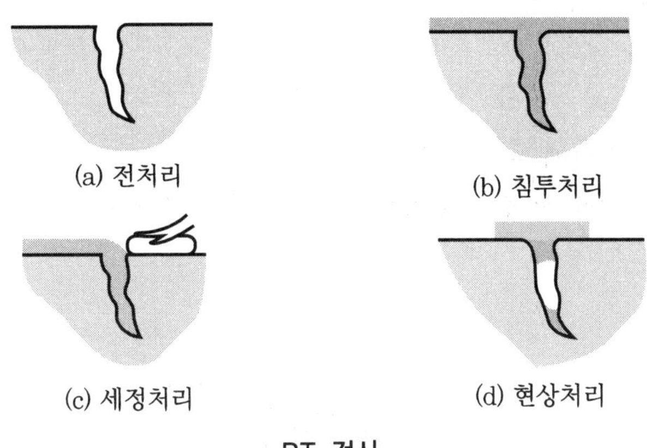

PT 검사

③ 장점

㈎ 검사속도가 빠르고 경제적이다.

㈏ 시험체의 모양과 크기에 제약이 적다.

㈐ 시험체의 재질에 제한이 없다.

㈑ 국부적 검사가 가능하다.

㈒ 거의 모든 재질, 제품에 적용 가능하다.

④ 단점

  ㈎ 표면에 열려 있는 결함이어야 검사 가능하다.

  ㈏ 전처리가 필요하다.

  ㈐ 시험체 표면 온도에 따라 검사 감도가 변한다.

  ㈑ 시험온도의 제한 : 15~52℃

  ㈒ 탐상 자재의 오염이 심하다.

  ㈓ 다공성 시험체의 검사가 곤란하다.

(4) 자분탐상검사 (MT : magnetic paticle)

① 강자성체의 표면 또는 표면하에 있는 불연속부를 검출하기 위하여 강자성체를 자화시키고 자분을 적용시켜 누설자장에 의해 자분이 모이거나 붙어서 불연속부의 윤곽을 형성, 그 위치, 크기, 형태 및 넓이 등을 검사하는 방법이다.

② 표면 및 표면에 가까운 내부 결함을 쉽게 찾아낼 수 있으며 자성체의 검사에만 사용할 수 있다. (철, 니켈, 코발트 및 이들의 합금)

③ 장점

  ㈎ 미세한 표면 균열 검출 능력이 뛰어나다.

  ㈏ 시험체의 크기 및 형상 등의 영향이 적다.

  ㈐ 검사가 비교적 쉽다.

  ㈑ 검사 비용이 저렴하다.

④ 단점

  ㈎ 강자성체의 검사에 국한된다.

  ㈏ 전극식 장비 사용 시 전기 접촉부에 ARC 발생으로 시험체에 악영향을 미칠 수 있다.

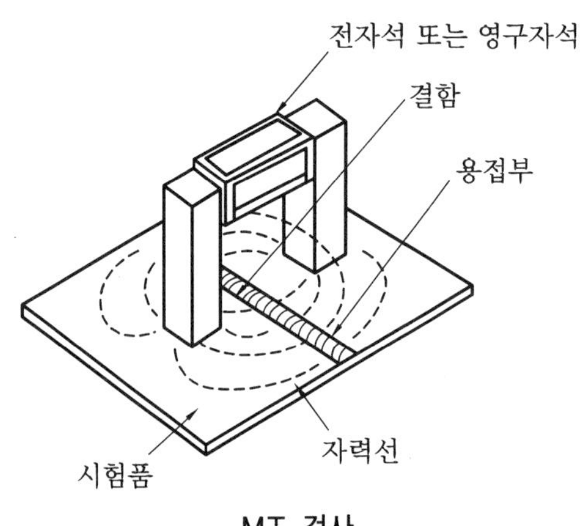

MT 검사

5-14 비파괴검사의 종류 및 비파괴검사를 100% 실시하는 경우에 대하여 설명하시오.
   (1) 비파괴검사의 종류
   (2) 비파괴검사 100% 대상

(1) 비파괴검사의 종류

① 방사선투과시험
② 초음파탐상시험
③ 자분탐상시험
④ 침투탐상시험

(2) 비파괴검사 100% 대상

① 독성물질을 취급하는 배관
② 용접 후 열처리를 해야 하는 배관
③ 영하 30℃ 이하 또는 300℃ 이상의 위험물질을 취급하는 배관

5-15 $F-N$(frequency–number) curve에 대해 설명하시오.

① 사회적 위험성을 나타내는 재해 발생 가능성의 표현 방법 중 하나이다. $F-N$ curve 는 많은 사람들에게 해를 입힐 수 있는 재해가 발생하는 건수를 1년 단위로 환산하여 수치상으로 표현한 것이다. 빈도수는 일반적으로 F로 나타내며, 사망자의 수는 N으로 표시한다.

② $F-N$(frequency–number) curve는 원자력 산업에서 개발되어 주로 이용되고 있으며, 위험사고에 의하여 영향을 받을 수 있는 사람의 숫자를 예측하여 사회적 위험성을 나타낸다.

③ $F-N$(frequency–number) curve는 누적된 빈도(frequency) 대 사상자의 숫자(number)로 표현되는 결과의 도표로서 특정 사고의 기여도를 볼 수 있다. 그림은 액화가연성 가스 설비의 $F-N$ curve의 일례이다.

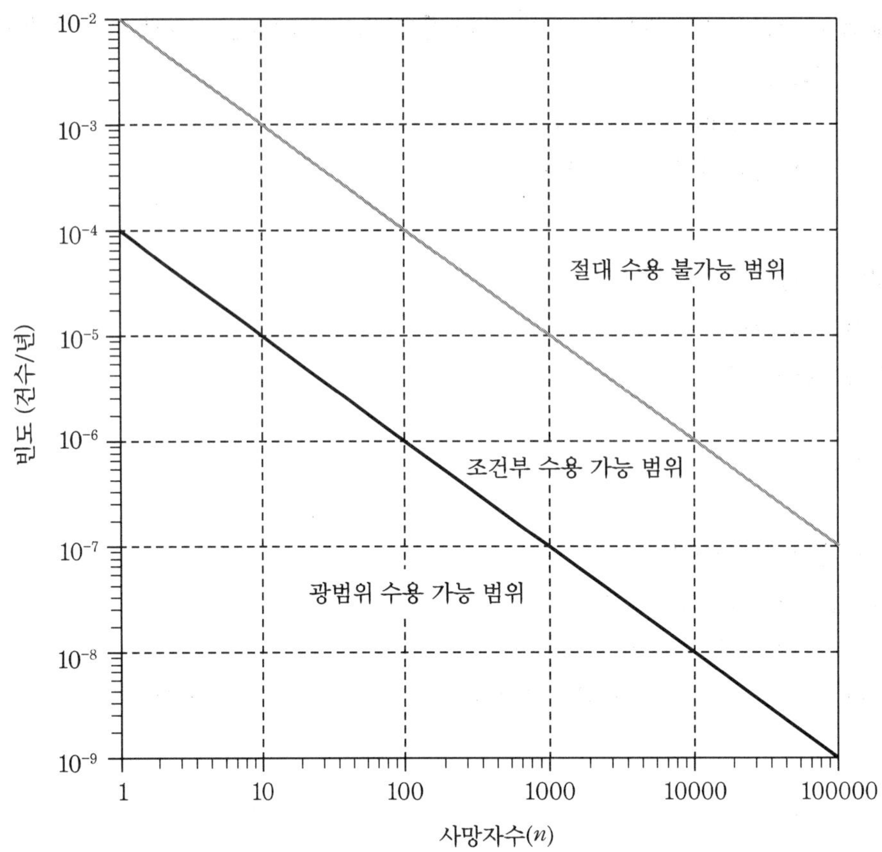

액화가연성 가스 설비의 $F-N$ curve

④ $F-N$ curve는 사회적 위험성의 정도를 아래와 같이 3단계로 분류하게 되는데 이러한 접근 방식은 ALARP 원칙의 사회적 위험도에의 적용과 일치한다.

㉮ 1단계 : 위험이 기준 값 이상인 경우

㉯ 2단계 : 무시할 만한 경우

㉰ 3단계 : 더 깊은 검증을 요하는 경우

⑤ $F-N$ curve의 특징은 $F-N$ 직선의 두 가지 요소인 단일중대사고 발생도와 직선의 기울기를 고려하면 쉽게 이해할 수 있다.

> ***5-16*** 열교환기의 용도를 사용 목적과 상태에 따라 분류하고 설명하시오.
>
>   (1) 가열기(heater)
>   (2) 과열기(superheater)
>   (3) 예열기(preheater)
>   (4) 증발기(vaporizer)
>   (5) 재가열기(reboiler)
>   (6) 응축기(condenser)
>   (7) 냉각기(cooler)
>   (8) 냉각기(chiller)

열교환기(heat exchanger)는 온도가 서로 다른 유체로부터 전열벽을 통해서 온도가 높거나 낮은 유체에 열을 전달하는 장치로 가열기·냉각기·증발기·응축기 등으로 사용된다. 유체에 열을 주기 위해 사용되는 전열매체를 열매라고 하며, 이와는 반대로 열을 뺏는 데 사용되는 것을 냉매라고 한다.

열교환기의 형식에서 가장 일반적으로 사용되는 것은 금속관을 전열벽으로 하는 것으로, 이 형식에는 주수식·이중관식·핀붙이 다관식·투관형식 등이 있다. 이중관식 열교환기는 내관과 외관으로 되어 있으며, 내관 내부의 유체와 관과 관 사이에 있는 고리 모양 부분의 유체 사이에서 열교환이 이루어진다. 이 형식은 구조는 간단하지만 처리하는 양이 적다. 대용량인 것에는 커다란 외관에 여러 개의 작은 관을 넣은 투관형식을 사용한다. 열이 높은 유체와 낮은 유체의 흐름에서 같은 방향으로 흐르는 것을 병류형, 반대 방향으로 흐르는 것을 역류형, 직각 방향으로 흐르는 것을 직교류형이라고 한다.

(1) 가열기(heater)

유체를 가열하여 필요한 온도까지 유체 온도를 상승시킬 목적으로 사용되는 열교환기이다.

(2) 과열기(superheater)

유체를 과열 상태가 되기까지 가열하기 위해 사용되는 열교환기이다.

(3) 예열기(preheater)

유체를 사전에 가열해서 다음 공정의 효율을 좋게 하기 위해 사용되는 열교환기이다.

(4) 증발기(vaporizer)

액체를 가열/증발시켜서 발생한 증기를 사용하고자 할 때 사용되는 열교환기로 증발시키는 것은 대부분 물이다. 증발시키기 위해 용액을 비점까지 가열하며 직접 가열증발기와 간접 가열증발기로 나누어진다. 가장 많이 사용되는 것은 수증기 가열증발기인데, 이것에는 강제순환식·자연대류식·액막식의 세 형식이 있다. 강제순환식은 증발관 외부에 가열기를 놓고 액체를 펌프로 순환시키며, 자연 대류식은 증발관 속에 가열부(관)를 내장하고 있다. 액막식은 수형장관 내부로 액체를 통과시켜 끓게 하는 것이다. 또, 끓는점을 낮춤으로써 증발능력을 크게 할 수 있으므로 대개의 경우 증발은 진공이나 저압하에서 행한다.

(5) 재가열기(reboiler)

column에 부착된 증발기로서 순환되는 액체를 재차 가열, 증발시킬 목적으로 사용되는 열교환기이다.

(6) 응축기(condenser)

응축성 기체를 냉각하여 액화시키는 목적으로 사용되며, 특히 스팀을 응축시켜 물로 만드는 응축기를 복수기라 한다.

(7) 냉각기(cooler)

유체를 냉각하여 필요한 온도까지 낮출 목적으로 사용되는 열교환기이다.

(8) 냉각기(chiller)

빙점 이하인 저온으로 냉각시키기 위해 사용되는 열교환기이다.

5-17 화학설비 등의 공정설계 기준에 의한 다음 용어에 대하여 설명하시오.
(1) 유효양정(NPSH : net positive suction head)
(2) 슬러그 흐름(slug flow)

---

(1) 유효양정(NPSH : net positive suction head)

펌프가 설치되어 사용될 때, 펌프 그 자체와는 무관하게 흡입 측의 배관 또는 System에 따라서 정해지는 값으로 펌프 흡입구 중심까지 유입되어 들어오는 액체에 외부로부터 주어지는 압력을 절대압력으로 나타낸 값에서 그 온도에서의 액체의 포화 증기압을 뺀 것을 유효양정(net positive suction head: NPSH)라 한다.

① 펌프의 공동화현상(cavitaion)의 발생 가능성을 점검하는 척도이다.

② 펌프 흡입측에서 전체 양정과 펌프의 흡입구에서의 유체의 증기압에 상응하는 양정과의 차이를 말한다.

③ 흡입전양정에서 수온의 증기압을 뺀 값을 NPSH$_a$(available)라고 하며, 펌프가 흡입을 위해 필요한 제작상의 흡입수두를 NPSH$_r$(required)라고 한다.

④ NPSH$_r$(required)는 펌프의 제작자에 의해 결정되며, 동일 사양의 펌프라도 제작자 또는 설계자에 의해 다를 수 있다. 계산에 의해서도 구할 수 있으나, 실험에 의해 구하는 방법이 더 정확하다.

⑤ NPSH$_a$(available)은 펌프의 설치 조건, 즉 수면과 펌프의 거리, 흡입관경 및 배관의 길이, 이송액체의 종류와 온도 등에 의해 결정된다.

⑥ $NPSH_a > NPSH_r \times 1.3$인 경우 캐비테이션(cavitation)이 발생하지 않는다.

$$NPSH_a = \frac{P_s}{\gamma} - \frac{P_v}{\gamma} \pm h_s - f\frac{\nu_s^2}{2g}$$

여기서, P_s : 흡수면에 작용하는 압력(kgf/m$^2 \cdot$ abs)

h_s : 흡수면에서 펌프기준면까지 높이(m)(흡상이 되면 − , 가압이 되면 +)

$f\dfrac{\nu_s^2}{2g}$: 흡입측 배관에서의 총손실수두(m)

P_v : 사용온도에서의 액체의 포화증기압(kgf/m$^2 \cdot$ abs)

γ : 사용온도에서의 단위체적당의 중량(kgf/m^2)

⑦ NPSH$_r$(required)는 흡입 비속도, 펌프 임펠러의 회전수, 유량의 함수이다.

$$NPSH_r = \left(\frac{N\sqrt{Q}}{S}\right)^{\frac{4}{3}}$$

여기서, N : 펌프의 회전수(rpm)

S : 흡입 비속도

Q : 유량(m^3/min)

(2) 슬러그 흐름(slug flow)

액상 흐름에서 액체 파동이 주기적으로 거품 덩어리 상태를 형성하면서 평균 액체 속도보다 빠른 속도로 움직이는 흐름이다. 관 등의 용기내 2상(기·액상)류에서 볼 수 있는 유동 양식의 하나로 연속상 유체 속을 분상유체의 가느다란 기포 또는 액적(슬러그)이 용기의 횡단면과 같은 정도의 크기를 점유하면서 유동하는 것을 말한다.

슬러그는 그 흐름 방향이 길이의 대소와 관계없이 전단은 원형을 띠며, 슬러그의 속도는 연속상의 점성계수, 표면장력, 2상의 물질 밀도차, 중력가속도, 용기의 크기에 따라서 다르다.

5-18 서징(surging)의 개요 및 방지대책에 대해 설명하시오.
　　(1) 개요
　　(2) 서징 방지대책

　왕복동이나 스크루 압축기는 압축기 1회전에 일정한 양의 가스를 압축하는 정량 압축식(fixed volume displacement)이나, 터보 압축기는 임펠러의 원심력에 의하여 가스를 압축하므로 압축률이 낮아 압축비가 압축기의 특성치를 벗어나면 압축된 고압 측 가스가 저압 측으로 압축기를 통하여 역류하는 현상이 생긴다. 이것을 서징(surging)이라고 하는데, 이때 발생하는 소음은 그 주기가 아주 짧고 파괴적이다.

(1) 개요

① 터보형 펌프, 송풍기, 압축기 등을 저유량 영역에서 운전하면, 압력·유량·회전수·소요동력 등이 주기적으로 변화하여 안정된 운전이 불가능하게 되는 일종의 자려진동(自勵振動)을 일으키는 현상이다.

② 서징이 일어나면 큰 압력 변동, 심한 진동 및 큰 소음이 발생하고 장시간 계속되면 유체 기계의 관로에 연결되는 장치나 기계의 파손을 초래한다.

(2) 서징 방지대책

① 임펠러·안내날개의 모양(형상, 치수 등)을 변경하여 펌프 운전 특성을 변화시킨다.

② 방출밸브 등을 써서 펌프의 유량을 증가시키거나 임펠러의 회전수를 적당히 바꾸어 서징점을 피해서 운전한다.

③ 불필요한 공기탱크나 잔류공기를 제어하고, 관로의 단면적, 유속저항 등을 바꾼다.

5-19 표면 탈탄(decarburization)에 대해 설명하시오.

　표면 탈탄이란 강을 공기 중에서 고온으로 가열하면 산화물을 형성하고 표면의 탄소는 CO로 되어 없어지게 되는데, 이와 같이 산화에 의해 강 중의 탄소량이 적어지는 현상을 말한다.

　이종 금속 용접 이음부의 열 영양부 또는 다층 용접 금속에서 탄소가 특정 부분으로 확산하여 탈탄 현상이 발생하기도 하며, 이와 같이 탈탄한 영역을 탈탄층(deca-rburized layer)이라고 하며, 주로 페라이트 조직을 형성한다.

> **5-20** 부식의 형태 및 분류에 대해 설명하시오.
>
> (1) 공식(pitting)
> (2) 틈새 부식(crevice corrosion)
> (3) 이종 금속 접촉부식(galvanic corrosion)
> (4) 입계부식(intergranular corrosion)
> (5) 응력부식균열(stress corrosion cracking)
> (6) 수소유기균열(hydrogen induced cracking)
> (7) 수소침식(hydrogen attack)
> (8) 수소취성(hydrogen embrittlement)
> (9) 부식피로(corrosion fatigue)

부식(corrosion)은 금속 재료가 사용 환경에 의해 화학 반응 등을 일으켜 그 표면 등으로부터 화학적, 전기화학적 작용으로 변질되어 그 성질이 상실되어 가는 현상을 말한다. 금속의 표면이 접촉하는 물질 등의 사용 환경에 의해 화학작용, 전기화학작용 등을 일으켜 산화되거나 변질되는 현상으로 전면부식, 국부부식, 피팅, 홈파기 부식 등이 있다.

금속의 부식은 그 범위가 매우 넓고, 그 현상도 매우 복잡하며, 부식량은 온도와 접촉하는 물질에 따라 변화된다. 일반적으로 낮은 온도에서는 화학 반응 속도가 느리기 때문에 부식속도도 낮고, 강철의 경우 알칼리성보다 산성일 때 부식량이 많아진다. 보일러와 압력용기 등의 주요 부식 요인은 산소, 산, 부식성 물질, 응력 등이다.

전면에 걸쳐 부식이 고르게 발생하는 전면부식, 어느 일정 부위에 국한하여 부식이 심하게 발생하는 국부부식, 바늘구멍 형상의 구멍이 뚫리는 핀홀(pin hole), 응력에 의해 발생하는 응력부식, 서로 다른 금속 간의 전위차에 의해 발생하는 갈바닉 부식(galvanic corrosion) 등이 있다.

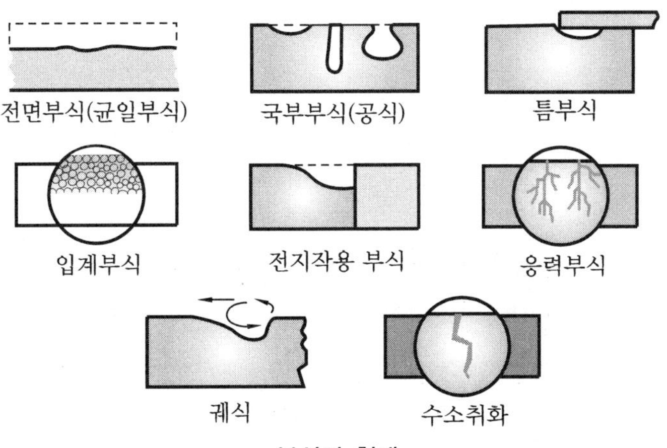

부식의 형태

(1) 공식(pitting)

금속 표면의 국부에서 일어나면서 내부로 진행하고 부식 속도가 대단히 빠르다. 공식의 깊이를 예측할 수 없으며 설비에 아주 치명적인 부식 형태이다. 외관상 부분적으로 부식된 부분 이외에는 처음 상태를 유지하고 있어 설비 유지 관리 시 주의를 기울여야 한다. 공식이 발생하면 설비의 전체적인 부식이 아주 미미하여도, 아주 짧은 시간에 손상되어, leaking 등의 고장을 유발할 수 있다.

일반적으로 크롬을 함유하고 있는 스테인리스강 등과 같이 부동태 피막에 의해 내식성이 유지되는 금속 및 합금의 경우 표면의 일부가 일부 파괴되어 새로운 표면이 노출되면 그 일부가 용해하여 국부적으로 공식이 진행된다.

스테인리스강에서 발생하는 공식은 틈새부식과 그 기구가 동일하며, 피트는 스스로 틈을 만들어 양극인 피트와 용액 사이의 이온 수송을 방해한다.

※ 예방대책
① Cl 이온과 부착 방지
② 표면 처리 연마가공
③ 용접부 열처리
④ Cl에 강한 강종 선택(Mo 첨가(SUS 316, SUS 316L))

(2) 틈새 부식(crevice corrosion)

부식 환경에 노출된 금속 표면상의 어떤 틈 부위에서 국부적으로 심한 부식이 발생하게 되는데, 이러한 부식현상을 틈새부식이라고 한다. 주로 동일한 또는 다른 종류의 금속 또는 합금으로 만들어진 볼트, 리벳, 와셔 등과 같은 조임기구 또는 불용성 고체, 그 외 비금속 개스킷 또는 패킹 등의 주위에서 쉽게 관찰된다.

부식 물질의 농도차에 의해 부식이 발생한다는 사실을 제외하면 이종 금속 접촉부식(galvanic corrosion)과 비슷하며 틈새부식을 방지하는 가장 좋은 방법은 간극을 가능한 만들지 않는 것이다.

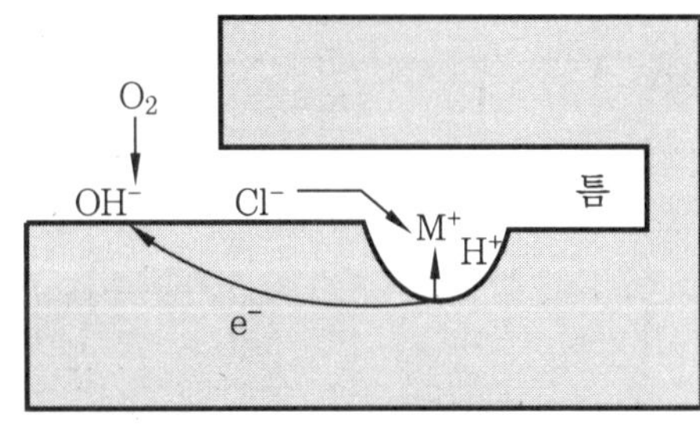

틈새 부식의 진행 과정

(3) 이종 금속 접촉부식(galvanic corrosion)

두 개의 서로 다른 금속이 접촉하고 있거나 전기적으로 연결된 상태에서 부식환경에 노출되면 전위가 낮은 쪽의 금속이 양극(anode)으로 작용하여 먼저 부식되고 다른 한쪽은 부식으로부터 보호된다.

모든 이종의 금속은 서로 다른 부식전위를 갖게 되며 갈바닉 계열에서 귀전위 금속 또는 합금과 접촉하게 되면 상대적으로 쉽게 부식을 일으키게 된다. 즉, 금속의 부식 경향은 전위차의 크기에 비례하며 전위차는 부식을 발생시키는 원동력이다.

※ 예방대책
① 갈바닉 시리즈(galvanic series)에서 가까운 두 금속 사용(전위차 감소)
② 부식이 되는 금속을 크고 두껍게 제조
③ 절연(coating)
④ 두 금속보다 더 부식이 잘되는 금속을 설치(희생 양극)

(4) 입계부식(intergranular corrosion)

스테인리스강을 용접하는 경우 450~800℃ 범위의 온도로 가열되는 부분에서는 크롬 탄화물($Cr_{23}C_6$)이 석출된다. 이때 크롬 탄화물이 석출된 결정립계의 주변은 크롬 양이 12% 이하로 감소하고 내식성이 급격히 떨어지게 되는데, 이러한 경우를 예민화(sensitization)라고 한다.

스테인리스강의 탄소 함유량이 높을수록 예민화에 대한 감수성은 증가하며, 이 부분이 부식 환경에 노출되면 입계부식에 대한 감수성이 높아진다. 스테인리스강의 예민화는 열처리 작업, 다층 용접, 고온 분위기에서 작업 중 발생하므로 스테인리스강이 이 온도에 놓이지 않도록 주의한다.

※ 예방대책
① 고용화 열처리(고온에서 석출 탄화물 완전 고용)
② 탄소 함량 저하 : 0.03% 이하(304 L)
③ 안정화 원소 첨가 : Ti, Nb(347, 321)

(5) 응력부식균열(stress corrosion cracking)

응력부식균열(SCC)은 어떤 특정한 합금이 어떤 특정한 환경에서 정적인 인장응력을 받게 될 때 발생한다. 즉, 환경과 기계적 인장응력의 영향을 동시에 받아 균열이 생성되고 전파되어 발생하는 부식의 한 형태이다.

외부에서 구조적으로 가해지는 인장응력이 없더라도 성형과 용접과 같은 재료 제조 및 가공공정 중에 발생한 잔류응력 또는 운전 중의 열응력만으로도 응력부식을 일으킬 수 있다.

일반적으로 순금속은 응력부식균열에 대한 저항이 비교적 강하여 부식환경에 놓이게 되는 경우 부동태 피막을 형성하여 응력부식균열의 위험을 감소시킨다. 응력부식균열은 어떤 특정한 환경 조건에서 발생하는 경우가 많다. 예를 들면 오스테나이트계 스테인리스강은 고온의 염화물 용액에서, 구리는 암모니아 용액에서, 탄소강은 질산염에서 응력부식균열에 민감하다.

(6) 수소유기균열(hydrogen induced cracking)

부식에 의해 발생한 수소가 강 내로 침입해 압연에 의해 연신된 유화물계의 개재물이나 편석에 의한 경화 조직을 따라서 집결함으로써 발생하는 균열 현상을 말하며 강도가 낮은 탄소강이나 저합금강에서 발생하기 쉽다.

(7) 수소침식(hydrogen attack)

고온·고압하의 수소에 의한 침식을 말하며, 상온 부근에서 일어나는 수소취성과는 다르다. 강 중의 탄화물(Fe_3C)이 수소에 따라서 환원되고 메탄가스(CH_4)를 발생하고 주로 입계가 침식하는 현상이다.

수소침식은 석유화학공업의 수소 첨가 공정에서 장시간 고온·고압의 수소에 도출된 탄소강이나 저합금강에 생기기 쉬우며, 수소침식을 받으면 금속의 강도 및 연성이 저하된다. 철 합금에 일어나는 수소침식은 고온·고압하에서 수소가 철 합금에 침식하여, $Fe_3C + 4H \rightarrow 3Fe + CH_4$의 반응에 의해 강의 시멘타이트를 환원하여 메탄가스를 발생하고, 강을 현저하게 탈탄함과 동시에 발생한 메탄가스 압력에 의해서 입계가 분리하는데 따라서 일어나는 것이다. 이를 방지하기 위하여 탄소와 친화력이 강한 티타늄, 바나듐, 크롬, 몰리브덴 등의 원소를 첨가하는 것이 효과적이다. 예를 들면 크롬-니켈(Cr-Ni) 스테인리스강이 그것이다.

(8) 수소취성 (hydrogen embrittlement)

금속 안에 수소가 흡수되어 금속의 기계적 성질이 약해져 부스러지기 쉽게 되는 현상으로 수소약화라고도 한다. 종종 여러 가지 이유로 수소가 금속에 흡수되면 금속의 격자에 변화가 생기면서 결정이 약해진다.

강철 등의 금속 재료에 수소약화가 일어나면 큰 기계나 구조물이 파괴되는 등 심각한 안전사고의 원인이 되기도 한다. 금속의 부식과 함께 진행되기도 하는데 부식을 일으키는 전기화학적인 반응이 수소취성의 원인이 되기도 하며, 또한 수소취성은 부식 특히 응력부식(stress corrosion)을 촉진한다.

수소 기체와 접촉하는 금속의 표면을 통과하여 원자로 나누어진 수소가 들어갈 수도 있고 수분과 접촉된 금속 표면에서 전기화학적 환원반응으로 수소가 발생하여 내부로 들어가는 경우도 있다. 수소는 금속 원자와 결합하여 수소화물을 만들기도 하고 격자의 틈새(interstitial site)에 들어가기도 하는데, 금속의 약화를 일으키는 메커니즘은 확실하게 밝혀지지 않았다.

(9) 부식피로(corrosion fatigue)

부식피로는 부식에 의한 침식과 주기적 응력, 즉 빠르게 반복되는 인장 및 압축응력과의 상호작용에 의해 생긴다. 주기적 응력의 어느 임계값, 즉 피로한계 이상에서만 생기는 순수한 기계적 피로와는 대조적으로 부식피로는 매우 작은 응력에서도 생긴다.

부식피로는 SCC와는 대조적으로 이온과 금속의 특수한 조합에 관계없이 거의 모든 수용액에서 생긴다. 부식피로의 기구는 금속 표면의 결정입내에 있는 슬립선이 돌출해 있고 산화물이 없는 냉간가공한 금속의 노출과 관계가 있다고 생각된다. 금속의 이러한 부분이 양극(anode)으로 되어 부식홈을 만들면 이것이 차차 입내균열로 발전된다.

부식피로는 음극방식(예 아연피복)에 의해 양극을 불활성으로 하든지 부식억제제(예 크롬산염)에 의해 부동태화시킴으로써 방지할 수 있다. 강, 특히 Ti 합금강의 경우는 질화에 의한 표면경화가 부식피로에 유효하다.

> **5-21** 아민 및 암모니아 유체(amine service, ammonia service) 취급 배관 선정 시 유의사항에 대해 서술하시오.

① 아민은 탄소강에서 응력부식균열(SCC)을 야기시킬 수 있으므로 탄소강의 용접 부위는 운전온도에 상관없이 후열 처리를 한다.

② 아민 유체에서 재질을 선정할 때는 API 945(avoiding environmental cracking in amine units)를 참조한다.

③ 0.2% 이상의 물을 함유하지 않은 무수 액화 암모니아(anhydrous liquefied ammonia)는 탄소강에 응력부식균열(SCC)을 야기시킬 수 있으므로 탄소강의 용접 부위를 후열 처리한다.

④ 수산화나트륨(NaOH), 수산화칼륨(KOH)의 농도가 1% 이상인 수용액은 탄소강에 응력부식균열(SCC)을 야기시킬 수 있으므로 농도와 온도의 관계에 따라서 탄소강의 용접 부위를 응력제거 열처리를 한다.

5-22 킬드강의 개요 및 특징을 설명하고, 킬드강을 사용해야 하는 배관을 예를 들어 나열하시오.
   (1) 개요
   (2) 특징
   (3) 선정 대상

---

(1) 개요

킬드강(killed steel)이란 페로 실리콘 알루미늄을 탈산제로 사용하여 산소나 가스를 제거한 탄소강의 일종으로 완전 탈산 처리한 강(steel)이다. 저온 인성이 우수하여 정유 공정에 흔히 사용되는 재질이다.

(2) 특징

① 강 내에 존재하여 강도를 저하시키는 가스 포켓 및 산소의 수를 감소시킨다.

② 대부분의 킬드강은 0.1~0.3% 실리콘을 추가하지만 알루미늄 또는 망간을 사용하기도 한다.

(3) 선정 대상

① 운전 조건에서 수소의 분압이 0.35MPa 이상이 되는 압력용기 및 배관류

② 액체 상태에서 몰분율로 0.3% 이상의 황화수소(H_2S)를 포함하고 있는 위험물질을 취급하는 용기류 및 배관류

③ 10ppm 이상의 황화수소를 포함하고 있는 수용액(sour water)을 취급하는 용기류 및 배관류

④ 무게분율로 5% 이상의 알카놀아민류(akanolamines)를 포함하고 있는 위험물질을 취급하는 용기류 및 배관류

⑤ 농도에 관계없이 불화수소산, 삼불화보론(BF_3) 및 삼불화보론(BF_3) 화합물을 포함하는 유체를 취급하는 배관

5-23 냉간 균열 및 열간 균열의 개요와 예방대책에 대해 설명하시오.
   (1) 개요
   (2) 예방 대책

(1) 개요

균열은 열간 균열과 냉간 균열로 구분할 수 있다. 열간 균열은 용접부의 응고 온도 범위 또는 그 바로 아래와 같은 비교적 고온에서 발생하는 균열로 용접 중 또는 용접 직후에 용접부가 응고할 때 결정 입계 내에 불순물이나 불균일한 성분 농도 분포에 의해 결정립 사이에서의 인장력이 작용하는 경우 발생하는 용접 균열을 가리킨다. 고온 균열의 대부분은 입계 균열로서, 용접 비드 및 열 영향부에도 발생한다.

냉간 균열은 금속의 냉각 도중 주형강도의 과대 등에 의해 자유수축이 방해를 받아 주물의 응고 중 수축응력이 과대해져 발생하는 것으로 구속응력, 냉각속도, 재료 성분, 확산성 수소 등 4가지 원인에 의해 주로 발생한다.

(2) 예방 대책

① 재질에 따라 균열 감수성이 다르므로 재질 선정 시 우선 고려한다.

② 용접 시 열응력이 구속되지 않는 구조로 설계 또는 조립 수순을 고려한다.

③ 수소 균열을 방지하기 위해 용접 재료의 습도를 조절한다.

> **5-24** 틈부식의 개요 및 기구에 대해 설명하시오.
> (1) 개요
> (2) 기구

(1) 개요

전해액에 노출된 금속 표면상의 어떤 틈(crevice), 또는 가려진 부분 내에서 국부적으로 심한 부식이 발생하는 것을 틈부식이라 하며 구멍, 개스킷 표면, 포개어 있는 부분, 표면 침전물, 볼트와 리벳 헤드 밑의 틈 등에 정체된 적은 양의 용액과 관련된다.

틈이 부식으로 작용하기 위해서는 용액이 들어올 수 있을 만큼은 충분히 넓어야 되며 또한 들어온 용액이 갇혀 정체될 수 있도록 충분히 좁아야 한다. 따라서 틈부식은 그 폭이 수천분의 1인치 이하인 곳에서 주로 발생한다.

(2) 기구

① 금속의 용해에 따른 틈 내외의 이온 농도차에 의해 형성되는 농도차 전지작용으로 부식된다.

② 틈 내외의 산소농담전지작용에 의해 부식된다(스테인리스강). 즉 부동태화하고 있는 스테인리스강의 일부 불균질한 부분이 용해하면 틈 내부에서는 anode 반응($M \rightarrow M^+ + e^-$)과 cathode 반응($O_2 + 2H_2O + 4e^- \rightarrow 4OH^-$)이 진행하고 어느 시간 경과하면 틈내의 산소는 소비되어 cathode 반응이 억제되며 OH^-의 생성이 감소한다. 그래서 틈 내부의 이온량이 감소하여 전기적 균형이 깨진다. 계(系)로서는 전기적 중성이 유지될 필요가 있으므로 외부로부터 Cl^-이온이 침입하여 금속염(M^+Cl^-)을 형성한다. 이 염(鹽)은 가수(加水)분해하여 $MCl + H_2O \rightarrow MOH + HCl$ 의 반응에 의해 염산이 생겨 pH가 저하하여 부식이 성장하기 쉬운 조건으로 된다.

5-25 부동태화의 개요 및 부동태화 방법에 대해 설명하시오.
　　(1) 개요
　　(2) 부동태화 방법

(1) 개요

① 외부 전원 등에 의해 양극 분극을 증가시키면 평형 전위와의 차이가 커지게 되고, 금속의 용해는 활발하게 된다. 그러나 어느 전위에서 이 양극 전위가 급격히 감소하여 거의 0에 가깝게 되는 현상이 나타나게 되는데, 이를 부동태화 현상이라 한다.

② 이것은 부식에 의해 매우 얇은 난용성 산화 생성물 피막이 금속의 표면에 형성되어 금속 이온의 수중 확산이 억제됨으로써 금속의 용해성이 적어지기 때문이다.

③ 이와 같은 부동태화는 화학적 부동태라고도 말하며 천이금속, 즉 철족, 백금속, Cr, Mo, W, Ti, Zr 등의 금속에서 나타나기도 하며, 비천이 금속 중에는 Al 등이 있다.

④ 화학적 부동태 이외에 금속 표면에 고체의 염 등이 퇴적하여 부식을 억제하는 경우도 부동태라고 하며, 예를 들면 금속 표면에 인산염 처리 피막이나 담수 중에서의 강 표면에 $CaCO_3$ 등이 침전하는 것들이 있다.

(2) 부동태화 방법

금속을 활성상태에서 부동상태로 바꾸기 위해서는 금속의 전위를 부동태화 전위로, 즉 부식 전류의 급격한 감소가 일어나는 전위 이상으로 높여주어야 한다.

① 충분히 큰 외부 전류에 의해 전기적으로 금속 전위를 높은 방향으로 바꾸어 준다.

② 충분한 산화력을 갖고 있는 산화제에 의해서 금속의 부동태화 전위 이상의 높은 전위를 제공한다.

5-26 넬슨 선도(Nelson curve)에 대해 설명하시오.

정유 및 석유화학 공장에서 탄소강과 저합금강 재질의 배관 및 장치가 고온·고압의 수소 환경에 노출되는 경우 고온에 의한 수소 침투 손상(HTHA : high temperature hydrogen attack)이 발생하여 재료의 기계적 물성 저하가 발생한다.

수소 취화(hydrogen embrittlement)의 경우 주로 저온에서 인성(toughness)을 저하시키는 반면, HTHA는 고온의 수소 분위기에서 열화가 발생하며 일단 발생한 손상은 비가역적으로 회복이 불가능하다.

1949년 G.A.Nelson은 HTHA 발생 가능 여부를 판단할 수 있도록 넬슨 선도를 제시하였으며, 이 선도는 고온 수소 환경에서 사용되는 재질의 사용한계를 표시해 준다.

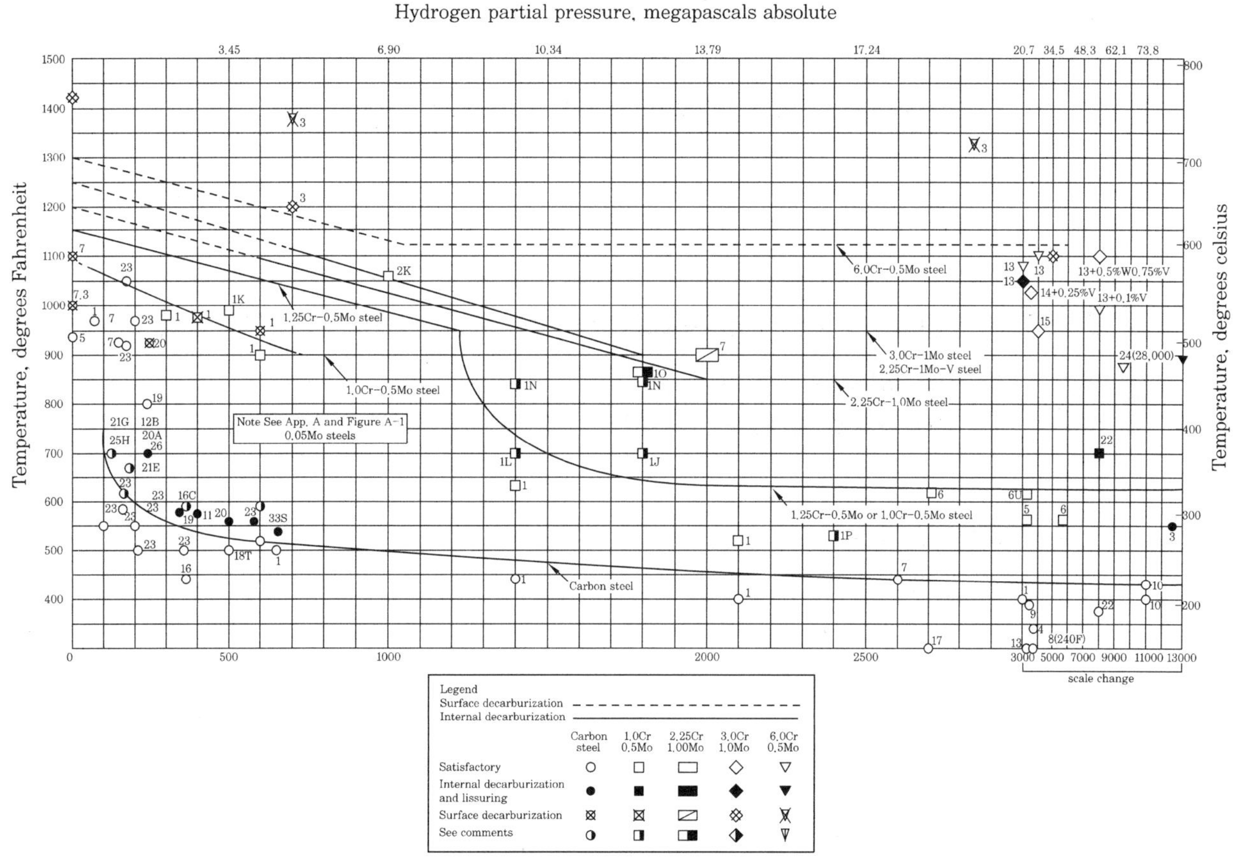

API RP941의 넬슨 선도

넬슨 선도에 의하면 수소 분압과 온도가 높아질수록 HTHA가 발생하는 시간은 감소하며, 온도의 상승이 수소 분압의 증가보다 HTHA의 발생에 더 큰 영향을 미침을 알 수 있다.

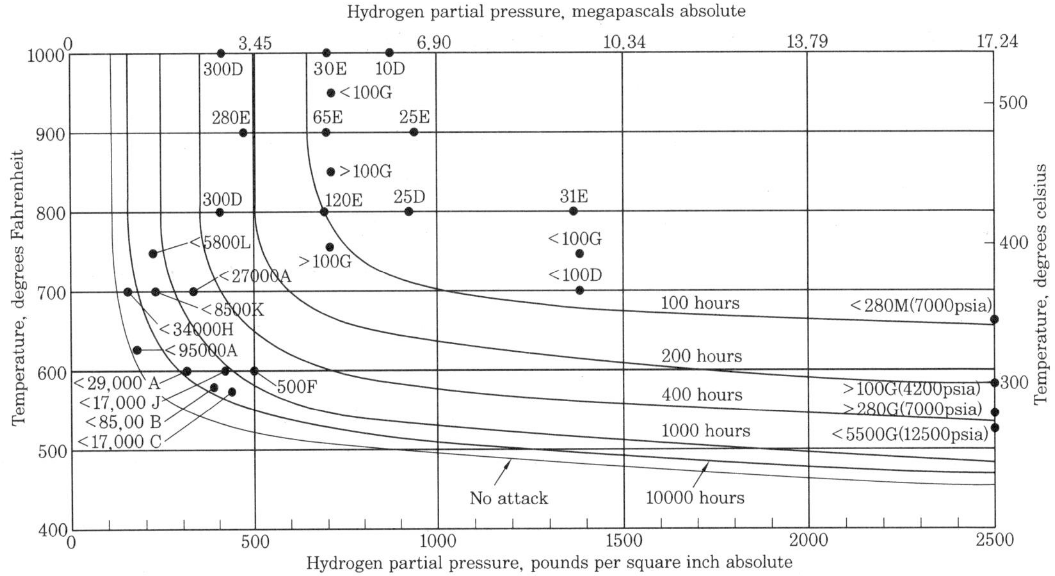

수소 환경에서 탄소강의 초기 손상이 발생하는 데 소요되는 시간

> ## 5-27 킬드강(killed steel) 및 저합금강(low alloy steel)에 대해 설명하시오.
>
> (1) 킬드강(killed steel)
>
> (2) 저합금강(low alloy steel)

(1) 킬드강(killed steel)

실리콘이나 알루미늄을 탈산재로 사용하여 산소나 가스를 완전히 제거한 탄소강의 일종으로 완전 탈산 처리(deoxidation)한 탄소강(steel)으로 저온 인성이 우수하여 정유 공정에 흔히 사용되는 재질이다.

① 강 내에 존재하여 강도를 저하시키는 가스 포켓 및 산소의 수를 감소시킨다.

② 대부분의 킬드강은 0.1~0.3% 실리콘을 추가하지만 알루미늄 또는 망간을 사용하기도 한다.

(2) 저합금강(low alloy steel)

탄소강에 니켈, 크롬, 망간, 몰리브덴 등 합금 원소를 소량 첨가하여 강도 또는 내식성을 증가시킨 것을 말하며, 고온강 또는 Cr-Mo강이라고도 말한다.

> **5-28** 압력용기의 설계압력과 최대허용사용압력(MAWP)에 대해 설명하시오.
>   (1) 설계압력(design pressure)
>   (2) 최대허용사용압력(MAWP : maximum allowable working pre-
>   ssure)

(1) 설계압력(design pressure)

설계압력은 최고의 운전압력(operating pressure) 및 온도의 변화를 고려하여 약간의 여유를 감안하여 결정하며, 용기 등의 최소 허용두께 또는 용기의 여러 부분의 물리적인 특성을 결정하기 위하여 설계 시에 사용되는 압력으로 용기의 두께를 결정하는 중요한 요소이다.

① 최대운전압력이 게이지 압력으로 $7\,MPa(70\,kgf/cm^2)$ 이하인 공정용기의 설계압력은 최대운전압력에 최대운전압력의 10% 또는 $180\,kPa(1.8\,kgf/cm^2)$ 중 큰 수치를 더한 수치 이상으로 해야 한다. 가능하면 최소설계압력은 $350\,kPa(3.5\,kgf/cm^2)$ 이상으로 한다.

② 최대운전압력이 게이지 압력으로 $7\,MPa(70\,kgf/cm^2)$를 초과하는 공정용기의 설계압력은 최대운전압력에 최대운전압력의 5% 또는 $700\,kPa(7\,kgf/cm^2)$ 중 큰 수치를 더한 수치 이상으로 해야 한다. 다만, 파일럿 작동형(pilot type) 안전밸브를 설치하는 경우에는 공정용기의 설계압력은 최대운전압력에 최대운전압력의 5%를 더한 수치 이상으로 할 수 있다.

③ 진공하에서 운전되는 경우에는 완전 진공에서 견딜 수 있도록 설계해야 한다.

④ 진공하에서 운전되지 않더라도 제어의 잘못 또는 열공급원의 차단 등으로 인하여 진공이 걸릴 수 있는 경우에는 완전 진공에서 견딜 수 있도록 설계하거나 진공제거장치를 설치해야 한다.

⑤ 내부에 액체로 완전히 채워진 공정용기는 공정운전조건에 의하여 발생될 수 있는 진공을 고려하여 설계해야 한다.

(2) 최대허용사용압력(MAWP : maximum allowable working pressure)

압력용기에서 압력을 받는 모든 부분에 대하여 부식여유를 제외한 제작두께로부터 계산된 압력으로서 최고로 허용되는 압력을 뜻한다. 압력용기를 사용 중에 사용 압력을 설계압력 이상으로 상승시키고자 할 때 계산하며 설계온도 및 운전조건 하에서 용기의 제작에 사용된 재질의 두께(부식여유 제외)를 기준으로 하여 산출된 용기 상부에서의 허용 가능한 최고의 압력을 말한다.

> **5-29** 공정 설계 중 운전 및 설계조건 결정 시의 안전기준에 대해 설명하시오.
> (1) 설계 압력
> (2) 설계 온도

(1) 설계 압력

① 최대운전압력이 게이지 압력으로 7 MPa(70 kgf/cm^2) 이하인 공정용기의 설계 압력
은 아래의 수치 중 가장 큰 것으로 한다.

㉮ 최대운전압력 + 180 kPa(1.8 kgf/cm^2)

㉯ 최대운전압력×1.1

㉰ 350 kPa(3.5 kgf/cm^2) (설계를 고려한 최소값)

② 최대운전압력이 게이지 압력으로 7 MPa(70 kgf/cm^2)를 초과하는 공정용기의 설계
압력은 아래의 수치 중 큰 것으로 한다.

㉮ 최대운전압력 + 700 kPa(7 kgf/cm^2)

㉯ 최대운전압력 × 1.05

③ 진공하에서 운전되는 경우에는 완전 진공에서 견딜 수 있도록 설계한다.

④ 압축기의 인입 측의 용기나 증기의 응축이 일어나는 용기 또는 용기 내의 액체의 방
출로 진공이 발생하는 용기 등은 완전 진공에서 견딜 수 있도록 설계한다.

⑤ 반응설비는 반응의 특별한 조건에 견딜 수 있도록 설계해야 하며, 가열로(furnace)
또한 특별한 운전조건을 고려하여 설계한다.

⑥ 플레어 스택(flare stack)으로 가는 압력방출시스템이 있는 용기는 플레어 크기를
줄이기 위하여 최소설계압력을 350 kPa(3.5 kgf/cm^2)로 할 것을 고려한다.

(2) 설계 온도

용기의 최대 온도를 말하며, 설계압력 및 온도는 사용되는 장소 및 사양(speci-fication)에 따라 결정되는 경우가 많다. 그러나 최소설계온도(minimum design tempe-rature)의 경우 충격시험(impact test)의 여부를 결정하고 충격시험에 견딜 수 있도
록 재질 선정을 해야 한다.

① 설계온도는 최고운전온도에 30℃를 더한 값으로 한다.

② 액화가스 설비와 같이 운전온도가 20℃ 이하에서 운전되는 용기는 대기압에서 압력
강하로 인해 발생하는 온도 하락의 위험에 대비하기 위하여 최저운전온도를 설계온
도로 한다.

> ***5-30*** 고무라이닝에서 겹수(plies)와 층수(layers)에 대해 설명하시오.
>
>   (1) 겹수(plies)
>   (2) 층수(layers)

(1) 겹수(plies)

고무판을 제작하는 공장에서 얇은 고무판을 서로 덧붙여 하나의 라이닝용 고무판을 제작하기 위하여 사용된 얇은 고무판의 수를 말한다.

(2) 층수(layers)

필요한 라이닝 두께를 얻기 위하여 화학설비 내부에 시공하는 라이닝용 고무판의 수를 말한다.

> ***5-31*** control valve의 fail close 및 fail open 적용에 대해 설명하시오.
>
>   (1) fail close
>   (2) fail open

(1) fail close

화학공장을 운전 시 배관의 유량을 조절하는 control valve에 대한 정전 등의 비상시 운전상태를 말하는 것으로 fail close 상태란 비상시 밸브가 닫혀야 함을 표시하는 것이다.

① 가열로의 연료 공급용 조절밸브
② 반응기 모노머 공급용 조절밸브
③ column bottom transfer line의 유량조절밸브
④ 반응 개시제 투입 조절밸브
⑤ column reboiler 스팀 조절밸브

(2) fail open

화학공장을 운전 시 배관의 유량 등을 조절하는 control valve에 대한 정전 등의 비상시 운전상태를 말하는 것으로 fail open 상태란 비상시 밸브가 열려야 함을 표시하는 것이다.

① column OVHD pressure control valve to flare header
② 반응기 비상용 반응정지제 투입 밸브
③ 플레어스택 매연방지용 스팀 조절 밸브
④ 화재방지용 스프링클러 밸브
⑤ emergency vent valve

5-32 과충전높이, 안전충전높이, 정상충전높이에 대해 설명하시오.

(1) 과충전높이(최대용량)(overfill level ; maximum capacity)
(2) 안전충전높이(탱크 정격용량)(safe fill level ; tank rated capacity)
(3) 정상충전높이(정상용량)(normal fill level ; normal capacity)

---

(1) 과충전높이(최대용량)(overfill level ; maximum capacity)

위험물 탱크의 최대충전높이로 이 높이를 초과하여 위험물이 주입되면 과충전되어 탱크 밖으로 흘러 넘치거나 부유식 지붕 탱크의 지붕과 탱크 구조물 또는 부속장치 사이에 접촉하거나 손상이 발생되는 높이이다.

(2) 안전충전높이(탱크 정격용량)(safe fill level ; tank rated capacity)

위험물 탱크의 정상충전높이보다 위에 위치하며, 이 높이까지 탱크에 위험물의 주입이 허용되는 높이를 말한다. 안전충전높이는 반드시 과충전높이보다 아래에 위치해야 한다. 탱크의 위험물의 높이가 과충전높이에 도달하기 전에 위험물의 흐름을 완전히 차단시키거나 우회 이송시키는 데 필요한 조치를 취하는 데 필요한 시간을 결정함으로써 안전충전높이가 설정된다. 안전충전높이는 각 특정 탱크에 대해 운전자가 설정하며 탱크의 종류, 탱크 내부 형태 또는 조건과 운전자 실행기준에 좌우된다.

(3) 정상충전높이(정상용량)(normal fill level ; normal capacity)

위험물이 안전충전높이에 도달하기 전에 설정된 시간 동안 탱크가 최대 허용 주입유량으로 위험물을 이송 받는 높이를 말한다. 정상충전높이는 과충전을 방지하기 위해 적절한 조치를 취할 수 있도록 다음 2가지 높이 중 더 낮은 것으로 설정해야 한다.

① 탱크의 위험물 높이가 설정된 안전충전높이에 도달하기 전이나 도달했을 때 위험물의 흐름을 완전히 차단시키거나 우회 이송하는 데 충분한 시간을 가질 수 있는 높이

(정상충전높이는 안전충전높이를 초과해서는 안 됨)

② 탱크의 물리적 상태(누출, 구조 강도 등)에 따라 운전자나 작업 실행기준(예를 들어, 위험물의 부분 주입 또는 분할 주입, 릴리프 허용오차, 기타 등등)에 의해 결정한 높이로서, 보통 안전충전높이보다 더 낮게 탱크 용량을 제한한다.

> **5-33** 석유화학공장 재해 특성과 이를 예방하기 위한 안전대책에 대해 설명하시오.
> (1) 개요
> (2) 재해의 특성
> (3) 재해의 원인
> (4) 방재대책

(1) 개요

① 산업의 발전에 따라 각종 위험물의 제조, 저장, 취급이 급속히 증가되는 추세이다.

② 위험물 제조, 취급, 저장 장소에서의 사고가 빈번히 발생하고 있는 추세이다.

③ 위험물의 저장, 취급소는 도심주거지역과 안전거리 보유공지의 확보가 어려운 경우가 많다.

(2) 재해의 특성

① 구성 요소가 다양하여 각 요소마다 신뢰성 확보가 어렵다.

② 장치구조가 복잡하고 고도의 자동제어 시스템으로 구성되어 있다.

③ 보유에너지가 크기 때문에 재해 위험이 높다.

④ 재해 규모가 크며 사고 발생 시 파급 영향이 크다.

(3) 재해의 원인

① 설계공정의 안전상 문제

② 안전시설의 미비

③ 위험물 취급 부주의 및 위험 특성에 대한 인식 부족

④ 기술적 미숙지 및 교육 훈련 부족

⑤ 예방정비 미흡

⑥ 설비의 노후화

(4) 방재대책

① 화재예방

   (가) 가스체류방지-누설방지, 환기설비, 가스농도검지차단설비

   (나) 정전기제거설비

   (다) 전기설비의 방폭화

   (라) 착화원의 관리

   (마) 불활성화퍼지

② 화재국한대책

   (가) 차단장치

   (나) 방화벽

   (다) 방유제

   (라) 안전거리 및 보유공지 확보

   (마) 수막설비 및 드렌처설비

③ 소화대책

   (가) 소화전설비

   (나) SP설비 및 물분무설비

   (다) 포소화설비

   (라) 2곳 이상의 수원 확보

   (마) 소화제의 성능 향상

④ 피난대책

   (가) 비상훈련실시

   (나) 피난경보 및 비상방송설비

   (다) 피난 시뮬레이션에 따른 피난설계

   (라) 인근 주변 주민의 피난 및 소개대책

⑤ 본질안전공정

   (가) fail-safe 설계

   (나) 내압설계

   (다) 공정의 단순화, 자동화

   (라) 사용조건의 완화-공정조건, 운전조건의 완화

   (마) 원료의 변경 대체-위험물질을 덜 위험한 물질로 대체

   (바) 공정사용량의 최소화 긴급방출장치

   (사) 제어시스템의 변경

   (아) 운전조건의 완화

(자) 결과의 제한-봉쇄, 격리, 밀폐, 공급 제한

(차) 비상배출, 폭발배출의 구비

5-34 단위시간 내에 물질의 농도 변화를 양적으로 표시하는 반응속도의 요인에 대하여 설명하시오.

(1) 온도
(2) 압력
(3) 농도
(4) 촉매
(5) 입자 크기
(6) 햇빛

---

(1) 온도

온도가 높을수록 반응속도가 빠르며 연소범위는 넓어진다.

(2) 압력

기체의 경우 부피가 작아지는 반응에서 압력을 크게 하고, 부피가 커지는 반응에서 압력을 작게 하는 경우 반응속도가 증가한다.

(3) 농도

농도가 높을수록 분자의 충돌 횟수가 많아서 반응속도가 증가한다.

(4) 촉매

정촉매를 사용하는 경우 반응속도는 빨라지며, 부촉매 사용 시 반응속도는 느려진다.

(5) 입자 크기

표면적이 넓을수록 반응속도는 빨라진다.

(6) 햇빛

빛을 받으면 반응속도는 빨라진다.

> **5-35** 운전 또는 제어방법을 결정할 때 고려해야 하는 사항에 대하여 설명하시오.

① 발열반응의 경우 반응기에 온도지시 기록계 및 경보기를 설치한다.

② 흡열반응의 경우 스팀 등 열원을 가하여 온도를 일정하게 유지할 수 있는 온도조절 장치 및 온도지시 기록계, 경보기를 설치한다.

③ 반응 또는 운전 압력이 3 psig 이상인 경우에는 모든 반응기, 탑조류, 열교환기, 탱크류 등에 압력계를 설치한다.

④ 운전 압력이 3 psig 이상인 반응기에는 압력지시 및 기록계, 경보기를 설치한다.

⑤ 반응기, 탑조류, 열교환기 등 내압이 변경될 수 있는 화학설비에는 압력조절 장치를 설치한다.

⑥ 부 반응을 동반할 수 있는 화학설비에는 자동 긴급방출장치 또는 차단장치를 설치한다.

⑦ 반응물질을 일정한 비율로 공급할 경우에는 유량 또는 혼합비를 조정할 수 있는 연동장치를 설치한다.

⑧ 발열반응을 일으키는 반응기에서 냉각수 등이 차단될 경우를 대비하여 자동 운전정지 또는 긴급 냉각 조치를 한다.

⑨ 압력의 상승에 의해 반응속도가 증가할 경우 자동 압력방출설비를 설치한다.

⑩ 액면의 상승 또는 하락에 의해 운전상의 위험이 있을 경우 자동 액면제어설비를 설치한다.

> **5-36** 회분식 공정의 위험 특성과 그에 대한 안전대책에 대하여 설명하시오.
>   (1) 위험 특성
>   (2) 안전대책

(1) 위험 특성

① 동일 설비에서 다품종의 제품을 제조하므로 생산계획, 제품의 변경, 취급물질 및 작업내용 변경 등이 수시로 발생한다.

② 복잡한 화학구조를 가지고 있고, 위험성을 파악하지 못한 상태로 화학물질을 취급하는 경우가 많다.

③ 생산제품별로 반응, 증류, 추출 등의 단위조작이 반복됨으로 반응기 내부의 상황, 즉 생성물의 종류 등이 시시각각 변한다.

④ 일반적으로 주문생산에 따른 제품의 종류, 생산량 및 납기 등의 제한 사항을 수반하여 운전하는 경우가 많다.

⑤ 화학물질이 반응기나 증류기 등의 가열되는 설비 내에 장시간 체류하는 경우가 많다.

⑥ 정밀한 온도 제어를 필요로 한다.

⑦ 수작업의 빈도가 높으므로 오조작의 가능성 및 취급물질에 폭로될 가능성이 높다.

⑧ 반응온도나 생성물질의 조성 변동이 생기기 때문에 정상적인 운전조건하에서 예상하기 어려운 이상상태가 생기기 쉽다.

⑨ 취급물질의 양이 소량일 경우가 많으므로 예상되는 이상상태를 과소평가하여 대책 수립이 불충분하게 될 경우가 있다.

(2) 안전대책

① 원료, 부원료 및 제품 등을 포함한 각종 화학물질의 MSDS 확보

② 다양한 취급화학물질에 적합한 내식성 재질 선정

③ 유해위험물질을 취급 시 발생하는 증기의 포집

④ 생산설비에는 반응조건을 계측할 수 있는 각종 계측기기의 설치

⑤ over flow 방지 대책 강구

⑥ 발열반응인 경우 반응열 제어조치 및 이상 반응 시 조치 강구

⑦ 취급하는 화학물질의 물리·화학적 성질, 화재·폭발위험성, 이상 반응 등에 대한 위험성 평가 실시

⑧ 각종 단위 조작에 대한 표준안전작업 방법 제정 및 운전자 교육

⑨ 오조작 방지를 위하여 각종 표지판 부착

⑩ 생산제품 변경 시 조치해야 할 안전운전 절차 수립

⑪ 본딩, 접지 등 정전기에 의한 화재·폭발 위험성 제거

⑫ 안전밸브, 파열판 등 과압에 의한 용기 파손 방지

⑬ 안전밸브 배출물의 연소, 흡수, 세정, 소각, 흡착 등 안전한 처리

5-37 열매체의 요건과 열매체 선정 시 고려해야 할 사항에 대하여 설명하시오.

(1) 열매체의 요건
(2) 열매체의 선정 시 고려사항

열원으로부터 열을 전열매체(heating medium)로 전하고, 이것을 순환시켜서 피가열체를 간접적으로 가열하는 방식은 직접가열법에 비해서 국부가열을 피할 수 있고

온도 조절이 용이하며, 화재나 폭발의 위험성도 적어서 공업적으로 널리 이용된다.

일반적으로 사용되는 전열매체는 연도가스·가열공기·물·수증기·기름 등이다.
물은 비열, 증발열이 크고 안정되어 있는 등 뛰어난 성질이 있으나, 증기압이 높고,
100℃ 이상의 가열에는 가압상태로 사용하지 않으면 안 되며, 약 200℃가 한도이다.

(1) 열매체의 요건

① 비열, 열전도도 및 잠열이 클 것
② 점도 및 유동점이 낮을 것
③ 증기압이 낮고 비점이 높을 것
④ 인화점 및 자연발화점이 높을 것
⑤ 화학적 및 열적으로 안정하고 부식성이 없을 것
⑥ 가열 및 냉각의 온도범위가 광범위할 것
⑦ 공정물질과 접촉 시 반응을 일으키지 않을 것
⑧ 공기 및 물과 접촉 시 산화하지 않을 것
⑨ 독성이 없고 환경오염성이 적을 것
⑩ 가격이 저렴할 것

(2) 열매체의 선정 시 고려사항

① 고온에서 사용하여 분해되면 열매체의 특성이 상실되므로 최대사용온도 이상에서
  사용 여부
② 열화되면 열매체의 수명이 단축되므로 물, 습기 또는 산소 등과 접촉 시 열화
  (degradation) 여부(특히 실리콘이 주성분인 열매체는 산화안정성이 있으나 장시간
  공기 중에 노출되면 휘발성물질로 분해됨)
③ 열매체가 인화성이 있는 경우에는 화재 위험성
④ 유기물과 반응하여 폭발할 위험성이 있는지 여부(아질산나트륨 등은 유기물과 반응
  하여 폭발함)
⑤ 열화에 따른 오염으로 인하여 설비의 가동정지 또는 보수기간에 영향을 주는지 여부
⑥ 인체와 접촉 시 눈·피부·호흡장애를 유발할 가능성이 있는지 여부

5-38 DCS(distributed control system)와 PLC(programmable logic
controller)의 **공통점 및 특징을 설명하시오.**

(1) 공통점
(2) 특징

(1) 공통점

기본적으로 두 시스템의 아키텍처는 매우 유사하며 일반적으로 다음과 같은 공통 구성 요소들을 갖는다.

① 필드 디바이스(field device)

② 입출력 모듈(input/output module)

③ 컨트롤러(controllers)

④ HMI(human machine interface)

⑤ 엔지니어링(engineering)

⑥ 감시 및 관리 제어(supervisory control)

⑦ 상위 비즈니스 시스템과의 통합(business integration)

(2) 특징

① DCS(distributed control system : 분산형 공정제어 시스템) : 제어 대상이 대규모 시스템인 계산제어 방식의 대표적인 것으로 시스템 전체를 관리하는 호스트 컴퓨터는 플랜트 관리나 시스템 전체를 총괄한다. 단말기의 부분 고장 위험의 분산과 관리의 집중화를 노린 시스템이다.

  (개) 자동제어프로그램이 내장된 여러 개의 제어용 컴퓨터를 기능별로 분산시켜 위험을 최소화한다.

  (내) 전체 관리는 중앙에서 집중감시 및 컨트롤한다.

  (대) 예상하지 않은 공정 중단(down-time)을 방지하여 항상 시스템이 동작할 수 있도록 입출력 모듈, 컨트롤러, 네트워크 및 HMI 서버를 위한 이중화(redundancy)가 구성되는 경우가 많다.

  (래) 아날로그 연속제어에 강한 제어시스템이다.

  (매) 수처리, 발전, 보일러, 제철, 석유화학 등 산업 전반에 대한 각종 공정의 제어 및 감시에 사용한다.

② PLC(programmable logic controller)

  (개) 자동화를 위한 시퀀스 제어의 초기 단계에서는 릴레이(relay)를 주로 사용하였으나 릴레이 시퀀스 제어를 원활하게 수행하기 위하여 불연속제어에 사용 가능

  (내) 모터나 드라이브 등과 같이 on/off로 동작하는 필드 디바이스가 흔히 채용되고 있고, 이러한 필드 디바이스들을 효율적으로 운영하기 위해서는 컨트롤러가 고속(10~20 ms scan time)으로 동작할 수 있어야 하며, 전기 기술자가 유지 보수에 용이하도록 ladder logic과 같은 친숙한 언어가 지원되어야 한다.

  (대) 자동차, 전자 등 불연속 공정에 주로 적용

③ SCADA(supervisory control and data acquisition system : 원방감시제어시스템)

⑺ 집중원격감시제어 시스템 또는 원방감시제어 데이터 수집 시스템

⑻ 통신 경로상의 아날로그 또는 디지털신호를 사용하여 원격장치의 상태정보데이터를 원격소장치(remote terminal unit)를 통해 수집, 수신, 기록, 표시하여 중앙제어시스템이 원격장치를 감시 제어

DCS와 PLC 비교

항 목	DCS 제어	PLC 제어
성 능	• 다량의 analog I/O를 처리한다. • I/O 구성이 쉽고 확장이 용이하다. • 개별 컴포넌트의 안정성은 떨어지나 이중화에 유리하다.	• 다량의 analog I/O를 처리할 경우에 DCS에 비해 구성이 복잡해지고 사용하기 어렵다. • 이중화 기능은 DCS에 비해 떨어지나 개별 컴포넌트의 안정성은 높다.
경제성	• 초기 투자비가 높고 확장 시 비용이 많이 든다. • 사용자의 편의를 도모하여 사용하기 쉽고 변경이 용이하다.	• 초기 투자비가 싸고 확장이 용이하다.
프로그래밍 방식	• 화면에서 그래픽 방식으로 프로그래밍하여 사용하기 쉽고 유지 보수에 적합하다.	• ladder 방식을 사용할 경우 프로그램이 복잡하고 유지 보수가 어렵다. • function block 방식을 사용할 경우 DCS와 유사한 사용자 인터페이스를 제공하여 개발과 유지 보수가 쉽다.

5-39 증류시스템에서 위험물질 정체량을 감소시킬 수 있는 방법을 설명하시오.

① 환류(reflux)용 저장조 및 재비기(reboiler)의 크기를 최소화한다.

② 내부 환류 응축기(reflux condenser) 및 재비기(reboiler)를 사용한다.

③ 내부 정체량을 최소화할 수 있는 탑 내부충전물(column internal)을 사용한다.

④ 탑(column)의 안지름을 작게 하여 정체량을 감소시킨다.

⑤ 공정에서 독성, 부식성 기타 위험한 물질을 먼저 제거한다.

5-40 화학설비 재료의 피로현상(fatigue)에 대해 설명하시오.
    (1) 재질형 열화
    (2) 균열형 열화
    (3) 표면손상형 열화

화학플랜트 등에서의 경년열화는 기기, 구조물의 사용환경이나 재료의 사용기간에 따라 다양하며, 아래와 같이 크게 3가지로 구분할 수 있다.

(1) 재질형 열화

재료 내부의 미세조직의 변화에 의한 열화

(2) 균열형 열화

잠재 균열의 성장 또는 사용 중 균열의 생성 및 성장에 의한 열화

(3) 표면손상형 열화

재질 변화나 균열의 잠재 또는 발생·성장이 없더라도 표면에서 손상이 생긴 결과로서의 열화

5-41 용기두께 측정에 의한 잔존수명 계산방법과 관련한 다음 항목에 대해 설명하시오.
    (1) 잔존수명 계산
    (2) 부식률의 결정
    (3) 자율적 검사주기의 결정
    (4) 부식 및 최소두께의 평가
    (5) 두께 감소에 따른 위험성 평가

---

(1) 잔존수명 계산

용기의 수명이 부식에 의해 좌우되는 경우, 아래의 식에 의해 잔존수명을 구한다. 다만, 잔존수명 계산 시에는 잔존수명에 영향을 미치는 인자들이 매우 다양하므로 이러한 인자들을 반영해야 한다.

$$\text{잔존수명}(\text{년}) = \frac{\text{실제 측정두께} - \text{요구두께}}{\text{부식률}(\text{mm}/\text{년})}$$

(2) 부식률의 결정

새로 제작되는 용기와 운전조건이 변하는 용기의 잔존두께 및 부식률은 다음과 같이 예측한다.

① 부식률은 용기의 소유주 또는 사용자가 동일 또는 유사 조건에서 운전되는 용기로부터 수집한 데이터를 이용하여 산출한 부식률을 이용한다.

② 동일 또는 유사 조건에서 운전되는 용기에 대한 데이터를 구할 수 없는 경우, 부식률은 유사 사용조건인 용기에 대한 소유주 또는 사용자의 경험이나 지식을 바탕으로 산출한다.

③ 상기의 어느 방법으로도 부식률을 예측할 수 없는 경우, 적절한 부식감시기구를 사용하거나 비파괴시험에 의해 주기적으로 두께를 측정하여 가동 시간이 약 1,000시간 경과한 시점에서 부식률을 산출한다.

④ 부식률이 부적절하게 예측되었다는 것이 판명되는 경우, 실제 파악된 부식률을 바탕으로 예측된 부식률을 증가 또는 감소시킨다.

(3) 자율적 검사주기의 결정

① 용기의 내부 또는 가동 중 검사의 최대 주기는 예상되는 잔존수명의 1/2 또는 10년을 초과할 수 없으며, 둘 중 짧은 것을 택한다. 다만, 잔존수명이 4년 이하로 예상되는 경우에는 잔존수명의 1/2을 검사주기로 정할 수 있으나 최대 2년을 초과할 수는 없다.

② 부식률이 0.025 mm/년 이하인 용기의 내부검사는 운전 중 검사로 대체할 수 있다. 다만, 이때에는 다음 각 항의 조건을 만족하면서 정기적으로 완전한 외부검사(비파괴시험 등에 의한 두께측정 포함)가 수행되었을 경우에 한한다.

㉮ 취급하고 있는 내용물이 부식성이 없고 용기(부품)에 영향을 주지 않으며, 최소 5년마다 이를 추적관리하고 있으나 용기에 영향이 없는 경우

㉯ 정기적으로 실시하는 외부 검사 시 문제점이 나타나지 않는 경우

㉰ 용기의 운전온도가 모재의 크리프(creep) 파괴온도 한계를 초과하지 않는 경우 (예를 들면, 탄소강의 크리프 파괴 최소 온도는 370℃이다. 합금강의 최소 온도는 대부분 이보다 높으며 화학성분에 의해 좌우되므로 금속전문가의 자문을 받아야 한다.)

㉱ 불의의 오염으로부터 보호되어 용기가 오염될 우려가 없는 경우

(4) 부식 및 최소두께의 평가

부식은 전면 부식(두께가 일정하게 감소)이나 또는 점부식(두께가 불규칙하게 감소) 형태를 갖는다. 전면 부식은 육안으로 발견하기가 어려우므로 두께를 측정하여 확인해야 한다. 용기의 어느 한 부분에 대한 실제 측정두께와 최대 부식률은 다음에 따라 결정 가능하다.

① 비파괴시험에 의하여 두께를 측정한다. 다만, 비파괴시험은 다음 표의 허용공차를 만족해야 한다.

허용공차

두께(t)	허용공차
8mm 미만	0.10t
8mm 이상	0.8mm 또는 0.05t 중 큰 것

② 측정부위에 개구부가 있는 경우에는 개구부를 이용하여 측정한다.

③ 비파괴시험으로 두께의 측정이 불가능한 경우에는 관통 홀을 뚫어 두께 측정이 가능하다.

④ 부식 깊이는 부식이 되지 않은 용기의 표면을 기준으로 산정한다.

⑤ 용기의 설계 시 적용한 용접 효율을 반영하여 두께를 계산해야 한다. 다만, 모재부의 계산두께 산출 시에는 용접 효율을 고려하지 않는다.

⑥ 점부식이 다음 각 호에 1에 해당되는 경우에는 점부식을 무시하고 두께를 구할 수 있다.

  ㈎ 점부식의 깊이가 용기의 최소두께에서 부식 여유를 제외한 두께의 1/2 이하인 경우

  ㈏ 지름 20 cm 원내에서 점부식의 면적이 45 cm^{2}를 초과하지 않는 경우

  ㈐ 지름 20 cm 원내에서 직선상에 있는 점부식 크기의 합이 5 cm를 초과하지 않는 경우

(5) 두께 감소에 따른 위험성 평가

용기의 두께 감소에 따른 위험성 평가 절차는 다음과 같다.

① 두께가 가장 많이 감소된 부위를 측정하여 실제 측정두께를 구한다.

② 검사기준에 따라 동체(shell)및 경판(head)의 두께를 구한다.

③ 부식여유를 감안한 요구두께를 구한다.

④ 압력용기 제작 시의 제작두께를 파악한다.

⑤ 제작두께와 실제 측정두께의 차를 바탕으로 부식률을 결정한다.

⑥ 실제 측정두께와 계산두께 또는 요구두께를 비교한다.

㈎ 실제 측정두께가 계산두께보다 얇은 경우, 용기가 사용되고 있는 압력조건을 견딜 수 있는지 여부를 판단하기 위하여 실제 측정두께의 값을 이용하여 최고허용압력을 구하여 새로운 용기로 교체하거나 운전압력을 낮추는 등의 운전조건을 변경하여 안전하게 사용해야 한다.

㈏ 실제 측정두께가 계산두께와 최소두께 사이의 값을 갖는 경우, 즉 부식여유가 일부 감소된 경우에는 실제 측정두께를 이용하여 부식률과 예상 잔존수명을 감안하여 최고사용압력을 구한다.

5-42 기본공정제어 시스템(BPCS : basic process control system)의 개요 및 기능에 대해 설명하시오.

(1) 개요

공정이나 운전원으로부터 나온 입력신호에 대응하는 시스템으로서 출력신호를 발생시켜 공정이 원하는 형태로 운전되도록 하는 것을 말한다. 기본공정제어 시스템은 센서, 논리연산기, 공정제어기 및 최종 제어요소로 구성되고 공정을 정상 생산범위 내에서 운전되도록 제어하며 HMI(human machine interface)도 포함한다. 또한 공정제어 시스템으로도 간주된다.

(2) 기능

① 미리 설정된 운전조건(pre-set operating condition)의 공정 제어 및 안전운전 한계(safety limit)내 운전 유지

② operator console(HMI)을 통한 모니터링 및 제어를 위한 인터페이스 제공

③ 알람, 이벤트 로깅, 트렌드 등의 정보 제공

④ 일반적 운전 정보 기록

⑤ SIS(safety instrumented system) 중 safety layer의 하나로 간주

5-43 공통원인고장과 공통형태고장에 대해 설명하시오.

(1) 공통원인고장(common cause failure)

① 다중 채널 시스템에서 2 또는 그 이상의 다른 채널이 내·외부로부터 오는 어떤 원

인에 의하여 동시에 고장을 일으켜 시스템 고장으로 유도하는 하나 이상의 사고 결과인 고장이다.

② 공통원인고장은 I/O(input/output)를 2중화 또는 3중화하여 예방할 수 있다.

(2) 공통형태고장(common mode failure)

단일고장 또는 결함으로 인하여 여러 고장을 유발할 수 있는 고장으로 고장 형태가 동일한 아이템의 고장이다.

> **5-44** 논리해결기(logic solver)의 개요 및 구조에 대해 설명하시오.
> (1) 개요
> (2) 구조

(1) 개요

상태 제어, 즉 logic 기능을 수행하는 장치로 기본공정제어 시스템(BPCS)이나 안전계장 시스템(SIS)의 일부분을 말한다. 안전계장 시스템(SIS)의 논리해결기는 일반적으로 고장이 허용되는 프로그램 가능 논리제어기(programmable logic controller, PLC)이다. 기본공정제어 시스템상의 단일 중앙처리장치는 연속식 공정제어와 상태제어 기능을 수행할 수도 있다.

(2) 구조

① 1oo1 (1 out of 1)

② 2oo2 (2 out of 2)

③ 1oo2 (1 out of 2)

④ 1oo2D (1 out of 2D, D는 TUV에서 인정하는 높은 자가진단 기능)

⑤ 2oo3 (2 out of 3)

⑥ 1oo3 (1 out of 3)

⑦ 2oo4 (2 out of 4)

5-45 신뢰도, 이용가능성, 고장률, 요구고장확률에 대해 설명하시오.

(1) 신뢰도(reliability)

부분품, 장치, 기기, 시스템이 주어진 어떤 조건 아래서 일정 기간 중에 의도했던 기능을 수행하는 확률, 즉 '고장나지 않을 확률'을 의미한다. 따라서 신뢰성은 시간의 변화에 따른 동적인 품질이다. 신뢰성의 평가척도로는 신뢰도 $R(t)$, 평균고장간격 (MTBF), 평균고장시간(MTTF) 등이 있다.

① 신뢰도 : 신뢰성의 양적 표시로서 임무기간 중 일어나는 단위시간당 고장횟수로 나타 내는 것이 일반적이며 이를 시간의 함수로 볼 때는 $R(t)$로 나타낸다. 이것은 제품이 t시간 동안 고장이 나지 않는 확률이다. 즉, 제품을 사용하기 시작해서 어느 시각까 지 전체의 몇 %가 고장나지 않고 남아 있는가 하는 잔존율에 해당한다.

② 평균고장간격(MTBF) : 시스템, 기기, 부품 등의 고장난 동작 시간의 평균치. 단, 고장간 격이 지수분포를 따를 경우에는 고장률은 시간에 따라 일정하며 이 경우 MTBF(mean time between failure)는 고장률의 역수 관계 또는 총 동작시간을 그 기간 중의 총 고장수로 나눈 값으로 구한다.

③ 평균고장시간(MTTF) : 시스템, 기기, 부품 등의 고장까지의 동작시간의 평균치

일반적으로 고장의 발생빈도는 아래와 같은 욕조 모양의 곡선을 보이는데, 이를 고장률 곡선(bathtub curve)라고 부른다. 이 고장률 곡선은 고장률을 제품수명주기 단계(초기, 정상가동, 마모)별로 나타내어 제품수명특성 곡선이라고도 한다.

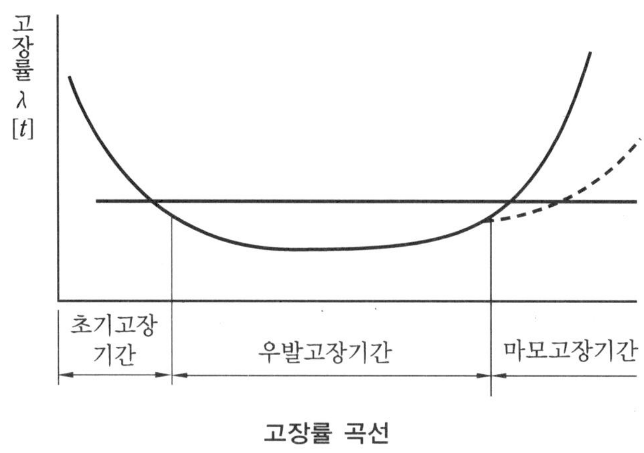

고장률 곡선

(2) 이용가능성(availability)

시스템이 정상적으로 작동하는 확률로서 MTBF와 MDT(mean down time)를 이용 하여 구해진다. MDT는 고장 감지 시간(fault detection time)과 모듈 시스템의 경우

장애 모듈 교체에 필요한 시간으로 구성된다. 따라서 시스템의 이용가능성은 MDT가 짧아짐에 따라 크게 증가되며, 이중화(redundancy) 또는 삼중화(triplicated)로 시스템을 구성하면 증가될 수 있다.

(3) 고장률(failure rate, λ)

고장률은 설비가 시간당 또는 작동횟수당 고장이 발생하는 발생률을 뜻한다. 시간당 고장률은 같은 유형의 설비 종류에 대해 고장횟수의 합을 운전시간의 합으로 나눔으로써 계산할 수 있으며, 작동횟수당 고장률은 고장횟수의 합을 작동횟수의 합으로 나눔으로써 계산한다. 즉, 어느 시점까지 고장 없이 동작하던 시스템, 제품, 부품 등이 이 시점으로부터 단위시간(거리, 동작횟수 기타) 내에 고장을 일으킬 비율을 말한다.

(4) 요구고장확률

요구고장확률(PFD : probability of failure on demand)이란 시스템이 특정한 기능을 작동하도록 요구받았을 때 실패할 확률이다.

5-46 안전계장시스템(SIS : safety instrumented system)의 개요 및 구성에 대해 설명하시오.
(1) 개요
(2) 구성

---

(1) 개요

안전계장시스템은 플랜트 내에서 아무런 조치를 취하지 않으면 증가하는 위험 발생 확률을 낮추거나, 사고 발생 시 치명적인 결과를 완화시키기 위한 조치를 하는 시스템으로 공정 제어 실패(process runs out of control) 상황에서 미리 정해진 안전 상태로 프로세스를 변환시켜 하나 이상의 안전계장기능을 수행하는 센서(sensor), 논리 해결기(logic solver), 최종 요소(final control elements)로 구성되어 있다.

(2) 구성

① 센서(sensor) : 프로세스 컨디션을 측정하기 위한 장치

  예 transmitters, transducers, process switches, position switches

② 논리 해결기(logic solver) : 하나 이상의 logic 기능을 수행하는 장치

   ⑩ electrical systems, electronic systems, programmable electronic systems, pneumatic systems, hydraulic systems

③ 최종 요소(final elements) : 안전한 상태로 만들기 위해 필요한 물리적 작동을 하는 장치

   ⑩ valves, switch gear, motors including theirauxiliary elements

5-47 안전무결수준(SIL : safety integrity level)에 대해 설명하시오.

일정 기간 내에 안전시스템이 위험방지 기능을 정확하게 수행할 수 있는 확률(작동요구 시 그 기능을 수행하는 데 실패한 안전계장기능의 확률을 규정하는 안전계장기능에 대한 성능기준)의 등급으로 SIL 등급이 높을수록 요구되는 기능을 잘 수행할 확률이 더욱 높아지며 이용가능성(availability, 어떤 시간대에 시스템이 정상적으로 작동하는 확률)과 시스템의 구성의 요구사항이 증가한다. SIL 등급은 1부터 4까지 있으며 등급 4가 가장 높고 등급 1이 가장 낮다.

안전무결수준(SIL)

안전무결수준 운전상의 요구형태	평균 작동요구 시 고장확률	위험도 감소
4	$\geq 10^{-5} \sim 10^{-4}$	$>10,000 \sim \leq 100,000$
3	$\geq 10^{-4} \sim 10^{-3}$	$>1,000 \sim \leq 10,000$
2	$\geq 10^{-3} \sim 10^{-2}$	$>100 \sim \leq 1,000$
1	$\geq 10^{-2} \sim 10^{-1}$	$>10 \sim \leq 100$

5-48 액위감지기의 종류와 기능 및 선정 시 고려해야 할 사항에 대해 기술하시오.

   (1) 액위감지기의 종류와 기능

   (2) 선정 시 고려사항

(1) 액위감지기의 종류와 기능

① 플로트 감지기(float detectors) : 콘 루프 탱크에서 위험물의 액위를 측정 시 사용한다. 탱크에 유체가 충전됨에 따라 액위가 상승하고 설정된 충전 높이에 도달할 때까지 플로트를 상승시켜 플로트가 경보/신호 장치를 작동시킨다.

② 디스플레이서 감지기(displacer detectors) : 교반, 와류, 거품을 일으키는 탱크나 낮은 비중의 위험물이 저장된 탱크의 유체 액위를 측정하기 위해 플로트 감지기 대신 종종 사용된다.

③ 광전식 감지기(opto-electronic detectors) : 인화성 액체를 저장하는 모든 형태의 탱크에서 위험물의 액위를 측정하는 데 사용하며 유체가 센서의 굴절률을 변화시켜 경보/신호장치를 작동시킨다.

④ 추 감지기(weight detectors) : 플로팅 루프 탱크에서 위험물의 액위를 측정하기 위해 사용되며, 위험물이 충전됨에 따라 플로팅 루프가 상승하여 설정된 충전 높이에 도달하면서 추와 접촉한다. 루프가 추를 들어올리면 케이블이 느슨해지고 액위 스위치가 열려 경보/신호 장치를 작동시킨다.

⑤ 농도계 감지기(densitometer detectors) : 설정된 위치에서 액위를 확인하기 위해 방사선 장치를 사용한다.

⑥ 기타 감지기 : 정전용량, 열, 적외선, 시각(광학), 초음파, 무선 주파수 방출 및 중량 측정 등을 이용하는 감지기 등이 있으나 위에서 언급된 형식보다 이용되는 빈도는 낮다.

(2) 선정 시 고려사항

① 탱크의 형식, 구조, 탱크의 부속품 및 지붕

② 탱크에 저장된 위험물의 종류 및 물리·화학적 특성 정보

③ 날씨, 습도 및 기타 환경 조건

④ 폭발위험장소 분류 및 전기기계·기구 등급

⑤ 필요한 경보/신호장치 타입

⑥ 검사, 시험 및 정비 요구사항

⑦ 운전자와 운송업자 방침, 코드 및 법규 요구사항

⑧ 고장 모드

⑨ 정전기 방전 조건

⑩ 설치 중의 화기작업 요구사항

⑪ 현장 고려사항 및 상황에 따른 기타 요소들

> **5-49** 화학공장에서 적용되는 제어장치의 제어계가 만족시켜 주어야 하는 요구사항에 대하여 기술하시오.

① 외란의 영향의 억제(suppress the influence of external disturbance) : 제어계를 설치함으로써 주위환경의 영향으로부터 오는 외란들이 공정의 안정된 운전에 저해되는 요소들을 제거한다.

② 화학 공정의 안전성 보장(ensure the stability of a process) : 그림 (a)의 경우 변수 x(온도, 압력, 유속 등의 공정변수)가 $t = t_0$일 때 일정한 값 x에 외란이 작용하지만 시간이 흐름에 따라 값 x는 초기값으로 되돌아가 안정한 상태를 유지하게 된다. 이러한 공정은 안정 또는 자체 조절(self-regulating)이 되는 안전성이 보장되는 공정이며 이 공정의 안정성을 위해서는 외부의 조정이 별도로 필요하지 않다.

그림 (b)의 경우는 외란 발생 후 변수 y가 초기값으로 돌아가지 않아 공정이 불안정하게 되며 공정을 안정시키기 위해서는 외부의 제어가 요구된다.

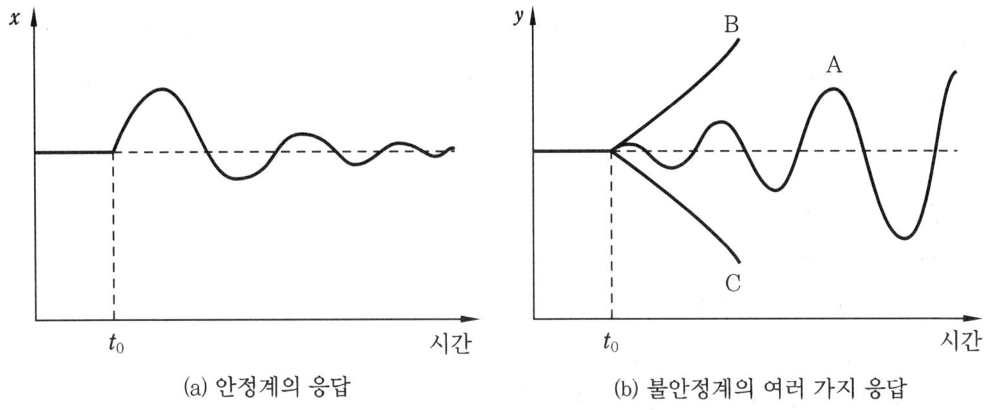

(a) 안정계의 응답   (b) 불안정계의 여러 가지 응답

③ 화학 공정 성능의 최적화(optimize the performance of a chemical process) : 공정 안전 및 제품 규격 조건이 충족된 이후에는 장치의 성능이 극대화 될 수 있도록 공정 변수(온도, 유량, 압력, 조성 등)의 조건을 변화시키거나 설정할 수 있도록 최적화되어야 한다.

> **5-50** 화학공장에서 적용되는 제어계의 하드웨어 요소에 대하여 기술하시오.
>
> (1) 화학공정
> (2) 측정기기 또는 감지기
> (3) 변환기
> (4) 전송선
> (5) 제어기
> (6) 최종 제어 요소

(1) 화학공정

물리·화학적 조작이 일어나는 장치류

(2) 측정기기 또는 감지기

열전대, 저항온도계, 벤투리 유량계 등 외관, 제어출력 변수 또는 2차 출력 변수들을 측정하는데 사용되며 공정의 운전상태에 관한 주요 정보를 제공한다.

(3) 변환기

측정된 값들을 쉽게 전달되어 조작될 수 있도록 기전력, 전류, 압축 공기 등의 물리적인 양으로 전환하기 위하여 사용된다.

(4) 전송선

측정 기기로부터 측정된 신호를 제어기기로 전달하는 데 사용된다.

(5) 제어기

지능을 가진 하드웨어 요소로 측정기기로부터 정보를 받아서 어떤 동작을 취해야 할 것인지를 결정한다.

(6) 최종 제어 요소

제어기에서 취해진 결정을 실제로 수행하는 하드웨어 요소
예 릴레이 스위치, 변속 펌프, 변속 압축기 등

> ***5-51*** 가변 스프링식 행거 및 서포트와 불변 스프링식 행거 및 서포트에 대해 설명
> 하시오.
> (1) 가변 스프링식 행거 및 서포트
> (2) 불변 스프링식 행거 및 서포트

배관계의 안전성을 유지시켜 주기 위하여 배관계에서 발생하는 배관의 자중, 열팽창에 의한 변형, 유체의 진동, 지진 및 그 밖의 외부 충격 등으로부터 배관계를 지지하거나 보호하기 위하여 배관 지지물을 설치한다.

이때 배관의 자중을 지지함과 동시에 열팽창에 의한 배관의 수직변위를 허용하게하는 것을 목적으로 하는 배관 지지물로써, 하중 변동률에 따라 불변 스프링식 행거및 서포트(constant spring hanger & support)와 가변 스프링식 행거 및 서포트(variable spring hanger & support)로 나눌 수 있다.

(1) 가변 스프링식 행거 및 서포트

아래의 식에서 정지 시와 운전 시의 하중 변동률이 25% 이내의 범위에서 사용되는스프링식 행거/서포트를 말한다.

$$\beta = \frac{|W_H - W_c|}{W_H} \times 100 = \frac{K \cdot \delta}{W_H} \times 100$$

여기서, β : 하중 변동률(%), W_H : 운전 시의 운전하중(kgf)
W_c : 정지 시의 하중(kgf), K : 스프링 정수
δ : 배관 지지점의 이동량(mm)

(2) 불변 스프링식 행거 및 서포트

배관의 수직변위가 커지면 하중 변동률이 25%를 초과하는 경우에는 가변 스프링식행거 및 서포트를 사용할 수 없다. 따라서 지지점의 상하 수직변위에 관계없이 항상일정한 하중으로 배관을 지지할 필요가 있을 때에는 불변 스프링식 행거 및 서포트를 사용한다.

> **5-52** 용접 후 열처리(PWHT : post weld heat treatment)의 다음 사항에 대해
> 설명하시오.
> (1) 개요
> (2) 목적
> (3) 문제점
> (4) 대상
> (5) 시공방법

(1) 개요

배관 등을 맞대기 용접 등에 의하여 용접을 하면 용접부 주변이 용접 열에 의해 손상을 받아 구조적으로 약해지는 현상이 발생하며 이렇게 열에 의해 약해진 부위를 HAZ(heat affected zone)라 한다. 용접 후에 HAZ 부위의 용접에 의한 잔류응력을 제거하기 위하여 용접 부위를 일정 시간 동안 일정 온도로 가열·유지하는 것을 용접 후 열처리라 한다.

(2) 목적

① 잔류응력 제거
② 응력집중의 완화
③ 조직 안정화 및 성능 개선
  ㈎ 용착 금속 연성 증대
  ㈏ 파괴인성의 향상
  ㈐ 크리프 특성 개선
  ㈑ 피로강도 개선

(3) 문제점

① 모재 등의 성능 저하
  ㈎ 고장력강 등은 템퍼링(tempering) 온도를 넘는 온도에서 후열처리를 하는 경우
    재료의 조질 효과를 잃어 강도나 인성이 저하된다.
  ㈏ Cr-Mo강 등에서는 고온 장시간 열처리에 의해 용착금속의 조립 페라이트
    (ferrite : 900℃ 이하에서 철에 합금원소 또는 불순물이 녹아서 된 고용체) 생성
    이 진행되어 강도가 저하된다.
② 재균열 발생 : Ni-Cr-Mo-V-B강, Cr-Mo-V-B강, Cr-Mo-B강, Cr-Mo-V강 등
  에서는 후열처리 시 열영향부에 균열 발생이 가능하다.

(4) 대상

① 독성물질을 취급하는 배관

② P-3, P-4 및 P-5 모재에 대하여는 후열처리 한 후에 비파괴 시험 실시

③ 후열처리 후 실시한 비파괴검사 시 부적합한 것으로 판정된 경우에는 부적합 부위를 수정하고 후열처리를 한 후 재시험

(5) 시공방법

① 노내 PWHT

② 국부가열 PWHT : 전기저항가열, 전기유도가열, 버너가열, 화학반응에 의한 발열체 등 시공 대상이나 장소 등 조건에 따라 결정

③ 현장 전체 PWHT : 대형 탱크와 같이 노내 PWHT가 불가능한 구조물

5-53 fail safe와 fool proof의 개요 및 차이점에 대해 설명하시오.

    (1) fail safe의 개요

    (2) fool proof의 개요

    (3) 차이점

---

(1) fail safe

인간의 과오나 기계의 동작상 실패가 있어도 안전사고를 발생시키지 않도록 2중 또는 3중으로 통제를 가하거나 기계 내부에 고장이 발생한 경우 피해가 확대되지 않고 단순고장이나 한시적으로 운영이 지속되도록 하여 안전을 확보하는 설계 개념이다.

fail safe 시스템은 시스템에서 고장이 발생하여도 시스템 전체에 미치는 영향이 적고, 어느 기간 시스템의 기능을 계속하는 것이 가능한 상태로서 재해로까지 진행되지 않도록 하는 시스템이다.

① fail passive : 고장 시 정지되는 방향으로 작동

② fail active : 고장 시 경보음과 함께 짧은 시간의 운전이 가능

③ fail operational : 부품의 고장이 발생하더라도 다음의 보수가 이루어질 때까지 안전한 기능을 유지

(2) fool proof

fool proof 시스템은 어떠한 운전미숙이나 잘못으로도 고장이 아예 발생되지 않도

록 하는 시스템으로 인간의 과오를 예방하기 위한 시스템이다.

인간이 기계가 동작하는 위험구역에 접근하지 못하게 하거나 정해진 공구나 기능, 절차 이외에는 작동이 되지 않도록 설계하는 것을 말한다. 즉, 작업자의 과오나 조작 실수의 경우 아예 동작을 하지 않도록 하여 다른 작업자에게 피해를 주지 않도록 설계하는 것으로 초보자나 사용 미숙련자가 잘 모르고 제품을 사용하더라도 안전확보가 가능하다.

(3) 차이점

일반적으로 두 시스템은 복합적으로 적용되며, 두 시스템의 가장 큰 차이점은 동작 실패가 발생하는 경우 하인리히의 도미노(domino) 이론 중 사고 발생의 5단계에서 각각의 적용하는 단계가 다르다는 것이다.

즉 재해의 연쇄과정 중 3단계와 4단계를 각각 보증하는 시스템으로 차이를 나타낼 수 있다.

① 제1단계 : 사회적 환경과 유전적 요소(선천적 결함)

② 제2단계 : 개인적인 결함

③ 제3단계 : 불안전한 행동과 불안전한 상태 ← * fool proof 시스템 적용

④ 제4단계 : 사고발생 ← * fail safe 시스템 적용

⑤ 제5단계 : 재해

5-54 공동현상(cavitation)의 다음 사항에 대하여 설명하시오.

　(1) 개요
　(2) 흡입수두(NPSH)와 공동현상과의 관계
　(3) 발생 원인
　(4) 방지대책

---

(1) 개요

① 순수한 물은 대기압하에서 100℃가 되면 끓지만 압력이 낮아지면 100℃ 이하에서 끓게 된다. 따라서 압력이 점차 낮아져 진공 상태가 되면 상온에서도 끓게 된다. 펌프의 내부에서도 흡입양정이 높거나 유속의 급변 또는 와류의 발생 등에 의해 유체압력이 국부적으로 당해 온도에서의 포화증기압 이하로 내려가게 되면 기포가 발생하는데 이와 같은 현상을 공동현상(cavitation)이라 한다.

② 펌프에서는 회전차 입구 부분에서 발생하는 경향이 크고 생성된 기포가 액체의 흐름에 따라 이동하여 고압부에서 급격히 붕괴하게 되는데, 이때 펌프 성능은 저하되고 진동 소음이 발생하며, 심하면 양수 불능이 된다.

③ 공동현상(cavitation)이 발생되고 있는 상태로 오랜 시간 사용하면 발생부 근처의 유로 표면에 침식이 발생해 재료를 손상시킨다.

(2) 흡입수두(NPSH)와 공동현상과의 관계

공동현상은 액체의 압력이 포화증기압 이하로 되면 생기는 것이므로 공동현상의 발생을 막기 위해서는 펌프 내에서 포화증기압 이하의 부분이 생기지 않도록 하면 된다. 이를 위해서는 펌프의 유입조건에 따라 정해지는 유효흡입수두(Av NPSH)와 주로 유속에 의해서 결정되는 필요흡입수두(Re NPSH)의 관계를 고려해야 한다.

(3) 발생 원인

① 펌프의 흡입측 수두가 큰 경우

② 펌프의 마찰손실이 클 경우

③ 펌프의 흡입관경이 너무 작은 경우

④ 이송하는 유체가 고온일 경우

⑤ 펌프의 흡입압력이 유체의 증기압보다 낮은 경우

⑥ 임펠러 속도가 지나치게 큰 경우

(4) 방지대책

① 펌프의 설치위치를 가능한 한 낮게 한다.

② 흡입관의 유체저항을 작게 한다. (길이는 짧게, 휨은 적게, 관경은 크게 한다.)

③ 임펠러의 회전속도를 작게 한다.

④ 지나치게 고양정 펌프의 사용을 지양한다.

⑤ 설계 토출량보다 현저하게 벗어난 운전을 피한다.

⑥ 단흡입보다는 양흡입 펌프를 사용한다.

⑦ Av NPSH > 1.3 × Re NPSH가 되도록 한다.

⑧ 흡입수조 내에서 지나친 와류가 생기지 않도록 한다.

⑨ 펌프의 흡입측에는 절대로 유량조절 밸브를 달아서는 안된다.

⑩ 흡상이 불가능한 경우는 흡수면보다 펌프를 낮게 설치하거나 부스터 펌프(booster pump)를 설치하여 흡입조건을 개선한다.

> **5-55** 수격 작용(water hammer)의 개요 및 펌프계에서 발생하는 수격 작용에
> 대해 설명하시오.
> (1) 개요
> (2) 펌프계에서 발생하는 수격 작용

(1) 개요

관로 내에서 유체 속도의 급격한 변화에 따라 유체의 운동에너지가 압력에너지로
변환되어 유체의 압력이 급상승 또는 급강하하는 현상을 말한다.

(2) 펌프계에서 발생하는 수격 작용

① 송수관에 있어서 어떤 원인에 의해 관내 유속이 급격하게 변화하면 관내 압력이 과
도적으로 크게 변동된다. 펌프 송수관계에서는 펌프의 기동, 정지 및 속도 제어 시와
밸브 개폐 시에 발생하는데, 펌프를 운전하던 중 정전 등으로 펌프가 급히 정지하는
경우 관내의 물이 역류하여 체크밸브가 급히 닫힘으로 인해서 배관 내의 운동에너지
가 압력에너지로 변하여 고압이 발생하고 이상음과 진동을 수반하는 현상이 발생하
는데 이를 수격작용이라 한다.
② 일반적으로 수격작용이 문제가 되는 것은 정전 등에 의한 펌프구동력의 차단에 따라
펌프가 급정지하는 경우가 대부분이다.
③ 수격작용에 의해 생기는 압력 상승과 강하의 크기는 관내 유속의 시간적 변화, 관로
의 길이와 상태, 펌프 원동기의 종류 등에 따라 다르다.

> **5-56** 펌프의 이상현상에 대해 설명하시오.
> (1) 맥동 현상(surging)
> (2) 펌프의 과열(overheating)

(1) 맥동 현상(surging)

터보형 펌프 등을 저유량 영역에서 운전하면, 압력·유량·회전수·소요동력 등이
주기적으로 변화하여 안정된 운전이 불가능하게 되어 펌프 운전 중에 압력계의 눈금
이 주기적으로 크게 흔들림과 동시에 토출량도 주기적으로 변동하고 또한 주기적인
진동과 소음이 발생하는데, 이러한 현상을 맥동 현상이라고 한다.

(2) 펌프의 과열(overheating)

펌프 운전 시의 구동 동력은 효율이 100%가 아닌 이상 일부는 손실되는데 이 손실은 대부분 열에너지로 변환되어 크든 작든 간에 유체를 가열하게 된다. 특히 유량이 0인 체절점에서 소비되는 동력은 대부분 열로 되어 유체와 펌프의 온도를 상승시킨다.

5-57 시스템 수명곡선인 욕조곡선에 대하여 설명하시오.

    (1) 초기고장기간(debugging, burn-in 기간)
    (2) 우발고장기간
    (3) 마모고장기간(노화고장기간)

시간에 따른 고장률의 증가와 감소 경향이 전형적인 욕조 형태를 나타내는데, 초기고장기간과 마모고장기간은 고장률이 높으며 우발고장기간에서의 고장률은 비교적 일정하다.

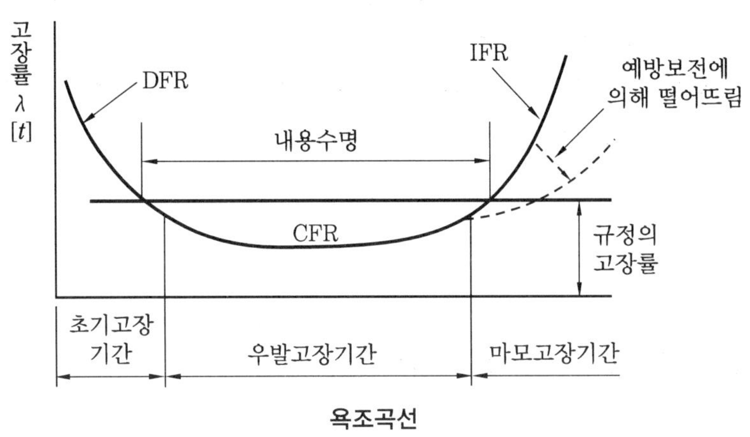

욕조곡선

(1) 초기고장기간(debugging, burn-in 기간)

제품에서 최초의 고장률이 시간적으로 감소하는 DFR(감소형 고장률) 구간이며, 사용 초기에 발생하는 고장으로서 이 기간의 고장률이 크면 설계의 잘못이나 기기장치의 결함으로 인한 것이다. 기본 감소형에 해당하며 기간의 길이는 시스템의 규모, 복잡성, 기술 수준 등에 따라 다르지만 원인의 조기 발견으로 안정화시킬 수 있다.

(2) 우발고장기간

우발고장기간은 고장률이 거의 일정하게 되어 안정되는 CFR(일정형 고장률) 구간으로 이 기간의 길이를 내용(유효)수명(연한)이라 부르며, 통상 시스템의 신뢰성은 이 기간으로 대표될 수 있다.

(3) 마모고장기간(노화고장기간)

마모고장기간은 마모(노후)에 의해 고장률이 증가되는 IFR(증가형 고장율) 구간으로 제품의 교체시기 또는 정비시기를 알 수 있는 기간이다. 보전이 가능한 시스템에서는 예방보전을 하여 상승하려고 하는 고장률을 끌어내려서 내용연한을 연장할 수 있다. 마모고장의 원인에는 부식, 산화, 마모, 피로, 노화, 퇴화, 불충분한 정비, 부적절한 오버홀(overhall), 수축, 균열 등이 있다.

> **5-58** 현장에서 행하여지는 정비방법 4가지를 열거하고 설명하시오.
> (1) 정기보전
> (2) 예지보전
> (3) 사후보전
> (4) 개량보전

---

(1) 정기보전

① 시간기준보전(TBM : time based maintenance) : 생산성, 작동 횟수 등 그 설비의 열화에 가장 비례하는 변수로서 수리 주기(이론값, 경험값)를 정하고 주기까지 사용하면 무조건 수리하는 것으로 점검 등의 보전 공수가 적고 고장도 적은 반면, 과잉 정비가 되어 비용이 증가한다.

② 분해점검형 보전(IR : inspection & repair) : 별도의 열화 경향 관리를 하지 않고 설비를 정기적으로 분해 또는 점검하고 그 시점에 적부를 판단하여 불량인 것을 교환하는 방법으로 TBM과 CBM의 중간적 성질을 가진다.

(2) 예지보전

상태기준보전(CBM : condition based maintenance)은 설비의 열화 상태를 각 측정 데이터와 그 해석에 따라서 온라인 상태로 파악하며, 열화를 나타내는 값이 미리 정한 열화 기준에 달하면 수리하는 방법으로 TBM의 단점인 과잉 유지 관리를 방지할 수 있으나 감시 체계 설치에 비용이 들고 TBM에 비해 보전인력이 더 필요하다.

(3) 사후보전(BM : break down maintenance)

고장난 다음에 수리를 하는 점검 방법으로 고장이 나도 다른 데 미치는 영향이나 손실이 적은 경우 적용하며, 열화 경향의 산포가 크고 점검, 검사할 수 없는 것에 적용한다. 점검 정기 교환을 전혀 하지 않고 설비가 고장(기능 정지)이 난 다음에 정비를 하는 방법으로 수명까지 완전히 사용하기 때문에 2차 고장이 없다면 보전비, 수리비 등의 비용이 적게 든다. 다만 고장이 늘어나고 생산 공정에 미치는 영향이 크면 수율, 에너지 원단위 등도 저하된다.

① 계획사후보전(PBM : planned breakdown maintenance)
② 돌발사후보전(EBM : emergency breakdown maintenance)

(4) 개량보전

수명 연장이나 수리 시간 단축 등의 대책이나 비용을 절감하기 위한 대책을 취함으로써 수명이 짧고 고장 빈도가 높으며 고장의 수리비가 큰 것의 경우에 적용하는 점검 방법으로 수리 시간이 길고 다른 데 미치는 영향이 크며 유지 관리 비용이 큰 것 또는 열화 경향의 산포가 크거나 점검, 검사하기 어려운 것에 적용한다.

> **5-59** 열교환기 운전에 있어 냉각수를 이용하는 열교환기의 구체적 취급 방법에 대해 기술하시오.

① start-up 전에 냉각수 배관 내의 공기 등 냉각수의 흐름을 방해할 수 있는 기체를 모두 벤트시킨 후 냉각수 밸브를 열어 냉각수를 공급한다.
② 냉각수가 정상적으로 공급되고 있음을 확인 후 피냉각물을 흘려보낸다.
③ shut-down 시에는 피냉각물 공급을 먼저 중지한 후 냉각수를 정지한다.
④ 자동제어장치가 있는 열교환기의 경우 운전이 정상상태로 되면 바로 제어장치에 의해 운전하도록 한다.
⑤ 자동제어장치가 없는 경우의 온도 조절은 냉각수 출구 밸브로 조절한다.
⑥ 열교환기의 효율이 저하된 경우는 아래의 사항을 점검한다.
　㈎ 유체의 오염에 의한 스케일이 관내 외벽에 부착
　㈏ 관측 또는 동체측에 비응축가스의 축적

⑦ 부식 등에 의해 냉각수가 공정유체측으로 흘러들어온 경우 공정유체 중의 수분 함량 증가와 온도 압력 등의 운전조건 변동이 일어나므로 이를 감시해야 한다.

⑧ 부식 등에 의해 공정유체가 냉각수측으로 흘러들어온 경우 회수측 냉각수에 공정유체가 섞여 있고, 냉각수 온도 조절 실패 등의 이상이 발생하므로 이를 감시한다.

⑨ 열교환기를 사용하지 않을 경우에는 냉각수 입구 밸브를 완전히 닫고 냉각수 배관 내 냉각수를 드레인한다.

5-60 상압탱크의 과압에 의한 탱크 파손 원인과 방지 조치에 대해 설명하시오.
    (1) 과압에 의한 탱크 파손 원인
    (2) 과압에 의한 탱크 파손 방지 조치

---

(1) 과압에 의한 탱크 파손 원인

① 통기관 또는 통기밸브 전단에 차단밸브를 설치하고, 이 차단밸브가 닫힌 상태에서 외부로부터 유체를 탱크 내부로 이송함에 따라 저장탱크 내부에 압력이 상승한다.

② 유체를 탱크 내부로 이송하는 펌프의 유량 대비 내부의 증기를 외부로 배출하는 통기관 또는 통기밸브의 용량이 적어 배출량 대비 축적량이 커짐에 따라 탱크 내부에 압력이 상승한다.

③ 통기관에 화염방지기를 설치한 경우, 화염방지기의 소결망에 고분자 물질이 축적되어 통기량을 감소시켜 탱크 내부에 압력이 상승한다.

④ 상압탱크에 불활성화를 위해 질소 압력조절밸브(PCV)를 설치하였으나 압력조절밸브의 고장으로 밸브가 완전히 개방되어 높은 압력의 질소가 탱크 내부에 투입됨으로써 내부에 압력이 상승한다.

⑤ 상압탱크 내부에 유체의 가열 또는 보온 목적으로 스팀 코일 등 열원을 설치하고 온도조절밸브를 설치하였으나 온도조절밸브의 고장으로 밸브가 완전히 개방되어 높은 압력의 스팀이 코일에 투입됨으로써 유체가 과열되어 증기화 됨으로써 탱크 내부에 압력이 상승한다.

(2) 과압에 의한 탱크 파손 방지 조치

① 적절한 통기량을 갖춘 통기관 또는 통기밸브 설치(통기관 또는 통기밸브 전단에 차단밸브 설치 금지)

② 압력조절밸브(PCV)를 통한 압력 제어(PCV의 적절한 fail position(F.C/F.O) 선택, PCV와 저장탱크 사이에 저장탱크 설계압력 이하의 안전밸브 설치)

③ 압력계 및 압력경보 설비 설치
④ 통기관 또는 통기밸브의 불순물 제거 및 억제
⑤ 화염방지기 등을 갖춘 경우 화염방지기의 막힘을 고려하여 안전 조치
⑥ 충분한 부식여유를 고려한 사용두께
⑦ 용접 후 열처리 및 비파괴검사 등 제작 관리

5-61 상압탱크의 진공에 의한 탱크 파손 원인과 방지 조치에 대해 설명하시오.
   (1) 진공에 의한 탱크 파손 원인
   (2) 진공에 의한 탱크 파손 방지 조치

(1) 진공에 의한 탱크 파손 원인

① 통기관 또는 통기밸브 전단에 차단밸브를 설치하고, 이 차단밸브가 닫힌 상태에서 탱크의 유체를 외부로 이송함에 따라 저장탱크 내부에 진공이 형성된다.
② 탱크의 유체를 탱크 외부로 이송하는 펌프의 유량 대비 탱크 내에 보충되는 증기 또는 기체가 적어 배출량 대비 발생량이 작아짐에 따라 탱크 내부에 진공이 형성된다.
③ 밀폐된 공간에서 포화증기(스팀)가 응축되며 진공이 형성된다.
④ 압축기 흡입측이나 진공펌프 또는 다른 진공용기에 연결된 용기
⑤ 대기 비점 이하인 휘발성 액체를 저장하는 용기의 온도가 낮아질 때

(2) 진공에 의한 탱크 파손 방지 조치

① 적절한 통기량을 갖춘 통기관 또는 통기밸브 설치(통기관 또는 통기밸브 전단에 차단밸브 설치 금지)
② 압력조절밸브(PCV)를 통한 압력 제어 (PCV의 적절한 fail position(F.C/F.O) 선택, PCV와 저장탱크 사이에 저장탱크 설계압력 이하의 안전밸브 설치)
③ 통기관 또는 통기밸브의 불순물 제거 및 억제
④ 화염방지기 등을 갖춘 경우 화염방지기의 막힘을 고려하여 안전 조치
⑤ 진공압력계 설치 및 압력경보설비
⑥ 다른 저장탱크나 설비로부터 가스를 도입하여 압력균형을 유지하도록 균압관 설치
⑦ 압력용기 제작 시 내·외부에 지지대(support)등 보강 조치

> **5-62** 저장탱크의 위험요소에 대한 원인을 기술하고 필요한 방지 조치를 설명하시오.
> (1) 과압·진공의 원인 및 대책
> (2) 과량의 증기발생 억제 대책
> (3) 위험물질의 유출 방지 대책
> (4) 탱크의 파손 방지 대책
> (5) 화재 예방 대책

(1) 과압·진공의 원인 및 대책

원 인	대 책

• 내부 폭발
  – in/out breathing으로 인한 공기
  – 증기의 혼합가스 형성
  – 공정상 수소와 같은 불순물 존재
• 탱크의 찌그러짐
  – in/out breathing 용량 부족으로 인한
    과압 또는 진공 발생
  – 갑작스런 온도/압력 강하로 인한 진공 발생
	• 불활성 가스 주입
	• 불순물 제거 및 억제
	• 충분한 용량의 통기관 설치
	• 통기관의 막힘 방지 및 청소
	• 진공 파괴 장치
	• 최대 출하속도 제한

(2) 과량의 증기발생 억제 대책

원 인	대 책

• 설계보다 온도차나 휘발성이 클 때
  – 대기온도, 지열, 냉각
• 내부에 히터가 있는 경우 액위가 낮게 유지되면 자기 발화온도까지 온도 상승
• 탱크 내 종합반응열에 의한 온도 상승 과압 발생
  – 중합 고형물에 의한 안전밸브의 막힘 발생
	• 온도차를 조정 가능하도록 유연성 있는 설계
	• 액위를 자동적으로 제어하거나 저액위 시 경보할 수 있는 경보장치 설치
	• 반응 억제제 투입
	• 파열판(rupture disc) 사용

(3) 위험물질의 유출 방지 대책

원 인	대 책

• 과충진(overfilling)
  – 조작자 실수
  – 액위계 고장
• 탱크의 기계적 결함
• 탱크 하부로의 배수
• 많은 양의 적설 강수로 인한 탱크의 붕괴
• 탱크 부식
	• 조작자의 실수를 방지할 수 있는 고액위 경보기 설치
	• 적산유량계 설치
	• 긴급 차단 밸브 설치 및 액위계와 연동
	• 고액위계는 가능한 압력차식
	• overflow를 안전한 장소로 유도
	• 방류 둑 설치
	• 충분한 크기의 overflow관 설치
	• 정기점검 및 보수 실시

(4) 탱크의 파손 방지 대책

원 인	대 책
• 과압(過壓) • 내부 화학반응 • 저장물질의 끓음 • 용접부 결함	• 적정한 크기의 안전밸브 설치 • 고액위 경보장치 및 과충전 방지 자동밸브 설치 • 화재를 대비한 물 분무설비 설치 • 다이크 내 집수조 설치 • 충분한 부식 여유 • 용접검사 철저

(5) 화재 예방 대책

① 탱크 간의 안전거리 유지

② 정전기 방지대책으로 접지 본딩(bonding) 등의 조치

③ 불활성 가스 투입 및 공기 차단 조치

④ 역화방지기 설치

⑤ 내화 또는 보온 조치

5-63 수소저장 설비를 설치하고자 한다. 이에 대한 안전기준을 설명하시오.

    (1) 재질 선정 및 시험
    (2) 계측기기 등
    (3) 저장탱크 및 배관
    (4) 안전장치
    (5) 위치 및 안전거리

---

(1) 재질 선정 및 시험

① 킬드강(killed carbon steel)을 사용, 주철계 재료 사용 금지

② 두께 50 mm를 초과하는 킬드강 또는 두께 38 mm를 초과하는 저합금강을 사용하는 경우에는 모재에 대하여 초음파탐상시험(ultrasonic testing)을 실시

③ 용접 제작 후 비파괴검사는 100% 방사선 투과시험

④ 설계압력의 1.5배의 압력에서 내압(수압)시험

(2) 계측기기 등

① 수소의 온도 및 압력 등의 감시용 계측기기 설치

② 온도감지기의 보호관이 있는 온도계 설치

③ 설계압력의 1.5배 이상 3배 이하의 범위의 압력계 설치

(3) 저장탱크 및 배관

① 부동침하가 일어나지 않는 고정기초 위에 불연재료의 지지대 사용

② 저장용기의 표지 및 부식 방지 도장

③ 배관의 이음은 용접 및 플랜지로 연결

④ 저장용기, 배관, 밸브 및 계측기기 주변에는 안전통로 또는 계단 설치

(4) 안전장치

① 안전밸브 설치

㈎ 안전밸브 토출측 끝에는 최소지름 13 mm 이상의 스테인리스강제 정전기 분산용 환상링 설치

㈏ 압력조절밸브 후단 배관에는 안전밸브를 설치

② 긴급차단밸브

㈎ 저장용기의 인입배관에는 체크밸브 설치

㈏ 수소를 연속으로 반응공정으로 공급하는 경우 긴급차단밸브를 설치하고, 원격작동스위치는 저장용기 외면으로부터 10 m 이상 떨어진 위치에 설치

③ 저장용기에 수소 충전 시 충전 전에 전기적으로 본딩 접지

④ 옥내인 경우 가스누출감지경보기 설치

(5) 위치 및 안전거리

① 저장용기는 운반차량 및 작업자가 쉽게 접근할 수 있는 지상에 설치

② 수소저장설비 주위에는 차량 충돌 방지턱 설치

③ 상부에 설치된 전력선의 파손으로 수소저장설비가 손상을 받을 수 있는 곳에는 설치 금지

④ 인화성 액체 및 산소를 포함한 산화성물질의 배관 또는 다른 가연성 가스배관과 인접하지 않도록 조치

⑤ 위치의 우선순위 : 옥외 → 독립건물 → 건물 내의 특수실(용량이 최대 425 m^{3}까지 허용) → 일반 건물내 다른 시설과 혼재하여 설치(저장용기의 용량이 85 m^3 이하만 허용)

⑥ 안전거리

㈎ 용량 85 m^3 미만의 수소저장설비가 다른 시설물에 노출되면서 동시에 다른 시설물과 동일 건물 내에 설치되는 경우

• 환기설비 설치

- 인화성 액체 및 산화성물질로부터 6 m의 안전거리 유지
- 다른 가연성 가스저장소로부터 15 m의 안전거리 유지
- 공기압축기 및 냉방 또는 환기설비의 공기흡입 개구부로부터 15 m

(나) 용량 85 m³ 이하의 수소저장설비가 다른 시설물에 노출되면서 동시에 동일 건물 내에 2개 이상 설치되는 경우

- 위의 안전조치 이외 각 수소저장설비간 15 m의 안전거리를 유지

옥외 수소저장설비로부터의 안전거리 (단위 : m)

수소저장설비로부터 노출대상 및 형태		저장용기의 용량		
대 상	형 태	85 m³ 미만	85~425 m³	425 m³ 초과
건물 또는 건축물	불연성 재질이 아닌 일반 재질의 건물	3	7.5	15
	스프링클러를 갖춘 불연성 재료 건물	0	1.5	1.5
	스프링클러를 갖추지 않은 불연성 재료 건물	0	3	7.5
	스프링클러를 갖추지 않은 내화구조 건물	0	1.5	1.5
지상의 인화성 액체 용량(L)	4000 이하	3	7.5	7.5
	4000 초과	7.5	15	15
지하의 인화성 액체 용량(L)	4000 이하 저장탱크	3	3	3
	4000 이하 주입구 또는 벤트	7.5	7.5	7.5
	4000 초과 저장탱크	6	6	6
	4000 초과 주입구 또는 벤트	7.5	7.5	7.5
수소 이외의 가연성 가스	425 m³ 이하	3	7.5	7.5
	425 m³ 초과	7.5	15	15
가연성고체	종이, 톱밥 등	15	15	15
화기 및 점화원(전기적 점화원 포함)		7.5	7.5	7.5
공기압축기, 냉방 및 환기설비의 공기 흡입구		15	15	15
사무실		7.5	15	15
주차장		4.5	4.5	4.5

※ 수소저장설비와 대상물과의 사이에 화재 발생 시 2시간 동안 화재에 견딜 수 있는 방화벽과 같은 보호구조물이 있는 경우는 위의 안전거리 적용을 제외한다.

> **5-64** 알루미늄 잉곳 등 용융 고열물을 취급하는 경우의 안전조치에 대하여 기술하시오.
> (1) 수증기 폭발 방지 조치
> (2) 건축물의 구조
> (3) 용융 고열물의 취급작업

(1) 수증기 폭발 방지 조치

① 지하수가 내부로 새어드는 것을 방지할 수 있는 구조(내부에 고인 지하수를 배출할 수 있는 설비를 설치한 경우 제외)

② 작업용수 또는 빗물 등이 내부로 새어드는 것을 방지할 수 있는 격벽 등의 설비를 주위에 설치

(2) 건축물의 구조

① 바닥은 물이 고이지 아니하는 구조로 할 것

② 지붕·벽·창 등은 빗물이 새어들지 아니하는 구조로 할 것

(3) 용융 고열물의 취급작업

① 피트, 건축물의 바닥, 그 밖에 해당 용융 고열물을 취급하는 설비에 물이 고이거나 습윤 상태에 있지 않음을 확인한 후 작업

② 고열의 금속 찌꺼기를 물로 처리하거나 폐기하는 작업을 하는 경우 배수가 잘되는 장소에서 작업하고, 물이 고이지 않음을 확인

③ 금속의 용해로에 금속 부스러기를 넣는 작업을 하는 경우 금속 부스러기에 물·위험물 및 밀폐된 용기 등이 없음을 확인한 후에 작업

④ 용광로, 용선로 또는 유리 용해로, 그 밖에 다량의 고열물을 취급하는 작업을 하는 장소에 대하여 해당 고열물의 비산 및 유출 등으로 인한 화상이나 그 밖의 위험을 방지하기 위하여 적절한 조치(방열복 또는 적합한 보호구를 착용)

> **5-65** 화학설비 및 그 부속설비의 사용 전 점검 시기 및 용도 변경 시 점검 사항에 대해 설명하시오.
> (1) 사용 전 점검 시기
> (2) 용도 변경 시 점검 사항

(1) 사용 전 점검 시기

① 처음으로 사용하는 경우

② 분해하거나 개조 또는 수리를 한 경우

③ 계속하여 1개월 이상 사용하지 아니한 후 다시 사용하는 경우

(2) 용도 변경 시 점검 사항

① 그 설비 내부에 폭발이나 화재의 우려가 있는 물질이 있는지 여부

② 안전밸브·긴급차단장치 및 그 밖의 방호장치 기능의 이상 유무

③ 냉각장치·가열장치·교반장치·압축장치·계측장치 및 제어장치 기능의 이상 유무

5-66 위험물을 건조하는 설비를 설치하려고 한다. 이때 지켜야 할 안전조치 사항에 대하여 설명하시오.
(1) 건축물의 구조
(2) 건조설비의 구조
(3) 건조설비의 부속전기설비
(4) 긴급차단설비
(5) 건조설비의 사용

---

(1) 건축물의 구조

① 다음에 해당하는 건조실을 설치하는 건축물의 구조는 독립된 단층건물일 것, 해당 건조실을 건축물의 최상층에 설치하거나 건축물이 내화구조인 경우 예외

㉮ 위험물 또는 위험물이 발생하는 물질을 가열·건조하는 경우 내용적이 1세제곱미터 이상인 건조설비

㉯ 위험물이 아닌 물질을 가열·건조하는 경우로서 다음 각 목의 어느 하나의 용량에 해당하는 건조설비

㉮ 고체 또는 액체연료의 최대사용량이 시간당 10킬로그램 이상

㉯ 기체연료의 최대사용량이 시간당 1세제곱미터 이상

㉰ 전기사용 정격용량이 10킬로와트 이상

(2) 건조설비의 구조

① 건조설비의 바깥 면은 불연성 재료로 만들 것(건조설비의 외부 표면온도가 70℃를 초과)

② 건조설비(유기과산화물을 가열 건조하는 것은 제외한다)의 내면과 내부의 선반이나 틀은 불연성 재료로 만들 것

③ 위험물 건조설비의 측벽이나 바닥은 견고한 구조로 할 것

④ 위험물 건조설비는 그 상부를 가벼운 재료로 만들고 주위상황을 고려하여 폭발구를 설치할 것

⑤ 위험물 건조설비는 건조하는 경우에 발생하는 가스·증기 또는 분진을 안전한 장소로 배출시킬 수 있는 구조로 할 것

⑥ 액체연료 또는 인화성 가스를 열원의 연료로 사용하는 건조설비는 점화하는 경우에는 폭발이나 화재를 예방하기 위하여 연소실이나 그 밖에 점화하는 부분을 환기시킬 수 있는 구조로 할 것

⑦ 건조설비의 내부는 청소하기 쉬운 구조로 할 것

⑧ 건조설비의 감시창·출입구 및 배기구 등과 같은 개구부는 발화 시에 불이 다른 곳으로 번지지 아니하는 위치에 설치하고 필요한 경우에는 즉시 밀폐할 수 있는 구조로 할 것

⑨ 건조설비는 내부의 온도가 국부적으로 상승하지 아니하는 구조로 설치할 것

⑩ 위험물 건조설비의 열원으로서 직화를 사용하지 아니할 것

⑪ 위험물 건조설비가 아닌 건조설비의 열원으로서 직화를 사용하는 경우에는 불꽃 등에 의한 화재를 예방하기 위하여 덮개를 설치하거나 격벽을 설치할 것

⑫ 내부의 온도를 수시로 측정할 수 있는 장치를 설치하거나 내부의 온도가 자동으로 조정되는 장치를 설치할 것

⑬ 연소실에는 각 버너마다 연료의 연소상태를 확인할 수 있도록 관찰구(peep hole)를 설치하고, 건조실의 출입문은 건조실 내부에서도 열 수 있는 구조로 할 것

(3) 건조설비의 부속전기설비

① 건조설비에 부속된 전열기·전동기 및 전등 등에 접속된 배선 및 개폐기를 사용하는 경우에는 그 건조설비 전용의 것을 사용한다.

② 위험물 건조설비의 내부에서 전기불꽃의 발생으로 위험물의 점화원이 될 우려가 있는 전기기계·기구 또는 배선의 설치를 금지한다.

(4) 긴급차단설비

① 기체연료 및 액체연료를 열원으로 사용하는 건조설비에는 다음과 같은 건조설비의 이상 시 자동으로 연료의 공급을 차단할 수 있는 긴급차단밸브를 설치한다.

　㈎ 공기흡입팬, 배기팬 또는 순환팬 고장

　㈏ 건조실 내의 온도 이상 상승

　㈐ 전기 공급 중단

　㈑ 불꽃감지기(flame detector) 작동

　㈒ 제어용 전원 또는 압축공기 차단

　㈓ 연료 공급 중단

② 전기·스팀 또는 열매유 등을 열원으로 사용하는 건조설비에는 다음과 같은 건조설비의 이상 시 자동으로 전원·스팀 또는 열매유 등이 차단되는 설비를 설치해야 한다.

　㈎ 건조실 내의 온도 이상 상승

　㈏ 배기 또는 순환팬 고장

③ 긴급차단밸브는 바이패스가 있어서는 안 된다.

④ 긴급차단밸브는 가능한 버너와 가까운 곳에 설치해야 한다.

⑤ 기체연료 배관에 설치한 긴급차단밸브는 연료의 누설시험을 위하여 긴급차단밸브 다음에 차단밸브를 설치하고, 사이에 시험 콕 등을 설치해야 한다.

(5) 건조설비의 사용

① 위험물 건조설비를 사용하는 경우에는 미리 내부를 청소하거나 환기할 것

② 위험물 건조설비를 사용하는 경우에는 건조로 인하여 발생하는 가스·증기 또는 분진에 의하여 폭발·화재의 위험이 있는 물질을 안전한 장소로 배출시킬 것

③ 위험물 건조설비를 사용하여 가열 건조하는 건조물은 쉽게 이탈되지 않도록 할 것

④ 고온으로 가열 건조한 인화성 액체는 발화의 위험이 없는 온도로 냉각한 후에 격납시킬 것

⑤ 건조설비(바깥 면이 현저히 고온이 되는 설비만 해당한다)에 가까운 장소에는 인화성 액체를 두지 않도록 할 것

> **5-67** 급성 독성물질의 누출로 인한 위험을 방지하기 위하여 필요한 조치에 대하여 설명하시오.

① 사업장 내 급성 독성물질의 저장 및 취급량을 최소화할 것

② 급성 독성물질을 취급 저장하는 설비의 연결 부분은 누출되지 않도록 밀착시키고 매월 1회 이상 연결 부분에 이상이 있는지를 점검할 것

③ 급성 독성물질을 폐기·처리해야 하는 경우에는 냉각·분리·흡수·흡착·소각 등의 처리공정을 통하여 급성 독성물질이 외부로 방출되지 않도록 할 것

④ 급성 독성물질 취급설비의 이상 운전으로 급성 독성물질이 외부로 방출될 경우에는 저장·포집 또는 처리설비를 설치하여 안전하게 회수할 수 있도록 할 것

⑤ 급성 독성물질을 폐기·처리 또는 방출하는 설비를 설치하는 경우에는 자동으로 작동될 수 있는 구조로 하거나 원격 조정할 수 있는 수동 조작 구조로 설치할 것

⑥ 급성 독성물질을 취급하는 설비의 작동이 중지된 경우에는 근로자가 쉽게 알 수 있도록 필요한 경보설비를 근로자와 가까운 장소에 설치할 것

⑦ 급성 독성물질이 외부로 누출된 경우에는 감지·경보할 수 있는 설비를 갖출 것

5-68 가연성액체 위험물을 저장하는 지상저장탱크의 종류와 이들의 화재 위험성에 대해 기술하시오.

(1) CRT(cone roof tank)
(2) FRT(floating roof tank)
(3) IFRT(internal floating roof tank)
(4) 구형 탱크(spherical tank)
(5) 돔형 탱크(dome roof tank)

---

(1) CRT(cone roof tank)

정유공장, 석유화학공장, 기타 화학공장 등에서 가장 일반적으로 사용되는 저장탱크로 탱크 지붕이 탱크 벽에 고정되어 있는 형태이다.

① 원추형 고정 지붕, 설치비 저렴

② 제품 입출고 시 filling loss가 발생

③ 저장 시 일교차에 의해 breathing loss가 발생하여 제품의 증발손실이 크므로 증기압이 높은 제품의 저장에는 적합하지 않다.

④ 상압탱크(운전압력 $-50 \sim 450\,mmH_2O$)

⑤ 탱크 상부의 공간에 공기와 증기가 섞여서 그 혼합비가 폭발한계 내에 들어갈 위험이 있다.

⑥ 저장 유종 : bunker-C, diesel 등 증기압이 낮은 액체류

⑦ 통기관에 밸브를 설치하여 밸브가 닫히거나, 고분자물질에 의해 통기관이 막힌 경우, 펌프를 이용하여 유체를 이송하는 중 진공 또는 가압에 의한 저장탱크 파손에 의해 내부의 유체가 누출되어 화재 또는 폭발을 일으킬 가능성이 있다.

⑧ 화재 시 초기 폭발의 가능성이 높으며, 증기압이 높은 제품은 통기관 등 개구부에서만 화재가 발생하는 경우도 있다.

⑨ 화재로 지붕이 날아가고 약 10분 경과 후 탱크 벽체 상부가 파손된다.

(2) FRT(floating roof tank)

탱크 지붕이 탱크 외벽에 고정되어 있지 않고 유체와 같이 상하로 움직이는 형태이다.

① 액표면 위에 액위와 같이 움직이는 부유지붕을 설치한다.

② 탱크 외벽과 지붕 사이에는 seal로써 밀폐시켜 공기와 탄화수소 증기가 혼합되는 것을 예방한다.

③ 탱크 내부의 증기공간을 최소화시켜 증발손실 감소 및 폭발 위험성을 감소시킨다.

④ 화재 예방 효과가 크며 화재 시 진화가 용이하다.

⑤ 설치비가 비싸고 눈·비가 많이 내리는 지방에서는 적합하지 않다.

⑥ 저장 유종 : crude oil, p-naphtha

⑦ 화재 초기에는 환상 seal 부근에서만 화재가 발생하여 소화가 용이하다.

⑧ 화재가 상당시간 진행되어도 큰 변형은 없다.

⑨ 과다 살수 시 중력에 의한 탱크의 붕괴 가능성이 있다.

(3) IFRT(internal floating roof tank)

① CRT 내부의 액표면 위에 액위와 같이 움직이는 부유지붕을 설치한 탱크(cone roof tank와 floating roof tank의 복합형)

② CRT를 증기압이 높은 제품으로 변경하거나 빗물 등이 제품에 유입되어서는 안 되는 증기압이 높은 제품을 저장할 경우에 사용한다.

③ IFRT는 증발손실 및 대기와 제품의 접촉을 예방하여 화재 위험을 감소시킨다.

④ 부유지붕 sealing 상태가 양호하지 않을 경우 지붕에 설치된 대구경의 통기관을 통하여 공기가 유입되어 제품의 증발손실이 증대됨은 물론 인화, 폭발 위험성이 커질 가능성이 있다.

⑤ 저장 유종 : gasoline, benzene, p-xylene, toluene, JP-4 등

⑥ FRT와 같이 초기 화재는 환상 seal 부근에서만 화재가 발생한다.

⑦ 부유지붕의 seal 상태가 불량 시 내부 증기의 연소범위 내 조성으로 폭발 위험이 있다.

⑧ 부유지붕이 열에 약한 재질로 화재에 의한 변형으로 가라앉을 경우 CRT 화재와 동일 양상을 보인다.

(4) 구형 탱크(spherical tank)

① 높은 압력에 견딜 수 있도록 두꺼운 철판을 이용하며 구형으로 만들어져 압축가스

또는 액화가스 같은 압력을 필요로 하는 유체 저장에 많이 사용되며 주로 LPG를 저
장한다.

② 열을 받는 면적이 적어 고압가스 저장에 용이하다.

③ 저장 유종 : propane, butane

(5) 돔형 탱크(dome roof tank)

① 제품의 증기압이 cone roof tank에 저장하는 제품보다 고압이고 spherical tank
에 저장하는 제품보다 저압일 경우에 저장한다.

② 저장 유종 : C5/C6

저장탱크의 형식 선정기준

운전온도에서의 증기압(P)	탱크의 용량	
	150m^3 이하	150m^3 초과
$P \leq 5.2 \, \text{kPa}$ $P \leq 0.053 \, \text{kg/cm}^2$ $P \leq 0.75 \, \text{psi}$	고정식 지붕탱크	고정식 지붕탱크
$5.2 \, \text{kPa} < P \leq 27.7 \, \text{kPa}$ $0.053 \, \text{kg/cm}^2 < P \leq 0.282 \, \text{kg/cm}^2$ $0.75 \, \text{psi} < P \leq 4.0 \, \text{psi}$	고정식 지붕탱크	부유식 지붕탱크 또는 고정식 지붕탱크와 증기처리설비
$27.7 \, \text{kPa} < P \leq 76.7 \, \text{kPa}$ $0.282 \, \text{kg/cm}^2 < P \leq 0.782 \, \text{kg/cm}^2$ $4.0 \, \text{psi} < P \leq 11.1 \, \text{psi}$	부유식 지붕탱크 또는 고정식 지붕탱크와 증기처리설비	부유식 지붕탱크 또는 고정식 지붕탱크와 증기처리설비
$76.7 \, \text{kPa} < P \leq 98.1 \, \text{kPa}$ $0.78 \, 2\text{kg/cm}^2 < P \leq 1 \, \text{kg/cm}^2$ $11.1 \, \text{psi} < P \leq 14.2 \, \text{psi}$	저압저장탱크 또는 고정식 지붕탱크와 증기처리설비	저압저장탱크 또는 고정식 지붕탱크와 증기처리설비
$98.1 \, \text{kPa} < P$ $1 \, \text{kg/cm}^2 < P$ $14.2 \, \text{psi} < P$	압력 저장탱크	고압 저장탱크

> **5-69** 가연성액체 위험물을 저장하는 저장탱크의 화재예방 대책 및 소화대책에 대해 기술하시오.
>
> (1) 저장탱크의 화재예방 대책
>
> (2) 저장탱크 화재소화 대책

(1) 저장탱크의 화재예방 대책

① 방유제를 1.5° 이상 경사지게 하여 화염이 직접 탱크에 접하지 않도록 한다.

② 탱크 내의 압력을 감압시킨다.

③ 탱크 내의 압력을 내리게 되면 탱크 강판의 응력을 파괴치 아래로 떨어지게 하는 효과를 얻을 수 있다.

④ 화염으로부터 탱크로의 입열을 억제시킨다.

  ㈎ 탱크 외벽의 단열조치

  ㈏ 탱크의 지하설치

  ㈐ 물에 의한 탱크 표면의 냉각장치 설치 등에 의해 탱크 강판의 온도 상승을 감소시키고 탱크 내부에서의 증기 발생을 감소시킨다.

⑤ 열전도도가 좋은 물질을 설치(폭발방지장치) : 폭발방지장치는 탱크 내벽에 열전도도가 좋은 물질을 설치하여 탱크가 화염에 노출되어 있을 때 탱크기 상부 강판으로 흡수되는 열을 탱크 내의 액상가스로 신속히 전달시킴으로써 탱크기 상부 강판의 온도를 파괴점 이하로 유지하여 BLEVE 발생을 방지한다.

⑥ 용기의 내압강도 유지 : 용기 금속재료의 경년 부식에 의한 내압강도 부족을 고려한 충분한 부식여유 두께가 필요하다.

⑦ 용기의 외력에 의한 파괴와 타물체에 의한 기계적 충돌을 방지한다.

(2) 저장탱크 화재소화 대책

① CRT와 IFRT 화재

  ㈎ 화재 시 저장탱크 내의 유체를 즉시 다른 탱크 등으로 이송한다.

  ㈏ 화재탱크에 포를 주입하여 소화한다.

  ㈐ 지면에 화재가 발생된 경우 소규모 탱크인 경우 소화기로, 대규모 탱크인 경우 포 호스노즐로 소화한다.

  ㈑ 화재 탱크 벽면에 냉각수를 살포한다.

  ㈒ 인접 탱크가 직화에 노출되어 있거나 가열되어 있으면 냉각수를 살포한다.

  ㈓ 화재 탱크 저부가 파손된 경우 즉시 포를 살포하여 증발을 억제시킨다.

  ㈔ 열류층이 형성된 경우 제품을 고속 순환하여 열류층을 분산시킨다.

② FRT 화재

    ㈎ 화재 초기에는 탱크 부유지붕과 벽면 사이의 환상 seal 지역 일부에서만 국소적으로 화재가 발생하므로 소화기로 소화한다.

    ㈏ 소화기로 소화가 되지 않고 화재가 확대되면 포를 주입하여 소화한다.

    ㈐ 지면에 화재가 발생되어 있으면 소규모인 경우 소화기로, 대규모인 경우 포 호스 노즐로 소화한다.

    ㈑ 화재 탱크 벽면에 냉각수를 살포한다.

    ㈒ 인접 탱크가 직화에 노출되어 있거나 가열되어 있으면 냉각수를 살포한다.

    ㈓ FRT 부유지붕 위로 다량의 냉각수나 포가 살포되어 이들 중력에 의해 부유지붕이 가라앉아 화재가 액 표면 전체로 확대되지 않도록 유의한다.

5-70 위험물 압력 저장탱크(예 : 구형 탱크)의 모든 안전장치에 대해 설명하시오.

---

① 압력계 및 압력 경보 설비   ② 온도 및 온도 경보 설비

③ 냉각 및 보온 등 단열 조치   ④ 살수 설비

⑤ 내화 조치   ⑥ 압력 방출 장치

⑦ 긴급 차단 밸브   ⑧ 액위 감시 장치

⑨ 역화방지기   ⑩ 역류 방지 밸브

⑪ 방유제   ⑫ 가스 누출 감지 경보기

5-71 위험물의 제조, 저장 및 취급시설에 설치된 옥내 및 옥외 저장탱크에서 배관으로부터 인화성 액체 주입 시 위험물의 과충전으로 인한 위험을 방지하기 위해 설계 시 고려해야 할 사항에 대하여 설명하시오.

---

① 탱크의 최대 적재량(수동식 또는 자동식 과충전 방지장치)과 탱크에 저장된 위험물의 양 감시, 제어시스템 구축

② 어떠한 탱크의 계량장치나 설비로부터 영향을 받지 않도록 독립적인 과충전 방지설비 설치

㈎ 액위감지기와 경보/신호장치의 스위치/탐침

㈏ 경보/신호장치의 제어반

㈐ 음향 및 시각 경보/신호장치

㈑ 위험물 흐름의 우회 이송이나 자동 차단용 전동식 위험물 흐름 제어밸브

③ 위험물의 이송작업 중 운전자가 위험물의 흐름을 차단하거나 우회 이송조치를 즉시 취할 수 있는 위치에 경보장치 설치

④ 자동으로 위험물의 흐름을 차단하거나 우회 이송시킬 수 있는 전용 고액위 감지설비 설치

⑤ 운전자는 과충전방지 설비를 항상 작동 가능한 상태로 유지·관리

⑥ 계량장치, 감지기 계측장치 및 관련 설비를 연 1회 이상 검사 및 정비

⑦ 과충전방지설비의 설계 시 설치될 지역의 전기계장설비는 폭발 위험 장소 분류기준에 적합한 장치를 설치

5-72 반응기 종류에 대하여 설명하시오.

　(1) 조작방식별 분류
　(2) 형태별 분류

---

(1) 조작방식별 분류

① 회분식 반응기(batch reactor)

㈎ 회분식 반응기는 반응에 필요한 원료를 반응기 안에 한꺼번에 도입하여 일정 시간 반응시킨 다음 반응 생성물을 다시 한꺼번에 꺼내도록 조작하는 것으로 반응이 일어나는 동안 반응물 또는 생성물의 유입과 유출이 없다.

㈏ 성분의 농도가 반응이 진행됨에 따라 계속 변한다.

② 반회분식 반응기(semibatch reactor) : 반응이 진행되는 동안 원료의 일부를 계속 도입하거나 아니면 생성물의 일부를 계속 배출시키는 방법으로 조작하는 반응기이다.

③ 연속식 반응기(continuously reactor) : 원료를 연속적으로 반응기에 도입하는 동시에 반응 생성물을 연속적으로 반응기에서 배출시키면서 반응을 진행시키도록 조작하는 반응기이다. 이상적 연속 반응기는 물질의 흐름 형태에 따라 두 가지로 나누어진다.

㈎ 플러그 흐름 반응기(plug flow reactor)

　㉮ 물질이 반응기를 통하여 혼합이 일어나지 않고 곧바로 흐르는 동시에 단 한면

에서의 유속이 다 같은 이상적 흐름이 유지되는 반응기

㉯ 반응기 입구에서 출구로 갈수록 원료의 농도는 감소하고 생성물의 농도는 증가
하나 반응기의 한 단면에서는 위치에 관계없이 상태가 일정하다.

㉰ 반응기는 대체로 관 모양이므로 관형 반응기라고도 한다.

㉱ 실제의 연속 반응기에서는 완전 혼합이나 플러그 흐름이 되게 하기는 곤란하
며, 교반 탱크형 반응기에서는 아무리 교반해도 잘 섞이지 않는 부분이 생긴다.

(내) 완전 혼합 반응기

㉮ 원료가 반응기에 도입되자마자 완전 혼합되어 곧 균일한 상태로 된다고 보는
이상적 반응기

㉯ 반응기 안의 위치에 따른 농도 변화가 없으며, 동시에 반응기 안의 농도와 배
출 흐름의 농도가 같다.

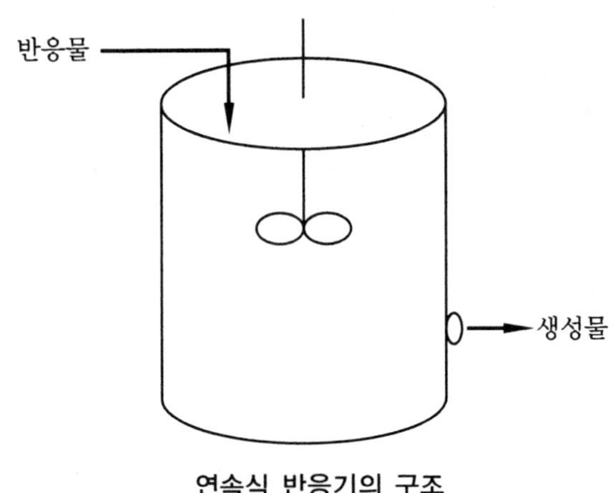

연속식 반응기의 구조

(2) 형태별 분류

① 교반 탱크형 반응기 : 교반기가 설치되어 있는 탱크 모양의 반응기로 회분식, 반회분
식 또는 CSTR로서 액상이나 기상·액상 모두 이용

② 관형 반응기

㉮ 원통형의 관으로 이루어져 있으며, 일반적으로 CSTR과 마찬가지로 정상상태에
서 운전된다.

㉯ 반지름 방향의 농도 변화가 없어지므로 플러그 흐름 반응기(PFR)로 생각할 수
있다.

㉰ 관형 반응기에서 반응물은 반응기의 길이를 따라 흐르면서 연속적으로 소비된다.

③ 탑형 반응기 : 기상 및 액상 반응에 쓰이나 반응속도가 느려 반응물의 체류시간이 긴
반응을 진행시킬 때 사용

④ 촉매 반응기 : 촉매를 이용하는 반응장치로 촉매는 반응기 안에 고정층으로 하거나 또

는 유동화하여 사용

⑤ 이동층 반응기 : 고체를 연소하거나 가스화할 때 고체 원료층을 중력 또는 기계적 방법으로 이동시키면서 반응시키는 반응기로 수직형 및 수평형 이동층 반응기로 구분

5-73 반응장치 및 반응기가 구비해야 할 필요 조건을 요약 설명하시오.

① 고압에 견딜 것
② 고온에 견딜 것
③ 촉매의 활성에 영향을 주지 않을 것
④ 적당한 체류시간이 있는 것
⑤ 원료 물질의 균일한 혼합이 행해지는 것
⑥ 발열반응의 경우는 발생열을 제거하는 냉각장치, 흡열반응의 경우는 반응온도를 유지하는 가열장치를 가질 것

5-74 반응기의 설계 시 검토해야 할 사항을 순서대로 나열하시오.

① 그 반응에 최적인 반응기의 형식을 정한다.
② 조작압력, 온도, 처리물질에 대해 가장 경제적으로 안전한 재질을 선정한다.
③ 공간속도(space velocity)를 정한다.
  ㈎ 기체 : 처리기체량/촉매충전양($Nm^3/hr/m^3$)
  ㈏ 액체 : 처리액량/소요용기 용적($m^3/hr/m^3$)
  ㈐ 고체 : 생산량/소요용기 용적($kg/hr/m^3$)
④ 공간속도를 가지고 필요한 반응기 용적을 정한다.
⑤ 반응기의 지름 또는 폭(D)과 높이 또는 길이(L)의 비 D/L를 경험이나 실적치를 가지고 정한다.
⑥ 반응기의 상세한 구조, 치수, 벽두께 등을 정한다.

5-75 파울링(fouling)에 대해 설명하시오.

열교환기 사용 시간이 경과하면서 전열 표면에 스케일이 형성되거나 부식성 유체에 의한 전열 표면의 손상으로 열교환 능력이 떨어지게 되는데, 이를 파울링(fouling)이라 하며, 전열 표면이 오염되면 총전열저항이 증가되어 열교환기는 초기의 설계상태보다 에너지 전달이 감소하게 된다. 이때 전열면의 표면에 부착된 스케일에 의해 열전달을 방해하게 되는 정도를 오염계수(fouling factor)라고 한다.

오염계수(fouling factor) 단위는 열저항(thermal resistance)의 단위로 열전달계수(heat transfer coefficient)의 역수인데, 열의 전달을 방해하는 정도라는 물리적 의미를 갖는다. 즉, 이 값이 크면 열전달이 잘 안 되고, 작으면 열전달이 잘 된다는 뜻이다. 열교환기를 처음 설치하면 깨끗해서 열전달이 잘 되지만, 시간이 지나 때가 끼게 되면 점점 열전달이 나빠진다. 이를 수치로 하여 열교환기를 설계할 때에 오염이 되도 원하는 만큼의 열교환이 가능하도록 미리 여유치를 두고 설계하도록 하는 것이 오염계수(fouling factor)의 의미이다.

5-76 염산 저장 탱크의 설치 및 설계 기준에 대해 설명하시오.

(1) 설치 장소

① 이격거리 및 위치

  ⑦ 부지 경계선, 도로 및 주요간선도로, 거주 건물, 강알칼리 및 산화제 등과 같은 혼용해서는 아니 되는 위험물질의 저장·취급 설비, 수로 및 지하수 시추공

  ㉯ 탱크는 원칙적으로 1층에 설치하며 탱크 주위에는 유지·보수를 위하여 접근 통로가 있어야 하며 충분한 공간이 확보되어야 한다.

② 확산 방지턱

  ⑦ 배수로 등으로 액체 염산 및 질산의 유입 방지

  ㉯ 사업장과 주위의 설비 및 사람에게 유해·위험을 줄 수 있는 액체 염산 확산 방지

  ㉲ 부지의 오염 방지

  ㉳ 누출된 액체의 포집·처리

㈜ 확산 방지턱 및 바닥의 재질은 취급하는 물질에 대한 내식성이 있는 것이어야
한다.

㈜ 같은 확산 방지턱 내부에는 저장하는 염산과 반응하거나 접촉 금지 물질 취급설
비 설치 금지

(2) 사용재질

① 부식성이 매우 높으므로 내식성이 있는 재질을 사용한다.

② 재질 선정에 영향을 주는 인자

㈎ 물리·화학적 특성, 농도, 밀도, 이물질의 존재 여부, 취급·저장 온도

㈏ 부식이 심한 경우에는 적당한 코팅을 하여 설비를 제작·설치

㈐ 스테인리스 스틸을 포함한 대부분의 금속에 대하여 부식성이 높으므로, 플라스
틱, 내산고무, 유리 및 세라믹 재질을 사용하거나 금속에 이러한 재질을 라이닝하
여 사용한다.

㈑ 염산 저장·취급 설비에는 다음과 같은 재질을 주로 사용한다.
- 수지를 함침시킨 파이버글라스로 강화시킨 UPVC
- 고밀도 폴리에틸렌(high density polyethylene)
- 수지를 함침시킨 파이버글라스로 내부를 강화시킨 폴리프로필렌
- 적절한 고무로 라이닝한 탄소강

㈒ 플라스틱이 화학적 저항성은 뛰어나지만, 압력에 약하며 또한, 열, 태양 광선, 저
온 등에 영향을 받아 쉽게 깨지거나 손상을 입을 수 있으므로 종합적인 검토가 필
요하다.

㈓ 유리 재질도 염산에 호환성이 있으나 큰 탱크에는 잘 사용하지 않고, 설비 내부
를 라이닝하는 데 사용한다.

5-77 화학설비 자체검사 항목에 대해 설명하시오.

검사 구분	검사 항목	판정 기준
1. 용기류	① 기초의 상태	• 부등 침하가 없을 것
	② 내·외면 손상 및 부식	• 손상, 변형, 깨어짐 없을 것 • 두께가 부식되지 않을 것
	③ 플랜지 상태	• 손상, 변형, 부식, 마모가 없을 것 • 누출, 풀림이 없을 것 • 개스킷의 손상 탈락이 없을 것
	④ 내부 라이닝 및 코팅	• 라이닝 또는 코팅의 손상, 변형 또는 벗겨짐이 없을 것 • 핀홀이나 누출이 없을 것
	⑤ 밸브 콕의 상태	• 심한 손상, 부식 및 누출이 없을 것 • 밸브 시트부의 접촉면의 손상, 부식 없을 것 • 개폐 작동이 양호할 것
	⑥ 기타	• 이상반응의 원인이 되는 위험물이 없을 것 • 그 외의 인화성 액체, 가연성가스, 분진, 발화온도가 낮은 위험물질 등 없을 것
2. 열교환기류	① 폭발 또는 화재의 원인이 되는 위험물이 내부에 있는지 여부	• 이상 반응의 원인이 되는 위험물이 없을 것 • 고형 부착물, 중압 생성물, 걸레, 금속편, 편목 등 막힘의 원인이 되는 위험물 • 기타 인화성 액체, 가연성 가스 발화온도가 낮은 위험물질 등
	② 내면의 튜브의 손상, 변형, 부식 상태	• 심한 손상, 변형, 부식, 깨진 또는 스케일의 부착이 없을 것 • 튜브의 연결 및 용접상태의 결함이 없을 것 • 튜브 및 확관부에 누출이 없을 것
	③ 외면의 손상, 변형, 부식 상태	• 심한 손상, 변형 또는 깨짐이 없을 것
	④ 뚜껑판, 플랜지 등의 상태	• 심한 손상, 변형, 부식 또는 마모가 없을 것 • 개스킷의 손상 또는 탈락이 없을 것 • 누출 또는 풀림이 없을 것
	⑤ 밸브 및 콕의 상태	• 심한 손상 또는 부식이 없고 개폐 작동이 양호할 것 • 깨짐 또는 밸브 등의 벤딩이 없을 것 • 플랜지 개스킷면 및 밸브 시트부 접촉면의 누출이 없을 것
	⑥ 접지의 상태	• 현저한 손상, 변형 또는 부식이 없을 것 • 접지상태가 양호할 것

3. 가열로 (고로, 소각로 등)	① 폭발 또는 화재의 원인이 되는 위험물이 내부에 있는지 여부	• 내부에 폭발 또는 화재의 원인이 되는 위험물이 없을 것 • 금속조각, 나무 등 막힘이 원인이 되는 위험물 • 기타 인화성 액체, 가연성 가스폭발 또는 화재의 원인이 되는 위험물
	② 내면의 튜브의 손상, 변형 부식 등의 상태	• 튜브의 심한 손상, 변형 또는 균열이 없을 것 • 튜브의 코킹에 의한 손상이 없을 것 • 튜브의 국부 가열 또는 고온 변화에 의한 심한 부식이 없을 것
	③ 본체 내면의 손상 부식 상태 검사 • 노내 내화 벽돌 • 배기스택 및 댐퍼 • 버너 등	• 내화재의 현저한 손상, 깨짐 또는 변형이 없을 것 • 배기스택 및 댐퍼의 심한 변형 또는 부식이 없을 것 • 댐퍼의 작동이 양호할 것 • 버너의 심한 변형, 부식, 마모 또는 소손이 없을 것
	④ 외면의 손상, 변형 부식의 상태	• 현저한 손상, 변형, 부식 또는 소손이 없을 것 • 부속배관 및 버너의 가스 누출, 기름 누출이 없을 것
	⑤ 뚜껑판 플랜지 등의 상태	• 심한 손상, 변형, 부식 또는 소손이 없을 것 • 개스킷 탈락 및 누출 또는 풀림이 없을 것
	⑥ 밸브 및 콕의 상태	• 심한 손상, 부식, 깨짐 또는 벤딩이 없을 것 • 플랜지, 개스킷면의 누출이 없을 것 • 밸브시트부의 접촉면의 누출이 없을 것 • 개폐 작동이 양호할 것
	⑦ 접지의 상태	• 심한 손상, 변형 또는 부식이 없을 것 • 접지저항이 설계치 미만일 것
4. 교반장치	① 교반기축의 회전수 및 구동용 모터의 전류치를 측정한다.	• 교반기축의 회전수 및 구동용 모터의 전류치가 설계치를 만족할 것
	② 교반기 모터의 절연저항을 측정한다.	• 측정치가 기준 이내일 것
	③ 축수부의 소음, 진동 및 발열의 상황을 조사한다.	• 축수부에 이상음, 이상진동, 이상발열이 없을 것
	④ 윤활유의 주유상태 및 열화의 유무를 조사한다.	• 윤활유의 주유상태가 양호하고 이물혼입 또는 변색, 오염이 없을 것
	⑤ 각부의 손상, 부식 상태를 검사한다.	• 임펠러, 축 등의 심한 손상, 벤딩, 마모 또는 오염이 없을 것 • 축수부의 이상음, 이상진동이 없을 것

5. 분제 및 배출 가스처리설비	① 구동 모터 기능 상태 유무 • 구동기축의 회전수, 모터의 전류치 • 구동부위의 소음, 진동, 발열상태 • 흡입, 토출측의 온도, 압력 및 흡입량 • 절연저항 적정 여부	• 회전수, 전류치가 적정할 것 • 이상소음, 이상진동, 이상발열이 없을 것 • 온도, 압력 및 흡입량이 적정할 것 • 측정치가 정상적일 것
	② 기기 내부의 상태 이상 유무	• 용기류의 판정기준을 준용할 것
	③ 내부 설치물 및 부속 설비의 손상 막힘 마모, 부식 유무	• 현저한 손상, 막힘, 마모, 부식이 없을 것
	④ 접지기능상태	• 접지저항이 적정할 것 • 접지부분이 부식, 단락 등이 없을 것
	⑤ 전기집진기	• 작동이 원활할 것
6. 예비동력원 기능의 이상 유무	① 예비동력원의 방호막 상태	• 방호막 상태가 양호할 것
	② 전동기 충전부분의 노출 상태	• 노출이 없을 것
	③ 이상 시 교류와 직류 교체 상태 이상 여부	• 교체 기능이 양호할 것
	④ 밸브, 콕, 스위치 등의 이상 유무	• 이상이 없을 것
	⑤ 디젤, 엔진, 스팀 터빈 등 발전기의 기능 상태	• 엔진과 발전기의 회전수, 온도, 소음이 적정하고 이상진동이 없을 것 • 전압이 적정할 것
	⑥ 각부의 윤활유의 주유상태 및 열화 유무를 조사	• 윤활유의 주유상태가 양호하고 이물혼입, 변색, 오염이 없을 것
	⑦ 축전지의 기능 각부 상태의 이상 유무	• 전해조 전압이 적정할 것 • 전해액의 양 및 비중이 적정할 것 • 손상, 풀림, 누출 등이 없을 것
	⑧ 계장용 공기탱크의 이상 유무 • 공기탱크의 입구·출구의 압력 • 각부의 이상 유무	• 입구와 출구의 압력에 이상 압력차가 없을 것 • 압력용기의 판정기준에 따른다.

7. 안전밸브, 긴급차단장치 및 기타안전장치	① 안전밸브 • 설정압력 적정 여부 • 밸브 닫힘 시 누출 여부 • 밸브 몸체, 스프링, 시트 벨로스 등 각부의 상태 조사	• 측정압력이 설정압력치의 ±3% 범위 내일 것 • 밸브 닫힘 시 누출이 없을 것 • 현저한 손상, 부식, 마모가 없을 것
	② 파열판 • 누출 여부 • 홀더의 손상 부식 여부 • 방출관의 부식, 막힘 여부	• 누출이 없을 것 • 손상, 부식 및 막힘이 없을 것
	③ 긴급차단밸브 • 개폐신호를 주어 밸브의 개폐작동 • 밸브 몸체, 시트구동부 등 각부의 이상 여부	• 밸브의 개폐작동이 양호할 것 • 현저한 손상 및 볼트, 너트풀림이 없을 것
	④ 공기차단기 • 공기압축기의 작동상태 • 밸브, 스트레이너, 필터 등 각부의 상태 • 차단 본체의 각부 상태	• 작동상태가 양호할 것 • 상태가 양호할 것 • 각부 상태가 동작이 양호할 것
	⑤ 유압차단기 • 탱크, 정지선 등 상태 • 조작장치, 차단부 개폐조작 상태 이상 유무	• 각부 상태가 양호할 것 • 이상이 없고 조작이 양호할 것
	⑥ 안전마개 손상, 부식, 변형 상태 등 조사	• 손상, 마모, 변형이 없을 것

제**6**장 안전장치

6-1 폭발 격리 시스템(explosion isolation systems)에 대해 설명하시오.

폭발 격리 시스템은 공정설비의 배관 또는 연결 덕트를 통해 다른 설비로의 폭발 화염 및 압력이 확산되는 것을 사전에 격리 또는 완화시켜 설비 등의 손상을 예방하기 위하여 설치하는 일련의 장치를 말한다.

① 자동 고속작동 밸브시스템 : 배관 또는 연결 덕트를 통해 전파하는 화염의 경로를 자동적으로 차단시키는 밸브 시스템

② 화염분출기 : 폭발 시 발생하는 폭발 화염 및 과압을 설비 외부로 분출시키기 위하여 설치하는 장치

③ 화염방지기 : 가연성 가스 또는 인화성 액체를 저장하거나 수송하는 설비 내·외부에서 화재가 발생하는 경우 폭연 및 폭굉 화염이 인접 설비로 전파되지 않도록 차단하는 장치

④ 로터리 밸브 : 매우 작은 간극을 통해 화염을 냉각시켜 폭발이 다른 부분으로 전달되지 않도록 신속히 격리시키는 밸브

⑤ 액봉 : 가스가 비가연성 액체에 의해 차단됨으로써 화염경로를 차단하는 장치

⑥ 화염 억제 시스템 : 폭발 발생 시 이를 억제할 수 있는 물질을 분사

6-2 분출개시압력, 분출압력, 분출정지압력, 분출강하에 대해 설명하시오.
    (1) 분출개시압력(opening pressure)
    (2) 분출압력(popping pressure) 또는 토출압력
    (3) 분출정지압력(closing pressure ; reseating pressure)
    (4) 분출강하(blowdown)

(1) 분출개시압력(opening pressure)

입구 쪽의 압력이 증가하여 출구 측에서 미량의 유출이 지속적으로 검지될 때의 입구 쪽의 압력을 말한다. 이 경우 미량의 유출이란 증기용은 육안 또는 청음에 의

해 검지될 때의 유출, 가스용은 청음 또는 비눗물 등에 의해 검지될 때의 유출로서 밸브시트 누설에 의한 유출은 아니다.

(2) 분출압력(popping pressure) 또는 토출압력

안전밸브 입구 측의 압력이 증가되어 안전밸브가 완전히 개방되며 내부의 유체를 분출할 때의 입구 측에서의 압력을 말한다. 즉, 리프트(lift)가 최대로 될 때의 입구 측에서의 압력이다.

(3) 분출정지압력(closing pressure ; reseating pressure)

입구 쪽의 압력이 감소하여 밸브 몸체가 밸브 시트와 재접촉할 때, 즉 리프트가 제로가 되었을 때의 입구 쪽의 압력으로서, 재착시트압력이라고도 한다.

(4) 분출강하(blowdown)

설정압력과 분출정지압력의 차를 말한다.

6-3 안전밸브를 설치해야 하는 화학설비 및 그 부속설비에 대해 설명하시오.

---

① 압력용기 : 안지름이 600 mm 이하인 압력용기는 제외한다. 관형 열교환기는 관 (tube)의 파열로 인한 압력 상승이 동체의 설계압력 또는 최고허용압력을 초과할 우려가 있는 경우에 한한다.

② 정변위(positive displacement) 압축기류. 다만, 다단 압축기인 경우에는 압축기의 각단

③ 정변위 펌프 등과 같이 토출측의 막힘으로 인한 압력 상승이 관련 기기의 설계압력을 구조적으로 초과할 수 있도록 제작된 펌프류

④ 배관 내의 액체가 2개 이상의 밸브에 의해 차단되어 대기온도에서 액체의 열팽창에 의하여 구조적으로 배관 파열이 우려되는 배관

⑤ 기타 이상 화학 반응, 밸브의 막힘 등의 이상 상태로 인한 압력 상승으로 당해 설비의 설계압력을 구조적으로 초과할 우려가 있는 용기 등

⑥ 위의 규정에 의한 적용대상 용기 등을 연결하는 배관 사이에 역지밸브, 자동조작밸브, 수동조작밸브 등과 같은 차단밸브가 없는 경우에는 하나의 용기 등으로 간주하여 안전밸브 등을 설치할 수 있다.

> **6-4** 안전밸브 대신에 사용하는 파열판(rupture disk)의 다음 사항에 대하여 설명하시오.
> (1) 정의
> (2) 목적
> (3) 특성

(1) 정의

밀폐된 압력용기, 관 등을 이상 압력 시에 과압에 의한 파열로부터 보호하기 위해 설치하는 원판형 또는 돔(dome)형의 얇은 금속막판을 말하며, 용기 내에서의 폭발이나 이상반응 등으로 내압이 이상적으로 상승했을 경우 용기의 설계압력 이하로 설정된 압력에서 파열되어 용기를 보호한다. 파열판은 균일하고 적정한 물리적, 기계적 특성을 가진 순금속이나 합금판으로 만들어지며 내식성이 강하고 크리프(creep) 저항이 큰 것이 바람직하다.

(2) 목적

① 반응 폭주 등 급격한 압력 상승의 우려가 있는 경우
② 독성물질의 누출로 인하여 주위 작업환경을 오염시킬 우려가 있는 경우
③ 운전 중 안전밸브에 이상물질이 누적되어 안전밸브의 기능을 저하시킬 우려가 있는 경우
④ 유체의 부식성이 강하여 안전밸브 재질의 선정에 문제가 있는 경우

(3) 특성

① 안전밸브와 비교하여 설정압력과 파열압력(작동압력)과의 오차가 크다.
② 한번 파열되면 내용물 전체가 방출된다.
③ 재사용이 불가능하며, 한번 파열되면 교체해야 한다.
④ 정기적인 압력방출시험이 불가능하다.
⑤ 파열판의 형식과 재질을 충분히 검토하여 일정 기간을 정하여 교체해야 한다.

6-5 파열판과 스프링식 안전밸브를 직렬로 함께 설치해야 하는 경우와 그 이유
를 설명하시오.
(1) 직렬 설치하는 경우
(2) 설치 이유

---

(1) 직렬 설치하는 경우

① 반응 폭주 등 급격한 압력 상승의 우려가 있는 경우
② 독성물질의 누출로 인하여 주위 작업환경을 오염시킬 우려가 있는 경우(완벽한 격리)
③ 반응성 있는 모노머의 중합에 의해 운전 중 안전밸브에 이상 물질이 누적되어 안전
밸브의 기능을 저하시킬 우려가 있는 경우 등
④ 유체의 부식성이 강하여 안전밸브 재질의 선정에 문제가 있는 경우(안전밸브 보호)
⑤ 누출이 없도록 완벽한 격리가 필요한 인화성 가스를 취급할 경우

(2) 설치 이유

위에서 나열한 직렬 설치하는 경우에 해당하는 바와 같이 대량의 독성물질 등을
저장·취급하는 용기 등에 스프링식 안전밸브만 단독으로 설치하는 경우, 안전밸브
의 오작동 또는 부식 등으로 안전밸브가 개방되어 용기 내의 독성물질 등이 지속적
으로 외부로 유출되어 인명 또는 재산 피해로 이어지거나, 반응성 있는 모노머의 중
합에 의해 운전 중 안전밸브에 이상물질이 누적되어 안전밸브 시트가 안전밸브 바디
에 고착되어 설정압력 이상의 과압이 가해지더라도 개방되지 않아 용기가 파열될 수
있다. 따라서 전단에 파열판을 설치하여 스프링식 안전밸브의 오작동에 의한 누출,
반응성 모노머의 고착, 안전밸브 시트의 부식 등을 예방할 수 있도록 파열판과 안전
밸브를 직렬로 설치하고, 파열판과 안전밸브 사이에는 누출을 탐지할 수 있는 압력
지시계 또는 경보장치를 설치한다.

6-6 안전밸브를 리프트(밸브 본체가 밀폐된 위치에서 분출량 결정압력의 위치까
지 상승했을 때의 수직방향 치수)에 따라 분류하고 각각 설명하시오.
(1) 양정식 안전밸브(lift safety valve)
(2) 전량식 안전밸브(full bore safety valve)

양정이란 안전밸브 내부에서 압력이 상승하여 안전밸브가 닫혀 있는 상태에서 분출량 결정 압력의 위치까지 열리며 상승하였을 때 수직방향의 이동 거리를 말한다.

(1) 양정식 안전밸브(lift safety valve)

안전밸브의 리프트가 밸브 시트 입구 지름의 1/40 이상 1/4 미만으로 밸브 몸체가 열렸을 때 유로 면적 중에서 밸브 시트 유로 면적(커튼 면적)이 최소가 되는 안전밸브
① 저양정식 : 안전밸브의 작동거리가 배수구 지름의 1/40 이상 1/15 미만
② 고양정식 : 안전밸브의 작동거리가 배수구 지름의 1/15 이상 1/7 미만
③ 전양정식 : 안전밸브의 작동거리가 지름의 1/7 이상의 것으로 배수구 지름의 1/7을 열 때 유체 통로의 면적보다도 그 외 부분 유체의 최소 통로 면적을 10% 이상 크게 한다.

(2) 전량식 안전밸브(full bore safety valve)

밸브 시트 유로 면적이 밸브 몸체와 밸브 시트가 닿는 면에서 하부에서의 노즐의 목부 면적보다 충분히 큰 리프트를 얻을 수 있는 안전밸브로 배수구 지름이 목부 지름의 1.5배 이상이며 밸브가 열린 경우 밸브의 유체 통로 면적이 목부 면적의 1.05배 이상으로 안전밸브의 입구 및 배관유체 통로의 면적은 목부 면적의 1.7배 이상으로 한다.

참고

1. 작동기구에 의한 분류
 ① 스프링식
  • 가변 스프링 장력이 증가하는 압력을 스프링이 압축되면서 상쇄
  • 릴리프 설정압력은 대체적으로 통상운전 압력보다 10% 높게 설정
  • 배압의 영향을 받지 않는 곳에 주로 사용
 ② 레버식
 ③ 중추식

2. 배기에 의한 분류
 ① 개방형 : 독성이 없는 경우 사용
 ② 밀폐형 : 가연성 가스 또는 독성인 경우 사용
 ③ 벨로스형 : 부식성 유체 또는 배압이 있는 경우에 적용

> **6-7** 릴리프 시스템(relief system)을 설계하기 위한 순서를 기술하고 설계 시 유의해야 할 사항을 설명하시오.
> (1) 릴리프 시스템(relief system) 설계 순서
> (2) 설계 시 고려사항

(1) 릴리프 시스템(relief system) 설계 순서

① 안전장치 적용 대상 보호기기의 설계 조건(설계압력, 설계온도, MAWP 등) 파악
② 적용 대상의 폭발 특성(최고압력, 압력상승 속도, 화염전파 속도 등) 예측
③ 안전장치에 요구되는 특성(필요분출량, 안전장치의 작동시간, 요구특성, 유효작동 한계 등)의 명확화
④ 경제성, 조작용이성, 공사용이성 등을 고려하여 최적 방법의 선택
⑤ 설치방법(배출물 처리 방법, 2차적인 피해 확산 방지 적정 여부)의 검토
⑥ 설계 근거의 명시
⑦ 안전장치의 품질(설계의도와 부합하여 정해진 조건에서 작동하는지 여부) 확인

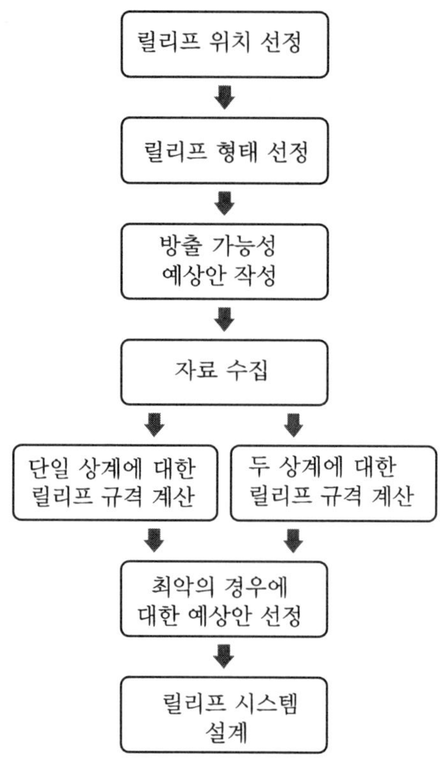

릴리프 시스템 설계 순서

(2) 설계 시 고려사항

① 급격한 압력 상승이나 폭발 압력 방출에는 스프링식 안전밸브는 적당하지 않다.

② 방출유체가 고점도이어서 고체의 부착으로 안전밸브가 정상적으로 작동하지 않을 가능성이 있는 경우에는 전단에 파열판을 설치한다.

③ 독성물질을 배출할 우려가 있는 경우에는 안전밸브 전단에 파열판을 설치해야 한다.

6-8 안전밸브를 설치 시 설정압력과 축적압력 기준에 대하여 설명하시오.
　　(1) 설정압력
　　(2) 축적압력

---

(1) 설정압력

안전밸브 등의 설정압력은 보호하려는 용기 등의 설계압력 또는 최고허용압력 이하이어야 한다. 다만, 다음 각 항의 경우와 같이 배출용량이 커서 둘 이상의 안전밸브 등을 설치하는 경우에는 예외이다.

① 외부 화재가 아닌 다른 압력 상승 요인에 대비하여 둘 이상의 안전밸브 등을 설치할 경우에는 하나의 안전밸브 등은 용기 등의 설계압력 또는 최고허용압력 이하로 설정해야 하고 다른 것은 용기 등의 설계압력 또는 최고허용압력의 105% 이하로 설정할 수 있다.

② 외부 화재에 대비하여 둘 이상의 안전밸브 등을 설치할 경우에는 하나의 안전밸브 등은 용기 등의 설계압력 또는 최고허용압력 이하로 설정해야 하고 다른 것은 용기 등의 설계압력 또는 최고허용압력의 110% 이하로 설정할 수 있다.

(2) 축적압력

① 설치 목적이 화재로부터의 보호가 아닌 경우

　(가) 안전밸브를 1개 설치하는 경우에는 안전밸브의 축적압력은 설계압력 또는 최고허용압력의 110% 이하이어야 한다.

　(나) 안전밸브를 2개 이상 설치하는 경우에는 안전밸브의 축적압력은 설계압력 또는 최고허용압력의 116% 이하로 해야 한다.

② 설치 목적이 화재로부터의 보호인 경우에는 안전밸브의 수량에 관계없이 설계압력 또는 최고허용압력의 121% 이하이어야 한다.

안전밸브의 설정압력 및 축적압력

원 인	하나의 안전밸브 설치 시		여러 개의 안전밸브 설치 시	
	설정압력	축적압력	설정압력	축적압력
화재 시가 아닌 경우				
첫 번째 밸브	100%	110% 이하	100%	116% 이하
나머지 밸브	–	–	105%	116% 이하
화재 시인 경우				
첫 번째 밸브	100%	121% 이하	100%	121% 이하
나머지 밸브	–	–	110%	121% 이하

㋙ 모든 수치는 설계압력 또는 최고허용압력에 대한 %이다.

> **6-9** 안전밸브 설치 위치 및 설치 방법에 대하여 설명하시오.
> (1) 설치 위치
> (2) 설치 방법

(1) 설치 위치

① 보호대상 용기 등의 상부 기상/증기 공간 또는 기상 / 증기 공간에 연결된 배관에 설치해야 한다.

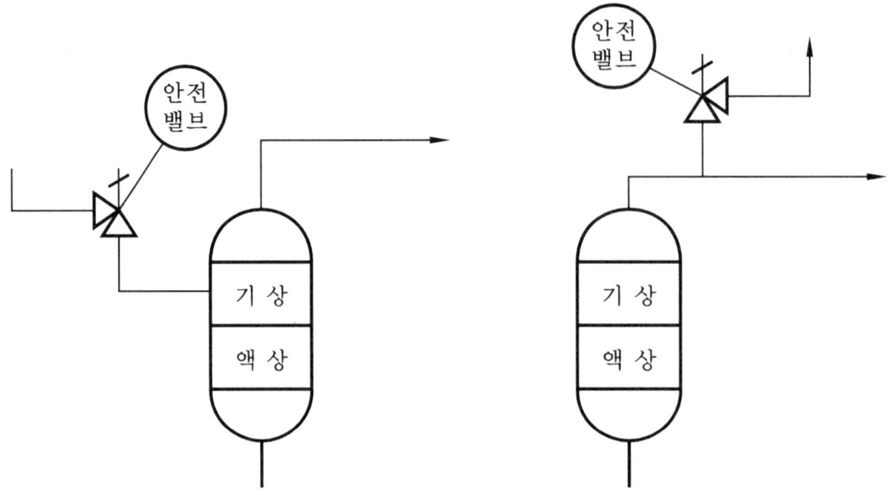

안전밸브 등의 설치위치

② 열팽창용 안전밸브는 정상 액면보다 낮은 액면 공간에 설치한다.

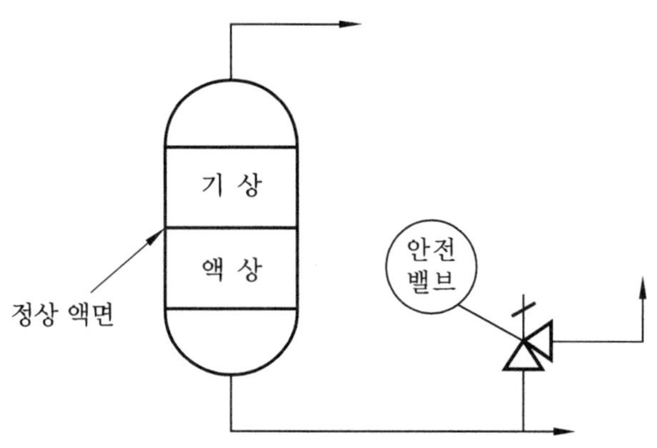

열팽창 안전밸브의 설치 위치

(2) 설치 방법

① 설치대상 용기 등에서 안전밸브 등의 인입 플랜지까지의 인입배관 내에서의 압력손실은 설정압력의 3% 이하이어야 한다.

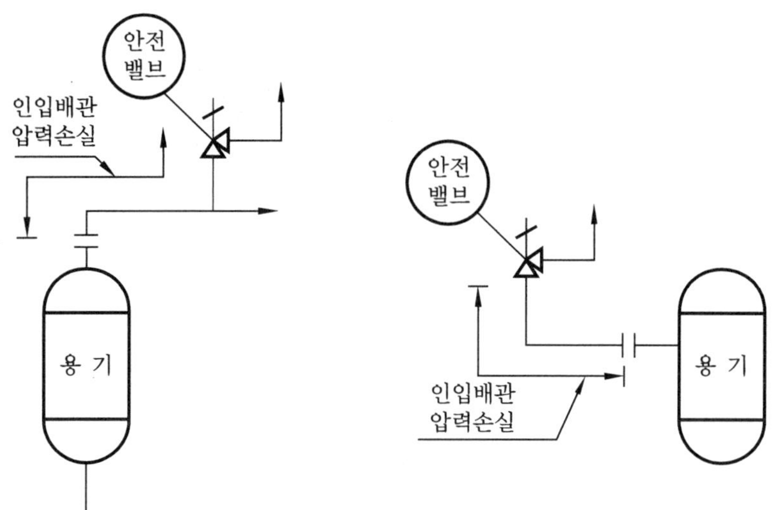

안전밸브 등의 인입배관 압력손실

② 안전밸브 등의 인입측 배관의 호칭지름은 안전밸브 등의 인입 플랜지의 호칭 치수와 같거나 그 이상이어야 한다.

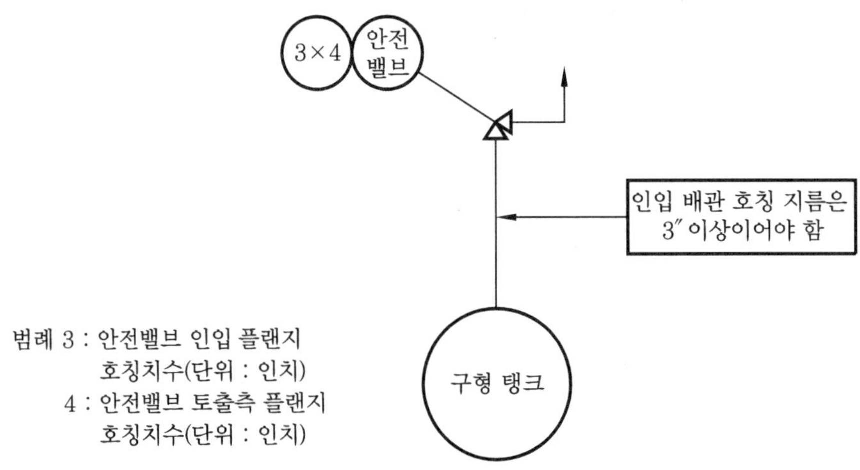

안전밸브 등의 인입배관 호칭지름

③ 2개 이상의 안전밸브 등이 하나의 연결부위에 설치되어 필요한 분출량을 배출하도록 된 경우에는, 연결배관의 내부 단면적은 각 안전밸브 등의 인입단면적 합계와 같거나 그 이상이어야 한다. 다만, 예비로 설치된 안전밸브 등에는 이를 적용하지 아니한다.

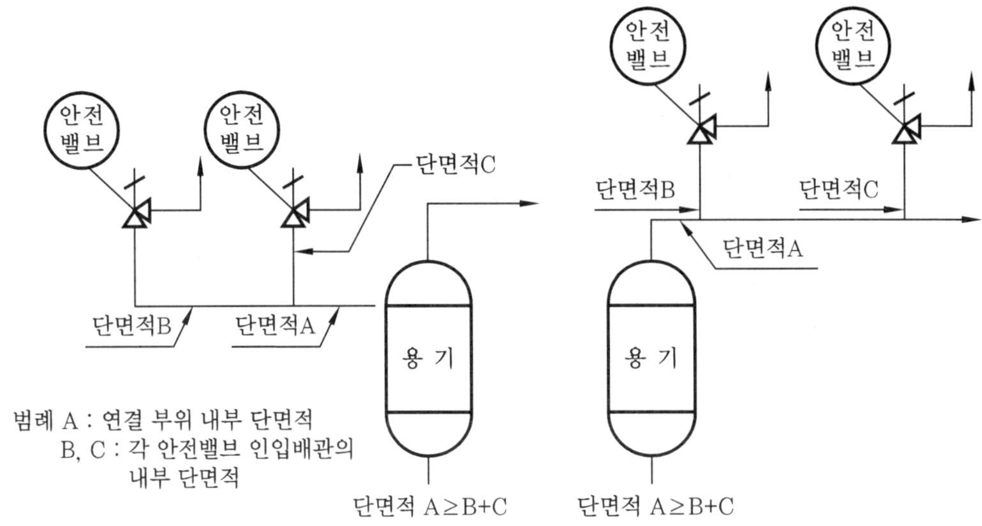

2개 이상의 안전밸브 등이 설치된 경우 연결배관의 내부 단면적

④ 안전밸브 등의 토출측 배관의 호칭지름은 안전밸브 등의 토출측 플랜지의 호칭치수와 같거나 그 이상이어야 한다.

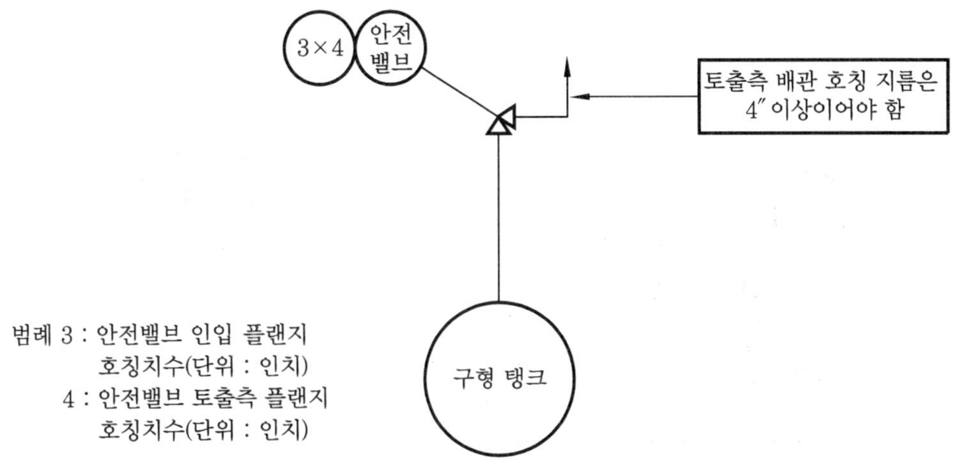

안전밸브 등의 토출측 배관 호칭지름

⑤ 안전밸브의 토출측 배관은 안전밸브로부터 토출된 유체가 배관 내에 정체되지 않도록 설치되어야 한다.

⑥ 점도가 높거나 응고되기 쉬운 물질 또는 결빙에 의하여 안전밸브 등의 막힘이 있을 수 있는 경우에는, 안전밸브 등과 그 인입배관 및 토출측 배관에 이를 방지하기 위해 가열·단열 등 적절한 조치를 해야 한다.

⑦ 파열판과 안전밸브가 직렬로 설치되는 경우에는 파열판과 안전밸브 사이에 파열판의 파열 또는 누출을 탐지할 수 있는 압력 지시계 또는 경보장치를 설치해야 한다.

6-10 안전밸브의 전후에는 원칙적으로 차단밸브를 설치할 수 없다. 예외적으로 차단밸브를 설치할 수 있는 경우를 그림을 그려 언급하시오.

(1) 인접한 용기 등에 안전밸브 등이 이중으로 설치되어 있는 경우

(2) 안전밸브 등의 배출용량의 50% 이상에 해당하는 용량의 자동 조절 밸브(단, 구동용 동력의 공급 차단 시 열리는 구조인 것에 한함)와 안전밸브 등이 병렬로 연결된 경우

(3) 복수방식으로 안전밸브 등이 설치된 경우

(4) 예비용 용기 등이 설치되고 각각의 용기에 안전밸브 등이 설치된 경우

(5) 열팽창에 의한 압력 상승을 방출하기 위한 안전밸브의 경우

(1) 인접한 용기 등에 안전밸브 등이 이중으로 설치되어 있는 경우

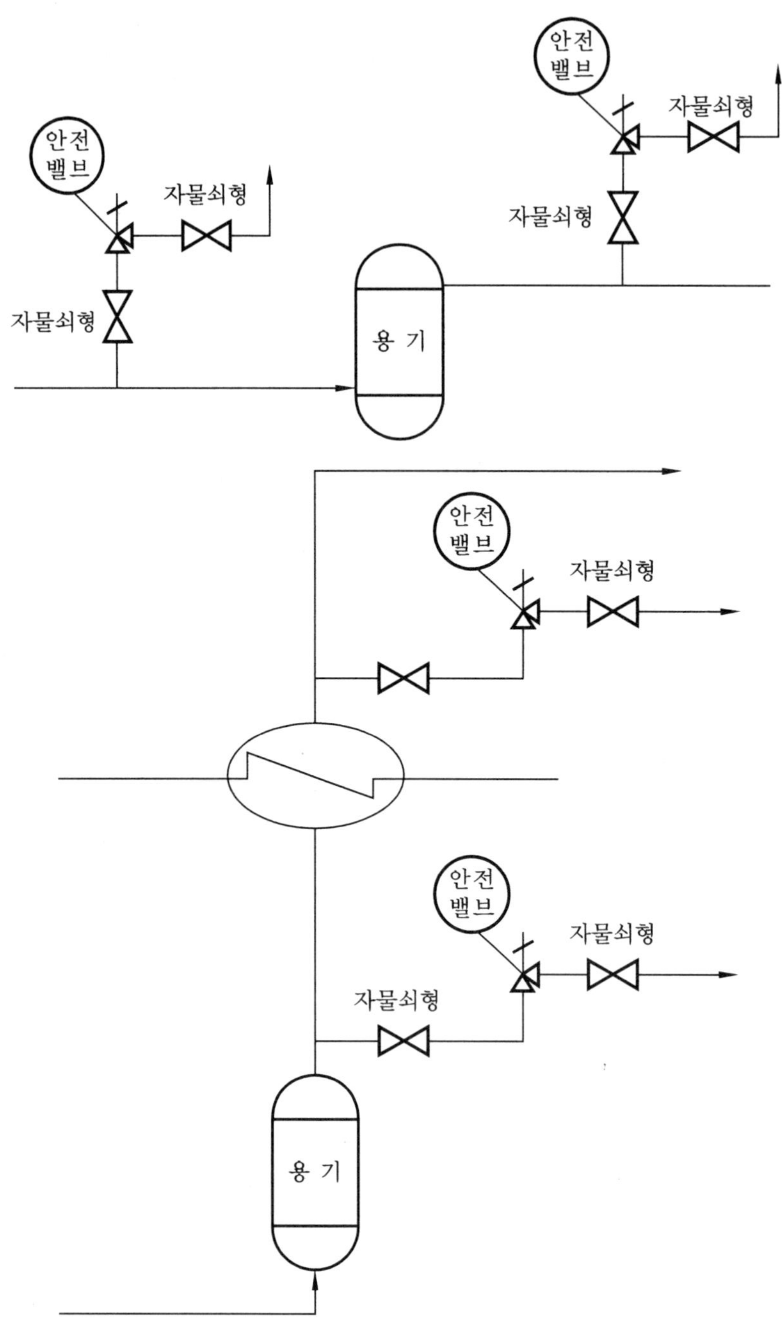

(2) 안전밸브 등의 배출용량의 50% 이상에 해당하는 용량의 자동 조절 밸브(단, 구동
  용 동력의 공급 차단 시 열리는 구조인 것에 한함)와 안전밸브 등이 병렬로 연결된
  경우

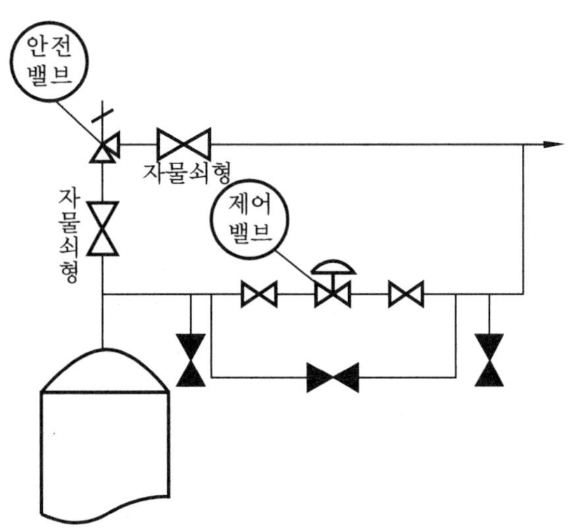

(3) 복수방식으로 안전밸브 등이 설치된 경우

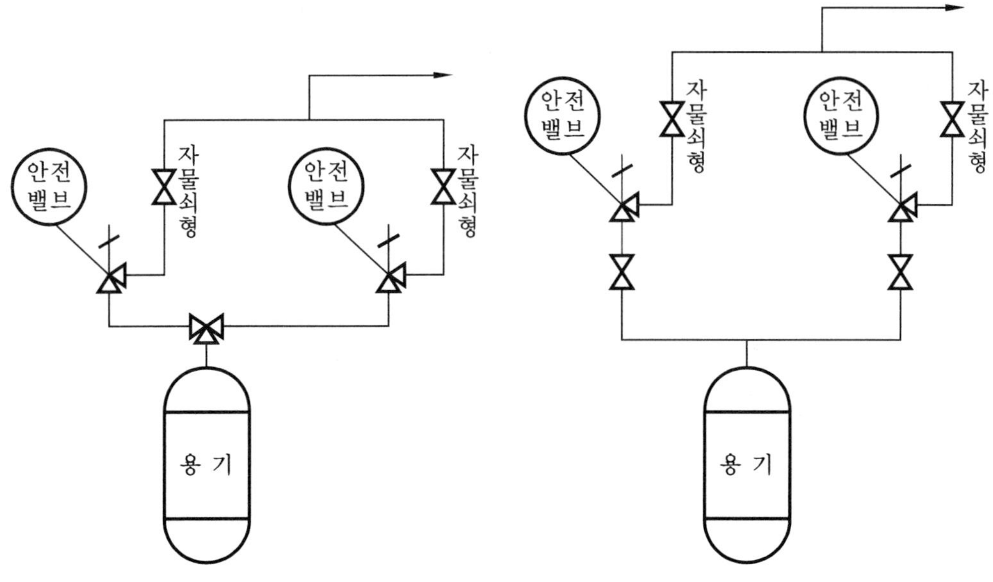

(4) 예비용 용기 등이 설치되고 각각의 용기에 안전밸브 등이 설치된 경우

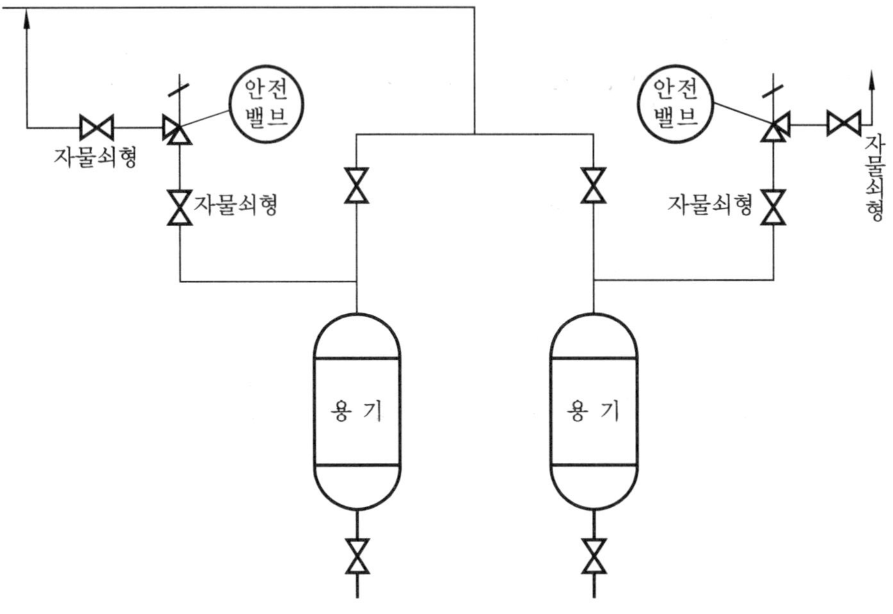

(5) 열팽창에 의한 압력상승을 방출하기 위한 안전밸브의 경우

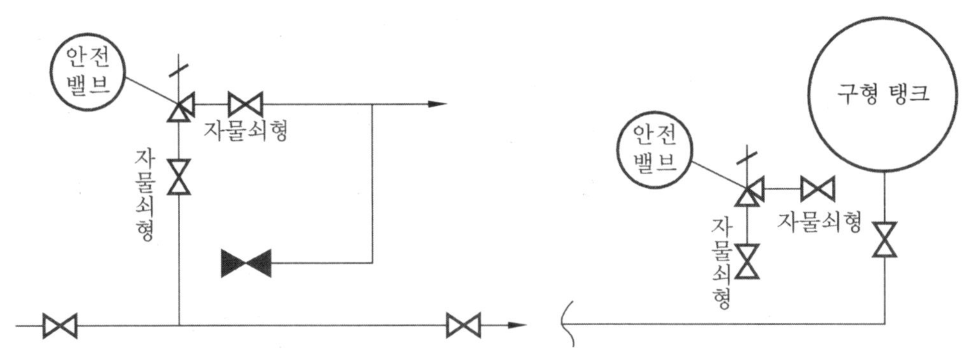

6-11 압력용기의 설계압력을 100으로 하였을 때 통상적인 최대운전 압력, 블로다운, 최대허용 설정압력을 그림으로 그려 표시하고 다음 각각의 용어에 대하여 설명하시오.

    (1) 설계 압력(design pressure)

    (2) 설정 압력(set pressure)

    (3) 최고허용압력(maximum allowable working pressure)

    (4) 축적압력(accumulated pressure)

    (5) 분출개시압력(opening pressure)

    (6) 분출압력(popping pressure)

    (7) 분출정지압력(closing pressure ; reseating pressure)

    (8) 분출강하(blowdown)

    (9) 리프트(lift)

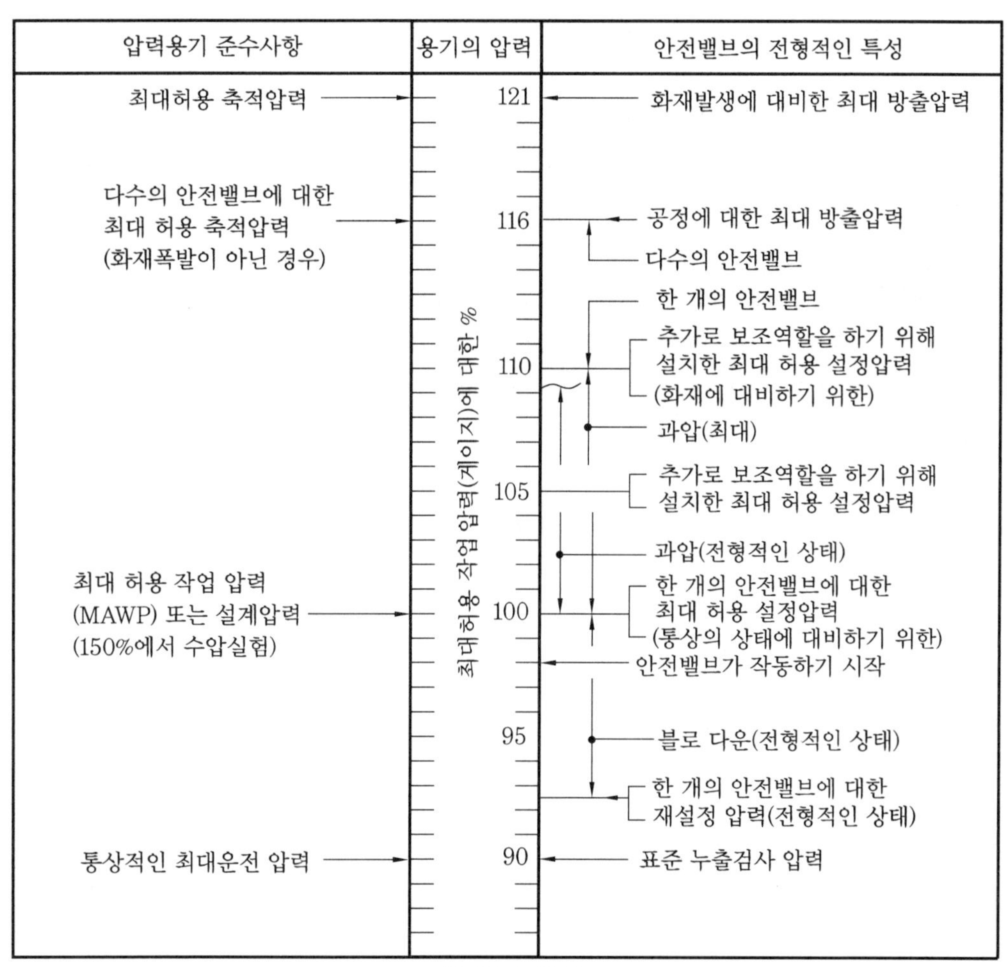

안전밸브 특성

(1) 설계압력(design pressure)

용기 등의 최소 허용두께 또는 용기의 여러 부분의 물리적인 특성을 결정하기 위하여 설계 시에 사용되는 압력

(2) 설정압력(set pressure)

운전 중에 안전밸브가 열리도록 설정한 안전밸브 입구측에서의 게이지 압력

(3) 최고허용압력(maximum allowable working pressure)

용기의 제작에 사용된 재질의 두께(부식여유 제외)를 기준으로 하여 산출된 용기 상부에서의 허용 가능한 최고의 압력

(4) 축적압력(accumulated pressure)

안전밸브 등이 작동될 때 안전밸브에 의하여 축적되는 압력으로서 그 설비 내에서 순간적으로 허용될 수 있는 최대 압력

(5) 분출개시압력(opening pressure)

입구 쪽의 압력이 증가하여 출구 측에서 미량의 유출이 지속적으로 검지될 때의 입구 쪽의 압력

(6) 분출압력(popping pressure) 또는 토출압력

안전밸브 입구 측의 압력이 증가되어 안전밸브가 완전히 개방되며 내부의 유체를 분출할 때의 입구 측에서의 압력. 즉, 리프트(lift)가 최대로 될 때의 입구 측에서의 압력

(7) 분출정지압력(closing pressure ; reseating pressure)

입구 쪽의 압력이 감소하여 밸브 몸체가 밸브 시트와 재접촉할 때, 즉 리프트가 제로가 되었을 때의 입구 쪽의 압력으로서, 재착시트압력이라고도 한다.

(8) 분출강하(blowdown)

설정압력과 분출정지압력의 차

(9) 리프트(lift)

안전밸브의 닫힘 위치에서 안전밸브 분출 중의 밸브 열림 위치까지 밸브 몸체가 축 방향으로 이동한 거리

6-12 산업안전보건법에서 규정한 가스누출감지경보기 설치장소 5개소를 쓰시오.

---

① 건축물 내·외에 설치되어 있는 가연성물질 및 독성물질을 취급하는 압축기, 밸브, 반응기, 배관 연결부위 등 가스의 누출이 우려되는 화학설비 및 그 부속설비 주변
② 가열로 등 발화원이 있는 제조설비 주위에 가스가 체류하기 쉬운 장소
③ 가연성물질 및 독성물질의 충전용 설비의 접속부위 주위
④ 방폭지역 내에 위치한 변전실, 배전반실, 제어실 등
⑤ 기타 특별히 가스가 체류하기 쉬운 장소

6-13 분진 발생 설비 및 제진 설비의 구조에 대하여 설명하시오.
    (1) 분진 발생 설비의 구조
    (2) 제진 설비의 구조

---

(1) 분진 발생 설비의 구조

① 분진 발생 설비는 뚜껑을 설치하거나 밀폐구조로 하여 가능한 한 분진이 외부로 비산되지 않도록 해야 한다.
② 설비가 설치되는 건축물의 바닥 및 기타 표면에 분진이 누적, 비산되지 않도록 제거되어야 한다.
③ 분쇄기의 입구에는 인입되는 금속과 설비와의 접촉으로 인한 스파크의 발생을 방지하기 위하여 금속분리 장치를 설치해야 한다.

(2) 제진 설비의 구조

① 제진 설비는 벽이 있는 건축물 내부에 설치하여서는 아니된다. 다만, 다음의 경우에는 적용하지 아니한다.
  ㉮ 제진 설비는 가능한 한 외부로 향한 벽 근처에 설치하고 그 배기덕트는 짧게 외부로 설치하며 제진 설비 및 덕트가 그 내부 폭발압력에 견딜 수 있도록 설계하는 경우
  ㉯ 제진 설비 내부에 불활성 가스를 봉입 또는 폭발방호장치를 설치한 경우
② 모든 분진 발생 설비는 제진 설비에 연결되어야 하며, 제진 설비가 가동하지 않을 때에는 분진 발생 설비도 가동이 되지 않도록 조치해야 한다.
③ 여과포를 사용하는 제진 설비에는 차압계 또는 차압을 측정할 수 있는 압력 측정 장

치를 설치해야 하며, 여과포는 도전성 재질을 사용해야 한다.

④ 제진 설비 가동 정지 시에는 경보 또는 경광등이 작동되어야 한다.

⑤ 내부 고착물에 의한 열축적 등의 우려가 있는 경우에는 온도계를 설치해야 한다.

> **6-14** 긴급차단밸브 또는 긴급개방밸브의 다음 사항에 대해 설명하시오.
>
> (1) 긴급차단밸브 개요
> (2) 긴급개방밸브 개요
> (3) 긴급차단밸브의 설치범위
> (4) 긴급차단 및 개방밸브의 설치위치
> (5) 긴급차단 및 개방밸브의 구조
> (6) 탑류의 정체량

(1) 긴급차단밸브 개요

배관상에 설치되어 주위의 화재 또는 배관에서 위험물질 누출 시 원격 조작 스위치에 의해 유체의 흐름을 차단할 수 있는 밸브 또는 긴급 차단 기능을 갖는 조절 밸브(control valve)이다.

(2) 긴급개방밸브 개요

배관상에 설치되어 폭주반응(runaway reaction)이나 운전 실패로 압력용기에 과도한 압력 상승이 발생할 경우 원격 조작 스위치에 의해 밸브를 개방하여 용기 내부의 압력을 해소할 목적으로 설치되는 밸브 또는 긴급 개방 기능을 갖는 조절 밸브이다.

(3) 긴급차단밸브의 설치범위

① 다음 각목의 탱크인입 및 출구배관(다만, 인입배관에는 역지밸브 등과 같이 역류방지를 위한 조치를 하였을 경우에는 예외)

  ㈎ 가연성가스를 액체상태로 저장하는 설계용량 $5\,m^3$ 이상의 탱크

  ㈏ 독성물질 중 대기압 35℃에서 기체로 존재하는 물질을 액체상태로 저장하는 설계용량 $5\,m^3$ 이상의 탱크

  ㈐ 인화성물질 중 인화점이 30℃ 미만인 물질을 저장하는 것으로 4면이 벽으로 둘러 쌓여 있는 건축물 내에 설치되는 설계용량 $10\,m^3$ 이상의 탱크

② 다음 각목의 탑류 하부의 출구배관(다만, 최대운전액면보다 높은 곳에 설치된 배관 또는 비상시에 그 배관이 차단되어서는 아니 되는 특수한 경우는 예외)

    ⑺ 가연성가스의 액체 정체량이 $10\,m^3$ 이상인 탑류

    ⑻ 비점 이상에서 운전되는 독성물질의 정체량이 $10\,m^3$ 이상인 탑류

    ⑼ 비점 이상에서 운전되는 인화성물질의 정체량이 $30\,m^3$ 이상인 탑류

③ 연속으로 운전되는 발열반응기 및 가열로의 원료 또는 연료공급 배관

    (다만, 공칭지름 $38\,mm(1\frac{1}{2}'')$ 미만의 배관에는 예외)

(4) 긴급차단 및 개방밸브의 설치위치

① 탱크, 탑류의 배관에 설치되는 긴급차단 및 개방밸브는 가능한 한 탱크 또는 탑류에 가깝게 설치한다.

② 반응기에 설치되는 자동긴급차단밸브는 원료공급배관에 설치하고, 긴급개방밸브는 반응물 배출배관에 설치한다. 가열로에 설치되는 긴급차단밸브는 연료공급배관에 설치한다.

③ 긴급차단 및 개방밸브 조작용 원격조작스위치는 운전자가 안전하고 쉽게 조작할 수 있는 장소에 설치한다.

(5) 긴급차단 및 개방밸브의 구조

① 긴급차단 및 개방밸브 본체는 배관의 설계압력 및 설계온도에 견디는 구조로 한다.

② 긴급차단밸브는 전기 또는 공기 등의 구동용 동력원 공급 차단 시 닫히는 구조로, 긴급개방밸브는 열리는 구조로 한다.

③ 긴급차단 및 개방밸브 등은 취급유체에 대하여 내식성 및 내마모성 재질이다.

(6) 탑류의 정체량

탑 하부로부터 최대운전액면까지의 액량을 말한다.

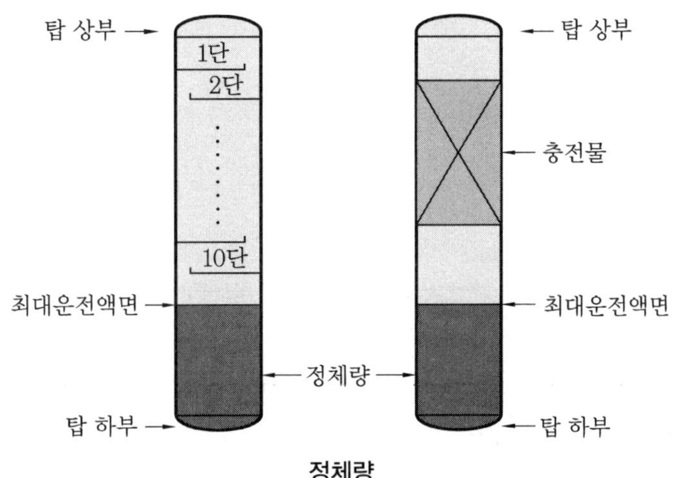

정체량

> **6-15** 화염방지기의 용도와 종류, 형식 및 구조, 설치 및 관리에 대해 설명하시오.
>
> (1) 용도
> (2) 기능상 종류
> (3) 목적상 종류
> (4) 화염방지기의 형식 및 구조
> (5) 화염방지기의 설치 및 관리

(1) 용도

① 가연성 혼합기 중의 화염 전파를 방지하기 위해 반응기나 배관 중에 설치하는 안전 기구로써 금망, 다공 금속판, 소결속 금속판 등을 충전한 형식의 화염 흐름을 차단하는 장치

② 인화점이 38℃ 이하인 인화성 액체를 저장·취급하는 설비에서 증기를 대기로 방출하는 경우에 적용(다만, 인화점이 38℃ 이상 65℃ 이하의 인화성 액체인 경우에는 40 mesh 이상의 인화방지망으로 대체하여 설치 가능)

③ 공정의 특성에 따라 산화반응이 일어나는 반응기의 원료 공급 배관이나 대기압에 가까운 압력으로 운전되는 용기류에서 가연성 가스를 대기로 배출할 때에도 적용 가능

(2) 기능상 종류

① 폭연방지기 : 폭연의 전파를 방지하기 위하여 설계된 화염방지기
② 폭굉방지기 : 폭굉의 전파를 방지하기 위하여 설계된 화염방지기

(3) 목적상 종류

① 관말단 폭연방지기 : 대상물질을 저장·취급하는 설비로부터 증기 또는 가스를 대기로 방출하는 통기관의 말단 부분에 설치하여 설비 외부에서 발생한 화염이 설비 내부로 전파되지 않게 보호

② 관내 폭연방지기 : 대상물질을 저장·취급하는 설비 사이에 연결된 배관 중에 설치하여 일방의 설비에서 화재 및 폭발이 발생할 경우 반대편으로 화염전파를 차단하는 기능

③ 관내 폭굉방지기 : 대상물질을 저장·취급하는 설비 사이에 한쪽 설비에서 화재 및 폭발이 발생하여 긴 배관 내에 가속화된 폭굉파가 발생할 경우 폭굉의 전파를 차단하는 기능

(4) 화염방지기의 형식 및 구조

① 소염소자식 화염방지기

㈎ 본체는 금속제로서 내식성이 있어야 하며, 폭발 및 화재로 인한 압력과 온도에 견딜 수 있을 것

㈏ 소염소자는 내식·내열성이 있는 재질이어야 하고, 이물질 등의 제거를 위한 정비작업이 용이할 것

㈐ 개스킷은 내식·내열성 재질일 것

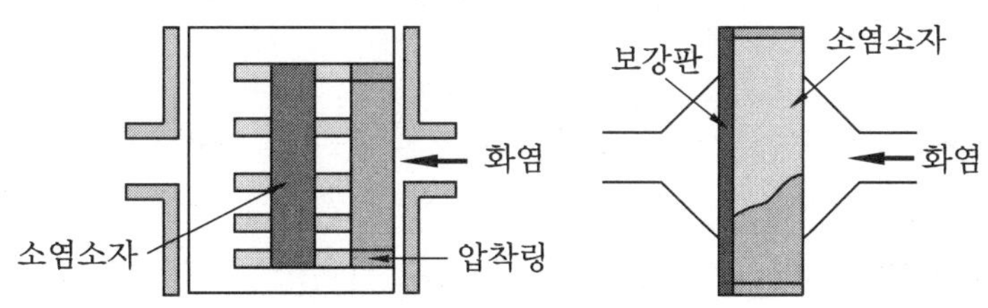

소염소자식 화염방지기의 단면

② 액봉식(liquid seal) 화염방지기

㈎ 본체는 불연성이어야 하고, 담금 액체에 대하여 내식성이 있을 것

㈏ 담금 액체는 비독성이며 불연성 액체로서 보호대상 화학설비에서 취급하는 물질에 대하여 화학적으로 안정할 것

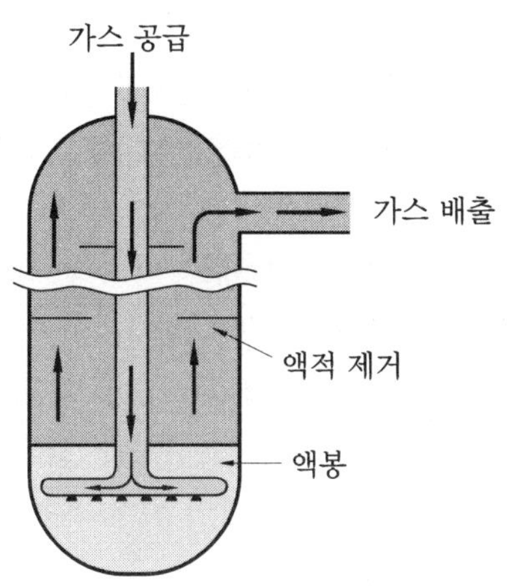

액봉식 화염방지기

(5) 화염방지기의 설치 및 관리

① 화염방지기는 보호 대상 화학설비의 통기관(vent) 끝단에 설치한다.

② 통기관에 브리더밸브가 있는 경우는 당해 화학설비와 브리더밸브 사이에 화염방지기를 설치(다만, 브리더밸브가 설치된 경우에는 화염방지기 설치 생략 가능)한다.

③ 화염방지기가 결빙되어 막힐 우려가 있는 경우에는 화염방지기에 보온 등 적절한 결빙방지 조치를 한다.

> **6-16** 화염검출기(flame eye)의 개요 및 검출 방법에 따른 종류에 대해 설명하시오.
>
> (1) 개요
> (2) 검출 방법에 따른 종류

(1) 개요

버너의 화염 유무를 감시 검출하여 화염의 유무에 따라 연료 차단신호, 경보 신호 등을 송출하는 기기로서, 기름 및 가스 점화 보일러 등에는 그 연소장치에 버너가 이상 소화(消火)되었을 때 신속하게 그것을 탐지하는 장치이며, 만약 화염검출기가 정확하게 동작하지 않는 경우 노내(爐內) 가스 폭발 발생의 원인이 된다.

(2) 검출 방법에 따른 종류

화염검출기는 그 성능상 전자관식 화염검출기의 사용을 원칙으로 하기 때문에 화염 검출기라 하면 전자관식(flame eye)의 것을 가리키는 경우가 많다.

① 화염 빛의 유무에 따라 화염 검출을 하는 전자관식 화염 검출기(flame eye) : 버너 불꽃으로부터의 광선을 포착할 수 있는 위치에 부착되어 입사광(入射光)의 에너지를 광전관(光電管)에서 포착하여 출력 전류를 신호로 해서 조절부에 보내는 역할을 한다.

② 화염의 발열을 검출하는 방식의 바이메탈식 화염 검출기(stack switch) : 연도(煙道)에 설치된 바이메탈 온도 스위치로 버너가 착화되면 연도가스의 온도가 상승하고 바이메탈 스위치는 전기회로를 닫고, 반대로 버너가 점화되지 않거나 또는 불이 꺼졌을 때는 전기회로가 열려, 이 ON-OFF를 신호로 조절부에 보낸다.

③ 화염의 전기적 성질을 이용하는 방식의 플레임 로드(flame lod) : 버너의 분사구에 가까운 화염 중에 설치된 전극으로 화염은 전기를 전달하는 성질이 있기 때문에 화염이 있을 때는 전극에 전류가 흐르고, 화염이 없을 때는 전기가 흐르지 않도록 한 것이다. 이 전기의 흐름 유무를 조절부에 보낸다.

> **6-17** 화학공장의 플레어 시스템을 구성하고 있는 요소에 대하여 상세히 기술하시오.
>
> (1) 상호 연결포집 배관 시스템(interconnecting collection network)
> (2) 액체 제거 관련 설비
> (3) 플레어 스택
> (4) 플레어 시스템의 부대장치

(1) 상호 연결포집 배관 시스템(Interconnecting collection network)

① 각각의 안전밸브 및 기타 배출원으로부터의 토출 배관
② 각각의 토출배관을 연결한 지선
③ 각각의 지선을 연결한 플레어 헤더

(2) 액체 제거 관련 설비

① 녹아웃 드럼
② 이송펌프 및 부대설비

(3) 플레어 스택

① 본체
③ 플레어 스택 지지대
⑤ 자동 점화장치
② 플레어 팁 또는 버너
④ 파일럿 버너
⑥ 유틸리티 배관(수증기, 연료가스, 계장용 공기 등)

(4) 플레어 시스템의 부대장치

① 화염감지기 및 모니터
③ 연기 억제조절장치
⑤ 경보기를 포함한 계장
② 역화방지기
④ 격리장치

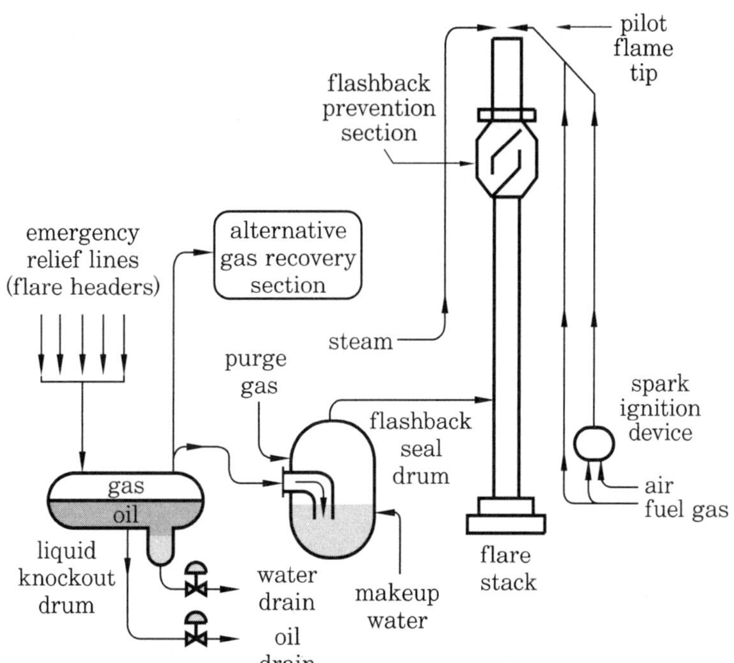

플레어 스택 계통도

> **6-18** 화학공장의 플레어 스택(flare stack)의 종류 및 요구사항에 대하여 상세히 기술하시오.
>
> (1) 엘리베이트 플레어(elevated flare)
>
> (2) 그라운드 플레어(ground flare)

(1) 엘리베이트 플레어(elevated flare)

가스를 높은 장소에서 연소, 배출하는 탑형으로 공간의 확보가 용이하고 배관 크기를 축소하는 등의 장점이 있지만 초기 설치 비용이 높고 유지·보수가 곤란하다.

① 스택형은 스택 지지대, 플레어 팁, 파일럿 버너, 파일럿 점화장치, 점화 가스 배관 및 연기 억제용 스팀 배관 등으로 구성된다.

② 자체적으로 지지되거나 또는 가이드 와이어에 의해 지지 가능할 것

③ 공장내 근로자 및 설비와 인근 주민에게 복사열과 소음에 의한 영향을 최소화시킬 것

④ 입자상 또는 부식성 물질이 포함된 폐가스의 소각이 가능할 것

(2) 그라운드 플레어(ground flare)

가스를 지상에서 소각, 방출하는 방식으로 지지구조물이 필요하지 않아 경제적으로 유리하며 유지·보수도 용이하다. 그러나 설치에 상당한 공간이 필요해 중소규모 화학공장에서는 적합하지 않으며 독성물질의 소각에는 적당하지 않다.

① 발광 및 소음 발생 수준을 최소화시킬 것

② 독성 및 오염물질 등을 부생시켜서는 안 될 것

③ 일반적으로 높이는 40 m 이하로 할 것

> **6-19** 화학공장의 플레어 스택(flare stack) 설치 시 고려사항에 대하여 상세히 기술하시오.

① 연소가스의 방출에 따른 국내법규상의 기준을 만족해야 한다.

② 공정지역, 저장지역, 지상으로부터의 높이 및 사람과 관련하여 플레어의 위치 및 이격거리는 복사열, 연소생성물의 착지농도를 기준으로 충분히 떨어져야 한다.

③ 플레어 스택에 액체가 유입되지 않도록 방출가스와 비말동반된 액체의 제거능력이

충분해야 한다.

④ 플레어 시스템으로 산소가 유입되지 않도록 해야 하며, 특히 안전밸브 등 보수 시에 주의해야 한다.

⑤ 내부 폭발예방을 위한 화염역류방지 장치를 설치해야 한다.

⑥ 파일럿 점화장치 및 조절장치가 안전한 곳에 위치해야 한다.

⑦ 플레어 헤더를 연료가스 또는 불활성 가스로 치환할 수 있는 장치를 설치해야 한다.

⑧ 산소가 함유된 물질은 별도의 플레어 시스템에서 처리해야 한다.

⑨ 불꽃이 꺼지지 않도록 유속 산정에 주의해야 한다.

⑩ 고온 및 저온, 부식성 등 유체의 물성을 고려하여 재질을 선정해야 한다.

6-20 화학공장의 플레어 스택(flare stack) 설계 시 고려사항에 대하여 상세히 기술하시오.
  (1) 상호 연결 포집 배관 시스템의 부하
  (2) 플레어 헤더의 설계
  (3) 녹아웃 드럼(knockout drum)
  (4) 밀봉 드럼(seal drum)
  (5) 플레어 스택의 크기 결정
  (6) 플레어 스택의 높이
  (7) 버너팁에서 방출속도와 방출열

---

(1) 상호 연결 포집 배관 시스템의 부하

① 운전 조건 등을 고려하며, 여러 개의 각 안전밸브가 동작하는 것을 고려하여 최대 방출부하를 수용할 수 있도록 설계한다.

② 화재, 냉각수 공급 중단, 정전 등 비상 고장 형태를 검토하여 각 안전장치로부터 동시방출될 경우에 대비하여 크기를 결정한다.

(2) 플레어 헤더의 설계

① 안전밸브의 토출측에서부터 녹아웃 드럼 사이의 배관에 액체가 정체되지 않는 구조

② 안전밸브의 토출측으로부터 녹아웃 드럼 쪽으로 플레어 헤더를 경사지게 설치(경사도는 1/200 이상)

③ 공정지역에서 플레어 스택까지 거리가 멀어 플레어 헤더에 액체가 정체될 우려가 있는 경우 그 사이에 중간 녹아웃 드럼 설치

④ 포집배관 시스템에는 차단밸브 설치 금지

⑤ 여러 생산설비에 공용의 플레어 스택을 설치하는 경우 각 생산설비의 플레어 헤더에 설치된 차단밸브의 열림 상태를 주조정실에서 알 수 있도록 열림·닫힘 상태 경보장치를 설치한 경우 차단밸브 설치 가능

⑥ 플레어 헤더의 지지대는 플레어 헤더가 운전되는 상태에서 충분한 하중에 견딜 수 있도록 설계

⑦ 플레어 헤더는 공정지역이나 작업빈도가 높은 지역을 피해서 설치

⑧ 수분이 함유된 액체의 경우에는 동파에 대비하고, 고유동점 및 고점도의 기름이나 폴리머의 경우에는 액체의 응고가 일어날 수 있으므로 보온, 가열설비와 배수 설비를 설치

(3) 녹아웃 드럼(knockout drum)

녹아웃 드럼은 배출물을 모아 액체와 기체 상태로 분리시킴으로써 액적이 포함된 가스가 플레어되는 데 따른 위험을 예방한다.

① 녹아웃 드럼은 버터팁 부분에서 폭발이 발생하거나, 불꽃의 꺼짐 또는 불꽃 튀김 현상이 유발되지 않도록 설계한다.

② 녹아웃 드럼에는 고점도의 액체가 그 상태로 배수 또는 이송되는 것을 방지하기 위하여 스팀코일, 재킷 또는 기타 가열장치를 설치한다.

③ 수분이 함유된 유체의 경우 추운 날씨에 동결될 수 있으므로 이의 방지를 위한 수단을 고려한다.

④ 모든 화학물질은 외부 열원에 의해 반응성을 가질 수 있으므로 유의한다.

(4) 밀봉 드럼(seal drum)

밀봉 드럼은 플레어 시스템 내에 외부로부터 공기가 유입되어 역화가 일어나는 것을 방지하기 위하여 설치한다.

① 내부 폭발을 고려하여 설계압력을 최소한 $3.5\,\mathrm{kg/cm^2G}$ 이상으로 한다.

② 밀봉 액의 비말동반을 방지하기 위하여 드럼 내에 충분한 공간을 유지한다.

③ 액체의 동결, 액체의 인화성과 반응성을 고려하여 설계한다.

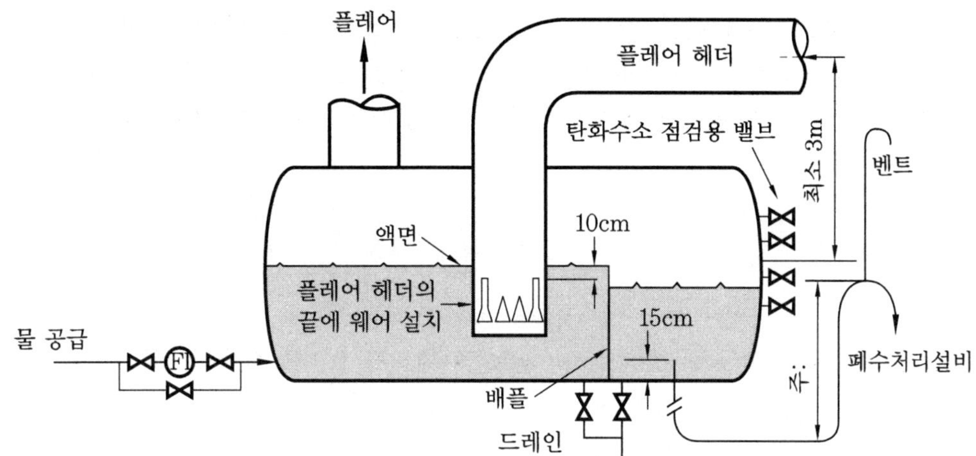

주: 처리설비로 가는 밀봉배관의 높이는 최소한 밀봉 드럼 최대운전압력의
1.75배가 되도록 설계한다.

밀봉 드럼의 설치

(5) 플레어 스택의 크기 결정

① 단기간 최대유량의 방출일 경우, 최대유속은 음속의 50% 이내

② 정상속도의 경우, 음속의 20% 이내

(6) 플레어 스택의 높이

① 냄새, 독성의 연소생성물을 확산시키기 위하여 200m 높이까지 설치할 수 있으나 복
사열과 소음을 고려한다.

② 플레어 스택의 높이는 그 스택 바로 밑의 지표면에서 복사열이 4000kcal/m^2·h 이
하(복사열에 노출된 사람이 13~14초에서 통증을 느끼는 크기)가 되게 한다.

(7) 버너팁에서의 방출속도와 방출열

① 발열량이 3,000 kcal/m^3 미만인 경우 방출속도는 20 m/s 이하

② 발열량이 9,000 kcal/m^3 이상인 경우 방출속도는 120 m/s 이하

③ 발열량이 3,000 kcal/m^3 이상 9,000 kcal/m^3 미만인 경우 아래 식을 이용(실제 적
용 시는 최대방출속도의 80%로 설계)

$$\log(3.28\,V_{\max}) = \frac{0.11\,B_v + 1214}{852}$$

여기서, $V_{\max}$: 버너팁에서의 최대방출속도(m/s)
B_v : 순발열량(kcal/m^3)

※ 눈에 보이는 그을음이 없어야 하고, 방출이 일어날 때는 언제나 불꽃이 있어야 하며 이의 감지를 위해서 모니터를 설치해야 한다. 또한 발열량이 $3,000\,kcal/m^3$ 이상이 면 수증기 등의 공급이 필요하며 발열량이 $2,000\,kcal/m^3$ 미만이면 수증기가 없어 도 무방하다.

6-21 플레어 스택에서 molecular seal의 역할과 원리를 설명하시오.
(1) molecular seal 개요
(2) molecular seal 역할
(3) 동작원리

(1) molecular seal 개요

플레어 시스템에서 플레어 팁 불꽃이 riser tube와 gas header에 역화되지 않도록 하기 위해 보통 건식(dry type)과 습식(wet type) 두 가지의 seal을 직렬로 연결하여 사용하는데 그중 플레어 팁 가까운 쪽에 설치되는 dry seal의 형태 중의 하나이다.

(2) molecular seal 역할

① flare system의 폭발을 방지
② flare system에 공기 유입을 방지
③ purge 또는 gas량을 감소
④ flare gas의 흐름을 방해하지 않음
⑤ 안전하고 조용하게 운전
⑥ 아주 작은 압력 강하
⑦ liquid hydrocarbon 회수와 분류의 트랩
⑧ seal이 사용되지 않을 경우 대략 10%의 purge gas를 감소

(3) 동작원리

배출 가스가 플레어 팁으로 가기 전에 seal loop를 거치도록 되어 있으며 이것이 간단한 구조이지만 팁으로부터 공기 중의 산소가 riser tube로 역류되는 것을 방지 한다. 즉 배출가스가 저유속으로 운전될 때 대기 중의 산소가 riser tube 내에서 대 류(convection) 또는 확산(diffusion)에 의해 역류되는 것을 방지해 주는데 그 원리는 저유속에서 중력장에 의해 분자량(밀도)이 큰 물질이 하부로 내려오고 저분자량 물질 이 상부로 올라가는 현상 때문이다.

만일 저유속으로 운전될 때 배출가스보다 산소의 분자량이 크면 산소가 밀도가 크기 때문에 밀도 차이에 의해 seal loop의 낮은 부분(극저점)으로 내려오겠지만 이 관이 다시 상부로 올라간 후 다시 내려간 모양으로 되어 있어서 그 이후의 산소의 이동은 배출가스의 흐름 방향을 거슬러서 분자 확산(molecular diffusion)에 의해서만 이동이 가능하다.

반대로 산소의 밀도가 배출가스가 낮다고 하면 팁으로부터 seal loop로 이동은 중력작용이 아니고 대류와 확산에 의해서만 가능하게 된다. 따라서 어느 경우에 있어서나 molecular diffusion에 의해 이동하는 산소의 속도보다 배출가스의 속도가 큰 경우에는 molecular seal을 거쳐 riser tube로 산소가 역류될 우려가 없다.

그러나 배출가스의 양이 아주 작아 molecular diffusion 속도보다 가스의 유속이 낮은 경우에는 산소의 확산에 의한 역류가 가능하므로 이와 같이 배출가스의 양이 아주 작을 경우에 대비해서 배출가스 외에 추가로 purge gas(또는 sweep gas)를 넣어줌으로써 분자 확산을 방지해 준다.

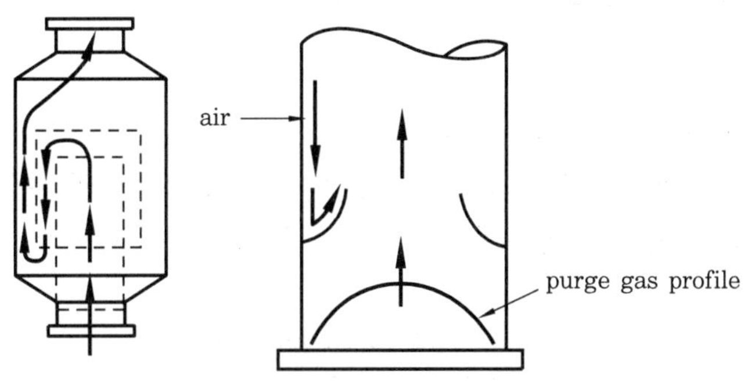

molecular seal 구조

6-22 화학공장의 안전기준 3가지 요건 및 범위에 대해 설명하시오.
    (1) 3가지 요건
    (2) 범위

(1) 3가지 요건

① 실용적이며 보편 타당한 기술 수준일 것
② 생산 및 품질기술과 합치되는 안전기준일 것
③ 구체적이고, 사업장에서 공감을 얻을 수 있는 기준일 것

(2) 범위

① 공장 및 장치의 안전거리 기준

② 공정시스템의 안전설계

③ 압력용기의 안전설계 제작

④ 압력 방출계통의 안전구조

⑤ 위험물 취급관리 기준

⑥ 설비의 안전운전, 점검, 검사, 정비 기준

⑦ 발화원의 관리 기준

⑧ 자동화 설비의 안전운전 관리

⑨ 내화구조 및 소화설비 기준

6-23 화학설비의 안전거리에 대해 설명하시오.

위험설비의 적절한 위치 선정은 위험물질 또는 에너지의 누출로 인한 주위 주민 및 시설물에 미치는 영향을 줄일 수 있으며, 초기사고로 인하여 주위에서의 2차 사고를 예방할 수 있다. 위험물질 취급설비, 저장설비 및 제조공정 간에는 적절한 안전거리를 확보한다.

화학설비의 안전거리

구 분	안전거리
1. 단위공정시설 및 설비로부터 다른 단위공정시설 및 설비의 사이	설비의 바깥면으로부터 10 m 이상
2. 플레어스택으로부터 단위공정시설 및 설비, 위험물질 저장탱크 또는 위험물질 하역설비의 사이	플레어 스택으로부터 반지름 20 m 이상. 다만, 단위공정시설 등이 불연재로 시공된 지붕 아래에 설치된 경우에는 그러하지 아니하다.
3. 위험물질 저장탱크로부터 단위공정시설 및 설비, 보일러 또는 가열로의 사이	저장탱크의 바깥면으로부터 20 m 이상. 다만, 저장탱크의 방호벽, 원격조종 소화설비 또는 살수설비를 설치한 경우에는 그러하지 아니하다.
4. 사무실·연구실·실험실·정비실 또는 식당으로부터 단위공정시설 및 설비, 위험물질 저장탱크, 위험물질 하역설비, 보일러 또는 가열로의 사이	사무실 등의 바깥면으로부터 20 m 이상. 다만, 난방용 보일러인 경우 또는 사무실 등의 벽을 방호구조로 설치한 경우에는 그러하지 아니하다.

※ 다만, 다른 법령에 따라 안전거리 또는 보유공지를 유지하거나, 공정안전보고서를 제출하여 피해 최소화를 위한 위험성 평가를 통하여 그 안전성을 확인받은 경우에는 안전거리 적용 예외 가능하다.

> **6-24** 방유제의 설치 기준 및 구조에 대해 설명하시오.
> (1) 개요
> (2) 방유제의 구조
> (3) 저장탱크의 배치
> (4) 방유제의 용량
> (5) 방유제와 저장탱크 사이의 거리
> (6) 방유제의 통과배관
> (7) 방유제의 배수

(1) 개요

위험물 저장탱크(인화성물질, 가연성가스, 부식성물질, 독성물질을 액체 상태로 저장하는 저장탱크)에서 위험물질이 누출될 경우에 외부로 확산되지 못하게 함으로써, 주변의 건축물, 기계·기구 및 설비 등을 보호하기 위하여 위험물질 저장탱크 주위에 설치하는 지상방벽 구조물

(2) 방유제의 구조

① 철근콘크리트, 토담 등으로 누출된 위험물질이 방유제 외부로 누출되지 않아야 하며 위험물질에 의한 액압(비중이 1 이하인 경우에는 수두압)을 충분히 견딜 수 있는 구조
② 근로자가 안전하게 방유제 내·외부에서 접근할 수 있는 계단이나 경사로 등을 설치해야 하며, 4단 이상인 계단의 개방된 측면에는 안전난간을 설치
③ 방유제 내부 바닥은 누출된 위험물질을 안전하게 처리할 수 있도록 저장탱크의 외면에서 방유제까지 거리 또는 15 m 중 더 짧은 거리에 대해 1% 이상 경사 유지
④ 방유제 내면 및 방유제 내부 바닥의 재질은 위험물질에 대하여 내식성
⑤ 방유제는 외부에서 방유제 내부를 볼 수 있는 구조로 설치하거나 내부를 볼 수 없는 구조인 경우에는 내부를 감시할 수 있는 감시창 또는 CCTV 카메라 등을 설치

(3) 저장탱크의 배치

하나의 방유제 내부에는 상호간 반응성이 있거나 서로 접촉해서는 안 되는 물질 또는 위험성을 유발할 수 있는 물질의 저장탱크의 혼합 배치를 금지한다.
① 가연성·인화성 물질과 독성물질
② 가연성·인화성 물질과 산화성물질
③ 강산류와 강염기류
④ 기타 서로 접촉해서는 안 되는 물질

(4) 방유제의 용량

① 하나의 저장탱크 주위에 설치하는 방유제 내부의 유효용량은 저장탱크의 용량 이상일 것

② 둘 이상의 저장탱크 주위에 설치하는 방유제 내부의 유효용량은 방유제 내부에 설치된 저장탱크 중 용량이 가장 큰 저장탱크 하나 이상의 용량일 것

③ 위험물질 저장탱크 주위에 다음의 기준에 적합한 배출로 및 저조시설 등을 설치하여 누출된 위험물질을 안전한 장소로 유도할 수 있는 조치를 하였을 경우에는 예외

　㉮ 저장탱크에서 저조 등까지의 배출로는 누출된 위험물질이 자유로이 배출될 수 있도록 1% 이상 경사를 유지하도록 하는 경우

　㉯ 저조 등의 용량은 가장 큰 저장탱크에서 누출된 위험물질을 충분히 저장할 수 있도록 하는 경우

④ 1기압, 20℃에서 가스 상태인 위험물질을 액체 상태로 저장하는 저장탱크 주위에 설치하는 방유제는 누출된 위험물질의 기화를 억제할 수 있도록 방유제 내부의 단면적을 최소화할 것

(5) 방유제와 저장탱크 사이의 거리

방유제 내면과 저장탱크 외면 사이의 거리는 1.5 m 이상을 유지할 것

(6) 방유제의 통과배관

① 방유제를 통과하는 배관은 부등침하, 진동으로 인한 과도한 응력을 받지 않도록 조치할 것

② 방유제를 통과하는 배관 보호를 위하여 슬리브(sleeve) 배관을 묻어야 하며 슬리브 배관과 방유제는 완전 밀착되어야 하고, 배관과 슬리브 배관 사이에는 완충성이 있는 충전물을 삽입하여 완전 밀폐할 것

(7) 방유제의 배수

① 방유제 내부의 빗물 등을 외부로 배출하기 위한 배수구를 설치해야 하며, 이를 개폐하는 밸브 등을 방유제의 외부에 설치할 것

② 개폐용 밸브 등은 빗물 등을 배출하는 경우를 제외하고는 항상 잠겨 있어야 할 것

> ***6-25*** **내화구조의 다음 사항에 대해 설명하시오.**
>   **(1) 개요**
>   **(2) 내화구조 대상**
>   **(3) 내화구조 시공**

(1) 개요

건축물의 기둥 및 보, 위험물 저장·취급용기의 지지대 및 배관·전선관 등의 지지대 등의 철골구조물이 화재 시 일정 시간 동안 강도와 그 성능을 유지할 수 있도록 내화 콘크리트·내화 뿜칠재·내화 도료 등의 재료로 철골 구조물 위에 처리함으로써 "내화성능"을 유지하도록 만든 구조를 말한다.

내화성능은 정해진 가열 시험 방법에 따라 시험한 결과, 각 단면에서 측정한 강재의 평균온도가 538℃를 넘지 않고, 온도가 측정된 어느 곳에서도 649℃를 넘지 않는 조건을 의미한다.

(2) 내화구조 대상

인화성 액체의 증기 또는 가스에 의한 폭발위험장소와 분진에 의한 폭발위험장소에 설치하는 다음 각 호의 것에 적용한다.

① 건축물의 기둥 및 보
 ㈎ 지상 1층(지상 1층의 높이가 6 m를 초과하는 경우에는 6 m)
 ㈏ 석유화학공장 등 위험물의 보유량이 많거나, 공정압력이 높은 경우에는 9 m 이상까지 내화구조로 하는 것을 고려해야 하며, 지상 2층 이상인 경우에도 각 층의 바닥면이 콘크리트 등으로 막혀 있어 누출된 가연물질이 고일 수 있는 구조이거나 가연물질이 지속적으로 누출되어 화재가 지속 또는 확대될 가능성이 있는 경우에는 가장 높은 위치까지 내화구조

② 위험물 저장·취급용기의 지지대
 ㈎ 지상 또는 누출된 가연물질이 고일 수 있는 바닥으로부터 지지대의 끝부분까지 내화구조
 ㈏ 지지대의 높이가 300 mm 이하인 것은 제외 가능

③ 배관·전선관 등의 지지대 : 지상으로부터 1단(1단의 높이가 6 m를 초과하는 경우에는 6 m)까지. 다만, 건축물 등의 주변에 물 분무시설 또는 폼헤드(foam head) 설비 등의 자동소화설비를 설치하여 건축물 화재 시 2시간 이상 그 안정성을 유지할 수 있도록 한 경우와 정량적 위험성 평가 결과, 화재로 인하여 강재의 온도가 내화성능온도를 초과하지 않는 것이 기술적으로 입증된 경우에는 적용 제외 가능

(3) 내화구조 시공

① 내화재료로 내화 콘크리트를 사용하는 경우 철골 부재의 외면으로부터 내화 콘크리트의 두께가 50 mm 이상일 것

② 뿜칠재, 내화도료 또는 그 밖의 내화재료를 사용하는 경우에는 내화재료를 생산·제조하는 제조업자가 내화구조의 성능을 인정받기 위하여 품질시험을 실시하는 시험기관의 장에게 제출한 내화구조 및 시공방법과 동일한 공사 시방서에 의하여 시공할 것

③ 시공 중 일부 탈락이나 균열이 발생한 경우에는 표준 양생기간이 지난 후 보수작업을 할 것

④ 작업 후에는 외관검사와 피복두께, 밀도, 부착강도 등 공사 품질검사를 실시하여 이상 유무를 확인할 것

⑤ 동절기에는 시공 시 난방을 하거나 보온하여 내화재료 제조업자가 요구하는 적정온도를 유지할 것

6-26 화학설비 및 건축물의 내화(fire proofing)구조 목적을 기술하고 산업안전기준에서 설명하는 내화재료는 시험체 강재표면의 평균온도가 538℃ 이하, 최고온도는 649℃ 이하로 하는 이유를 설명하시오.
(1) 내화 목적
(2) 내화의 대상
(3) 내화성능
(4) 철구조물의 내화공법

---

(1) 내화 목적

건축물에 화재가 발생하는 경우에는 일반적으로 800 ~ 1,000℃의 고열이 발생하게 되며 철골이 이러한 화재에 일정 시간 이상 노출되면 철의 고유 성질인 인장강도, 압축강도 등이 급격하게 저하되어 강구조물의 변형을 초래함으로써 건축 구조물이 붕괴된다. 따라서 건축물에 대한 내화구조의 기준을 건축법 및 산업안전보건법 등 관련법규로 의무화하여 화재 발생 시 인명과 재산을 보호하고자 하는 것이다.

(2) 내화의 대상

인화성 액체의 증기 또는 인화성 가스에 의한 폭발위험이 있는 농도에 달할 우려가 있는 장소에 설치되는 건축물 등에는 다음 각호에 해당하는 부분을 내화구조로 해야 한다.

① 건축물의 기둥 및 보는 지상 1층(지상 1층의 높이가 6 m를 초과하는 경우에는 6 m)까지

② 위험물 저장·취급용기의 지지대(높이가 30 cm 이하인 것은 제외)는 지상으로부터 지지대의 끝부분까지

③ 배관·전선관 등의 지지대는 지상으로부터 1단(1단의 높이가 6 m를 초과하는 경우 6 m)까지

(3) 내화성능

① 온도에 따른 철의 상태 변화 : 철의 분자구조에는 BCC(body centered cubic)와 FCC(face centered cubic)의 두 가지가 있는데, 상온에서는 BCC 구조로 있다가 온도가 상승함에 따라서 다음과 같이 변화한다.

  ㈎ 723℃(A_1 변태점) : 이 점에서 철은 BCC 구조가 FCC 구조로 바뀐다.

  ㈏ 768℃(자기변태점) : 이 온도 이상이 되면 철은 자성을 상실한다.

  ㈐ 1400℃(δ 변태점) : 철의 구조는 FCC에서 다시 BCC로 바뀐다.

  ㈑ 1539℃ : 이 온도에서 철은 용융한다.

② 철구조물의 내화성능

  ㈎ 철은 온도 상승에 따라 그 강도가 심하게 저하하여 A1 변태점에 이르면 강도는 상온에서의 20% 정도 이하로 저하한다. 1시간 가열평균의 온도가 538℃를 유지하거나, 최고 온도가 649℃를 넘는 경우 인장강도, 압축강도 등이 급격하게 저하되어 강구조물의 변형을 초래한다. 즉 철의 내화성능은 돌이나 콘크리트 등의 다른 건축 재료에 비해서 매우 취약하다고 할 수 있다.

  ㈏ 따라서 강구조 건물에서 I-Beam이나 H-Beam 등의 철구조물은 온도가 변태점까지 도달하지 않도록 하거나 또는 도달하더라도 그 시간을 지연시키기 위해서, 강구조물 표면에 콘크리트, 석고, 석고보드, 섬유상 물질 등을 분사하는 방법으로 내화 조치를 해야 한다.

(4) 철구조물의 내화공법

① 현장타설 공법 : 철강재를 철근 콘크리트로 피복하는 일반적인 방법

② 뿜칠 공법 : 암면, 석고 및 시멘트 등의 혼합물을 보, 기둥 등의 강구조물에 분사(spray)하는 공법

③ 건식공법 : 경량철골에 석고보드 등의 방화재료를 붙여서 내화 구조체를 이루는 공법

④ 도장공법 : 내화도료를 강재에 칠하는 방법으로 석유화학 공장 등의 노출된 철골이나 체육관 등 대공간의 구조 철재에 많이 사용되는 공법

⑤ 특수공법 : 수랭관을 사용하는 방법, 내화강을 사용하는 방법

6-27 환상 링에 대해 설명하시오.

① 수소 및 메탄가스 등 인화성이 높은 대기 방출관(안전밸브의 대기방출관 포함)에는 수소, 메탄가스 등의 인화성가스가 대기로 방출되면서 방출관의 뾰족한 끝단에 정전기가 집중적으로 발생하여 화재·폭발을 일으키는 점화원의 역할을 하므로 방출관 끝단에 모이는 정전기를 확산시켜 점화원으로서 역할을 하지 못하도록 하기 위하여 설치한 환상 링 형태의 정전기 방지 설비이다.

② 수소 및 메탄가스의 대기 방출관에서는 화재의 가능성이 항시 존재하므로 알루미늄, 구리, 황동 및 청동 등과 같이 녹는점이 낮은 재질은 정전기 방지용 환상 링 재질로 사용하지 않아야 한다.

제**7**장 방폭 설비 및 정전기

7-1 석유화학공정의 방폭지역구분에 대하여 구체적으로 기술하시오.
   (1) 폭발위험장소 선정 대상 지역
   (2) 방폭지역 구분
   (3) 방폭지역 제외

　　인화성 또는 가연성의 가스나 증기 또는 분진에 의한 폭발 위험이 있는 지역을 폭발위험장소 또는 방폭지역이라 하며, 폭발위험장소는 위험 분위기의 발생 가능성에 따라 구분이 되는데 가스 및 증기 위험 장소는 0종, 1종 및 2종 장소로 구분하고 분진에 의한 위험 분위기 장소는 20종, 21종 및 22종으로 구분한다. 다만 폭발위험장소로 구분되더라도 다음의 경우에는 비방폭지역 또는 방폭지역 종별을 변경할 수 있다.

① 용기 내부에 질소, 이산화탄소 등의 불활성 가스를 주입, 내부에 위험 분위기가 발생되지 않음을 보장할 수 있는 경우 2종 장소로 구분이 가능하다.

② 실내를 양압설비를 하여 항상 양압으로 유지하는 경우 당해 실내는 비방폭지역으로 구분이 가능하다.

　　이러한 위험장소의 분류는 방폭기계·기구와 전기배선방법을 결정하는 데 중요한 사항이 된다.

(1) 폭발위험장소 선정 대상 지역

① 가연성 가스가 존재할 가능성이 있는 지역

② 인화점이 40℃ 이하의 액체가 저장·취급되고 있는 지역

③ 인화점이 65℃ 이하의 액체가 인화점 이상으로 저장·취급되고 있는 지역

④ 인화점이 100℃ 이하 액체가 해당 액체의 인화점 이상으로 저장·취급되고 있는 지역

(2) 방폭지역 구분

① 0종 장소 : 위험 분위기가 지속적 또는 장기간 존재하는 장소

　㈎ 기기의 내부(밀폐함 내부, 장치 및 배관의 내부 등)

　㈏ 인화성 물질 또는 가연성 가스가 존재하는 피트(pit) 등의 내부

　㈐ 인화성 물질 또는 가연성 가스가 지속적 또는 장기간 체류하는 곳

② 1종 장소 : 상용의 상태에서 위험 분위기가 존재하기 쉬운 장소
  ㉮ 운전·정비 또는 누설에 의하여 자주 위험 분위기가 생성되는 곳
  ㉯ 기기 일부의 고장 시 가연성 물질의 누출과 전기기기의 고장이 동시에 발생되기 쉬운 곳
  ㉰ 환기가 불충분한 장소에 설치된 배관계통으로 배관이 쉽게 누설되는 구조의 곳
  ㉱ 주변 지역보다 낮아 가스나 증기가 체류할 수 있는 곳
  ㉲ 상용 상태에서 위험 분위기가 주기적 또는 간헐적으로 존재하는 곳
  ㉳ 0종 장소의 근접 주변, 송급통구의 근접 주변, 운전상 열게 되는 연결부의 근접 주변, 배기관의 유출구 근접 주변 등의 장소 등
  ㉴ 피트, 트렌치 등과 같이 이상상태에서 위험 분위기가 장시간 존재할 수 있는 영역
③ 2종 장소 : 이상상태하에서 위험 분위기가 단시간 동안 존재할 수 있는 장소
  ※ 이상상태 : 지진 등 기타 예상을 초월하는 극히 빈도가 낮은 재난상태 등을 지칭하는 것이 아니고 상용의 상태, 즉 통상적인 운전상태, 통상적인 유지보수 및 관리상태 등에서 벗어난 상태를 지칭하는 것으로 일부 기기의 고장, 기능 상실, 오동작 등의 상태를 말한다.
  ㉮ 환기가 불충분한 장소에 설치된 배관계통으로 쉽게 누설되지 않는 구조의 곳
  ㉯ 개스킷(gasket), 패킹(packing) 등의 고장과 같이 이상상태에서만 누출될 수 있는 공정기기 또는 배관이 환기가 충분한 곳에 설치될 경우
  ㉰ 1종 장소와 직접 접하며 개방되어 있는 곳 또는 1종 장소와 덕트, 트렌치, 파이프 등으로 연결되어 이들을 통해 가스나 증기의 유입이 가능한 곳
  ㉱ 강제 환기방식이 채용되는 곳으로 환기기기의 고장이나 이상 시에 위험 분위기가 생성될 수 있는 곳
  ㉲ 0종 또는 1종 장소의 주변영역, 용기나 장치의 연결부 주변영역, 펌프의 봉인부(sealing) 주변영역 등

주요 국가의 폭발위험장소 구분위험 분위기

국가별 \ 위험 분위기	지속적인 위험 분위기	통상 상태하에서의 간헐적 위험 분위기	비정상 상태하에서의 위험 분위기
한국/일본	0종 장소	1종 장소	2종 장소
북미(NEC 500)	Division 1		Division 2
IEC/북미(NEC 505)	Zone 0	Zone 1	Zone 2

(3) 방폭지역 제외

① 용기 내부에 질소, 이산화탄소 등의 불활성 가스를 주입하여 내부에 위험 분위기가

발생되지 않음을 보장할 수 있을 경우의 용기 내부는 2종 장소로 구분할 수 있다.

② 환기가 충분한 장소의 개구부가 없는 인화성 액체가 간헐적으로 사용되는 배관으로 적절한 유지관리가 되는 배관 주위

③ 환기가 불충분한 장소의 배관으로 밸브, 피팅, 플랜지 등 이상 시 누설될 수 있는 부속품이 전혀 없는 용접으로 접속된 배관 주위

④ 가연성 물질이 완전 밀봉된 수납 밀폐함 속에 저장되고 있을 경우 수납 밀폐함 주위

⑤ 보일러, 소각로 등 개방 화면이나 고온 표면의 존재가 불가피한 기기로써 연료 주입 배관상의 밸브·펌프 등의 위험 발생원 주변의 전기기기가 적합한 방폭 구조이거나 연료 주입 배관 주위에 전기기기가 없을 경우의 개방 화염 또는 고온 표면이 있는 기기 주위

⑥ 양압설비 및 가스누출감지경보기 등 요구되는 설비를 모두 설치하여 실내를 양압으로 유지하는 실내

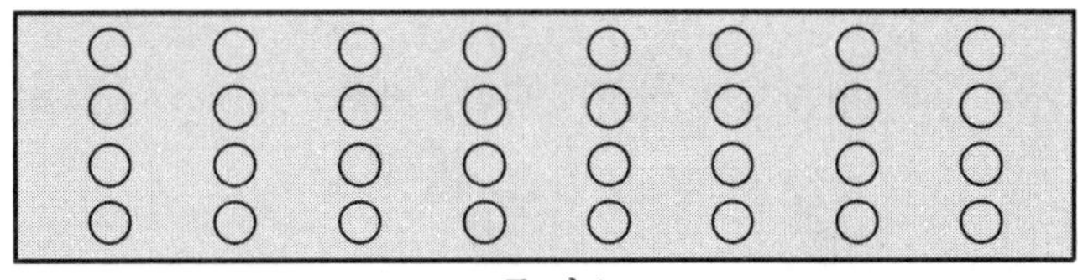

0종 장소

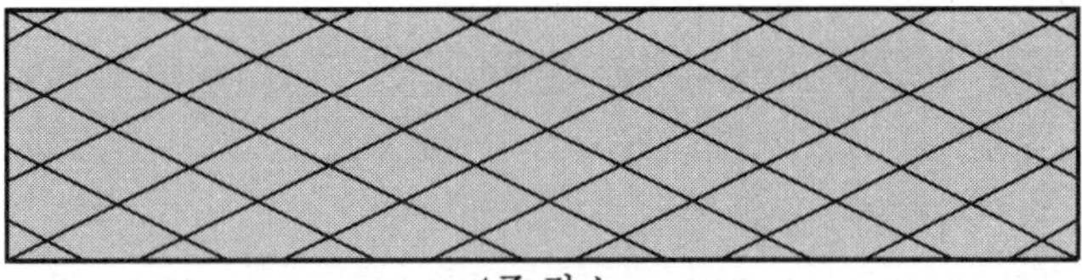

1종 장소

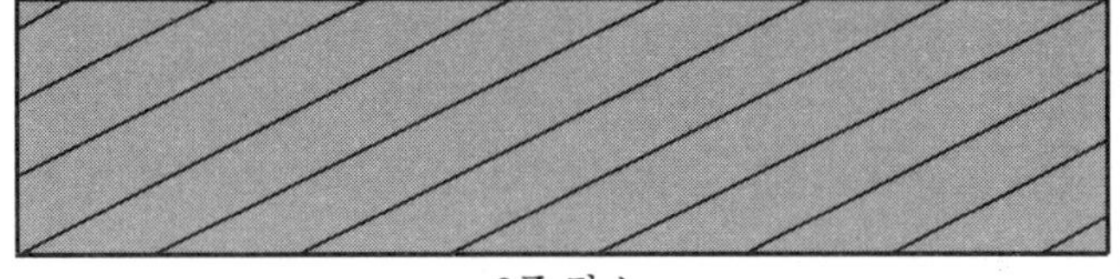

2종 장소

폭발위험장소 구분 표시의 예

7-2 **석유화학공정의 분진방폭지역구분에 대하여 구체적으로 기술하시오.**

  (1) 분진폭발
  (2) 분진폭발 위험장소의 구분
  (3) 분진폭발의 발생조건 및 예방대책

(1) 분진폭발

미분의 가연성 고체가 공기 중에 적당한 밀도 이상으로 부유하고 있을 때, 어떤 점화원을 주면 입자가 공기 중의 산소와 반응해서 급속하게 고열이 발생하며, 이것이 부유 입자군에 연소를 전파하여 폭발에 이르게 되는 현상을 분진폭발이라 한다. 일반적으로 분진입자는 작기 때문에 부유하기 쉽고, 또 입자의 표면적 비율이 크기 때문에 산화반응을 일으키기 쉽기 때문에 가연성가스와 유사한 폭발위험성이 있으나, 실제로는 분진 입경이 다양하고 불균일하므로 폭발현상은 다르게 나타날 수 있다. 화재·폭발 시 퇴적 분진이 폭풍 압력에 의해 떠올라 분진운을 형성해 2차 폭발이 일어나는 경향이 있다.

분진폭발은 공기 중의 입자가 폭발하한계 이상의 농도로 부유해 있는 상태에서 순간적으로 착화되어 일어나며, 일반적으로 분진의 입경이 작을수록 또 분위기 중의 수분이 적을수록 분진폭발이 잘 일어나며, 착화에너지는 혼합가스 폭발의 경우보다 크다. 분진폭발을 일으키는 중요한 물질에는 마그네슘, 티탄, 지르콘, 알루미늄, 황, 비누, 석탄산수지, 폴리에틸렌, 경질고무, 송진, 석탄, 전분, 소맥분 등의 분말 등이 있다.

(2) 분진폭발 위험장소의 구분

① 20종 장소(zone 20) : 공기 중에서 가연성 분진운의 형태가 연속적, 장기간 또는 단기간 자주 폭발성 분위기가 형성되는 장소
   (가) 분진 설비 내부
   (나) 호퍼, 사일로, 사이클론 및 필터 등
   (다) 분진 이송 설비(벨트 및 체인 컨베이어의 일부 제외) 등
   (라) 배합기, 제분기, 건조기, 배깅 장비(bagging equipment) 등

② 21종 장소(zone 21) : 공기 중에서 가연성 분진의 형태가 정상 작동 중에 빈번하게 폭발성 분위기를 형성할 수 있는 장소
   (가) 분진 설비의 개폐 문 인근
   (나) 분진이 발생하지 않는 충전 및 배출 지점, 이송 벨트, 샘플링 지점, 트럭 덤프 지역, 벨트 덤프 인근의 분진 컨테인먼트 외부 장소
   (다) 분진이 축적될 수 있는 분진 설비의 외부
   (라) 분진운이 발생할 수 있는 분진 설비(사일로, 필터 등)

③ 22종 장소(zone 22) : 공기 중에서 가연성 분진의 형태가 정상 작동 중에 폭발성 분위기를 거의 발생하지 않고 만약 발생한다 하더라도 단기간만 지속될 수 있는 장소
   (가) 백 필터(bag filter) 배기구의 배출구
   (나) 손상되기 쉬운 분진 취급 공기압 장비, 유연 접속부 등
   (다) 분진 제품을 담는 저장백(bag), 백(bag) 취급 중에 손상되면 분진이 분출

(라) 통상 21종 장소로 분류되나 폭발성 분진/공기 혼합물의 형성을 방지하기 위하여 적절한 조치를 취하는 경우에는 22종으로 구분

(마) 분진층 또는 폭발성 분진/공기 혼합물이 형성되는 것을 제어하는 장소

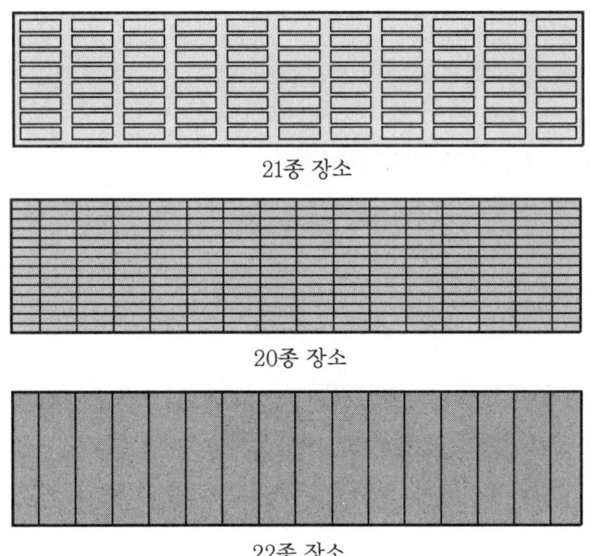

분진폭발 위험장소 구분 표시의 예

(3) 분진폭발의 발생조건 및 예방대책

① 발생조건

(가) 분진이 공기 속에 부유, 분산되어 있는 조건

(나) 분산한 분진농도가 폭발하한계 이상의 농도일 경우

(다) 충분한 에너지와 에너지밀도를 가진 착화원이 존재할 수 있는 조건

② 예방대책

(가) 가연성 분진의 제거 및 퇴적 방지

㉮ 불연성 구조 건물 및 장치

㉯ 분진이 근본적으로 퇴적될 수 없는 구조(집진 요철(凹凸), 경사 구조, 발생원 음압 구조)

㉰ 퇴적된 분진은 즉시 청소, 제거할 수 있는 구조(청소구 설치, 정기적 청소)

(나) 분진운의 생성 방지(습식구조, 투입구 설계 시 분진운 발생 방지, 집진기)

(다) 불활성 가스 공급 또는 불연성 분체 첨가(인터로크 구조, 탄산칼슘, 규조토, 실리카, 무기염 등의 불연성분체 혼입)

(라) 착화원의 제거(가연성 분진의 MIE는 가연성 가스와 증기(MIE : 약 $0.02 \sim 0.5$ mJ)의 $10 \sim 100$배 이상 필요)

• 일반 화기, 전기설비에서의 불꽃, 정전기 불꽃, 기계설비의 국부과열과 충격 또
  는 마찰에 의한 불꽃, 자연발화, 복사열 등
㈜ 분진 입경 조절(입경이 클수록 안전)

7-3 **분진방폭구조의 종류 3가지 및 표기 방법에 대하여 설명하시오.**
(1) 특수방진방폭구조(SDP)
(2) 보통방진방폭구조(DP)
(3) 방진특수방폭구조(XDP)
(4) 표기 방법

---

(1) 특수방진방폭구조(SDP)

전폐구조로서 틈새 깊이를 일정치 이상으로 하거나 또는 접합면에 일정치 이상의
깊이가 있는 패킹을 사용하여 분진이 용기 내부로 침입할 수 없도록 한 구조

(2) 보통방진방폭구조(DP)

전폐구조로서 틈새 깊이를 일정치 이상으로 하거나 또는 접합면에 일정치 이상의
깊이가 있는 패킹을 사용하여 분진이 용기 내부로 침입하기 어렵게 한 구조

(3) 방진특수방폭구조(XDP)

이외의 방폭구조로서 분진방폭성능을 시험, 기타에 의해 공공 검정기관에서 성능이
확인된 구조

(4) 표기 방법

① 분진방폭구조의 종류에 따라 기호 및 발화도를 표기한다. ㉾ Ex SDP Ⅱ 11

분진방폭구조의 종류 및 발화도

구 분		기 호
방폭구조의 종류	특수방진방폭구조	SDP
	보통방진방폭구조	DP
	방진특수방폭구조	XDP
발화도	발화도 11	11
	발화도 12	12
	발화도 13	13

② 발화도는 전기기기 용기 외면의 온도 상승 한도로 다음 표의 온도를 초과해서는 안 된다.

발화도 및 온도 상승 한도

발화도	온도 상승 한도(℃)	
	과부하 우려 없는 경우	과부하 우려 있는 경우
11	175	150
12	120	105
13	80	70
※ 과부하 우려 : 전동기, 전력용 변압기		

7-4 화학공장에 설치되어 있는 방폭형 전기기기의 구조는 발화도 및 최대표면온도, 폭발성가스 위험등급에 따라 분류되는데, 국내와 IEC의 분류기준을 설명하시오.

IEC 발화도 등급 및 허용최대표면온도

발화도 등급		전기 설비의 허용최대 표면온도(℃)			가스발화점(℃)	
KSC, 노동부 기준 IEC/EN NEC 505-10	NEC 500-3 CEC 18-052	KSC	노동부 기준	IEC	KSC	IEC
T1	T1	450	300 초과 450 이하	450	>450	>450
T2	T2 T2A T2B T2C T2D	300	200 초과 300 이하	300 280 260 230 215	>300	>300≤450 >280≤300 >260≤280 >230≤260 >215≤230
T3	T3 T3A T3B T3C	200	135 초과 200 이하	200 180 165 160	>200	>200≤300 >180≤200 >165≤180 >160≤165
T4	T4 4A	135	100 초과 135 이하	135 120	>135	>135≤200 >120≤135
T5	T5	85	85 초과 100 이하	10	>100	>100≤135
T6	T6		85 이하	85	>85	>85≤100

> **7-5** 폭발위험장소에서 사용하는 방폭형 전기기계기구의 종류에 대하여 설명하시오.
>
> (1) 내압방폭구조(flameproof type, d)
> (2) 안전증방폭구조(increased safety type, e)
> (3) 압력방폭구조(pressurized type, p)
> (4) 유입방폭구조(oil-immersed type, o)
> (5) 본질안전방폭구조(intrinsic safety type, ia or ib)
> (6) 충전방폭구조(powder filling type, q)
> (7) 비점화방폭구조(non-sparking type, n)
> (8) 몰드(캡슐)방폭구조(mould type, m)
> (9) 특수방폭구조(special type, s)

(1) 내압방폭구조(flameproof type, d)

전기기기의 용기 내에 침입한 가스가 내부의 전기회로의 불꽃이나 발열에 의하여 폭발을 일으켜도 외부의 가스에는 영향을 주지 않도록 만들어진 용기의 구조이다.

① 용기는 내부의 폭발압력에 견디는 기계적 강도를 가질 것

② 내부의 폭발로 말미암아 일어난 불꽃이나 고온 가스가 용기의 접합부분을 통하여 외부의 가스에 점화하지 않을 것

③ 용기의 외부 표면온도가 외부 가스의 발화온도에 달하지 않을 것

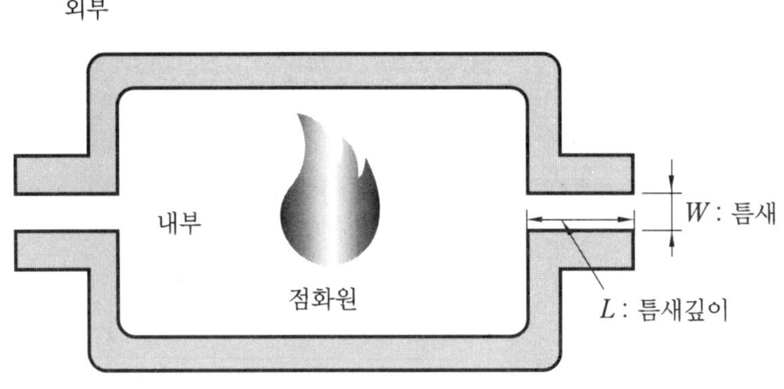

내압방폭구조

(2) 안전증방폭구조(increased safety type, e)

전기불꽃 또는 고온을 발생시켜서는 안 되는 부분(전동기나 변압기의 권선, 조명기구의 광원(光源)부 등)이 이상 시에 전기불꽃 또는 고온이 발생되는 것을 구조상 또는 온도 상승에 대해서 특히 안전도를 증가한 구조를 말한다. 만약 기기 자체에 고

장이 발생하여도 외부의 폭발성가스에 점화를 방지하는 어떤 보증도 없기 때문에 원칙으로 2종 장소에 적용된다.

① 원칙적으로 전폐(全閉)구조로 하고, 기기 내의 먼지나 비말(飛沫)의 침입 및 충전부에 외부로부터의 접촉을 방지한다.

② 나(裸) 충전부가 지락(地絡) 등을 방지하기 위해 절연공간거리 및 연면거리(creepage distance)를 규정한다.

③ 절연 권선의 온도 상승 한도는 안전성을 높이기 위해 일반 규격에 규정된 값보다 10℃ 낮게 잡는다.

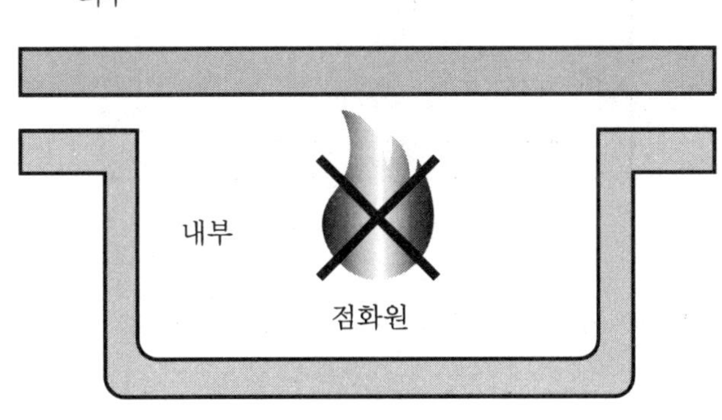

안전증방폭구조

(3) 압력방폭구조(pressurized type, p)

전기설비 용기 내부에 공기, 질소, 탄산가스 등의 보호가스를 대기압 이상으로 봉입(封入)하여 당해 용기 내부에 가연성 가스또는 증기가 침입하지 못하도록 한 구조이다.

① 용기 내의 압력을 외부 압력보다 $50\,Pa(0.05\,kg/cm^2)$ 정도 높게 유지한다.

② 가스 누출(유입), 차단, 운전 실수, 공기 공급설비 고장 등에 의해 위험물질이 용기 내로 유입되어 보호효과가 상실되면 경보 발생 및 기기의 운전이 자동으로 정지되는 구조이다.

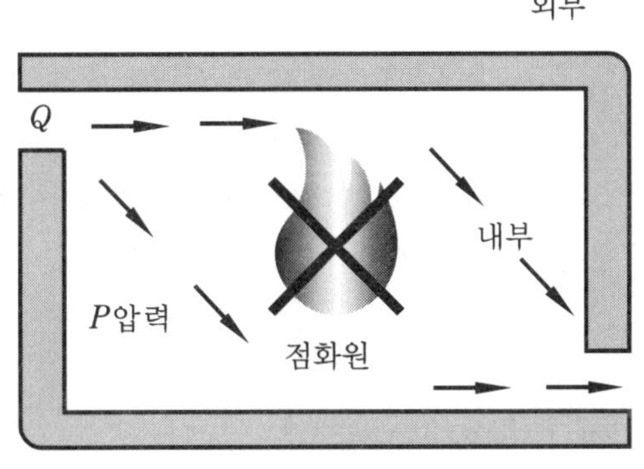

압력방폭구조

(4) 유입방폭구조(oil-immersed type, o)

전기기기의 불꽃 또는 아크를 발생하는 부분을 기름 속에 넣어, 유면상에 존재하는 갱내 가스에 인화될 염려가 없도록 한 구조이다. 변압기·스위치·개폐장치 등 대형 전기기기에 주로 사용된다.

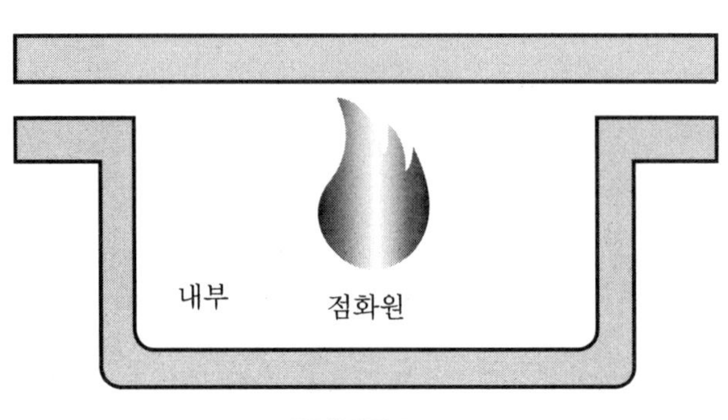

유입방폭구조

(5) 본질안전방폭구조(intrinsic safety type, ia or ib)

방폭지역에서 전기에 의한 스파크, 접점단락 등에서 발생되는 전기적 에너지를 본질적으로 제한하여 전기적 점화원 발생을 억제하고 만약 점화원이 발생하더라도 위험물질을 점화할 수 없다는 것이 시험을 통하여 확인할 수 있는 구조이다.

① Ex "ia"
　(개) 정상운전 상태에서 단독고장, 각각의 병행고장 시 점화원이 발생되지 않도록 한 구조로서 안전요소는 단독고장은 1.5, 병행고장은 1.0을 고려한다.
　(내) 0종 장소에 일반적으로 사용하고 있으며 보호용기 또는 안전요소를 배가시킨 구조이다.

② Ex "ib" : 정상 상태에서 또는 단순고장 상태에서 점화원이 발생되지 않는 구조로 "ib" 구조는 0종 장소에서는 사용할 수 없다.

③ 제한 조건
　(개) 위험지역에서 30 V, 50 mA 이하가 필요한 기기는 본질안전방폭구조로 가능하다.
　(내) 전원이 50 V, 150 mA, 3 W 이상인 경우 본질안전이 불가능하다.
　(대) 화학공장의 측정계기에 사용되는 아날로그 신호(analogue signal)는 일반적으로 30 V DC 이하에서 4~20 mA 범위에서 작동하므로 본질안전방폭구조로서 적합하다.

(6) 충전방폭구조(powder filling type, q)

위험 분위기기가 전기기기에 접촉되는 것을 방지할 목적으로 모래, 분체 등의 불활성의 고체 충전물로 채워서 위험원과 차단·밀폐시키는 구조이다.

(7) 비점화방폭구조(non-sparking type, n)

2종 장소 전용 방폭구조로 정상 작동 및 특정 비정상 상태하에서 주위의 폭발 분위기를 점화시키지 않는 전기기기에 적용하는 방폭구조이다.

(8) 몰드(캡슐)방폭구조(mould type, m)

가연성 가스 또는 증기에 점화시킬 수 있는 전기불꽃이나 고온 발생 부분을 에폭시 수지 등의 절연물로 몰딩시켜 열적 안정성을 유지하는 것으로서 유지정비가 필요 없는 기기 등을 영구적으로 보호하는 방법으로 효과가 매우 크다. 일반적으로 몰드 방폭구조는 밀폐함과 분리하여 사용하는 전자 회로판 등에 사용된다.

(9) 특수방폭구조(special type, s)

다른 방폭구조 이외의 구조이며, 폭발성가스의 인화를 방지할 수 있는 것이 공적 기관에서 시험 및 기타에 의해서 확인된 구조이다.

① 폭발성가스나 증기에 점화 또는 위험 분위기에 대한 인화를 방지할 수 있는 것이 시험, 기타에 의하여 확인된 구조이다.

② 특수 사용조건 변경 시에는 보호방식에 대해 완벽한 보장이 불가능하므로 0종 및 1종 장소에서는 사용할 수 없다.

③ 용기 내부에 모래 등의 입자를 채우는 일종의 사입방폭구조, mound type 방폭구조 등이 있다.

7-6 방폭전기기계기구 선정 시 고려해야 할 사항과 종별 적용할 수 있는 방폭형식에 대해 설명하시오.
(1) 고려해야 할 사항
(2) 방폭전기기기의 선정

---

(1) 고려해야 할 사항

① 방폭전기기기가 설치될 지역의 방폭지역 등급 구분
② 가스등의 발화온도
③ 내압방폭구조의 경우 최대 안전틈새

④ 본질안전방폭구조의 경우 최소 점화 전류

⑤ 압력방폭구조, 유입방폭구조, 안전증방폭구조의 경우 최고 표면온도

⑥ 방폭전기기기가 설치될 장소의 주변온도, 표고 또는 상대습도, 먼지, 부식성 가스 또는 습기 등의 환경조건

⑦ 모든 방폭전기기기는 가스 등의 발화온도의 분류와 적절히 대응하는 온도 등급의 것을 선정해야 한다.

⑧ 사용장소에 가스 등의 2종류 이상 존재할 수 있는 경우에는 가장 위험도가 높은 물질의 위험특성과 적절히 대응하는 방폭전기기기를 선정해야 한다.

⑨ 사용 중에 전기적 이상상태에 의하여 방폭 성능에 영향을 줄 우려가 있는 전기기기는 사전에 적절한 전기적 보호장치를 설치해야 한다.

(2) 방폭전기기기의 선정

① 0종 장소

   ㉮ 본질안전 방폭구조(ia)

   ㉯ 0종 장소에서 사용토록 특별히 고안된 방폭구조

② 1종 장소

   ㉮ 0종 장소에 적합한 방폭 전기기기

   ㉯ 내압방폭구조(d)

   ㉰ 압력방폭구조(p)

   ㉱ 안전증방폭구조(e)

   ㉲ 유입방폭구조(o)

   ㉳ 본질안전방폭구조(ia, ib)

   ㉴ 충전방폭구조(q)

   ㉵ 몰드방폭구조(m)

   ㉶ 기타 1종 장소에서 사용토록 특별히 고안된 방폭구조

③ 2종 장소

   ㉮ 0종 장소 또는 1종 장소에 적합한 방폭구조

   ㉯ 비점화 방폭구조(n)

   ㉰ 기타 2종 장소에서 사용토록 특별히 고안된 방폭구조

> **7-7** 방폭전기기계기구 보수와 관련된 다음 사항에 대해 설명하시오.
> (1) 고려 사항
> (2) 준비 사항
> (3) 방폭전기설비의 보수 후 유의 사항
> (4) 전원 및 환경의 영향에 대한 유의 사항

(1) 고려 사항

① 방폭구조상 특이한 면만이 아니고 전기기기의 기능 면을 더욱 고려하여 통합적으로 실시함과 동시에 각각의 보수가 설비 전체의 보수 관리와 충분히 연계되도록 해야 한다.

② 점검항목, 보수기준, 보수실시 시기는 방폭전기기기의 종류, 방폭구조의 종류, 배선방법, 환경 등에 따라서 계획적으로 결정해야 한다.

③ 방폭전기설비의 보수는 당해 설비에 대하여 필요한 지식과 기능을 가진 자가 실시해야 한다.

④ 각 방폭전기기기별 점검항목의 점검방법, 점검내용에 대해서는 제조자가 발행한 취급설명서 등에 의하든지 또는 제조자와 협의하여 실시해야 한다.

(2) 준비 사항

① 방폭전기설비의 보수작업 전의 준비 사항은 다음과 같다.
　㈎ 보수 내용의 명확화
　㈏ 공구, 재료, 교체부품 등의 준비
　㈐ 정전 필요성의 유무와 정전 범위의 결정 및 확인
　㈑ 폭발성 가스 등의 존재 유무와 비방폭지역으로서의 취급
　㈒ 작업자의 지식 및 기능
　㈓ 방폭지역 구분도 등 관련 서류 및 도면

② 방폭전기설비의 보수작업 중의 유의 사항은 다음 각호와 같다.
　㈎ 통전 중에 점검작업을 할 경우에는 방폭전기기기의 본체, 단자함, 점검함 등을 열어서는 안 된다. 단, 본질안전방폭구조의 전기설비에 대해서는 제외한다.
　㈏ 방폭지역에서 보수를 행할 경우에는 공구 등에 의한 충격불꽃을 발생시키지 않도록 실시해야 한다.
　㈐ 정비 및 수리를 행할 경우에는 방폭전기기기의 방폭 성능에 관계 있는 분해·조립 작업이 동반되므로 대상으로 하는 보수 부분뿐만이 아니라 다른 부분에 대해서도 방폭 성능이 상실되지 않도록 해야 한다.

(3) 방폭전기설비의 보수 후 유의 사항

① 방폭전기설비 전체로서의 방폭 성능을 복원시켜야 한다.
② 방폭전기설비의 점검치 조정 기준에서 정해진 해당 사항에 적합한지 확인해야 한다.

(4) 전원 및 환경의 영향에 대한 유의 사항

방폭전기설비의 보수 시에는 다음 각호의 사항에 대하여 방폭전기기기의 방폭 성능에 영향을 미치는 이상의 유무를 확인해야 한다.

① 전원전압 및 주파수
② 주변온도 및 습도
③ 수분 및 먼지
④ 부식성 가스 및 액체
⑤ 설치장소의 진동

> **7-8** 방폭지역 내에 중앙 제어실(control room)을 설치 시 안전 조치에 대해 설명하시오.
>
> (1) 방폭형 전기기계 기구 설치·사용
> (2) 제어실 위치
> (3) 제어실 구조
> (4) 기타 일반사항

---

(1) 방폭형 전기기계 기구 설치·사용

가스폭발 위험장소 또는 분진폭발 위험장소 내에 제어실을 설치하는 경우 폭발위험장소 등급에 적합한 방폭 성능을 갖는 전기 기계·기구를 설치·사용한다.

(2) 제어실 위치

① 화재에 의한 복사열량이 제어실의 외벽에서 최대로 $12.6 \, \text{kW/m}^2 (3994.2 \, \text{Btu} / \text{ft}^2 \text{hr})$ 이하가 되도록 적정한 안전거리 유지
② 폭발위험장소 이외의 안전한 장소
  ㈎ 인화성가스 또는 인화성 액체의 누출원이 될 수 있는 설비로부터 30 m 이상의 안전거리 유지
  ㈏ 제어실의 지붕은 30 ms(millisecond) 동안에 100 kPa(14.5 psi)의 폭발압력에

붕괴되지 않도록 설계·시공

㈐ 제어실 벽은 주위에서 화재·폭발이 발생하였을 경우 20 ms 동안에 70 kPa(10.2 psi) 및 100 ms 동안에 20 kPa(2.9 psi)의 폭발압력에 견딜 수 있는 방폭벽으로 설계·시공

③ 독성물질을 취급하는 공정지역의 밖

(3) 제어실 구조

① 양압 시설

가스폭발 위험장소 또는 분진폭발 위험장소의 제어실 내부에 방폭형 전기기계기구를 설치·사용하지 않는 경우, 실내기압이 항상 양압 25 Pa(2.5 mmH₂O) 이상을 유지하도록 하고 다음의 조치를 해야 한다.

㈎ 양압을 유지하기 위한 환기설비의 고장 시 경보를 할 수 있는 조치

㈏ 환기설비가 정지된 후 재가동하는 경우 실내에 가스 등이 있는지를 확인할 수 있는 가스검지기 등 장비의 비치

㈐ 환기설비에 의하여 제어실 등에 공급되는 공기는 가스폭발 위험장소 또는 분진폭발 위험장소가 아닌 곳으로부터 공급되도록 하는 조치

② 외부 화재 발생 후 30분 동안에 내부 온도가 최대로 10℃ 이상 상승되지 않도록 건물의 구조 및 내부 온도 조절설비 설치

③ 화재원과 마주보지 않는 곳에 긴급 대피로 설치(대피로에서 복사열량이 $2\,kW/m^2$ (634 Btu/ft²hr) 이하)

④ 제어실 건물 내부에는 비상등 및 피난구 유도등 설치

⑤ 폭발위험장소로 향하는 출입문은 갑종 방화문 설치

⑥ 제어실과 공정설비 또는 공장동 사이의 전기계장용 케이블 등은 복사열에 의하여 손상되지 않도록 조치

⑦ 독성가스 누출 우려 장소에서는 아래의 사항을 준수해야 한다.

㈎ 건물은 가스밀폐 구조로 설계·시공

㈏ 출입문과 창문틀은 강제 또는 이와 동등 이상의 강도를 갖는 비수축성 재질을 사용

㈐ 출입문은 2개로 제한하고, 각 출입문은 자동으로 닫히는 이중문 구조로 하여 외부의 공기 또는 가스가 내부로 들어오지 못하도록 조치

㈑ 공정설비를 안전하게 정지시키는 데 필요한 시간 동안 신선한 공기를 공급할 수 있는 설비를 설치해야 하며 시간당 8회 이상 공기를 치환한다.

㈒ 공장의 비상조치부서와 전용 회선의 비상연락망 설치

㈓ 가스누출감지경보기 설치

㈔ 풍향지시계 설치

(아) 자급식 호흡기를 상시 근로자에게 1개씩 지급될 수 있도록 준비

(4) 기타 일반사항

① 제어실 건물 내에는 운전에 필요한 필수 요원만을 상주하도록 설계
② 지붕 또는 상층에는 하중이 무거운 설비 설치 금지
③ VCE 우려 장소의 제어실 건물에는 창문 설치 금지
④ 누출량이 15톤 미만의 제어실 건물에는 창문을 없애거나 최소화해야 하며 창문의 유리는 파편이 튀지 않는 망입유리 등을 사용한다.

7-9 안전막(safety barrier)에 대해 설명하시오.

석유화학 및 정유공장과 같이 인화성, 가연성 물질을 대량으로 취급하는 곳은 많은 에너지를 필요로 하는 전기기계기구가 대량으로 설치되어 있다. 그런데 비정상적 상태가 초래될 경우 많은 전기적 에너지가 방폭지역 내로 유입되어 화재·폭발의 원인이 될 가능성이 있으므로 화재·폭발의 점화원 역할이 불가하도록 정상적인 저 에너지 신호는 통과시키고 비정상적인 고 에너지의 신호는 방폭지역 허용치 이내로 제한하여 통과시키는 역할이 필요하게 된다. 따라서 0종 위험장소 등에서는 전기기계기구를 본질안전방폭구조로 설치하게 되는데 위험장소와 비위험장소 사이에는 안전막(safety barrier)을 설치하여 폭발위험장소로 공급되는 전류치가 취급물질의 최소점화에너지(MIE)를 초과하지 못하도록 하고 위험장소로 공급되는 전류치가 커지게 되면 자동으로 전원이 차단되는 구조로 설치한다.

7-10 제전기 종류에 대해 설명하시오.
    (1) 자기방전식 제전기
    (2) 전압인가식 제전기
    (3) 방사선식 제전기

---

(1) 자기방전식 제전기

제전하고자 하는 물체에서 발산되는 정전제를 접지된 도전성의 침상이나 아주 가

는 스테인리스·카본·도전성 섬유 등의 전극에 의해 코로나 방전을 일으켜 제전시키는 것으로 이 제전기를 대전물체 가까이 접근시키게 되면 대전된 전하가 기준값 이하로 완화된다. 전원을 사용하지 않으며, 간단한 구조로 설치가 용이하고, 피제전 물체의 대전전위에 크게 영향을 받아 고전압의 제전도 가능하나 약간의 대전이 남는 단점이 있다.

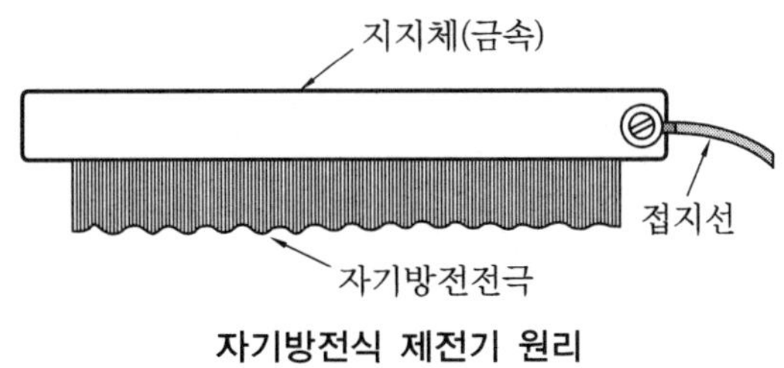

자기방전식 제전기 원리

(2) 전압인가식 제전기

수천 볼트의 고전압원을 방전침에 인가함으로써 코로나 방전을 일으키고, 이때 발생되는 이온으로 정전기를 중화시키는 제전기를 말한다. 이 형식의 제전기는 고전압을 이용하게 되므로 폭발위험장소(방폭지역)에 설치할 경우에는 방폭형으로 제조해야 한다.

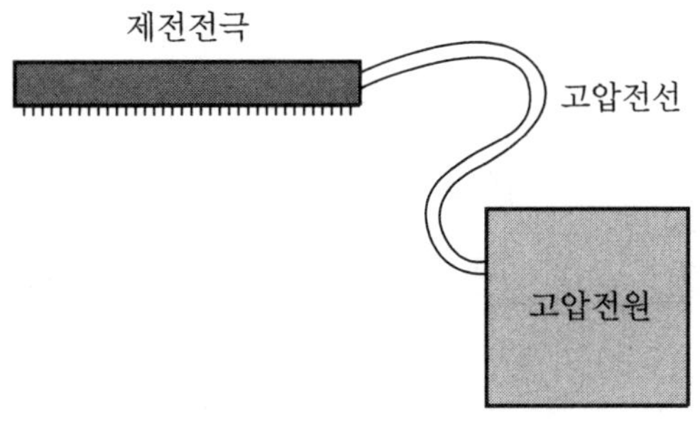

전압인가식 제전기 원리

(3) 방사선식 제전기

방사성 동위원소의 전리작용에 의해 이온화된 공기를 이용하여 정전기를 제거하는 제전기를 말하며, 이 형식의 제전기는 방사선을 이용하므로 설치 및 취급 시에는 상당한 주의를 요한다.

방사선식 제전기 원리

> **7-11** 대전 방지제에 대해 설명하시오.

① 저도전성 물질(도전율이 50 pS/m 이하)의 액체 원료에 대하여 액체 내부의 전하 축적을 억제하기 위해 원료와 미량으로 혼합·교반시켜 사용하는 유극성 물질이다.

② 정전기의 발생을 억제하는 것이 아니고, 정전기를 신속하게 중화시켜 축적되지 않도록 하는 역할을 하며 사용 온도가 낮을 경우에는 제전 효과가 떨어지므로 첨가량을 증가시켜주는 것이 효과적이다.

> **7-12** 화학공장에서 취급되는 조작 중에 정전기적 유도현상에 의하여 비전도성 물체가 전도성 물체 주위에서 전하를 띠게 되는 현상과 방전 형태에 대하여 설명하시오.
> (1) 대전과 방전
> (2) 정전기의 방전 형태

(1) 대전과 방전

① 고유저항이 큰 물질이 서로 마찰하는 등의 원인으로 발생한 전하가 물체에 축적되는 현상을 대전이라고 하며, 대전에는 접촉마찰대전, 박리대전, 액체 유동에 의한 대전, 분출가스에 의한 대전, 분체의 충돌에 의한 대전 등이 있다.

㈎ 마찰대전 : 물체가 마찰을 일으킬때 마찰에 의해서 접촉전위가 이동하며 전하분리에 정전기가 발생하는 현상

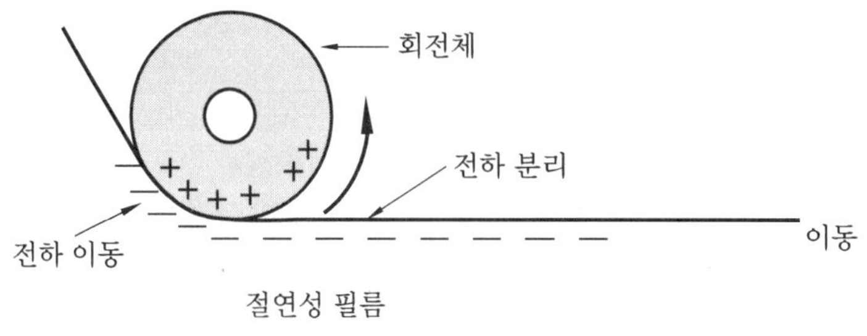

마찰대전 발생 원리

㈏ 박리대전 : 물체가 박리될때 접촉전위가 이동하며 전하분리에 정전기가 발생하는 현상

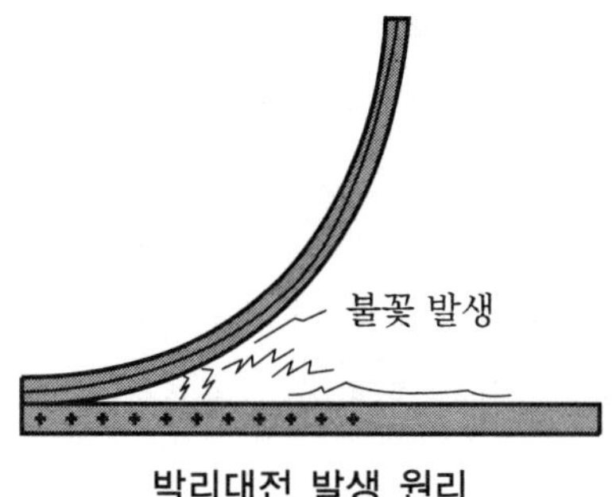

박리대전 발생 원리

㈐ 유동 대전 : 액체류가 파이프를 통하여 이동할 때 정전기가 발생하는 현상

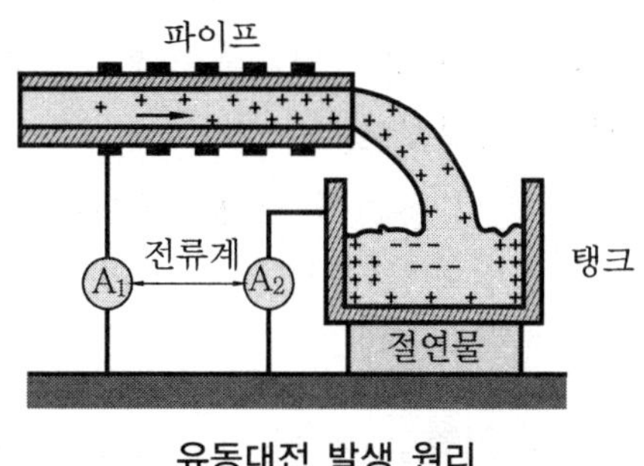

유동대전 발생 원리

㈑ 분출대전 : 분체류, 기체류, 액체류 등이 단면적이 작은 관 등을 통하여 분출할 때 발생하는 현상

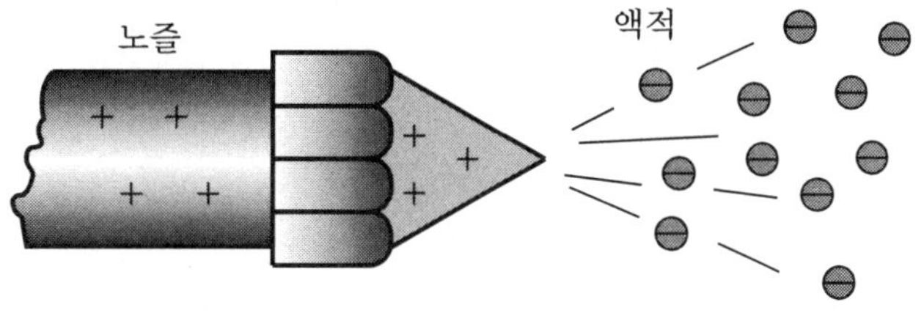

분출대전 발생 원리

② 대전물체에 축적된 정전기 에너지가 전하의 순간적인 이동에 의해서 서로 중화되면서 열과 빛을 발생하는 현상을 방전이라고 한다.

(2) 정전기의 방전 형태

정전기의 방전 형태에는 코로나방전, 연면방전, 불꽃방전, 스트리머방전, 기체방전, 진공방전 등이 있으며, 이들에 대해 설명하면 다음과 같다.

① 코로나방전 : 기체방전의 한 형태로서 불꽃방전이 일어나기 전에 대전체 표면의 전기장이 큰 곳이 부분적으로 절연이 파괴되어 발생하는 발광방전이며 빛은 약하다.

② 연면방전 : 코로나방전이 절연체의 면 위를 따라서 발생하는 현상

③ 불꽃 방전 : 기체방전에서 전극 간의 절연이 완전히 파괴되어 강한 불꽃을 내면서 방전하는 것

④ 스트리머 방전 : 기체방전에서 방전로가 긴 줄을 형성하면서 방전하는 현상

⑤ 기체 방전 : 두 전극 간의 절연물이 기체인 상태에서 발생하는 방전

⑥ 진공 방전 : 두 전극 간의 절연물이 진공인 상태에서 발생하는 방전

7-13 저장탱크로부터 드럼으로 인화성 액체를 이송하는 과정에서 발생할 수 있는 정전기 예방 대책을 설명하시오.
(1) 금속 드럼 등 도전성 용기에 인화성 액체를 주입하는 경우
(2) 비도전성 용기에 인화성 액체를 주입하는 경우

(1) 금속 드럼 등 도전성 용기에 인화성 액체를 주입하는 경우

① 주입배관, 용기 등은 모두 전기적으로 접속되도록 본딩시키고 접지해야 한다. 다만, 주입 보조기구인 깔때기가 주입 파이프와 접촉된 상태에서 사용되는 경우에는 본딩을 생략할 수 있다.

② 1드럼(200 L) 이하의 금속제 용기에 주입하는 경우에는 주입구를 용기 바닥까지 연장할 필요는 없다.

③ 상기 ①의 규정에서 폐쇄배관 계통인 경우에는 본딩을 생략할 수 있다.

④ 미세한 필터를 사용할 경우에는 가급적 액체를 끌어올리는 부위에 필터가 위치하도록 하고, 필터를 거쳐 드럼으로 주입되는 배관은 도전성 재질로 한다.

(2) 비도전성 용기에 인화성 액체를 주입하는 경우

① 주입은 하부 주입 방식으로 한다.

② 드럼 주변에 접지 밴드를 체결하여 액체 표면에 대전된 정전기를 완화시키도록 한다.

③ 정전기 제전용 접지극은 주입 시 용기 내에 위치하게 하고, 주입이 끝난 후 30초 이상 경과하면 제거토록 한다.

④ 깔때기와 같은 도전성 물체는 주입 시 모두 접지시켜야 한다.

⑤ 소용량(19 L 이하)의 비전도성 용기에 주입하는 경우에는 특별한 위험은 없으나, 2 L

이상의 비전도성 용기로서 저도전성(50 pS/m 이하) 액체를 취급할 때에는 특별한 주의를 해야 한다.

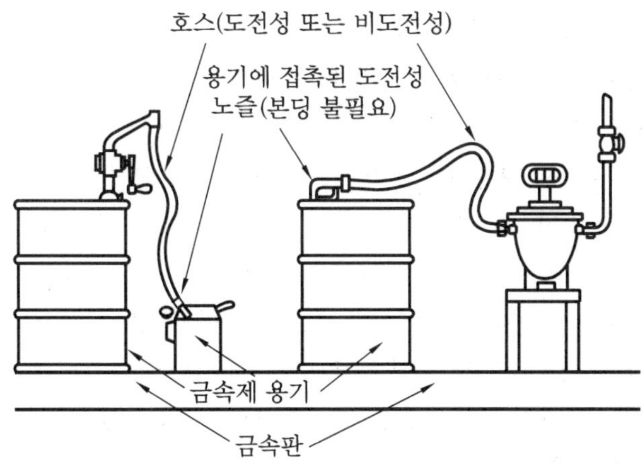

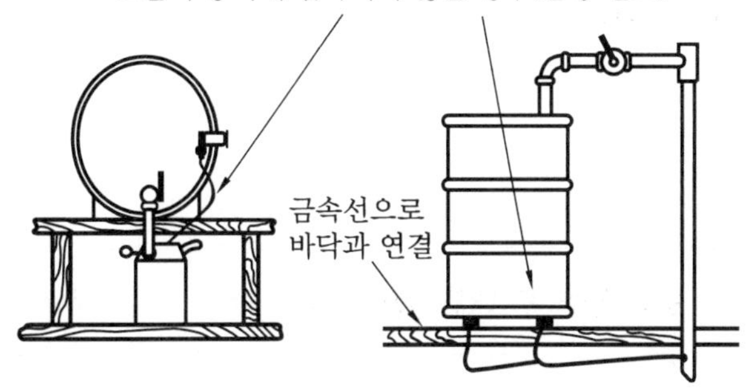

이동용 용기에 인화성 액체를 주입하는 경우의 본딩 방법

7-14 인화성 액체 저장탱크의 정전기 안전대책을 설명하시오.

① 인화성 액체의 주입 시에는 액체면 위에서 분사하는 주입방식은 금해야 한다.(원유와 같이 정전기가 잘 축적되지 않는 물질을 제외한다.)

② 주입배관의 주입구는 가능한 한 탱크 바닥 가까이 수평방향으로 설치하되, 주입 시에는 탱크 바닥의 찌꺼기나 물 등의 소용돌이가 일어나지 않도록 해야 한다.

③ 전하의 발생은 유속과 관계되므로 가능한 저속으로 주입하되, 주입구가 완전히 잠길 때까지는 1 m/s 이하로 유지하는 것이 좋다.

④ 폭발성 증기가 차 있는 탱크 내에 인화성 액체를 충전하고자 할 경우에는 사전에 폭발성 증기를 배출시키는 등의 안전조치를 취한 후 실시해야 한다.

⑤ 인화성 액체 중에 물 등의 불순물이 섞여 있을 경우에는 정전기의 발생량이 많아지므로 이들을 제거하고 취급하는 것이 바람직하다.

⑥ 탱크 상부의 맨홀이나 개구부를 통하여 계량(gauge)이나 시료 채취를 해서는 안 된다. 단, 다음의 안전조치가 취해진 경우에는 예외로 한다.

  ㈎ 물질의 특성이나 탱크용량에 따라 다소 차이는 있으나, 정전기가 충분히 완화될 수 있도록 주입 후 30분 이상의 정치시간을 둔 후, 계량 등의 작업을 하는 경우

  ㈏ 탱크 바닥까지 연장되어 있는 사운딩 파이프(sounding pipe)를 이용하는 경우

  ㈐ 계량도구 등은 비도전성 물질로 된 것을 사용하는 것이 원칙이며, 부득이 도전성 재질을 사용할 경우에는 탱크 개구부의 금속부분과 도전성물질을 직접 접촉시켜야 하며, 만약 이것이 곤란할 경우에는 탱크와 도전성 물질을 상호 본딩시키는 등의 조치를 취해야 한다.

⑦ 인화성 액체를 취급하는 모든 배관과 용기 및 장치는 $10^6\,\Omega$ 이하의 접지저항을 갖도록 접지 또는 본딩 조치한다.

7-15 화학공장의 표류 전류에 대해 설명하시오.

화학플랜트의 전기설비 또는 전기궤도는 충분히 절연되어 있지만, 극히 미량의 전류를 구조물 또는 토지에 흘려 보내고 있으며, 이 전류를 표류 전류(stray current)라 하고, 보통 전압은 낮지만 구조물이 광범위하게 접하고 있을 경우에는 대단히 높은 전압을 가지는 경우도 있다. 이 표류 전류를 완전히 차단하는 것과 그 양을 계산하는 것은 현재 불가능하다고 되어 있다.

따라서 표류 전류의 금속회로에 접하는 부분을 절단할 때 또는 파이프라인의 절연 플랜지를 제거할 때 스파크를 발생하는 경우가 있다. 이런 스파크에 의한 위험은 특히 선창 부근에서 발생하기 쉬우므로 위험 방지를 위해 선창과 유조선 사이에 본딩 케이블을 사용한다. 전기방식 설비로부터의 표류 전류는 회로가 정비되어 있는 한 저전압으로 문제는 없지만 표류 전류에 의하여 부식이 촉진되는 경우가 많다.

표류 전류에 대한 대책은 API-RP-2003(protection against ignition out of static, lightning and stray currents)에 설명되어 있으며, 스파크의 발생을 방지하기 위해서는 정전기 대책과 동일하게 접지하는 것이 좋다.

제**8**장 위험성 평가

> **8-1** 화학공장의 위험 관리 기법에 대하여 설명하시오.

화학공장의 안전은 잠재된 위험이 크므로 단순한 관리라는 측면에서 다루어져서는 안 되며, 회사의 경영 방침으로 다루어져야 한다. 따라서 위험 관리 접근 방법도 총체적인 경영적 측면에서 다음 4가지 범주로 나누어 설명할 수 있는데, 도식화하면 다음 그림과 같다.

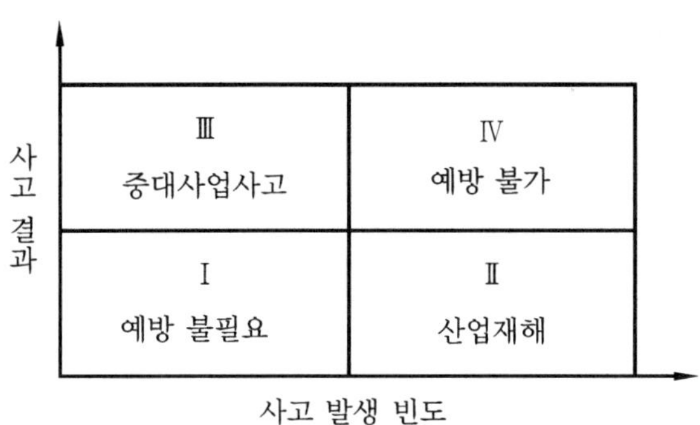

화학공장의 위험 관리

① 위험의 회피(risk avoidance) : 화학공장의 위험을 관리하는 데 있어서 사고의 발생 빈도가 높고 사고의 발생 영향이 큰 그림의 Ⅳ 범주에 속하는 화학공장은 아예 처음부터 설치하지 않는 것이 상책이다. 공장을 건설하여 제품을 생산하는 것이 어느 정도의 위험을 감수하면서 경제적인 이득을 추구하는 것이기 때문에 사고의 발생 빈도와 사고 결과로 인적·물적 손실이 막대하다면 그 공장은 건설되었다 하더라도 이윤을 취할 수가 없기 때문에 사업 자체를 포기해야 하는데 이것이 위험 관리의 첫 번째 방법이다.

② 위험의 감수(risk retainment) : 그림의 Ⅰ에 해당하는 영역으로 사고의 발생 빈도나 사고로 인한 영향이 그다지 크지 않다. 즉 화학공장을 건설하여 정상 가동하는 이면에는 이 정도의 위험은 감수하더라도 어떠한 편익을 추구한다는 의미이다.

③ 위험의 최소화(risk reduction) : 어느 정도의 위험은 감수한다 하더라도 보다 안전하게 이윤을 추구하기 위하여 사고의 발생 빈도를 최소화하거나 사고가 발생했을 경우에 이로 인한 피해를 최소화하는 활동이 바로 위험의 최소화이다. 그림의 Ⅱ와 Ⅲ의 범주라고 할 수 있는데 Ⅱ의 영역은 사고의 빈도는 비록 크지만 사고로 인한 영향이

그다지 크지 않은 산업재해가 속한다. 따라서 이 범주에 속하는 위험을 관리하는 방법은 사고 결과를 감소시키기보다는 사고의 발생 빈도를 감소시키고자 하는 노력이 필요하다. 영역 Ⅲ은 사고의 발생 빈도는 비록 작다 하더라도 한 번의 사고로 막대한 인적·물적 손실을 수반할 수 있는 화재·폭발 또는 독성물질 누출 사고의 형태를 포함한다. 이러한 사고들은 국제적으로 중대산업사고(major industrial accident)라고 한다.

이와 같은 범주에 속하는 사고를 예방하기 위해서는 비록 사고 발생 빈도는 작지만 이를 "영(zero)"으로 하기 위한 노력과 함께 사고로 인한 결과를 최소화하려는 노력이 필요하며, 이와 같은 사고를 예방하기 위한 체계적이고 구체적인 활동이 공정안전관리제도라 할 수 있다.

④ 위험의 전가(risk transfer) : 아무리 위험을 최소화하려는 노력을 경주한다 하더라도 사고의 발생을 영원히 "영(zero)"으로 할 수 없음은 자명한 일이다. 이러한 위험을 최종적으로 제3자에게 전가하는 방법이다. 즉 보험료를 지불하고 보험에 가입하게 되는데 이것이 바로 위험을 전가하는 위험 관리의 마지막 방법이다. 위험을 전가하는 범위에는 인적 피해를 위한 산재보상보험이 있고 물적 손실(physical damage)이나 조업 손실(business interruption)을 대비한 손해보험 등이 있다.

> ### *8-2* 위험성 평가 기법의 종류와 특징에 대하여 간단히 설명하시오.

① 체크리스트(check list) : 공정 및 설비의 오류, 결함 상태, 위험 상황 등을 목록화한 형태로 작성하여 경험적으로 비교함으로써 위험성을 정성적으로 파악하는 위험성 평가 기법이다.

② 상대위험순위 결정(dow and mond indices) : 화학공장에 존재하는 위험에 대해 간단하고 직접적으로 상대위험순위를 제공하는 방법으로 공장의 상황에 따라 페널티와 크레디트를 부여한다. 페널티는 사고를 일으킬 수 있는 공정 물질이나 조건에 대해 부여하고 크레디트는 사고의 영향을 완화시키는 특징에 대해 부여한다. 이 페널티와 크레디트를 조합하여 설비에 존재하는 위험에 대하여 수치적으로 상대위험순위를 지표화하여 그 피해 정도를 나타내는 위험성 평가 기법이다.

③ 작업자 실수 분석(HEA : human error analysis) : 사고를 일으킬 수 있는 작업자(설비의 운전원, 정비원, 기술자 등)의 불안전 행동을 분석, 그 원인을 파악하고 추적하여 정량적으로 실수의 상대적 순위를 결정하는 위험성 평가 기법으로 인간 과오를 생

략 과오(commission error) · 수행 과오(accomplish error) · 순서 과오(sequence error) · 시간적 과오(timing error) · 불필요 시행 과오(extraneous error)로 분류한다.

④ 사고예상 질문분석(what-if) : 사고가 초래할 수 있는 사건을 세심하게 고려해 보기 위한 목적으로 설계단계, 건설단계, 운전단계, 고장수리단계 등에서 생길 수 있는 바람직하지 않는 결과를 초래하는 것을 가정하여 만약에 사고가 발생한다면 어떻게 될 것인가를 상정하여 공정에 잠재하고 있는 사고 요인을 확인하고 그 위험과 결과 및 위험을 줄이는 방법을 도출하는 예방 기법이다.

what-if 분석의 목적은 원하지 않는 결과를 초래할 수 있는 사건을 세심하게 확인하여 제거하기 위함이다. 이 분석을 위해서는 공정의 목적을 이해해야 하고 원치 않는 결과를 초래하는 설계 의도를 파악해서 거기서 생기는 이탈현상을 조합하고 합성해 내야 한다.

⑤ 위험과 운전분석(HAZOP : hazard & operability studies) : HAZOP은 대상공정에 관련된 여러 분야의 전문가들이 모여서 공정에 관련된 자료를 토대로 공정에 존재하는 위험 요소들과 비록 위험하지 않아도 공정의 효율을 낮게 할 수 있는 운전상의 문제점을 알아내는 위험성 평가 기법으로 공장(공정)이 원래 설계된 운전 목적으로부터 벗어나는 공정상의 이탈(deviation)을 찾아내어 공정의 위험요소(hazard)와 운전상의 문제점(operability)을 찾아낸다. HAZOP 기법에서 사용하는 용어로는 다음과 같은 것들이 있다.

- 설계 의도(design intent) : 설계자가 바라고 있는 운전조건
- 변수(parameter) : 유량, 압력, 온도, 물리량이나 공정의 흐름 조건을 나타내는 변수
- 가이드 워드(guide word) : 변수의 질이나 양의 크기나 상해를 표현하는 간단한 용어
- 이탈(deviation) : 가이드 워드와 변수가 조합되어 유체 흐름의 정지, 또는 과잉상태와 같이 설계 의도로부터 벗어난 상태
- 원인(cause) : 이탈이 일어나는 이유
- 결과(consequence) : 이탈이 일어남으로써 야기되는 상태
- 검토구간(node) : HAZOP 검토를 하고자 하는 설비구간

⑥ 이상위험도 분석(FMECA : failure mode effects & criticality analysis) : 공정 및 설비(부품, 장치, 설비시스템 등)의 고장 또는 기능 상실에 따른 원인과 영향을 분석하여 치명도에 따라 분류하고 각각의 잠재된 고장 형태에 따른 피해 결과를 분석하여 이에 대한 적절한 개선조치를 도출하는 위험성 평가 방법 중의 하나로 공정 및 설비의 고장 형태 및 영향, 고장 형태별 위험도 순위 등을 결정하는 위험성 평가 기법이다.

⑦ 결함수 분석(FTA : fault tree analysis) : 하나의 특정한 사고에 집중한 연역적 기법으로 사고의 원인을 규명하기 위한 평가기법을 제공한다. 결함수는 사고를 낳을 수 있는 장치의 이상과 고장의 다양한 조합을 표시하는 위험성 평가 기법이다.

⑧ 사건수 분석(ETA : event tree analysis) : 정량적 분석방법으로 초기화 사건으로 알려진 특정한 장치의 이상이나 근로자의 실수로부터 발생되는 잠재적인 사고 결과를 예측·평가하는 기법이다.

⑨ 원인결과 분석(CCA : cause-consequence analysis) : 잠재된 사고의 결과와 이러한 사고의 근본적인 원인을 찾아내고 사고 결과와 원인의 상호관계를 예측하는 위험성 평가 기법으로 잠재적 사고를 평가하기 위해 FTA와 ETA를 혼합하여 결과가 예측되는 발생 빈도를 정량화하는 데 사용된다. cause-consequence diagram은 사고 결과와 기본 원인과의 상호관계를 보여주며, 잠재적 사고를 평가하고 그들의 근본 원인을 알아내기 위해 설계 단계에서부터 적용될 수 있다.

CCA를 수행하기 위하여 각 분야(공정, 안전, 정비 등) 전문가 2~4명 정도로 구성 가능하며, 구성원 중 한 명은 CCA에 반드시 숙련되어 있어야 한다. 또한 사고를 일으켰던 장치의 이상이나 공정의 고장에 대한 지식과 사고의 결과에 영향을 줄 수 있는 안전 시스템이나 비상시 운전절차에 대한 지식이 필요하다.

⑩ 예비위험분석(PHA : preliminary hazard analysis) : 공장의 가동 초기에 위험을 확인하기 위한 방법으로 위험을 일찍 인식하여 위험이 나중에 발견되었을 때 드는 비용을 절약하기 위해 적용한다. 예비위험분석을 행할 때에는 공정이나 절차에 관한 상세한 정보를 얻을 수 없기 때문에 주로 위험물질과 주공정 요소에 초점을 맞추어 분석한다.

⑪ 공정위험분석(PHR : process hazard review) : 기존 공장 및 설비에 대한 새로운 위험성 평가 기법으로서 화학공장에서 위험물질 누출의 잠재성에 집중하여 주요 핵심 인력 참여에 의한 팀 연구방법이다.

위험성 평가 기법의 종류

방 법	개 요	적용 시기	결과 성격	필요한 정보	필요 인원, 시간 및 경비
체크 리스트 (checklist)	• 프로젝트의 개발을 조정, 확인하기 위해 기준대조표를 활용하는데 이는 기준, 절차에 대한 확인의 기능을 가지며 단점은 작성자의 경험에 기반을 두기 때문에 주의를 요한다.	• 설계 • 건설 • start -up • 운전 • S/D	기준, 절차의 Yes or No 결정	• 대조표 • 매뉴얼 • 시스템 • 공정 지식	• 가장 빠르고 저렴한 비용 • 숙련 매니저 또는 엔지니어

기법	특징	적용시기	평가방식	필요자료	소요인원·기간
안전성 검토 (safety review)	• 재검토는 공장 내 여러 분야 사람들에 대한 인터뷰를 통하여 주요 위험 요소를 찾는 것을 말한다. • 재검토 마지막 단계는 정당성, 대응 행동이 추천되어야 하고 책임소재 및 완성날짜 등이 표시되어야 한다.	• 위험한 공장 : 2~3년 • 기타 : 5~10년	정성적	• P & ID • 매뉴얼 • 사업정보 • 설비관리 • 물질의 성질	• 2~5인 • 최소 1주 • 스태프 및 각 부문 기술자
상대 위험순위 결정기법 (dow & mond indices)	• 존재하는 위험에 대하여 간단하고 직접적인 상대위험순위를 제공 • 페널티(사고 가능성, 공정 조건, 물질) • 크레디트(사고 영향을 완화시키는 특징) • 페널티와 크레디트 조합을 통하여 상대위험순위 결정 지표로 사용	• 설계 • 운전	정성적 정보	• 레이아웃 • 운전조건 • 소방자료 • 계산기 • 공정설비 비용자료	• 2~3개 단위 공정 : 1주, 1인 • 공장설계에 능통한 화공 기술자
예비 위험분석 (PHA)	• 공정 초기, 신 공정 등에 적용 • 안전문제에 대한 경험이 거의 없는 경우에 적용	• 설계 초기단계 (공정, 물질 기본요소가 정해진 상태)	정성적 목록표	• 설계 기준 • 장치 특징 • 물질 특징	• 적은 노력으로 수행 가능 • 1~2명의 숙련 엔지니어
사고예상 질문분석 (what-if)	• 정확하게 구조화되어 있지 않은 방법으로 사용자가 특별한 상황에 맞추어 기본 개념을 수정해가면서 수행 • 원치 않는 사건이 발생할 경우를 가정하여 이로 인한 결과를 예측하고 대응책을 마련	• 공정 개발 단계 • 초기 start-up	우선순위 불표시	• 조업 관계서류 • 조업자 면담	• 공정의 수와 크기에 비례 • 2~3명 분야별 전문가
위험과 운전분석 (HAZOP)	• 공정변수와 guide word를 사용하여 이탈을 발생시켜, 브레인스토밍 방법으로 원인, 결과, 대책 등을 도출 • guide word(no, less, more, part of, as well as, reverse, other then)	• 신규 공정 : 설계도면 완성시점 • 기존 공정	정성적	설계도 (P & ID, PFD, Manual)	• 2일/도면 1장 • 25~7명/팀 • 작은 규모는 2~3명 가능
이상 위험도 분석 (FMECA)	• 중대사고에 영향을 미치는 직접적인 원인이 되는 시스템, 설비 등을 파악 • 작업자의 실수는 확인되지 않는다.	• 설계 • 건설 • 조업	정성적 (다소 정량적)	• 장치 목록 • 장치 기능	• 시스템의 대상 크기와 수에 따라 다름

결함수 분석 (FTA)	• 특정 사고에 대한 연역적 해석 • 특정 사고가 발생하기 위한 사건사고의 원인을 파악 • 설비결함 및 작업자의 실수도 포함	• 설계 • 조업	정량적	공정의 완전한 이해	• 복잡성에 의해 결정됨 • 1인 또는 팀
사건수 분석 (ETA)	• 초기 사건(특정장치 결함, 조업자의 실수)으로부터 발생되는 잠재적 사고 결과를 평가하는 기법	• 설계 • 조업	정량적 (정성적 기능 포함)	• 사건, 사고의 원인 • 안전 시스템의 기능	• 소규모 : 3~6일 • 복잡 : 2~4주 • 2~4명/팀 (브레인스토밍)
원인 결과분석 (CCA)	• 결함수+사건수의 혼합형	• 설계 • 조업	정량적 (정성적 기능 포함)	• 사고 사례 • 안전 시스템의 기능	• 초기 사건 : 1주 이내 • 상세 원인 : 2~6주 • 다양한 경험 2~4명/팀
작업자 실수분석 (HEA)	• 작업자가 작업에 영향을 미칠 요소를 평가 • 설계의 변경에 따른 작업자의 작업에 미치는 영향 • 하드웨어적 특성과 작업설계의 특징 확인	• 설계 • 건설 • 조업	• 에러 영향 시스템 • 에러의 상대적 순위	• 운전 절차 • 면담 정보 • 제어, 경보 시스템	• 대략 분석 : 1시간 • 정밀분석 및 문서화 : 1주 이내 • 평가전문가

8-3 화학공장의 공정 위험성 평가 절차를 쓰고 간단히 설명하시오.

(1) 문제 정의와 평가 방법 선정
(2) 위험요소 확인(hazard identification)
(3) 사고 빈도, 결과 평가 및 위험도 산출
(4) 위험도 관리 의사 결정

위험성 평가 절차는 평가대상, 목적, 평가자 등에 따라서 변할 수 있으나 전체적인 흐름은 다음과 같다.

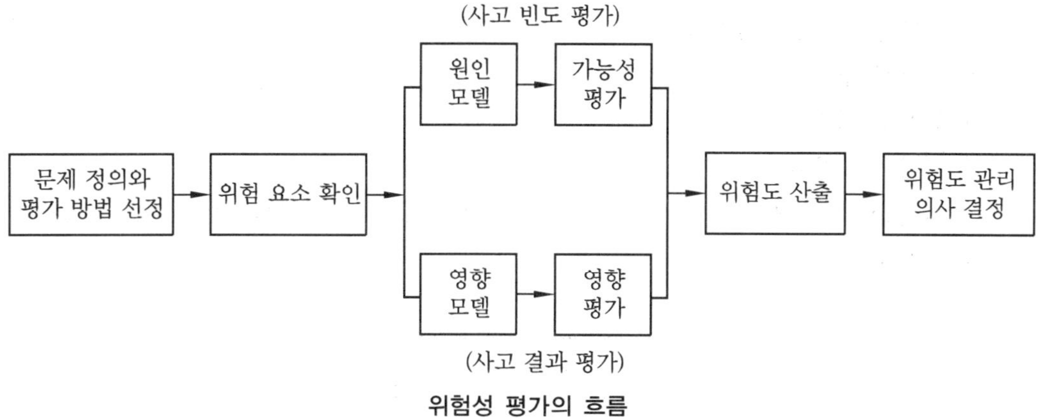

위험성 평가의 흐름

(1) 문제 정의와 평가 방법 선정

① 위험성 평가 목표와 목적 결정(법, 기준, 경제적 기준 등)
② 위험성 평가 범위 결정
③ 위험성 측정 방법 및 표현 수단에 대한 형식 결정

(2) 위험 요소 확인(hazard identification)

공정에서 건강이나 안전, 환경 또는 재산에 해를 끼칠 우려가 있는지와 잠재적 위험성을 가진 물질, 공정조건, 주변상황 등 어떤 사항이 나쁜 상황으로 진행될 수 있는지에 대하여 평가한다.

① 물질의 위험지수 설정 : 취급 화학물질의 물리화학적 특성, 화재폭발 특성, 반응안정성, 독성 등의 정보를 파악하여 위험 특성을 수치화한다.
② PFD, P&ID, 공장위치 및 배치, 주위환경, 기후 자료, 운전과 유지보수 등 관련 사항 자료의 수집 및 편집
③ 공정의 위험성 개별 평가 : 연소, 산화반응, 중합 등의 공정에 따라 반응속도, 발열량, 반응평형, 제어시스템 등을 각종 공정 및 환경조건에 맞게 설정하여 개별 평가
④ 물질과 공정의 위험성 종합 평가 : 특정 물질이 특정 공정과 환경조건과 결합되었을 때 잠재하는 위험성을 종합 평가 분석
⑤ 위험성 확인 단계에서는 경험, 기술 규정, 체크리스트, 상세한 공정지식, 장치 실패의 경험 등을 이용하는 것이 유용하다.

(3) 사고 빈도, 결과 평가 및 위험도 산출

과거의 사고 자료나 FTA, ETA 등과 같은 모델로부터 사고 발생의 빈도나 확률을 산출하고, 사고 결과 평가는 특정 사건에 대한 손실이나 상해를 일으킬 수 있는 잠재력을 계산하는 데 사용된다.

① 위험성 분석(risk analysis)

  ㈎ 위험성 평가

  ㈏ 위험도 결정

  ㈐ 위험의 허용범위 결정

② 위험성 산출 단계에서는 what-if 분석법, HAZOP, FMECA, PHA 등을 이용하는 것이 유용하다.

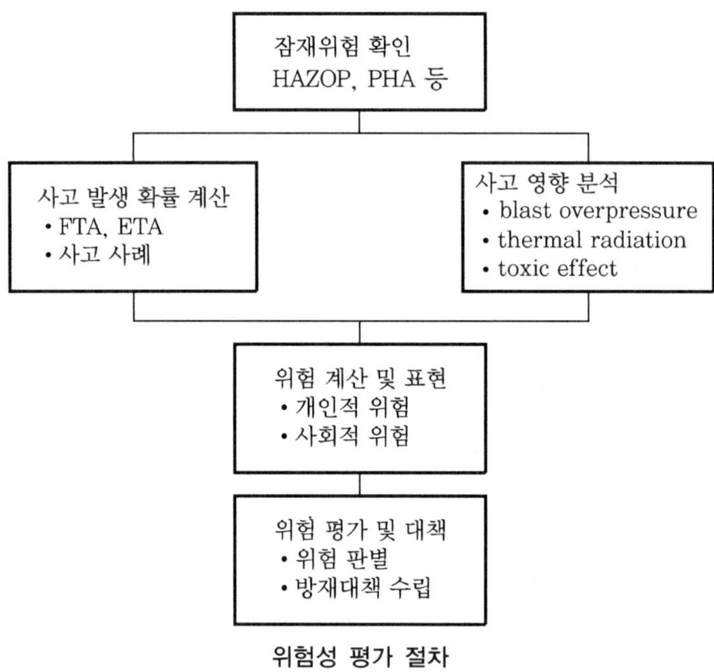

위험성 평가 절차

(4) 위험도 관리 의사 결정

① 위험성 평가와 위험성 제거 정책의 공식화

  ㈎ 위험관리 조치계획의 수립 및 실시(필요시)

  ㈏ 조치계획의 적정성 재검토

② 주변의 토지이용 안전계획

  ㈎ 주민들의 안전에 관한 객관적 및 주관적 의식 조사

  ㈏ 기존 방재 차단 기능의 검토

  ㈐ 지역내 안전화의 검토(관계법 등)

  ㈑ 안전을 위한 도시 기반 시설 정비의 검토(피난계획, 소방설비 등)

  ㈒ 안전기준치의 설정 등

> **8-4** 위험성 평가를 실시하는 목표 및 목적에 대하여 간략히 설명하시오.
>
> (1) 목표
> (2) 목적

(1) 목표

① 위험성 범위의 결정
② 위험성 감소 수단의 한계 추정
③ 안전 투자의 우선순위 결정
④ 물적 위험성의 추정
⑤ 근로자 위험성 추정
⑥ 공공 위험성의 추정
⑦ 비상조치계획에의 활동

(2) 목적

잠재 위험요인이 사고로 발전할 수 있는 빈도와 피해 크기를 평가하고 위험도가 허용될 수 있는 범위인지 여부를 평가한다.

① 어떤 특정화학물질을 사용함으로써 야기되는 사회적 위험성 계산
② 기존 단위공정 변경에 따른 근로자에 대한 위험성 계산
　㈎ 가동 중이거나 설계 중인 시설의 위험성 정량적 평가
　㈏ 공정에 잠재하는 위험성 우선순위 결정
　㈐ 위험성 평가를 통한 사고 방지 대책 제시
　㈑ 위험성 평가를 통한 비상대응 계획 지원
③ 설정한 위험도를 달성할 수 있는 위험성 감소 방법의 경제성 및 효율성 계산
　㈎ 재정 위험 평가 : 보험요율 산정
　㈏ 법적 또는 규정 요건의 준수
④ 공장들이 주변의 지역사회에 미치는 영향을 고려한 평가와 우선순위 결정
⑤ 하나의 장치에서 나타나는 위험성을 감소하기 위한 여러 가지 방법 중에서 각각의 상대적 효율성을 계산

> **8-5** 인적오류분석(human error analysis) 기법의 개요와 절차에 대하여 설명하시오.
> (1) 개요
> (2) 절차

(1) 개요

사고를 일으킬 수 있는 작업자(설비의 운전원, 정비원, 기술자 등)의 불안전행동을 분석, 그 원인을 파악하고 추적하여 정량적으로 실수의 상대적 순위를 결정하는 위험성 평가 기법으로 인간과오를 생략과오(commission error)·수행과오(accomplish error)·순서과오(sequence error)·시간적 과오(timing error)·불필요 시행과오(extraneous error)로 분류한다.

(2) 절차

① 공정업무 목록화 및 분석대상 선정
  ㈎ 분석대상 공정 또는 공장에서 행해지는 업무 목록화
  ㈏ 목록화한 업무들의 위험 정도 파악
  ㈐ 위험이 높은 업무 부분을 보다 집중 관리할 수 있도록 위험의 정도에 따라 순위를 부여한 후 위험이 높은 업무를 우선하여 분석 대상 업무 선정

② 분석대상 업무에 대한 실수 분석(작업실수 예측 분석)
  ㈎ 업무를 작업에 따라 세분화
  ㈏ 작업에서 발생할 수 있는 실수의 형태 예측
  ㈐ 실수로 인한 결과 평가
  ㈑ 심각한 손실을 발생시키는 결과가 예측될 경우 실수의 가능성 및 피해를 줄이기 위한 적절한 수단 강구

③ 분석대상 업무에 대한 관리적 인자(실수 인자) 분석
  ㈎ 작업에 영향을 미치는 실수 인자 파악
  ㈏ 실수 인자 세부 분석 및 문제점 파악
  ㈐ 관리 개선 방안 도출

> **8-6** HAZOP에서 공정단계와 관련한 가이드 워드에 대해 설명하시오.

(1) 개요

가이드 워드(guide words)라 함은 의미 있는 이탈(deviation)을 발생시키기 위하여 설계 의도에 적용될 수 있는 변수의 질이나 양을 표현하는 표준 용어를 말한다. 가이드 워드의 가치와 적용성은 적용될 설계 의도와 그에 따른 이탈의 형태에 의해 결정되며, 광범위하게 표현된 설계 의도에는 모두가 다 적용될 수 있다. 그러나 아주 상세히 표현된 설계 의도에 대한 적용에는 약간의 제한이 따르며 변경이 필요할 때도 있다.

시간에 대해서 가이드 워드가 적용될 경우 more와 less는 시간의 길고 짧음과 빈도의 높고 낮음을 뜻할 수 있다. 그러나 어떤 일련의 행위나 절대 시간의 경우 other than보다 sooner 또는 later가 보다 많은 통찰력을 부여할 수 있다. 마찬가지로 위치, 출발점 또는 목적지에 대해서도 other than보다 where else가 더 유용하다. 높이의 경우 more와 less보다 higher와 lower가 더 의미 있다. 온도, 비율, 조성, 압력 등의 복잡한 규격이 관련된 설계 의도를 취급할 때는 각 가이드 워드를 모든 규격에 적용하는 것보다 각각의 규격에 대해서 일련의 가이드 워드를 적용하는 것이 더 효율적이다.

(2) 종류

HAZOP 가이드 워드

가이드 워드	정 의	예 또는 코멘트
없음 (no, not, none)	설계 의도에 완전히 반하여 변수의 양이 없는 상태	유량 없음이라고 표현할 경우 : 검토구간 내에서 유량이 없거나 흐르지 않는 상태를 뜻함
증가(more)	변수가 양적으로 증가되는 상태	유량 증가라고 표현할 경우 : 검토구간 내에서 유량이 설계 의도보다 많이 흐르는 상태를 뜻함
감소(less)	변수가 양적으로 감소되는 상태	증가의 반대이며 적은 경우에 있어서는 No로 표현될 수도 있음
반대 (reverse)	설계 의도와 정반대로 나타나는 상태	유량이나 반응 등에 흔히 적용되며 유체역류라고 표현할 경우 : 검토구간 내에서 유체가 정반대 방향으로 흐르는 상태
부가 (as well as)	설계 의도 외에 다른 변수가 부가되는 상태	오염 등과 같이 설계 의도 외에 부가로 이루어지는 상태를 뜻함
부분 (parts of)	설계 의도대로 완전히 이루어지지 않는 상태	조성 비율이 잘못된 것과 같이 설계 의도대로 되지 않은 상태
기타 (other than)	설계 의도대로 설치되지 않거나 운전 유지되지 않는 상태	원료 공급 잘못, 밸브 설치 잘못 등

8-7 회분식 공정에 대한 HAZOP 검토 시 시간(time)으로 인하여 발생할 수 있는 이탈의 종류와 내용을 설명하시오.

이 탈	정 의
시간 생략(no time)	사건 또는 조치가 이루어지지 않음
시간 지연(more time)	조작 또는 행위가 예상보다 오래 지속됨
시간 단축(less time)	조작 또는 행위가 예상보다 짧게 지속됨

8-8 회분식 공정에 대한 HAZOP 검토 시 시퀀스로 인하여 발생할 수 있는 이탈의 종류와 내용을 설명하시오.

이 탈	정 의
조작 지연 (action too late)	허용범위(시간, 조건)보다 늦게 시작함
조기 조작 (action too early)	허용범위(시간, 조건)보다 일찍 시작함
조작 생략 (action left out)	조작을 생략함
역행 조작 (action backwards)	전 단계 단위공정으로 역행함
부분 조작 (part of action missed)	한 단계 조작 내에서 하나의 부수 조치 생략됨
다른 조작 (extraction included)	한 단계 조작 중 불필요한 다른 단계의 조작을 행함
기타 오조작 (wrong action taken)	예측 불가능한 기타 오조작

8-9 회분식 공정에 대한 HAZOP 검토 절차를 설명하시오.

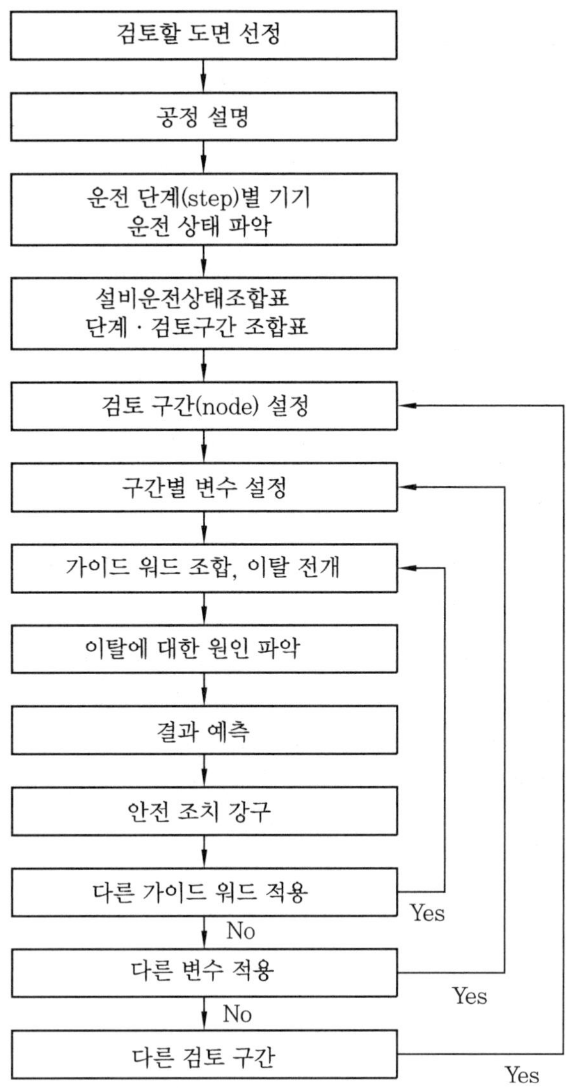

회분식 위험과 운전분석(HAZOP) 수행 흐름도

> **8-10** 회분식 공정에 대한 HAZOP 검토 시 공정의 이탈과 원인 및 이탈의 행렬에 대하여 간략히 설명하시오.
> (1) 공정의 이탈과 원인
> (2) 이탈의 행렬(deviation chart)

(1) 공정의 이탈과 원인

변 수	이 탈	가능한 원인
유량 (flow)	유량 없음 (no flow)	잘못된 루트, 반대방향으로 설치된 체크밸브, 배관 누출, 기기 결함
	유체 역류 (back flow)	불안전한 체크밸브, 사이폰 영향, 부적절한 압력 차이, 비상용 벨트 등
	유량 증가 (more flow)	증가된 펌핑능력, 흡입측 압력 증가, 토출측 압력 감소, 열교환기 튜브 누설 밸브의 조치 잘못, 제어시스템 잘못
	유량 감소 (less flow)	배관 부분 막힘, 여과기 봉쇄, 지저분함, 밀도 또는 정도 변화
	오염 (contamination)	차단밸브 또는 열교환기 튜브 누설, 부적합한 공급연결, 부식, 공기의 유입, 비정상적 작동
액면 (level)	액면 증가 (more level)	억제된 출구 흐름, 유입>유출, 제어능력 실패, 잘못된 액위지시계
	액면 감소 (less level)	억제된 입구 흐름, 유입<유출, 제어 실패, 잘못된 액위지시계
압력 (pressure)	압력 증가 (more pressure)	서징, 불완전한 분리 밸브, 온도에 의한 고압력, 정변위 펌프, 조절밸브 파손
	압력 감소 (less pressure)	진공 생성, 스팀벤트, 발견되지 않는 누출
온도 (temperature)	온도 증가 (more temperature)	높은 대기 온도, 잘못 되거나 고장난 열교환기 튜브 화재, 냉각수 고장, 갑작스런 반응
	온도 감소 (less temperature)	낮은 대기온도, 감소된 압력
혼합 (mixing)	혼합 불가 (no mixing)	교반기 고장, 전력기 고장, 물질 점도율

반응 (reaction)	무반응 (no reaction)	운전조건, 개시제 불투입, 촉매문제
	지연 반응 (reaction too far)	온도, 체류시간 영향
	부반응 (side reaction)	조성, 운전조건, 오염
	역반응 (reverse reaction)	운전조건, 조성
점도 (viscosity)		부적절한 물질이나 혼합물, 온도, 고체 농도
압력 방출 (relief)		방출기 사이징, 방출기 형태, 신뢰도, 두상 흐름, 입구와 출구의 파이핑

(2) 이탈의 행렬(deviation chart)

공 정	가이드 워드						
변 수	증 가	감 소	없 음	역	부 분	부 가	대 체
유 량	유량 증가	유량 감소	유량 없음	유체 역류	부분 유량	유체 부가	틀린 유체
압 력	압력 증가	압력 감소	진공				
온 도	온도 증가	온도 감소					
액 면	액면 증가	액면 감소	액면 없음				
반 응	고속 반응	저속 반응	무반응	분체	미반응	무반응	틀린 반응
시 간	시간 지연	시간 단축	시간 생략				
시퀀스	조작 지연	조기 조작	조작 생략	역행 조작	부가 조작	틀린 조작	틀린 조작
조 성	과농도	저농도				별도 조성	틀린 조성
상(phase)	많은 상	적은 상	단상		에멀션		
혼 합	과혼합	저혼합					

> ***8-11*** 고장의 형태에 따른 영향분석(FMEA)과 관련된 다음 항목에 대하여 설명하
> 시오.
> (1) 목적
> (2) 특징
> (3) 종류
> (4) 이상위험도 분석 단계
> (5) 분석 방법

(1) 목적

① 시스템 운전 시 부품 및 장치의 발생 가능한 각각의 고장 형태를 분석

② 고장에 따른 영향 또는 결과를 분석

③ 중요 관리 특성 확인

④ 잠재 결함에 대한 우선순위 결정

⑤ 문제 제거 및 예방

(2) 특징

고장 형태에 따른 영향분석(FMEA : failure modes and effects analysis)은 부품, 장치, 설비 및 시스템의 고장 또는 기능 상실의 형태에 따른 원인과 영향을 체계적으로 분류하고 필요한 조치를 수립하는 절차로 잘못된 조작의 영향은 고장 유형 (failure mode)에 의해 설명된다.

① 이상위험도분석(FMECA : failure modes, effects and criticality analysis) : 부품, 장치, 설비 및 시스템의 고장 또는 기능 상실에 따른 원인과 영향을 분석하여 치명도에 따라 분류하고, 각각의 잠재된 고장 형태에 따른 피해 결과를 분석하여 이에 대한 적절한 개선 조치를 도출하는 절차로 운전자의 실수는 일반적으로 FMECA에서 확인되지 않는다.

② 치명도 분석(CA : criticality analysis) : 고장 형태에 따른 영향을 분석한 후 중요한 고장에 대해 그 피해의 크기와 고장발생률을 이용하여 치명도를 분석하는 절차

(3) 종류

① 설계 FMEA

　㈎ 제품 양산 전에 제품 해석

　㈏ 설계 결함에 기인되는 제품의 잠재적 고장 모드에 중점

② 공정 FMEA

⑦ 제조 및 조립공정 등 공정 해석을 위해 사용

⑭ 제조 및 공정상의 결함에 기인된 제품의 잠재 고장 모드에 중점

(4) 이상위험도 분석 단계

① 제1단계(고장 형태에 따른 영향 분석) : 각각의 잠재된 고장 형태에 따른 영향을 확인하여 체계적으로 분류한다.

② 제2단계(치명도 분석) : 고장 형태에 따른 영향 분석에 따라 확인된 주요 고장에 대하여 피해와 고장발생률을 적용하여 치명도를 분석한다.

(5) 분석 방법

설계의 복잡성과 활용 가능한 자료의 중요도에 따라 분석 방법이 결정된다.

① 하드웨어 분석법

⑦ 각각의 하드웨어의 목록을 작성하여 발생 가능한 고장 및 영향을 분석하는 방법을 말한다.

⑭ 하드웨어 품목을 도면과 설계자료를 이용하여 하위단계에서 상위단계로 분석을 전개하여 전체 시스템을 분석한다.

⑮ 확인된 고장 형태에 따라 피해의 크기 등급을 결정하고 설계자료를 참고하여 필요한 개선 권고사항을 도출한다.

② 기능 분석법

⑦ 각각의 부품 및 시스템의 기능을 목록화하고 기능을 수행하지 못하는 고장 및 영향을 분석하는 방법을 말한다.

⑭ 기능 분석 방법은 시스템이 복잡하여 하드웨어 품목으로 단계 설정이 어려워 각각의 부품 및 시스템의 기능을 이용하여 분석한다.

⑮ 피해의 크기, 등급 설정 등의 분석 방법은 하드웨어 분석 방법과 동일하다.

③ 복합 분석법 : 하드웨어 분석 방법과 기능 분석 방법을 복합적으로 사용해서 분석하는 방법을 말한다.

8-12 안전성 재검토(safety review)에 대해 설명하시오.

---

① 안전성 재검토는 정성적 위험성 평가 방법으로 공장 내 여러 분야 사람들에 대한 인터뷰를 통하여 주요 위험요소를 찾는 것을 말한다.

② 안전성 재검토 마지막 단계는 정당성, 대응행동이 추천되어야 하고 책임 소재 및 완성 날짜 등이 표시되어야 한다.

③ 적용 시기는 위험한 공장의 경우 2~3년, 기타 공장의 경우 5~10년을 적용할 수 있다.

④ 공식적 및 비공식적 안전성 재검토 방법이 있다. 기존 공정의 변경이 적은 경우 및 작은 실험실 등의 공정일 경우 비공식적 방법을 적용한다.

8-13 방호계층분석(LOPA : layer of protection analysis)과 **독립방호계층** (IPL : independent protection layer), IPL **구조에 대해 설명하시오.**
(1) 방호계층분석(LOPA : layer of protection analysis)
(2) 독립방호계층(IPL : independent protection layer)
(3) IPL 구조

---

(1) 방호계층분석(LOPA : layer of protection analysis)

원하지 않는 사고의 빈도나 강도를 감소시키는 독립방호계층의 효과성을 평가하는 방법 및 절차

(2) 독립방호계층(IPL : independent protection layer)

① 화학플랜트의 잠재 위험성은 종래에 의한 다중방어를 기초해서 대책이 강구되고 있다. 다음 그림에서 볼 수 있듯이 개개의 방호시스템은 상호 독립적이므로 내측의 방호층이 파손되어도, 그 외측의 방호층이 작동하여 사고를 미연에 방지하고, 그 확대를 방지하도록 되어 있다. 또, 공정 내에 이상 상태가 생기면 조기에 내측의 방호층에 의해서 방지하는 것이 바람직하다. 이들의 방호층을 독립방어단계(IPL : independent protection layer)라 부른다.

② 초기 사고나 사고 시나리오와 관련한 다른 어떤 방호계층의 작동과는 관계없이 원하지 않는 결과로 전개되는 것으로부터 사고를 방호할 수 있는 장치나 시스템 또는 동작을 말한다. 독립적이라는 것은 방호계층의 성능은 초기 사고의 영향을 받지 않고 다른 방호계층의 고장으로 인한 영향을 받지 않는 것을 의미한다.

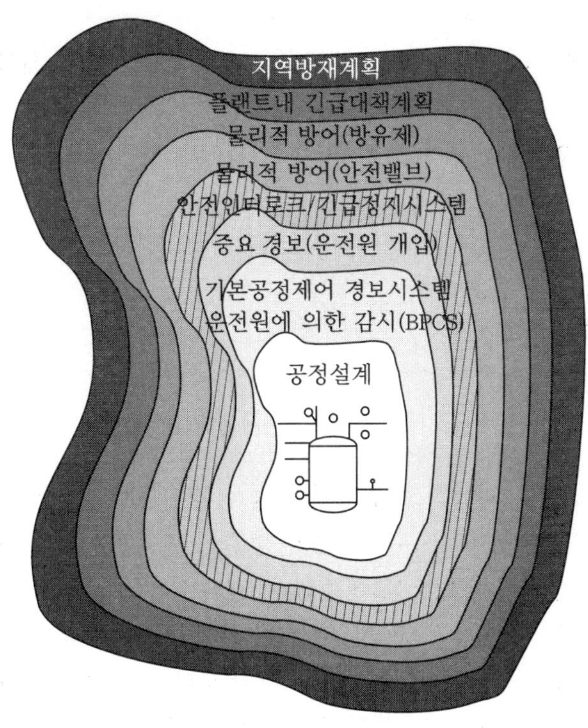

독립방호계층(IPL)의 개념

(3) IPL 구조

① 제1계층 : 공정설계에 있어서 본질안전의 영역(inherent safer plant)의 실현으로 같은 공정에서도 운전온도·압력을 보다 낮추거나, 위험물의 체류량을 최소화하는 것을 검토한다.

② 제2계층 : 기본 공정 제어시스템(BPCS)에서 소위 DCS 등 일반적인 운전 시의 플랜트 감시를 주목적으로 하는 시스템으로 이 시스템은 공정값이 설정값에서 이탈할 때에 경보를 발해서 운전원의 개입을 요구한다.

③ 제3계층 : 앞에서의 BPCS가 발한 경보와 구별된 중요 경보를 말하는 것으로 이 계층까지는 운전원의 개입을 위해 필요한 시간적인 여유가 있는 경우에 적용한다.

④ 제4계층 : 자동안전계장시스템으로 위에서 설명한 SIS나 ESD 등이 이 영역에 든다. 여기서는 운전원이 개입하지만 시간적 여유가 없기 때문에 시스템이 자동적으로 플랜트를 안전하게 정지시킨다.

⑤ 제5 및 제6계층 : 물리적 방호로 압력을 조정하는 안전밸브 등의 과압방지시스템이나 액의 누출을 국소화하기 위한 방유제 등이 포함된다.

⑥ 제7 및 제8계층 : 긴급 시의 비상대응계획, 우선순위는 사업장내(onsite), 사업장외(offsite) 순으로 한다.

> **8-14** 화학공장의 다중방호대책(LOPA)의 의미와 적용방법에 대해 설명하시오.
>
> (1) 개요
> (2) 방호계층분석에 필요한 자료
> (3) 방호계층분석 수행흐름도
> (4) 방호계층분석 단계별 수행절차
> (5) 추가적인 완화대책
> (6) 독립방호계층

(1) 개요

① 화학공장의 안전성을 검토하고 위험성이 높을 경우 대책을 객관적이고 반 정량적으로 제시하기 위하여 사용되는 위험성평가 방법의 하나로 공정의 위험을 사고 결과의 심각성 및 설비 신뢰성 데이터를 이용한다.

② 사고가 발생할 수 있는 각 사고 시나리오에 대하여 어느 정도의 독립적인 방호계층을 갖고 있는지 여부 등 원하지 않는 사고의 빈도나 강도를 감소시키는 독립방호계층의 효과성을 평가하는 방법 및 절차를 판단하고 분석한다.

(2) 방호계층분석에 필요한 자료

① 위험과 운전분석 등의 정성적 위험성평가 실시 결과서
② 안전장치 및 설비 고장률 자료
③ 인간실수율 자료
④ 회사에서 별도로 정하는 위험허용기준
⑤ 공정흐름도면(PFD), 물질 및 열수지
⑥ 공정배관·계장도면(P&ID)
⑦ 공정 설명서 및 제어계통 개념과 제어 시스템
⑧ 정상 및 비정상 운전절차
⑨ 모든 경보 및 자동 운전정지 설정치 목록
⑩ 유해·위험물질의 물질안전보건자료(MSDS)
⑪ 설비배치도면
⑫ 배관 표준 및 명세서
⑬ 안전밸브 및 파열판 사양
⑭ 과거의 중대산업사고, 공정사고 및 아차사고 사례 등

(3) 방호계층분석 수행흐름도

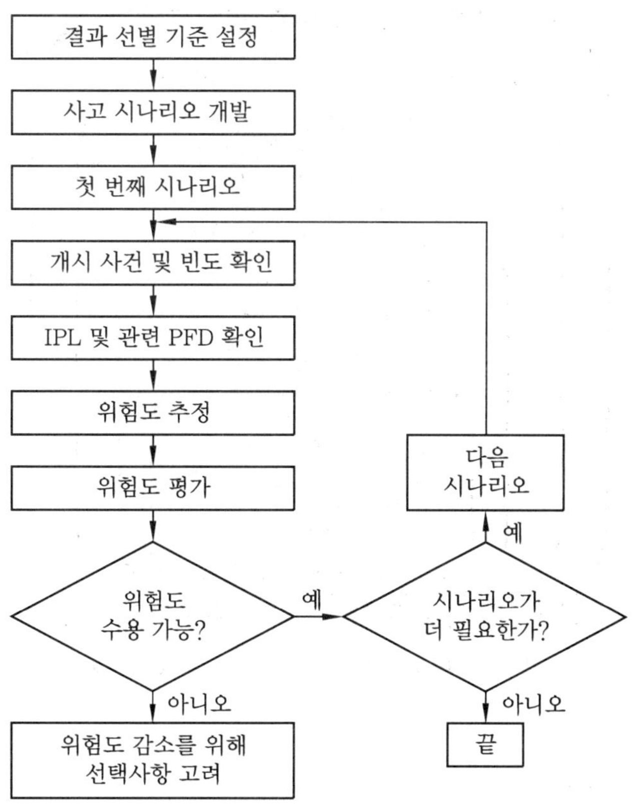

LOPA 수행흐름도

(4) 방호계층분석 단계별 수행절차

① 1단계 : 시나리오를 선별하기 위해 영향을 확인한다.

② 2단계 : 사고 시나리오를 선택한다.

③ 3단계 : 시나리오의 초기 사고를 확인하고 초기 사고빈도(연간 사고수)를 정한다.

④ 4단계 : 독립방호계층을 규명하고 각 독립방호계층의 작동요구 시 고장확률을 평가한다.

⑤ 5단계 : 영향, 초기 사고, 독립방호계층 데이터를 결합하여 시나리오의 위험을 수학적으로 평가한다.

⑥ 6단계 : 시나리오에 관련된 결정에 도달하기 위한 위험도를 평가한다.

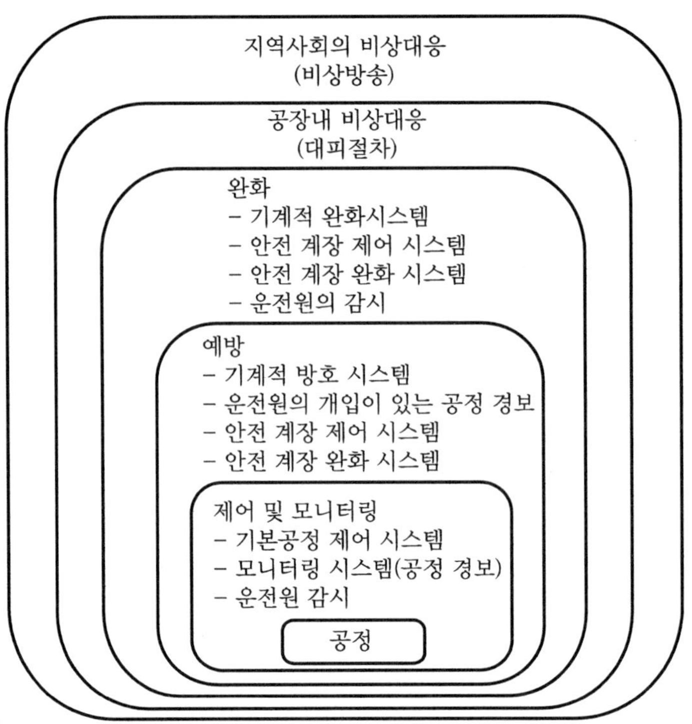

공정설비에서 발견되는 일반적인 위험 감소 방법

(5) 추가적인 완화대책

① 완화계층은 일반적으로 기계설비, 구조물, 절차 등과 관련하며 그 예는 압력방출장치, 방류둑(dike, bund), 출입제한 등과 같다.

② 완화계층은 영향사고의 강도를 감소시킬 수는 있지만 발생 자체를 예방할 수는 없다. 그 예는 화재나 연기 발생을 위한 deluge 시스템, 연기 경보시설, 대비절차 등이다.

③ 평가팀은 모든 완화계층에 대하여 적절한 작동요구 시 고장확률을 결정한다.

(6) 독립방호계층

① 방호계층을 독립방호계층으로서 인정하기 위한 기준은 다음과 같다.

㉮ 방호계층은 확인된 위험을 최소 100배 이상 감소할 수 있어야 한다.

㉯ 방호기능은 0.9 이상의 유용성(availability)을 제공할 수 있어야 한다.

② 다음과 같은 중요한 특성을 지녀야 한다.

㉮ 구체성 : 하나의 독립방호계층은 하나의 잠재된 위험한 사고(예를 들면, 반응폭주, 독성물질 누출, 내용물 손실, 화재 등)의 결과를 유일하게 예방하거나 완화할 수 있도록 설계되어야 한다. 다중 원인이 같은 위험한 사고를 유도할 수 있다. 따라서 다중사고 시나리오는 하나의 독립방호계층 작동을 개시할 수 있다.

㈏ 독립성 : 하나의 독립방호계층은 확인된 위험과 관련된 다른 방호계층으로부터 독립적이다.

㈐ 신뢰성 : 독립방호계층은 무엇을 위해 설계되었느냐에 따라 달라지므로 우발(random) 고장이나 시스템 고장 형태 양쪽 다 설계에서 고려되어야 한다.

㈑ 확인가능성 : 방호기능의 정기적인 정상작동을 입증하기 위해 설계하며 입증시험과 안전시스템의 정비가 필요하다.

8-15 **위험성평가 기법의 종류 및 실시 요령에 대해 설명하시오.**
    (1) 종류
    (2) 실시 요령

---

(1) 종류

① 체크리스트기법   ② 상대위험순위 결정 기법
③ 작업자 실수 분석 기법   ④ 사고예상 질문 분석 기법
⑤ 위험과 운전분석 기법   ⑥ 이상위험도 분석 기법
⑦ 결함수 분석 기법   ⑧ 사건수 분석 기법
⑨ 원인결과 분석 기법   ⑩ 예비위험 분석 기법
⑪ 공정위험 분석 기법 등

(2) 실시 요령

① 여러 분야의 전문가로 구성된 팀에 의해 시행한다.

② 평가팀에 최소한 설계전문가·공정운전 전문가가 각 1명 이상 참여한다.

③ 팀 구성원 중 1인은 팀 책임자로 지정되고 팀 책임자는 평가대상 공정에 대한 전문지식과 경험이 있고, 또한 적용하고자 하는 평가기법을 완벽히 숙지한다.

④ 모든 팀 구성원에게 해당 공정기술, 공정설계, 정상 및 이상 운전절차, 경보시스템, 이상 조작절차, 계측제어, 정비절차, 비상시 운전절차 등 관련 자료를 평가 이전에 상호 교환하고, 필요시 설명하여 팀 모두가 이해할 수 있도록 함으로써 평가업무를 원활히 시행한다.

⑤ 동종의 사업장에서 발생한 공정사고에 대한 유사설비와 위험성평가

⑥ 팀의 평가과정에서 잠재 위험성을 도출하고 개선 대책을 토론한 내용을 체계적으로 정리하여 문서화하여 관리한다.

⑦ 팀의 제시한 개선대책을 우선순위를 정하여 적절한 기한까지 사업주의 이행 여부와 그 계획을 서류화한다.

⑧ 이행 계획서에 다음 각 목의 내용이 포함되도록 한다.

㈎ 행위가 취해질 구체적 내용

㈏ 각 행위별 완료 일정

㈐ 각 행위 내용을 사전에 해당 공정관계자, 운전원, 정비원, 행위 결과로 영향을 받는 자에게 알릴 방법과 일정

⑨ 대상 공정의 변경이 있을 때 변경 부분에 대해서 ①부터 ⑧까지의 내용을 동일하게 적용하여 설계단계에서부터 위험성 평가를 실시한다.

8-16 최악의 누출 시나리오에서 끝점(end point)의 다음 항목에 대해 설명하시오.

(1) 개요
(2) 끝점 결정

---

(1) 개요

화학물질 취급사업장에서 최악의 사고 시나리오를 선정하여 사고 발생 시 피해가 미치는 위험범위를 정하여 관리하기 위해 사전에 정한 농도, 과압 또는 복사열 등의 수치에 도달하는 지점을 말한다.

(2) 끝점 결정

사업장 밖에서의 누출 시나리오 분석을 하기 위해서는 다음의 기준에 의하여 끝점을 결정해야 한다.

① 급성 독성물질인 경우

㈎ 독성물질의 끝점 농도에서 규정한 끝점 농도(mg/L)에 도달하는 지점

㈏ 목록에 나타나 있지 않은 물질의 끝점 농도는 다음의 수치 중 하나를 사용한다.

㉮ 미국산업위생학회(AIHA)에서 발표하는 ERPG2(emergency response planning guideline 2)

㉯ 미국직업안전보건청(NIOSH)에서 발표하는 IDLH(immediately dangerous to life and health) 수치의 10%(IDLH×0.1)

② 인화성가스 및 인화성 액체인 경우

㈎ 폭발인 경우 : $0.07\,\mathrm{kgf/cm^2}$의 과압이 걸리는 지점

(나) 화재인 경우 : 40초 동안 $5\,kW/m^2$의 복사열에 노출되는 지점

(다) 누출인 경우 : 누출된 물질의 폭발하한 농도에 이르는 지점

8-17 프로빗(probit)에 대해 설명하시오.

① 여러 가지 사고 영향 모델에서 확률을 평가하는 방법으로, 주어진 사고의 피해 크기와 피해 영향 가능성의 연관관계를 실험식을 이용하여 분석하는 방법을 말한다. 화재, 폭발 또는 독성물질 누출 시의 피해의 영향을 계산할 수 있는 프로빗 모델을 선정한 후 계산된 사고의 크기를 반영하여 피해의 영향 결과를 평가하는 방법으로 프로빗변수와 백분율 값과의 관계는 다음과 같이 표현된다.

$$Y = K_1 + K_2 \ln V$$

여기서, Y : 확률

K_1, K_2 : 프로빗 매개변수(probit variable)

V : 원인을 제공하는 인자

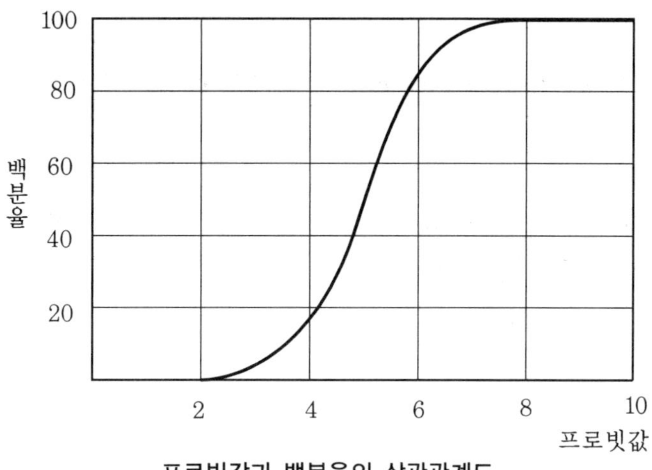

프로빗값과 백분율의 상관관계도

② 영향 평가 결과를 얻기 위해서는 화재, 폭발 또는 독성물질 누출 등 사고 형태에 맞는 프로빗 계산식을 선정한 후 산정된 피해의 크기 및 노출시간 등을 반영하여 프로빗 값을 계산한다.

③ 프로빗값을 백분율로 환산하기 위해서는 다음의 환산표를 활용한다.

프로빗값과 백분율의 상관관계표

백분율(%) \ 프로빗값	0	1	2	3	4	5	6	7	8	9
0	–	2.67	2.95	3.12	3.25	3.36	3.45	3.52	3.59	3.66
10	3.72	3.77	3.82	3.87	3.92	3.96	4.01	4.05	4.08	4.12
20	4.16	4.19	4.23	4.26	4.29	4.33	4.36	4.39	4.42	4.45
30	4.48	4.50	4.53	4.56	4.59	4.61	4.64	4.67	4.69	4.72
40	4.75	4.77	4.80	4.82	4.85	4.87	4.90	4.92	4.95	4.97
50	5.00	5.03	5.05	5.08	5.10	5.13	5.15	5.18	5.20	5.23
60	5.25	5.28	5.31	5.33	5.36	5.39	5.41	5.44	5.47	5.50
70	5.52	5.55	5.58	5.61	5.64	5.67	5.71	5.74	5.77	5.81
80	5.84	5.88	5.92	5.95	5.99	6.04	6.08	6.13	6.18	6.23
90	6.28	6.34	6.41	6.48	6.55	6.64	6.75	6.88	7.05	7.33
%	0	0.1	0.2	0.3	0.4	0.5	0.6	0.7	0.8	0.9
99	7.33	7.37	7.41	7.46	7.51	7.58	7.65	7.65	7.88	8.09

④ 계산된 프로빗값을 표에 대입하면 백분율로 환산된 값을 얻게 되며 이는 화재, 폭발 또는 누출로 인해 인체나 구조물이 부상, 사망 또는 손상에 이르는 확률을 백분율로 쉽게 표현한 것이다.

8-18 위험요소 확인(hazard identification)과 관련된 다음 사항에 대해 설명하시오.
(1) 개요
(2) 화학공장에서 일어나는 모든 공정에서 확인되어야 할 위험요소
(3) 위험요소 인식 방법
(4) 위험 확인 및 평가 절차

(1) 개요

사고 예방을 위해서 공정에서 건강이나 안전, 환경 또는 재산에 해를 끼칠 우려가 있는지와 잠재적 위험성을 가진 물질, 공정조건, 주변상황 등 어떤 사항이 나쁜 상황으로 진행될 수 있는지 사고 발생 전에 위험요소를 확인하고 사고 위험을 줄이기 위해 유해요인과 위험요인을 찾아내는 과정이다.

① 위험요소들에 대한 인식은 위험 평가와 별도로 실시 가능하다.
② 공정의 초기 설계단계 또는 가동 중 단계 모두 실시 가능하다.
③ 위험요소 확인과 위험평가가 동시에 실시되는 것이 바람직하다.

(2) 화학공장에서 일어나는 모든 공정에서 확인되어야 할 위험요소

① 위험요소들은 무엇인가?(위험요소의 인식)

② 어떤 것들이 잘못될 수 있고, 어떻게 잘못될 수 있는가?

③ 발생확률은 얼마인가?

④ 사고 결과의 크기 및 영향은 어떠한가?

(3) 위험요소 인식 방법

① 공정 위험 점검 목록표

② 위험요소들의 조사

  ㈎ 공정도면, 운전정보, 작업표준, 작업절차 등에 관한 정보

  ㈏ 기계·기구, 설비 등의 사양서, 물질안전보건자료(MSDS) 등의 유해·위험요인 정보

  ㈐ 기계·기구, 설비 등의 공정 흐름과 작업 주변의 환경에 관한 정보

  ㈑ 재해사례, 재해통계 등에 관한 정보

  ㈒ 작업환경 측정 결과, 근로자 건강 진단 결과에 관한 정보

  ㈓ 그 밖에 위험성 평가에 참고가 되는 자료 등

③ 위험요소들과 운전성 연구(HAZOP, PHA, checklist, FMEA 등)

④ 안전 점검

(4) 위험 확인 및 평가 절차

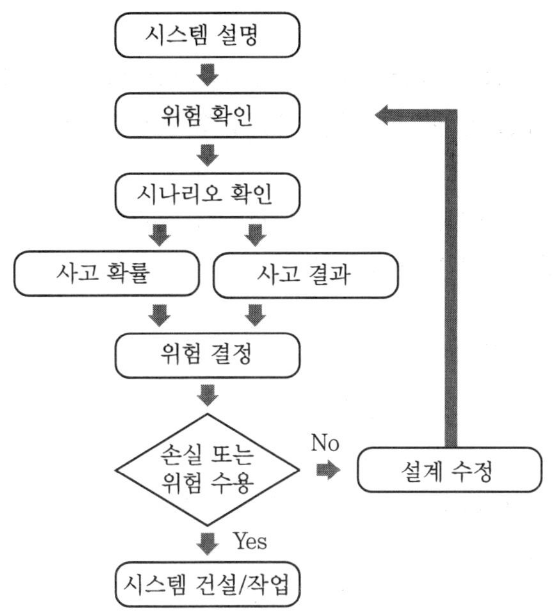

위험 확인 및 평가 절차

> **8-19** SIS의 건전성 수준(IL : integrity level)에 대해 설명하시오.
>
>   (1) 건전성 수준 IL1
>   (2) 건전성 수준 IL2
>   (3) 건전성 수준 IL3

(1) 건전성 수준 IL1

  ① 제어루프를 구성하는 센서, 논리회로, 제어단까지 단일화

  ② 목표 availability : 99%

(2) 건전성 수준 IL2

  ① 제어루프가 이중화되어 있는 것

  ② 목표 availability : 99.9%

(3) 건전성 수준 IL3

  ① 제어루프가 이중화 이상이 시행되고, 각각이 자기진단기능을 가진 것

  ② 목표 availability : 99.99%

> **8-20** IEC 61511의 SIS(safety instrumented system) & SIL(safety integrity level)과 관련된 다음 사항에 대해 설명하시오.
>
>   (1) SIS 개요
>   (2) SIS 안전기능 요구의 규격제정의 배경
>   (3) IEC 61511의 중요한 개념 2가지
>   (4) SIS의 구성

(1) SIS 개요

  ① 1980년대 중반 이후 화학플랜트의 공정제어 및 안전장치는 기계식 안전장치에서 전자식 안전장치로 대체되었으며 이로 인해 마이크로프로세서로 구성된 소프트웨어에 안전을 의존하게 되었다.

  ② 미국과 유럽에서는 전자식 안전장치에 대한 기술표준의 필요성을 인식하고 ISA(미국계측기기협회)의 SP84위원회가 화학공정의 안전인터로크시스템(Safety Interlock

System 또는 Safety Instrumented System, 이하 「SIS」라 칭한다)의 안전규격
(안)을 작성하여 유럽 주도인 IEC와도 연계하였다.

③ 아무런 조치를 취하지 않으면 위험이 증가하는 공장 내의 위험을 예방하거나 위험스
러운 사고를 완화시키기 위한 조치를 수행하는 시스템이다.

(2) SIS 안전기능 요구의 규격제정의 배경

1988년 북해유전의 파이퍼-α 플랫폼 폭발 사고에 따른 해상가스·석유굴착산업
(offshore industry)의 "위험도가 높은 플랜트에 대해서는 상세한 위험성 평가(risk
accessment)" 기준 제정

(3) IEC 61511의 중요한 개념 2가지

① safety life cycle : 61511의 가장 중요한 개념으로 프로세스 위험들을 평가하고 SIS
에 필요한 요구 사항들을 정의하여 최종적으로 프로세스 위험에 맞는 SIS을 구성할
수 있도록 관련 업무를 순차적으로 설명한 것

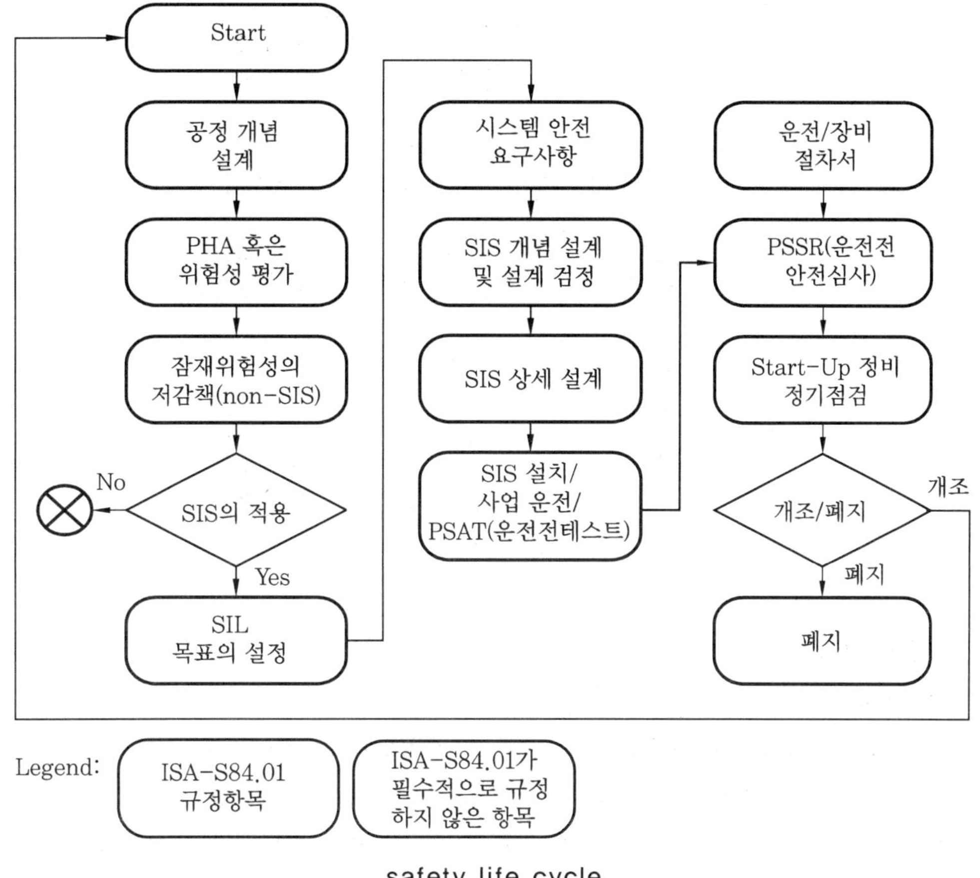

safety life cycle

② SIL(safety integrity level)

㈎ 일정 기간 내에 SIS가 요구된 SIF를 만족스럽게 수행할 확률의 등급

㈏ SIL이 높을수록 요구된 SIF를 잘 수행할 확률이 더욱 높아지며, 이용 가능성 (availability : 어떤 시간대에 시스템이 정상적으로 작동하는 확률)과 시스템 구성의 요구 사항이 증가한다.

㈐ level은 1부터 4까지 있으며 SIL 4가 가장 높고 SIL 1이 가장 낮다.

㈑ SIL level은 SIS의 불확실성(unavailability) 값 또는 PFD(probability of failure on demand : SIS가 사고 방지를 위해 SIF 수행 시 정상 작동이 되지 않아서 사고 발생이 가능한 확률)의 범위이다.

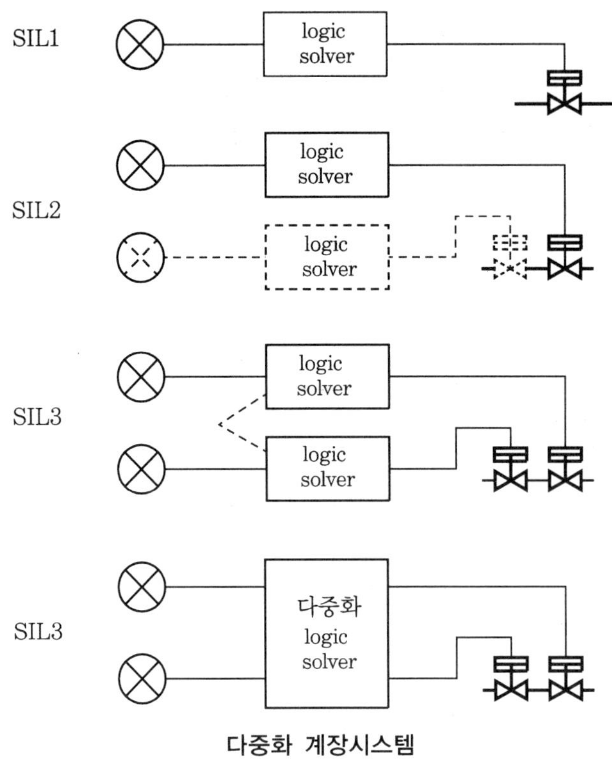

다중화 계장시스템

(4) SIS의 구성

① 센서(sensor) : 프로세스 컨디션을 측정하기 위한 장치

㈎ transmitters, transducers, process switches, position switches

② 논리 해결기(logic solver) : 하나 이상의 logic 기능을 수행하는 장치

㈎ electrical systems, electronic systems, programmable electronic systems, pneumatic systems, hydraulic systems

③ 최종 요소(final elements) : 안전한 상태로 만들기 위해 필요한 물리적 작동을 하는 장치

㉠ valves, switch gear, motors including their auxiliary elements

---

> ## *8-21* Dow Index에 대해 설명하시오.
> (1) 개요
> (2) 사용 목적
> (3) 적용 방법

(1) 개요

① Dow Chemical 社가 화재 및 폭발사고 발생 시 예상되는 위험 정도를 예측할 수 있도록 과거의 사고사례를 데이터 베이스(data base)화하여, 폭발의 정도를 지수(F&EI : Fire & Explosion Index)로 표시한 방법이다.

② 피해금액을 정확하게 산출하여 보험회사와의 마찰을 피하기 위해 개발한 평가기법이다.

③ 구체적으로 공정의 설치조건이나 반응물질의 정도에 따른 피해액의 데이터를 활용하였으며 방재효과의 극대화를 이루고 모든 평가 방법이나 모델에 대한 개념이 잘 정립되어 있으면 제2, 제3의 새로운 개념의 창출이 가능하다.

④ 사무실 등 일반 건축물의 방재효과 측정에는 적용이 안 된다.

(2) 사용 목적

① 실제 일어날 수 있는 화재, 폭발 사고에 의한 예상손실 산정

② 세부적인 위험 확인이 필요하거나 분석을 필요로 하는 고위험(high risk) 공정지역 파악

③ 중대산업사고 대비하기 위한 비상조치계획 수립

④ 새로운 공장입지를 선정 시 예상손실을 파악

⑤ 리스크 감소 및 독성물질의 관리

(3) 적용 방법

① 공정선정 : F&EI 값은 단위공정에 대한 손실의 정도로, F&EI값이 정해지면 나머지 계수(factor)를 쉽게 구할 수 있다.

② 물질계수(MF : material factor) 산정 : 화재나 폭발이 일어날 때 발생되는 물질 고유의 에너지 방출량을 수치화 한 것으로 주로 시험 데이터나 혼합물은 매뉴얼을 참고하여 정한다.

③ 일반위험공정 산정(F1) : 과거의 화재나 폭발로 심각한 영향을 미친 것으로 각 평가항목의 계수는 페널티(penalty)로서 원인과 결과분석의 데이터 베이스(data base)로부터 얻은 것(OR gate 개념이므로 그 중 큰 것을 선택)

④ 특수공정 산정(F2) : 각 항목의 페널티를 합산하고 기본 계수(1.00)를 더한 값

※ 공정특수위험인자(special process hazard factor)

- toxic material(s)
- sub-atmospheric pressure(<500mmHg)
- operation in or near flammable range(inerted or not inerted)
  - tank farms storage flammable liquids
  - process upset or purge failure
  - always in flammable range
- dust explosion
- pressure(operating pressure, relief setting pressure)
- low temperature
- quantity of flammable/unstable material
  - liquids or gases in process
  - liquids or gases in storage
  - combustible solid in storage, dust in process
- corrosion and erosion
- leakage(joints and packing)
- use of fired equipment
- hot oil heat exchange system
- rotating equipment

⑤ 단위공정 산정(F3 : F1×F2) : 단위공정 위험지수는 일반 위험공정계수와 특수 위험공정계수를 곱한 값이다. 최대치는 8.00으로 한다.

⑥ 화재, 폭발지수 산정(F&EI : F3×MF) : 공장에서 하나의 사고로 발생되는 손실을 추정하고 평가하는 데 사용되며 인화성물질의 누출이나 화재, 폭발의 결과는 직접적인 원인에 따라 분류한다.

㈎ 폭발파(blast wave)나 폭연(deflagration)

㈏ 1차적으로 발생되는 화재

㈐ 용기폭발에서 비산된 파편에 의한 배관이나 장치의 파손

㈜ 2차적인 사고로 누출되는 다른 연료원으로 MF와 F3를 증가시키는 중요한 요소이다.

F&EI 범위	위험도
1~60	경미
61~96	약간 위험
97~127	위험
128~158	대단히 위험
159 이상	심각한 위험 상태

⑦ 손실방지 신뢰계수 산정

⑧ 단위손실 산정

⑨ 사고 시 노출반경 산정

⑩ 노출지역 자산가치 산정

⑪ 기본 예상 최대 손실액 산정

⑫ 실제 예상 최대 손실액 산정

⑬ 예상 최대 조업중단 일수 산정

⑭ 기업 휴지 손실 산정

8-22 사고 결과 영향(consequence analysis)의 다음 항목에 대해 설명하시오.

  (1) 개요
  (2) 위험 분석
  (3) 정량적 위험평가 흐름도
  (4) 사고영향평가 과정의 계통
  (5) 사고영향평가 과정 흐름도

(1) 개요

① 공정상의 화재·폭발·누출과 같은 사고가 인명이나 주변 시설물에 어떤 영향을 미치고 그 피해와 재산상의 손실 또는 업무중단 등으로 인한 손실비용 등이 어느 정도인가를 분석, 추산하는 것

② 사고의 종류(화재·폭발·누출 등)와 형태, 사고 시의 환경조건, 비상시를 대비한 손실 감소 대책 등에 따라 크게 달라진다.

③ 사고영향평가는 사용하는 화학물질의 양만을 기준으로 평가하지 않고 사고 당시의 제반 환경조건, 안전장치의 살태 등 여러 가지 변수를 고려하여 위험성 평가를 실시해야 한다.

④ 위험이 확인되지 않은 상황에서는 그 위험을 제거하고 통제하는 적절한 대책을 세울 수 없기 때문에 화학플랜트의 사고를 방지하기 위해서는 공정 중에 존재하는 위험을 모두 찾아내어 이를 확인(identification)하고 분석(analysis)하는 것이 필수적이다.

⑤ 화재·폭발·누출과 같은 대형사고를 예방하기 위해서는 위험을 찾아내어 그 위험이 얼마나 자주 발생할 수 있는가를 평가하는 것도 중요하지만 사고가 발생했을 때 어느 범위에 어떤 영향(손실)을 줄 수 있는가를 평가하는 것도 매우 중요하다.

(2) 위험 분석

위험(risk)＝사고빈도(frequency)×사고결과(consequence)

여기서, 사고빈도 : 연간 발생할 확률(fr./year)

사고결과 : 사망자수(number of fatality)

(3) 정량적 위험평가 흐름도

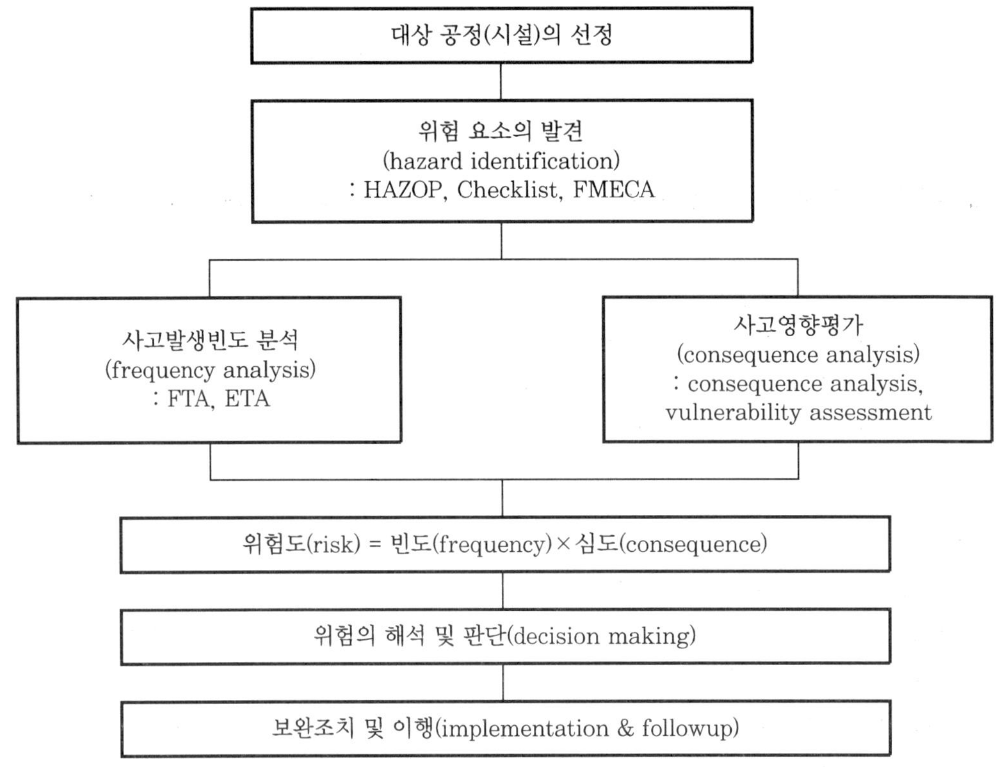

정량적 위험평가 흐름도

(4) 사고영향평가 과정의 계통

① 위험물 누출로 인한 사고영향평가의 과정은 전체 위험분석 과정 중에서 정성적인 위험평가방법인 HAZOP, Checklist, FMECA 등의 방법으로 발견된 위험에 대해 인명 및 재산피해의 정도를 산정한다.

② 사고형태 및 피해규모는 취급물질의 종류, 공정조건, 보호장치시설, 사고대책 숙련도, 주변지형 및 기상조건에 따라 다양하다.

(5) 사고영향평가 과정 흐름도

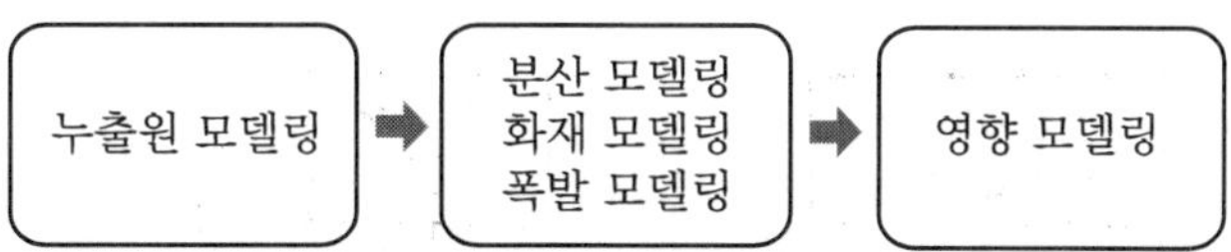

누출원 모델링 (source term modeling)
non-pressurized liquid flow liquid pressurized liquid flow two-phase flow two-phase expansion/aerosol formation droplet evaporation and trajectory gas/vapor flow gas/vapor expansion steady gas flow from pipes steady liquid flow from pipes steady two-phase flow from pipes 기체 유출, 액체 유출, 2상 포화 액체 유출, 2상 과랭 액체 유출

대기확산 모델링 (dispersion modeling)	화재 모델링 (fire modeling)	폭발 모델링 (explosion modeling)

instantaneous heavy gas
continuous heavy gas
gas jet
plume
integrated gaussian puff
finite duration gaussian
  light(passive) 가스,
  heavy(dense) 가스
	fireball
	pool fires
	gas flame jets
	two-phase flame jets
	vapor cloud fires
	flash fire
		BLEVE
		unconfined vapor
		cloud
		tank overpressurization
		shock wave
		fragment trajectory

사고영향모델링 (effect modeling)
복사열 영향(radiation heat effect) 과압(overpressurization) 인체에 대한 독성(toxic effect)

사고영향평가 과정 흐름도

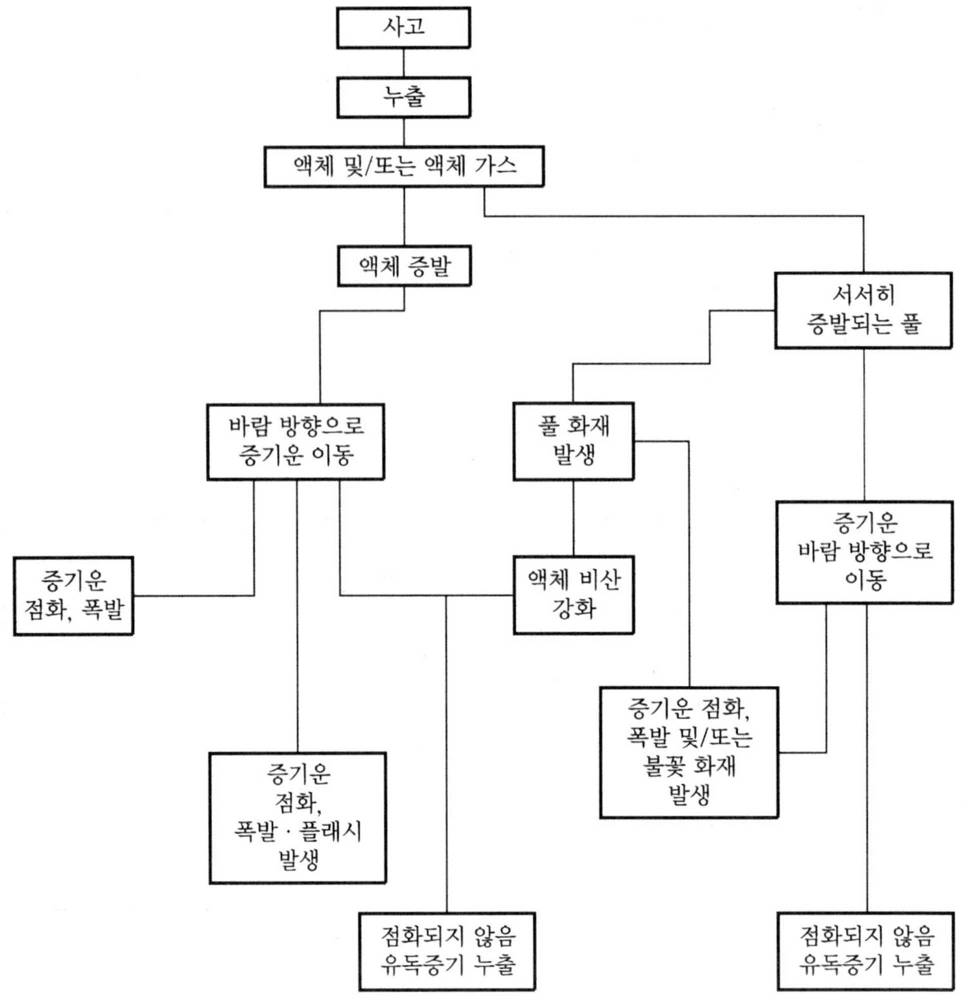

사고영향평가 프로그램의 논리도

8-23 독성물질 누출(toxic material release)에 대해 설명하시오.

가연성가스, 액화가스 또는 인화성 액체가 누출되면 대기 상태에서 증기운(vapor cloud)이 형성된다. 독성이 있는 물질일 경우에는 누출지점에서 인근지역으로 확산되므로 지역주민이나 주위환경에 대단히 위험한 상황을 야기할 수 있다.

따라서 독성물질이 누출되면 확산(dispersion)이라는 현상에 초점을 맞추어 피해의 강도를 평가해야 한다.

① 누출조건 : 인화성 증기나 가연성 가스의 확산 특성을 예측하는 데 있어서 우선적으로 고려해야 하는 것은 누출된 물질이 어떠한 상태에서 저장되었느냐 하는 누출 직전의 상태를 파악하는 것이다. 예를 들면 누출 전에 가스 또는 액체상태로 저장되어 있는 지, 그리고 저장온도와 압력상태 등에 따라 확산특성을 규명하는 데 있어서 매우 중요한 인자로 작용한다고 볼 수 있다.

② 확산 : 증기운의 확산은 2가지 조건에 의해 규명된다. 첫째는 누출되는 물질의 초기 움직임 형태이고, 둘째는 증기운으로 형성된 다음에 증기운의 농도와 무게이다.

　다시 말하면 누출 초기에는 누출 형태에 따라 확산이 좌우되므로 증기 농도에는 크게 영향을 받지 않지만, 초기 누출 형태를 지난 다음부터는 대기에 의해 확산 형태가 좌우되므로 공기 중에 있는 가스 또는 증기의 농도와 무게가 확산 형태를 규명하는 주요 요인이 된다.

　독성물질 누출사고는 많은 사망자를 유발시키기도 하지만, 상해자수가 다수 발생하는 특성을 가지고 있으며 특히 독성물질 흡입에 의해 즉각적인 사망이나 중상을 입지 않더라도 장기적으로 건강장애를 일으켜 결국 사망사고로 연결되는 경우가 많다.

8-24 위험기반 검사(RBI : risk based inspection)와 관련된 다음 항목에 대해 설명하시오.
(1) 개요
(2) 수행 절차
(3) RBI 수행 시 필요한 자료
(4) 장점
(5) 단점

---

(1) 개요

　기기 자체의 열화 등으로 인한 파손의 가능성 측면에서 위험도를 평가하고 위험도가 높은 기기의 경우 검사를 통하여 열화 정도를 평가하고 열화의 변화 추이 등을 고려하여 파손의 가능성을 줄이기 위한 검사를 행하는 것이다.

(2) 수행 절차

① 대상기기의 선정
② 자료의 수집

③ 기기 파손을 포함하는 사고 시나리오의 파악

④ 가능성이 있는 열화기구와 파손 모드의 파악

⑤ 각 기구/모드로부터 파손 확률의 평가

⑥ 기기 파손 시 파손 결과의 평가

⑦ 기기 파손 시 위험도의 평가

⑧ 위험도 순위 결정과 분류

⑨ 검사계획 수립(검사대상, 검사방법, 검사주기 결정)

⑩ 검사

⑪ 검사 결과의 평가

⑫ 보수나 교체 (위험도를 줄임)

⑬ 검사 계획에 반영

⑭ 문서화

(3) RBI 수행 시 필요한 자료

① 설계 도면 등의 설계 자료, 건설 검사보고서, 재료, 용접, 결함, 보수 등 초기 데이터

② 검사 이력이 있는 사용 중 기기의 경우 이전 검사보고서는 계속되는 검사에서 가능한 한 같은 검사방법을 이용한 평가를 통해 기기의 열화도 경향을 분석하여 위험도 계산에 이용해야 한다.

③ 기기나 계통의 보수나 변경의 이력이 있는 경우 보수나 변경의 원인을 파악하고 현재 사용조건에서 파손의 확률을 계산하는 데 이용될 수 있는 기본 자료

④ 과거의 운전기록과 절차서를 검토하여 과거의 운전이 설계 고려사항에 맞게 안전한 조건하에서 만족스럽게 유지되고 있는지 확인해야 한다.

⑤ 기기의 유지보수 기록과 절차서

⑥ 감독의 경험과 훈련 정도

⑦ 방호장치의 설치 유무

⑧ 설치 정보

⑨ 운전조건 등

(4) 장점

① 기기의 상태를 파악하여 위험도를 측정하므로 process plant의 많은 요소들을 관리하는 좋은 도구가 된다.

② 완전하고 비용-효과적인 방법으로 안전성을 점검하는 관리수단을 제공하며 기기의 상태에 따라 최적의 검사방법에 의해 파손의 가능성을 체계적으로 줄일 수 있다.

③ 플랜트 장비의 신뢰성을 향상시키며 갑작스런 사고를 미연에 방지할 수 있으므로 장

비의 파손에 의한 경제적 또는 안전상의 충격을 최소화할 수 있다.

④ 현재의 안전과 보건에 관심을 두는 검사에서 경제적, 환경적, 안전성 측면을 고려한 검사가 이루어지며 보수나 검사비용을 최적화할 수 있다.

⑤ 사용자의 검사로 규제 요건을 완화하는 효과가 있으며 사용자의 검사에 대한 유연성을 확대한다.

⑥ 주기적이며 형식적 검사에서 위험도를 최소화하는 실질적 검사를 기대할 수 있다.

(5) 단점

① 단기적으로 리스크의 확인, 파손확률평가 등 새로운 검사기법의 도입에 따른 경제적 부담이 가중된다.

② 단기적으로 규제기관의 검사관이나 사용자의 RBI에 대한 전문교육에 필요한 시간과 경비가 소요된다.

③ 검사 규정의 개정 등 검사 외적인 부담이 따른다.

④ 규제기관의 전문성이 떨어질 경우 검사가 부실해질 우려가 있다.

⑤ 사용자의 인식 부족과 기술 부족 시 형식적인 검사로 전락하여 부실검사의 가능성이 있으며, 장기적으로 위험도가 가중될 수 있다.

8-25 중소규모 화학공장의 안전관리 특성에 대하여 설명하시오.

① PSM 등 화학공장의 공정안전관리 시스템을 제도적으로 적용받지 않는 등 규제에서 벗어나 있는 경우가 많다.

② 주로 회분식 반응기를 보유하고 있으며 운전은 반자동화 또는 수동방식으로 운전되고 있어 공정운전상 위험이 발생하는 경우 즉시 인지가 곤란하다.

③ 다품종 소량생산으로 잦은 공정변경에 따른 위험성이 높다.

④ 안전관리 전담부서가 설치되어 있지 않고 전문적인 안전관리 인력이 부족하며 잦은 이직에 따른 숙련공 확보가 곤란하다.

⑤ 생산 불가 시만 설비 유지보수를 한다.

⑥ 잦은 고장이 발생하며 작업환경이 취약하다.

⑦ 기업 또는 사업주의 안전의식이 낮고 생산 및 판매에 관심이 높다.

⑧ 작업조건 및 작업환경이 취약하며 임금이 낮아 이직률이 높다.

> **8-26** 가우시안 모델(gaussian model)에 대하여 설명하고 모델에 적용되는 전제
> 조건을 쓰시오.
> (1) 가우시안 플룸 모델
> (2) 가우시안 퍼프 모델

(1) 가우시안 플룸 모델

① 가벼운 가스의 연속 누출에 적용한다.

② 전제조건

   ㈎ 누출속도가 일정하다.

   ㈏ 장애물이 없는 평평한 곳에서 누출이 일어난다.

   ㈐ 화학반응이나 열역학적 영향이 없다.

   ㈑ 누출 기간이 일정 지점에 도달하는 데 걸리는 시간보다 길다.

   ㈒ 누출된 물질은 오랜 시간 동안 공기 중에 머무를 수 있는 안정된 가스이다.

   ㈓ 플룸이 지표면 및 혼합되는 높이에서 완전하게 반사된다.

   ㈔ 누출이 한 지점에서 일어난다.

(2) 가우시안 퍼프 모델

① 가벼운 가스의 순간 누출에 적용한다.

② 전제조건

   ㈎ 장해물이 없는 평평한 곳에서 누출이 일어난다.

   ㈏ 화학반응이나 열역학적 영향이 없다.

   ㈐ 누출 기간이 일정 지역에 도달하는 데 걸리는 시간보다 짧다.

   ㈑ 누출된 물질은 오랜 시간 동안 대기 중에 머무를 수 있는 안정된 가스이다.

   ㈒ 예측 농도가 순간 누출의 최대농도이다.

   ㈓ 누출이 한 지역에서 일어난다.

> **8-27** 액면화재(pool fire)의 TNO 모델식과 가정 및 제한사항, 표면방출 플럭스
> (E)와 연소속도(m)에 대해 설명하시오.
> (1) TNO 모델식(열복사 추정)
> (2) 액면화재 모델의 가정 및 제한사항
> (3) 표면방출 플럭스(E)와 연소속도(m)

(1) TNO 모델식(열복사 추정)

TNO 모델은 저장탱크 또는 배관에서 인화성 물질이 누출되어 그 물질이 액면을 형성하여 화재를 일으키는 경우에 적용한다.

$$Q = \tau F E$$

여기서, Q : 거리 x에서 받는 열복사(W/m^2)
τ : 대기의 투과성(transmissivity)
F : 기하학적 인자($-$)
E : 표면방출 플럭스(W/m^2)

(2) 액면화재 모델의 가정 및 제한사항

① 초기에 지상 위의 액면화재에 적용한다.
② 산소 공급을 방해하는 큰 격벽(방화벽)이 없다고 가정한다.
③ 액면의 표면적이 일정하다고 가정한다.
④ 액면화재가 잘 진행된다고 가정한다.
⑤ 완전 연소된다고 가정한다.
⑥ 공기 중의 CO_2와 먼지로 인한 투과성의 감소를 무시한다.

(3) 표면방출 플럭스(E)와 연소속도(m)

연소속도는 액면화재가 일어날 동안 액면에서 물질이 증발되는 속도이다. 증발속도는 다음 두 가지 원인에 의존한다.

첫 번째는 전도와 대류 열전달로부터의 증발이고 두 번째는 내부의 복사 열전달(화염으로부터)에서부터의 증발이다. 후자가 연소속도에 가장 큰 영향을 끼치는 인자이므로 전자는 보통 일단 화재가 시작되면 연소속도 계산에 고려하지 않는다.

$$E = \frac{\beta m H_c (\pi b^2)}{2\pi b a + \pi b^2}$$

여기서, E : 표면방출 플럭스(W/m^2)
β : 전체복사열의 분율($-$)
m : 연소속도($kg/m^2 \cdot s$)
H_c : 액체의 순열소열(J/kg)
b : 액면 반지름(m)
a : 화염길이(m)

연소속도(m)의 계산에서 TNP(1979)는 지상 위의 누출(spill)의 경우 다음과 같은 식을 추천하였다.

① 주위온도(T_a) 이상의 비점(T_b)을 가진 액체의 경우

$$m = \frac{0.001 H_c}{C_p (T_b - T_a) + \Delta H_v}$$

② 주위온도(T_a) 이하의 비점(T_b)을 가진 액체의 경우

$$m = \frac{0.001 H_c}{\Delta H_v}$$

여기서, m : 액표면 위에서의 연소속도($\mathrm{kg/m^2 \cdot s}$)
　　　　C_p : 액면을 형성하는 액체의 비열($\mathrm{J/kg \cdot K}$)
　　　　H_c : 액체의 순열소열($\mathrm{J/kg}$)
　　　　ΔH_v : 액체의 증발잠열($\mathrm{J/kg}$)
　　　　T_a : 주위온도(K)
　　　　T_b : 액체의 비점(K)

8-28 가상사고를 중심으로 사고피해 예측을 수행하는 경우 사고피해 예측 순서에 대하여 설명하시오.
(1) 1단계(근본적인 위험 요소 확인)
(2) 2단계(누출 모델 작성)
(3) 3단계(확산 모델)
(4) 4단계(피해 예측)

---

(1) 1단계(근본적인 위험 요소 확인)

정성적인 위험성 평가 단계로서 주로 위험과 운전 분석 기법 또는 체크리스트 기법 등에 의하여 공정 내에 잠재하고 있는 위험 요소를 확인한다.

(2) 2단계(누출 모델 작성)

배관의 파손, 플랜지 누출, 안전밸브 작동, 운전원 실수 등에 의한 잠재적인 누출원 등을 확인하여 방출되는 위험물질의 양, 온도, 밀도, 시간, 누출상태(가스, 증기, 액체, 혼합물) 등 물질이 어떻게 누출되는지를 분석한다.

(3) 3단계(확산 모델)

2단계의 누출 모델을 근거로 하여 대기 중으로 확산되는 위험물질의 거리에 따른 농도, 확산되는 증기운 구름의 크기, 농도, 형태를 예측한다.

(4) 4단계(피해 예측)

누출되는 위험물질이 가연성 또는 인화성물질인 경우에는 화재·폭발로 인하여 사

업장내의 근로자 및 주변 시설에 미치는 화재·폭발의 영향을 계산하며 독성물질인 경우에는 작업자, 인근 주민 또는 주변 환경에 미치는 영향을 계산한다.

8-29 인화성물질, 가연성 가스 또는 독성물질 등이 누출에 의하여 확산되는 경우 피해 예측에 적용할 수 있는 모델에 대해 설명하시오.
(1) 가벼운 가스
(2) 무거운 가스

누출된 인화성 액체의 증기 또는 인화성 가스가 누출 즉시 점화되지 않는다면 증기운을 형성하여 먼 거리까지 확산되고 확산되는 과정에서 공기와 희석되어 결과적으로 폭발 하한계에 도달하여 더 이상 화재의 위험이 없게 된다. 따라서 가연성 가스및 인화성물질이 누출되어 대기 중에 확산되는 경우에는 그 물질에 의한 화재에 의하여 근로자, 인근주민 및 주위환경에 영향을 주므로 그 판단 기준은 그 물질의 폭발하한농도가 되는 최대거리로 한다.

독성물질인 경우에는 독성물질이 바람에 의해 상당히 먼 거리까지 확산되어 농도가 낮다 할지라도 근로자 및 주민에게 심각한 영향을 미칠 수 있다. 따라서 대기 중에 확산되는 독성 물질에 근로자, 인근 주민 등이 노출되는 경우 독성물질의 농도 및 노출시간에 따른 인체에 미치는 영향을 판단할 수 있는 기준은 ERPG-2 농도에 도달할 수 있는 거리로 한다.

(1) 가벼운 가스

공기보다 가벼운 가스의 확산은 확산되는 지역의 대기조건에 의하여 영향을 받으며 적용 가능한 모델은 다음과 같다.
① 가우시안 플룸(Gaussian plume) 모델
② 가우시안 퍼프(Gaussian puff) 모델

(2) 무거운 가스

공기보다 무거운 가스의 확산 모델은 다음과 같다.
① 비엠(BM : Britter & McQuaid) 모델
② 에치엠피(HMP : Hoot, Meroney & Peterka) 모델
③ 디가디스(Degadis) 모델

> **8-30** 액면 화재, 증기운 화재, 고압분출 화재의 피해예측 시 적용 가능한 모델에
> 대해 설명하시오.

화구 등과 같이 짧은 시간 동안 발생하는 강렬한 복사열에 의한 위험 또는 액면 화재/증기운 화재/고압분출 화재 등에 의한 장시간의 복사열에 의하여 근로자 또는 주변 기기에 미치는 영향을 판단할 수 있는 기준은 $5\,\mathrm{kW/m^2}(1,585\,\mathrm{Btu/hr/ft^2})$의 복사열이 미치는 거리를 기준으로 하여 평가한다.

(1) 액면 화재

티엔오(TNO) 모델을 적용하며 다음과 같은 사항을 고려한다.

① 액면의 크기(지름)

② 불꽃의 길이 및 기울기

③ 복사열량

④ 거리에 따른 복사열 강도 등

(2) 증기운 화재

가연성 증기운의 크기를 측정하여 복사열을 예측할 수 있도록 대기 확산 모델을 사용하며 다음과 같은 사항을 고려한다.

① 가연성 증기운의 크기(지름)

② 증기운의 밀도 및 온도

③ 복사열량

④ 거리에 따른 복사열 강도 등

(3) 고압분출 화재

미국석유협회(API) 또는 티엔오(TNO) 모델을 사용하여 복사열을 예측하며, 다음과 같은 사항을 고려한다.

① 거리에 따른 복사열 강도

② 불꽃의 기울기

③ 복사열량 등

8-31 비등액체 팽창증기폭발(BLEVE) 및 화구(fire ball)에 대해 설명하시오.(티엔티(TNT) 당량 또는 단열팽창 모델 등을 사용)

비등액체 팽창증기폭발 또는 화구 발생 시의 거리에 따른 짧은 시간 동안 발생하는 강렬한 복사열 등이 주변 시설물 및 근로자에 미치는 영향을 예측하는 기준은 $5\,kW/m^2$($1,585\,Btu/hr/ft^2$)의 복사열이 미치는 거리를 기준으로 하여 평가한다.

① 복사열량

② 화구의 지름

③ 화구의 높이 등

④ 거리에 따른 복사열 강도 등

통증을 느끼기 시작하는 시간(인용 : API 521)

복사열 강도		고통을 느끼기 시작하는 시간(s)
($Btu/hr/ft^2$)	(kW/m^2)	
500	1.6	60
740	2.3	40
920	2.9	30
1500	4.7	16
2200	6.9	9
3000	9.5	6
3700	11.7	4
6300	19.9	2

허용 설계 기준

복 사 열		조 건
($Btu/hr/ft^2$)	(kW/m^2)	
5000	15.8	건축물 내에서도 운전원이 임무 수행 곤란하며 건축물 내의 기기에도 복사열이 전달
3000	9.5	보호의를 착용하고 최대 30초간 간헐적으로 노출될 수 있음
2000	6.3	개인 방호물 없이 보호의를 착용하고 1분간 노출될 수 있는 복사열
1500	4.7	개인 방호물 없이 평상복을 착용하고 1분간 노출될 수 있는 복사열
500	1.6	연속적으로 노출 가능

복사열의 영향(인용 : World Bank)

복사열 강도		영 향
(Btu/hr/ft^2)	(kW/m^2)	
11900	37.5	장치 및 설비가 손상됨
7900	25	오랫동안 노출되면 최소한의 에너지에 의해 목재가 발화됨
4000	12.5	목재 또는 플라스틱 튜브의 착화를 유도하는 데 충분한 최소의 에너지
3000	9.5	8초 후에는 심한 고통을 느끼며, 20초 후에는 2도 화상을 입음
1300	4	20초 내에 보호되지 않으면 통증을 느끼며 피부가 부풀어 오름
500	1.6	장기간 노출되면 불편함을 느낌

8-32 물리적 폭발 : 티엔티(TNT) 당량 모델에 대해 설명하시오.

(1) 적용범위

대량의 가연성 가스 또는 인화성물질이 용기나 배관 등에서 지속적으로 누출되어 증기운 폭발을 일으키는 경우에 적용하며, 화재·폭발에 의한 복사열과 동시에 폭발압에 의한 피해를 동시에 입으나 피해의 크기에 있어서 복사열에 의한 피해보다 폭발압에 의한 피해가 훨씬 심각하다.

(2) 피해 예측 순서

① 누출량 산출 : 누출원 모델 이용(누출된 가연성 가스 또는 인화성물질의 양을 산출)

② 연소열량 산출 : Perry's Handbook 등의 자료를 이용

③ 폭발수율계수의 결정 : 실험적으로 얻는 수치, 통상 0.01 내지 0.1을 사용

④ TNT 당량 산출

$$W = \frac{\mu \times M \times E_c}{2000}$$

여기서, W : TNT 당량(kg 또는 lb)

μ : 폭발수율계수(0.1 사용)

M : 누출된 가연성 가스 또는 인화성물질의 양(kg 또는 lb)

E_c : 폭발을 일으킨 물질의 연소열(kJ/kg 또는 Btu/lb)

⑤ 환산거리(scaled distance) 산출

$$Z_G = \frac{R_G}{W^{1/3}}$$

여기서, Z_G : 환산거리($m/kg^{1/3}$ 또는 $ft/lb^{1/3}$)
  R_G : 사고지점으로부터 거리(m 또는 ft)
  W : TNT 당량(kg 또는 lb)

⑥ 과압 산출 : 아래 그림을 이용하여 사고 지점으로부터 일정 거리에서의 과압을 산출한다.

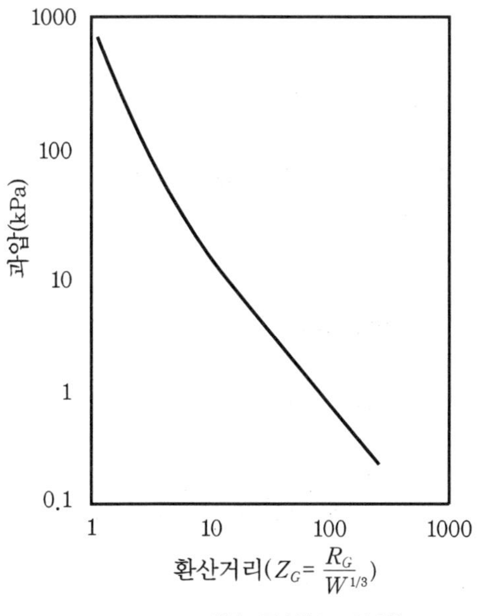

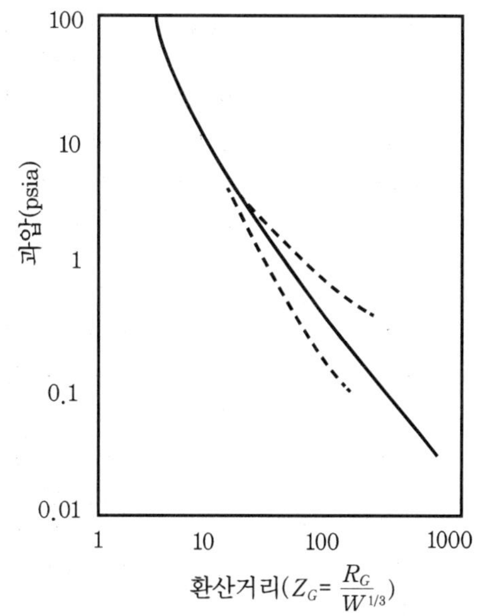

TNT 과압 곡선(SI 단위) 　　　　**NT 과압 곡선(fps 단위)**

⑦ 폭발지점으로부터 거리별 과압 산출 : ④항 및 ⑤항에서 일정 거리를 바꾸어 반복 계산하면 폭발지점으로부터 일정 거리별 과압을 산출하여 다음과 같은 양식에 의한 그래프를 작성한다.

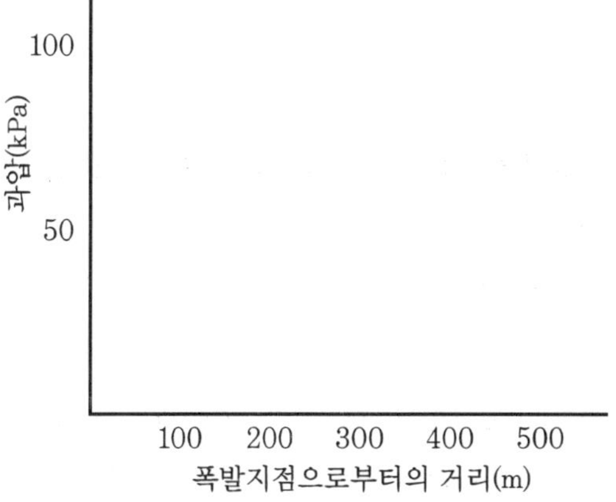

⑧ 피해 예측 : 산출한 거리별 과압을 이용하여 과압에 의하여 주변 근로자 및 설비에 미치는 피해의 크기를 객관적으로 산출한다.

폭발 과압의 영향 판단

과 압		영 향
kPa	psi	
0.15	0.02	소음 발생
0.2	0.03	유리창 일부 파손
0.3	0.04	큰 소음 발생
1	0.15	유리파열 압력
2	0.3	집의 지붕과 유리창의 10% 파손
3	0.4	구조물의 가벼운 손상
3.5~7	0.5~1.0	유리창이 부서지며 일부 창틀이 파손
5	0.7	주택의 구조물 파손
7	1.0	주택의 일부 파손(복구 불가능)
9	1.3	철구조물이 약간 손상
15	2	주택의 벽과 지붕이 약간 파손
15~20	2~3	비강화콘트리트 벽 파손
16	2.3	구조물이 심하게 손상되기 시작
18	2.5	주택의 블록이 50% 정도 파손
20	3	건축물의 철구조물이 손상되며 기초에서 이탈
20~28	3~4	지지대가 없는 철제 건축물 또는 기름 저장 탱크 파손
30	4	공장건물의 파손
35	5	나무 기둥이 부러짐
35~50	5~7	주택의 완파
50	7	짐 실은 화물차가 전복
50~55	7~8	두께 20~30 cm의 벽돌벽이 붕괴
60	9	대형 화물차의 전파
70	10	대부분의 건축물 전파

8-33 증기운 폭발과 밀폐계 증기운 폭발 시 사고피해 예측에 대해 설명하시오.

   (1) 증기운 폭발
   (2) 밀폐계 증기운 폭발

증기운 폭발 등과 같은 폭발 사고 시 주변 기기 및 근로자 등에 미치는 영향을 판단할 수 있는 기준은 $0.07\ \mathrm{kgf/cm^2}$(6.9 kPa, 1 psi)의 과압이 도달하는 거리로 한다.

(1) 증기운 폭발

증기운 폭발의 위력은 과압, 폭풍파 등으로 표시된다. 증기운 폭발 시에는 거리에 따른 폭발압력이 인체 및 주변 시설물에 미치는 영향을 예측해야 하며 증기운 폭발 예측에 사용되는 모델은 다음과 같다.

① 티엔티(TNT) 당량 모델
② 티엔오(TNO) 상관 모델
③ 티엔오(TNO) 멀티에너지 모델
   ㈎ 증기운의 크기
   ㈏ 증기운의 밀도 및 온도
   ㈐ 거리에 따른 과압
   ㈑ 최대 과압 등

(2) 밀폐계 증기운 폭발

밀폐된 공간에서의 증기운 폭발은 매우 높은 과압, 폭풍파 또는 용기 조각의 비산 등에 의해 나타나며, 밀폐계 증기운 폭발에 의한 손상의 크기는 화학물질의 양 및 폭발 압력에 따라 다르다. 밀폐계 증기운 폭발 예측에 사용되는 모델은 다음과 같다.

① 티엔티(TNT) 당량 모델
② 티엔오(TNO) 상관 모델
③ 티엔오(TNO) 멀티에너지 모델
   ㈎ 거리에 따른 과압
   ㈏ 파편의 비산에 의한 영향 등

8-34 위험물질 중 가벼운 가스가 화학설비 및 부속설비에서 누출되어 대기 중으로 확산되는 경우 피해 예측 절차에 대하여 설명하시오.
   (1) 연속누출과 순간누출
   (2) 가벼운 가스의 확산
   (3) 무거운 가스의 확산
   (4) 가벼운 가스와 무거운 가스의 분류

---

(1) 연속누출과 순간누출

연속누출과 순간누출은 다음과 같이 누출물질의 도달시간을 기준으로 구분한다.

① 도달시간의 산정

$$t_{tr} = \frac{2X}{u}$$

여기서, t_{tr} : 일정 지점에의 도달시간(s)

X : 누출원으로부터의 거리(m)

u : 바람의 속도(m/s)

② 연속누출과 순간누출의 분류

(개) 연속누출 : $t_d \geq t_{tr}$ 인 경우

(내) 순간누출 : $t_d < t_{tr}$ 인 경우

여기서, t_d : 누출기간(s)

(2) 가벼운 가스의 확산

① 가벼운 가스의 확산은 대기의 난류에 의하여 영향을 받는다.

② 가벼운 가스가 대기 중에 섞여 있어도 대기 중에서의 바람의 흐름에 영향을 주지 않는다.

(3) 무거운 가스의 확산

① 무거운 가스의 확산은 누출된 가스가 중력에 의하여 유도되는 흐름에 영향을 받는다.

② 무거운 가스가 대기 중에 섞여 있으면 대기 중에서의 바람의 흐름에 영향을 준다.

(4) 가벼운 가스와 무거운 가스의 분류

① 연속누출인 경우

(개) 무거운 가스 : $Ri_o \geq 0.003$ 인 경우

(내) 가벼운 가스 : $Ri_o < 0.003$ 인 경우

$$Ri_o = \frac{g(\rho_r - \rho_a) \times V_v}{\rho_a \times u_{10}^3 \times d}$$

여기서, Ri_o : 리차드슨 수

g : 중력가속도(9.8m/s^2)

ρ_r : 누출되는 물질의 비중(kg/m^3)

ρ_a : 대기 온도에서 공기의 비중(kg/m^3)

u_{10} : 지상으로부터 10m 높이에서의 바람의 속도(m/s)

V_v : 체적 누출속도(m^3/s)

d : 누출원의 지름(m)

② 순간누출인 경우

(개) 무거운 가스 : $Ri_o \geq 0.04$ 인 경우

(내) 가벼운 가스 : $Ri_o < 0.04$ 인 경우

$$Ri_o = g\frac{(\rho_r - \rho_a) \times V^{\frac{1}{3}}}{\rho_a \times u_{10}^2}$$

여기서, V : 누출량(m^3)

8-35 가벼운 가스의 연속누출인 경우 적용하는 가우시안 플룸(gaussian plume) 모델에 대하여 설명하시오.
   (1) 전제 조건
   (2) 농도 예측 순서

(1) 전제 조건

① 누출속도가 일정하다.

② 장애물이 없는 평평한 곳에서 누출이 일어난다.

③ 화학반응이나 열역학적 영향이 없다.

④ 누출기간이 일정지점에 도달하는데 걸리는 시간보다 길다.

⑤ 누출된 물질은 오랜 시간 동안 공기 중에 머무를 수 있는 안정된 가스이다.

⑥ 플룸이 지표면 및 혼합되는 높이에서 완전하게 반사된다.

⑦ 누출이 한 지점에서 일어난다.

(2) 농도 예측 순서

① 확산계수(ρ_y, ρ_z) 산출

확산계수(σ_y)

대기안정도	$\sigma_y[m] = 465.11628 \times \tan\theta$ $\theta = 0.017453293(c - d\ \log_e x)$	
	c	d
A	24.1670	2.5334
B	18.3330	1.8096
C	12.5000	1.0857
D	8.3330	0.72382
E	6.2500	0.54287
F	4.1667	0.36191

㊟ x : 누출원으로부터의 거리(m)

확산계수(σ_z)

대기안정도	x[km]	σ_z[m]$= ax^b$	
		a	b
A	< 0.10	122.80	0.94470
	$0.10 \sim 0.15$	158.080	1.05420
	$0.16 \sim 0.20$	170.220	1.09320
	$0.21 \sim 0.25$	179.520	1.12620
	$0.26 \sim 0.30$	217.410	1.26440
	$0.31 \sim 0.40$	258.890	1.40940
	$0.41 \sim 0.50$	346.750	1.72830
	$0.51 \sim 3.11$	453.850	2.11660
	> 3.11	5000	5000
B	< 0.20	90.673	0.93198
	$0.21 \sim 0.40$	98.483	0.98332
	> 0.40	109.300	1.09710
C	모든 경우	61.141	0.91465
D	< 0.30	34.459	0.86974
	$0.31 \sim 1.00$	32.093	0.81066
	$1.01 \sim 3.00$	32.093	0.64403
	$3.01 \sim 10.00$	33.504	0.60486
	$10.01 \sim 30.00$	36.650	0.56589
	> 30.00	44.053	0.51179
E	< 0.10	24.260	0.83660
	$0.10 \sim 0.30$	23.331	0.81956
	$0.31 \sim 1.00$	21.628	0.75660
	$1.01 \sim 2.00$	21.628	0.63077
	$2.01 \sim 4.00$	22.534	0.57154
	$4.01 \sim 10.00$	24.703	0.50527
	$10.01 \sim 20.00$	26.970	0.46713
	$20.01 \sim 40.00$	35.420	0.37615
	> 40.00	47.618	0.29592
F	< 0.20	15.209	0.81558
	$0.21 \sim 0.70$	14.457	0.78407
	$0.71 \sim 1.00$	13.953	0.68465
	$1.01 \sim 2.00$	13.953	0.63227
	$2.01 \sim 3.00$	14.823	0.54503
	$3.01 \sim 7.00$	16.187	0.46490
	$7.01 \sim 15.00$	17.836	0.41507
	$15.01 \sim 30.00$	22.651	0.32681
	$30.01 \sim 60.00$	27.074	0.27436
	> 60.00	34.219	0.21716

주 x : 누출원으로부터의 거리(m)

② 유효누출높이 산출

　㈎ 부력플럭스 산출

$$F_B = \frac{g \times v \times d^2 \times \Delta T}{4\,T_s}$$

　　여기서, F_B : 부력플럭스$(\mathrm{m^4/s^3})$
　　　　　　v : 누출속도(m/s)
　　　　　　d : 누출원의 지름(m)
　　　　　　$\Delta T : (T_s - T_a)\,[\mathrm{K}]$
　　　　　　T_s : 누출되는 온도의 물질(K)
　　　　　　T_a : 대기온도(K)

　㈏ 대기안정도 변수 산출

　　㉮ 대기안정도가 E인 경우 : $S = 0.02\dfrac{g}{T_a}$

　　㉯ 대기안정도가 F인 경우 : $S = 0.035\dfrac{g}{T_a}$

　　　여기서, S : 대기안정도 변수$(\mathrm{s^{-2}})$

　㈐ 세류(downwash)높이 조정계수(ΔH_D) 산출

　　㉮ $v < 1.5\mu$인 경우 : $\Delta H_D = 2\left(\dfrac{v}{u} - 1.5\right)d$

　　㉯ $v \geq 1.5\mu$인 경우 : $\Delta H_D = 0$

　㈑ 임계온도차(ΔT_c) 산출

　　㉮ 대기안정도가 A~D인 경우

　　　• $F_B < 55$인 경우 : $\Delta T_c = \dfrac{0.0297\,V^{\frac{1}{3}} \times T_s}{d^{\frac{2}{3}}}$

　　　• $F_B \geq 55$인 경우 : $\Delta T_c = \dfrac{0.00575\,V^{\frac{2}{3}} \times T_s}{d^{\frac{1}{3}}}$

　　㉯ 대기안정도가 E~F인 경우

　　　$\Delta T_c = 0.019582v \times T_a \times \sqrt{S}$

　㈒ 부력영향높이 조정계수(ΔH_B) 산출

　　㉮ 대기안정도가 A~D인 경우

- $F_B < 55$인 경우 : $\Delta H_B = \dfrac{21.425 F_B^{\frac{3}{4}}}{u}$

- $F_B \geq 55$인 경우 : $\Delta H_B = \dfrac{38.71 F_B^{\frac{3}{5}}}{u}$

㉯ 대기안정도가 E~F인 경우

- $F_B \geq 175.87 u^4/S^{\frac{1}{2}}$인 경우 : $\Delta H_B = 4F_B^{\frac{1}{4}} \times S^{\frac{-3}{8}}$

- $F_B < 175.87\ u^4/S^{\frac{1}{2}}$인 경우 : $\Delta H_B = 2.6\left(\dfrac{F_B}{u \times S}\right)^{\frac{1}{3}}$

㈒ 타성(momentum) 영향높이 조정계수(ΔH_M) 산출

㉮ 대기안정도가 A~D인 경우

$$\Delta H_M = \dfrac{3d \times v}{u}$$

㉯ 대기안정도가 E~F인 경우

$$\Delta H_M = 1.5\left(\dfrac{v^2 \times d^2 \times T_a}{4T_s \times u}\right)^{\frac{1}{3}}/S^{\frac{1}{6}}$$

㈔ 유효누출높이(H_E) 산출

㉮ $\Delta T > \Delta T_c$인 경우 : $H_E = H_S + \Delta H_D + \Delta H_B$

㉯ $\Delta T \leq \Delta T_c$인 경우 : $H_E = H_S + \Delta H_D + \Delta H_M$

여기서, H_E : 유효누출높이(m)

H_S : 실제누출높이(m)

ΔH_D : 세류높이조정계수(m)

ΔH_B : 부력영향높이조정계수(m)

ΔH_M : 타성영향높이조정계수(m)

ΔT : $(T_s - T_a)$[K]

ΔT_c : 임계온도차(K)

T_s : 누출되는 물질의 온도(K)

T_a : 대기온도(K)

③ 일정 지점에서의 농도 산출

㉮ $\sigma_z < 1.6 H_m$인 경우

$$C(x,\ y,\ z,\ H_E) = \frac{Q}{2\pi\sigma_y\sigma_z u}\,exp\left[-0.5\left(\frac{y}{\sigma_y}\right)^2\right]\left\{exp\left[-0.5\left(\frac{H_E-z}{\sigma_z}\right)^2\right]\right.$$

$$+ exp\left[-0.5\left(\frac{H_E+z}{\sigma_z}\right)^2\right] + \sum_{i=1}^{N}\left\{exp\left[-0.5\left(\frac{2iH_m+H_E-z}{\sigma_z}\right)^2\right]\right.$$

$$+ exp\left[-0.5\left(\frac{2iH_m-H_E-z}{\sigma_z}\right)^2\right]$$

$$+ exp\left[-0.5\left(\frac{2iH_m-H_E+z}{\sigma_z}\right)^2\right]$$

$$\left.\left.+ exp\left[-0.5\left(\frac{2iH_m+H_E+z}{\sigma_z}\right)^2\right]\right\}\right\}$$

(나) $\sigma_z \geq 1.6H_m$ 인 경우

$$C(x,\ y,\ z : H_E) = \frac{Q}{(2\pi)^{\frac{1}{2}}\sigma_y H_m u}\,exp\left[-0.5\left(\frac{y}{\sigma_y}\right)^2\right]$$

여기서, C : 위치$(x,\ y,\ z)$에서의 누출물질의 농도(kg/m^3)

H_E : 유효누출높이(m), Q : 누출량(kg/s), σ_y : 측면확산계수(m)

σ_z : 수직확산계수(m), u : 실제누출높이 H_S에서의 풍속(m/s)

H_m : 혼합높이(m), N : 혼합높이 반사 숫자(통상 3 또는 4 사용)

x : 누출원으로부터의 거리(m), y : 플룸 중심으로부터의 거리(m)

z : 영향점의 지상으로부터 높이(m)

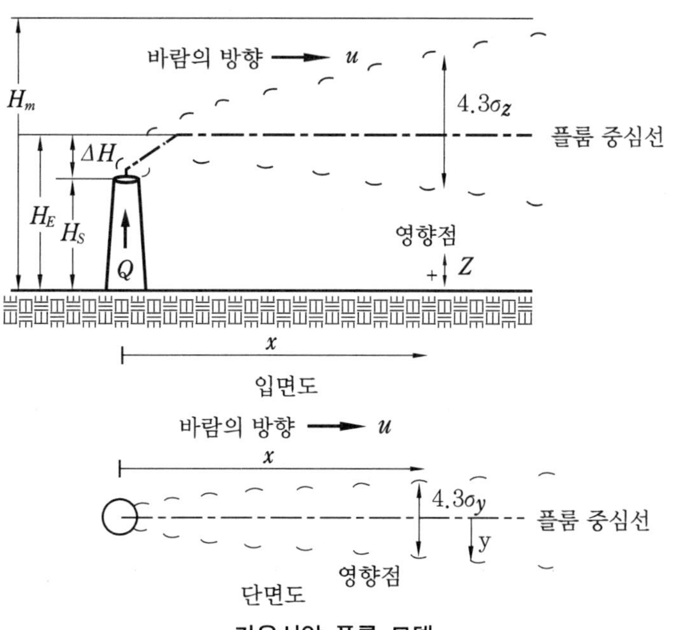

가우시안 플룸 모델

> **8-36** 가벼운 가스의 순간누출인 경우 적용하는 가우시안 퍼프(puff) 모델에 대하여 설명하시오.
> (1) 전제 조건
> (2) 농도 예측 순서

(1) 전제 조건

① 장해물이 없는 평평한 곳에서 누출이 일어난다.

② 화학반응이나 열역학적 영향이 없다.

③ 누출 기간이 일정 지역에 도달하는 데 걸리는 시간보다 짧다.

④ 누출된 물질은 오랜 시간 동안 대기 중에 머무를 수 있는 안정된 가스이다.

⑤ 예측농도가 순간누출의 최대농도이다.

⑥ 누출이 한 지역에서 일어난다.

(2) 농도 예측 순서

① 확산계수 산출

확산계수(m)	대기안정도		
	A~C	D	E~F
σ_x, σ_y	$0.14x^{0.92}$	$0.16x^{0.92}$	$0.02x^{0.89}$
σ_z	$0.53x^{0.73}$	$0.15x^{0.70}$	$0.05x^{0.61}$

㋚ x : 바람방향에서의 누출원과의 거리

② 유효누출높이 산출

㈎ 부력플럭스 산출

$$F_B = \frac{g \times v \times d^2 \times \Delta T}{4 T_s}$$

여기서, F_B : 부력플럭스($\mathrm{m^4/s^3}$)
v : 누출속도($\mathrm{m/s}$)
d : 누출원의 지름(m)
ΔT : $(T_s - T_a)[\mathrm{K}]$
T_s : 누출되는 온도의 물질(K)
T_a : 대기온도(K)

(내) 대기안정도 변수 산출

㉮ 대기안정도가 E인 경우 : $S = 0.02 \dfrac{g}{T_a}$

㉯ 대기안정도가 F인 경우 : $S = 0.035 \dfrac{g}{T_a}$

여기서, S : 대기안정도 변수(s^{-2})

(다) 세류(downwash)높이 조정계수(ΔH_D) 산출

㉮ $v < 1.5u$인 경우 : $\Delta H_D = 2\left(\dfrac{v}{u} - 1.5\right)d$

㉯ $v \geq 1.5u$인 경우 : $\Delta H_D = 0$

(라) 임계온도차(ΔT_c) 산출

㉮ 대기안정도가 A~D인 경우

・$F_B < 55$인 경우 : $\Delta T_c = \dfrac{0.0297\,V^{\frac{1}{3}} \times T_s}{d^{\frac{2}{3}}}$

・$F_B \geq 55$인 경우 : $\Delta T_c = \dfrac{0.00575\,V^{\frac{2}{3}} \times T_s}{d^{\frac{1}{3}}}$

㉯ 대기안정도가 E~F인 경우
$$\Delta T_c = 0.019582v \times T_a \times \sqrt{S}$$

(마) 부력영향높이 조정계수(ΔH_B) 산출

㉮ 대기안정도가 A~D인 경우

・$F_B < 55$인 경우 : $\Delta H_B = \dfrac{21.425\,F_B^{\frac{3}{4}}}{u}$

・$F_B \geq 55$인 경우 : $\Delta H_B = \dfrac{38.71\,F_B^{\frac{3}{5}}}{u}$

㉯ 대기안정도가 E~F인 경우

・$F_B \geq 175.87\,u^4/S^{\frac{1}{2}}$인 경우 : $\Delta H_B = 4F_B^{\frac{1}{4}} \times S^{\frac{-3}{8}}$

$$\bullet \ F_B < 175.87 \ u^4 / S^{\frac{1}{2}} \text{인 경우} : \Delta H_B = 2.6 \left[\frac{F_B}{u \times S} \right]^{\frac{1}{3}}$$

㈐ 타성(momentum) 영향높이 조정계수(ΔH_M) 산출

  ㉮ 대기안정도가 A~D인 경우

$$\Delta H_M = \frac{3d \times v}{u}$$

  ㉯ 대기안정도가 E~F인 경우

$$\Delta H_M = 1.5 \left[\frac{v^2 \times d^2 \times T_a}{4 T_s \times u} \right]^{\frac{1}{3}} / S^{\frac{1}{6}}$$

㈑ 유효누출높이(H_E) 산출

$$\Delta T > \Delta T_c \text{인 경우} : H_E = H_S + \Delta H_D + \Delta H_B$$

$$\Delta T \leq \Delta T_c \text{인 경우} : H_E = H_S + \Delta H_D + \Delta H_M$$

  여기서, H_E : 유효누출높이(m)

        H_S : 실제누출높이(m)

        ΔH_D : 세류높이조정계수(m)

        ΔH_B : 부력영향높이조정계수(m)

        ΔH_M : 타성영향높이조정계수(m)

        ΔT : $(T_s - T_a)$[K]

        ΔT_c : 임계온도차(K)

        T_s : 누출되는 물질의 온도(K)

        T_a : 대기온도(K)

③ 일정 지점에서의 농도 산출

  ㈎ $\sigma_z \leq 0.8 H_m$ 인 경우

$$C_P(x, y, z, t, H_E) = \frac{Q}{(2\pi)^{\frac{3}{2}} \sigma_x \sigma_y \sigma_z} exp \left[-0.5 \left(\frac{x - ut}{\sigma_x} \right)^2 \right] exp \left[-0.5 \left(\frac{y}{\sigma_y} \right)^2 \right]$$

$$\times \left\{ exp \left[-0.5 \left(\frac{H_E - z}{\sigma_z} \right)^2 \right] + exp \left[-0.5 \left(\frac{H_E + z}{\sigma_z} \right)^2 \right] \right\}$$

  ㈏ $\sigma_z > 0.8 H_m$ 인 경우

$$C_P(x, y, z, t, H_E) = \frac{Q}{2\pi \sigma_x \sigma_y H_m} exp \left[-0.5 \left(\frac{x - ut}{\sigma_x} \right)^2 \right] exp \left[-0.5 \left(\frac{y}{\sigma_y} \right)^2 \right]$$

여기서, C_P : 위치(x, y, z) 및 시간(t)에서의 누출물질의 최고순간 농도(kg/m^3)

H_E : 유효누출높이(m)

Q : 누출량(kg)

σ_x : 바람방향의 확산계수(m)

σ_y : 측면확산계수(m)

σ_z : 수직확산계수(m)

u : 실제누출높이에서의 풍속(m/s)

H_m : 혼합높이(m)

t : 누출 순간으로부터의 측정 시간(s)

x : 누출원으로부터의 거리(m)

y : 플룸 중심으로부터의 거리(m)

z : 영향점의 지상으로부터 높이(m)

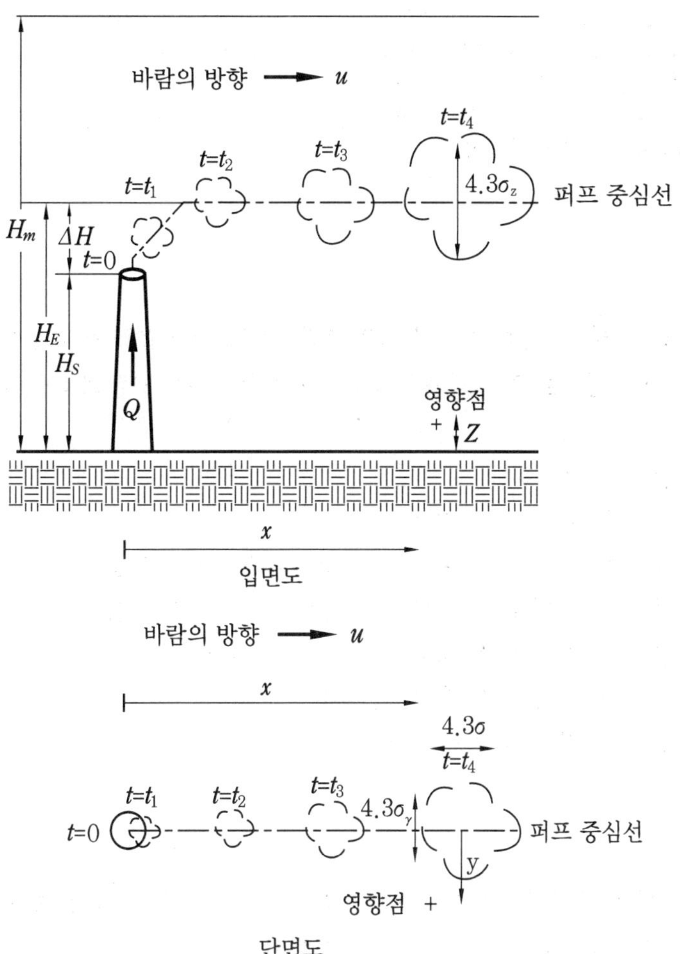

가우시안 퍼프 모델

대기안정도

바람속도(S) [m/s]	낮			밤	
	복사강도의 크기				
	강	중	약	흐림	맑음
$S \leq 2$	A	A–B	B	F–G	G
$2 < S \leq 3$	A–B	B	C	E	F
$3 < S \leq 5$	B	B–C	C	D	E
$5 < S \leq 6$	C	C–D	D	D	D
$6 < S$	C	D	D	D	D

㊟ 1. "바람속도"는 지상 10m에서 측정한 수치임
㊟ 2. "밤"이라 함은 해지기 1시간 전부터 해뜬 후 1시간 사이를 말함
㊟ 3. "강"이라 함은 맑은 날씨에서 태양의 고도가 60° 이상을 말함
㊟ 4. "중"이라 함은 맑은 날씨에서 태양의 고도가 60° 미만 35° 이상을 말함
㊟ 5. "약"이라 함은 맑은 날씨에서 태양의 고도가 35° 미만을 말함
㊟ 6. 안정도 구분(A : 매우 불안정함, B : 약간 불안정함, C : 약간 불안정함, D : 중간, E : 약간 안정함, F : 안정함, G : 매우 안정함)

8-37 위험물질 중 무거운 가스가 화학설비 및 그 부속설비에서 연속적으로 누출되어 대기 중으로 확산되는 경우에 적용하는 HMP 모델에 대하여 설명하시오.

(1) 전제 조건
(2) 농도 예측 순서
(3) 무거운 가스 여부 확인
(4) 플룸이 최대로 상승하는 지점까지의 거리 산출
(5) 플룸이 최대로 상승하는 지점에서의 농도 산출
(6) 플룸이 지상에 도달한 지점의 거리 산출
(7) 플룸이 지상에 도달한 지점에서의 농도 산출
(8) 일정 지점에서의 농도 산출

---

(1) 전제 조건

① 연속 수직방향으로 직접 누출되는 무거운 가스의 연속 누출 플룸에 적용한다.
② 플룸은 단상(single phase)의 가스로 가정한다.
③ 장애물이 없는 평평한 지역에서의 확산으로 가정한다.
④ 대기안정도가 E~F인 경우에 적용한다.

⑤ 액면(liquid pool)에서의 증발 시에는 적용하지 아니한다.

(2) 농도 예측 순서

① 리차드슨 수 산출

$$Ri_o = \frac{g(\rho_r - \rho_a) \times V_v}{\rho_a \times u_{10}^3 \times d}$$

여기서, Ri_o : 리차드슨 수
$\qquad g$: 중력가속도(9.8m/s^2)
$\qquad \rho_r$: 누출되는 물질의 비중(kg/m^3)
$\qquad \rho_a$: 공기의 비중(kg/m^3)
$\qquad u_{10}$: 지상으로부터 10m 높이에서의 바람속도(m/s)
$\qquad V_v$: 체적 누출속도($\text{m}^3\text{/s}$)
$\qquad d$: 누출원의 지름(m)

② 플룸상승높이(plume rise) 산출

$$\Delta h = 2.96 \times \frac{v \times d}{\sqrt{g \times d\left(\dfrac{\rho_r - \rho_a}{\rho_r}\right)}}$$

여기서, Δh : 플룸상승높이(m)
$\qquad v$: 누출속도(m/s)

③ 플룸희석계수 산출

$$D_H = 0.0567\left(\frac{u \times d^2}{V_v \times \rho_r}\right)\left(\frac{\Delta h}{d}\right)^{1.85}\left(\frac{M_s}{T_a}\right)$$

여기서, D_H : 플룸희석계수
$\qquad M_s$: 누출되는 물질의 분자량
$\qquad T_a$: 대기온도(K)
$\qquad u$: 누출높이에서의 바람속도(m)

④ 최대상승높이에서의 상당분자량 및 온도 산출

$$M_H = \frac{M_s + 28.96(D_H - 1)}{D_H}$$

$$T_H = T_a - \frac{M_s(T_a - T_s)}{M_H \times D_H}$$

여기서, M_H : 상당분자량
$\qquad T_H$: 최대상승높이에서의 온도(K)
$\qquad T_S$: 누출물질의 온도(K)

⑤ 분류비중비율(fractional density ratio) 산출

$$\delta = \frac{M_H \times T_a}{28.96 \, T_H} - 1$$

여기서, δ : 분류비중비율

(3) 무거운 가스 여부 확인

① 분류비중비율(δ)이 0.005 이하이면 가벼운 가스 모델을 사용

② 분류비중비율(δ)이 0.005를 초과하는 경우 무거운 가스 모델, 즉 HMP 모델을 사용

(4) 플룸이 최대로 상승하는 지점까지의 거리 산출

$$X_m = d \left[\frac{v}{\left\{ g \times d \times \left(\dfrac{\rho_r - \rho_a}{\rho_r} \right) \right\}^{\frac{1}{2}}} \right]^2 \times \frac{u}{v}$$

여기서, X_m : 플룸이 최대로 상승하는 지점까지의 거리
g : 중력가속도(9.8m/s^2)

(5) 플룸이 최대로 상승하는 지점에서의 농도 산출

$$C_{mp} = 2.15 \left[\frac{V_v \times \rho_r}{ud^2} \right] \times \left[\frac{\Delta h}{d} \right]^{-1.85}$$

여기서, C_{mp} : 플룸이 최대로 상승하는 지점에서의 농도(kg/m^3)

(6) 플룸이 지상에 도달한 지점의 거리 산출

$$X_{TD} = X_m + 0.56d \times \frac{u}{\left(g \times d \times \dfrac{\rho_r - \rho_a}{\rho_a} \right)^{\frac{1}{2}}} \times \left(\frac{u}{v} \right)^{\frac{1}{2}} \times \left[\left(\frac{\Delta h}{d} \right)^3 \left\{ \left(2 + \frac{H_s}{\Delta h} \right)^3 - 1 \right\} \right]^{\frac{1}{2}}$$

여기서, X_{TD} : 플룸이 지상에 도달한 지점의 거리(m)
H_s : 누출원의 높이(m)

(7) 플룸이 지상에 도달한 지점에서의 농도 산출

$$C_{TD} = 3.1 \times \frac{V_v \times \rho_r}{u \times d^2} \times \left(\frac{H_s + 2\Delta h}{d} \right)^{-1.95}$$

여기서, C_{TD} : 플룸이 지상에 도달한 지점에서의 농도(kg/m^3)

(8) 일정 지점에서의 농도 산출

① $X \leq X_c$인 경우 : $C = C_{TD} \times \left(\dfrac{X}{X_{TD}}\right)^{-0.65}$

② $X > X_c$인 경우 : $C = C_{TD} \times \left(\dfrac{X_c}{X_{TD}}\right)^{-0.65} \times \left(\dfrac{X}{X_c}\right)^{-1.7}$

여기서, C : 일정 지점에서의 농도$(\mathrm{kg/m^3})$

X : 일정 지점까지의 거리(m)

$$X_c = X_{TD} \times \left(\dfrac{5000\mathrm{ppm}}{C_{TD}[\mathrm{ppm}]}\right)^{-1.538}$$

$$C_{TD}[\mathrm{ppm}] = \dfrac{C_{TD}[\mathrm{kg/m^3}]}{M_s} \times 22.4 \times \dfrac{T_a}{273} \times 10^6$$

※ X_c가 X_{TD}보다 작은 경우에는 $X_c = X_{TD}$를 사용한다.

8-38 위험물질 중 무거운 가스가 화학설비 및 그 부속설비에서 누출되어 대기 중
으로 확산되는 경우에 적용하는 BM 모델에 대하여 설명하시오.
(1) 전제 조건
(2) 누출원 구분
(3) 농도 예측

(1) 전제 조건

① 모멘텀(momentum)을 무시할 수 있는 연속누출 및 순간누출 시의 지상에서의 농도
를 계산할 때 적용한다.
② 장애물이 없는 평평한 지형에서 확산되는 것으로 가정한다.
③ 대기안정도가 C 또는 D인 경우에 사용한다.
④ 연속누출농도는 3분에서 10분까지의 평균농도로 산출한다.
⑤ 순간누출인 경우에는 최초의 지름과 높이의 비를 1로 가정한다.
⑥ 플룸에서 화학반응이 일어나지 않는다.
⑦ 열역학적인 영향을 고려하지 않는다.

(2) 누출원 구분

① 연속누출과 순간누출의 구분

㈎ $u_{10} \times \dfrac{t_d}{X} \geq 2.5$인 경우는 연속누출로 간주

여기서, u_{10} : 10m 높이에서의 바람속도(m/s)
t_d : 누출시간(s)
X : 누출원으로부터의 거리

㈏ $u_{10} \times \dfrac{t_d}{X} \geq 0.6$인 경우는 순간누출로 간주

㈐ $0.6 < u_{10} \times \dfrac{t_d}{X} < 2.5$인 경우에는 연속누출과 순간누출로 간주하여 모두 계산한 후 농도가 작은 것을 사용한다.

② 무거운 가스 여부 확인

㈎ 연속누출인 경우

㉮ 다음의 경우에 무거운 가스 누출로 간주한다.

$$\left(\frac{g_0 \times V_v}{u_{10} \times d_c} \right)^{\frac{1}{3}} > 0.15$$

여기서, $g_0 = g \left(\dfrac{\rho_r - \rho}{\rho_a} \right) [\mathrm{m/s^2}]$
V_v : 체적 누출속도($\mathrm{m^3/s}$)
d_c : $\sqrt{\dfrac{V_v}{u_{10}}}$ [m]

㉯ 이외의 경우에는 가벼운 가스 누출로 간주한다.

㈏ 순간누출인 경우

㉮ 다음의 경우에 무거운 가스 누출로 간주한다.

$$\left[\frac{g_0 \times V_0}{u_{10} \times d_i} \right]^{\frac{1}{2}} > 0.2$$

여기서, V_0 : 최초 누출량($\mathrm{m^3}$)
d_i : $\sqrt[3]{V_0}$ (m)

㉯ 이외의 경우에는 가벼운 가스 누출로 간주한다.
여기서, V_0 : 초기 증기운 부피($\mathrm{m^3}$)
V_v : 누출속도($\mathrm{m^3/s}$)
u_{10} : 10m 높이에서 측정한 풍속(m/s)
t_d : 누출시간(s)

ρ_r : 플룸/퍼프의 초기밀도$(\mathrm{kg/m^3})$

ρ_a : 대기온도에서의 공기의 밀도$(\mathrm{kg/m^3})$

g : 중력가속도$(9.8\mathrm{m/s^2})$

g_0 : 초기 부력, $g\left(\dfrac{\rho_r - \rho_a}{\rho_a}\right)[\mathrm{m/s^2}]$

d_i : 순간누출의 특성치, $V_0^{\frac{1}{3}}\,(\mathrm{m})$

d_c : 연속누출의 특성치, $\left(\dfrac{V_v}{u_{10}}\right)^{\frac{1}{2}}(\mathrm{m})$

X : 이동거리(m)

C_o : 초기 농도$(\mathrm{vol\%})$

C_m : 지면 중심 농도$(\mathrm{vol\%})$

(3) 농도 예측

① 연속누출인 경우

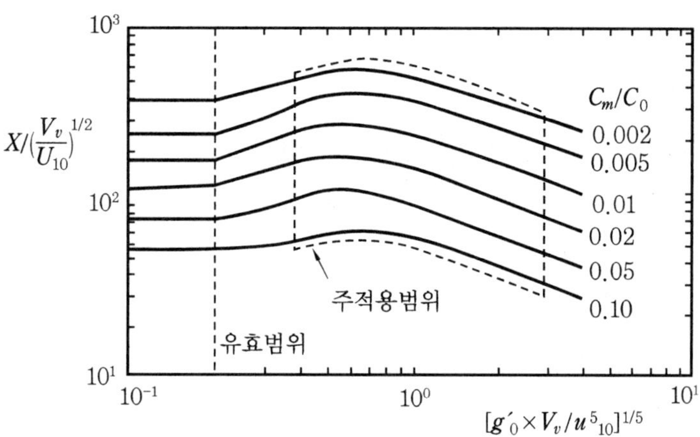

BM 모델 연속누출 곡선

② 순간누출인 경우

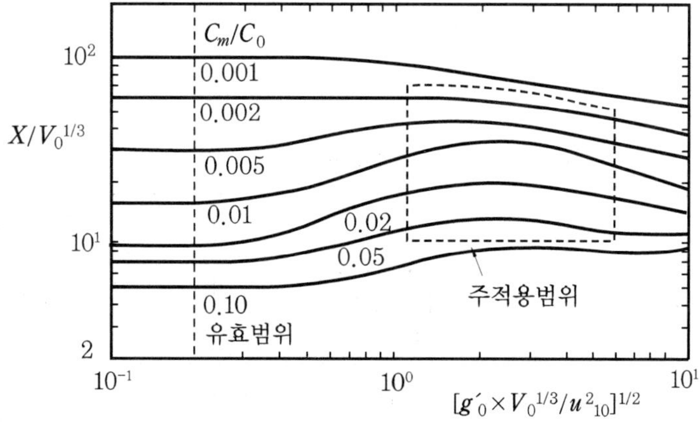

BM 모델 순간누출 곡선

> **8-39** 저장탱크 또는 배관에서 인화성 물질이 누출되어 그 물질이 액면을 형성하
> 여 화재를 일으키는 경우에 적용하는 TNO 모델에 대하여 설명하시오.
> (1) 전제 조건
> (2) 피해 예측 순서

(1) 전제 조건

① 지상에서의 액표면 화재에 적용한다.

② 산소가 충분히 공급되는 것으로 가정한다.

③ 액표면적이 일정한 것으로 가정한다.

④ 완전연소로 가정한다.

⑤ 연소 시 생성되는 이산화탄소 및 검댕에 의한 투과도에 영향을 미치지 않는 것으로
가정한다.

(2) 피해 예측 순서

① 연소속도(액표면에서의 단위면적당 증발량) 산출

㈎ 액체의 비점이 대기온도보다 높은 경우

$$m = \frac{0.001 H_c}{C_p(T_b - T_a) + \Delta H_v}$$

㈏ 액체의 비점이 대기온도보다 낮은 경우

$$m = \frac{0.001 H_c}{\Delta H_v}$$

여기서, m : 연소속도(kg/m$^2 \cdot$ s), H_c : 순연소열량(J/kg),

ΔH_v : 증발잠열(J/kg), C_p : 비열(J/kg $\cdot$ K),

T_a : 대기온도(K), T_b : 비점(K)

연소속도

물 질		연소속도
저온유체	액체수소	0.017
	LNG(CH$_4$)	0.078
	LPG(C$_3$H$_8$)	0.099
알코올류	메탄올	0.017
	에탄올	0.015

	부탄	0.078
	벤젠	0.085
	헥산	0.074
유기연료	헵탄	0.101
	자일렌	0.090
	아세톤	0.041
	디옥산	0.018
	디에틸에테르	0.085
	휘발유	0.055
	등유	0.039
	항공유(JP – 4)	0.051
석유제품	항공유(JP – 5)	0.054
	변압기유	0.039
	중유	0.035
	원유	0.022 ~ 0.045

② 불꽃의 길이 산출

㉮ 불꽃이 기울어진 경우

$$L_f = 110R\left[\frac{m}{\rho_a\sqrt{2\times g\times R}}\right]^{0.67} \times U^{-0.21}$$

여기서, L_f : 불꽃의 길이
m : 연소속도($\mathrm{kg/m^2 \cdot s}$)
R : 액표면의 반지름(m)
ρ_v : 정상 비점에서의 액면증기의 밀도($\mathrm{kg/m^3}$)
ρ_a : 대기온도에서의 공기의 밀도($\mathrm{kg/m^3}$)
g : 중력가속도($9.8\mathrm{m/s^2}$)
u : 1.6m 높이에서의 바람속도(m/s)

㉮ $U \geq \left(\dfrac{2g\times m\times R}{\rho_v}\right)^{\frac{1}{3}}$ 인 경우 $U = \dfrac{u}{\left(\dfrac{2g\times m\times R}{\rho_v}\right)^{\frac{1}{3}}}$

㉯ $U < \left(\dfrac{2g\times m\times R}{\rho_v}\right)^{\frac{1}{3}}$ 인 경우 $U = 1$

㉯ 불꽃이 수직인 경우

$$L_f = 84R\left[\frac{m}{\rho_a\sqrt{2g\times R}}\right]^{0.61}$$

여기서, L_f : 불꽃의 길이, R : 액표면의 반지름(m), m : 연소속도($\mathrm{kg/m^2 \cdot s}$)
ρ_a : 대기온도에서의 공기의 밀도($\mathrm{kg/m^3}$), g : 중력가속도($9.8\mathrm{m/s^2}$)

③ 불꽃의 기울기 산출

  ㉮ $U \leq 1$인 경우 : $\cos\theta = 1$

  ㉯ $U > 1$인 경우 : $\cos\theta = \dfrac{1}{\sqrt{U}}$

    여기서, $U = \dfrac{u}{\left[\dfrac{2g \times m \times R}{\rho_v}\right]^{\frac{1}{3}}}$

④ 표면방출 플럭스량(surface emitted flux) 산출

$$E = \frac{\beta \times m \times H_{c \times S}}{2\pi R \times L_f + S}$$

    여기서, E : 표면방출 플럭스량($\mathrm{W/m^2}$)
        β : 전체복사열의 비율
        H_c : 연소열(J/kg)
        S : 액표면적($\mathrm{m^2}$)
        R : 액표면의 반지름(m)
        L_f : 불꽃의 길이(m)

전체복사열의 비율

물질명	액표면의 지름(mm/in)	β
메탄올(methanol)	80/3 150/6 1200/48	0.162 0.165 0.170
액화천연가스(LNG)	1500/60 3000/120 6000/240	0.15 ~ 0.24 0.24 ~ 0.34 0.20 ~ 0.27
부탄(butane)	300/12 450/18 750/30	0.199 0.205 0.269
휘발유(gasoline)	1200/48 1500/60 3000/120	0.30 ~ 0.40 0.16 ~ 0.27 0.13 ~ 0.14
벤젠(benzene)	80/3 450/18 750/30 1200/48	0.35 0.345 0.35 0.36

㊒ 일반 탄화수소의 경우에는 0.35로 한다.

⑤ 지형시계인자(Geometric view factor) 산출

㈎ 수직 지형시계인자(F_v)

㉮ 불꽃이 수직인 경우

$$F_v = \frac{1}{\pi Y}\tan^{-1}\left[\frac{X}{\sqrt{Y^2-1}}\right] + \frac{X}{\pi}\left[\frac{A-2Y}{Y\sqrt{A\times B}}\tan^{-1}\sqrt{\frac{(Y-1)A}{(Y+1)B}}\right.$$

$$\left. -\frac{1}{Y}\tan^{-1}\sqrt{\frac{Y-1}{Y+1}}\right]$$

여기서, X : 불꽃의 길이와 불꽃의 반지름의 비(무차원)

$\quad\quad\quad Y$: 불꽃으로부터의 떨어진 거리와 불꽃의 반지름의 비(무차원)

$\quad\quad\quad A = (1+Y)^2 + X^2$

$\quad\quad\quad B = (1-Y)^2 + X^2$

㉯ 불꽃이 기울어진 경우

$$F_v = \frac{X\cos\theta}{Y-X\sin\theta}\times\frac{A-2Y(1+X\sin\theta)}{\pi\sqrt{A'\times B'}}\times\tan^{-1}\sqrt{\frac{A'(Y-1)}{B'(Y+1)}}$$

$$+\frac{\cos\theta}{\pi\sqrt{C'}}\left\{\tan^{-1}\left[\frac{XY-(Y^2-1)\sin\theta}{\sqrt{(Y^2-1)\times C'}}\right] + \tan^{-1}\left[\frac{\sin\theta\times\sqrt{Y^2-1}}{\sqrt{C'}}\right]\right.$$

$$\left. -\frac{X\cos\theta}{\pi(Y-X\sin\theta)}\times\tan^{-1}\sqrt{\frac{Y-1}{Y+1}}\right\}$$

여기서, $A' = A - 2X(Y+1)\sin\theta$

$\quad\quad\quad B' = B - 2X(Y-1)\sin\theta$

$\quad\quad\quad C' = 1 + (Y^2-1)\cos^2\theta$

㈏ 수평 지형시계인자(F_h)

㉮ 불꽃이 수직인 경우

$$F_h = \frac{1}{\pi}\left[\tan^{-1}\sqrt{\frac{Y+1}{Y-1}} - \frac{X^2(Y+1)(Y-1)}{\sqrt{A\times B}}\tan^{-1}\sqrt{\frac{A(Y-1)}{B(Y+1)}}\right]$$

㉯ 불꽃이 기울어진 경우

$$F_h = \frac{1}{\pi}\tan^{-1}\sqrt{\frac{Y+1}{Y-1}} - \frac{A-2(Y+1+XY\sin\theta)}{\pi\sqrt{A'\times B'}}\tan^{-1}\sqrt{\frac{A'(Y-1)}{B'(Y+1)}}$$

$$+\frac{\sin\theta}{\pi\sqrt{C'}}\left\{\tan^{-1}\left[\frac{XY-(Y^2-1)\sin\theta}{\sqrt{(Y^2-1)\times C'}}\right] + \tan^{-1}\left[\frac{\sin\theta\times\sqrt{Y^2-1}}{C'}\right]\right\}$$

㈐ 최대 지형시계인자(F) 산출

$$F = \sqrt{F_v^2 + F_h^2}$$

⑥ 투과도(transmissivity) 산출

$$\tau = 2.02 \left(P_{pw} \times l \right)^{-0.09}$$

여기서, τ : 투과도(무차원)
P_{pw} : $R_H \times P_W$
l : 불꽃으로부터 떨어진 거리(m)
R_H : 상대습도
P_W : 물의 증기압(N/m^2)

물의 증기압

온도(℃)	$P_w[N/m^2]$	온도(℃)	$P_w[N/m^2]$	온도(℃)	$P_w[N/m^2]$
0	610	18	2060	30	4240
2	705	19	2200	31	4490
4	815	20	2340	32	4760
6	935	21	2490	33	5030
8	1070	22	2640	34	5320
10	1230	23	2810	35	5620
11	1310	24	2980	36	5940
12	1400	25	3170	37	6280
14	1600	26	3360	38	6630
15	1700	27	3570	39	6990
16	1820	28	3780	40	7380
17	1940	29	4000	41	7780

⑦ 복사열량 산출

$$Q = \tau \times F \times E$$

여기서, Q : 불꽃에서부터 일정 거리에서의 복사열량(W/m^2)
τ : 투과도(무차원)
F : 최대지형시각인자(무차원)
E : 표면방출플럭스량(W/m^2)

⑧ 사고지점으로부터 거리별 복사열량 산출 : ⑤항 및 ⑦항을 일정 거리로 바꾸어 반복 계산하여 사고지점으로부터 일정 거리별 복사열량을 산출한다.

⑨ 거리별 복사열이 산출되면 그 지점에서 주변 근로자 및 설비에 미치는 피해는 문제 8-31 "통증을 느끼기 시작하는 시간"을 참고하여 객관적으로 산정한다.

8-40 압축가스 및 액화가스가 저장탱크 또는 배관의 일정한 구멍을 통하여 고압
으로 분출되면서 화재를 일으키는 경우에 적용하는 API 고압분출화재모델
에 대하여 설명하시오.
(1) 전제 조건
(2) 피해 예측 순서
(3) 불꽃의 중심점으로부터 영향거리 산출
(4) 일정 거리에서의 복사열량 산출
(5) 누출중심으로부터 거리별 복사열량 산출
(6) 피해 예측

(1) 전제 조건

① 분출속도가 일정하다.

② 수직으로 누출이 일어난다.

③ 완전연소가 일어난다.

④ 생성된 이산화탄소 및 검댕에 의하여 투과도에 영향을 주지 않는다.

⑤ 고압분출화재에 의하여 모든 열이 방출된다.

(2) 피해 예측 순서

① 총방사열량 산출

$$Q_t = W \times H_c$$

여기서, Q_t : 총방사열량(kW)
W : 분출속도(kg/s)
H_c : 연소열량(kJ/kg)

② 투과도 산출 : 문제 8-39 ⑥항을 이용하여 투과도를 산출한다.

③ 복사열비율 산출 : 복사열비율(β)은 다음의 수치를 이용한다.

㈎ 수소인 경우 : $\beta = 0.15$

㈏ 메탄인 경우 : $\beta = 0.2$

㈐ 기타 탄화수소인 경우 : $\beta = 0.3$

④ 불꽃의 중심점 산출

㈎ 분출음속(sonic velocity) 산출

$$v_s = 91.2 \sqrt{\frac{\gamma T_s}{M_s}}$$

여기서, v_s : 분출음속(m/s)

γ : 비열계수(C_p/C_v)

M_s : 누출되는 물질의 분자량

T_s : 분출물질의 온도

㈏ 분출마하수(Jet mach number) 산출

$$M_a = 0.1161 \times \frac{W}{P_s \times d^2} \sqrt{\frac{T_s}{rM_s}}$$

여기서, M_a : 분출마하수(무차원)

W : 분출속도(kg/s)

P_s : 분출압력(kN/m^2)

d : 누출부위의 지름(m)

㈐ 분출속도(exit velocity) 산출

$$v = v_s \times M_a$$

여기서, v : 분출속도(m/s)

㈑ 폭발하한농도 변수(lower explosive limit concentration parameter)의 산출

$$C_{LP} = C_L\left(\frac{v}{u}\right)\left(\frac{M_s}{28.8}\right)$$

여기서, C_{LP} : 폭발하한농도변수(무차원)

C_L : 분출되는 물질의 폭발하한농도(무차원)

u : 분출되는 높이에서의 바람속도(m/s)

㈒ 추력변수(thrust parameter) 산출

$$d_jR = d\left(\frac{v}{u}\right)\left(\frac{T_a \times M_s}{T_s}\right)^{\frac{1}{2}}$$

여기서, d_jR : 추력변수(m[kg/kg · mole]$^{\frac{1}{2}}$)

T_a : 공기의 온도(K)

㈓ 누출중심으로부터 불꽃의 중심점 산출 : 폭발하한농도변수와 추력변수를 이용하여 다음 그림에서 중심점간의 수평거리(X_c)와 수직거리(Y_c)를 각각 산출한다.

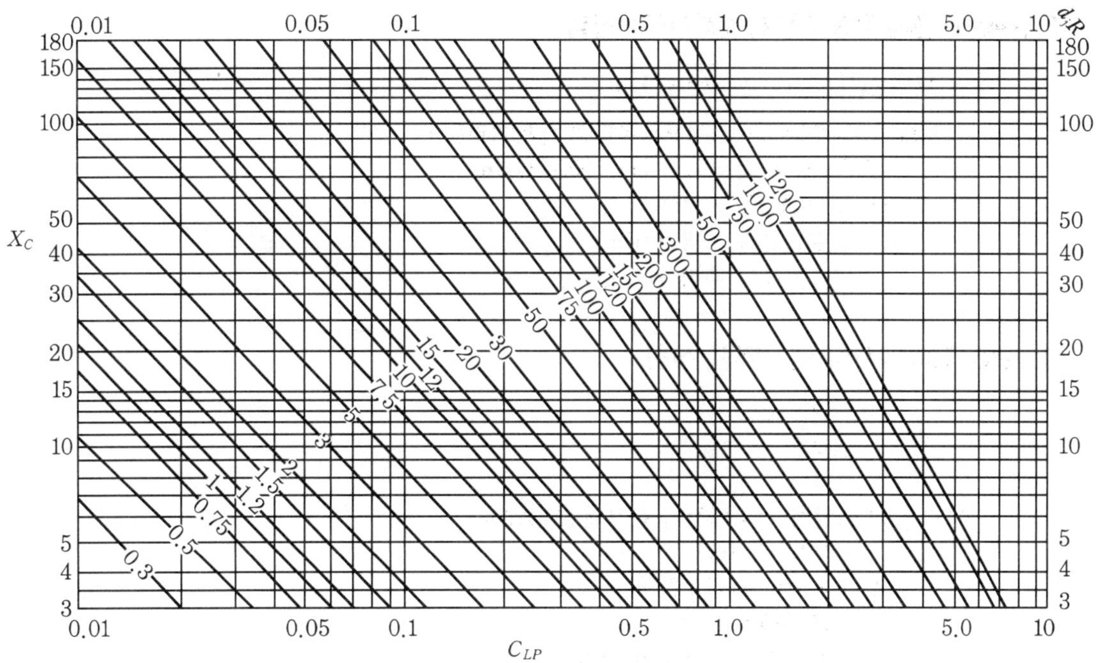

불꽃 중심으로부터의 수평거리

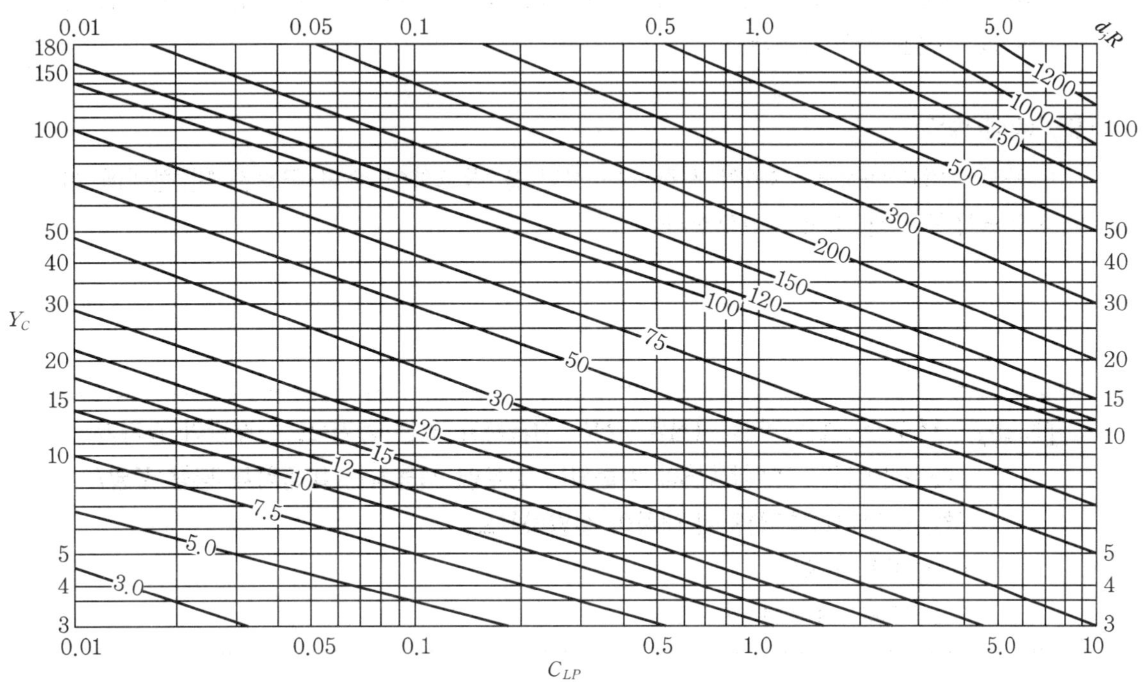

불꽃 중심으로부터의 수직거리

(3) 불꽃의 중심점으로부터 영향거리 산출

$$D = \sqrt{(L - X_c)^2 + (h + Y_c)^2}$$

여기서, D : 불꽃의 중심점으로부터의 영향거리(m)
L : 누출 중심으로부터의 일정 거리(m)
h : 누출원의 높이(m)
X_c : 중심간의 수평거리(m)
Y_c : 중심간의 수직거리(m)

(4) 일정 거리에서의 복사열량 산출

$$Q = \frac{\tau \times \beta \times Q_t}{4\pi D^2}$$

여기서, Q : 일정 거리에서의 복사열량(kW/m^2)
τ : 투과도(무차원)
β : 복사열 비율(무차원)
Q_t : 총방사열량(kW)
D : 불꽃중심으로부터의 영향거리(m)

(5) 누출중심으로부터 거리별 복사열량 산출

(3)과 (4)를 이용하여 일정 거리로 바꾸어 반복 계산하여 누출 중심으로부터 일정 거리별 복사열량을 산출한다.

(6) 피해 예측

문제 8-31 "통증을 느끼기 시작하는 시간"을 참고하여 주변 근로자 및 설비에 미치는 영향을 객관적으로 산정한다.

8-41 액화가스 또는 과열 액체를 저장·취급하고 있는 용기 또는 배관이 갑자기 파손되어 외부로 내용물이 누출되는 경우에 적용하는 비등액체 팽창 폭발/화구 피해 예측 절차에 대하여 설명하시오.
(1) 피해 요인
(2) 피해 예측 순서

---

(1) 피해 요인

액화가스 또는 과열 액체의 누출사고에 의한 비등액체 팽창 폭발이 일어나면 폭발압에 의한 피해를 입는다. 그러나 저장·취급하는 물질이 가연성인 경우에는 폭발과 동시에 화재가 발생하고 생성된 화구에 의하여 강한 복사열이 발생하여 폭발압과 복사열에 의한 피해를 동시에 입는다. 그러나 피해의 크기에 있어서 폭발압에 의한 피해보다는 복사열에 의한 피해가 훨씬 심각하다.

(2) 피해 예측 순서

① 복사열에 의한 피해

(가) 화구의 크기 산출

$$D = 5.8 \times M^{\frac{1}{3}}$$

여기서, D : 화구의 지름(m)

M : 용기 또는 배관 파열 시 그 내부에 저장·취급 중인 물질의 양(kg)

(나) 화염의 지속시간 산출

㉮ 누출된 물질의 양(M)이 30,000kg 미만인 경우

$$t = 0.45 \times M^{\frac{1}{3}}$$

여기서, t : 화염지속시간(초)

㉯ 누출된 물질의 양이 30,000kg 이상인 경우

$$t = 2.6 \times M^{\frac{1}{6}}$$

(다) 화구 중심의 높이 산출

$$H = 0.75D$$

여기서, H : 화구 중심의 높이(m)

(라) 대기 투과도(atmospheric transmissivity) 산출

$$\tau_a = 2.02 (P_w \times X_s)^{-0.09}$$

$$P_w = 1013.25 \times R_H \times \exp\left(14.4114 - \frac{5328}{T_a}\right)$$

여기서, τ_a : 대기열전도도(무차원)

R_H : 절대습도(%)

T_a : 대기온도(K)

$X_s \left(= \sqrt{H^2 + L^2} - \frac{D}{2}\right)$: 화구 표면에서부터 피해 지점까지의 거리(m)

L : 화구 중심에서부터 피해 지점까지의 수평거리(m)

(마) 표면 방사에너지 산출

$$E = \frac{R \times M \times H_c}{3.14 D^2 \times t}$$

여기서, E : 표면 방사에너지($kJ/m^2 \cdot s$)

R : 연소열의 복사비율(무차원)

0.3(용기 또는 배관이 압력 방출장치의 설정압력 미만에서 터진 경우)

0.4(용기 또는 배관이 압력 방출장치의 설정압력 이상에서 터진 경우)

H_c : 순 연소열량(kJ/kg)

(ㅂ) 시계인자(view factor) 산출

㉮ $L \geq \dfrac{D}{2}$ 인 경우

$$F_v = \frac{L \times \left(\dfrac{D}{2}\right)^2}{(L^2 + H^2)^{\frac{3}{2}}}$$

여기서, F_v : 시계인자(무차원)

㉯ $L < \dfrac{D}{2}$ 인 경우

$$F_v = \frac{H \times \left(\dfrac{D}{2}\right)^2}{(L^2 + H^2)^{\frac{3}{2}}}$$

(ㅅ) 복사열 산출

$$Q = \tau_a \times E \times F_v$$

여기서, Q : 일정 지점에서의 복사열(kW/m^2)

(ㅇ) 폭발지점으로부터 거리별 복사열 산출 : (a) 내지 (h)에서 화구로부터 피해 지점까지의 거리를 바꾸어 반복 계산하면 폭발지점으로부터 일정 거리별 복사열을 산출하여 다음과 같은 양식에 의한 그래프를 작성할 수 있다.

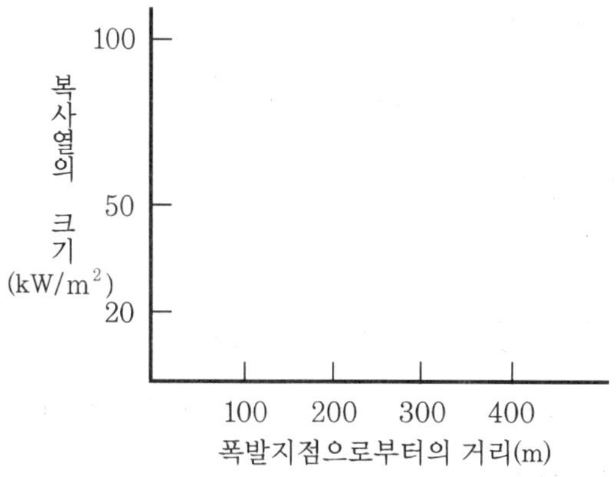

폭발지점으로부터 거리별 복사열 산출 그래프 예

8-42 choked pressure, choked flow, 슬러그 흐름에 대해 설명하시오.

    (1) choked pressure

    (2) choked flow(critical flow, sonic flow) : P_{choked}보다 낮은 하류 압력

    (3) 슬러그 흐름(slug flow)

---

(1) choked pressure

파이프나 구멍을 통한 최대 흐름의 결과로 나타나는 최대 하류 압력(maximum down stream pressure)을 말한다.

$$P_{choked} = P_0 \times \left(\frac{2}{\gamma + 1} \right)^{\gamma(\gamma-1)}$$

(2) choked flow(critical flow, sonic flow) : P_{choked}보다 낮은 하류압력

① 누출구에서 유체의 속도는 대부분 상태에서 음속이다.

② 속도와 질량유속은 하류 압력이 감소함에 따라 더욱 증가될 수 없게 된다.

③ 하류 상태에서 무관한 흐름의 유형이다.

(3) 슬러그 흐름(slug flow)

기·액상 흐름에서 액체 파동이 주기적으로 거품 덩어리 상태를 형성하면서 평균 액체 속도보다 빠른 속도로 움직이는 흐름이다.

8-43 아래와 같은 조건에서 100톤의 액체 프로판 저장탱크로부터 62톤의 프로판이 누출되어 증기운폭발(VCE) 사고가 났을 때 300m 떨어진 지점에서의 환산거리(scaled distance)와 과압을 계산하시오.

【조건】

- 가득 차 있는 LPG 탱크가 국부적으로 파손되어 지속적으로 LPG가 누출되었다.
- 누출된 LPG가 대기온도(15℃)에서 단열팽창을 하면서 증기 또는 에어로졸 형태로 되었다.
- 1톤의 LPG는 약 0.42톤의 TNT와 동등한 위력(폭발압)을 갖는다.

(1) 환산거리(scaled distance) 계산

$$환산거리 = \frac{거리}{(0.42 \times 누출된\ 증기운의\ 무게(톤))^{\frac{1}{3}}}$$

$$= \frac{300}{(0.42 \times 62)^{\frac{1}{3}}} = 101 m/톤^{\frac{1}{3}}$$

(2) 과압 산출

아래의 그림으로부터 환산거리를 알면 과압(over pressure)을 찾는다. 즉, 과압은 약 2.23psi가 된다. 따라서 100톤의 LPG 탱크에서 62톤의 프로판이 외부로 방출되어 체류 또는 증기운을 형성하고 있다가 증기운폭발(VCE) 되었을 경우 300m 지점에서의 과압은 약 2.23psi가 될 것이다.

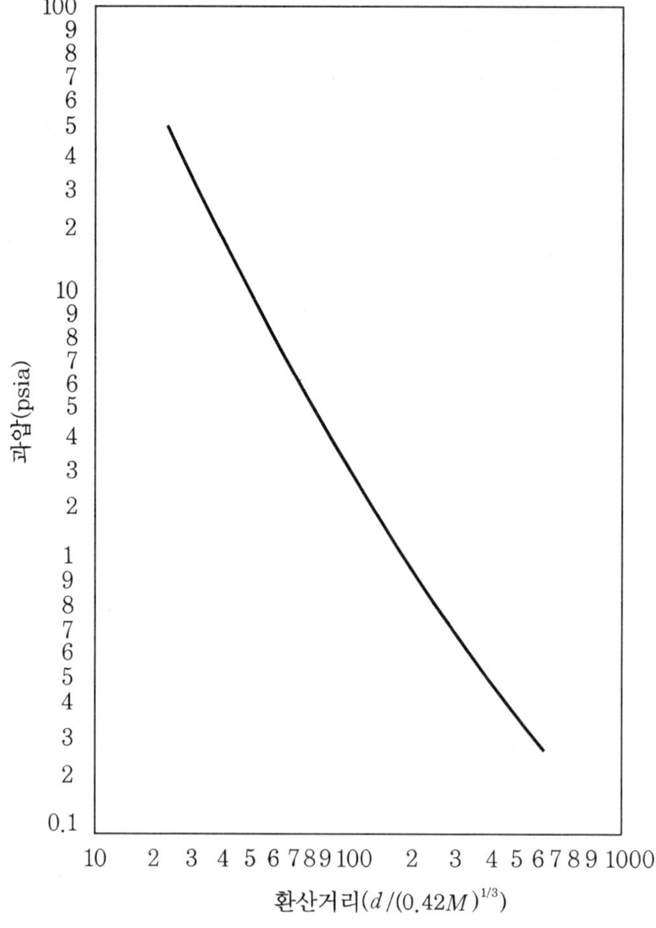

LPG의 TNT 과압곡선

8- 44 산업안전보건법상 위험성평가의 절차에 대해 설명하시오.

(1) 평가 절차

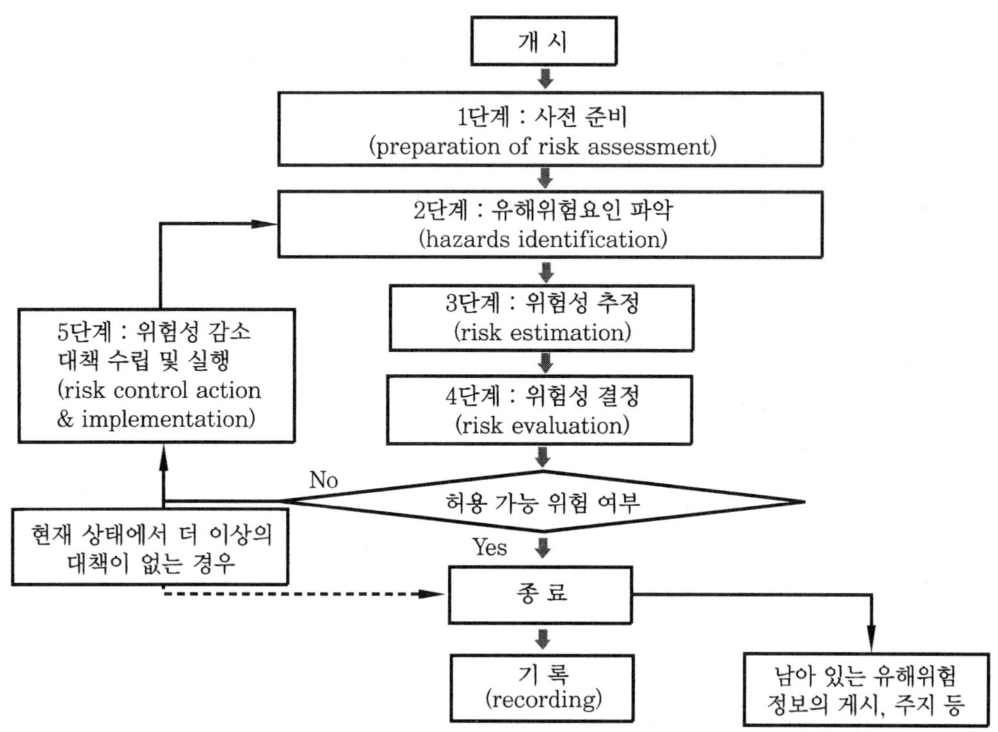

(2) 진행 방법

① 위험성평가는 사업주 또는 안전보건관리책임자가 중심이 되어 수행한다.

② 1단계 : 사전준비를 통해 평가대상을 확정하고 실무에 필요한 자료를 입수한다.

③ 2단계 : 다양한 방법을 통해 유해·위험요인을 파악한다.

④ 3단계 : 파악된 유해·위험요인에 대한 위험성(가능성×중대성)을 추정한다.

⑤ 4단계 : 유해·위험요인에 대한 위험성을 결정하고 허용 가능 여부를 판단한다.

⑥ 5단계 : 허용할 수 없는 위험성의 경우 감소대책을 세워야 하며 감소대책이 실행 가능하고 합리적인 대책인지를 검토한다. 감소대책은 우선순위를 정해 실행하고 실행 후에는 허용할 수 있는 범위 이내이어야 한다.

⑦ 기록 : 위험성평가가 종료되면 그 결과를 기록하여 문서로 보존해야 하며, 남아 있는 유해·위험 정보를 게시하고 근로자에게 주지시켜야 한다.

제**9**장 공정안전관리제도 및 안전작업허가

> **9-1** 공정안전보고서 제출대상 7개 업종을 나열하고 유해위험물질로 제출대상이
> 될 경우 인화성가스와 인화성 액체의 규정량(kg)을 각각 기술하시오.
>
> (1) 제출대상 7개 업종
> (2) 인화성가스 및 인화성 액체의 규정수량
> (3) 제출 제외 대상

(1) 제출대상 7개 업종

① 원유 정제처리업
② 기타 석유정제물 재처리업
③ 석유화학계 기초화학물 제조업 또는 합성수지 및 기타 플라스틱물질 제조업
④ 질소, 인산 및 칼리질 비료 제조업(인산 및 칼리질 비료 제조업에 해당하는 경우는
  제외)
⑤ 복합비료 제조업(단순 혼합 또는 배합에 의한 경우는 제외한다.)
⑥ 농약 제조업(원제 제조만 해당한다.)
⑦ 화약 및 불꽃제품 제조업

(2) 인화성가스 및 인화성 액체의 규정수량

① 일일 취급량 : 5,000kg
② 저장량 : 200,000kg

(3) 제출 제외 대상

① 원자력 설비
② 군사시설
③ 사업주가 해당 사업장 내에서 직접 사용하기 위한 난방용 연료의 저장설비 및 사용
  설비
④ 도매·소매시설
⑤ 차량 등의 운송설비
⑥ 「액화석유가스의 안전관리 및 사업법」에 따른 액화석유가스의 충전·저장시설
⑦ 「도시가스사업법」에 따른 가스공급시설

⑧ 그 밖에 고용노동부장관이 누출·화재·폭발 등으로 인한 피해의 정도가 크지 않다고 인정하여 고시하는 설비

> **9-2** 산업안전보건법상 공정안전보고서 제출 의무가 있는 "주요구조부분의 변경"에 해당하는 3가지 경우를 기술하시오.

① 생산량의 증가, 원료 또는 제품의 변경을 위하여 반응기(관련 설비를 포함)를 교체 또는 추가로 설치하는 경우
② 변경된 생산설비 및 부대설비의 해당 전기정격용량이 300 kW 이상 증가한 경우(유해·위험물질의 누출·화재·폭발과 무관한 자동화창고·조명설비 등은 제외)
③ 플레어스택을 설치 또는 변경하는 경우

> **9-3** 비상조치계획에 포함되어야 할 최소한의 내용들을 열거하시오.

① 목적
② 비상사태의 구분
③ 위험성 및 재해의 파악 분석
④ 유해·위험물질의 성상 조사
⑤ 비상조치 계획의 수립
⑥ 비상조치 계획의 검토
⑦ 비상대피 계획
⑧ 비상사태의 발령
⑨ 비상경보의 체계
⑩ 비상사태의 종결
⑪ 사고조사
⑫ 비상조치 위원회의 구성
⑬ 비상통제 조직의 기능 및 책무
⑭ 장비보유현황 및 비상통제소의 설치
⑮ 운전정지 절차
⑯ 비상훈련의 실시 및 조정
⑰ 주민 홍보계획 등

> **9-4** 화학물질 또는 화학물질 함유 제제를 담은 용기의 경고표지에 포함되어야
> 할 사항을 5가지 이상 쓰고 설명하시오.
> (1) 경고표지의 포함 사항
> (2) 경고표지 부착
> (3) 경고표지 부착 시 참고사항

(1) 경고표지의 포함 사항

① 명칭 : 물질안전보건자료 상의 제품명을 기재

② 그림문자 : 해당되는 것을 모두 표시한다. 다만, 다음 각 호의 어느 하나에 해당되는
경우에는 이에 따른다.

㉮ "해골과 X자형 뼈"와 "감탄부호(!)"의 그림문자에 모두 해당되는 경우에는 "해골
과 X자형 뼈"의 그림문자만을 표시한다.

㉯ 부식성 그림문자와 자극성 그림문자에 모두 해당되는 경우에는 부식성 그림문자
만을 표시한다.

㉰ 호흡기 과민성 그림문자와 피부 과민성 그림문자에 모두 해당되는 경우에는 호흡
기 과민성 그림문자만을 표시한다.

㉱ 5개 이상의 그림문자에 해당되는 경우에는 4개의 그림문자만을 표시해도 된다.

③ 신호어 : "위험" 또는 "경고"를 표시한다. 다만, 대상화학물질이 "위험"과 "경고"에 모
두 해당되는 경우에는 "위험"만을 표시한다.

④ 유해·위험 문구 : 해당되는 것을 모두 표시한다. 다만, 중복되는 유해·위험문구를
생략하거나 유사한 유해·위험 문구를 조합하여 표시할 수 있다.

⑤ 예방조치 문구 : 해당되는 것을 모두 표시한다. 다만, 다음 각 호의 어느 하나에 해당
되는 경우에는 이에 따른다.

㉮ 중복되는 예방조치 문구를 생략하거나 유사한 예방조치 문구를 조합하여 표시할
수 있다.

㉯ 예방조치 문구가 7개 이상인 경우에는 예방·대응·저장·폐기 각 1개 이상(해당
문구가 없는 경우는 제외한다)을 포함하여 6개만 표시해도 된다. 이때 표시하지
않은 예방조치 문구는 물질안전보건자료를 참고하도록 기재해야 한다.

⑥ 공급자 정보 : 화학물질 또는 화학물질을 함유한 제제의 제조자 또는 공급자의 이름,
주소 및 전화번호 등을 기재한다.

(2) 경고표지 부착

① 대상화학물질의 용기 및 포장에 한글 경고표지(같은 경고표지 내에 한글과 외국어가

함께 기재된 경우 포함)를 부착하거나 인쇄하는 등 유해·위험 정보가 명확히 나타나도록 해야 한다. 다만, 실험실에서 시험·연구 목적으로 사용하는 시약으로서 외국어로 작성된 경고표지가 부착되어 있거나 수출하기 위하여 저장 또는 운반 중에 있는 완제품은 한글 경고표지를 생략할 수 있다.

② 국제연합(UN)의 「위험물 운송에 관한 권고」에서 정하는 유해·위험성 물질을 포장에 표시하는 경우에는 「위험물 운송에 관한 권고」에 따라 표시할 수 있다.

③ 포장하지 않는 드럼 등의 용기에 국제연합(UN)의 「위험물 운송에 관한 권고」에 따라 표시를 한 경우에는 경고표지에 해당 그림문자를 표시하지 아니할 수 있다.

④ 용기 및 포장에 경고표지를 부착하거나 경고표지의 내용을 인쇄하는 방법으로 표시하는 것이 곤란한 경우에는 경고표지를 인쇄한 꼬리표를 달 수 있다.

⑤ 대상화학물질을 사용·운반 또는 저장하고자 하는 사업주는 경고표지의 유무를 확인해야 하며, 경고표지가 없는 경우에는 경고표지를 부착해야 한다.

⑥ 제5항에 따른 사업주는 대상화학물질의 양도·제공자에게 경고표지의 부착을 요청할 수 있다.

(3) 경고표지 부착 시 참고사항

① 대상화학물질을 담은 용기나 포장의 용량이 100 mL 이하인 경우에는 경고표지에 명칭, 그림문자, 신호어를 표시하고 그 외의 기재내용은 물질안전보건자료를 참고하도록 표시할 수 있다.

② 대상화학물질을 해당 사업장에서 자체적으로 사용하기 위하여 담은 반제품용기에 경고표시를 할 경우에는 유해·위험의 정도에 따른 "위험" 또는 "경고"의 문구만을 표시할 수 있다. 다만, 이 경우 보관·저장장소의 작업자가 쉽게 볼 수 있는 위치에 경고표지를 부착하거나 물질안전보건자료를 게시해야 한다.

9-5 화학설비 중 특수화학설비에 대해 설명하시오.

화학설비 중에서 발열반응이 행해지는 반응기 등 이상 화학반응을 일으키거나 이에 유사한 이상사태에 의해 폭발, 화재 등을 일으킬 우려가 있는 것을 특수화학설비라고 한다. 구체적으로는 화학반응 등 화학적 또는 물리적 처리가 이루어지는 화학설비로서 고용노동부장관이 정하는 기준 이상을 제조, 취급, 사용 또는 저장하는 다음의 설비를 말한다.

① 발열반응이 이루어지는 반응장치

② 증류, 정류, 증발, 추출 등 분리를 행하는 장치 중 분리되는 위험물질에 의한 폭발위험이 있는 농도에 달할 우려가 있는 상태에서 운전되는 분리장치

③ 가열매의 온도가 가열하려는 위험물질의 분해온도 또는 발화점보다 높은 상태에서 운전되는 설비

④ 반응폭주 등 이상 화학반응에 의하여 위험물질이 발생할 우려가 있는 설비

⑤ 섭씨 350도 이상의 온도 또는 게이지 압력 매 cm^2당 10 kg 이상인 상태에서 운전하는 설비와 이와 같은 상태로 운전될 우려가 있는 설비

⑥ 직화에 의한 가열기 등

9-6 **공정안전관리제도의 도입 필요성과 향후 전망 및 과제에 대하여 기술하시오.**
(1) 도입 필요성
(2) 향후 전망 및 과제

(1) 도입 필요성

① 현재 국내의 화학공장은 정유·석유화학공장 등 대형 재해의 잠재 위험성이 있는 사업장이 4개 지역(울산, 여수, 경인, 대산)에 밀집되어 있으며, 이 중 10년 이상 노후화된 설비가 60% 정도를 점유하고 있고, 특히 울산 및 여수 석유화학단지에는 공장이 건설되어 약 30~40여 년이 경과된 노후 대형설비가 집중되어 있어 중대산업사고가 발생할 잠재 위험성이 크다.

② 화학설비 등 주요 위험설비는 유해·위험물질을 다량으로 취급할 뿐만 아니라, 공정이 복잡하고 정밀한 장치 및 설비가 자동제어 되는 등 시스템화, 대형화되어 있어, 이와 같은 설비는 여러 분야의 전문가에 의하여 설계·제작·운전·정비되는 등 설계자와 제작자·운전자·정비자 모두가 다르다.

③ 이렇게 여러 분야의 기술이 복잡하게 집합되어 제작·운영되고 있는 화학설비는 그 속에 내재되어 있는 위험요소, 즉 잠재위험요소를 어느 한 분야의 기술자에 의하여 확인·평가하여 그 위험을 제거하거나 통제하기가 거의 불가능하기 때문에 잠재 위험을 찾아 대처하기 위해서는 기술적이고 체계적인 안전관리 방법(종합안전관리 체제)이 필요하다.

④ 이것을 체계적·논리적·구체적으로 구현한 종합안전관리체제가 공정안전관리제도이며, 안전전문가와 관련 기술자의 협력은 물론, 경영층의 적극적인 지원과 근로자의

자발적인 참여가 이루어져야 한다.

⑤ ILO 협약, WTO 출범 및 OECD 가입 등으로 국제기구들이 규정하고 있는 지침들의 준수가 국제무역장벽의 도구로서 사용되는 국제적 상황을 고려하여 공정안전관리제도 도입이 필요하다.

> **참고**
>
> **공정안전관리제도의 도입 필요성**
> ① 기술집약 장치산업으로 한 분야 기술자에 의한 재해예방관리 곤란
> ② 위험성 평가와 체계적이고 종합적인 안전관리시스템 필요
> ③ 경영층의 지원과 모든 구성원의 자발적 참여가 요구됨
> ④ 지역사회 신뢰 확보를 위한 정확한 정보 제공
> ⑤ 국제기구의 규정 준수 등 무역장벽으로 활용 예상

(2) 향후 전망 및 과제

① 우리나라의 화학공장에서는 계속적인 화학물질 사용 증가와 더불어 화학설비의 노후화가 더욱 촉진될 것으로 예상됨에 따라 사고의 위험성도 그만큼 높아질 것이다.

② 안전·환경 관련 시민단체 등 NGO의 활동이 활발해지고 있으며, 주변의 유해·위험 시설로부터 화재·폭발 또는 누출 등 중대산업사고 발생에 대하여 우려하는 지역주민들의 공장 이전 및 조업 중단 요구 등이 거세질 것으로 예상된다.

③ 근로자들은 보다 안전하고 쾌적한 작업환경에서 일하고자 함으로써 작업에 따른 유해·위험성에 대한 적절한 정보를 요구할 뿐만 아니라, 보다 적극적으로 위험요인의 측정·인지 및 대책 수립에 참여하려는 경향을 보이고 있다.

④ 자율의지·능력과 함께 국가 또는 기업차원에서의 제도적·경제적인 지원이 필요하며, 지역사회 공동체의 일원으로서 주민과 사업장이 공존하기 위해서는 정부, 관련기관, 사업장에서는 보다 정확한 정보를 제공할 수 있는 기반을 구축하여 근로자를 비롯한 국민의 알 권리를 충족시킴으로써 오해나 불신에서 오는 불만을 해소한다.

9-7 화학제품의 제조물책임법(PL)상의 결함 3가지를 열거하시오.

    (1) 제조상의 결함

    (2) 설계상의 결함

    (3) 표시상의 결함

결함은 제조상의 결함, 설계상의 결함, 표시상의 결함의 3가지로 분류하고, 기타 통상적으로 기대할 수 있는 안전성이 결여되어 있는 것을 말한다.

(1) 제조상의 결함

제조업자의 제조물에 대한 제조·가공상의 주의의무의 이행 여부에 불구하고 제조물이 원래 의도한 설계와 다르게 제조·가공됨으로써 안전하지 못하게 된 경우

(2) 설계상의 결함

제조업자가 합리적인 대체설계를 채택하였더라면 피해나 위험을 줄이거나 피할 수 있었음에도 대체설계를 채용하지 아니하여 당해 제조물이 안전하지 못하게 된 경우

(3) 표시상의 결함

제조업자가 합리적인 설명·지시·경고 기타의 표시를 하였더라면 당해 제조물에 의하여 발생될 수 있는 피해나 위험을 줄이거나 피할 수 있었음에도 이를 하지 아니한 경우

> **9-8** 공정안전관리제도(PSM)의 12가지 요소 중 변경요소관리에서 변경발의 부서의 장이 변경관리 요구서를 제출하기 전 검토해야 할 사항을 설명하고, 1974년 영국 Flixborohg에서 발생한 사이클로헥산 공장 폭발사고 원인을 변경관리 요소 측면에서 설명하시오.
> (1) 변경관리 요구서 제출 전 검토 사항
> (2) Flixborohg에서 발생한 사이클로헥산 공장 폭발사고

(1) 변경관리 요구서 제출 전 검토 사항

① 변경요구서 발의자의 이름 및 요구일자

② 설비, 변경요구가 비상인지 여부

③ 변경의 개요와 의견 : 도면, 스케치, 기타 서류 등을 첨부하여 가능한 상세하게 기술

④ 변경요구의 기술적 근거 및 발의자의 기술적 소견

⑤ 변경에 따른 추가적인 위험 발생 여부

(2) Flixborohg에서 발생한 사이클로헥산 공장 폭발사고

① 사고 개요 : 영국 Flixborohg에 위치한 니프로공장의 카프로락탐 생산공정에서 사고 발생 2달 전인 1974년 3월 27일 직렬 연결된 전체 6개의 반응기 중 제5반응기에서

사이클로헥산이 누설되고 있는 것을 발견하였다. 제5반응기를 검사하기 위해 떼어내고 수율은 떨어지나 계속적인 생산이 가능하도록 제4반응기에서 제6반응기로 20인치 바이패스를 설치한 후 4월 1일부터 플랜트 재가동 중 5월 29일, 반응탑 저부 사이트글라스 정지밸브가 누설되어 공장을 셧다운하였다. 그 후 보수작업을 5월 31일까지 완료하고 6월 1일 오전 4시 운전개시하였으나 오후 4시 52분 소폭발이 발생, 압력 8.8기압, 온도 155℃의 사이클로헥산 증기가 누출되었으며 48초 후 UVCE 대폭발이 발생하였는데, 점화원은 비방폭지역에서의 전기설비일 것으로 추정한다.

② 피해 상황 : 폭발력은 TNT 15-45톤의 폭발에 달하는 것으로서 공장 완파 및 1억 달러의 재산손실을 초래하고 1km 내에 있는 1,821채의 가옥, 167개의 상가 및 수개의 공장이 파손되는 등 최대 3km 지역까지 피해를 입게 되었으며 화재 진압까지 3일이 소요되었다. 인적 피해는 제어실에 있던 18명을 포함 28명이 사망하였고, 36명이 부상당하였으며 일반 주민도 53명 부상 및 수백명 경상의 피해를 입었다.

③ 사고 원인

ⓦ 기술기준 및 법규 무시(변경관리절차 미준수) : 임시로 설치한 20인치 바이패스관은 필요한 기술기준을 만족하지 않았으며 벨로스 배관에 대한 안내, 지지, 고정방법 등에 대한 하중, 재질 등이 관련 기준을 만족하는지에 대한 정밀 계산이나 기술 검토가 이루어지지 않았다. 따라서 벨로스 관은 설계된 힘 이상의 압력을 받게 되었으며 중량 불균형으로 스트레스를 받아 파손되어 사고를 유발하였다. 또한 설비 변경 시에는 처음 설계, 설치된 때와 동일한 기준을 적용해야 하고 그러한 기준을 충족시켰는지, 변경 시 추가적인 위험은 발생하지 않는지를 검토해야 하나 이러한 절차가 생략되었다.

ⓧ 잠재위험에 대한 확인 : 사이클로헥산이 공정에서와 같이 고온, 고압에서 취급될 때 사소한 누출이라도 어떤 결과를 발생하는지 제대로 평가 및 확인되지 않았다.

ⓨ 플랜트 저장량 : 공장 내에는 허용된 양 이상으로 많은 가연성 물질이 저장되고 있었으며 폭발 후 추가적인 재해 정도에 영향을 미치게 되었다.

ⓩ 안전성 무시 : 생산을 계속하기 위하여 5번 반응기탑의 고장 원인을 확인하지도 않고 다른 반응기탑의 이상을 검사하지 않았으며 이러한 문제점은 미해결 상태로 동일한 누출 잠재위험이 사고 때까지 남게 되었다.

⓪ 컨트롤 룸의 근접배치 : 사고로 인한 사망자 중 18명이 근접 설치된 컨트롤 룸에서 발생하였으며 제어실이나 연구소, 사무소 배치 시에는 충분한 안전거리를 확보하거나 예상되는 폭발압력, 복사열에 견딜수 있도록 설치되어야 한다.

⓫ 자격관리 결함 : 적격의 기계기술자가 현지에 없었으며 공장의 관리에 자격이나 경험을 인정하는 제도가 없어 주어진 책임을 수행할 능력이 있는지 파악할 수 없었다.

> **9-9** 공정안전보고서 주요 관계법령 중에서 주요 구조부의 변경, 고온·고압의 공정운전조건으로 인하여 화재·폭발 위험이 있는 상태에 대하여 상세히 설명하시오.
> (1) 주요 구조부의 변경
> (2) 고온·고압의 공정운전조건

(1) 주요 구조부의 변경

① 생산량의 증가, 원료 또는 제품의 변경을 위하여 반응기(관련 설비를 포함)를 교체 또는 추가로 설치하는 경우
② 변경된 생산설비 및 부대설비의 해당 전기정격용량이 300 kW 이상 증가한 경우 (유해·위험물질의 누출·화재·폭발과 무관한 자동화창고·조명설비 등은 제외)
③ 플레어스택을 설치 또는 변경하는 경우

(2) 고온·고압의 공정운전조건

운전압력이 게이지 압력으로 1 MPa 이상인 상태 또는 취급물질의 인화점 이상에서 운전되는 상태

> **9-10** 공정안전보고서 이행상태 평가의 종류별 실시 시기 및 등급 부여 기준을 설명하시오.
> (1) 이행상태 평가의 종류별 실시 시기
> (2) 등급 부여 기준

(1) 이행상태 평가의 종류별 실시 시기

① 신규평가 : 보고서의 심사 완료 후 1년 이내 실시
② 정기평가 : 신규평가 후 4년마다 실시
③ 재평가 : 제1호 및 제2호의 평가일부터 1년이 경과한 사업장에서 사업주가 평가를 요청하는 경우 요청한 날부터 6개월 이내 실시

> **참고**
>
> ① 이행상태 평가는 사업장 단위로 평가함을 원칙으로 하지만 사업장의 규모가 크고 단위공장별로 공정안전관리체제를 구축·운영하고 있는 사업장에서 요청하는 경우 단위공장별로 이행상태를 평가할 수 있다.
>
> ② 보고서를 이미 제출하여 평가를 받은 사업장이 유해·위험설비를 추가로 설치·이전하거나, 주요 구조 부분의 변경에 따라 보고서를 추가로 제출하는 경우에는 평가를 면제할 수 있다.

(2) 등급 부여 기준

① 이행상태평가표의 총배점 및 최고환산점수는 각각 970점 및 100점이며, 세부평가항목별 평가점수는 우수(A, 10점), 양호(B, 8점), 보통(C, 6점), 미흡(D, 4점), 불량(E, 2점) 등 5단계로 구분하며, 항목별 평가결과에 따라 해당되는 점수와 평가근거를 면담 또는 확인 결과란에 기재한다.

② 평가대상 사업장의 규모와 업종에 따라 세부평가항목을 일부만 적용할 수 있으며, 해당사항이 없는 평가항목의 경우에는 "해당 없음"으로 표기하고 그 항목은 점수가 없는 것으로 본다.

③ 환산점수는 항목별로 평가점수에 환산계수를 곱한 점수를 말하며, 환산점수의 총합은 항목별 환산점수를 모두 합한 점수를 말한다.

  ㈎ P등급(우수) : 환산점수의 총합이 90점 이상

  ㈏ S등급(양호) : 환산점수의 총합이 80점 이상 90점 미만

  ㈐ M^+등급(보통) : 환산점수의 총합이 70점 이상 80점 미만

  ㈑ M^-등급(불량) : 환산점수의 총합이 70점 미만

9-11 PSM 대상 시설 또는 공정에서 변경 및 시운전 단계에서의 공정안전보고서 확인 시 사업장에서 준비해야 하는 서류를 25가지 쓰시오.

---

① 공정안전보고서, 최신 PFD 및 P&ID 1부

② 산업안전보건위원회에서 보고서 심의 결과 개선 권고사항에 대한 실행 결과

③ 심사 시 서류 보완 사항 중 설비 개선사항의 이행 여부

④ 심사 시 조건부 사항에 대한 조치 결과(조치 미완료 사항은 조치 완료 일정 및 미완료 사유 기재)

⑤ 설치과정 중 확인 시 지적사항
⑥ 위험성 평가 결과 개선 권고사항에 대한 추진 결과
⑦ 각종 동력기계 및 장치 등의 vendor print
⑧ 압력용기 등 법정 검사품목의 검사 수행 관련 서류
⑨ 장치의 비파괴검사, 후열처리 및 내압시험, 기밀시험 리포트
⑩ 상압탱크의 충수시험 리포트
⑪ 배관공사 시방서 작성 서류
⑫ 배관의 비파괴검사, 후열처리 및 내압시험, 기밀시험 리포트
⑬ 고온·고압배관의 열응력 해석 결과 및 그에 따른 열팽창 흡수장치 설치 관련 서류
⑭ 안전밸브의 성능 검정 리포트(popping test 결과 포함)
⑮ 계장·계기류의 I/O 리포트
　㈎ control valve의 position check report
　㈏ interlock logic diagram 및 check report 포함
⑯ 계기시방서 작성 서류
⑰ 내화설비 관련 서류(도막두께 측정 결과)
⑱ 방폭전기기계기구의 성능검정 리포트
⑲ 비상전원에 연결되어 있는 설비 리스트
⑳ 고압전선의 절연성능 및 절연내역 시험 리포트
㉑ 접지저항 측정 결과 리포트
㉒ 용접사 기능 시험보고서
㉓ 용접절차서 작성 결과 및 용접 전, 용접 중, 용접 후 검사 또는 점검 관련 서류
㉔ 안전운전절차서 및 운전원에 대한 교육 결과
㉕ 연동 바이패스 절차 및 시행 결과 리포트
㉖ 신규설비의 설비이력카드 작성 등 등록에 관한 서류
㉗ punch list 및 punch 결과에 대한 진행상황 관련 서류
㉘ 가동 전 점검 결과 리포트
㉙ 비상발전기, 소방펌프 등 비상설비 및 장비의 작동 시험 리포트
㉚ 피해 예측 결과를 비상조치계획에 반영하고 이에 근거한 비상훈련 실시 결과 및 평
　가결과 관련 서류

9-12 산업안전보건법 제49조의 2에 의거하여 공정안전보고서를 작성하여 제출해
야 하는 대상과 제출이 제외되는 대상에 대하여 설명하시오.

공정안전관리제도를 시행해야 하는 "유해·위험설비"는 다음 사업을 행하는 사업장이 보유한 설비와 그 외 사업을 행하는 사업장의 경우 표에서 정한 유해·위험물질의 하나 이상을 동 표의 규정량 이상 제조·취급·사용·저장하는 설비 및 당해 설비의 운영에 관련된 일체의 공정설비에 대하여 적용한다.

① 공정안전관리제도 적용범위 Ⅰ(업종 대상)

　㈎ 원유정제 처리업

　㈏ 기타 석유정제물 재처리업

　㈐ 석유화학계 기초화합물 또는 합성수지 및 기타 플라스틱물질 제조업(다만, 합성수지 및 플라스틱물질 제조업은 표 제1호 또는 제2호에 해당하는 경우에 한한다.)

　㈑ 질소, 인산 및 칼리질 비료제조업(인산 및 칼리질 비료제조업에 해당하는 경우를 제외한다.)

　㈒ 복합비료 제조업(단순 혼합 또는 배합에 의한 경우를 제외한다.)

　㈓ 농약 제조업(원제 제조에 한한다.)

　㈔ 화약 및 불꽃제품 제조업

② 공정안전관리제도 적용범위 Ⅱ(규정 수량 대상)

유해·위험물질별 규정수량

번 호	유해·위험물질	규정수량(kg)
1	가연성가스	취급 : 5,000, 저장 : 200,000
2	인화성 물질	취급 : 5,000, 저장 : 200,000
3	메틸이소시아네이트	150
4	포스겐	750
5	아크릴로니트릴	20,000
6	암모니아	200,000
7	염소	20,000
8	이산화황	250,000
9	삼산화황	75,000
10	이황화탄소	5,000
11	시안화수소	1,000
12	불화수소	1,000
13	염화수소	20,000
14	황화수소	1,000
15	질산암모늄	500,000
16	니트로글리세린	10,000
17	트리니트로톨루엔	50,000
18	수소	50,000
19	산화에틸렌	10,000
20	포스핀	50
21	실란(silanes)	50

③ 공정안전관리제도 적용 제외 대상
  ㈎ 원자력 설비
  ㈏ 군사시설
  ㈐ 사업주가 당해 사업장내에서 직접 사용하기 위한 난방용 연료의 저장설비
  ㈑ 도·소매시설
  ㈒ 차량 등의 운송설비
  ㈓ 「액화석유가스의 안전관리 및 사업법」에 의한 액화석유가스의 충전·저장 시설
  ㈔ 「도시가스사업법」에 의한 가스공급시설

> **9-13** 다음 용어에 대하여 설명하시오.
>
>   (1) 규정(code)
>   (2) 표준(standard)
>   (3) 권장사항(recommended practice)
>   (4) 지침서(manual) 또는 요령(guide)

(1) 규정(code)

외국에서 code로 명칭되어진 기준은 우리말의 규정에 해당하는 것으로서 반드시 지켜야 할 기준(mantatory provision)을 말하며 code에서 준수사항(requirement)을 표현할 경우 "shall"을 사용한다. 따라서 이런 단어를 사용하는 기준은 특별한 예외가 없는 한 지켜져야 할 기준을 말한다.

(2) 표준(standard)

반드시 지켜야 할 사항과 권장사항을 포함하고 있다. standard에서 반드시 지켜야 할 사항을 표현할 경우 "shall"을 사용하며, 권장사항은 should를 사용한다. 따라서 shall이란 단어를 사용한 기준은 code와 같은 효력을 가지며 "should"로 표시된 사항은 의무적으로 지킬 사항은 아니고 권장하는 사항이 되나 안전보건에 대한 확신이 없을 때는 권장사항도 준수하도록 해야 한다.

(3) 권장사항(recommended practise)

실제 경험에 의해 얻어진 기준으로서 권장하는 사항을 포함한다. 이것 역시 "should"라는 단어를 사용하나 실제 경험에서 얻어진 결과이므로 대체로 지켜져야 하는 기준들이다.

(4) 지침서(manual) 또는 요령(guide)

준수사항을 포함하지는 않지만 주로 작업 순서 또는 방법에 대한 내용을 포함하며 우리말의 지침서 또는 요령 등에 해당하는 것으로서 각종 자료(data)가 포함된다.

9-14 화학공장의 안전작업 허가서(safety work permit) 종류와 그 관리방법에 대해서 설명하시오.

(1) 안전작업 허가의 종류
(2) 안전작업 허가 및 절차

---

(1) 안전작업 허가의 종류

① 화기작업 허가
② 일반 위험작업 허가
③ 밀폐공간 출입작업 허가
④ 정전작업 허가
⑤ 굴착작업 허가
⑥ 방사능 허가 등

(2) 안전작업 허가 및 절차

① 공정지역 내에서 또는 공정지역과 가까운 지역에서 용접, 용단 등의 화기작업과 같은 유해·위험 요소가 잠재되어 있는 경우에는 안전작업 허가서를 발급받은 후에 작업하고 있는지 여부

② 안전작업 허가기준, 각 부서의 업무와 책임한계, 허가절차 등을 문서화하여 사업장의 자체 규정으로 제정하고 있는지 여부

③ 안전작업을 하기 전에 안전작업 관리 책임자는 안전작업에 필요한 안전상의 조치를 취하고 있으며, 안전작업 허가 책임자는 이를 확인한 후에 안전작업 허가서를 발급하고 있는지 여부

④ 안전작업 전에 취해야 할 안전상의 조치는 사업장 특성에 맞게 작성하여 규정화하고 있는지 여부

⑤ 안전작업 허가서에 허가일시와 안전작업일시가 명확히 기재되고 있는지 여부

⑥ 안전작업 허가서는 해당 작업 완료 후 1년간 보관하도록 하고 있는지 여부

⑦ 안전작업 시작 전에 작업 내용을 해당 지역 및 인접지역의 운전원, 정비원 및 도급업체 등 안전작업으로 인해 영향을 받을 수 있는 작업자에게 알려주고 있는지 여부

9-15 밀폐공간 내 작업 시의 안전조치에 대하여 기술하시오.

① 밀폐용기의 개방 시 안전조치사항

(개) 고온 또는 고압하에서 운전되었던 밀폐용기에서 작업하고자 할 때에는 압력을 방출시키거나 온도를 낮추어야 한다.

(내) 공정물질을 제거하고 질소와 공기로 치환해야 한다. 특히, 용기 내부의 포켓부분 및 드레인라인 등에 잔류될 수 있는 공정물질을 완전히 방출시켜야 한다.

(대) 배관을 격리하거나 밸브의 이중잠금 또는 맹판을 설치하는 경우에는 밸브잠금 또는 맹판설치 표지를 부착해야 하며, 기기 내의 모든 작동부분은 전기 또는 기계적으로 차단되어야 한다.

(래) 운전책임자는 개방대상용기와 공정물질의 물질안전보건자료 및 내재된 위험사항에 대하여 작업자에게 특별안전보건교육을 실시해야 한다.

(매) 용기 내에 잔류될 수 있는 공정물질에 작업자가 폭로되지 않도록 안전장구 및 개인보호구를 지급하고 착용 여부를 확인해야 한다.

(배) 배기장치가 설치되어 있지 않는 가연성 가스 및 인화성 액체(이하 "가연성물질"이라 한다.), 독성물질 취급용기를 개방할 때는 별도의 작업절차서를 작성하여 입회자의 감독하에 작업을 해야 한다.

② 밀폐공간 보건작업 프로그램 수립 · 시행

(개) 작업시작 전 적정한 공기 상태 여부의 확인을 위한 측정 · 평가

(내) 응급조치 등 안전보건 교육 및 훈련

(대) 송기마스크 등의 착용 및 관리

③ 밀폐공간 출입 시 안전보건조치사항

(개) 용기의 세척과 치환(반드시 공기 또는 물로 완전히 치환)

(내) 가연성물질 및 독성물질 등의 가스농도 측정 후 작업허가서에 기록

(대) 산소 농도의 측정(산소 농도가 18% 이상 23.5% 미만일 때 용기 내의 출입을 허가)

(래) 측정의 빈도(일정 시간을 두고 주기적으로 실시)

(매) 밀폐공간출입의 허가제한 : 용기 내의 공기질 측정 결과가 안전한 상태(산소 농도 18% 이상 23.5% 미만, 탄산가스 농도 1.5% 미만, 일산화탄소 25 ppm 미만, 황화수소 농도 10 ppm 미만)로 확인될 때만 용기 내에 출입 허가

(배) 외부 감시인 사이에 상시 연락을 취할 수 있는 설비의 설치

④ 밀폐공간내 작업 시의 수칙

(개) 송기마스크 등 호흡용 보호구, 사다리 및 섬유로프 등 비상시에 근로자를 대피시키거나 구출하기 위하여 필요한 기구를 비치한다.

(나) 작업자는 구명밧줄(life line)을 착용토록 한다.

(다) 작업입회자는 밀폐공간 출입 시 반드시 입회하고 필요한 경우 출입 시의 안전을 확인한 후 용기의 외부에 안전대기조(2인 1조)를 대기하도록 조치한다.

(라) 작업입회자는 안전대기 또는 구명선의 이상 유무 확인, 작업자와의 통신 및 비상 시 도움을 요청할 수 있도록 통신장비를 휴대한다.

(마) 용기내의 환기 : 송풍기를 설치하거나 에어라인 호스 마스크를 착용한다.

(바) 용기 내의 조명(저전압 방폭등)

(사) 방폭공구의 사용

(아) 구출 시 송기마스크 등의 사용

밀폐공간출입 허가서

허가번호 :   허가일자 :

신 청 인 : 부서 ___________ 직책 ___________ 성명 ___________(서명)

작업허가기간 :   년   월   일   시부터   시까지

작업장소 및 설비(기기)	출입사유 :	관련작업허가
정비작업 신청번호 : 장치명 :	출입자 명단 : 밀폐장소의 예상위험 :	• 화기작업허가 : ☐ • 일반위험작업허가 : ☐

안전조치 요구사항

* 필요한 부분에 □ 표시, 확인은 ⊘ 표시

• 밸브차단 및 차단표식부착	☐ ○	• 정전/잠금/표지부착	☐ ○
• 가스농도 측정	☐ ○	• 환기장비	☐ ○
• 맹판설치 및 표지부착	☐ ○	• 조명장비	☐ ○
• 압력방출	☐ ○	• 소 화 기	☐ ○
• 용기세착 후 공기/물 치환 및 환기	☐ ○	• 안전장구(구명선 등)	☐ ○
• 산소농도 측정	☐ ○	• 안전교육	☐ ○
		• 운전요원의 입회	☐ ○

기타특별 요구사항	1. 통신수단	첨 부 서 류	• 차단밸브 및 맹판설치 위치표시 도면 ☐ • 소화기 목록 ☐ • 소요안전장구 목록 ☐ • 특수작업절차서 ☐

가 스 점 검	가스명	결과	점검 시간	가스명	결과	점검 시간	점검기기명 : ___________ 점검자 : ___________(서명) 확인자(입회자) : ___________(서명)

* 가스측정결과 1. H·C : 0%, 2. O_2 : 18% 이상, 3. CO : 25ppm 이하, 4. CO_2 : 1.5% 미만
   5. H_2S : 10ppm 이하

안전조치 확인	작업완료확인
 정비부서 책 임 자 : ___________(서명) 입 회 자 : ___________(서명)	완료시간 : 입 회 자 : 조치사항 :
발 급 자 부서 _____직책 _____성명 _____(서명) 승인자 부서 _____직책 _____성명 _____(서명)	관련부서 협조자 부서 _____직책 _____성명 _____(서명) 부서 _____직책 _____성명 _____(서명)

밀폐공간출입 허가서 예

> **9-16** 화학공장 내 화기작업 시의 안전조치에 대하여 기술하시오.

① 화기작업과 병행 시 보충적인 작업 허가서 발급
  (가) 밀폐공간에서 작업 시 : 밀폐공간출입 허가서
  (나) 회전기기 또는 전기설비 정비 시 : 정전작업 허가서
  (다) 지반굴착에 의한 작업 시 : 굴착작업 허가서
  (라) 화기작업 후 방사선 사용에 의한 검사 작업이 이루어질 때 : 방사선 사용작업 허가서
  (마) 고소작업 수행 시 : 고소작업 허가서
  (바) 중장비 사용 시 : 중장비 사용 허가서

② 화기작업 시 안전조치사항
  (가) 작업구역의 설정(작업구역 표시, 통행 및 출입 제한)
  (나) 가연성물질 및 독성물질의 가스 농도 측정
  (다) 차량 등의 출입제한
  (라) 밸브차단 표지 부착(밸브잠금 표지 및 맹판설치 표지를 부착)
  (마) 위험물질의 방출 및 처리 후 가스 농도 측정
  (바) 환기
  (사) 비산불티차단막 등의 설치(개방된 맨홀과 하수구(sewer) 등 밀폐)
  (아) 화기작업의 입회 및 작업 중 주기적인 가스 농도의 측정
  (자) 소화장비(불받이포, 이동식 소화기, 소방차 등)의 비치

화기작업 허가서

허가번호 :　　　　　　　　　　　　　　　　　　　　허가일자 :
신 청 인 : 부서 ＿＿＿＿＿＿＿ 직책 ＿＿＿＿＿＿ 성명 ＿＿＿＿＿＿＿(서명)
작업허가기간 :　　　　년　　　　월　　　　일　　　　시부터　　　　시까지

작업장소 및 설비(기기)	작 업 개 요	보충적인 허가 필요여부	
정비작업 신청번호 : 작업지역 : 장치번호 : 장 치 명 :		• 밀폐공간출입　：□ • 정전작업　　　：□ • 굴착작업　　　：□ • 방사선사용작업 ：□	• 고소작업　 ：□ • 중장비작업 ：□ • 기타허가　 ：□

안전조치 요구사항

* 필요한 부분에 표시, 확인은 Ⓥ 표시

	□	○		□	○
• 작업구역 설정(출입경고 표지)	□	○	• 비산불티차단막 설치	□	○
• 가스농도 측정	□	○	• 정전/잠금/표지부착	□	○
• 밸브차단 및 차단표지부착	□	○	• 환기장비	□	○
• 맹판설치 및 표지부착	□	○	• 조명장비	□	○
• 용기개방 및 압력방출	□	○	• 소 화 기	□	○
• 위험물질방출 및 처리	□	○	• 안전장구	□	○
• 용기내부 세정 및 처리	□	○	• 안전교육	□	○
• 불활성 가스 치환 및 환기	□	○	• 운전요원의 입회	□	○

기타특별 요구사항		첨부서류	• 차단밸브 및 맹판설치 위치표시 도면 • 소화기 목록 • 소요안전장구 목록 • 특수작업절차서 • 보충작업허가서	□ □ □ □ □

가스점검	가스명	결과	점검시간	가스명	결과	점검시간	점검기기명 : ＿＿＿＿＿＿＿＿ 점검자 : ＿＿＿＿＿＿＿(서명) 확인자(입회자) : ＿＿＿＿＿(서명)

안전조치 확인 정비부서 책 임 자 : ＿＿＿＿＿＿＿(서명) 입 회 자 : ＿＿＿＿＿＿＿＿＿(서명)	작업완료확인 완료시간 : 입 회 자 : 작 업 자 :
	조치사항 :
발 급 자 부서 ＿＿직책 ＿＿성명 ＿＿(서명) 승인자 　부서 ＿＿직책 ＿＿성명 ＿＿(서명)	관련부서 협조자 부서 ＿＿＿＿직책 ＿＿＿＿성명 ＿＿＿(서명) 부서 ＿＿＿＿직책 ＿＿＿＿성명 ＿＿＿(서명)

화기작업 허가서 예

9-17 가스 용접작업을 수행하고자 한다. 안전작업을 위하여 조치해야 할 사항을 7가지 이상 기술하시오.

① 가스 등의 호스와 취관(吹管)은 손상·마모 등에 의하여 가스 등이 누출할 우려가 없는 것을 사용할 것

② 가스 등의 취관 및 호스의 상호 접촉부분은 호스밴드, 호스클립 등 조임기구를 사용하여 가스 등이 누출되지 않도록 할 것

③ 가스 등의 호스에 가스 등을 공급하는 경우에는 미리 그 호스에서 가스 등이 방출되지 않도록 필요한 조치를 할 것

④ 사용 중인 가스 등을 공급하는 공급구의 밸브나 콕에는 그 밸브나 콕에 접속된 가스 등의 호스를 사용하는 사람의 명찰을 붙이는 등 가스 등의 공급에 대한 오조작을 방지하기 위한 표시를 할 것

⑤ 용단작업을 하는 경우에는 취관으로부터 산소의 과잉방출로 인한 화상을 예방하기 위하여 근로자가 조절밸브를 서서히 조작하도록 주지시킬 것

⑥ 작업을 중단하거나 마치고 작업장소를 떠날 경우에는 가스 등의 공급구의 밸브나 콕을 잠글 것

⑦ 가스 등의 분기관은 전용 접속기구를 사용하여 불량 체결을 방지해야 하며, 서로 이어지지 않는 구조의 접속기구 사용, 서로 다른 색상의 배관·호스의 사용 및 꼬리표 부착 등을 통하여 서로 다른 가스배관과의 불량 체결을 방지할 것

9-18 가스용접 및 용단작업의 위험 요인 및 주요 안전대책에 대해 설명하시오.
    (1) 개요
    (2) 위험 요인
    (3) 주요 안전대책

(1) 개요

① 가연성 가스와 산소와의 반응 시에 생기는 고열, 즉 가스 연소열을 용접 열원으로 사용하는 용접법이며, 가연성 가스와 산소의 혼합가스를 적당한 압력으로 토치(torch) 끝으로부터 분출 연소시켜 가스 불꽃을 만들고, 이 가스 불꽃을 용접의 열원으로 사용한다.

② 가연성 가스로는 아세틸렌, 프로판, 부탄 등이 사용되며 이들 가스 불꽃 중 아세틸렌 – 산소 불꽃은 가장 화염온도가 높고 화염 조절이 용이하며 모재에 끼치는 악영향이 적어서 공업적으로 가장 널리 사용된다.

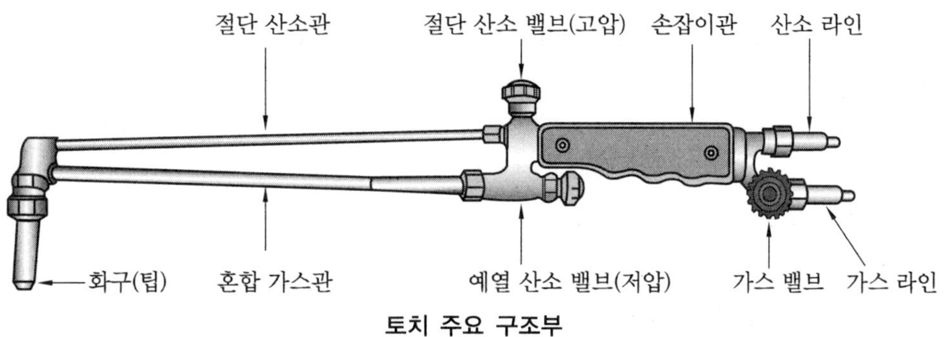

토치 주요 구조부

(2) 위험 요인

① 고열·불티에 의한 화재·폭발 위험
② 용접 퓸, 유해가스, 유해광선, 소음, 고열에 의한 건강 장해
③ 용접·용단 작업 중 화상 위험
④ 유독물 체류장소 및 밀폐장소작업 중 중독 또는 산소 결핍 위험
⑤ 불꽃 역화에 의한 폭발 및 화상 위험

(3) 주요 안전대책

① 불받이포, 소화기 등을 비치하고 작업을 실시한다.
② 역화 방지 조치를 한다.
③ 호스 및 연결부 파손 상태를 확인하여 파손품은 즉시 교체한다.
④ 용접 및 용단 작업신고서를 제출하고 작업허가서를 신청한다.
⑤ 화기 화재 감시인을 배치하여 해당 작업에 대한 관리 감독을 실시한다.
⑥ 용접·용단 작업 장소에 인접한 인화성, 가연성 물질은 격리 후 작업을 실시한다.
⑦ 가연성 가스 체류 위험 장소는 가스 농도 측정 후 폭발 하한계 1/4 이하로 유지하고 작업을 실시한다.
⑧ 도장작업 장소에서는 동시 작업을 절대 금지한다.
⑨ 기타 안전보호구(용접면, 방진마스크, 용접 장갑, 용접 앞치마 등)를 반드시 착용하고 작업을 실시한다.
⑩ 고압가스 용기 및 관련 부품(역화 방지, 호스, 토치, 라이터, 압력조정기 용기 밸브)을 항상 깨끗이 유지해야 하고 특히 기름 등이 묻지 않도록 조치한다.

⑪ 고압가스 용기의 밸브는 서서히 개폐해야 하며, 아세틸렌 용기의 밸브는 1/3 회전 이상을 열어서는 안 된다.

⑫ 작업자는 점화 전에 호스와 토치에 남아 있는 불순물을 제거하기 위하여 일단 불어 낸 후에 토치를 점화한다.

⑬ 모든 용기는 직사광선에 노출되지 않도록 하며 용기 표면온도가 40℃를 초과하여서는 안 된다.

⑭ 고압가스 용기는 떨어뜨리거나 부딪히는 등의 충격을 주어서는 안 된다.

⑮ 사용 고압가스 용기는 작업자 또는 화염 열원으로부터 최소한 5 m 이상을 이격시키고 사람의 통행이 빈번하지 않은 안전한 장소에 두어야 한다.

⑯ 용기밸브와 호스, 토치와 호스 및 호스를 연결할 때에는 클립 및 바인더 등으로 꼭 조여 가스가 누출되지 않도록 한다.

9-19 화학공장에서 발생한 배관계통 폭발사고 사례를 들고 원인과 대책을 기술하시오.

(1) 사고 개요
(2) 재해 발생 과정
(3) 재해 발생 원인
(4) 동종 재해 예방대책

---

(1) 사고 개요

1999년 2월 ○일 13 : 55분경 울산광역시 소재 ○○(주) 자일렌 이송공정에서 배관 경로를 변경하기 위해 배관을 절단하고 플랜지 용접작업 중 배관 내부에 잔류해 있던 자일렌이 배관 내부에서 인화되어 용접사 및 용접보조공이 화상을 입고 용접사가 사망하였다.

(2) 재해 발생 과정

① 자일렌(xylene)의 물리 · 화학적 특성

화학식	인화점(℃)	발화점(℃)	폭발한계(Vol. %)		증기밀도
			하한(LEL)	상한(UEL)	
$C_6H_4(CH_3)_2$	27~32	464~529	1.0	7.0	3.7

② 재해발생 상황

㈎ 09 : 10분경 자일렌의 이송펌프 토출측 배관(6 ″, 480 m)에 7 kg/cm²G의 질소로 치환하였다.

㈏ 10 : 00분경 배관에 체류되어 있던 자일렌을 드럼에 드레인하였다.

㈐ 10 : 40분경 배관에 설치된 드레인 밸브를 개방하였다.

㈑ 10 : 45분경 배관 cold cut 후 테스트 플러그를 설치하였다.

㈒ 13 : 30분경 가연성 가스 농도를 측정하였다.

㈓ 13 : 55분경 배관에 플랜지 내부 용접 중 배관 내에서 화재가 발생하여 용접사와 용접보조공이 화상을 입고 용접사가 사망하였다.

(3) 재해 발생 원인

① 테스트 플러그의 드레인 홀(hole) 밀폐 : 가연성 가스가 체류할 가능성이 있는 배관의 화기작업 시 배관을 격리시키기 위해 사용하는 테스트 플러그는 중앙의 드레인 홀에 호스를 연결하여 안전한 곳으로 유도하고 불활성 가스를 주입하여 잔류 가연성가스를 드레인해야 하나 홀을 캡으로 밀폐시켰다.

② 퍼지(purge) 미흡 : 용접 전 50분간 7 kg/cm²G의 질소로 퍼지하였으나, 배관이 길고 굴곡이 많아(480 m, Elbow 33개소) 가연성 가스가 잔류하므로, 퍼지 후 다시 드레인하였다.

③ 유입배관 차단밸브에 맹판 미설치 : 사고가 발생한 자일렌 배관에는 다수의 가지관이 연결되어 있어 밸브에서 가연성 가스가 누설될 수 있으므로 차단밸브에 맹판을 설치해야 하나 설치하지 않았다.

(4) 동종재해 예방대책

① 테스트 플러그의 사용방법 개선 : 테스트 플러그 설치 전 가연성 가스 농도를 측정하고 설치 후 배관 내에 불활성 가스를 주입한 다음 테스트 플러그 드레인 홀에 호스를 연결해 안전한 곳으로 드레인하여 가연성 가스가 폭발 분위기를 형성하지 않도록 해야 한다.

② 충분한 퍼지(purge) 실시 : 가연성 가스 배관의 화기작업 시에는 불활성 가스로 충분히 퍼지하여 가연성 물질을 완전히 배출해야 하며, 동재해 사례와 같이 퍼지 후 드레인되는 가연성 물질이 있을 때 다시 퍼지 실시하고 드레인한 후 가스 농도를 재측정해야 한다.

③ 맹판 설치 : 밸브는 항상 누설될 수 있으므로 가지관의 차단밸브 측에 맹판을 설치하여 작업배관을 격리시켜야 한다.

> **10-1** 국내 및 해외의 태양광 산업시장 현황 및 향후 전망에 대하여 설명하시오.
> (1) 태양전지의 개요
> (2) 태양전지의 종류
> (3) 국내·외 태양전지 동향
> (4) 결론

(1) 태양전지의 개요

태양전지(solar cell, solar battery)는 금속과 반도체의 접촉면 또는 반도체의 pn 접합에 빛을 조사하면 광전 효과에 의해 광기전력이 일어나는 것을 이용한 태양광 발전의 핵심 기술로 태양 에너지를 전기 에너지로 변환할 목적으로 제작된 광전지이다. 태양전지는 실리콘으로 대표되는 반도체이며 반도체 기술의 발달과 반도체 특성에 의해 자연스럽게 개발되었다.

(2) 태양전지의 종류

태양전지는 결정질 실리콘(crystalline Si) 태양전지와 박막(thin film) 태양전지로 나누어지며 실리콘 잉곳을 얇은 기판으로 절단해 제조하는 결정질 실리콘 태양전지가 주축을 이루고 있다.

실리콘 잉곳의 제조방법에 따라 단결정과 다결정으로 구분되며, 결정질 실리콘 전지가 실리콘 원판을 사용하는 것과 달리 박막 태양전지는 얇은 유리나 플라스틱 기판에 막을 입히는 방식으로 막의 종류에 따라 비정질 실리콘 전지, 구리-인듐-셀레늄(CIS) 전지, 카드뮴-텔루륨(CdTe) 전지, 염료 감응 태양전지 등으로 분류된다.

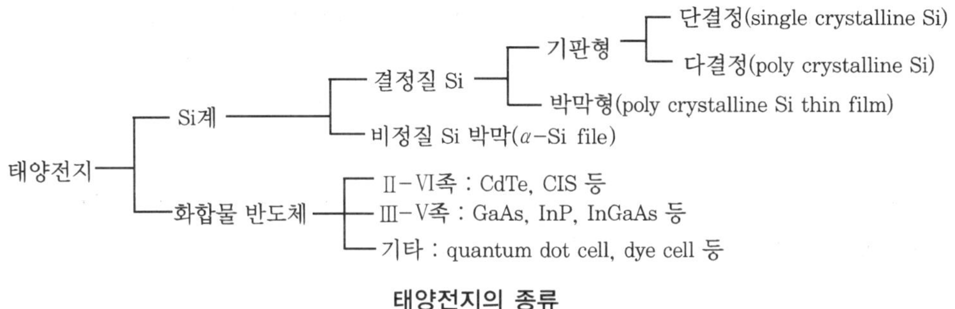

태양전지의 종류

(3) 국내 · 외 태양전지 동향

① 태양전지 시장 동향 : 태양전지 생산량은 매년 꾸준히 상승하고 있으며, 일본 · 유럽 · 미국이 세계 태양전지 시장을 주도하고 있다. 중국은 낮은 인건비와 태양광 수직계열화, 대량 양산 등으로 태양전지의 제조원가를 낮춰 세계시장 점유율을 확대해 가고 있다.

태양전지 소재별 시장 현황을 살펴보면 벌크(bulk)형 결정질 태양전지가 시장의 90% 이상을 차지하고 있으나 실리콘 수급 불안과 차세대 태양전지에 대한 관심으로 박막 태양전지가 급부상하고 있다. 박막 태양전지는 고가의 실리콘 수급에 영향을 받지 않아 저비용화가 가능하고 기판의 형태에 따라 무게 조절이나 다양한 형태의 제조가 가능한 장점을 가지고 있다.

국내의 경우 2002년 태양광 발전이 가정에 도입되어 빠른 속도로 성장하고 있으나 생산능력이 한국 경제 규모에 대비하여 작으며, 내수시장 또한 충분히 크지 못하고 기술력은 선진국 대비 우위에 있지 못한 상황에 이르고 있다.

정부가 2009년 발표한 그린에너지 전략 로드맵에 따르면 세계 태양광 시장에서 한국 기업의 점유율은 2012년 5%에서 2030년 20%까지 확대한다는 목표를 세우고 있으나 현재 국내의 태양전지 시장은 녹록치 못한 형편이다.

② 업체 동향 : 세계적인 태양전지 제조업체로는 Q-Cells(독일), Sharp, Kyocera, Sanyo Electric(일본), Suntech(중국) 등이 있으며, 독일의 경우 적극적인 정부 정책과 시장 활성화로 Q-Cells사의 시장 점유율 상승이 두드러진다.

국내 태양전지 분야는 솔라파크, 현대중공업, LG 전자 등 약 20여 개 업체가 있으며, 태양전지의 원재료인 폴리실리콘 제조업체도 다수 있으나 경제 위기의 여파로 인해 가동률이 50% 이하를 맴돌고 있는 실정이다.

그러나 최근 짧은 시기에 급속히 이 분야 산업에 진출하는 기업이 늘고 있고 그동안 벌크형 태양전지로의 투자가 주를 이루어 왔으나 대기업을 중심으로 박막형 태양전지에 대한 투자가 활발히 진행되고 또 이를 이용한 제품이 출시되고 있어 앞으로의 발전 가능성은 충분히 있다.

(4) 결론

최근 유가 급등 및 환경오염으로 청정에너지인 태양에너지를 이용한 태양광 산업의 고성장세에 따라 핵심 기술인 태양전지 수요가 급증하고 있으며, 정부 6대 분야의 22개 '新 성장동력과제'에 선정되어 추진될 정도로 태양전지 분야에 대한 정부의 강한 육성 의지가 보인다.

> ***10-2*** **온실효과 및 지구온난화지수, 지구온난화에 의한 영향에 대해 설명하시오.**
>
> (1) 온실효과(green house effect)
> (2) 지구온난화지수(GWP : global warming potential)
> (3) 지구온난화에 의한 영향

(1) 온실효과(green house effect)

① 지구 표면의 온도는 지구에 도달하는 태양의 복사에너지와 지구에서 우주로 재복사되는 에너지의 차이에 의해 결정되는데 재복사되는 광선의 에너지 일부는 대기 중의 이산화탄소, 메탄, 오존, 일산화탄소 등을 투과하지 못하고 지구로 되돌아오게 된다. 이러한 과정에서 이산화탄소나 수증기 같은 물질이 온실 유리와 같은 작용을 하여 온실 안의 공기가 더워지는 현상을 온실효과라 한다.

② 지구온난화의 가장 큰 원인은 이산화탄소, 메탄과 같은 기체가 대기 중으로 배출되는 양이 늘어나면서 지구를 둘러싼 채 마치 온실과 같은 역할을 하기 때문이다.

③ 전체 지구의 평균기온은 지난 100년 동안에 약 0.5℃ 상승하였으며, 지구온난화의 영향으로 지구 기온이 1~2℃ 상승하면 강수량이 약 10 % 감소하며 이로 인해 농업 및 생활용수에 큰 영향을 미치고, 병충해와 잡초의 발생이 증가하여 농업 생산에 큰 지장을 주게 된다.

④ 온실효과를 일으키는 온실가스에는 이산화탄소 이외에 쓰레기가 썩으면서 발생하는 메탄가스(CH_4)도 포함된다.

⑤ 이러한 지구온난화 현상을 예방하기 위하여 1992년 6월에 채택된 '리우선언' 이후로 교토에서 전세계 국가들이 온실가스를 10~15년 이내에 1990년도 CO_2 농도 수준에서 평균 5.2% 감축해야 한다는 교토의정서를 작성하였다.

(2) 지구온난화지수 (GWP : global warming potential)

$$GWP = \frac{\text{어떤 물질 1kg이 기여하는 온난화 정도}}{\text{CFC-11 1kg이 기여하는 온난화 정도}}$$

(3) 지구온난화에 의한 영향

① 기후 변화 : 지구 평균기온 상승으로 태풍 발생, 강우, 해일 등 기후 형태 파괴(대기 중 수증기량 증가로 강수량 증가)

② 해수면 상승 : 지구 평균기온 상승으로 인한 극지방 빙하의 해빙으로 해수위 상승

③ 생태계 변화 : 지구의 평균온도 3℃ 상승은 지구 역사 10만 년간의 변화량과 같으며 생태계의 빠른 변화, 즉 멸종, 도태, 재분포를 초래

④ 수자원 영향 : 지구의 평균기온 상승으로 가뭄지역은 강수량 감소, 생활용수난 발생
⑤ 인체에 미치는 영향 : 지구의 평균기온 상승으로 여름철 질병의 발생률 증가

10-3 온실가스 목표관리제와 기업의 대응방향에 대하여 설명하시오.
(1) 도입 배경
(2) 목표관리제의 도입
(3) 목표관리제의 정의

---

(1) 도입 배경

우리나라는 기후변화협약에 의한 온실가스 의무 감축국에 포함되지 않지만 저탄소 녹색성장을 국가 비전으로 선언하고 기후변화 대응에 적극적인 노력을 하겠다는 의지로 2009년 11월 자발적 온실가스 감축 목표(2020년까지 온실가스 배출전망치(BAU) 대비 30% 감축)를 설정하였다.

※ 배출전망치대비 30% 감축안은 IPCC가 개발도상국에 권고한 감축범위(BAU 대비 15~30% 감축)의 최고 수준이다.

(2) 목표관리제의 도입

2010년 1월 13일 「저탄소 녹색성장 기본법」이 제정되었고, 2010년 4월 14일 온실가스·에너지 목표관리제가 도입되었다.

(3) 목표관리제의 정의

온실가스 배출량과 에너지 사용량의 목표를 정해서 관리하는 제도로 온실가스를 많이 배출하고 에너지를 다량 소비하는 대규모 사업장 또는 기업에게 온실가스 감축과 에너지 절약 목표를 부여한 후 이를 체계적으로 관리해 나가는 제도이다.

정부와 관리 대상업체가 상호 협의하여 온실가스 배출량 및 에너지 소비량 목표를 정하며, 정부는 인센티브와 페널티(개선명령, 과태료 등)를 통해 목표 달성을 유도하고, 관리업체는 목표 달성을 위한 이행계획과 이를 뒷받침하는 관리체계 등을 수립하여 목표를 효율적으로 달성하는 제도이다.

> **10-4** 화석연료의 대체 에너지인 바이오매스에 대해 설명하시오.
> (1) 도입 배경
> (2) 목표관리제의 도입
> (3) 목표관리제의 정의

(1) 개요

바이오매스는 "생물체로부터 유래한 유기물"을 의미하며, 동식물과 미생물 그와 관련된 부산물 및 폐기물 등이 오랜 기간 땅속에서 고온/고압에 의하여 만들어진 것을 모두 포함한다. 이러한 바이오매스는 물리, 화학 및 생물학적 전환 과정을 거쳐 다양한 형태의 바이오 연료 및 바이오 소재로 활용된다.

(2) 바이오매스의 장점

① 생물체의 생장이나 재배를 통해 지속적으로 생산이 가능하므로 고갈 염려가 없다.

② 탄소 중립적 생산·소비과정으로 대기 중의 이산화탄소 증가를 억제하여 지구온난화 문제를 해결한다.

③ 미래에 산업적으로 활용 가능한 경쟁력이 높은 재생에너지를 생산한다.

④ 석유 기반의 화학소재(합성섬유, 산업용 플라스틱, 의약 및 미용용품, 식품 첨가물 등)를 대체한 바이오 소재를 생산한다.

⑤ 바이오 연료는 추가적인 설치비용이나 설치기간 없이 화석연료 기반의 인프라들을 그대로 활용한다.

⑥ 에너지 사용량에 큰 비중을 차지하는 수송용 연료로 즉시 활용 가능하다.

(3) 바이오매스의 변천

① 1세대 바이오매스 : 탄수화물을 다량 함유한 옥수수, 사탕수수 등의 곡물과 식물유로 당화와 발효를 거쳐 바이오에탄올로 전환되고, 지질 함량이 높은 유채유, 팜유, 대두유 등은 전이에스테르화반응을 통해 바이오디젤로 전환된다.

1세대 바이오매스는 바이오 연료로 전환하는 공정이 비교적 간단하고 생산비용이 저렴하여 바이오에탄올 또는 바이오디젤 대량 생산이 가능해졌으나 곡물 자원의 수요가 크게 증가하였고 지구온난화로 인한 기상 이변과 도시화에 의한 경작지 감소로 인해 바이오에탄올의 원료인 곡물 생산량이 감소하고 있다.

② 2세대 바이오매스 : 폐목재와 식물 줄기 등의 목질계 바이오매스로 전처리, 당화 및 발효를 거쳐 바이오에탄올을 생산한다. 2세대 바이오매스는 1세대 바이오매스가 안고 있는 식량과의 상충 문제로부터는 자유롭지만 경작지 제한성 문제와 리그닌과 헤

미셀룰로오스를 제거하는 전처리 공정을 필요로 하는 문제점이 있다.

③ 3세대 바이오매스 : 석유를 대체할 수 있는 유력한 에너지 원료로 김, 다시마 등의 조류를 이용하며 다양한 활용가치와 장점을 가지고 있다. 김, 다시마 등은 셀룰로오스 성분을 많이 함유하고 있어 바이오에탄올로 전환이 용이하며, 2세대 목질계 바이오매스와 달리 리그닌 성분이 없어 전처리 공정이 필요 없다는 장점이 있다. 미세 조류는 생장속도가 빠르고 지질 성분을 다량 함유하고 있어 바이오디젤 생산에 유리하다. 그러나 아직까지 미세조류를 이용한 바이오디젤 생산 공정의 단가가 석유 기반 디젤 공정에 비해 높기 때문에 경제성 확보를 통한 상용화에 어려움이 있다.

> **10-5** SI 단위와 관련한 다음 항목에 대하여 설명하시오.
> (1) 특징
> (2) 기본단위
> (3) 유도단위
> (4) 보조단위
> (5) 특수단위

(1) 특징

① 1960년 제11차 국제도량형총회(CGPM)에서 실용단위계의 명칭으로 "국제단위계(the international system of units)"를 SI라는 국제 약칭과 함께 채택하였다.

② SI 단위는 독립된 차원을 가지는 것으로 간주되는 7개(미터, 킬로그램, 초, 암페어, 캘빈, 몰, 칸델라)의 명확하게 정의된 단위들을 선택하여 국제단위계의 기본단위로 하였다.

③ 관련된 양들을 연결시키는 대수관계에 따라 기본단위들이 조합되어 유도단위를 형성할 수 있으며 이들 단위의 명칭과 기호는 특별한 명칭과 기호로 대체될 수 있고 다른 유도단위의 표현과 기호를 형성하는 데 사용될 수 있다.

④ 우리나라는 1999년 국가표준기본법을 제정하여 SI 단위만을 사용하도록 규정하였다.

(2) 기본단위

① 미터(meter)는 빛이 진공에서 $\dfrac{1}{299,792,458}$ 초 동안 진행한 경로의 길이이며, 그 기

호는 "m"으로 한다.

② 킬로그램(kilogram)은 질량의 단위로서 국제킬로그램 원기의 질량과 같으며, 그 기호는 "kg"로 한다.

③ 초(second)는 세슘-133 원자(^{133}C$_s$)의 바닥 상태에 있는 두 초미세 준위 사이의 전이에 대응하는 복사선의 9,192,631,770 주기의 지속시간이며, 그 기호는 "s"로 한다.

④ 켈빈(kelvin)은 열역학적 온도의 단위로 물의 삼중점에 해당하는 열역학적 온도의 $\dfrac{1}{273.16}$ 이며, 그 기호는 "K"로 한다. 다만, 온도를 다음과 같이 섭씨온도로 표시할 수 있다.

㈎ 섭씨 온도의 기호는 t로 표시하고, $t = T - T_0$ 식으로 정의된다.

㈏ 섭씨 온도는 기호 T로 표시하는 열역학적 온도와 물의 어는 점인 기준온도 $T_0 = 273.15\,\mathrm{K}$와의 차이를 나타낸다.

㈐ 온도 차이 또는 온도 간격은 켈빈이나 섭씨도로 표현할 수 있으며, $t\,[\mathrm{℃}] = T\,[\mathrm{K}] - 273.15$ 식으로 정의된다.

㈑ 섭씨 온도의 단위는 섭씨도(℃)이며, 그 크기는 켈빈과 같다.

⑤ 칸델라(candela)는 진동수 540×10^{12} Hz(헤르츠)인 단색광을 방출하는 광원의 복사도가 어떤 주어진 방향으로 매 스테라디안(sr)당 $\dfrac{1}{683}$ W(와트)일 때 이 방향에 대한 광도이며, 그 기호는 "cd"로 한다.

⑥ 암페어(ampere)는 무한히 길고 무시할 수 있을 만큼 작은 원형 단면적을 가진 두 개의 평행한 직선 도체가 진공 중에서 1미터의 간격으로 유지될 때, 두 도체 사이에 매 미터당 2×10^{-7} 뉴턴(N)의 힘을 생기게 하는 일정한 전류이며, 그 기호는 "A"로 한다.

⑦ 몰(mole)은 탄소 12의 0.012 킬로그램에 있는 원자의 개수와 같은 수의 구성 요소를 포함한 어떤 계의 물질량이며, 그 기호는 "mol"로 한다. 단, 몰을 사용할 때는 구성요소(원자, 분자, 이온, 전자 등)를 반드시 명시해야 한다.

(3) 유도단위

SI 유도단위(SI derived units)는 SI 기본단위를 조합해 만들 수 있는 단위이다. SI 조립단위, SI 도출단위라고 부르기도 한다.

① 기본단위로 표시되는 유도단위

유도량	국제단위계(SI : the international system of units) 유도단위	
	명 칭	기 호
넓이	제곱미터	m^2
부피	세제곱미터	m^3
속력, 속도	미터 매 초	m/s
가속도	미터 매 제곱초	m/s^2
파수	매 미터	m^{-1}
밀도, 질량밀도	킬로그램 매 세제곱미터	kg/m^3
면적밀도	킬로그램 매 제곱미터	kg/m^2
비(比)부피	세제곱미터 매 킬로그램	m^3/kg
전류밀도	암페어 매 제곱미터	A/m^2
자기장의 세기	암페어 매 미터	A/m
물질량농도, 농도	몰 매 세제곱미터	mol/m^3
질량농도	킬로그램 매 세제곱미터	kg/m^3
휘도	칸델라 매 제곱미터	cd/m^2
굴절률	일	1
상대투자율	일	1

② 특별한 명칭과 기호를 갖는 국제단위계(SI) 유도단위

유도량	SI 유도단위			
	명 칭	기 호	다른 SI단위로 표시	SI 기본단위로 표시
평면각	라디안	rad		$m \cdot m^{-1}=1$
입체각	스테라디안	sr		$m^2 \cdot m^{-2}=1$
진동수, 주파수	헤르츠	Hz		s^{-1}
힘	뉴턴	N		$m \cdot kg \cdot s^{-2}$
압력, 응력	파스칼	Pa	N/m^2	$m^{-1} \cdot kg \cdot s^{-2}$
에너지, 일, 열량	줄	J	$N \cdot m$	$m^2 \cdot kg \cdot s^{-2}$
일률, 동력, 전력, 방사선속, 복사선속	와트	W	J/s	$m^2 \cdot kg \cdot s^{-3}$
전하, 전하량	쿨롬	C		$s \cdot A$
전위차, 전압, 기전력	볼트	V	W/A	$m^2 \cdot kg \cdot s^{-3} \cdot A^{-1}$
전기용량, 정전용량	패럿	F	C/V	$m^{-2} \cdot kg^{-1} \cdot s^4 \cdot A^2$
전기저항	옴	Ω	V/A	$m^2 \cdot kg \cdot s^{-3} \cdot A^{-2}$
전기전도	지멘스	S	A/V	$m^{-2} \cdot kg^{-1} \cdot s^3 \cdot A^2$
자기선속	웨버	Wb	$V \cdot s$	$m^2 \cdot kg \cdot s^{-2} \cdot A^{-1}$
자기선속밀도	테슬라	T	Wb/m^2	$kg \cdot s^{-2} \cdot A^{-1}$
인덕턴스	헨리	H	Wb/A	$m^2 \cdot kg \cdot s^{-2} \cdot A^{-2}$

섭씨온도	섭씨도	℃		K
광선속	루멘	lm	cd·sr	$m^2 \cdot m^{-2} \cdot cd = cd$
조명도	럭스	lx	lm/m^2	$m^2 \cdot m^{-4} \cdot cd = m^{-2} \cdot cd$
(방사성 핵종의) 활성도	베크렐	Bq		s^{-1}
흡수선량, 비(부여)에너지, 커마	그레이	Gy	J/kg	$m^2 \cdot s^{-2}$
선량당량, 주변선량당량, 방향선량당량, 개인선량당량	시버트	Sv	J/kg	$m^2 \cdot s^{-2}$
촉매활성도	캐탈	kat		$s^{-1} \cdot mol$

③ 특별한 명칭과 기호가 포함된 유도단위의 예

유도량	SI 유도단위		
	명 칭	기 호	SI 기본단위로 표시
점성도	파스칼 초	Pa·s	$m^{-1} \cdot kg \cdot s^{-1}$
힘의 모멘트	뉴턴 미터	N·m	$m^2 \cdot kg \cdot s^{-2}$
표면장력	뉴턴 매 미터	N/m	$kg \cdot s^{-2}$
각속도	라디안 매 초	rad/s	$m \cdot m^{-1} \cdot s^{-1} = s^{-1}$
각가속도	라디안 매 제곱초	rad/s^2	$m \cdot m^{-1} \cdot s^{-2} = s^{-2}$
열속밀도, 복사조도	와트 매 제곱미터	W/m^2	$kg \cdot s^{-3}$
열용량, 엔트로피	줄 매 켈빈	J/K	$m^2 \cdot kg \cdot s^{-2} \cdot K^{-1}$
비열용량, 비엔트로피	줄 매 킬로그램·켈빈	J/(kg·K)	$m^2 \cdot s^{-2} \cdot K^{-1}$
비에너지	줄 매 킬로그램	J/kg	$m^2 \cdot s^{-2}$
열전도도	와트 매 미터·켈빈	W/(m·K)	$m \cdot kg \cdot s^{-3} \cdot K^{-1}$
에너지 밀도	줄 매 세제곱미터	J/m^3	$m^{-1} \cdot kg \cdot s^{-2}$
전기장의 세기	볼트 매 미터	V/m	$m \cdot kg \cdot s^{-3} \cdot A^{-1}$
전하밀도	쿨롬 매 세제곱미터	C/m^3	$m^{-3} \cdot s \cdot A$
전기선속밀도, 전기변위	쿨롬 매 제곱미터	C/m^2	$m^{-2} \cdot s \cdot A$
유전율	패럿 매 미터	F/m	$m^{-3} \cdot kg^{-1} \cdot s^4 \cdot A^2$
투자율	헨리 매 미터	H/m	$m \cdot kg \cdot s^{-2} \cdot A^{-2}$
몰에너지	줄 매 몰	J/mol	$m^2 \cdot kg \cdot s^{-2} \cdot mol^{-1}$
몰엔트로피, 몰열용량	줄 매 몰·켈빈	J/(mol·K)	$m^2 \cdot kg \cdot s^{-2} \cdot K^{-1} \cdot mol^{-1}$
(X선 및 γ선의) 조사선량	쿨롬 매 킬로그램	C/kg	$kg^{-1} \cdot s \cdot A$
흡수선량률	그레이 매 초	Gy/s	$m^2 \cdot s^{-3}$
복사도	와트 매 스테라디안	W/sr	$m^4 \cdot m^{-2} \cdot kg \cdot s^{-3} = m^2 \cdot kg \cdot s^{-3}$
복사휘도	와트 매 제곱미터·스테라디안	W/(m²·sr)	$m^2 \cdot m^{-2} \cdot kg \cdot s^{-3} = kg \cdot s^{-3}$
촉매활성도 농도	캐탈 매 세제곱미터	kat/m^3	$m^{-3} \cdot s^{-1} \cdot mol$

(4) 보조단위

① 국제단위계(SI)의 접두어

인 자	접두어	기 호	인 자	접두어	기 호
10^1	데카	da	10^{-1}	데시	d
10^2	헥토	h	10^{-2}	센티	c
10^3	킬로	k	10^{-3}	밀리	m
10^6	메가	M	10^{-6}	마이크로	μ
10^9	기가	G	10^{-9}	나노	n
10^{12}	테라	T	10^{-12}	피코	p
10^{15}	페타	P	10^{-15}	펨토	f
10^{18}	엑사	E	10^{-18}	아토	a
10^{21}	제타	Z	10^{-21}	젭토	z
10^{24}	요타	Y	10^{-24}	욕토	y

② 국제단위계(SI)와 함께 사용이 허용된 단위

명 칭	기 호	SI 단위로 나타낸 값
분	min	$1\text{min}=60\text{s}$
시	h	$1\text{h}=60\text{min}=3600\text{s}$
일	d	$1\text{d}=24\text{h}=86400\text{s}$
도	°	$1°=(\pi/180)\text{rad}$
분	′	$1'=(1/60)°=(\pi/10800)\text{rad}$
초	″	$1''=(1/60)'=(\pi/648000)\text{rad}$
리터	L, l	$1\text{g}=1\text{dm}^3=10^{-3}\text{m}^3$
그램	g	$1\text{g}=10^{-3}\text{kg}$
톤	t	$1\text{t}=10^3\text{kg}$
네퍼	Np	$1(\text{Np})=1$
벨	B	$1\text{B}=(1/2)\ \ln 10(\text{Np})$

(5) 특수단위

① 국제단위계(SI)와 함께 사용이 허용된 단위

명 칭	기 호	SI단위로 나타낸 값
전자볼트	eV	$1\text{eV}=1.60217653(14)\times10^{-19}\text{J}$
통일원자질량단위	u	$1\text{u}=1.66053886(28)\times10^{-27}\text{kg}$
천문단위	ua	$1\text{ua}=1.49597870691(6)\times10^{11}\text{m}$

② 국제단위계(SI)와 함께 사용이 허용된 기타의 단위

명 칭	기 호	SI단위로 나타낸 값
해리		1해리$=1852$m
노트		1해리 매 시$=(1852/3600)$m/s
아르	a	1a$=1$dam$^2=10^2$m^2
헥타르	ha	1ha$=1$hm$^2=10^4$m^2
바	bar	1bar$=0.1$MPa$=100$kPa$=1000$hPa$=10^5$Pa
옹스트롬	Å	1Å$=0.1$nm$=10^{-10}$m
반	b	1b$=100$fm$^2=10^{-28}$m^2

③ 특별한 명칭을 가진 센티미터·그램·초(CGS) 단위

명 칭	기 호	SI단위로 나타낸 값
푸아즈	P	1P$=0.1$Pa$\cdot$s
스토크스	St	1St$=1$cm^2/s$=10^{-4}$m^2/s
에르스텟	Oe	1Oe$\fallingdotseq(1000/4\pi)$A/m
스틸브	sb	1sb$=1$cd/cm$^2=10^4$cd/m^2
포트	Ph	1Ph$=10^4$lx
갈	Gal	1Gal$=1$cm/s$^2=10^{-2}$m/s^2
다인	dyn	1dyn$=1$g$\cdot$cm/s$^2=10^{-5}$N
에르그	erg	1erg$=1$dyn$\cdot$cm$=10^{-7}$J
가우스	G	1G$\fallingdotseq10^{-4}$T
맥스웰	Mx	1Mx$\fallingdotseq1$G$\cdot$cm$^2=10^{-8}$Wb

④ 국제단위계(SI) 외의 기타 단위

명 칭	기 호	SI단위로 나타낸 값
퀴리	Ci	1Ci$=3.7\times10^{10}$Bq
뢴트겐	R	1R$=2.58\times10^{-4}$C/kg
라드	rad	1rad$=1$cGy$=10^{-2}$Gy
렘	rem	1rem$=1$cSv$=10^{-2}$Sv
X단위		1X단위$\approx1.002\times10^{-4}$nm
잰스키	Jy	1Jy$=10^{-26}$W$\cdot$m$^{-2}\cdot$Hz^{-1}
페르미		1페르미$=1$fm$=10^{-15}$m
캐럿	ct	1캐럿$=200$mg$=2\times10^{-4}$kg
토르	Torr	1Torr$=(101325/760)$Pa
표준 기압	atm	1atm$=101325$Pa
칼로리	cal	1cal$_{15}\approx4.1855(5)$J
		1cal$_{IT}=4.1868$J
		1cal$_{th}=4.184$J

⑤ 용도를 한정한 비 SI 단위

명 칭	기 호	SI단위로 나타낸 값
수은주밀리미터	mmHg	1mmHg≈133.3224Pa (의료용에 한정함)
배럴	bbl	1bbl=158.987L (국제 원유 거래에 한정함)

⑥ 그 밖의 특수 단위

  ㈎ 점(pt)은 항해 및 항공에 관한 각도 측정에 사용하는 특수 단위로서 11.25°로 한다.

  ㈏ 용적톤은 선박의 부피 측정에 사용하는 특수 단위로서 1.132674 m³로 한다.

  ㈐ 페하(pH)는 용액의 수소 이온 농도를 측정하는 농도의 특수 단위로 용액 1/1000 m³ 중에 포함된 수소 이온 몰농도의 역수에 상용로그를 취한 값으로 한다.

  ㈑ 데니어(D)는 섬유의 섬도(纖度) 측정에 사용하는 특수 단위로서 길이가 450m인 섬유의 질량이 50 mg일 때의 섬도로 한다.

  ㈒ 로크웰, 브리넬, 비커스 및 쇼어는 재질의 경도를 측정하는 특수 단위이다.

  ㈓ 입자의 입도를 측정하는 특수 단위는 밀리미터로 하고, 입도는 입체 또는 분체가 통과할 수 있는 표준체의 최소 정사각형 체눈 또는 원형 체눈의 한 변의 길이 또는 지름을 mm로 표시한 값으로 한다.

  ㈔ 디옵터(Dptr)는 렌즈의 굴절도를 측정하는 특수단위로서 렌즈의 초점거리를 미터로 표시한 값의 역수로 한다.

  ㈕ 내화도를 측정하는 특수 단위는 표준제겔콘의 내화도로 한다.

  ㈖ 역률은 유효전력을 피상전력으로 나눈 값으로 무명수를 사용한다.

  ㈗ 습도 백분율은 습도를 측정하는 특수 단위로서 공기 중의 수증기 분압과 그 공기 온도와 같은 온도에서의 포화 수증기압과의 비를 백분율로 표시한다.

  ㈘ 중보메도, 경보메도, 아메리칸페트롤륨인덱스(이하 "에이·피·아이도"라 한다.), 드왓들도 및 우유도는 비중을 측정하는 특수 단위로 그 값은 다음과 같다.

    ㉠ 중보메도는 1에서 비중을 표시하는 값의 역수를 뺀 값에 144.3을 곱한 값으로 한다.

    ㉡ 경보메도는 비중을 표시하는 값의 역수에서 1을 뺀 값에 144.3을 곱하고 10을 더한 값으로 한다.

    ㉢ 에이·피·아이도는 물의 온도를 140/9℃로 지정한 때의 비중을 표시하는 값의 역수에서 1을 뺀 값에 141.5를 곱하고 10을 더한 값으로 한다.

    ㉣ 드왓들도는 비중을 표시하는 값에서 1을 빼고 200을 곱한 값으로 한다.

    ㉤ 우유도는 우유의 비중을 표시하는 값에서 1을 빼고 1000을 곱한 값으로 한다.

> **10-6** 안전계수(safety factor)와 관련하여 다음 항목에 대해 설명하시오.
> (1) 개요
> (2) 안전계수 결정 시 고려 사항
> (3) 허용응력과 안전계수와의 관계

(1) 개요

하중 또는 스트레스가 걸리는 구조물의 부품재료 등에서 그 부품재료에 허용하는 응력(허용응력)과 부품재료의 파괴응력과의 비를 말한다. 허용응력은 재료의 성질, 하중의 종류와 조건 등이 복잡하기 때문에 최대하중의 추정 불확실성과 사용 중의 강도저하 등을 고려해서 어느 정도의 여유를 두어야 하며 이 여유를 안전계수(안전율)라 한다. 특히 위험한 기계, 장치에 대하여는 안전규칙과 구조규격에 의하여 적용되는 안전계수가 정해져 있다.

$$안전계수 = \frac{재료의\ 극한\ 강도}{허용응력}$$

① 기계나 구조물을 설계할 때 실제 사용하는 재료의 허용응력을 결정하기 위한 계수
② 사용하중의 종류, 사용 재료, 온도, 부식, 공작 방법 및 가공 정밀도 등에 따라 정하는 값

(2) 안전계수 결정 시 고려 사항

① 재질 및 균질성에 대한 신뢰도 : 연성재료 > 취성재료
② 하중의 종류 : 안전율은 정하중보다 동하중에서 크며 특히 충격하중에 대해서는 가장 큰 값을 고려
③ 하중계산의 정확도 : 잔류응력, 관성력, 열응력 등이 생략되지 않도록 안전계수에 포함
④ 응력계산의 정확도 : 형상이 복잡한 것, 하중의 작용상태가 불명확한 것 등은 안전계수를 크게 함
⑤ 불연속부분의 존재 : 노치 효과가 있는 부분에는 안전계수를 크게 함
⑥ 사용조건(환경)의 영향 : 사용온도, 습도, 부식, 침식, 마찰의 유무 등을 고려
⑦ 공작방법, 가공정밀도의 양부 : 가공방법 또는 정밀도의 양부에 따라 기계의 수명이 달라짐

(3) 허용응력과 안전계수와의 관계

① 안전계수는 1보다 큰 값이 된다.
② 안전계수를 크게 잡으면 안전성은 향상되나 경제성이 떨어지고 작게 잡으면 파괴로

인한 위험이 크다.

③ 최적의 설계는 안전계수가 1보다 약간 큰 값이다.

10-7 바이오 에탄올의 개념 및 활용도에 대하여 설명하시오.

바이오 에탄올은 사탕수수·밀·옥수수·감자·보리·고구마 등 주로 녹말 작물에서 전분을 발효시켜 차량 등의 연료 첨가제로 사용하는 바이오 연료로서 바이오디젤과 함께 가장 널리 사용된다. 바이오디젤이 유지(油脂) 작물에서 식물성 기름을 추출해 만드는 데 반해, 바이오 에탄올은 녹말 작물에서 탄수화물을 포도당으로 전환시킨 후 이를 발효시켜 만든다. 화석연료와 달리 환경오염물질이 전혀 없고, 식물로부터 연료를 얻기 때문에 언제든지 재생이 가능하다. 특히 일산화탄소와 같은 환경오염물질을 배출하는 가솔린과 달리, 유해물질을 전혀 배출하지 않아 일찍부터 차량용 대체에너지로 주목을 받았다. 저농도 바이오 에탄올(10% 미만)의 경우 현재 사용되고 있는 휘발유 기관의 변경 없이 첨가하여 사용이 가능함으로써 실용화가 비교적 손쉬운 수송용 바이오 연료의 후보로 각광받고 있다.

10-8 국내 및 해외에서의 수소 연료전지 안전연구 현황 및 향후 국내의 안전연구 방향에 대하여 설명하시오.
   (1) 개요
   (2) 국내의 기술 개발 현황
   (3) 해외 안전연구 현황
   (4) 국내 안전연구 방향
   (5) 수소 연료전지의 문제점
   (6) 대책

---

(1) 개요

현재의 대표적인 에너지원인 화석연료는 대기 환경 오염의 심각성과 자원 고갈이라는 문제점이 있어 재생 가능한 새로운 에너지원으로 수소에너지가 주목을 받고 있다. 따라서 수소에너지와 연료전지는 기존의 에너지 체계를 대체할 것으로 예상되며, 응용 분야 역시 자동차, 분산전원 및 이동형 전원 분야를 포함하는 광범위한 영역에서 상용화 기술 개발이 이루어지고 있다.

차세대 성장동력 에너지원인 수소 활용의 기기나 시설에 대한 기술 개발과 아울러 실용화 및 보급 활성화에 대비한 국민의 안전 확보가 필수적이므로, 수소에너지를 활용하는 시설 및 제품인 연료전지, 수소충전소, 수소연료전지자동차 등에 대한 체계적인 안전성 평가 확립뿐만 아니라 관련 안전기준(시설기준 및 기술기준)을 동시에 개발하는 것이 필요하다.

연료전지는 종합 효율이 82% 이상으로 고효율이며 이산화탄소 저감 효과가 45%에 달하는 차세대 에너지원이다. 연료전지의 세계 시장규모가 2030년에 1,500억 불에 이르고 2040년에는 1일 1,100만 배럴 가량의 석유 수요를 대체할 것으로 예상된다.

(2) 국내의 기술 개발 현황

① 수소 연료전지 상용화 기술 개발 추진
② 고효율 수소 제조, 저장, 이용 분야 개발에 집중
③ 휴대용 연료전지와 가정용 연료전지 분야에서 상용화
④ 연료전지 자동차는 2020년에 상용화 될 것으로 전망
⑤ 도시가스를 수소로 변환하고 이를 산소와 반응시켜 전기와 열을 동시에 생산해 내는 친환경 신재생 에너지 '가정용 연료전지'를 사용하는 아파트단지 건설
⑥ 발전용 연료전지 기술 개발(보령화력본부에서 고효율 300 kW급 내부개질형 발전용 연료전지 실증 설비)
⑦ 중부발전은 두산중공업과 공동으로 2007년 9월부터 국책과제로 300kW급 내부개질형 연료전지 개발에 착수해 현재 발전용 연료전지의 핵심 기술인 셀과 스택 등 주요 구성품과 주변장치(BOP : balance of plant)를 100% 독자 기술로 개발했다.

국내에서도 정부가 추진한 그린에너지산업 발전 전략에 따라 연료전지를 차세대 성장동력 산업으로 정하고, 차세대 수소 연료전지 기술을 조기 확보해 가정용 연료전지의 양산 기술 개발에 따른 가격 저감을 실현하고 발전용 연료전지의 양산 시스템을 구축에 나서고 있다. 그린홈 100만호 사업과 연계해 2020년까지 가정용 수소 연료전지 10만대를 보급하고 RPS 제도에 연료전지 발전을 포함해 발전용 연료전지의 안정적 시장의 조성이 추진 중이다.

(3) 해외 안전연구 현황

① 휴대용 연료전지 미니팩(minipak) 개발(美, 허라이즌 퓨얼셀)
② 휴대용 연료전지 다이내모(日, 도시바)

③ 수소 저장 셀(하이드로스틱) 개발 : 압축된 형태로 수소를 가지고 다닐 경우 폭발의 위
　험이 존재하나 하이드로스틱은 압력식이 아니라 금속 안에 수소가 갇혀 있는 형태로
　저장하는 것으로 폭발 위험을 제거

④ 일본에서는 2009년부터 가정용 및 휴대용 전기 장비용 연료 전지가 상용화됐고, 연
　료전지 자동차의 연구 개발이 계속되고 있다.

⑤ 일본은 이미 정부의 전폭적 지원 아래 연료전지 스택, 개질기, 전력변환기, BOP, 열
　회수 모듈 등 핵심 장비와 이들에 대한 통합기술의 개발을 마쳤다. 또한 전극 접합체
　(MEA), 카본 분리판, 멤브레인, 촉매 등 부품·소재도 100% 국산화를 완료했다. 특
　히 지난 2005년부터는 파나소닉, 도요 다자동차, 도시바, 산요, 에바라 발라드 등 5
　개사의 제품을 가지고 기술고도화를 위한 모니터링 사업에 나섰다.

(4) 국내 안전연구 방향

① 습기가 없는 165℃의 고온에서 최대 0.045 S/cm의 전도율을 보여 같은 온도에서
　최대 0.014 S/cm인 Nafion에 비해 전도율이 3배가 넘고 미국 에너지관리국이 정한
　수소 연료전지 전해질의 개발목표(습도 25%, 120℃ 이상 온도에서 작동 가능)를 훨
　씬 상회하는 수준

② 포항시는 국내 최초로 수소 연료전지 분야의 연구·제조·실용화·산업화의 기능을
　모두 갖춘 수소 연료전지 파워밸리 조성사업을 추진한다.

③ 차세대 고온형 연료전지인 SOFC의 국산화 모델개발 및 시험·실증 생산기반에 주력

(5) 수소 연료전지의 문제점

① 수소의 폭발범위가 넓고 폭발화염 전파속도가 매우 빠르다.

② 제조, 수송, 저장 시 누출에 의한 확산, 점화 및 폭발의 위험성이 있다.

③ 폭발 차단 및 방호기술, 설비 개발에 상당한 제약이 뒤따른다.

④ 안전기준 미비로 수소 충전소 등 설치 지연된다.

⑤ 충전기, 안전장치, 안전거리, 건설비용 과다

(6) 대책

① 안전관리 시스템 구축(수소 사고 사례 분석)

② 물리적 메커니즘 규명

③ 정성적·정량적 안전성 평가

④ 사고 차단기술 개발

⑤ 안전성 평가 및 리스크 최소화 기술

⑥ 폭발방지 및 차단기술, 방호장치 개발 기술

⑦ 안전관련 지침, 규격 표준화, 코드화 및 법제화
⑧ 사회 문화적 인식 제고

> **10-9** 불산의 물리·화학적 특성 및 인체에 미치는 영향과 경북 구미에서 발생한 누출사고의 원인과 대책에 대하여 설명하시오.
> (1) 사고 개요
> (2) 물리·화학적 특성
> (3) 인체에 미치는 영향
> (4) 사고 발생 원인
> (5) 동종재해 예방대책

(1) 사고 개요

2012년 9월 27일 경북 구미시 산동면의 ○○ 사업장의 ISO 탱크로리에서 불화수소가 누출되어 5명이 사망하고 마을 주민 수백 명을 포함한 부상자가 발생하였으며 인근 지역의 농작물 등 자연환경에 큰 피해를 준 재해이다.

(2) 물리·화학적 특성

CAS. No	분자량	F.P (℃)	A.I.T (℃)	NFPA 등급	증기 밀도	허용 농도 (TWA)	독성치 (LC50)
7664-39-3	20.01	자료 없음	자료 없음	보건＝3 화재＝0 반응성＝2	0.7	C 3 ppm	1,276 ppm/hr, 쥐

① 불산(또는 불화수소산, hydrofluoric acid)은 불화수소(hydrogen fluoride)를 물에 녹인 액체이며 이번 사고로 누출된 건 기상의 불화수소이다.
② 불화수소(HF)는 수소 원자 하나와 불소 원자 하나가 만나 만들어진 분자로, 끓는점이 19.5도로 낮아 액화가 쉽다.
③ 불화수소는 물에 잘 녹으며 가스를 흡입하면 기관지와 폐 조직에 금방 흡수돼 불산이 된다.
④ 유리 부식성이 우수하다.
⑤ 백금과 이리듐의 합금은 불소에 비교적 안정적이다.
⑥ 약산에 해당되나 농도가 높아질수록 산성이 급속도로 커진다.

(3) 인체에 미치는 영향

① 불산이 혈액과 조직으로 침투하면 체내에 들어온 불산의 일부는 수소 이온과 불소 이온으로 해리되고, 불소 이온이 체내 칼슘 이온(Ca^{2+})이나 마그네슘 이온(Mg^{2+})을 만나 불용성 염을 만든다.

② 불소 이온과 뼈의 칼슘 이온이 만나 형석(CaF_2)을 생성하여 우리 몸 안에 미세한 돌가루가 축적된다.

③ 체내 칼슘 이온과 마그네슘 이온 농도가 떨어지면서 체내에서 중요한 생리작용을 하는 칼슘 이온이 결핍되어 심장 활동에 영향을 준다.

구 분	MSDS
가. 눈에 대한 영향 　- 장·단기간 노출	화상, 실명 초래
나. 피부에 대한 영향 　- 장·단기간 노출	화상, 지발성 조직파괴, 구역, 구토 유발
다. 흡입에 대한 영향 　- 단기간 노출 　- 장기간 노출	화상, 흉통, 호흡곤란, 푸른 빛 피부색, 폐울혈, 신장 이상 상동
라. 섭취 시 영향 　- 장·단기간 노출	화상, 구토, 위장장애, 불규칙 심장박동, 두통, 얼얼한 느낌, 시각장애, 동공확장, 신장이상, 혼수 등 유발

(4) 사고 발생 원인

① 안전 작업 수칙 미준수 : 밸브 조작 순서 및 조치사항 미준수

② 구조적 설계 불량 : 밸브 종류(볼밸브) 선택 부적절

③ 부적절한 보호구 착용 : 전면보호구 미착용

④ 누출확산 방지조치 미실시 : 수막(water curtain) 설비 등 미비치

⑤ 경보설비 미설치

(5) 동종재해 예방대책

① 안전 작업 수칙 준수 : 밸브 조작 순서 및 조치사항 교육, 철저한 이행

② 구조적 안전 설계 : 임의의 조작에 의하더라도 밸브가 오작동으로 열리지 않도록 글로브 밸브 설치

③ 적절한 보호구 착용 : 불화수소 또는 불산 취급 시 전면보호구 및 내화학성 장갑 등 개인보호구 착용

④ 누출 확산 방지조치 실시 : 누출 시 불화수소 또는 불산의 기화를 억제할 수 있는 수막 설비 설치

⑤ 경보설비 미설치

> **10-10** 다음 화학공장 설비의 신호문구(signal word)에 따른 위험수준(hazard level)을 명시하시오.
>
> (1) CAUTION
> (2) WARNING
> (3) DANGER

① CAUTION : 주의가 필요한 낮은 단계의 위험

② WARNING : 중간 위험한 단계

③ DANGER : 가장 위험한 단계

  예 화재·폭발·누출 등의 중대산업사고 발생 가능성이 있는 화학공장의 설비 위험수준

> **10-11** 계측기기의 미확인 및 착오의 메커니즘에 대해 기술하시오.
>
> (1) 미확인의 경우
> (2) 착오 또는 오인의 메커니즘
> (3) 주의력의 집중과 확장

(1) 미확인의 경우

① 단락에 의하는 경우

② 별도의 아웃 풋 영역에서 지령이 나가 버리는 경우

③ 피드백이 행해지지 않고 통제되지 않는 경우

④ (…을 하지 않으면 안 된다)고 생각만 했을 뿐 실제는 그것을 하지 않고 한 것으로 착각하는 경우

(2) 착오 또는 오인의 메커니즘

① 위치의 오인

② 순서의 오인

③ 패턴의 오인

④ 형태의 오인

⑤ 기억의 틀림

(3) 주의력의 집중과 확장

① 주의의 집중과 주의의 확장을 잘 조화시키는 것은 인간 과오를 없애는 데 있어 매우 중요하다.

② 주의를 집중하는 경우에는 주의의 범위가 좁게 되고, 주의의 범위를 확장하게 되면 주의의 정도가 낮아진다.

10-12 사고를 유발할 수 있는 운전원의 불안전한 행동에 대해 설명하시오.

(1) 개요
(2) 불안전한 행동의 종류

---

(1) 개요

① $B=f(I,\ E)$-Kurt Lewin

② Behavior is function of the individual and the environment.
(행동은 개인과 환경의 함수이다.)

(2) 불안전한 행동의 종류

① 한없이 행한 조작

② 불안전한 속도 조작 및 위험 경고 없이 조작

③ 안전장치를 고장내거나 기능 제거

④ 결함 있는 장비·물자·공구·차량 등의 운전이나 시설의 불안전한 사용

⑤ 보호구 미착용 및 위험한 장소에서 작업

⑥ 필요 장비를 사용하지 않거나 불안전한 기구를 대신 사용

⑦ 불안전한 적재·배치·결합·정리 정돈 미실시 때

⑧ 불완전한 인양 및 운반

⑨ 불완전한 자세 및 위치

⑩ 당황·놀람·잡담·장난 등

> **10-13** 신뢰도 중심의 유지보수(RCM : reliability centred maintenance) 개념 및 각 적용 단계에 따른 세부사항을 설명하시오.
>
> (1) 개요
> (2) RCM 프로세스

(1) 개요

장비의 발생 가능한 고장, 고장 발생의 연결성 및 수행되어야 할 예상 정비절차를 평가하는 조직적인 분석 방법이다. 또한, 발생 가능한 고장의 연결성에 따른 품목에 대한 정비의 평가에 의해서 예방정비를 설정하여 전 수명주기에 걸쳐 장비의 신뢰성을 증가시키기 위하여 논리적으로 선택하는 기준이 된다. 신뢰성 중심 정비(RCM) 분석은 고장 유형, 영향 및 치명도 분석(FMECA)과 연결하여 수행되어야 하는 요소로서 여러 가지 견지에서 고장 유형, 영향 및 치명도 분석과 매우 유사하다. 효과적인 정비계획의 설정으로 장비가 전 수명주기 동안 최초 설계수준의 신뢰성 및 안전성을 보유하게 되고 최소의 운용 유지비로써 최적의 성능 상태로 유지할 수 있게 하는 것이다. 이를 위해서 설계 변경으로 최초 수준 신뢰성 및 안전성의 결함을 보완할 수 있어야 하고 최초 수준의 장비 운용상태를 약화시키는 것을 방지할 수 있어야 한다.

일반적으로 정비 업무가 필요한 설비에 대하여 기존의 정비 프로그램을 최적화하거나 또는 새로운 정비 프로그램을 수립하기 위한 체계적인 접근 방법이라고 정의할 수 있다. RCM은 예방정비 관련 업무를 보다 합리적으로 판단하기 위해 논리적 순서를 밟으면서 접근하는 것이다. RCM 수행의 효과는 안전, 환경상의 건전성(integrity)의 제고, 설비(또는 시스템)의 가용도, 신뢰도 제고, 보수·정비 비용 저감, 업무 담당자에게 동기 부여, 보수·정비 관련 지식 경영 등을 들 수 있다.

① RCM은 기능에 근거하여 중요 기기를 식별하고, 식별된 중요한 기기의 고장을 예방할 수 있는 적절한 정비업무를 선정하여 정비 프로그램을 최적화하는 절차이다.

② RCM은 최적화된 정비 프로그램의 이행을 통하여 설비의 신뢰도를 향상시키고, 정비 비용을 절감한다.

③ RCM은 항공우주산업, 원자력산업에서는 이미 안전성 및 조업의 건전성 확보를 위해서 활용되었다.

(2) RCM 프로세스

① 유지 보수 관리의 목표를 정의한다. 목표 수립 시, 예를 들어 안전성, 중단 없는 생산, 환경 영향 및 자산 보전과 같이 다양한 유형의 성과에 대한 우선순위를 정의하는 것이 중요하다. 성과 기준은 이러한 각각의 사항에 대해 정의되어야 한다.

② 이러한 유형의 성과와 관련하여 장비에 필요한 성능(또는 기능)을 정의한다. 성능 또는 기능은 명사-동사 쌍의 형태로 정의된다. 예를 들어 핫 오일 가열 플랜트의 경우 펌프에 필요한 성능은 다음과 같다.

㈎ 압력을 생성한다.

㈏ 오일을 포함한다.

③ 필요한 유형의 성과에 영향을 주는 결함 모드를 정의한다.

④ 이러한 결함 모드에 대한 영향 유형을 식별한다.

⑤ 필요한 유형의 성과에 대한 영향 규모를 평가한다.

⑥ 성능 또는 기능의 우선순위, 고장 모드 및 영향에 대해 분석하여 관련 결함 또는 영향의 개선, 제거 또는 감소를 위한 방법에 대해 고찰한다. 우선순위 평가 프로세스는 결함으로 인한 잠재적 결과 및 측정된 상대적 발생 가능성 측면에서 고려해야 한다. 이 평가에는 일반적인 유지 보수 및 대상 플랜트의 유지 보수에 대한 경험을 가진 유지 보수 직원이 참여해야 한다.

⑦ 수행해야 할 조치를 정의한다. 이러한 조치에는 다음이 포함된다.

㈎ 사전 계획된 검사(결함이 발생할 가능성이 높은 장비의 상태를 미리 감지하여 개선함으로써 결함이 발생한 후 소요되는 상당한 비용을 절감할 수 있다.)

㈏ 사전 계획된 복구 작업(항공기의 구성 부품의 경우 일상적인 작업 수행을 통해 새로운 상태로 복원 가능)

㈐ 폐기 및 교체

472

✏ **MEMO** ___________________

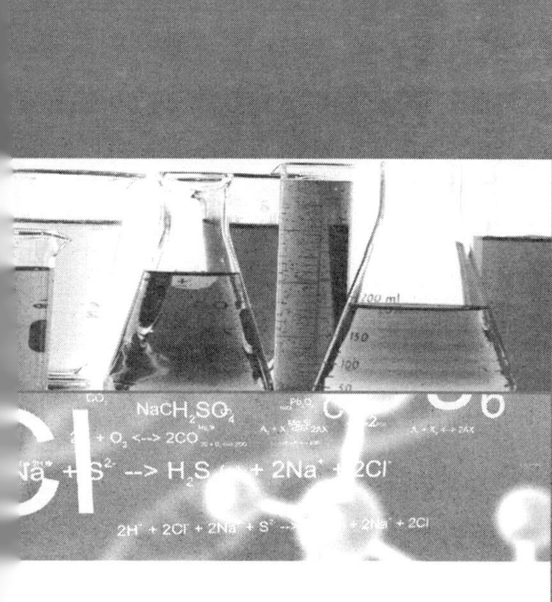

부 록

- 과년도 출제문제
- 참고 자료

제 **66** 회 2002년도 화공안전기술사

※ 다음 13문제 중 10문제를 선택하여 설명하시오 (각 10점).

1. 불활성화(inerting)

2. 방폭구조의 3종류

3. man-machine system에서 직렬 연결 시 신뢰도

4. 산업안전 보건법상 중대 재해로 간주되는 3가지 조건

5. variable spring hanger

6. 분해폭발(explosive decomposition)

7. 폭연과 폭굉의 차이

8. flash over

9. switch loading

10. TLV(threshold limit values)

11. 환상 ring

12. 희생양극(sacrificlal anode)

13. 발화온도(AIT)

제 2 교시 (시험시간 : 100분)

※ 다음 6문제 중 4문제를 선택하여 설명하시오 (각 25점).

1. 산업안전보건법상 위험물의 종류를 나열하고 해당물질 3가지 이상을 기술하시오.

2. gas 용접작업을 수행하고자 한다. 안전작업을 위하여 조치하여야 할 사항을 7가지 이상 기술하시오.

3. 위험물을 연료로 사용하는 건조실(직화건조)을 신규로 설치하고자 한다. 귀하가 책임자로서 설계 시 고려해야 할 사항과 건조설비의 단면도를 도시하고, gas의 흐름 방향을 표시하시오.

4. 화학공장에서 발생한 배관계통 폭발사고 사례를 들고 원인과 대책을 기술하시오.

5. 분진 폭발 방지를 위한 기술지침에 포함되어야 할 내용을 쓰고 설명하시오.

6. LPG 충전소에서 LPG가 충전된 탱크로리차가 도착하여 지하 탱크저장소에 하역작업을 하던 중 화재폭발이 발생되었다. 사고 원인 가능 요소 중 가스 누출 형성 원인을 추정하여 기술하시오.

제 3 교시 (시험시간 : 100분)

※ 다음 6문제 중 4문제를 선택하여 설명하시오 (각 25점).

1. 화학장치 시설에 설치한 긴급차단 valve의 설치목적, 설치범위 및 구조에 대하여 설명하시오.

2. 화학공장에서 방출되는 방출물 처리 방법을 설명하고 VCM (vinyl chloride monomer)를 flash stack에서 연소 처리할 경우 발생되는 문제점을 기술하시오.

3. 다음 부식의 원인과 특징 및 대책을 기술하시오.
   (1) chloride에 의한 부식
   (2) 용존산소와 산소에 의한 부식
   (3) 대기 중에서의 부식

4. 석유화학 공장의 방폭지역 내에 중앙 control room을 설치하고자 한다. 안전시설을 기술하시오.

5. 사고비율(accident rate) 중에서 버드(bird)의 이론을 도식화하고, 각 단계별 내용을 기술하고, 사고 예방을 위하여 무엇을 통제(control)하는 것이 바람직한지를 기술하시오.

6. 다음 그림은 반응기의 안전시스템 도면이다. 이 반응기는 반응기내 압력이 어느 한계점을 넘으면 반응기 원료 주입기에 원료 주입이 자동적으로 차단되는 차단 시스템이 작동하도록 되어 있다. 이 차단 시스템은 압력측정 장치, 압력제어기, 차단밸브로 구성되어 있다. 아래 Data를 이용하여 이 차단 시스템의 전체 신뢰도, 전체 고장 확률, 전체 고장률을 구하시오.(단, 운전기간은 1년으로 한다.)

〈필요 Data〉

구성요소	고장률(μ)
제어기	0.29
압력계	1.41
솔레노이드 밸브	0.42

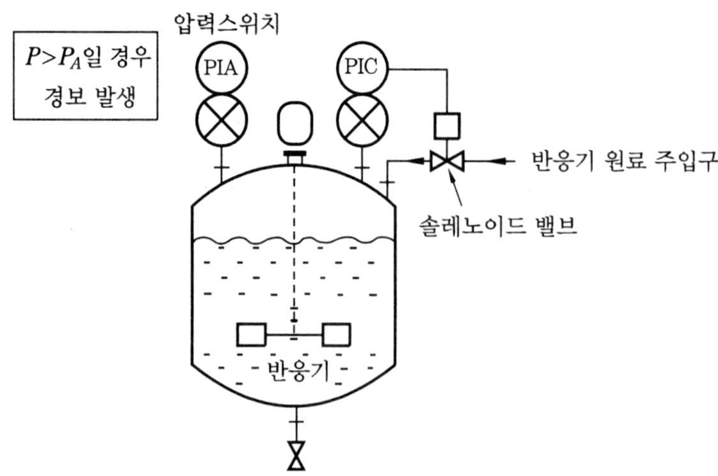

제 4 교시 (시험시간 : 100분)

※ 다음 6문제 중 4문제를 선택하여 설명하시오 (각 25점).

1. 산업안전보건법상 근로자 정기안전·보건 교육대상, 교육시간, 교육내용을 쓰시오.

2. 산업안전보건법 제20조에 의거 사업주는 사업장의 안전·보건을 유지하기 위하여 안전·보건 관리 규정을 작성하고 계시 또는 비치하고 이를 근로자들에게 알려야 한다. 그 내용을 쓰시오.

3. 유독물질의 분산모델(dispersion models)은 유속물질이 사고지점에서 공장이나 다른 인근 지역으로 대기 분산되는데 이때 영향을 주게 되는 (1) 매개 변수를 나열하고 (2) 물질의 연속적인 누출 시 형성되는 특정 플룸(plume)을 도식화하시오.

4. 비등액체 팽창증기 폭발(BLEVE)은 다량의 물질이 발생되는 특별한 형태의 재해이다. BLEVE 발생단계를 순서대로 쓰시오.

5. 화학공장에서 저장 취급하는 황산(H_2SO_4) 저장탱크(carbon steel 재질)에서 화재·폭발 사고가 자주 발생하고 있다. 사고 발생원인과 대책을 쓰시오.

6. 산업안전보건법에서 정하는 안전색채를 쓰시오.

제**68**회　2002년도 화공안전기술사

※ 다음 13문제 중 10문제를 선택하여 설명하시오 (각 10점).

1. 분진폭연지수 및 분진폭발 위험 등급

2. TNT당량

3. 고장률(μ), 신뢰도[$R(t)$], 고장확률[$P(t)$], 평균고장간격(MTBF) 간의 관계

4. pool fire와 jet fire

5. 간결성의 원리

6. choked pressure

7. 릴리프(relief) 시나리오

8. 폭발과압(over pressure)과 임펄스(impulse)

9. 수격작용(water hammer)

10. 폭발효율(explosion efficiency)

11. TWA(time weighted average concentration)

12. 강도율(severity rate of injury)

13. UVCE와 BLEVE

제 2 교시 (시험시간 : 100분)

※ **다음 6문제 중 4문제를 선택하여 설명하시오 (각 25점).**

1. 인간 동기 부여에 관한 Douglas McGregor의 X, Y 이론과 Abraham Maslow의 욕구의 수직 구조론을 설명하고 동기 부여 관리를 위한 실제 원칙(6가지)에 대하여 쓰시오.

2. 화학공장의 위험성 평가 절차를 쓰고 간단히 설명하시오.

3. 분진 폭발의 특징 및 분진 폭발의 거동에 영향을 주는 요인(factor)에 대하여 쓰시오.

4. 안전진단의 대상에 대하여 기술하시오.

5. 화학공장 공정설계(process design) 시 고려해야 할 안전과 관련된 사항에 대해 설명하시오.

6. 비상조치 계획에 포함되어야 할 최소한의 내용들을 열거하시오.

제 3 교시 (시험시간 : 100분)

※ **다음 6문제 중 4문제를 선택하여 설명하시오 (각 25점).**

1. 위험물질의 양을 줄이거나 위험하지 않은 물질 또는 공정조건을 사용하여 위험성을 없애는 방법 등으로 설계된 플랜트(plant)를 본질적으로 안전한 플랜트(inherently safer plant)라 한다. 본질적으로 안전한 플랜트를 설계하는 방법에 대하여 간단히 예를 들어 설명하시오.

2. 위험성 평가 기법 중 HAZOP study에 대해서 논하시오.

3. 화학 플랜트에서 자주 일어나는 반응폭주의 원인을 쓰고 설명하시오.

4. 최근 정전기에 대한 사고 발생이 많이 보고되고 있다. 정전기의 발생원인 및 사고방지 대책에 대해 기술하시오.

5. 내화구조에 대해 설명하시오.

6. 발열공정의 연속식 반응기 운전에서 공정안전상 필요한 일반적인 형식의 계장 (Instrumentation), 제어(control), 인터로크, 기타 공정설비에 관해 설명하시오.

제 4 교시 (시험시간 : 100분)

※ 다음 6문제 중 4문제를 선택하여 설명하시오 (각 25점).

1. 인간의 불안전한 행동의 배후 요인을 인적 요인과 환경적 요인으로 나누어 설명 하시오.

2. 새로 취급하려는 화학물질의 위험성 유무는 먼저 문헌조사를 하는 것이 상식적이 다. 문헌조사 시 찾아 확인해야 될 data를 열거하시오.

3. 화학설비의 점검 시 필요한 도면 또는 자료를 열거하시오.

4. 방폭구조의 종류에 대하여 설명하시오.

5. 다음은 API(American Petroleum Institute)에서 제시한 액체설비에 장착할 스프 링식 안전밸브의 방출면적을 구하는 식이다. 이 식에서 사용된 기호의 의미와 단 위를 쓰시오.

$$A = \left[\frac{in^2(psi)^{1/2}}{38.0gpm} \right] \frac{Q_v}{c_o k_v k_p k_b} \sqrt{\frac{(\rho/\rho_{ref})}{1.25p_s - p_b}}$$

6. 내용적이 238L이고 압력이 100atm(gauge)인 질소로 충전된 용기가 대기 중에서 파열될 때 내는 에너지를 구하고 이를 TNT 당량으로 환산하시오. (단, 대기압은 1atm(abs.)이고 질소의 $\gamma = 1.40$이다.)

제 **69** 회 2003년도 화공안전기술사

※ 다음 13문제 중 10문제를 선택하여 설명하시오 (각 10점).

1. 릴리프 시스템(relief system)

2. 설계압력(design pressure)

3. 풀 프루프(fool proof)

4. 사고(accident)와 재해(injury)의 차이점

5. 가이드 워드(guide word)

6. 과압(over pressure)

7. 최소 산소 농도(minimum oxygen concentration)

8. 최소 컷 세트(minimal cut sets)

9. 양론 농도(stoichiometric concentration)

10. 화염방지기(frame arrestor)

11. 화학설비 자체검사 항목

12. 단열압축

13. 위험기반 검사(risk based inspection)

제 2 교시 (시험시간 : 100분)

※ 다음 6문제 중 4문제를 선택하여 설명하시오 (각 25점).

1. 산업안전보건법 제2조에서 정하는 산업재해의 정의와 국제노동기구(ILO)에서 정하는 산업재해의 정의를 요약 기술하시오.

2. 사업장에서 화재폭발 등 중대산업 사고 발생 시 피해를 최소화하기 위하여 비상조치 계획을 수립하여 시행하고자 한다. 비상조치 계획에 포함되어야 할 내용을 기술하시오.

3. 설비의 본질 안전화를 위하여 fail safe 개념을 도입한다. fail safe는 기능 면에서 fail passive, fail active, fail operational의 3단계로 분류한다. 각 단계를 설명하시오.

4. 액화가스 저장 설비에 있어서 증기운폭발(VCE) 위험성을 최소화하기 위하여 만족되어야 할 설계조건을 기술하시오.

5. 가연성 혼합가스에 불활성가스를 주입하여 산소의 농도를 연소를 위한 최소 산소 농도 이하로 낮게 하여 폭발을 방지하는 방법을 불활성화(Inerting)라 한다. 용기 내의 초기 산소 농도를 설정치 이하로 감소시키도록 하는 데 이용되는 파지(parging) 방법에 대하여 4가지로 나누어 상세히 설명하시오.

6. 휴먼에러(human error) 원인은 개인 특성, 개인 능력, 환경 조건으로 구분하고 있다. 상기 원인 중 개인 능력에 영향을 미치는 관련 요소를 나열하고 예를 들어 보시오.

제 3 교시 (시험시간 : 100분)

※ 다음 6문제 중 4문제를 선택하여 설명하시오 (각 25점).

1. 상압탱크에 있어서의 압력에 의한 위험성을 과압과 진공에 대한 위험성이 있는데 과압의 원인을 기술하고 필요한 방지 장치를 나열하시오.

2. 제조물 책임(PL)법에서 결함을 크게 3가지로 구분하고 있다. 결함의 종류를 나열하고 각각에 대하여 기술하시오.

3. 화학설비를 근원적으로 안전하게 설계하는 방법을 5가지로 나누어 열거하고 구체적으로 그 예를 들어 설명하시오.

4. 물질 안전보건자료(MSDS) 작성 시 포함되어야 할 항목(10개 이상)을 순서대로 나열하시오.

5. 사고비율(accident ratio) 연구에서 버드(Frank. E. Bird)의 이론을 도시하고 이 이론이 함축하고 있는 의미를 설명하시오.

6. 산업안전보건법에서 정하는 특수화학 설비의 종류를 5가지 이상 열거하고 설명하시오.

제 4 교시 (시험시간 : 100분)

※ 다음 6문제 중 4문제를 선택하여 설명하시오 (각 25점).

1. 회분식(batch) 공정에서 HAZOP 수행절차를 열거하고 설명하시오.

2. 산업안전보건법에서 요구하는 화학설비의 내화기준

3. 공식(pitting)의 특성과 공식에 미치는 영향을 예를 들어 설명하시오.

4. 액면화재(pool fire) 모델의 가정과 제한사항을 5가지 이상 열거하고 대기 투과율에 대하여 설명하시오.

5. 가스 누출 감지 경보기의 성능 기준에 대하여 가연성 및 독성가스를 중심으로 설명하시오.

6. 욕조곡선(bath-tub curve)과 Burn-in 기간에 대한 의미를 설명하시오.

제 **71**회 2003년도 화공안전기술사

※ 다음 13문제 중 10문제를 선택하여 설명하시오 (각 10점).

1. 위험요인확인(hazard identification)

2. 화염일주한계

3. 본질안전방폭구조

4. 제1종 위험물

5. 가연성가스

6. 도수강도치

7. 일시적 노동불능

8. 기호 중 각 명칭과 차이를 설명하시오.

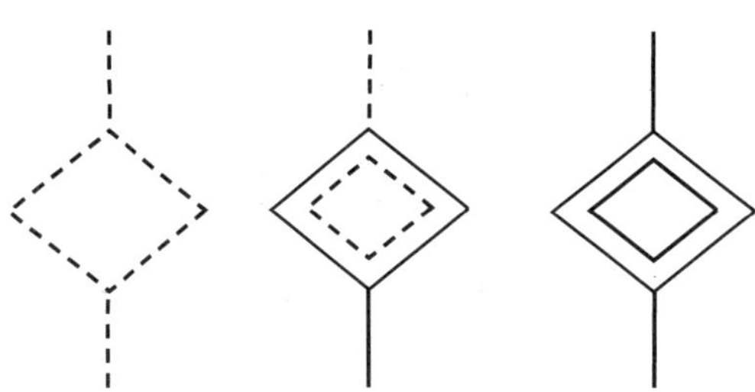

9. 3성분계

10. 예비위험분석기법(preliminary hazard analysis)

11. 안전코드(safety code) 외 안전표준(safety standard) 용어 차이점

12. 화학공장의 표류전류

13. 연소 형식의 분류 및 정의

제2교시 (시험시간 : 100분)

※ 다음 7문제 중 4문제를 선택하여 설명하시오 (각 25점).

1. 석유화학 공정의 방폭지역 구분에 대하여 구체적으로 논하고 안전대책을 기술하시오.

2. 위험물의 일반적 특성 및 위험 분석에 필요한 물리화학적 특성 및 안전대책을 쓰시오.

3. 연소 위험성을 종합적으로 판정하는 데 연소 발생과 확대 특성 지표에 대하여 기술하시오.

4. 화학공장의 정전기 발생에 영향을 주는 인자를 들어 설명하고 이에 따른 방지대책을 기술하시오.

5. 화학 공정의 위험 확인 및 위험평가과정을 플로시트(flowsheet) 그림으로 그리고 중요 부분은 구체적으로 기술하시오.

6. 기상 폭발에 의한 요인, 피해 종류, 피해 예측에 대해 기술하고 안전대책을 쓰시오.

7. 산재예방을 위한 휴먼에러와 근골격계 예방질환과 연계된 휴먼에러방지안전대책 법적 공학적 측면에서 논하라.

제3교시 (시험시간 : 100분)

※ 다음 6문제 중 4문제를 선택하여 설명하시오 (각 25점).

1. 제조물 책임법상의 결함 요소를 분석하고 기업이 대응해야 할 산업안전대책을 기술하시오.

2. 안전성 평가에 필요한 정성적 해석기법과 정량적 해석기법을 각각 3가지씩 들고 개요, 적정 시기, 필요 정보, 결과 형태 등을 각각 기술하시오.

3. 고압가스는 고압상태하에서 3가지로 구분한다. 각각 용어 정의와 관련 가스 종류

안전취급대책을 기술하시오.

4. 폐쇄된 장소(탱크, 사일로, 맨홀, 피트 등)에서 작업을 시키려 한다. 안전책임전문가로서 취해야 할 안전대책을 안전지침, 안전순서 조치사항 순으로 기술하시오.

5. 내용적이 $40\,m^3$, 게이지압력 $55\,kg/cm^2$로 압축된 질소의 압력용기가 파열했을 때 에너지 TNT당량을 구하라. 대기압을 $1\,kg/cm^2$로 하면 $P_2 = 56\,kg/cm^2$, 공기, 질소 모두 $\gamma = 1.4$, 온도는 13℃이다. Baker formula식을 이용하라.(TNT 환산계수 = 0.0269659)

6. KOSHA 18000 인증을 신규 신청하려는 기업에서 안전 전문가의 도움을 얻고자 한다. 안전 전문가에게 자문해야 할 자체평가 내용을 기술하시오.

제 4 교시 (시험시간 : 100분)

※ 다음 6문제 중 4문제를 선택하여 설명하시오 (각 25점).

1. 다음과 같은 간단한 탱크공정의 흐름도(PFD)가 있다. 원천적인 사고원인(root cause)들을 5가지 나열하시오.(단, ‖ ‖ ‖ 제어루프 F=유량, C=제어기, S=sensor : 계기, L=유량 레벨)

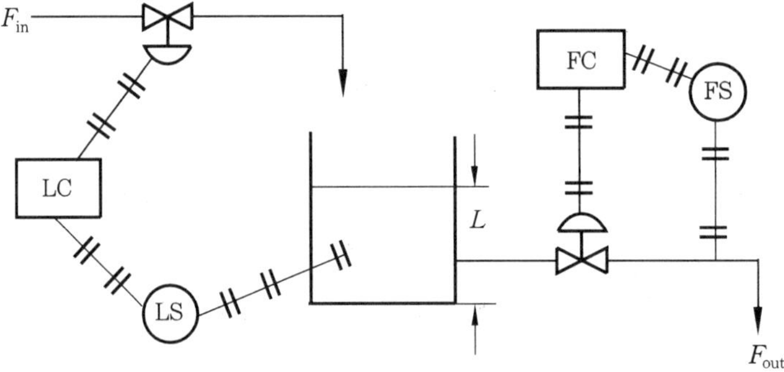

2. LPG 저장탱크에 가연성 물질이 저장되어 있으며, 만약 점화원이 존재한다면 BLEVE를 유발할 가능성이 충분히 존재한다. 만약 즉시 점화되지 않는다면 증기운이 주거지역 쪽으로 충분히 이동한 후 VCE를 유발하거나 flash fire를 유발할

수 있다. 바람 부는 방향 쪽으로의 점화 가능성은 매우 적으며 이와 관련된 데이
터는 다음과 같다.

> ① 가압상태의 LPG의 대량 누출빈도 : 1.0×10^{-5}
> ② 탱크에서의 즉시 점화 가능성 : 0.2
> ③ 주거지역으로의 풍향 가능성 : 0.3
> ④ 주거지역 또는 비주거지역에서의 자연 점화 가능성 : 0.8
> ⑤ flash fire보다 VCE가 발생할 가능성 : 0.4

이 데이터를 사용하여 이벤트 트리(event tree)를 작성하고 각각의 사건에 대한
빈도를 계산하고, 각 빈도의 합이 초기사건 빈도인 1.0×10^{-5}와 일치함을 보여라.

3. 공정안전관리체계(PSM)에서 사고 조사는 매우 중요하다. 다시 말하면 사고 조사
   는 신속하면서도 정확하여야 한다. 또한 명백한 증거 중심의 객관성도 유지하여
   야 한다. 사고 조사 절차를 5단계로 분류하고 각 단계별로 유의할 점을 명시하여
   설명하여라.

4. 이상트리분석(FTA : fault tree analysis) 기법은 화학공정의 정량적 위험분석을
   위한 주요한 기법 중에 하나이다. 간단한 공정의 예를 들어서 기법을 설명하고
   특히 확률계산기법을 예시하여 보여주시오. 또한 이상트리(FT)모델의 구성 요소
   와 특징을 설명하시오.

5. 선진국(구미 및 일본 등)은 이미 공정안전관리체계(PSM)를 1980년대 확립을 기
   초로 통합위기관리체계(IRMS 또는 RMPP) 및 SHE체계(안전, 보건 및 환경체계)
   로 확장 내지 확대하여 가고 있다. PSM과 비교하여 IRMS 및 SHE는 무엇이 추가
   내지 확장되었는지를 명시하고 IRMS와 SHE를 설명하시오.

6. 화학공장조업제어 체계는 아날로그(analog)로부터 디지털(digital) 중앙분산제어
   체계(DCS)로 국내·외에서 변화하고 있다. 소위 C3(제어 : control, 컴퓨터 :
   computer, 통신 : communication) 등 IT(information technology) 기술이 미래
   안전관리에 미칠 변화와 영향을 논하여 보시오.

제 **72** 회 2004년도 화공안전기술사

※ 다음 13문제 중 10문제를 선택하여 설명하시오 (각 10점).

1. 사고 결과 영향(consequence analysis)에 관해 기술하시오.

2. roll over 현상에 대하여 설명하시오.

3. 안전진단 대상에 대하여 기술하시오.

4. 공간 속도와 공간 시간에 대하여 설명하시오.

5. FMEA 실시 목적, 특징, 기본 종류 및 활용 형태를 설명하시오.

6. 화학공장 설비의 위험수준(hazard level)을 명시하고, 신호문구(signal word)의 종류를 3가지 쓰고, 간략히 설명하시오.

7. 위험요인(hazard)과 위험성(risk)에 대해 BS8800 규격기준으로 정의하고, 사례를 간략히 설명하시오.

8. 화학공장의 제어기술 형태에 대하여 열거하시오.

9. 자연발화에 대해 설명하고, 발화온도에 영향을 주는 인자들을 열거하시오.

10. 불안전 행동의 인적 요인 가운데 심리적 요인을 열거하시오.

11. VCE(vapor cloud explosion) 거동에 영향을 주는 인자를 설명하시오.

12. butane gas 완전연소 Jones식을 이용하여 LFL(LEL)과 MOC를 예측하시오.

13. 화학설비 재료의 피로현상(fatigue)에 대해 설명하시오.

제2교시 (시험시간 : 100분)

※ 다음 6문제 중 4문제를 선택하여 설명하시오 (각 25점).

1. 폭발재해 발생의 형태와 방지대책에 대해 기술하시오.

2. 위험과 손해의 관계에 대해 설명하시오.

3. 산업안전보건법상 화학제품 관련 제조물 책임(PL : product liability) 규정에 대해 기술하시오.

4. 공정설계(process design) 단계에서 고려해야 할 안전과 관련된 사항을 기술하시오.

5. 화학설비의 가동은 많은 계측기기 등이 설비되어 가동되므로 주의가 필요하다. 계측기기의 미확인 및 착오의 메커니즘에 대해 기술하시오.

6. 열교환기 운전에 있어 냉각수를 이용하는 열교환기의 구체적 취급 방법에 대해 기술하시오.

제3교시 (시험시간 : 100분)

※ 다음 6문제 중 4문제를 선택하여 설명하시오 (각 25점).

1. 시스템 위험성분석(SHA : system hazard analysis)의 개요 및 분석 내용을 기술하시오.

2. 산업안전보건법상 특수 화학설비에 대한 범위를 기술하시오.

3. 고정 지붕형 탱크의 저비점 원료 저장 시 breathing loss와 working loss가 문제가 된다. 이에 대해 설명하시오.

4. 화학공장의 반응기 설계에 관계되는 주요 인자를 열거하고 설명하시오.

5. 환기방법 중 자연환기법(natural ventilation)과 강제환기법(forced ventilation)에 대해 설명하시오.

6. 안전밸브의 전후에는 원칙적으로 차단 밸브를 설치할 수 없다. 예외적으로 차단 밸브를 설치할 수 있는 경우를 그림을 그려 언급하시오.

제4교시 (시험시간 : 100분)

※ 다음 6문제 중 4문제를 선택하여 설명하시오 (각 25점).

1. 인간과오(human error)의 심리적 요인(내적 요인) 및 물리적 요인(외적 요인)에 대해 기술하시오.

2. 화학공장의 위험성 평가 방법 중 하나인 HAZOP에서 고려해야 할 위험의 형태와 검토에 필요한 자료 및 도면 목록을 열거하시오.

3. 연소소음(combustion noise)에 대해 설명하시오.

4. NCC plant(납사 분해공장)의 안전진단 시 반드시 확인해야 할 항목을 분야별(공정, 전기 기계)로 나누어 기술하시오.

5. 화학설비와 화학설비의 배관 또는 그 부속설비를 사용하여 작업할 때 화재 및 폭발을 방지하기 위한 작업요령을 작성하고 설명하시오.

6. 후드(hood)의 누출 안전계수에 대해 기술하시오.

제 **75** 회 2005년도 화공안전기술사

※ 다음 문제 중 10문제를 선택하여 설명하시오 (각 10점).

1. 가열로의 일상점검 항목(5가지)과 정기검사 항목(5가지)

2. 전지부식(galvanic corrosion)

3. 압력용기의 설계압력과 최대허용사용압력(MAWP)

4. 파열판을 사용하여야 하는 경우 5가지 이상 설명

5. 고무라이닝에서 겹수(plies)와 층수(layers)

6. FAR(fatal accident rate : 사망재해율)

7. 성공적인 안전프로그램의 구성 요소 5가지

8. 용기 두께 측정에 의한 잔존수명 계산방법

9. 공장의 근원적(Inherent) 안전설계방법 5가지

10. control valve의 "fail close" 및 "fail open" 적용 예

11. S.I.S(safety instrumented system)

12. 단열압축(adiabatic compression)

13. 사업장 방폭구조 관련고시 중 "환기가 충분한 장소"라 함은?

제2교시 (시험시간 : 100분)

※ 다음 문제 중 4문제를 선택하여 설명하시오 (각 25점).

1. 산업재해 조사 및 재해발생 구조에 대하여 논하시오.

2. 화학공정 위험분석에 사용되는 고장률(μ), 신뢰도[$R(t)$], 고장확률[$P(t)$], 평균고장간격(MTBF) 등을 설명하고 이들 간의 상호관계를 식으로 표시하시오.

3. 기계식 화염방지기의 KOSHA Code 기준, 구조, 종류, 설치기준, 사용장소에 대하여 상세히 설명하시오.

4. 위험물의 NFPA 위험도 평가방법의 개요, 표시 예, NFPA 위험물 분류에 대하여 상세히 설명하시오.

5. 석유화학공장설비에 대한 수소손상의 종류 및 대책에 대하여 상세히 설명하시오.

6. 공정안전보고서 주요 관계법령 중에서 ① 주요 구조의 변경, ② 고온, 고압의 공정운전 조건으로 인하여 화재, 폭발 위험이 있는 상태, ③ 위험성 평가 실시 심사기준에 대하여 상세히 설명하시오.

제3교시 (시험시간 : 100분)

※ 다음 문제 중 4문제를 선택하여 설명하시오 (각 25점).

1. 재해코스트 계산방식 중 하인리히(H.W.Heinrich) 방식과 시몬즈(R.H.Simonds & J.V.Grimaldi) 방식을 비교 설명하시오.

2. 사건수분석(E.T.A)에서 대응단계(조치)를 일반적 대응 순서대로 열거하고 설명하시오.

3. 화학공장의 flare stack의 설계 고려사항에 대하여 상세히 기술하시오.

4. 위험물질 저장탱크의 방유제 설치대상과 유효용량기준 및 설치 시 고려하여야 할 주요 사항에 대하여 설명하시오.

5. 공장에서 행하여지는 4가지 정비방법에 대하여 특징과 적용사례를 들어 설명하시오.

6. 헥산(C_6H_{14}), 메탄(CH_4), 에틸렌(C_2H_4)의 폭발하한계를 구하고, 이 값을 이용하여 헥산 0.8vol%, 메탄 2.0vol%, 에틸렌 0.5vol%와 나머지는 공기로 구성된 혼합가스의 폭발하한계를 계산하시오.

제 4 교시 (시험시간 : 100분)

※ 다음 문제 중 4문제를 선택하여 설명하시오 (각 25점).

1. 화학공장의 utility failure의 종류 및 utility failure 시에 영향을 받는 기기 및 설비에 대하여 상세히 설명하시오.

2. 화학공장에서 RBI를 수행하려 한다. RBI 기법의 내용, RBI 구축 시 장점, RBI의 투자비와 경비절감에 대한 상관관계를 상세히 설명하시오.

3. 암모니아 실린더가 저장창고에 보관되어 있다. 암모니아는 실린더에서 고정식 배관(fixed pipe)을 통해 기화기를 거쳐 공정으로 공급된다. 암모니아 저장창고에서 발생할 수 있는 잠재 위험 요소를 찾아 나열하고 이 설비에 대한 사고 결과 피해 규모를 예측하기 위해 사용하는 모델 및 적용 절차를 설명하시오.

4. 화학공장의 비파괴검사 방법을 열거하고 설명하시오.

5. 회분식 공정에 대한 HAZOP 검토 시 시간(time)으로 인하여 발생할 수 있는 이탈의 종류와 내용을 설명하시오.

6. 계장설비(온도, 압력, 유량, 액면, 농도계)에서 발생하는 주요 고장 원인을 열거하고 설명하시오.

제 **78** 회 2006년도 화공안전기술사

※ 다음 13문제 중 10문제를 선택하여 설명하시오 (각 10점).

1. MIE(최소착화에너지)에 영향을 주는 요소란?

2. AIT(자연발화온도)는 무엇의 함수인가?

3. 폭발보호방법 6가지는 무엇인가?

4. 점화지연(Ignition delay)이란?

5. 기체의 시료 채취에서 호흡반경이란?

6. HAZOP에서 공정단계와 관련한 가이드 워드를 언급하고 설명하시오.

7. 화염일주한계란?

8. 공정특수위험인자(special process hazard factor)란?

9. 열간균열이란?

10. 틈부식이란?

11. NFPA(National Fire Protection Association) 지수란?

12. 화학제품의 제조물책임법(PL)상의 결함 3가지를 열거하시오.

13. 산업안전보건법상 중대재해란?

제 2 교시 (시험시간 : 100분)

※ 다음 6문제 중 4문제를 선택하여 설명하시오 (각 25점).

1. 화학공장 설계 및 운전 시에 온도, 압력, 유속 결정을 위한 중요 사항을 설명하시오.

2. 화학공장 사고 시 반응 폭주로 일어나는 경우가 많은데 그 발생 원인과 대책에 대해 설명하시오.

3. 화학공장의 위험 요인과 화재 폭발 원인을 설명하시오.

4. 화학설비의 안전성 확보를 위한 사전 안전성 평가 방법을 5단계로 나누어 설명하시오.

5. 화학공장 설비관리에 대한 검토를 할 경우에 물질, 배치, 예방 국소화 및 설비보전 항목 내용에 대해 설명하시오.

6. 산업안전보건법에서 정하는 위험물의 저장, 취급 시의 화학설비 및 부속설비의 안전거리를 설명하시오.

제 3 교시 (시험시간 : 100분)

※ 다음 6문제 중 4문제를 선택하여 설명하시오 (각 25점).

1. 부식 발생에 영향을 주는 인자를 설명하고, 전기방식법을 희생양극법과 외부전원법으로 분류하여 설명하시오.

2. 산업안전보건법에서 규정하는 위험물질의 종류와 특성을 설명하고, 위험물안전관리법과의 관련성에 대하여 설명하시오.

3. 산업안전보건법 관련 규정에서 정하는 방폭지역의 구분 기준을 설명하고, 방폭구조의 종류에 대하여 설명하시오.

4. 폭발한계에 미치는 환경적인 효과(온도, 압력, 산소 및 기타 산화물 등)를 설명하시오.

5. 제전기의 원리를 설명하고 제전기의 종류별로 제전 특성을 설명하시오.

6. 화학장치산업에서 열분석기술의 필요성을 설명하고 열분석기법에 대하여 설명하시오.

제 4 교시 (시험시간 : 100분)

※ **다음 6문제 중 4문제를 선택하여 설명하시오 (각 25점).**

1. DCS(distributed control system)와 PLC(programmable logic controller) 기능 및 차이점을 설명하시오.

2. 산업안전보건법에 의하면 화학물질을 수입, 양도, 취급하는 자는 MSDS(물질안전보건자료)를 확보하여 유통하도록 하고 있다. 이 제도의 실시 배경, 목적 그리고 적용대상물질을 설명하시오.

3. 화학설비의 신뢰성을 결정하는 고장 발생의 유형과 욕조곡선(bathtub curve)을 상세하게 설명하시오.

4. 화학공장의 유류저장탱크 배관의 용단작업을 하려고 한다. 이때, 발생할 수 있는 제반 위험 요소 등을 예측하고 필요한 안전대책을 작업 전·후 및 작업 중으로 구분하여 설명하시오.

5. 저유조의 유류 저장 탱크(30,000 m^3)에서 화재가 발생했는데 유류 화재 시 나타나는 현상과 화재 예방대책에 대해서 설명하시오.

6. 산업안전보건법에 의한 가스누출감지경보기를 설치하여야 할 장소를 나열하시오.

제**81**회 2007년도 화공안전기술사

※ 다음 13문제 중 10문제를 선택하여 설명하시오 (각 10점).

1. 위험성 평가기법 중 위험과 운전분석기법(HAZOP)의 장·단점을 설명하시오.

2. PSM(process safety management)의 기본적 취지에 대해서 설명하시오.

3. 산업안전보건법에 의한 안전 보건 관리 책임자의 직무에 대해서 설명하시오.

4. 공정 안전 관리에 의한 위험성 평가 중에 부식 재해사고를 분류하고 설명하시오.

5. 심리활동에 있어서 간결성의 원리를 설명하시오.

6. TNT당량(equivalent amount of TNT)에 대해서 설명하시오.

7. 공정위험평가(process risk assessment)의 목적에 대해서 설명하시오.

8. 폭발 효율(explosion efficiency)에 대해서 설명하시오.

9. 부동태(passivity)에 대해서 설명하시오.

10. 근골격계 질환의 유해 요인 중에서 접촉 스트레스에 대해서 설명하시오.

11. 피드백(feedback) 제어와 시퀀스(sequence) 제어의 차이를 설명하시오.

12. 오조작방지장치(fail safe)에 대해서 설명하시오.

13. Gaussian model에 대하여 설명하고 model에 적용되는 전제조건을 쓰시오.

제 2 교시 (시험시간 : 100분)

※ 다음 6문제 중 4문제를 선택하여 설명하시오 (각 25점).

1. 산업안전보건법에서 사업주가 행하여야 할 유해·위험예방 조치사항에 대하여 설명하시오.

2. 분진제거장치를 분류하고 안전과 관련하여 설명하시오.

3. 안전진단의 대상에 대해서 설명하시오.

4. 화학설비 및 건축물의 내화(fire proofing) 구조 목적을 기술하고 산업안전기준에서 설명하는 내화재료는 시험체 강재 표면의 평균온도가 538℃ 이하, 최고온도는 649℃ 이하로 하는 이유를 설명하시오.

5. 화학공장에서 취급되는 조작 중에 정전기적 유도현상에 의하여 비전도성 물체가 전도성 물체 주위에서 전하를 띠게 되는 현상을 5가지 설명하시오.

6. 작업 위험분석에 대하여 설명하시오.

제 3 교시 (시험시간 : 100분)

※ 다음 6문제 중 4문제를 선택하여 설명하시오 (각 25점).

1. 산업재해의 직접 원인을 인적 원인(불안전한 행동)과 물적 원인(불완전한 상태)으로 구분하여 설명하시오.

2. 공정안전보고서의 세부 내용에 포함되어야 할 내용을 설명하시오.

3. 유해물질 중 액상 유기화합물의 처리법에 대해서 설명하시오.

4. 저장탱크 및 가스시설을 지하에 설치할 때 유의할 사항을 설명하시오.

5. 가연성 물질의 화학적 폭발 방지대책을 제시하고 설명하시오.

6. 화학공장의 안전작업 허가서(safety work permit) 종류와 그 관리방법에 대해서 설명하시오.

제4교시 (시험시간 : 100분)

※ 다음 6문제 중 4문제를 선택하여 설명하시오 (각 25점).

1. 산업안전보건법상 산소 결핍의 정의 및 안전담당자의 직무에 대해 설명하시오.

2. 화학공장 설비의 안전대책 중 증류탑의 점검 사항에 대해서 일상점검 항목(운전 중 점검)과 개방 시 점검해야 할 항목(운전 정지 시 점검)을 설명하시오.

3. 특정 화학물질에 대한 장해예방대책에 대하여 설명하시오.

4. 화학공장의 공정설계 단계에서 고려되어야 할 안전과 관련된 사항을 설명하시오.

5. MSDS의 활용범위와 효과에 대해 설명하시오.

6. 「유해화학물질관리법」의 독성기준에 따른 ① 독성물질의 생체내 투입경로, ② 독성물질의 측정단위, ③ 산업안전보건법상의 기준, ④ 독극물의 응급처치에 대해서 설명하시오.

제 84 회 2008년도 화공안전기술사

※ 다음 문제 중 10문제를 선택하여 설명하시오 (각 10점).

1. 안전막(safety barrier)에 대해 설명하시오.

2. 안전계수(safety factor)에 대해 설명하시오.

3. 증류시스템에서 위험물질 정체량을 감소시킬 수 있는 방법을 설명하시오.

4. 화학설비 중 특수 화학설비에 대해 설명하시오.

5. 서징(surging)의 의미 및 방지책에 대해 설명하시오.

6. 폭발의 scaling 법칙에 대해 설명하시오.

7. 산소수지(oxygen balance)란 무엇인지 정의를 중심으로 설명하시오.

8. 이너팅(inerting)과 치환(purging)이 무엇인지 설명하시오.

9. 금수성물질 중 수분과 반응하여 수소가스를 발생시키는 물질 두 가지만 예를 들고 그 물질의 반응식을 쓰시오.

10. 사업주가 안전밸브를 설치해야 하는 화학설비 및 그 부속설비에 대하여 쓰시오.

11. SI 단위의 특징과 기본단위, 조립단위 기호를 표시하시오.

12. 공정기기의 운전 시 위험성에 대해 설명하시오.

13. 단독고장원(single failure point)에 대해 설명하시오.

제 2 교시 (시험시간 : 100분)

※ 다음 문제 중 4문제를 선택하여 설명하시오 (각 25점).

1. 화학물질 및 화학반응의 위험성을 설명하고 이의 판정에 필요한 인자는 무엇인지 설명하시오.

2. 염소 저장 및 공급시설의 안전대책을 기술하시오.

3. 석유화학공장과 중소규모 화학공장과의 안전관리 특성을 비교 설명하시오.

4. 반응기 점검 사항을 설명하시오.

5. PFD/P&ID의 기술자료 상세 검토방법에 대해 설명하시오.

6. EU REACH 제도와 국내의 MSDS 제도를 비교 설명하시오.

제 3 교시 (시험시간 : 100분)

※ 다음 문제 중 4문제를 선택하여 설명하시오 (각 25점).

1. 공정안전성분석(PHR : process hazard review)을 정의하고 회분식 공정에서 PHR 평가 시 가이드 워드를 설명하시오.

2. 공정 설계 시 저장시설, 반응시설, 증류시설, 혼합시설, 이송시설 등과 같은 설비에서 혼합 금지 물질이 존재할 경우 필요한 안전상의 조치를 설명하시오.

3. 화학공정의 연동설비(Inter-lock)의 by-pass 절차 작성요령을 설명하시오.

4. 폭발보호(explosion protection)의 대책을 제시하고 설명하시오.

5. 화학공정에서의 사업장내 안전과 사업장의 환경과의 연관성을 단계별로 설명하시오.

6. 독성물질의 피해 예측 및 누출 확산 시의 ERPG(emergency response planning guideline) 농도에 대해 설명하시오.

제 4 교시 (시험시간 : 100분)

※ 다음 문제 중 4문제를 선택하여 설명하시오 (각 25점).

1. 실내화재에서 환기지배화재(ventilation control fire)란 무엇이며 실내화재의 연소속도(R)가 개구면의 면적(A)과 개구면의 높이(H)와의 어떤 관계인지 설명하시오.

2. 플레어스택에서 molecular seal의 역할과 원리를 설명하시오.

3. 반응기의 원리와 단위반응 종류, 인자 및 반응의 분류에 대하여 기술하시오.

4. 분자식이 $C_mH_nO_xF_k$인 가연성가스가 산소(O_2)와 연소될 때 연소반응식과 함께 이론혼합비(C_{st})를 제시하시오(단, 단위는 부피퍼센트(Vol%)로 나타내시오.).

5. 화학물질의 반응공정에서 이상 반응의 발생 요인을 열거하고 이상 반응에 대응하기 위해 고려해야 할 위험방지설비를 제시하시오.

6. 방폭지역의 1종 장소의 예를 5가지 이상 열거하시오.

제**87**회 2009년도 화공안전기술사

※ 다음 문제 중 10문제를 선택하여 설명하시오 (각 10점).

1. 바이오 에탄올의 개념 및 활용도에 대하여 설명하시오.

2. 활동도(activity)와 활동도계수(activity coefficient)에 대하여 설명하시오.

3. 화학공장에 적용하는 위험성 평가 중 인적오류분석(human error analysis) 기법에 대하여 설명하시오.

4. 공정안전보고서 관계법령에서 규정하는 가연성가스와 인화성물질의 규정수량(kg) 및 정의에 대하여 설명하시오.

5. 화학공장의 사고발생 분석 시 인적 측면에서 본 공통적인 배경을 설명하시오.

6. 릴리프 시스템(relief system)을 설계하기 위한 순서를 기술하고 설계 시 유의해야 할 사항을 설명하시오.

7. 중질유 저장탱크 화재 시의 slopover와 frothover 현상에 대하여 설명하시오.

8. 산업안전보건법에서 규정한 가스누출감지경보기 설치장소 5개소를 쓰시오.

9. 화학공장에서의 폭발진압 및 보호시스템 5가지에 대하여 설명하시오.

10. 화공안전분야 산업안전지도사의 PSM 확인에 대한 규정을 포함한 산업안전보건법 제49조의 2 동 시행규칙 제130조의 6(확인 등)에 대하여 설명하시오.

11. RfC(reference concentration)과 RfD(reference dose)에 대하여 설명하시오.

12. 화학공장에 설치되어 있는 방폭형 전기기기의 구조는 발화도 및 최대표면온도에 따른 분류와 폭발성가스 위험등급으로 분류되는데, 국내와 IEC의 분류기준을 설명하시오.

13. 화학공장의 안전관리상 부적응의 유형 5가지에 대하여 설명하시오.

제 2 교시 (시험시간 : 100분)

※ **다음 문제 중 4문제를 선택하여 설명하시오 (각 25점).**

1. 화학공장에서 발생할 수 있는 증기운폭발(vapor cloud explosion)의 개념, 영향 인자 및 예방대책에 대하여 설명하시오.

2. 정유·석유화학 공장에서의 염화물 응력부식균열의 발생 요인, 손상에 취약한 설 비, 방지대책에 대하여 설명하시오.

3. 신뢰도 중심의 유지보수(RCM : reliability centred maintenance) 개념 및 각 적 용단계에 따른 세부사항을 설명하시오.

4. 인화성물질 저장탱크에서 펌프를 이용하여 위험물질을 이송하고자 할 때 발생할 수 있는 위험상태와 대책을 설명하시오.

5. 화학공장의 정량적 위험성 평가 중 QRA(quantitative risk assessment)를 수행 하고자 한다. QRA의 개요, 구성 요소 및 특징에 대하여 설명하시오.

6. 화학공장에서 사고를 유발할 수 있는 운전원의 불안전한 행동의 종류에 따른 세 부사항을 설명하시오.

제 3 교시 (시험시간 : 100분)

※ **다음 문제 중 4문제를 선택하여 설명하시오 (각 25점).**

1. 특정 화학물질에 대한 장해예방대책을 설비, 환경 및 근로자의 안전화 관점에서 설명하시오.

2. 산업안전보건법상 산소 결핍의 정의, 예상 위험작업의 종류 및 사고방지방법에

대하여 설명하시오.

3. 화학공장의 화재·폭발 위험성을 평가하고자 사고결과영향분석(consequence analysis)을 수행하기 위한 화재 모델링(pool fire, jet fire, flash fire) 및 폭발 모델링(용기 폭발 모델링, BLEVE 모델링)에 대하여 설명하시오.

4. 화학공장의 방폭대책을 폭발 억제 및 확대 방지의 관점에서 설명하시오.

5. PSM 대상 시설 혹은 공정에서 변경 및 시운전단계에서의 공정안전보고서 확인 시 사업장에서 준비하여야 하는 서류를 25가지 쓰시오.

6. 국내 및 해외에서의 수소·연료전지 안전연구 현황 및 향후 국내의 안전연구 방향에 대하여 설명하시오.

제4교시 (시험시간 : 100분)

※ 다음 문제 중 4문제를 선택하여 설명하시오 (각 25점).

1. 유해물질 노출 시의 허용농도인 TLV(threshold limit value) 3가지에 대하여 설명하시오.

2. 화학공장의 반응기에서 발생할 수 있는 반응폭주(runaway)의 개요, 발생 요인, 방지대책에 대하여 설명하시오.

3. SIS(safety instrumented system) 및 SIL(safety integrity level)에 대하여 설명하시오.

4. 국내 및 해외의 태양광 산업시장 현황 및 향후 전망에 대하여 설명하시오.

5. 화학공장의 작업위험분석(job safety analysis)에 대하여 설명하시오.

6. risk assessment 관점에서 bath tube 형태의 고장률(μ)을 시간(t)의 함수로 도식하고, 고장률(μ), 신뢰도(R), 고장확률(P)에 대하여 설명하시오.

제**90**회 2010년도 화공안전기술사

※ 다음 문제 중 10문제를 선택하여 설명하시오 (각 10점).

1. 산업안전보건법에서 정하는 화학물질의 물리적 위험성 분류 기준에 따라 다음 용어를 설명하시오.
   (1) 인화성 액체
   (2) 인화성 에어로졸
   (3) 고압가스
   (4) 유기과산화물

2. 평균 고장간격(MTBF)과 평균 고장수명(MTTF)을 설명하시오.

3. 한계산소농도(LOC)와 불활성화(inerting)에 대하여 설명하시오.

4. 박막폭굉(film detonation)에 대하여 설명하시오.

5. 화재와 폭발의 차이점에 대하여 설명하시오.

6. fire ball의 형성 메커니즘에 대하여 설명하시오.

7. 중복설비(redundancy)의 개념에 대하여 설명하시오.

8. 분출화재(jet fire)와 액면화재(pool fire)에 대하여 설명하시오.

9. 화학설비 등의 공정설계 기준에 의한 다음 용어에 대하여 설명하시오.
   (1) 유효양정(net positive suction head)
   (2) 슬러그 흐름(slug flow)

10. 화학물질 또는 화학물질 함유 제제를 담은 용기의 경고표지에 포함되어야 할 사항을 5가지 이상 쓰고 설명하시오.

11. 분진방폭 구조의 종류 3가지에 대하여 설명하시오.

12. 위험성(hazard)과 위험도(risk)의 차이점을 설명하시오.

13. 화학반응의 열적 위험성 평가를 위한 안전에 관련된 변수(parameters)와 특성 (properties)을 4단계로 구분하여 쓰시오.

제2교시 (시험시간 : 100분)

※ 다음 문제 중 4문제를 선택하여 설명하시오 (각 25점).

1. 화학물질이 들어 있는 반응기 및 탱크 내부 등의 밀폐 공간에서 작업 중 중대재 해 발생빈도가 매년 증가 추세에 있다. 밀폐 공간 내 작업 시 사전 안전조치 사항 및 재해 예방대책을 설명하시오.

2. 화학물질 분류 및 경고표지에 대한 세계조화시스템(GHS) 제도의 우리나라 도입 의 필요성과 GHS가 미치는 영향 및 파급 효과에 대하여 설명하시오.

3. 화학공장에서 정전기에 의한 화재폭발 사고가 종종 발생되고 있다. 정전기 생성 원리와 위험성을 분석하고, 정전기 방지대책을 설명하시오.

4. 화염 전파 방지장치의 종류 및 용도에 대하여 설명하시오.

5. 화학설비의 근원적 안전성 확보를 위해서는 설계단계에서부터 접근해야 하는데, 산업안전기준에 관한 규칙에 의거한 공정안전관리를 위한 설계방법, 개선사례, 효과에 대하여 설명하시오.

6. 정유 플랜트에서의 수소 공격(hydrogen attack) 발생 원인과 방지대책에 대하여 설명하시오.

제3교시 (시험시간 : 100분)

※ 다음 문제 중 4문제를 선택하여 설명하시오 (각 25점).

1. 산업안전보건법에서 규정하고 있는 위험물질 및 관리대상 유해물질의 흐름을 차단하는 긴급차단밸브의 구조 및 설치 범위에 대하여 설명하시오.

2. 화학공장에서 많이 접할 수 있는 단위조작 공정 중 저장설비, 반응장치, 압력 용기, 증류장치 및 건조설비에 대한 안전대책을 설명하시오.

3. 낙뢰로 인한 서지 발생으로 화학공장의 화재 및 폭발사고 예방을 위하여 피뢰설비를 설치하여야 하는데, 화학공장의 피뢰설비 설치방법에 대하여 설명하시오.

4. 화학공장의 건설 혹은 유지보수 시 안전작업 허가절차(safety permit to work procedure)의 목적과 관리감독자가 안전작업허가서의 확인·서명 전에 점검 확인해야 될 항목을 설명하시오.

5. 2007년 6월부터 EU(유럽연합)는 신화학물질관리(REACH) 제도를 시행하였으며, 이에 대한 국내 산업계에서 다양한 대응활동을 전개하고 있다. 이와 관련하여 REACH 제도는 무엇이며, 화학제품을 생산하고 있는 기업에서 어떠한 대응전략을 수립해야 하는지를 설명하시오.

6. 화학공장에서 예상되는 산업재해 발생 요인을 발굴하고 사고 가능성을 최소화하기 위하여 위험성 평가(risk assessment)를 실시하는데, 위험성 평가의 목적과 기법 및 단계별 수행방법을 설명하시오.

제4교시 (시험시간 : 100분)

※ 다음 문제 중 4문제를 선택하여 설명하시오 (각 25점).

1. 하인리히(Heinrich)의 사고예방대책 기본 원리와 단계별(5단계) 조치사항을 설명하시오.

2. 화학공업에서 폭주반응(runaway reaction)의 의미와 원인이 무엇이며, 폭주반응

에 의한 이상상태 발생 시 방지대책을 설명하시오.

3. 공정안전보고서 제출 시 안전운전지침과 절차서에 포함되어야 할 사항을 설명하시오.

4. 탄소 시장의 개념과 국내·외 탄소 시장 동향에 대하여 설명하시오.

5. 석유화학공장 설계 시 내진설계의 필요성과 가스시설의 기초에 대한 얕은 기초의 내진설계와 깊은 기초(말뚝기초)의 내진설계에 대하여 설명하시오.

6. 화학공장에서 화재·폭발 발생 시 임직원, 고객, 주주 등에게 막대한 피해를 줄 수 있다. 생산 등 조업 중단이 계속되면 기업 및 국가에 큰 영향을 미칠 수 있어 사업연속성 관리(business continuity management)에 대한 중요성이 절실히 요구되고 있는데 이에 대한 도입의 필요성, 절차 및 선진기업의 추진 사례를 설명하시오.

제 93 회 2011년도 화공안전기술사

※ 다음 문제 중 10문제를 선택하여 설명하시오 (각 10점).

1. 폭발 효율(explosion efficiency)에 대하여 설명하시오.

2. 재해율 중 강도율(severity rate of injury)에 대하여 설명하시오.

3. 작업위험분석에 대하여 설명하시오.

4. 공정설비 중 안전성이 완벽하게 유지되어야 하는 위험설비 7가지를 쓰시오.

5. 화염전파(flame propagation) 속도에 대하여 설명하시오.

6. 가연성 분진의 착화 폭발 순서에 대하여 설명하시오.

7. 재해예방의 안전대책 중 3E 원칙과 작업기준에 대하여 설명하시오.

8. 폭발 위험에 대한 안전장치의 성격, 설계 순서와 압력방출장치의 종류를 설명하시오.

9. 공정안전관리(PSM : process safety management)의 공정안전자료를 열거하시오.

10. 탱크화재를 예방하고 화재 시 초기 진압할 수 있는 대책을 설명하시오.

11. fool proof에 대하여 설명하시오.

12. 비상조치계획에 포함되어야 할 최소한의 내용들을 열거하시오.

13. 산업안전보건법상 화학물질 취급자에 대한 MSDS(물질안전보건자료) 교육을 실시하도록 하고 있다. 그에 대한 교육 내용을 쓰시오.

제2교시 (시험시간 : 100분)

※ 다음 문제 중 4문제를 선택하여 설명하시오 (각 25점).

1. 방호계층분석(LOPA : layer of protection analysis)과 독립방호계층(IPL : independent protection layer)에 대하여 설명하시오.

2. 프로젝트에 대한 위험도 분류(projet hazard identification)에 대해 설명하시오.

3. 화학공장의 중대재해 조사 시 조사 순서와 참고 자료를 기술하시오.

4. 화학공장에서 가스 폭발 재해 예방의 기본은 어떠한 위험성이 있는가를 조사하여 그 위험성이 재해 원인으로 되지 않도록 대책을 세워야 하는데 이 경우 정적인 위험성과 동적인 위험성에 대하여 설명하시오.

5. 발열공정의 연속식 반응운전에서 공정안전상 필요한 일반적인 형식의 계장(instrument), 제어(control), 인터로크(interlock) 설비에 대하여 설명하시오.

6. 화학공장에서의 대형사고 예방을 위한 장·단기 안전대책에 대하여 설명하시오.

제3교시 (시험시간 : 100분)

※ 다음 문제 중 4문제를 선택하여 설명하시오 (각 25점).

1. 인화성 액체를 저장하는 탱크(원추형 지붕 및 유동형 지붕)에서의 정전기 완화조치에 대하여 설명하시오.

2. 화학공장에서 사용되는 반응기의 압력, 온도, 이상반응에 대한 설계 시 고려해야 할 사항을 설명하시오.

3. 신규 공장 건설을 위해 취급하려는 화학물질의 유해성 유무는 먼저 문헌조사를 하는 것이 우선이다. 문헌조사 시 확인해야 할 자료를 열거하시오.

4. 충격 감도(impact sensitivity)와 증기위험도지수(vapor hazard index)에 대하여 설명하시오.

5. 공정안전의 다중보호 기능(redundent protection)의 핵심사항에 대하여 설명하시오.

6. RBI(risk based inspection)의 적용 분야와 설비를 나열하고 직접 효과와 간접 효과에 대하여 설명하시오.

제4교시 (시험시간 : 100분)

※ 다음 문제 중 4문제를 선택하여 설명하시오 (각 25점).

1. 화학반응 공정의 위험 확인에 있어 주반응에서 안전에 관련된 특성과 변수에 대하여 설명하시오.

2. 열매체의 요건과 열매체 선정 시 고려해야 할 사항에 대하여 설명하시오.

3. 공정 설계 단계에서부터 정상조업 및 일상적인 보수에 있어 화재, 폭발, 누출사고 예방을 위한 방안과 실행관리 항목을 설명하시오.

4. 산업안전보건법에서 정의하고 있는 '산업재해'와 '중대재해'에 대한 의미와 법에서 규정하고 있는 '산업재해보고'에 대한 내용을 쓰시오.

5. 폭주반응 예방을 위한 기술적인 예방조치에 대하여 설명하시오.

6. 인화성 액체의 저장탱크에서 펌프를 이용하여 액체를 이송할 때 발생될 수 있는 위험의 종류를 7가지 이상 기술하고 대책을 설명하시오.

제 **96** 회 2012년도 화공안전기술사

※ 다음 문제 중 10문제를 선택하여 설명하시오 (각 10점).

1. 공정안전보고서 제출대상 7개 업종을 나열하고 유해·위험물질로 제출 대상이 될 경우 인화성가스와 인화성액체의 규정량(kg)을 각각 기술하시오.

2. 산업재해 통계에서 활용되는 재해율, 사망만인율, 도수율, 강도율의 산출식을 기술하시오.

3. 산업안전보건법상 공정안전보고서 제출 의무가 있는 "주요 구조 부분의 변경"에 해당하는 3가지 경우를 기술하시오.

4. 산업안전보건법상 위험 방지가 특히 필요한 작업을 10가지만 기술하시오.

5. 긴급차단밸브의 설치가 필요한 곳에 대하여 설명하시오.

6. 폭발성물질의 화학구조와 위력의 관계를 나타내는 산소수지(oxygen index or oxygen balance)에 대하여 계산방법과 함께 설명하시오.

7. 폭연(deflagnation)과 폭굉(detonation)에 대하여 설명하시오.

8. 안전밸브 대신에 파열판(rupture disk)을 사용하는 목적과 특성에 대하여 설명하시오.

9. 안전밸브를 lift(밸브 본체가 밀폐된 위치에서 분출량 결정압력의 위치까지 상승했을 때의 수직방향 치수)에 따라 분류하고 각각 설명하시오.

10. 화학장치의 제작 및 정비를 할 때 내부 결함 방지를 위하여 실시하는 주요한 비파괴검사 방법 4가지의 특성을 설명하시오.

11. $F-N$(frequency number) curve에 대하여 설명하시오.

12. 재해발생빈도(하인리히, 버드, 콘패스) 이론에 대하여 설명하시오.

13. 열교환기의 용도를 사용목적과 상태에 따라 분류하고 설명하시오.

제 2 교시 (시험시간 : 100분)

※ 다음 문제 중 4문제를 선택하여 설명하시오 (각 25점).

1. 화학공장의 다중방호대책(LOPA)의 의미와 적용 방법에 대하여 설명하시오.

2. 산업안전보건법에 명시된 안전교육의 종류와 시간에 대하여 설명하시오.

3. 회분식 반응기에 맨홀을 통해 고체 연료를 투입한 후 인화성 물질인 용제를 배관을 통해 투입하면서 철제 맨홀 덮개를 닫는 순간 반응기 내부에 비산되는 과정에서 생성된 용제 증기가 점화원에 의해 폭발하였다. 이때 맨홀 덮개가 작업자를 가격한 사고가 발생했다고 가정한다면 예상되는 점화원 및 사고재발방지 대책에 대하여 설명하시오.

4. 공정안전관리제도(PSM)의 12가지 요소 중 변경 요소 관리에서 변경 발의 부서의 장이 변경 관리 요구서를 제출하기 전 검토해야 할 사항을 설명하고, 1974년 영국의 Flixborough에서 발생한 사이클로헥산 공장 폭발 사고 원인을 변경 관리 요소 측면에서 설명하시오.

5. 화학플랜트에서 반응폭주의 위험성을 예측하여 문제점을 발굴하고, 대책에 대하여 설명하시오.

6. 반응기의 조작방법과 구조에 따라 분류하고 각각에 대하여 설명하시오.

제 3 교시 (시험시간 : 100분)

※ 다음 문제 중 4문제를 선택하여 설명하시오 (각 25점).

1. 공정안전보고서 이행상태 평가의 종류별 실시 시기 및 등급 부여 기준을 설명하시오.

2. 화학설비의 기능 상실 정도를 나타내는 고장심각도를 3가지로 구분하고 설명하시오.

3. 반응폭주 위험의 한계에 있어 Semenove 이론에 대하여 설명하시오.

4. 증류탑(포종탑) 내의 액량 최소 허용한계 및 증기량의 최소효용한계선의 용어를 정의하고 적정운전부하를 유지하지 못하였을 경우 생길 수 있는 현상에 대하여 설명하시오.

5. 안전대책의 기본이 되는 fail safe system과 fool proof system의 차이점과 특징을 설명하시오.

6. 화학공정에서 폭발이 일어나는 위험성 때문에 산업안전보건기준에 관한 규칙으로 폭발 억제장치에 관해서 필요한 사항을 정하고 있는데, 폭발억제장치의 구조와 원리를 나열하고 설계 및 설치 시 고려사항을 설명하시오.

제 4 교시 (시험시간 : 100분)

※ **다음 문제 중 4문제를 선택하여 설명하시오 (각 25점).**

1. 최근 저탄소 사회 구축을 위해 환경 성과 향상을 넘어선 혁신적인 탄소 제로(zero) 혁신 활동을 전개하고 있는데, 이에 따른 온실가스 목표관리제와 기업의 대응방향에 대하여 설명하시오.

2. 가연성 또는 독성물질의 가스나 증기의 누출을 감지하기 위한 가스누출감지경보기 설치에 필요한 사항을 산업안전보건기준에 관한 규칙에 정하고 있는데, 가스누출감지경보기의 설치 장소, 구조 및 성능에 대하여 설명하시오.

3. 화학공장(나프타 분해 공정 등)에 설치되는 fired heater의 설계 시 안전 측면에서 확인하여야 할 사항을 구체적으로 설명하시오.

4. 분진폭발의 방출에너지 및 발화에 필요한 발화에너지가 가스폭발보다 큰 이유와 함께 분진이 폭발하는 과정(mechanism)을 설명하시오.

5. 고분자 화합물의 연소 시 훈소(smoldering)의 원리와 생성물에 대하여 설명하시오.

6. 가연성가스의 폭발로 인한 피해를 최소화하는 데 필요한 폭연방출구의 종류와 설치 방법에 대해서 산업안전보건기준에 관한 규칙에 의거하여 설명하시오.

제1교시 (시험시간 : 100분)

※ 다음 문제 중 10문제를 선택하여 설명하시오 (각 10점).

1. 염산을 저장하는 시설물의 재료에 대하여 설명하시오.

2. LNG 탱크에서 발생할 수 있는 roll over 현상에 대하여 설명하시오.

3. 아세틸렌 용접장치를 사용하여 금속을 용접·용단 또는 가열작업 시 준수하여야 할 사항에 대하여 설명하시오.

4. 스폴링(spalling) 현상에 대하여 설명하시오.

5. 화학공장 건설 시 체크리스트를 이용하여 공정 위험성 평가를 실시할 경우 정상운전(normal operation)과 비정상운전(abnormal operation)에 대하여 설명하시오.

6. 재해 발생 원인 중에서 불안전한 상태에서 물적 요인과 불안전 행동의 인적 요인에 대하여 설명하시오.

7. 산업안전보건법상 위험성평가의 절차에 대하여 설명하시오.

8. 블랙스완(black swan)에 대하여 설명하시오.

9. 인간과오율 예측법(THERP : technique for human error rate prediction)에 대한 내용과 장·단점을 설명하시오.

10. 산업안전보건법상 산소 결핍 위험작업의 종류와 방지대책에 대하여 설명하시오.

11. 알더퍼(Alderfer)의 ERG 욕구 이론에 대하여 설명하시오.

12. 가연성물질의 폭발방지 대책에 대하여 설명하시오.

13. 산업안전보건법상 화학설비 및 부속설비의 종류에 대하여 설명하시오.

제 2 교시 (시험시간 : 100분)

※ 다음 문제 중 4문제를 선택하여 설명하시오 (각 25점).

1. 화학반응공정의 위험 요인 확인 시 주반응에서의 안전에 관련된 특성과 변수에 대하여 설명하시오.

2. 충격감도(impact sensitivity)와 증기위험도지수(vapor hazard index)에 대하여 설명하시오.

3. 화학플랜트에서 발생하는 정전기 방출과 관계된 전하축적에 대하여 설명하시오.

4. 산업심리에서 인간의 일반적 특성 내용인 간결성의 원리, 군화의 법칙에 대하여 설명하시오.

5. 혼합 위험성 물질(混合 危險性 物質)에 대하여 설명하시오.

6. 캐비테이션의 의미와 발생조건, 발생 시 일어나는 현상, 방지법에 대하여 설명하시오.

제 3 교시 (시험시간 : 100분)

※ 다음 문제 중 4문제를 선택하여 설명하시오 (각 25점).

1. 화학공정의 기기 조작에 따른 사고예방을 위한 반응기 잔유물 제거 방법에 대하여 설명하시오.

2. 화학설비에서 화재폭발 및 누출사고가 일어나지 않도록 공정안전상 요구되는 사항을 설명하시오.

3. 화학공장의 공정설계(process design) 단계에서 고려해야 할 안전사항과 안전하게 운전할 수 있도록 운전 및 설계조건 결정 시 주요 안전기준을 설명하시오

4. 반도체 공정의 독성 및 인화성가스 실린더의 교체 작업 안전에 대하여 설명하시오.

5. 분진폭발의 특징 및 분진 폭발에 영향을 주는 요인에 대하여 설명하시오.

6. 학습 이론에서 S-R 이론과 형태설(Gestalt theory)에 대하여 설명하시오.

제 4 교시 (시험시간 : 100분)

※ 다음 문제 중 4문제를 선택하여 설명하시오 (각 25점).

1. 화학설비의 설비별 위험물 누출부위와 원인에 대하여 설명하시오.

2. 인간의 의식수준을 5단계로 구분할 때 각 단계의 의식상태 및 생리적 상태에 대하여 설명하시오.

3. 가연성가스의 폭발 방지를 위한 수단으로 사용되는 불활성화(inerting)에 대하여 설명하시오.

4. 독성물질의 관리와 확산방지대책에 대하여 설명하시오.

5. 회분식(batch process) 제조 공정 위험성에 대한 예비조사의 경우 저장, 반응, 건조 등 각 공정에 대한 위험성과 항목을 설명하시오.

6. 산업안전보건법에서 정하는 안전인증 및 안전검사에 대하여 설명하시오.

제102회 2014년도 화공안전기술사

제1교시(시험시간 : 100분)

※ 다음 문제 중 10문제를 선택하여 설명하시오(각 10점).

1. 금수성 물질인 금속 칼륨과 금속 마그네슘의 화재·폭발 특성에 대하여 설명하시오.

2. 연소효율과 열효율의 차이점에 대하여 설명하시오.

3. 폭발위험장소 구분의 환기등급 평가에 있어 가상체적(V_z)에 대하여 설명하시오.

4. 변경요소관리 분류에는 정상, 비상, 임시로 구분한다. 이 중 비상 변경요소관리 절차에 대하여 설명하시오.

5. 화학물질의 폭로영향지수(ERPG : emergency response guideline)를 계산하기 위한 준비자료 및 계산절차에 대하여 설명하시오.

6. 산소 농도 17% 이하인 지하 맨홀 작업장에서 전동송풍기식 호스마스크를 사용 시 주의사항에 대하여 설명하시오.

7. 산업안전보건법에서 규정한 방독마스크의 종류와 등급, 형태 분류, 정화통의 제독 능력에 대하여 설명하시오.

8. 제조업 등 유해위험방지 계획서 심사확인 제출대상 사업장으로 전기계약용량 300kW 이상인 업종 10가지를 쓰시오.

9. 화염방지기의 형식, 구조 및 설치방법에 대하여 설명하시오.

10. 연소속도(burning rate)에 대해서 설명하시오.

11. 인화성액체 취급장소의 폭발위험장소 설정방법 3가지에 대해 설명하시오.

12. 공기 중 프로판가스를 완전연소 시 화학적 양론비(vol%)와 최소 산소 농도(%)를 계산하시오.

13. 공기 중 산소의 질량비(weight %)를 계산하시오.

제 2 교시 (시험시간 : 100분)

※ 다음 문제 중 4문제를 선택하여 설명하시오 (각 25점).

1. 최근 화학물질 사용량이 증가하고 있는 불화수소(HF)의 누출사고 예방을 위한 불화수소(HF)의 물리 화학적 특성, 인체에 미치는 영향, 응급대응, 취급자에 대한 응급 대응교육에 대해서 설명하시오.

2. 벤트배관내 인화성 증기 및 가스로 인한 폭연으로 배관이 손상되는 것을 최소화하기 위하여 관련장치와 시스템의 폭연벤트 기준에 대해서 설명하시오.

3. 화학공장에서 혼합공정의 원료를 투입할 때 화재 및 폭발위험 요인을 나열하고 그에 따른 안전대책을 설명하시오.

4. 배관계통의 과압, 고온, 저온, 유량과다, 역류 발생 시 대처방법에 대하여 본질적 방법, 적극적 방법 그리고 절차적 방법으로 구분하여 설명하시오.

5. 연소 또는 폭발범위 내에 있는 가연성 가스 증기의 연소 폭발에 영향을 주는 인자에 대해서 설명하시오.

6. 반응의 온도 의존성 및 충돌 이론(collision theory)에 대하여 설명하시오.

제 3 교시 (시험시간 : 100분)

※ 다음 문제 중 4문제를 선택하여 설명하시오 (각 25점).

1. 산업안전보건기준에 관한 규칙에 의하면 스프링식 안전밸브의 분출압력시험에 관한 사항을 정하고 있는데 안전밸브 분출압력시험의 필요성, 주기 및 안전밸브의 분출압력시험 기준과 분출압력시험 장치에 대해서 설명하시오.

2. 인화성 잔유물이 있는 탱크의 가스 제거 시 잠재된 화재폭발의 위험요인을 나열하고 탱크 가스 제거 절차, 세척작업을 위한 사전 준비사항, 가스 제거 방법, 세척 방법을 각각 구분하여 상세하게 설명하시오.

3. 유해·위험물질 누출사고가 발생했을 때 대응절차 및 평가절차에 대하여 설명하

시오.

4. 화학설비 고장률 산출을 위한 자료수집 및 분석방법에 대하여 설명하시오.

5. 연소의 3요소 중 산소결핍으로 인한 이상 현상에 대하여 4가지 이상 설명하시오.

6. 폭발현상에서 균일반응과 전파반응의 차이를 설명하고, 폭연에서 폭굉으로 전이되어가는 과정, 메커니즘을 설명하시오.

제 4 교시 (시험시간 : 100분)

※ 다음 문제 중 4문제를 선택하여 설명하시오 (각 25점).

1. 위험물의 제조, 저장 및 취급소에 설치된 옥내, 외 저장탱크에 배관을 통하여 인화성 액체 위험물 주입 시 과충전 방지를 위한 고려사항, 과충전 방지장치의 구성요소별 고려사항, 비상조치절차에 대하여 설명하시오.

2. 공정위험 평가 시 화재, 폭발, 누출과 같은 사고 시의 피해 정도 및 피해범위 등을 정량적으로 산정하고 피해 최소화 대책을 수립하는 등의 공정위험성평가서를 작성하는 데 있어서 가우시안 플룸(gaussian plume) 모델과 가우시안 퍼프(gaussian puff) 모델에 대해서 적용 대상, 전제 조건, 농도 예측 순서를 설명하시오.

3. 배관의 부식, 마모 및 진동 방지를 위한 액체, 증기 및 가스, 증기와 액체 혼합물의 유속 제한에 대하여 설명하시오.

4. 발열반응에서 반응기 내의 발열속도(Q)와 방열속도(q) 및 온도(T)와 관계를 Semenov 이론을 이용하여 반응의 위험한계 그래프를 그리고 설명하시오.

5. 인화성 액체 취급공정에서의 위험성평가를 기반으로 하는 위험장소의 설정절차에 대하여 4단계로 구분하여 절차도를 그리고 단계별로 설명하시오.

6. fire ball의 정의, 특성, 크기, 지속시간, 높이 계산, 발생단계, 형성에 영향을 미치는 인자에 대하여 설명하시오.

참고 자료

고용노동부고시 제2014-22호

공정안전보고서의 제출·심사·확인 및 이행상태평가 등에 관한 규정

제정 1996.01.25 고시 제96-4호
개정 1998.04.16 고시 제98-19호
개정 1998.12.18 고시 제98-67호
개정 2006.09.29 고시 제2006-27호
개정 2009.12.30 고시 제2009-90호
개정 2012.01.26 고시 제2012-11호
개정 2014.05.26 고시 제2014-22호

제1장 총 칙

제1조(목적) 이 고시는 「산업안전보건법」 제49조의 2, 같은 법 시행령 제33조의 6부터 제33조의 8까지 및 같은 법 시행규칙 제130조의 2부터 제130조의 7까지의 규정에 따른 공정안전보고서의 제출·심사·확인 및 이행상태평가 등에 필요한 사항을 규정함을 목적으로 한다.

제2조(정의) ① 이 고시에서 사용하는 용어의 뜻은 다음과 같다.

1. 「산업안전보건법 시행령」(이하 "영"이라 한다) 제33조의 8 제1항에서 "고용노동부장관이 정하는 주요 구조 부분의 변경"이란 다음 각 목의 어느 하나에 해당하는 경우를 말한다.

   가. 생산량의 증가, 원료 또는 제품의 변경을 위하여 반응기(관련 설비를 포함한다)를 교체 또는 추가로 설치하는 경우

   나. 변경된 생산설비 및 부대설비의 해당 전기정격용량이 300킬로와트 이상 증가한 경우(유해·위험물질의 누출·화재·폭발과 무관한 자동화창고·조명설비 등은 제외한다)

   다. 플레어스택을 설치 또는 변경하는 경우

2. 영 별표 10의 비고 제2호에 따른 "고온·고압의 공정운전조건으로 인하여 화재·폭발위험이 있는 상태"란 운전압력이 게이지 압력으로 1메가파스칼 이상인 상태 또는 취급물질의 인화점 이상에서 운전되는 상태를 말한다.

3. 「산업안전보건법 시행규칙」(이하 "규칙"이라 한다) 제130조의 3에 따른 "착공일"이란 유해·위험설비를 설치·이전할 경우에는 해당 설비를 설치·이전하는 공사

를 시작하는 날을, 주요 구조 부분을 변경하는 경우에는 해당 변경공사를 시작하는 날을 말한다.

4. 규칙 제130조의 6 제1항 제1호에 따른 "설치과정"이란 주요 기계장치의 설치, 배관, 전기 및 계장작업이 진행되고 있는 과정을 말한다.

5. 규칙 제130조의 6 제1항 제1호에 따른 "설치 완료 후 시운전단계"란 모든 기계적인 작업이 완료되고 원료를 공급하여 성능을 확인하기 위하여 운전하는 단계를 말한다.

6. "위험성평가기법"이란 사업장내에 존재하는 위험에 대하여 정성(定性)적 또는 정량(定量)적으로 위험성 등을 평가하는 방법으로서 체크리스트기법, 상대위험순위결정 기법, 작업자 실수 분석 기법, 사고예상 질문 분석 기법, 위험과 운전분석 기법, 이상위험도 분석 기법, 결함수 분석 기법, 사건수 분석 기법, 원인결과 분석 기법, 예비위험 분석 기법, 공정위험 분석 기법 등을 말한다.

7. "체크리스트(checklist)기법"이란 공정 및 설비의 오류, 결함상태, 위험상황 등을 목록화한 형태로 작성하여 경험적으로 비교함으로써 위험성을 파악하는 방법을 말한다.

8. "상대위험순위결정(Dow and Mond Indices, DMI)기법"이란 공정 및 설비에 존재하는 위험에 대하여 상대위험 순위를 수치로 지표화하여 그 피해 정도를 나타내는 방법을 말한다.

9. "작업자실수분석(Human Error Analysis, HEA)기법"이란 설비의 운전원, 보수반원, 기술자 등의 실수에 의해 작업에 영향을 미칠 수 있는 요소를 평가하고 그 실수의 원인을 파악·추적하여 정량(定量)적으로 실수의 상대적 순위를 결정하는 방법을 말한다.

10. "사고예상질문분석(what-if)기법"이란 공정에 잠재하고 있는 위험요소에 의해 야기될 수 있는 사고를 사전에 예상·질문을 통하여 확인·예측하여 공정의 위험성 및 사고의 영향을 최소화하기 위한 대책을 제시하는 방법을 말한다.

11. "위험과 운전분석(Hazard and Operability Studies, HAZOP)기법"이란 공정에 존재하는 위험 요소들과 공정의 효율을 떨어뜨릴 수 있는 운전상의 문제점을 찾아내어 그 원인을 제거하는 방법을 말한다.

12. "이상위험도분석(Failure Modes Effects and Criticality Analysis, FMECA)기법"이란 공정 및 설비의 고장의 형태 및 영향, 고장형태별 위험도 순위 등을 결정하는 방법을 말한다.

13. "결함수분석(Fault Tree Analysis, FTA)기법"이란 사고의 원인이 되는 장치의 이상이나 고장의 다양한 조합 및 작업자 실수 원인을 연역적으로 분석하는 방법을 말한다.

14. "사건수분석(Event Tree Analysis, ETA)기법"이란 초기 사건으로 알려진 특정한 장치의 이상 또는 운전자의 실수에 의해 발생되는 잠재적인 사고결과를 정량(定量)적으로 평가·분석하는 방법을 말한다.

15. "원인결과분석(Cause-Consequence Analysis, CCA)기법"이란 잠재된 사고의 결과 및 사고의 근본적인 원인을 찾아내고 사고결과와 원인 사이의 상호 관계를 예측하여 위험성을 정량(定量)적으로 평가하는 방법을 말한다.

16. "예비위험분석(Preliminary Hazard Analysis, PHA)기법"이란 공정 또는 설비 등에 관한 상세한 정보를 얻을 수 없는 상황에서 위험물질과 공정 요소에 초점을 맞추어 초기위험을 확인하는 방법을 말한다.

17. "공정위험분석(Process Hazard Review, PHR)기법"이란 기존설비 또는 공정안전보고서(이하 "보고서"라 한다)를 제출·심사 받은 설비에 대하여 설비의 설계·건설·운전 및 정비의 경험을 바탕으로 위험성을 평가·분석하는 방법을 말한다.

18. "기존설비"란 보고서를 최초 제출하기 이전부터 가동 중인 설비로 영 제33조의 6에 따른 보고서 제출대상인 설비를 말한다.

19. "단위공장"이란 동일 사업장 내에서 제품 또는 중간제품(다른 제품의 원료)을 생산하는 데 필요한 원료처리 공정에서부터 제품의 생산·저장(부산물 포함)까지의 일관공정을 이루는 설비를 말한다.

20. "단위공정"이란 단위공장 내에서 원료처리공정, 반응공정, 증류추출 등 분리공정, 회수공정, 제품저장·출하 공정 등과 같이 단위공장을 구성하고 있는 각각의 공정을 말한다.

21. "자체점검"이란 위험설비의 안전성을 확보하기 위하여 적용기준 및 표준에 따라 사업주가 일정주기마다 자율적으로 실시하는 검사 및 시험 등의 점검을 말한다.

22. "심사"란 사업주가 규칙 제130조의 3에 따라 제출한 보고서에 대해 제4장의 심사기준을 충족시키고 있는지를 확인하고 필요한 경우 의견을 제시하는 일체의 행위를 말한다.

23. "공동심사"란 영 제33조의 8 제2항, 「고압가스 안전관리법 시행령」 제10조 제2항에 따라 사업주가 한국가스안전공사(이하 "가스공사"라 한다)에 제출한 보고서에 대하여 가스공사와 한국산업안전보건공단(이하 "공단"이라 한다)이 각각의 심사기준에 따라 동시 또는 순차적으로 심사하는 방법을 말한다.

24. "순차심사"란 제23호에 따른 공동심사의 방법으로서, 사업주가 제출한 보고서에 대하여 가스공사에서 우선 심사를 한 후, 공단에서는 가스공사의 심사결과를 참조하여 심사를 하는 방법을 말한다.

25. "동시심사"란 제23호에 따른 공동심사의 방법으로서, 사업주가 제출한 보고서에 대하여 가스공사와 공단이 동시에 심사를 하는 방법을 말한다.

② 그 밖에 이 고시에서 정하지 아니한 용어의 뜻은 산업안전보건법(이하 "법"이라 한다)·영·규칙 및 「산업안전보건기준에 관한 규칙」(이하 "안전보건규칙"이라 한다)과 공단의 안전보건기술지침에서 정하는 바에 따른다.

제2조의 2(적용제외) 영 제33조의 6 제2항 제8호에서 "그 밖에 고용노동부장관이 누출·화재·폭발 등으로 인한 피해의 정도가 크지 않다고 인정하여 고시하는 설비"란 비상발전기용 경유의 저장탱크 및 사용설비를 말한다.

제3조(비밀보장) ① 사업주는 제출된 보고서의 내용 중 기업의 정보 유출로 인한 피해가 우려되는 부분에 대하여는 기업의 비밀보장을 공단에 요구할 수 있다.

② 공단은 사업주로부터 비밀보장을 요구받은 부분에 대하여는 특별한 관리절차를 규정하고 이에 따라 관리하여야 한다.

제 2 장 보고서의 제출 · 심사 및 확인 등

제1절 보고서의 작성 · 제출

제4조(제출서류) ① 사업주는 규칙 제130조의 3에 따라 보고서를 제출할 때에는 별지 제1호 서식에 의한다.

② 제1항의 보고서는 제3장 보고서 작성기준에 따라 작성·제출하여야 한다. 다만 주요 구조 부분 변경으로 인하여 보고서를 작성·제출하는 경우에는 그 변경 부분 및 그와 관련된 부분에 한정한다.

③ 제1항의 보고서는 협력업체 근로자를 포함한 모든 근로자가 읽어 볼 수 있도록 한글로 작성하고, 전자파일 형식으로 작성하는 경우에는 해당 전자파일을 읽을 수 있는 전자시스템을 갖추어야 한다.

제5조(제출서류의 면제) 공단은 사업주가 보고서를 제출하여 공단의 심사를 받은 후 다른 설비에 대한 보고서를 새로이 제출하는 경우 이미 심사받은 보고서의 내용과 동일한 내용이 있을 때에는 그 내용의 제출을 면제할 수 있다.

제6조(작성자) ① 사업주는 보고서를 작성할 때 다음 각 호의 어느 하나에 해당하는 사람으로서 공단이 실시하는 관련교육을 28시간 이상 이수한 사람 1명 이상을 포함시켜야 한다.

1. 기계, 금속, 화공, 요업, 전기, 전자, 안전관리 또는 환경분야 기술사 자격을 취득한 사람
2. 기계, 전기 또는 화공안전 분야의 산업안전지도사 자격을 취득한 사람
3. 제1호에 따른 관련분야의 기사 자격을 취득한 사람으로서 해당 분야에서 5년 이상 근무한 경력이 있는 사람
4. 제1호에 따른 관련분야의 산업기사 자격을 취득한 사람으로서 해당 분야에서 7년

이상 근무한 경력이 있는 사람

5. 4년제 이공계 대학을 졸업한 후 해당 분야에서 7년 이상 근무한 경력이 있는 사람 또는 2년제 이공계 대학을 졸업한 후 해당 분야에서 9년 이상 근무한 경력이 있는 사람

6. 「초·중등교육법」에 따른 특성화 고등학교 또는 이와 같은 수준 이상의 학교를 졸업하고 해당 분야에서 11년 이상 근무한 경력이 있는 사람

② 제1항에 따른 공단에서 실시하는 관련교육은 다음 각 호의 어느 하나의 교육을 말한다.

1. 위험과 운전분석(HAZOP)과정

2. 사고빈도분석(FTA, ETA)과정

3. 보고서 작성·평가 과정

4. 〈삭제〉

5. 사고결과분석(CA)과정

6. 설비유지 및 변경관리(MI, MOC)과정

7. 그 밖에 고용노동부장관으로부터 승인받은 공정안전관리 교육과정

제 2 절 보고서의 심사

제 7 조(심사 등) ① 공단은 규칙 제130조의 4에 따라 보고서를 접수하고 심사할 경우에는 소속 직원 중 다음 각 호의 분야에 해당하는 전문가로 심사반을 구성하고 심사책임자를 임명하여 규칙 제130조의 4 제1항에 따른 기간에 심사를 완료하고 사업주에게 그 결과를 통지하여야 한다.

1. 위험성평가

2. 공정 및 장치 설계

3. 기계 및 구조설계, 응력해석, 용접, 재료 및 부식

4. 계측제어·컴퓨터제어 및 자동화

5. 전기설비·방폭전기

6. 비상조치 및 소방

7. 가스, 확산 모델링 및 환경

8. 안전일반

9. 그 밖에 보고서 심사에 필요한 분야

② 공단은 보고서를 심사할 때 특정 사항에 대하여 외부 전문가의 조언이 필요하다고 판단되는 경우에는 다음 각 호의 자격을 갖춘 사람 중 제1항에 따른 각 분야의 외부전문가를 부분적으로 심사에 참여시킬 수 있다. 이 경우 심사에 참여하는 외부전문가는 보고서를 공정하게 심사하여야 하고, 심사 중 알게 된 사실에 대하여는 다른 사람

에게 누설하여서는 아니 된다.

1. 해당 분야 기술사, 산업안전지도사 또는 산업위생지도사 자격을 취득한 사람
2. 대학에서 해당 분야의 조교수 이상의 직위에 있는 사람
3. 해당 분야의 박사학위를 취득한 후 그 분야의 실무경력 3년 이상인 사람
4. 해당 분야에 실무경력이 10년 이상인 사람
5. 그 밖에 공단 이사장이 인정하는 사람

③ 공단은 제2항에 따른 외부전문가를 심사에 참여시킨 때에는 여비와 수당을 지급할 수 있다.

제8조 ① 공단은 영 제33조의 8 제2항에 따라 가스공사와 공동으로 심사하여야 한다. 이 경우 사업주는 동시심사 또는 순차심사 중 하나의 방법을 선택할 수 있으며, 보고서 4부를 가스공사에 제출하여야 한다.

② 공단은 제2조 제1항 제24호에 따른 순차심사를 하는 경우 가스공사의 심사결과를 참조하여야 한다. 이 경우 공단의 심사기간은 가스공사로부터 보고서 3부 및 가스공사의 심사결과를 이송 받은 날부터 15일을 초과할 수 없다.

③ 공단은 제2조 제1항 제25호에 따른 동시심사를 하는 경우 심사일자, 장소 등을 가스공사와 협의하여야 한다. 이 경우 공단의 심사기간은 규칙 제130조의 4에 따른 30일을 초과할 수 없다.

제9조(사업장 관계자의 참여) 공단은 제7조에 따라 심사를 실시함에 있어 보고서의 내용 설명 등을 위하여 사업주에게 보고서 작성에 참여한 관계자의 참석을 요청할 수 있다.

제10조(서류의 보완 등) ① 공단은 심사과정 중 서류의 보완, 그 밖에 추가서류 및 도면이 필요하다고 판단되는 경우 사업주에게 이를 요청할 수 있다. 이 경우 별지 제3호 서식에 의하여 일괄 요청해야 한다.

② 제1항에 따른 서류보완 등의 기간은 심사기간에 포함하지 않으며, 그 기간은 30일을 초과할 수 없다. 다만 사업주의 요청이 있는 경우에는 30일 이내에서 연장할 수 있다.

제 3 절 심사결과 조치

제11조(심사결과 구분) 보고서의 심사결과는 다음 각 호와 같이 구분한다.

1. 적정 : 보고서의 심사기준을 충족한 경우
2. 조건부 적정 : 보고서의 심사기준을 대부분 충족하고 있으나 부분적인 보완이 필요한 경우
3. 부적정 : 보고서의 심사기준을 충족하지 못한 경우

제12조(심사결과의 조치 등) ① 공단은 보고서를 심사한 결과 제11조 제1호 및 제2호에 따라 적정 및 조건부 적정 판정을 한 경우에는 별지 제4호 서식의 보고서 심사결과

통지서 및 별표 1의 심사필인 또는 서명이 날인된 보고서 1부를 첨부하여 해당 사업주에게 알리고, 관할 중대산업사고예방센터가 설치된 지방고용노동관서의 장(이하 "지방관서의 장"이라 한다)에게 보고하여야 한다.

② 공단은 보고서를 심사한 결과 제11조 제3호에 따라 부적정 판정을 한 경우에는 별지 제4호 서식에 그 사유를 구체적이고 명확하게 작성하여 사업주에게 알려야 하며, 이 경우 접수된 보고서 일체를 사업주에게 반려하여야 한다.

③ 공단은 제2항에 따라 보고서를 반려한 경우에는 별지 제5호 서식에 의하여 그 사유를 구체적이고 명확하게 작성하여 지방관서의 장에게 보고하여야 한다.

④ 지방관서의 장은 제3항에 따른 보고를 받은 때로부터 7일 이내에 사업주에게 보고서 보완에 필요한 기간을 정하여 보고서를 보완한 후 다시 제출하도록 조치하여야 한다.

제13조(다른 기관과의 협조) ① 공단은 보고서를 심사한 결과 규칙 제130조의 4 제2항에서 규정한 「위험물안전관리법」에 의한 화재의 예방·소방 등과 관련되는 내용으로서 제11조 제1호 및 제2호에 따라 적정 또는 조건부 적정 판정을 한 때에는 별지 제6호 서식에 의하여 그 심사결과를 관할 소방관서의 장에게 알려야 한다.

② 공단은 제8조에 따라 보고서를 가스공사와 공동심사한 경우에는 그 심사결과를 고압가스시설의 허가관청(별지 제7호 서식에 의한다)에 알려야 한다. 단, 제11조 제3호에 따라 부적정 판정을 한 경우에는 고압가스시설의 허가관청에 알리지 아니할 수 있다.

제14조(재심사 신청) ① 사업주는 제12조 제2항에 따라 보고서를 반려 받은 경우에는 제12조 제4항에 따른 지방관서의 장의 재제출 명령을 받은 날부터 정해진 기간 이내에 보고서를 새로이 작성하여 재심사 신청하여야 한다.

② 제1항에 따른 재심사 신청을 위한 보고서의 작성·제출 등 처리절차는 최초로 심사신청 할 경우의 처리절차와 같다.

제 4 절 확 인

제15조(확인 요청 등) ① 사업주는 법 제49조의 2 제6항 및 규칙 제130조의 6에 따라 확인을 받고자 할 때에는 확인을 받고자 하는 날의 20일 전까지 별지 제9호 서식에 의하여 공단에 확인을 요청하여야 한다.

② 공단은 제1항에 따라 사업주로부터 확인요청을 받은 때에는 요청서 접수일부터 7일 이내에 확인실시 일정을 결정하여 사업주에게 알려야 한다.

③ 규칙 제130조의 6 제1항의 단서조항에 의하여 공단의 확인을 면제 받고자 할 경우에는 다음 각 호의 사항이 포함된 자체감사 결과를 공단에 제출하여야 한다.

1. 자체감사에 참여한 외부 전문가의 자격 입증 서류 1부

2. 공단이 정한 자체감사 확인점검표 1부

3. 자체감사결과에 따른 보완 및 시정계획서 1부

④ 제3항에 따라 사업주가 공단에 제출한 자체감사결과는 제16조를 준용하여 처리한다. 다만 제3항에 따른 서류를 제출하지 아니하거나, 자체감사 결과가 부실하여 제16조 제1항 각 호의 사항으로 구분하기 어렵다고 판단되는 경우에는 제1항 및 제2항의 절차에 따라 확인을 실시하여야 한다.

제16조(확인 등) ① 공단은 규칙 제130조의 6에 따라 확인을 하는 경우에는 규칙 제130조의 2에 따른 공정안전보고서의 세부내용 등이 현장과 일치하는지 여부를 확인하고 그 결과를 다음 각 호와 같이 구분한다.

1. 적합 : 현장과 일치하는 경우

2. 부적합 : 현장과 일치하지 아니하는 경우

3. 조건부 적합 : 현장과 일치하지 아니하는 사항 또는 심사 결과 조건부 적정 사항 중 확인일 이후에 조치하여도 안전상에 문제가 없는 경우

② 공단은 제1항에 따른 확인결과를 별지 제10호 서식에 의하여 사업주에게 통지하고, 지방관서의 장에게 보고하여야 한다.

③ 공단은 확인실시결과 제1항 제2호 및 제3호에 따라 부적합 또는 조건부 적합 판정을 한 경우에는 별지 제11호 서식에 의하여 부적합 또는 조건부 적합 판정사유와 변경요구내용 등을 구체적이고 명확하게 작성하여 지방관서의 장에게 보고하여야 한다.

④ 지방관서의 장은 공단으로부터 제3항에 따라 보고를 받은 때에는 부적합 사항에 대해 7일 이내에 사업주에게 변경계획의 작성을 명하는 등 필요한 행정조치를 하여야 하며, 사업주는 행정조치를 받은 날로부터 15일 이내에 변경계획을 작성하여 지방관서의 장에게 제출하여야 한다.

⑤ 지방관서의 장은 변경계획의 적절성을 검토하여 그 결과를 사업주에게 알려야 한다. 이 경우 지방관서의 장은 변경계획의 적정성에 대한 검토를 공단에 요청할 수 있다.

⑥ 사업주는 제4항에 따른 변경계획에 따라 이행을 완료한 후에는 별지 제9호 서식에 의하여 공단에 확인요청을 하여야 한다.

⑦ 제6항에 따른 확인요청의 절차는 최초 확인요청할 경우의 절차와 같다.

제 5 절 보 고

제17조(보고 등) ① 공단은 규칙 제130조의 2부터 제130의 6까지의 규정에 따른 보고서의 접수 · 심사 및 확인 등에 관한 사항을 분기별로 지방관서의 장에게 보고하여야 한다.

② 공단은 다음 각 호의 어느 하나에 해당하는 사업장이 있을 때에는 지방관서의 장에게 보고하여야 한다.

1. 보고서 제출기간 경과 사업장

2. 제14조에 따른 재심사 신청을 하지 않은 사업장

3. 제15조에 따른 확인요청을 하지 않은 사업장

③ 지방관서의 장은 제2항에 따라 보고받은 사항에 대하여는 법령에 따라 필요한 조치를 하여야 한다.

제 3 장 보고서 작성 기준

제 1 절 일반사항

제18조(사업개요 등) ① 사업주는 별지 제12호 서식에 의하여 보고서 제출대상 설비에 대한 사업개요를 작성·제출하여야 한다.

② 보고서 제출 대상설비가 전체설비 중 일부분 또는 변경설비인 경우에는 그 해당 부분에 한정하여 보고서를 작성·제출할 수 있다. 이 경우 다음 각 호의 사항을 첨부하여야 한다.

1. 전체 설비 개요

2. 전체 설비에서 사용되는 원료의 종류 및 사용량

3. 전체 설비에서 제조되는 생산품의 종류 및 생산량

4. 전체 설비의 배치도

제 2 절 공정안전자료

제19조(유해·위험물질의 종류 및 수량) ① 보고서의 대상 설비에서 취급·저장하는 원료, 부원료, 첨가제, 촉매, 촉매보조제, 부산물, 중간 생성물, 중간제품, 완제품 등 모든 유해·위험 물질은 별지 제13호 서식에 기재하여야 한다.

② 저장량은 설비의 최대 저장량을, 취급량은 그 설비에서 하루 동안 취급할 수 있는 최대량을 기재하여야 한다.

제20조(유해·위험물질 목록) ① 유해·위험 물질목록은 별지 제13호 서식에 따라 다음 각 호와 같이 작성하여야 한다.

1. 노출기준란에는 고용노동부장관이 고시한 「화학물질 및 물리적인자의 노출기준」에 따른 시간가중평균노출기준을 기재. 다만, 고용노동부 고시에 규정되어 있지 않은 물질에 대하여는 통상적으로 사용하고 있는 시간가중평균노출기준을 조사하여 기재

2. 독성치란에는 취급하는 물질의 상태가 액체 또는 고체인 경우에는 치사량(LD50 : 경구, 쥐 또는 경피, 쥐 또는 토끼)을, 기체인 경우에는 치사농도(LC50 : 흡입, 쥐, 4시간)를 기재

3. 이상반응 유무란에는 이상반응을 일으키는 물질 및 조건을 기재

② 유해·위험물질 목록에는 법 제41조에 따라 작성된 물질안전보건자료를 첨부하여야 한다.

제21조(유해·위험설비의 목록 및 명세) ① 유해·위험설비 중 동력기계 목록은 별지 제14호 서식에 따라 다음 각 호와 같이 작성하여야 한다.

1. 대상 설비에 포함되는 모든 동력기계는 모두 기재

2. 명세란에는 펌프 및 압축기의 시간당 처리량, 토출측의 압력, 분당회전속도 등, 교반기의 임펠러의 반경, 분당회전속도 등, 양중기의 들어 올릴 수 있는 무게, 높이 등 그 밖에 동력기계의 시간당 처리량 등을 기재

3. 주요 재질란에는 해당 기계의 주요 부분의 재질을 재질분류기호로 기재

4. 방호장치의 종류란에는 해당 설비에 필요한 모든 방호장치의 종류를 기재

② 장치 및 설비 명세는 별지 제15호 서식에 의하여 다음 각 호와 같이 작성하여야 한다.

1. 용량란에는 탑류의 직경·전체길이 및 처리단수 또는 높이, 반응기 및 드럼류의 직경·길이 및 처리량, 열교환기류의 시간당 열량·직경 및 높이, 탱크류의 저장량·직경 및 높이 등을 기재

2. 이중 구조형 또는 내외부의 코일이 설치되어 있는 반응기 및 드럼류는 동체 및 재킷 또는 코일에 대하여 구분하여 각각 기재

3. 사용 재질은 재질분류 기호로 기재

4. 개스킷의 재질은 상품명이 아닌 일반명을 기재

5. 계산 두께는 부식여유를 제외한 수치를 기재

③ 배관 및 개스킷 명세는 별지 제16호 서식에 의하여 다음 각 호와 같이 작성하여야 한다.

1. 해당 설비에서 사용되는 배관에 관련된 사항은 공정 배관·계장도(Piping & Instrument Diagram, P&ID)상의 배관 재질 코드별로 기재

2. 분류코드란에는 공정 배관·계장도 상의 배관분류 코드를 기재

3. 유체의 명칭 또는 구분란에는 관련 배관에 흐르는 유체의 종류 또는 이름을 기재

4. 배관 재질란에는 사용 재질을 재질분류 기호로 기재

5. 개스킷 재질 및 형태란에는 상품명이 아닌 일반적인 명칭 및 형태를 기재

④ 안전밸브 및 파열판 명세는 별지 제17호 서식에 의하여 다음 각 호와 같이 작성하여야 한다.

1. 설정압력 및 배출용량은 안전보건규칙 제264조 및 제265조에 따라 산출하여 설정

2. 보호기기 번호란에는 안전밸브 또는 파열판이 설치되는 장치 및 설비의 번호를 기재

3. 보호기기의 운전압력 및 설계압력은 장치 및 설비 명세 별지 제15호 서식에 기록된 운전압력 및 설계압력과 일치

4. 안전밸브 및 파열판의 트림(trim) 재질은 취급하는 물질에 대하여 내식성 및 내마모성 재질 사용

5. 정밀도는 안전밸브인 경우에는 설정압력이 게이지압력 0.5 MPa 미만은 설정압력의 ±0.015 MPa, 0.5 MPa 이상 2.0 MPa 미만은 설정압력의 ±3%, 2.0 MPa 이상 10.0 MPa 미만은 설정압력의 ±2%, 10.0 MPa 이상은 설정압력의 ±1.5% 이내, 파열판인 경우에는 설정압력이 0.3 MPa 미만인 경우에는 ±0.015 MPa, 0.3 MPa 이상인 경우 설정압력의 ±5% 이내

6. 배출구 연결 부위란에는 배출물 처리 설비에 연결된 경우에는 그 설비 이름을, 대기방출이라고 기재

7. 비고란에는 안전밸브 등의 작동원인 및 안전밸브의 형식을 기재

제22조(공정도면) ① 공정개요에는 해당 설비에서 일어나는 화학반응 및 처리방법 등이 포함된 공정에 대한 운전조건, 반응조건, 반응열, 이상반응 및 그 대책, 이상 발생시의 인터록 및 조업중지조건 등의 사항들이 구체적으로 기술되어야 한다.

② 공정흐름도(Process Flow Diagram, PFD)에는 주요 동력기계, 장치 및 설비의 표시 및 명칭, 주요 계장설비 및 제어설비, 물질 및 열 수지, 운전온도 및 운전압력 등의 사항들이 포함되어야 한다. 다만, 영 제33조의 6 제1항 제1호부터 제7호까지의 규정에 해당하지 아니하는 사업장은 공정특성상 공정흐름도와 공정배관·계장도를 분리하여 작성하기 곤란한 경우에는 공정흐름도와 공정배관·계장도를 하나의 도면으로 작성할 수 있다.

③ 공정배관·계장도에는 다음 각 호의 사항이 상세히 표시되어야 한다.

1. 모든 동력기계와 장치 및 설비의 명칭, 기기번호 및 주요 명세(예비기기를 포함한다) 등

2. 모든 배관의 공칭직경, 라인번호, 재질, 플랜지의 공칭압력 등

3. 설치되는 모든 밸브류 및 모든 배관의 부속품 등

4. 배관 및 기기의 열 유지 및 보온·보냉

5. 모든 계기류의 번호, 종류 및 기능 등

6. 제어밸브(control valve)의 작동 중지시의 상태

7. 안전밸브 등의 크기 및 설정압력

8. 인터록 및 조업 중지 여부

④ 유틸리티 계통도에는 유틸리티의 종류별로 사용처, 사용처별 소요량 및 총 소요량, 공급설비 및 제어개념 등의 사항이 포함되어야 한다.

⑤ 유틸리티 배관 계장도(Utility Flow Diagram, UFD)에는 공정 배관·계장도에 표시되는 모든 것이 포함되어야 한다.

제23조(건물·설비의 배치도 등) 각종 건물, 설비 등의 전체 배치도에 관련된 사항들은

다음 각 호와 같이 작성하여야 한다.

1. 각종 건물, 설비의 전체 배치도에는 각종 건물 및 설비위치, 건물과 건물사이의 거리, 건물과 단위설비간의 거리 및 단위설비와 단위설비간의 거리 등의 사항들이 표시되어야 하고 도면은 축척에 의하여 표시

2. 설비 배치도에는 각 기기간의 거리, 기기의 설치 높이 등을 축척에 의하여 표시

3. 기기 설치용 철구조물, 배관 설치용 철구조물, 제어실(control room) 및 전기실 등의 평면도 및 입면도 등을 각각 작성

4. 철구조물의 내화처리에 관한 사항은 다음 각 호와 같이 작성

   가. 설비내의 철구조물에 대한 내화(fire proofing) 처리 여부를 별지 제18호 서식 "내화구조 명세"에 기재하고 이에 관련된 상세도면을 작성

   나. 상세도면에는 기둥 및 보 등에 대한 내화 처리방법 및 부위를 명확히 표시

   다. 내화처리 기준은 안전보건규칙 제270조를 참조하여 작성하되 이 기준은 내화에 대한 최소의 기준이므로 사업장의 상황에 따라 이 기준 이상으로 실시

5. 소화설비 설치계획 및 배치에 관한 소화설비 용량산출 근거 및 설계기준, 소화설비 계통도 및 계통 설명서, 소화설비 배치도 등의 서류 및 도면 등을 작성

6. 화재탐지·경보설비 설치 및 배치에 관한 화재탐지 및 경보설비 명세 배치도 등의 서류 및 도면 등을 작성

7. 심사대상 설비에서 취급·저장하는 화학물질의 누출로 인한 화재·폭발 및 독성 물질의 중독 등에 의한 피해를 방지하기 위하여 누출이 예상되는 장소에는 해당 화학물질에 적합한 가스누출감지 경보기 설치계획·배치에 관하여 감지대상 화학 물질별 수량 및 감지기의 종류·형식, 감지기 종류·형식별 배치도 등의 서류 및 도면 등을 작성

8. 심사대상 설비에서 취급·저장하는 화학물질에 근로자가 다량 노출되었을 경우에 대한 세척·세안시설 및 안전보호 장구 등의 설치계획·배치에 관하여 안전 보호장구의 수량 및 확보계획, 세척·세안 시설 설치계획 및 배치도 등의 서류 및 도면 등을 작성

9. 해당 설비에 설치하는 국소배기장치 설치계획은 별지 제19호 서식에 의하여 작성하되 발생원란에는 유해물질 발생 설비명을 기재하고, 유해물질 종류란에는 발생되는 유해가스명 또는 물질명을 기재하며, 후드의 제어풍속은 발생원에서 후드 입구로 흡입되는 풍속으로서, 고용노동부장관이 고시한 「안전검사 고시」에서 정하는 수치 이상으로 기재하고, 배기 및 처리순서란에는 발생원에서부터 처리·배출까지의 모든 설비를 순서대로 기재

제24조(폭발위험장소 구분도 및 전기단선도 등) ① 화재폭발 우려가 있는 가스 폭발위험장소 또는 분진 폭발위험장소에 해당되는 경우에는 「한국산업표준(KS)」에 따라 "폭발

위험장소 구분도 및 방폭기기 선정기준”을 다음 각 호와 같이 작성하여야 한다.

1. 폭발위험장소 구분도에는 가스 또는 분진 폭발위험장소 구분도와 각 위험원별 폭발위험장소 구분도표를 포함

2. 방폭기기 선정기준 작성시에는 별지 제20호 서식 방폭전기/계장 기계·기구 선정기준에 의하여 작성하되, 각 공장 또는 공정별로 구분하여 해당되는 모든 전기·계장 기계·기구를 품목별로 기재

3. 방폭기기 형식 표시기호는 「한국산업표준(KS)」에 따라 기재

② 전기단선도는 수전설비의 책임분계점부터 저압 변압기의 2차측(부하설비 1차측)까지를 말하며, 이 단선도에는 다음 각 호의 사항이 포함되어야 한다.

1. 부스바 또는 케이블의 종류, 굵기 및 가닥수 등

2. 변압기의 종류, 정격(상수, 1·2차 전압), 1·2차 결선 및 접지방식, 보호장치 등

3. 각종 보호장치(차단기, 단로기)의 종류와 차단 및 정격용량, 보호방식 등

4. 예비 동력원 또는 비상전원 설비의 용량 및 단선도

5. 각종 보호장치의 단락용량 계산서 및 비상전원 설비용량 산출계산서(해당될 경우에 한정한다)

③ 심사대상기기·철구조물 등에 대한 접지계획 및 배치에 관한 서류·도면 등은 다음 각 호에 의하여 작성하여야 한다.

1. 접지계획에는 접지의 목적, 적용법규·규격, 적용범위, 접지방법, 접지종류(계통접지, 기기접지, 피뢰설비접지, 정밀장비접지 및 정전기 등을 포함) 및 접지설비의 유지관리 등을 포함

2. 접지 배치도에는 접지극의 위치, 접지선의 종류와 굵기 등을 표기

제25조(안전설계 제작 및 설치 관련 지침서) 모든 유해·위험설비에 대해서는 안전설계·제작 및 설치 등에 관한 설계·제작·설치관련 코드 및 기준을 작성하여야 한다.

제26조(그 밖에 관련된 자료) ① 플레어스택을 포함한 압력방출설비에 대하여는 플레어스택의 용량 산출근거, 플레어스택의 높이 계산근거 및 압력방출설비의 공정상세도면(P&ID) 등의 사항을 작성하여야 한다.

② 환경오염물질의 처리에 관련된 설비에 대하여는 설비내에서 발생되는 환경 오염물질의 수지, 처리방법 및 최종 배출농도 등의 사항을 작성하여야 한다.

제 3 절 공정위험성 평가서

제27조(공정위험성 평가서의 작성 등) ① 규칙 제130조의 2에 따라 작성하는 공정위험성 평가서에는 다음 각 호의 사항이 포함되어야 한다.

1. 위험성 평가의 목적

2. 공정 위험특성

3. 위험성 평가결과에 따른 잠재위험의 종류 등

4. 위험성 평가결과에 따른 사고빈도 최소화 및 사고 시의 피해 최소화 대책 등

5. 기법을 이용한 위험성 평가 보고서

6. 위험성 평가 수행자 등

② 제1항에 따른 공정위험성평가서를 작성할 때에는 공정상에 잠재하고 있는 위험을 그 특성별로 구분하여 작성하여야 하고, 잠재된 공정 위험특성에 대하여 필요한 방호 방법과 안전 시스템을 작성하여야 한다.

③ 선정된 위험성평가기법에 의한 평가결과는 잠재위험의 높은 순위별로 작성하여야 한다.

④ 잠재위험 순위는 사고빈도 및 그 결과에 따라 우선순위를 결정하여야 한다.

⑤ 기존설비에 대해서 이미 위험성평가를 실시하여 그 결과에 따른 필요한 조치를 취하고 보고서 제출시점까지 변경된 사항이 없는 경우에는 이미 실시한 공정위험성평가서로 대치할 수 있다.

제28조(사고빈도 및 피해 최소화 대책 등) 사업주는 잠재위험 순위 또는 가상사고 시나리오별로 사고발생빈도를 최소화하기 위한 대책을 수립하여야 하며, 사고 시의 피해 정도 및 범위 등을 산정하고 피해 최소화 대책을 수립하여야 한다.

제29조(위험성 평가기법) ① 위험성평가기법은 규칙 제130조의 2 제2호 각 목에 규정된 기법 중에서 해당 공정의 특성에 맞게 사업장 스스로 선정하되, 다음 각 호의 기준에 따라 선정하여야 한다.

1. 제조공정 중 반응, 분리(증류, 추출 등), 이송시스템 및 전기 · 계장시스템 등의 단위공정

   가. 위험과 운전분석기법

   나. 공정위험분석기법

   다. 이상위험도분석기법

   라. 원인결과분석기법

   마. 결함수분석기법

   바. 사건수분석기법

2. 저장탱크설비, 유틸리티설비 및 제조공정 중 고체 건조 · 분쇄설비 등 간단한 단위공정

   가. 체크리스트기법

   나. 작업자실수분석기법

   다. 사고예상질문분석기법

   라. 위험과 운전분석기법

   마. 상대 위험순위결정기법

② 하나의 공장이 반응공정, 증류·분리공정 등과 같이 여러 개의 단위공정으로 구성되어 있을 경우 각 단위 공정특성별로 별도의 위험성 평가기법을 선정할 수 있다.

③ 위험성평가보고서는 공단기술지침 중 위험성 평가기법에 관한 사항을 규정한 기준을 참조하여 작성하여야 한다.

제30조(위험성 평가 수행자) 위험성 평가를 수행할 때에는 다음 각 호의 전문가가 참여하여야 하며, 위험성 평가에 참여한 전문가 명단을 별지 제21호 서식에 기록하여야 한다.

1. 위험성 평가 전문가
2. 설계 전문가
3. 공정운전 전문가

제 4 절 안전운전 계획

제31조(안전운전 지침서) 규칙 제130조의 2 제3호 가목의 안전운전 지침서에는 다음 각 호의 사항이 포함되어야 한다.

1. 최초의 시운전
2. 정상운전
3. 비상시 운전
4. 정상적인 운전 정지
5. 비상정지
6. 정비 후 운전 개시
7. 운전범위를 벗어났을 경우 조치 절차
8. 화학물질의 물성과 유해·위험성
9. 위험물질 누출 예방 조치
10. 개인보호구 착용방법
11. 위험물질에 폭로시의 조치요령과 절차
12. 안전설비 계통의 기능·운전방법 및 절차 등

제32조(설비점검·검사 및 보수계획, 유지계획 및 지침서) 규칙 제130조의 2 제3호 나목의 설비점검 검사 및 보수계획, 유지계획 및 지침서는 공단기술지침 중 "유해·위험설비의 점검·정비·유지관리 지침"을 참조하여 작성하되, 다음 각 호의 사항이 포함되어야 한다.

1. 목적
2. 적용범위
3. 구성 기기의 우선순위 등급
4. 기기의 점검
5. 기기의 결함관리

  6. 기기의 정비
  7. 기기 및 기자재의 품질관리
  8. 외주업체 관리
  9. 설비의 유지관리 등

제33조(안전작업허가) 규칙 제130조의 2 제3호 다목의 안전작업허가는 공단기술지침 중 "안전작업허가 지침"을 참조하여 작성하되, 다음 각 호의 사항이 포함되어야 한다.

  1. 목적
  2. 적용범위
  3. 안전작업허가의 일반사항
  4. 안전작업 준비
  5. 화기작업 허가
  6. 일반위험작업 허가
  7. 밀폐공간 출입작업 허가
  8. 정전작업 허가
  9. 굴착작업 허가
  10. 방사능 허가 등

제34조(도급업체 안전관리계획) 규칙 제130조의 2 제3호 라목의 도급업체 안전관리 계획은 공단기술지침 중 "도급업체의 안전관리계획 작성에 관한 지침"을 참조하여 작성하되 다음 각 호의 사항이 포함되어야 한다.

  1. 목적
  2. 적용범위
  3. 적용대상
  4. 사업주의 의무
  5. 도급업체 사업주의 의무
  6. 계획서 작성 및 승인 등

제35조(근로자 등 교육계획) 규칙 제130조의 2 제3호 마목의 근로자 등 교육계획은 공단기술지침 중 "공정안전에 관한 근로자 교육훈련지침"을 참조하여 작성하되 다음 각 호의 사항이 포함되어야 한다.

  1. 목적
  2. 적용범위
  3. 교육대상
  4. 교육의 종류
  5. 교육계획의 수립
  6. 교육의 실시

　　7. 교육의 평가 및 사후관리

제36조(가동전 점검지침) 규칙 제130조의 2 제3호 바목의 가동 전 점검 지침에는 공단기술지침 중 "가동전 안전점검에 관한 지침"을 참조하여 작성하되 다음 각 호의 사항이 포함되어야 한다.

　　1. 목적

　　2. 적용범위

　　3. 점검팀의 구성

　　4. 점검시기

　　5. 점검표의 작성

　　6. 점검보고서

　　7. 점검결과의 처리

제37조(변경요소 관리계획) 규칙 제130조의 2 제3호 사목의 변경요소관리계획은 공단기술지침 중 "변경요소관리에 관한 지침"을 참조하여 작성하되 다음 각 호의 사항이 포함되어야 한다.

　　1. 목적

　　2. 적용범위

　　3. 변경요소 관리의 원칙

　　4. 정상변경 관리절차

　　5. 비상변경 관리절차

　　6. 변경관리위원회의 구성

　　7. 변경시의 검토항목

　　8. 변경업무분담

　　9. 변경에 대한 기술적 근거

　　10. 변경요구서 서식 등

제38조(자체감사 계획) 규칙 제130조의 2 제3호 아목의 자체감사 계획은 공단기술지침 중 "자체감사 점검표 작성지침"을 참조하여 작성하되 다음 각 호의 사항이 포함되어야 한다.

　　1. 목적

　　2. 적용범위

　　3. 감사계획

　　4. 감사팀의 구성

　　5. 감사 시행

　　6. 평가 및 시정

　　7. 문서화 등

제39조(공정사고 조사 계획) 규칙 제130조의 2 제3호 아목의 사고조사 계획은 공단기술지침 중 "공정사고 조사지침"을 참조하여 작성하되 다음 각 호의 사항이 포함되어야 한다.

1. 목적
2. 적용범위
3. 공정사고 조사팀의 구성
4. 공정사고 조사 보고서의 작성
5. 공정사고 조사 결과의 처리

제5절 비상조치계획

제40조(비상조치 계획의 작성) 규칙 제130조의 2 제4호의 비상조치 계획은 공단기술지침 중 "비상조치계획 수립지침"을 참조하여 작성하되 다음 각 호의 사항이 포함되어야 한다.

1. 목적
2. 비상사태의 구분
3. 위험성 및 재해의 파악 분석
4. 유해·위험물질의 성상 조사
5. 비상조치 계획의 수립
6. 비상조치 계획의 검토
7. 비상대피 계획
8. 비상사태의 발령
9. 비상경보의 체계
10. 비상사태의 종결
11. 사고조사
12. 비상조치 위원회의 구성
13. 비상통제 조직의 기능 및 책무
14. 장비보유현황 및 비상통제소의 설치
15. 운전정지 절차
16. 비상훈련의 실시 및 조정
17. 주민 홍보계획 등

제4장 보고서 심사기준

제1절 공정안전자료

제41조(공정안전자료) 규칙 제130조의 2 제1호의 공정안전자료는 다음 각 호의 기준에

의하여 심사하여야 한다.

1. 보고서에 포함되어야 할 다음 각 목의 필수적 기술자료의 분류 여부

　가. 화학물질에 대한 안전보건자료

　나. 제조공정에 관한 기술자료·도면

　다. 공정설비에 관한 기술자료·도면

2. 다음 각 목의 기술적 사항을 포함한 화학물질 안전보건자료의 체계적 정리 여부

　가. 사업장내에서 제조·취급·저장되는 순수 화학물질뿐만 아니라 복합 화학물질을 포함한 원료, 중간제품 및 완제품 등에 대한 안전·보건자료

　나. 화학물질의 화재·폭발 특성에 관한 정확한 자료와 반응위험성, 독성을 포함한 유해성, 노출기준, 물리·화학적 안정성, 다른 물질과 혼합 시 위험성, 장치설비에 대한 부식성 및 마모성, 소화방법, 누출 시 처리방법

　다. 제조공정 특성에 맞도록 자체적으로 알기 쉽게 정리하고 보완된 화학물질의 안전·보건 자료

3. 다음 각 목의 기술적 사항을 포함한 제조공정 기술자료·도면의 정리 여부

　가. 다음 사항이 포함된 제조공정의 흐름도의 확보

　　　(1) 모든 주요 공정의 유체흐름

　　　(2) 물질 및 열수지

　　　(3) 공정을 이해할 수 있는 제어계통과 주요 밸브

　　　(4) 주요장치 및 회전기기의 명칭과 주요 명세

　　　(5) 모든 원료 및 공급유체와 중간제품의 압력과 온도

　　　(6) 주요장치 및 회전기기의 유체 입·출구 표시

　나. 유해·위험물을 포함한 모든 화학물질의 종류와 최대 보유량

　다. 제조공정에 대한 화학반응식 및 조건

　라. 정상운전 범위의 선정, 이상 운전조건과 경보치 설정 및 비상시 운전정지조건

　마. 장치 및 설비의 재질과 내용물과의 물리화학적 영향 검토

　바. 펌프, 압축기의 기능 및 용량 검토

　사. 운전조건을 감안한 설계압력과 온도의 검토

　아. 운전 중에 발생할 수 있는 이상상태(운전조건 범위에서 벗어남)에 대한 조치 사항

4. 다음 각 목의 기술적 사항을 포함한 공정설비 기술자료·도면의 체계적 정리 여부

　가. 각종 장치 및 배관계통의 명세서

　나. 다음 내용이 포함된 공정배관계장도의 확보

　　　(1) 모든 동력기계와 장치 및 설비의 기능과 주요 명세

　　　(2) 장치의 계측제어 시스템과의 상호관계

(3) 안전밸브의 크기 및 설정압력, 안전보건규칙 제266조에 따른 안전밸브 전·후단 차단밸브 설치금지 사항

(4) 연동시스템 및 자동 조업정지 등 운전방법에 대한 기술

(5) 그 밖에 필요한 기술정보

다. 각종 운전정지 절차와 연동 시스템에 대한 자료와 도면

라. 건물 및 설비의 전체 배치도

마. 설비 배치도

바. 건물 및 철구조물의 평면도 및 입면도

사. 철구조물 등의 내화처리 기준

아. 소화설비, 화재 탐지 및 경보설비의 설치 계획 및 배치도

자. 가스누출감지경보기 설치 계획

차. 세척·세안시설 및 안전 보호장구 설치 계획

카. 국소배기장치 설치계획

타. 폭발위험장소 구분도 및 방폭설계 기준에 대한 자료

파. 전기단선도

하. 접지계획

5. 장치 및 설비의 설계·제작·설치에 관련된 기준의 적정 여부(한국산업표준 또는 동등 이상일 것)

6. 안전밸브 및 플레어스택을 포함하는 압력방출설비 및 환경오염을 야기하는 배출물의 설계기준 및 명세의 적정 여부

7. 최신 설계기준 이전의 설계기준에 따라 설치되어 사용되고 있는 장치 및 설비에 대한 설계기준을 그 장치 및 설비를 사용하는 동안 서류로 비치하여 관리하고 있는지 여부

8. 제3호의 제조공정 기술자료·도면 및 제4호의 공정설비 기술자료·도면은 공정, 장치 및 설비, 배관, 계측제어 계통 등의 변경 시 즉시 보완되고 있는지 여부

제 2 절 공정위험성 평가서

제42조(공정위험성평가서) ① 공정위험성평가서 심사 시에는 유해·위험 화학물질을 취급하는 제조공정 및 설비를 대상으로 화재·폭발·위험물 누출 등과 같은 잠재적 위험을 도출하고 잠재적 위험이 실제 사고로 연결될 가능성에 따라 공정 및 설비의 개선 방안을 강구하고 있는지를 심사하여야 한다.

② 위험성평가기법이 제29조에 따라 적절히 선정되었는지를 심사하여야 한다.

③ 공정위험성 평가의 결과에는 각각의 잠재적 위험에 대한 다음 각 목의 사항이 명확히 기술되었는지를 심사하여야 한다.

　가. 잠재위험이 있는 공정 또는 설비

　나. 위험이 있다면 사고 발생 가능성에 대한 검토

　다. 사고 발생 시 피해 예측에 대한 검토

　라. 위험 제거 또는 발생확률 감소 방안

　마. 사고 발생 시 피해 최소화 대책

　바. 잠재적 위험제거 방안에 대한 실행일정 계획

제43조(위험성평가 실시) 위험성평가 실시 여부는 다음 각 호의 기준에 따라 심사하여야 한다.

　1. 여러 분야의 전문가로 구성된 팀에 의해 시행되었는지 여부

　2. 평가팀에 최소한 설계전문가·공정운전 전문가가 각 1명 이상 참여하였는지 여부

　3. 팀 구성원 중 일인은 팀 책임자로 지정되고 팀 책임자는 평가대상 공정에 대한 전문지식과 경험이 있고, 또한 적용하고자 하는 평가기법을 완벽히 숙지하고 있는지 여부

　4. 모든 팀 구성원에게 해당 공정기술, 공정설계, 정상 및 이상 운전절차, 경보시스템, 이상 조작절차, 계측제어, 정비절차, 비상시 운전절차 등 관련자료를 평가 이전에 상호 교환하고, 필요시 설명하여 팀 모두가 이해할 수 있도록 함으로써 평가 업무가 원활히 시행되었는지 여부

　5. 동종의 사업장에서 발생한 공정사고에 대한 유사설비와 위험성평가 여부

　6. 팀의 평가과정에서 잠재 위험성을 도출하고 개선 대책을 토론한 내용을 체계적으로 정리하여 문서화하여 관리하고 있는지 여부

　7. 팀의 제시한 개선대책을 우선순위를 정하여 적절한 기한까지 사업주의 이행여부와 그 계획의 서류화 여부

　8. 이행 계획서에 다음 각 목의 내용이 포함되었는지 여부

　　가. 행위가 취해질 구체적 내용

　　나. 각 행위별 완료 일정

　　다. 각 행위 내용을 사전에 해당 공정관계자, 운전원, 정비원, 행위 결과로 영향을 받는 자에게 알릴 방법과 일정

　9. 위험성 평가는 대상 공정의 변경이 있을 때 변경 부분에 대해서 제1호부터 제8호까지의 내용을 동일하게 적용하여 설계단계에서부터 위험성 평가를 실시하고 있는지의 여부

제 3 절　안전운전 계획

제44조(안전운전 지침과 절차) 안전운전지침과 절차는 다음 각 호의 기준에 따라 준수되고 있는지를 심사하여야 한다.

1. 안전운전 지침과 절차(이하 "운전 절차"라 한다)가 공정안전 기술자료, 도면 및 공정 설비 기술자료의 내용과 일치하고 있는지 여부
2. 운전절차는 안전운전을 위하여 명확하고 구체적으로 쉽게 알 수 있도록 서류화하여 관리하고 있는지 여부
3. 모든 운전절차에 운전자의 운전담당 설비 및 운전분야가 명확하게 기술되고 또한 운전자의 운전 위치가 분명하게 기술되어 있는지의 여부
4. 운전절차에는 각 운전공정 및 설비별 운전조건 범위가 명확히 기술되어 있는지 여부
5. 다음 각 목의 사항이 포함된 운전단계별 운전 절차의 기술 여부
   가. 최초의 시운전
   나. 정상 운전
   다. 비상시 운전(비상시 운전정지 절차, 운전정지를 하지 아니하고 운전되어야 할 분야에 대한 운전방법, 제한적인 운전분야 및 절차, 운전장소, 담당자 등이 포함되어야 한다)
   라. 정상적인 운전 정지
   마. 비상 정지 및 정비 후의 운전 개시
6. 운전범위에서 벗어났을 경우의 조치 절차의 기술 여부
   가. 운전범위에서 벗어났을 경우 예상되는 결과
   나. 운전범위에서 벗어났을 경우 정상 운전이 되도록 하기 위한 방법 및 절차 또는 운전범위에서 벗어나지 않도록 하기 위한 사전 조치 방법 및 절차
7. 다음과 같은 안전운전을 위해 유의해야 할 사항의 기술
   가. 운전공정에 취급되는 화학물질의 물성과 유해·위험성
   나. 위험물질 누출 예방을 위하여 취해야 할 사항
   다. 위험물 누출 시 각종 개인 보호구 착용 방법
   라. 작업자가 위험물에 접촉되거나 흡입하였을 때 취해야 할 행동 요령과 절차
   마. 원료 물질의 순도 등 품질유지와 위험물 저장량 조절 등 관리에 관한 사항
8. 안전설비 계통의 기능과 운전방법 및 절차의 기술 여부
9. 운전절차에 관한 서류는 운전원, 검사원 및 정비원이 항상 쉽게 볼 수 있는 장소에 갖추어 두었는지 여부
10. 운전실에 운전자가 공정을 쉽게 이해할 수 있도록 주요 공정장치, 주요 배관별 유량·온도·압력 등이 포함된 공정 개략도를 보기 쉬운 곳에 갖추어 두었는지 여부
11. 운전절차는 장치, 설비 등의 변경 시에 즉시 보완하여 현재의 장치, 설비 등과 일치되게 관리되고 있는지 여부
12. 사업장 안전보건총괄책임자는 매년 현재의 운전절차가 현재의 설비와 일치되게

작성되었고 안전하게 운전할 수 있는 절차임을 검토하여 확인하고 그 결과를 서면
으로 기록하여 보관하고 있는지 여부

제45조(위험설비 품질과 안전성 확보) 공단은 위험설비의 물질과 안전성이 확실히 확보되
었는지를 다음 각 호의 기준에 따라 심사하여야 한다.

1. 위험설비에 다음 사항을 포함하고 있는지 여부

  가. 압력용기와 저장탱크계통 설비

  나. 배관 계통 설비(밸브와 같은 부속설비 포함)

  다. 압력방출계통 설비

  라. 비상정지계통 설비

  마. 계측제어계통 설비(감지기, 경보기 및 연동장치 포함)

  바. 펌프·압축기 등 회전기기류

  사. 위험물질 처리설비

2. 사업장에서는 위험설비의 안전성을 유지하기 위하여 위험설비 안전관리 규정을
   제정하여 시행하고 있는지 여부

3. 사업장에서는 위험설비에서 운전, 작업하는 작업자들에게 제조공정과 잠재 위험
   성 및 위험설비 안전관리규정에 대해 구체적으로 교육을 실시하고 있으며, 작업자
   들이 이를 숙지하여 안전한 방법으로 운전·작업할 수 있는지를 확인하고 있는지
   여부

4. 제1호의 위험설비는 위험성평가 결과로 얻어지는 기기의 위험 정도에 따라 기기
   별로 우선순위를 정하고 검사, 시험 등 점검의 주기를 달리하고 있는지 여부

5. 사업장에서 위험설비에 대하여 자체점검 절차를 규정화하고 이를 실시하고 있는
   지 여부

6. 자체점검 절차는 구체적이어야 하며 일반적으로 통용되는 기준에 따르고 있는지
   여부

7. 자체점검 실시 주기는 최소한 위험설비 제작회사가 권장하는 주기로 하고 있으며,
   사업장이 설비의 안전성을 유지하는 데 필요한 경우 주기를 증가할 수 있는지 여부

8. 자체점검 실시 결과는 위험설비별로 서류로 작성하여 관리되고 있으며 다음 각
   목의 내용이 포함되었는지 여부

  가. 검사 또는 시험 실시일자

  나. 검사자의 소속과 성명

  다. 위험설비의 일련번호 및 설비명

  라. 검사항목별 검사내용

  마. 검사결과 및 판정

  바. 검사결과에 따른 조치사항

9. 사업주는 위험설비의 결함이 발견된 때에 사용을 중지하고 결함사항을 제거하고 있는지 여부

10. 위험설비마다 사용 가능함을 확인하고 있으며 사용 가능 기준을 정하여 관리하고 있는지 여부

11. 신설되는 위험설비에 대하여 위험설비가 설계 및 제작기준에 맞게 제작되고 있는지 여부

12. 위험설비가 설치·조립되고 있는 과정에서 설치기준 및 명세와 일치하고 제작자의 설치기준에 따라 안전하게 설치되고 있음을 점검 또는 검사를 통하여 확인하고 있는지 여부

13. 위험설비를 정비하는 데 필요한 정비·자재·예비부품을 확보하여 위험설비의 결함이 발견될 때에는 즉시 정비할 수 있도록 하고 있는지 여부

제46조(안전작업허가 및 절차) 안전작업허가서는 다음 각 호의 기준에 따라서 수행되고 있는지를 심사하여야 한다.

1. 공정지역내에서 또는 공정지역과 가까운 지역에서 용접, 용단 등의 화기작업과 같은 유해·위험 요소가 잠재되어 있는 경우에는 안전작업허가서를 발급받은 후에 작업하고 있는지 여부

2. 안전작업 허가기준, 각 부서의 업무와 책임한계, 허가절차 등을 문서화하여 사업장의 자체 규정으로 제정하고 있는지 여부

3. 안전작업을 하기 전에 안전작업 관리책임자는 안전작업에 필요한 안전상의 조치를 취하고 있으며, 안전작업 허가책임자는 이를 확인한 후에 안전작업허가서를 발급하고 있는지 여부

4. 안전작업 전에 취하여야 할 안전상의 조치는 사업장 특성에 맞게 작성하여 규정화하고 있는지 여부

5. 안전작업허가서에 허가일시와 안전작업일시가 명확히 기재되고 있는지 여부

6. 안전작업허가서는 해당 작업 완료 후 1년간 보관하도록 하고 있는지 여부

7. 안전작업 시작 전에 작업 내용을 해당 지역 및 인접지역의 운전원, 정비원 및 도급업체 등 안전작업으로 인해 영향을 받을 수 있는 작업자에게 알려주고 있는지 여부

제47조(도급업체 안전관리) 공정설비의 보수, 설비의 개선 및 가동 정지 후 일체 정비와 같이 공정과 설비의 안전에 관련된 업무를 도급업체로 하여금 수행하도록 할 경우 다음 각 호의 기준에 따라 안전관리가 수행되고 있는지를 심사하여야 한다.

1. 사업장의 안전보건총괄책임자가 다음 각 목의 안전관리 내용을 도급업체에 대해 시행하고 있는지 여부

가. 도급업체 선정 시 도급업체의 안전업무 수행실적 및 능력에 관한 자료와 안전

작업계획의 평가

나. 도급업체의 작업시행 이전에 작업자들에게 화재, 폭발, 독성물질 누출 위험과 예방에 관한 교육 실시

다. 도급업체의 작업자들에게 사고 발생 시의 비상조치계획 및 도급자가 취해야 할 조치 요령에 관한 교육 실시

라. 도급업체가 수행할 작업에 대하여도 안전운전지침 및 절차를 규정화하고 도급업체 작업자가 이를 준수토록 감독

마. 도급업체 작업자의 사고나 재해발생에 대한 기록 유지와 이행여부에 대한 정기적인 확인

2. 도급업체의 사업주가 다음 각 목의 안전관리 내용을 준수하고 있는지 여부

가. 작업자들이 안전하게 작업을 수행할 수 있도록 교육 및 훈련이 충분히 실시되었는지를 확인

나. 작업자들이 화재, 폭발, 독성물질 누출 위험과 예방에 관한 사항, 그리고 비상조치 내용을 충분히 숙지하고 있는지를 확인하고 기록 유지

다. 작업자가 이수한 교육 및 훈련일시와 내용 그리고 숙지상태를 기록 관리

라. 작업자가 안전운전지침 및 절차를 준수하고 있는지를 확인

마. 작업자가 작업 중에 인지된 위험요인이 있을 경우 이를 지체없이 사업장의 안전보건총괄책임자에게 통보

제48조(공정·운전에 대한 교육·훈련) 공정운전자 및 정비작업자가 해당 공정에 대하여 다음 각 호의 기준에 따라 교육을 이수하였는지를 심사하여야 한다.

1. 공정상세도면의 이해를 위한 제조공정, 안전운전 지침 및 절차 등에 관한 교육내용의 포함 여부

2. 사업장 안전보건총괄책임자는 공정운전원이 충분한 교육과 훈련을 통하여 공정운전에 관한 지식과 기술 그리고 충분히 안전하게 운전할 능력을 갖추었음을 확인하고 해당 공정운전 자격을 부여하고 있는지 여부

3. 사업장에서 최소한 3년마다 1회 이상 교육을 실시하고 있으며, 교육 시마다 해당 공정운전 능력이 충분함을 확인하고 있는지 여부

4. 사업장 안전보건총괄책임자는 공정운전원, 정비원 및 하도급업자에 대한 교육·훈련 실시 내용과 공정운전 자격부여 현황을 기록 보존하고 있는지 여부

제49조(가동 전 안전점검) 사업장에서 새로운 설비를 설치하거나 공정 또는 설비의 변경 시 시운전 전에 안전점검을 실시하고 있는지를 심사하여야 한다. 시운전 전의 안전점검은 최소한 다음 각 호의 사항이 확인되어야 하며, 점검결과를 기록·보존하여야 한다.

1. 추가 또는 변경된 설비가 설계기준에 맞게 설계되었는지의 확인 여부

2. 추가 또는 변경된 설비가 제작기준대로 제작되었는지와 규정된 검사에 의한 합격판정의 확인 여부

3. 설비의 설치공사가 설치 기준 또는 사양에 따라 설치되었는지의 확인 여부

4. 안전운전절차 및 지침, 정비기준 및 비상시 운전절차가 준비되어 있는지와 그 내용이 적절한지의 확인 여부

5. 신설되는 설비에 대하여 위험성 평가의 시행과 평가 시 제시된 개선사항이 이행되었는지의 확인 여부

6. 변경된 설비의 경우 규정된 변경관리 절차에 따라 변경되었는지의 확인 여부

7. 신설 또는 변경된 공정이나 설비의 운전절차에 대한 운전원의 교육·훈련과 이를 숙지하고 있는지의 확인 여부

제50조(변경요소관리) 사업장이 제조공정에서 취급되는 화학물질의 변경이나 제조공정의 변경, 장치 및 설비의 주요 구조 변경 또는 각종 운전·작업 절차의 변경이 있을 경우에 다음 각 호의 기준에 따라 변경관리가 수행되고 있는지를 심사하여야 한다.

1. 변경관리의 대상에 최소한 다음 각 목의 사항이 포함되어 있는지 여부

　가. 신설되는 설비와 기존 설비를 연결할 경우의 기존 설비

　나. 기존 설비의 변경은 없어도 운전조건(온도, 압력, 유량 등)을 변경할 경우

　다. 제품생산량 변경은 없으나 새로운 장치를 추가, 교체 또는 변경할 경우

　라. 경보 계통 또는 계측제어 계통을 변경할 경우

　마. 압력방출 계통의 변경을 초래할 수 있는 공정 또는 장치를 변경할 경우

　바. 장치와 연결된 비상용 배관을 추가 또는 변경할 경우

　사. 시운전 절차, 정상조업 정지절차, 비상조업 정지 절차 등을 변경할 경우

　아. 위험성평가·분석결과 공정이나 장치·설비 또는 작업절차를 변경할 경우

　자. 첨가제(촉매, 부식방지제, 안정제, 포말생성방지제 등)를 추가 또는 변경할 경우

　차. 장치의 변경 시 필연적으로 수반되는 부속설비의 변경이나 가설설비의 설치가 필요할 경우

2. 변경관리 방법에 있어서 먼저 변경 시의 절차를 규정화하여 실행하는 체계를 구축하고 있는지 여부

3. 변경 절차에 변경 전 다음 사항을 검토하도록 하는 내용이 포함되었는지 여부

　가. 변경계획에 대한 공정 및 설계의 기술적 근거의 타당성 여부

　나. 변경 부분의 전·후 공정 및 설비에 대한 영향

　다. 변경 시 안전·보건·환경에 대한 영향

　라. 변경 시 뒤따르는 운전절차상의 수정 내용의 타당성 여부

　마. 변경 일정의 적합성 여부

　바. 변경 시 관련기관에 필요한 보고 업무 등

4. 사업장에서 변경 이전에 변경할 내용을 운전원, 정비원 및 도급업체 등에게 정확히 알려 주고, 변경 설비의 시운전 이전에 이들에게 충분한 훈련을 실시하고 있는지 여부

5. 변경 시 공정안전 기술자료의 변경이 수반될 경우에는 이들 자료의 보완이 즉시 이행되고 있는지 여부

6. 운전절차, 안전작업허가절차 및 도급작업절차 등 안전운전 관련자료의 변경이 수반될 때도 즉시 변경되는지 여부

제51조(자체감사) 사업장에서는 공정안전관리가 규정대로 이행되고 있는지를 평가·확인하기 위하여 1년마다 자체감사가 실시되고 있는지를 다음 각 호의 기준에 따라 심사하여야 한다.

1. 자체감사 시에는 사용 중인 안전작업지침 및 절차 등 각종 기준과 절차가 현재의 공정 및 설비에 적합한지 여부

2. 자체감사팀에는 감사 대상 공정에 전문적인 지식을 갖춘 사람 1명 이상이 참여하고 있는지 여부

3. 자체감사에서 제시된 평가·분석 결과에 따라 지속적인 조사·연구가 필요하거나 정밀검토가 필요한 사항에 대해서는 지속적인 조사·연구가 이루어지고 있는지 여부

4. 자체감사에서 도출된 문제점에 대해서는 필요한 조치가 이행되어야 하며 그 내용을 문서로 기록 관리하고 있는지 여부

5. 자체감사 보고서를 3년 이상 보관하고 있는지 여부

제52조(공정사고조사) 중대산업사고가 발생하거나 중대산업사고를 일으킬 요인을 제공할 수 있는 공정사고가 발생한 경우 사업주가 사고조사를 실시하고 있는지를 다음 각 호의 기준에 따라 심사하여야 한다.

1. 공정사고조사는 사고발생 즉시 실시하여야 하며 늦어도 사고발생 후 24시간 이내 조사가 시작되었는지 여부

2. 공정사고조사팀에는 사고공정 및 시설에 대한 지식과 경험이 풍부한 사람 1명 이상과 사고조사 및 분석방법에 경험이 있는 전문가로 구성되었는지 여부

3. 공정사고조사 보고서에는 최소한 다음 각 목의 사항이 포함되었는지 여부
   가. 사고발생 일시와 조사일시
   나. 사고발생 개요와 사고발생 원인
   다. 개선해야 할 내용과 재발방지 대책

4. 사고조사 보고서에 사고와 관련이 있는 공정운전 전문가와 개선 및 방지대책 수행 책임부서 전문가가 최종적으로 검토·확정하고 있는지 여부

5. 사고조사 보고서에서 제시된 개선해야 할 사항과 재발방지 대책을 수행하기 위하

여 책임부서를 지정하고 있으며, 수행결과를 서류화하여 정확한 수행 여부를 관리
하고 있는지 여부

6. 사고조사 보고서를 5년 이상 보관하고 있는지 여부

제 4 절 비상조치계획

제53조(비상조치계획) 사업장에서 화재·폭발·위험물 누출 등 중대산업사고가 발생하였
을 때 인명과 재산을 보호하고 피해를 최소화하기 위한 비상조치계획을 다음 각 호
의 기준에 따라 수립하여 실행하고 있는지를 심사하여야 한다.

1. 비상조치계획에 다음 각 목의 사항이 포함되었는지 여부

    가. 전 근무자의 사전 교육 계획

    나. 비상시 대피절차와 비상대피로의 지정

    다. 대피 전에 주요 공정설비에 대한 안전조치를 취해야 할 대상과 절차

    라. 비상대피 후의 전 직원이 취해야 할 임무와 절차

    마. 피해자에 대한 구조·응급조치 절차

    바. 내·외부와의 통신 체계 및 방법

    사. 비상조치 시의 총괄부서 및 조직

    아. 사고발생 시 및 비상대피 시 보호구 착용 지침

    자. 주민 홍보 계획

    차. 외부기관과의 협력체제

2. 사업장에서 비상조치가 취해져야 할 경우 전 직원에 긴급경보 조치를 취하고 있
   으며, 필요시 인근지역 주민에게 비상사태를 알리고 안전한 필요한 조치를 할 수
   있는지 여부

3. 사업장에서는 전 직원이 안전하고 질서 있게 비상조치를 실행할 수 있도록 안내하
   고 지도하는 사람을 지정하고, 안내·지도에 필요한 교육을 시행하고 있는지 여부

4. 사업장의 안전보건 총괄책임자는 다음 각 목의 경우에 있어서 비상조치계획을
   검토하고 있는지 여부

    가. 최초 비상조치계획을 수립할 경우

    나. 각 비상조치 요원의 비상조치 임무가 변경될 경우

    다. 비상조치계획 자체가 변경되었을 경우

5. 비상조치계획은 서류로 알기 쉽게 작성되어 접근이 용이한 곳에 갖추어 두었는지
   여부

제 5 장   이행상태평가

제54조(평가의 종류 및 대상 등) ① 규칙 제130조의 7에 따른 이행상태평가의 종류 및 실시시기는 다음 각 호와 같다.

1. 신규평가 : 보고서의 심사 완료 후 1년 이내 실시
2. 정기평가 : 신규평가 후 4년마다 실시
3. 재평가 : 제1호 및 제2호의 평가일부터 1년이 경과한 사업장에서 사업주가 평가를 요청하는 경우 요청한 날부터 6개월 이내 실시

② 이행상태평가는 사업장 단위로 평가함을 원칙으로 한다. 다만, 사업장의 규모가 크고 단위공장별로 공정안전관리체제를 구축·운영하고 있는 사업장에서 요청하는 경우 단위공장별로 이행상태를 평가할 수 있다.

③ 보고서를 이미 제출하여 평가를 받은 사업장이 영 제33조의 6에 따른 유해·위험 설비를 추가로 설치·이전하거나, 제2조 제1항 제1호에 따른 주요 구조 부분의 변경에 따라 보고서를 추가로 제출하는 경우에는 평가를 면제할 수 있다.

제55조(평가반 구성 등) ① 지방관서의 장은 이행상태평가를 실시할 때에는 중대산업사고예방센터 감독관으로 평가반을 구성하고, 평가책임자를 임명하여야 한다.

② 지방관서의 장은 이행상태평가를 실시함에 있어 전문가의 조언이 필요하다고 인정되는 경우에는 다음 각 호에 해당하는 사람을 평가에 참여시킬 수 있다. 이 경우 평가에 참여하는 전문가는 평가 중 알게 된 비밀을 다른 사람에게 누설하여서는 아니 된다.

1. 제7조 제1항 각 호의 어느 하나에 해당하는 공단소속 직원
2. 제7조 제2항 제1호부터 제3호까지에 해당하는 외부전문가

③ 고용노동부장관은 제2항 제2호에 따라 외부전문가를 평가에 참여시킨 때에는 여비와 수당을 지급할 수 있다.

제56조(평가계획의 수립 등) ① 지방관서의 장은 제54조 제1항의 평가시기에 따라 평가계획을 수립하고 평가대상 사업장에는 사전에 평가일정을 알려야 한다.

② 이행상태평가는 평가반이 사업장을 방문하여 다음 각 호의 방법으로 실시한다.

1. 사업주 등 관계자 면담
2. 보고서 및 이행관련 문서 확인
3. 현장 확인

제57조(이행상태평가 기준) 보고서 이행상태평가의 세부평가항목 및 배점기준 등은 다음과 같다.

1. 이행상태평가표의 총배점 및 최고환산점수는 각각 970점 및 100점이며, 평가항

목, 항목별 배점, 환산계수 및 최고 환산점수 등은 별표 3과 같다.

2. 세부평가항목별 평가점수는 별표 4와 같이 우수(A, 10점), 양호(B, 8점), 보통(C, 6점), 미흡(D, 4점), 불량(E, 2점) 등 5단계로 구분하며, 항목별 평가결과에 따라 해당되는 점수와 평가근거를 면담 또는 확인 결과란에 기재한다.

3. 평가대상 사업장의 규모와 업종에 따라 세부평가항목을 일부만 적용할 수 있으며, 일부 적용 항목은 별표 5와 같다.

4. 해당사항이 없는 평가항목의 경우에는 "해당 없음"으로 표기하고 그 항목은 점수가 없는 것으로 본다.

5. 환산점수는 항목별로 평가점수에 환산계수를 곱한 점수를 말하며, 환산점수의 총합은 항목별 환산점수를 모두 합한 점수를 말한다.

제58조(평가결과) ① 지방관서의 장은 제57조에 따른 평가기준에 의해 부여한 점수에 따라 사업장 또는 단위공장(단위공장별로 이행상태를 실시한 경우에 한정한다)별로 다음 각 호의 어느 하나에 해당하는 등급을 부여하여야 한다.

1. P등급(우수) : 환산점수의 총합이 90점 이상
2. S등급(양호) : 환산점수의 총합이 80점 이상 90점 미만
3. M+등급(보통) : 환산점수의 총합이 70점 이상 80점 미만
4. M−등급(불량) : 환산점수의 총합이 70점 미만

② 지방관서의 장은 제1항의 평가등급, 평가점수 등 평가결과에 대한 소견서를 첨부하여 평가를 마친 날부터 3개월 이내에 사업주에게 알려야 하며 이를 다음 반기부터 적용한다.

제 6 장 수 수 료

제59조(수수료 등) ① 보고서의 심사를 받고자 하는 자는 법 제66조 제1항에 따라 공단이 지정하는 금융기관 등을 통하여 수수료를 납부하여야 한다.

② 제1항에 따른 수수료는 고용노동부장관이 따로 정하는 수수료 규정에 따른다.

제60조(재검토기한 3년) 이 고시는 「훈령·예규 등의 발령 및 관리에 관한 규정」(대통령훈령 제248호)에 따라 고시 발령 후 2017년 5월 25일까지 법령이나 현실여건의 변화 등을 검토하여 폐지 또는 개정한다.

부 칙 〈제 2014-22호, 2014.05.26〉

이 고시는 발령한 날부터 시행한다.

【별표 1】

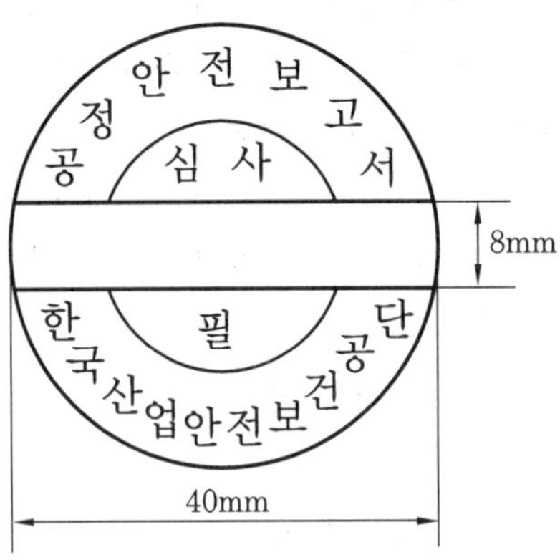

【별표 2】: 〈삭제〉

【별표 3】 평가항목별 배점기준(안)

항 목	최고 실배점	환산계수	최고 환산점수
안전경영과 근로자참여	340	0.071	24.0
공정안전자료	30	0.167	5.0
공정위험성평가	60	0.092	5.5
안전운전 지침과 절차	50	0.080	4.0
설비의 점검·검사·보수계획, 유지계획 및 지침	80	0.069	5.5
안전작업허가 및 절차	70	0.121	8.5
도급업체 안전관리	40	0.175	7.0
공정운전에 대한 교육·훈련	30	0.167	5.0
가동전 점검지침	20	0.150	3.0
변경요소 관리계획	40	0.175	7.0
자체감사	50	0.080	4.0
공정사고조사 지침	50	0.060	3.0
비상조치계획	40	0.088	3.5
현장확인	70	0.214	15.0
계	970		100

【별표 4】 세부평가항목

안전경영과 근로자 참여

구 분		항 목	면담/확인 결과					
			A	B	C	D	E	평가 근거
공장장 (1~6)	1	회사의 경영목표로 안전·보건을 우선적으로 강조하고 실천하는가?						
	2	공정안전관리(PSM) 12개 요소의 내용과 목적을 정확하게 이해하고 있는가?						
	3	공정위험성평가, 변경요소관리, 공정사고 및 자체감사결과의 개선권고사항 및 처리현황을 정기적으로 확인하고 있는가?						
	4	사업장 내·외부 PSM 관련 안전·보건 교육훈련계획을 승인하고 그 결과를 보고 받는가?						
	5	도급업체 안전관리의 구체적 내용을 잘 알고 있는가?						
	6	PSM 이행 분위기 확산을 위해 노력하고 있는가?						
부장/ 과장 (7~11)	7	공정안전관리(PSM) 12개 요소의 내용과 목적을 정확하게 이해하고 있는가?						
	8	안전·보건문제에 관하여 근로자 의견을 수시로 청취하여 조치하고 상급자에게 보고하는가?						
	9	공정위험성평가, 변경요소관리, 공정사고 및 자체감사결과의 개선권고사항 및 처리현황을 정기적으로 확인하고 있는가?						
	10	안전작업허가절차에 대해 구체적으로 잘 알고 있는가?						
	11	설비의 점검·검사·보수계획, 유지계획 및 지침의 내용에 대해 구체적으로 잘 알고 있는가?						

구분	번호	점검사항						
조장/ 반장 (12~16)	12	공정안전관리(PSM) 12개 요소의 내용과 목적을 정확하게 이해하고 있는가?						
	13	안전·보건문제에 관하여 근로자 의견을 수시로 청취하여 조치하고 상급자에게 보고하는가?						
	14	공정위험성평가, 변경요소관리, 공정사고 및 자체감사결과의 개선권고사항 및 처리현황을 정기적으로 확인하고 있는가?						
	15	안전작업허가 절차에 대해 잘 알고 있는가?						
	16	설비의 점검·검사·보수계획, 유지계획 및 지침의 내용에 대해 잘 알고 있는가?						
현장 작업자 (17~24)	17	업무를 수행할 때 공정안전자료를 수시로 활용하고 있는가?						
	18	자신이 작업 또는 운전하고 있는 시설에 대해 가동 전 점검 절차를 알고 있는가?						
	19	보고서에 규정된 안전운전절차를 정확하게 숙지하고 있는가?						
	20	공정 또는 설비가 변경된 경우 시운전 전에 변경사항에 대한 교육을 받는가?						
	21	상급자가 자체감사 결과를 설명해 주는가?						
	22	사업장내 공정사고에 대한 원인을 알고 있는가?						
	23	자신이 작업 또는 운전하고 있는 시설에 대한 위험성평가 결과를 알고 있는가?						
	24	비상시 비상사태를 전파할 수 있는 시스템 및 자신의 역할(임무)을 숙지하고 있는가?						

정비보수 작업자 (도급 업체 직원 포함) (25~27)	25	안전한 방법으로 유지·보수 작업을 수행할 수 있도록 작업공정의 개요·위험성·안전작업허가절차 등에 대하여 작업 전에 충분한 교육을 받았는가?						
	26	화기작업관련 화재·폭발을 막기 위한 안전상의 조치를 잘 알고 있는가?						
	27	밀폐공간 작업 시 유해위험물질의 누출, 근로자중독 및 질식을 막기 위한 안전상의 조치를 잘 알고 있는가?						
도급업체 작업자 (28~30)	28	작업지역 내에서 지켜야 할 안전수칙 및 출입 시 준수해야 하는 통제규정에 대해 교육을 받았는가?						
	29	작업하는 공정에 존재하는 중대위험요소에 대해 잘 알고 있는가?						
	30	작업 중에 비상사태 발생 시 취해야 할 조치 사항을 알고 있는가?						
안전 관리자 (31~34)	31	PSM에 대한 충분한 지식을 보유하고, 사업장 내의 PSM 추진체계에 대하여 정확하게 이해하고 있는가?						
	32	사업장의 PSM 추진상황에 대하여 수시로 조·반장 및 근로자 등의 의견을 수렴하고 문제점을 발굴하여 경영진에게 보고하는가?						
	33	정비부서 근로자, 도급업체 근로자 등이 공정시설에 대한 설치·유지·보수 등의 작업을 할 때 관련규정의 준수 여부를 확인하는가?						
	34	연간 PSM 세부 추진 계획을 수립·시행하는 등 PSM 전반을 감독할 수 있는 권한을 부여받고 있나?						

공정안전자료

구 분		항 목	면담/확인 결과					
			A	B	C	D	E	평가 근거
공정안전 자료 (1~3)	1	사업장에서 사용하고 있는 화학물질에 대한 물질안전보건자료를 작성·비치하고, 신물질 사용 및 변경요소관리 등 사유발생 시 정기적으로 보완·갱신하는가?						
	2	block diagram, PFD, 공정에 대한 물질 및 에너지 balance, 원료 및 생산품의 최대저장량 등에 대한 공정기술정보를 변경요소관리 등 사유 발생 시 지속적으로 보완·갱신하는가?						
	3	설비목록/사양, P&ID, lay-out, 건물설비 배치도, 폭발 위험장소 구분도, 안전밸브/플레어 스택 설계 근거, 공정조건 상·하한계, 설계코드/표준, 전기공급·분배시스템, 비상동력원 등 공정안전자료를 변경요소관리 등 사유 발생 시 보완·갱신하는가?						

공정위험성 평가

구 분		항 목	면담/확인 결과					
			A	B	C	D	E	평가 근거
공정위험성 평가 (1~6)	1	공정 또는 시설 변경 시 변경 부분에 대한 위험성 평가를 실시하고 있는가?						
	2	정기적으로 공정위험성 평가를 재실시하고 있는가?						
	3	위험성 평가에 적절한 전문인력이 참여하는가?						
	4	위험성 평가 결과 개선조치사항은 개선완료 시까지 체계적으로 관리되는가?						
	5	정성(定性)적 위험성 평가를 실시한 결과 위험성이 높은 구간에 대해서는 정량(定量)적 위험성 평가를 실시하는가?						
	6	위험성 평가 결과를 해당 공정의 근로자에게 교육시키는가?						

안전운전 지침과 절차

구 분		항 목	면담/확인 결과					
			A	B	C	D	E	평가 근거
안전운전 지침과 절차 (1~5)	1	운전절차서는 체계적으로 작성이 되어 있고, 사용물질의 물성과 유해·위험성, 누출 예방조치, 보호구착용법, 노출 시 조치요령 및 절차, 안전설비계통의 기능·운전방법·절차 등의 내용이 포함되어 있는가?						
	2	안전운전 절차서는 공정안전자료와 일치하는가?						
	3	연동설비의 바이패스 절차를 작성·시행하고 있는가?						
	4	변경요소관리 등 사유 발생 시 지침과 절차의 수정은 이루어지고 있는가?						
	5	안전운전지침과 절차 변경 시 근로자 교육은 적절히 이루어지고 있는가?						

※ 설비의 점검·검사·보수계획, 유지계획 및 지침
1. 도시가스 사용설비로서 도시가스사업법에 따른 정기검사를 받고 있는 경우, 정기검사의 내용과 중복되는 세부평가항목은 평가 제외
2. 연료전지설비로서 전기사업법에 따른 사용 전 검사 및 정기검사를 받고 있는 경우, 해당 검사의 내용과 중복되는 세부평가항목은 평가 제외

구 분		항 목	면담/확인 결과					
			A	B	C	D	E	평가 근거
설비의 점검·검사·보수계획, 유지계획 및 지침 (1~8)	1	설비의 점검·검사·보수계획, 유지계획에 따라 예방 점검 및 정비·보수를 시행하고 있는가?						
	2	위험설비의 유지·보수에 참여하는 근로자들에게 공정개요 및 위험성, 안전한 유지·보수작업을 위한 작업절차 등에 대하여 교육을 실시하는가?						
	3	공정조건, 위험성평가 등을 고려한 중요도에 따라 위험설비의 등급을 구분하고, 이에 따라 점검 및 검사주기를 결정하여 관리하고 있는가?						
	4	각 설비에 대한 검사기록을 관리하고 있는가?						
	5	구매 사양서에 기기의 품질을 확보하기 위한 재료의 최소두께, 비파괴검사, 열처리 및 수압시험을 하도록 규정하고 있는가?						
	6	설계사양과 제작자 지침에 따라 장치 및 설비가 올바르게 설치되었는지를 확인하기 위한 절차를 마련하여 시행하고 있는가?						
	7	각 기기별로 유지·보수에 필요한 예비품 목록을 관리하고 있는가?						
	8	설비의 정비이력을 기록·관리하고 이를 분석하여 예방정비에 활용하고 있는가?						

안전작업허가 및 절차

구 분		항 목	면담/확인 결과					
			A	B	C	D	E	평가 근거
안전작업 허가 및 절차 (1~7)	1	위험작업을 수행할 경우 안전작업 허가서를 발행하고 있는가?						
	2	안전작업허가서를 작성 및 승인할 때 필요한 모든 제반사항을 반드시 확인하는가?						
	3	안전작업허가서는 보관기간을 정하여 유지·관리하고 있는가?						
	4	안전작업허가서에는 해당 작업과 관련이 있는 모든 관련 책임자의 허가를 받도록 하고 있는가?						
	5	화기작업 시 작업대상 내 인화성 가스 농도 측정, 배관계장도 검토를 통한 맹판 설치, 밸브 차단 등의 필수 조치는 빠짐없이 이루어졌는가?						
	6	입조작업 시 작업대상 내 산소 농도 측정, 유해 가스 농도 측정, 배관계장도 검토를 통한 맹판 설치·밸브 차단 등의 필수조치는 빠짐없이 이루어졌는가?						
	7	굴토작업 허가 시 지하매설물을 확인하기 위한 절차가 마련되어 실행하고 있는가?						

도급업체 안전관리

구 분		항 목	면담/확인 결과					
			A	B	C	D	E	평가 근거
도급업체 안전관리 (1~4)	1	사업주는 도급업체 사업주에게 도급업체 근로자들이 작업하는 공정에서의 누출·화재 또는 폭발의 위험성 및 비상조치계획 등을 제공하는가?						
	2	사업주는 도급업체 근로자들의 안전을 위하여 수행해야 할 사항을 충실히 이행하는가?						
	3	도급업체 사업주는 도급업체 근로자들의 질병·부상 등 재해발생 기록을 관리하는가?						
	4	도급업체 사업주는 도급업체 근로자들에게 필요한 직무교육을 실시하고 기록을 유지하고 있는가?						

공정운전에 대한 교육·훈련

구 분		항 목	면담/확인 결과					
			A	B	C	D	E	평가 근거
공정운전에 관한 교육·훈련 (1~3)	1	공정안전과 관련된 근로자의 초기 및 반복교육을 실시하고 그 결과를 문서화하여 관리하는가?						
	2	연간 교육계획을 수립하여 시행하는가?						
	3	관련 지침에 명시된 대로 교육 누락자 또는 교육성과 미달자 등에 대한 재교육을 실시하고 있는가?						

가동 전 점검지침

구 분		항 목	면담/확인 결과					
			A	B	C	D	E	평가 근거
가동 전 점검지침 (1~2)	1	변경요소관리등 사유 발생 시 가동 전 점검을 하고 있는가?						
	2	가동 전 점검 시 지적된 사항들을 개선항목(punch list)으로 작성하여 시운전까지 개선하는가?						

공정사고조사

구 분		항 목	면담/확인 결과					
			A	B	C	D	E	평가 근거
공정사고 조사지침 (1~5)	1	사고조사 시 아차사고를 포함하여 사고조사를 실시하고 있는가?						
	2	사고조사는 가능한 신속하게 적어도 24시간 이내에 시작하도록 규정하고 있는가?						
	3	공정사고조사팀에는 사고조사 전문가 및 사고와 관련된 작업을 하는 근로자(도급업체 근로자 포함)가 포함되는가?						
	4	사고조사 보고서에는 필요한 세부사항이 포함되어 있는가?						
	5	사고조사 보고서를 5년 이상 보관하는가?						

변경요소 관리

구 분		항 목	면담/확인 결과					
			A	B	C	D	E	평가 근거
변경요소 관리계획 (1~4)	1	변경요소관리사항은 빠짐없이 변경요소관리 절차에 따라 처리되었는가?						
	2	변경 요구서에 필요한 사항이 기재되어 있고, 기술적으로 충분한 근거를 제시하고 있는가?						
	3	모든 변경사항을 목록화하여 관리하고 있는가?						
	4	변경 내용을 운전원, 정비원, 도급업체 근로자 등에게 정확하게 알려 주고 시운전 전에 충분한 교육을 실시하는가?						

자체감사

구 분		항 목	면담/확인 결과					
			A	B	C	D	E	평가 근거
자체감사 (1~5)	1	1년마다 자체감사를 실시하고 그 결과를 문서화하고 있는가?						
	2	자체감사팀에는 공정설계 또는 공정기술자, 계측제어, 전기 및 방폭기술자, 검사 및 정비기술자, 안전관리자 등 전문가가 참여하는가?						
	3	자체감사 결과 도출된 문제점을 문서화하고 개선계획을 수립하여 시행하였는가?						
	4	자체감사 결과보고서를 경영층에 보고하고, 세부내용을 전 근로자에 알려주는가?						
	5	감사결과 및 개선내용을 문서화한 보고서를 3년 이상 보존하면서 정도관리를 하고 있는가?						

비상조치계획

구 분		항 목	면담/확인 결과					
			A	B	C	D	E	평가 근거
비상조치 계획 (1~4)	1	근로자들이 안전하고 질서정연하게 대피할 수 있도록 충분한 훈련을 실시하였는가?						
	2	비상조치계획에는 누출 및 화재·폭발사고 발생 시 행동요령이 적절히 포함되어 있는가?						
	3	사업장 내(도급업체 포함) 비상시 비상사태를 전파할 수 있는 시스템이 갖추어져 있는가?						
	4	비상발전기, 소방펌프, 통신장비, 감지기, 개인보호구 등 비상조치에 필요한 각종 장비가 구비되어 있으며 정기적으로 작동검사를 실시하는가?						

현장 확인

구 분		항 목	면담/확인 결과					
			A	B	C	D	E	평가 근거
현장 확인 (1~7)	1	보고서는 현장에 근로자들이 볼 수 있도록 가까이 비치되고 있는가?						
	2	원료, 제품 및 설비 등이 공정안전 자료와 일치하는가?						
	3	공정위험성평가 결과 나타난 문제점에 대한 개선권고 사항을 모두 이행하였는가?						
	4	변경요소관리 실적과 같이 설비가 변경되었는가?						
	5	자체감사, 공정사고조사 결과 발생한 개선권고사항은 실제로 이행되었는가?						
	6	비상발전기, 소방펌프, 통신장비, 감지기, 개인보호구 등이 유효하게 관리되고 있는가?						
	7	비상대피로가 정상적인 기능을 할 수 있는가?						

【별표 5】 세부평가항목(별표 제4호) 중 일부 적용 구분표

구 분	세부평가 적용 항목
1. 상시 근로자 50명 미만인 사업장	– 전 항목 (다만, 안전경영과 근로자 참여 항목 중 부장/과장, 조장/반장, 도급업체 작업자, 안전관리자는 적용을 제외한다.)
2. 영 별표 10(유해·위험물질 규정량)에만 해당되어 PSM 제출 대상이 된 사업장	– 안전경영과 근로자 참여 – 공정안전자료 – 공정위험성평가 – 안전운전 지침과 절차 – 안전작업허가 및 절차 – 도급업체 안전관리 – 변경요소 관리계획 – 비상조치계획 – 현장 확인
3. 제1호 및 제2호 모두 해당하는 사업장	– 안전경영과 근로자 참여 (다만, 부장/과장, 조장/반장, 도급업체 작업자, 안전관리자는 적용을 제외한다.) – 공정안전자료 – 공정위험성평가 – 안전운전 지침과 절차 – 안전작업허가 및 절차 – 도급업체 안전관리 – 변경요소 관리계획 – 비상조치계획 – 현장 확인

【별지 제1호 서식】

<table>
<tr><td colspan="4" rowspan="2" style="text-align:center"><h2>공정안전보고서 심사신청서</h2></td><td style="text-align:center">처리기간</td></tr>
<tr><td style="text-align:center">30일</td></tr>
<tr><td rowspan="2">신고인</td><td>① 성　명</td><td></td><td>② 사업자등록번호</td><td></td></tr>
<tr><td>③ 주　소</td><td colspan="3"></td></tr>
<tr><td colspan="2">④ 사 업 장 의 명 칭</td><td></td><td>⑤ 사 업 의 종 류</td><td></td></tr>
<tr><td colspan="2">⑥ 사 업 장 의 소 재 지</td><td></td><td>⑦ 전 화 번 호</td><td></td></tr>
<tr><td colspan="2">⑧ 근　로　자　수</td><td colspan="3"></td></tr>
</table>

「산업안전보건법」 제49조의 2 제1항에 따라 공정안전보고서 심사를 신청합니다.

20　　년　　월　　일

사업주 :　　　　(서명 또는 인)

한국산업안전보건공단 이사장 귀하

구비서류 : 공정안전보고서 2부	수수료
	「산업안전보건업무 수수료」 (고시 제2009-38호) 제7호

321-23411 일　　　　　　　　　　　　　　　　210mm×297mm
'96.1.13 승인　　　　　　　　　　　　　　　(신문용지 54g/m^2)

【별지 제2호 서식】 : 〈삭제〉

【별지 제3호 서식】

<h1 align="center">공정안전보고서 보완 요청서</h1>

사업장	명 칭		사 업 의 종 류	
	소 재 지		전 화 번 호	
사 업 주 성 명			사업자등록번호	

심사대상 사업 또는 설비명	
보완서류 제출 마감일	20 년 월 일

  귀하가 「산업안전보건법」 제49조의 2에 따라 제출한 공정안전보고서의 서류에 대하여 붙임과 같이 보완을 요청합니다.

20 년 월 일

<h2 align="center">한국산업안전보건공단 이사장   직인</h2>

붙임: 서류보완사항 기재서 1부

321-23611 일
'96.1.13 승인

210mm×297mm
(신문용지 54g/m^2)

【별지 제4호 서식】

공정안전보고서 심사결과 통지서

사업장	명 칭		사 업 의 종 류	
	소 재 지		전 화 번 호	
사 업 주 성 명			사업자등록번호	
심사대상 사업 또는 설비명				

 귀하가 「산업안전보건법」 제49조의 2에 따라 제출한 공정안전보고서에 대한 심사결과를 다음과 같이 통지합니다.

□ 적정
□ 조건부 적정
□ 부적정

20 년 월 일

한국산업안전보건공단 이사장 　직인

붙임:　□ 공정안전보고서 1부
　　　　□ 조건부 적정 내용 1부
　　　　□ 부적정 사유서 1부
　　　　□ 심사 결과서 1부

321-23711일　　　　　　　　　　　　　　　　210mm×297mm
'96.1.13 승인　　　　　　　　　　　　　　　(신문용지 54g/m^2)

【별지 제5호 서식】

<table>
<tr><td colspan="4" align="center"># 공정안전보고서 심사결과 조치 요청서</td></tr>
<tr><td colspan="4" align="right">지방고용노동청(지청)장　귀하</td></tr>
<tr><td rowspan="2">사 업 장</td><td>명　　칭</td><td></td><td>사 업 의 종 류</td><td></td></tr>
<tr><td>소 재 지</td><td></td><td>전 화 번 호</td><td></td></tr>
<tr><td colspan="2">사 업 주 성 명</td><td></td><td>사업자등록번
호</td><td></td></tr>
<tr><td colspan="2">심사대상 사업 또는 설비명</td><td colspan="2"></td></tr>
</table>

「산업안전보건법」 제49조의 2 제3항에 따른 공정안전보고서에 대한 심사결과 붙임과 같이 부적정하여 조치를 요청합니다.

20　　년　　월　　일

한국산업안전보건공단 이사장　　[직인]

붙임:　부적정 사유서 1부

【별지 제6호 서식】

공정안전보고서 심사결과 통지서

소방서장 귀하

사업장	명　칭		사 업 의 종 류	
	소 재 지		전 화 번 호	
사 업 주 성 명			사업자등록번호	

심사대상 사업 또는 설비명	

「산업안전보건법」 제130조의 4 제2항에 따른 공정안전보고서에 대한 심사결과를 다음과 같이 통지합니다.

20　년　월　일

한국산업안전보건공단 이사장　　직인

붙임:　조건부 적정 내용 1부

321-23911일
'96.1.13 승인

210mm×297mm
(신문용지 54g/m^2)

【별지 제7호 서식】

공정안전보고서 심사결과 통지서

시 · 도지사 귀하

사 업 장	명 칭		사 업 의 종 류	
	소 재 지		전 화 번 호	
사 업 주 성 명			사업자등록번호	
심사대상 사업 또는 설비명				

　「산업안전보건법」 제33조의 8 제2항 및 「고압가스 안전관리법 시행령」 제11조 제4항에 따른 공정안전보고서 중 고압가스 설비에 대한 공동심사 결과를 붙임과 같이 부적정하여 조치를 요청합니다.

□ 적정
□ 조건부 적정

20 년 월 일

한국산업안전보건공단 이사장　　직인

붙임(조건부 적정 판정 시) : 조건부 적정 내용 1부

321−24011일　　　　　　　　　　　　　　　　　　　210mm×297mm
'96.1.13 승인　　　　　　　　　　　　　　　　　　（신문용지 54g/m^2）

【별지 제8호 서식】 : 〈삭제〉

【별지 제9호 서식】

확 인 요 청 서

사 업 장	명　　칭		사 업 의 종 류	
	소 재 지		전 화 번 호	
사 업 주 성 명			사업자등록번호	
확인대상 사업 또는 설비명				
공정안전보고서 심사 완료일		공사기간		
확 인 요 청 기 간	20　년　월　일 ~ 20　년　월　일			

　「산업안전보건법」 제49조의 2 제4항 및 같은 법 시행규칙 제130조의 6에 따라 위와 같이 확인을 요청합니다.

20　년　월　일

사업주:　　　　　　　　(서명 또는 인)

한국산업안전보건공단 이사장 귀하

321-24211일
'96.1.13 승인　　　　　　　　　　210mm×297mm
（신문용지 54g/m^2）

【별지 제10호 서식】

<table>
<tr><td colspan="6" align="center">확 인 결 과 통 지 서</td></tr>
<tr><td rowspan="2">사 업 장</td><td>명 칭</td><td></td><td>사 업 의 종 류</td><td></td></tr>
<tr><td>소 재 지</td><td></td><td>전 화 번 호</td><td></td></tr>
<tr><td colspan="2">사 업 주 성 명</td><td></td><td>사업자등록번호</td><td></td></tr>
<tr><td colspan="2">확 인 기 간</td><td colspan="3">20　년　월　일 ~ 20　년　월　일</td></tr>
<tr><td colspan="2">확인대상 사업 또는 설비명</td><td></td><td>구 분</td><td>□ 설치과정 중
□ 시운전 중
□ 기존설비
□ 중대한 변경</td></tr>
<tr><td>확 인 자</td><td>소속(공 단)</td><td></td><td>직위</td><td>성명</td></tr>
<tr><td>입 회 사</td><td>소속(사업장)</td><td></td><td>직위</td><td>성명</td></tr>
<tr><td colspan="2">확 인 결 과</td><td colspan="3">□ 적합
□ 조건부 적합
□ 부적합</td></tr>
<tr><td colspan="5">「산업안전보건법」 제49조의 2 제4항 및 같은 법 시행규칙 제130조의 6에 따라 위와 같이 확인하였음을 통지합니다.

20　년　월　일

한국산업안전보건공단 이사장　　직인</td></tr>
<tr><td colspan="5">붙임:　□ 조건부 적합 내용 1부
　　　□ 부적합 사유서 1부
　　　□ 확인결과표 1부</td></tr>
</table>

321-24311일

'96.1.13 승인

210mm×297mm

(신문용지 54g/m^2)

【별지 제11호 서식】

<table>
<tr><td colspan="6" align="center">확 인 결 과 조 치 요 청 서</td></tr>
<tr><td colspan="6" align="right">지방고용노동청(지청)장　귀하</td></tr>
<tr><td rowspan="2">사 업 장</td><td>명　　칭</td><td></td><td>사 업 의 종 류</td><td colspan="2"></td></tr>
<tr><td>소 재 지</td><td></td><td>전 화 번 호</td><td colspan="2"></td></tr>
<tr><td colspan="2">사 업 주 성 명</td><td></td><td>사업자등록번호</td><td colspan="2"></td></tr>
<tr><td colspan="2">확 인 기 간</td><td colspan="4">20　년　월　일 ~ 20　년　월　일</td></tr>
<tr><td colspan="2">확인대상 사업 또는 설비명</td><td></td><td>구 분</td><td colspan="2">□ 설치과정 중
□ 시운전 중
□ 기존설비
□ 변경</td></tr>
<tr><td colspan="2">계 획 서 접 수 일</td><td>심사완료일</td><td></td><td>심 사 결 과</td><td></td></tr>
<tr><td>확인자</td><td>소속(공단)</td><td></td><td>직위</td><td>성명</td><td></td></tr>
<tr><td>입회사</td><td>소속(사업장)</td><td></td><td>직위</td><td>성명</td><td></td></tr>
</table>

「산업안전보건법」 제49조의 2 제4항 및 같은 법 시행규칙 제130조의 6에 따른 확인결과 아래 사항을 요청하오니 조치하여 주시기 바랍니다.

□ 변경명령
□ 기타 행정조치

20　년　월　일

한국산업안전보건공단 이사장　　직인

붙임:　　1. 확인결과표 사본 1부
　　　　　2. 부적합 사유서 1부

321-24411일
'96.1.13 승인

210mm×297mm
(신문용지 54g/m^2)

【별지 제12호 서식】

사 업 개 요

<table>
<tr><td>사업주 성명:</td><td rowspan="2">사업의 구분</td><td>□ 설치 · 이전
□ 변경
□ 기존설비</td></tr>
<tr><td>사업자 등록번호:</td></tr>
<tr><td>사업장명:</td><td rowspan="2">심사대상 설비명</td><td></td></tr>
<tr><td>업종분류:</td></tr>
<tr><td>예상근무 근로자수:</td><td>전기계약용량</td><td>kW</td></tr>
<tr><td>보고서작성자</td><td>작성자자격</td><td></td></tr>
</table>

사 업 주요내용		품 명	사용량 또는 생산량	주요용도
	주원료 또는 재료			
	주생산품			
	주요사업 내용 또는 변경내용			

사업장의 위치 및 부지	위 치	전화번호: 전송번호:
	부 지	m^2(평)
	주요건물	동 층 연면적: m^2(평)

추진일정	총사업기간	년 월 일 ~ 년 월 일
	착공예정일	년 월 일
	시운전기간	년 월 일 ~ 년 월 일

【별지 제13호 서식】

유해·위험물질 목록

화학물질	CAS No	분자식	폭발한계(%)		노출기준	독성치	인화점(℃)	발화점(℃)	증기압(20℃)	부식성 유무	이상반응 유무	일일 사용량	저장량	비고
			하한	상한										

주) ① 유해·위험물질은 제출대상 설비에서 제조 또는 취급하는 모든 화학물질을 기재합니다.
② 증기압은 상온에서 증기압을 말합니다.
③ 부식성 유무는 있으면 ○, 없으면 ×로 표시합니다.
④ 이상반응 여부는 그 물질과 이상반응을 일으키는 물질과 그 조건(금수성 등)을 표시하고 필요시 별도로 작성합니다.
⑤ 노출기준에는 시간가중평균노출기준(TWA)을 기재합니다.
⑥ 독성치에는 LD50(경구, 쥐), LD50(경피, 쥐 또는 토끼) 또는 LC50(흡입, 4시간 쥐)을 기재합니다.

321-24611일
'96.1.13 승인

210mm×297mm
(신문용지 54g/m^2)

【별지 제14호 서식】

동력기계 목록

동력기계 번호	동력기계명	명세	주요재질	전동기용량(kW)	방호장치의 종류	비고

321-24711일
'96.1.13 승인

210mm×297mm
(신문용지 54g/m^2)

【별지 제15호 서식】

장치 및 설비 명세

장치번호	장치명	내용물	용량	압력(MPa)		온도(℃)		사용재질			용접효율	계산두께(mm)	부식여유(mm)	사용두께(mm)	후열처리여부	비파괴율검사(%)	비고
				운전	설계	운전	설계	본체	부속품	개스킷							

주) ① 압력용기, 증류탑, 반응기, 열교환기, 탱크류 등 고정기계에 해당합니다.

　② 부속물은 증류탑의 충진물, 데미스터(demister), 내부의 지지물 등을 말합니다.

　③ 용량에는 장치 및 설비의 직경 및 높이 등을 기재합니다.

　④ 열교환기류는 동체측과 튜브측을 구별하여 기재합니다.

　⑤ 재킷이 있는 압력용기류는 동체측과 재킷측을 구별하여 기재합니다.

321-24811일　　　　　　　　　　　　　　　　　　　　210mm×297mm

'96.1.13 승인　　　　　　　　　　　　　　　　　　　　(신문용지 54g/m^2)

【별지 제16호 서식】

배관 및 개스킷 명세

분류코드	유체의 명칭 또는 구분	설계온도	설계압력	배관재질	개스킷 재질 및 형태	비파괴검사율	후열처리여부	비고

주) ① 분류코드란에는 공정배관계장 도면상의 배관분류 코드를 기재합니다.

　② 배관재질란은 KS/ASTM 등의 기호로 기재합니다.

　③ 개스킷 재질 및 형태란에는 일반명 및 형태를 기재하고 상품번호는 기재하지 아니합
니다.

321-24811일　　　　　　　　　　　　　　　　　　　　210mm×297mm

'96.1.13 승인　　　　　　　　　　　　　　　　　　　　(신문용지 54g/m^2)

【별지 제17호 서식】

안전밸브 및 파열판 명세

계기번호	내용물	상태	배출용량 (kg/hr)	노즐크기		보호기기압력			안전밸브 등			정밀도 (오차범위)	배출연결부위	비고
				입구	출구	기기번호	운전 (MPa)	설계 (MPa)	설정 (MPa)	몸체재질	trim 재질			

주) 비고란에는 안전밸브 등의 배출 원인(냉각수 차단, 전기 공급 중단, 화재, 열팽창 등) 및 안전밸브의 형식(일반형, 벨로스형, 파일럿 조작형)을 기재합니다.

321-25011일
'96.1.13 승인

210mm×297mm
(신문용지 54g/m^2)

【별지 제18호 서식】

내화구조 명세

내화설비 또는 지역	내 화 부 위	내화시험기준 및 시간	비 고

주) ① 내화설비 또는 지역은 건축물명, 배관지지대명, 설비명 등을 기재합니다.
　② 내화부위는 내화의 범위(㉖ 배관지지대 등)를 기재합니다.
　③ 내화시험기준 및 시간은 한국산업규격에 따른 내화시험방법에 의하여 기재합니다.

321-25111일
'96.1.13 승인

210mm×297mm
(신문용지 54g/m^2)

【별지 제19호 서식】

국소배기장치 개요

공정 또는 작업 장명	실내외 구분	발생원	유해 물질 종류	후드 형식	후드의 제어 풍속 (m/s)	덕트내 반송 속도 (m/s)	배풍량 (m³/min)	전동기		배기 및 처리 순서
								용량 (kW)	방폭 형식	

주) ① 발산원은 유해물질 발생설비를 기재합니다.
　　② 유해물질 종류는 유해가스명 또는 분진명 등을 기재합니다.
　　③ 후드의 제어풍속은 발생원에서 후드입구로 흡입되는 풍속을 말합니다.
　　④ 배기 및 처리순서는 유해물질 발생에서부터 처리, 배출까지의 모든 설비를 순서대로 기
　　　재합니다.(예 집진기, 세정기 등을 기재하고 필요시 후드, 덕트, 배기구, 배풍기 및 공기
　　　정화장치의 상세도면과 명세 등 별도 작성 제출)

321-25211일　　　　　　　　　　　　　　　　　　　　　　　210mm×297mm
'96.1.13 승인　　　　　　　　　　　　　　　　　　　　　　(신문용지 54g/m²)

【별지 제20호 서식】

방폭전기/계장 기계·기구 선정기준

설치장소 또는 공정	전기/계장 기계·기구명	폭발위험장소별 선정기준(방폭형식)		
		0종 장소	1종 장소	2종 장소

주) ① 전기/계장 기계·기구명에는 전동기, 계측장치 및 스위치 등 폭발위험장소 내에 설치될
　　　모든 전기/계장 기계·기구를 품목별 또는 공정별, 품목별로 기재합니다.
　　② 방폭형식 표시기호는 한국산업규격에 따릅니다.(예 내압방폭형 누름스위치-Exd ⅡB T4
　　　등)

321-25311일　　　　　　　　　　　　　　　　　　　　　　　210mm×297mm
'96.1.13 승인　　　　　　　　　　　　　　　　　　　　　　(신문용지 54g/m²)

【별지 제21호 서식】

위험성 평가 참여 전문가 명단

책임분야	성 명	소속회사	직 책	주 요 경 력

주) ① 책임분야란에는 전문가가 맡은 분야를 기재합니다.
　　② 주요 경력란에는 전문가의 주요경력 및 경력 연수를 기재합니다.

321-25411일　　　　　　　　　　　　　　　　　　210mm×297mm
'96.1.13 승인　　　　　　　　　　　　　　　　　　(신문용지 54g/m²)

화공안전기술사

2015년 1월 10일 인쇄
2015년 1월 15일 발행

저　자 : 임용순 · 최창률
펴낸이 : 이정일

펴낸곳 : 도서출판 **일진사**
www.iljinsa.com
140-896 서울시 용산구 효창원로 64길 6
전화 : 704-1616 / 팩스 : 715-3536
등록 : 제1979-000009호 (1979.4.2)

값 42,000 원

ISBN : 978-89-429-1420-3